고양이 질병의 모든 것

Cat Owner's Home Veterinary Handboook

질병의 예방과 관리·증상과 징후·치료법에 대한 해답을 완벽하게 찾을 수 있다

고양이 질병의 모든 것

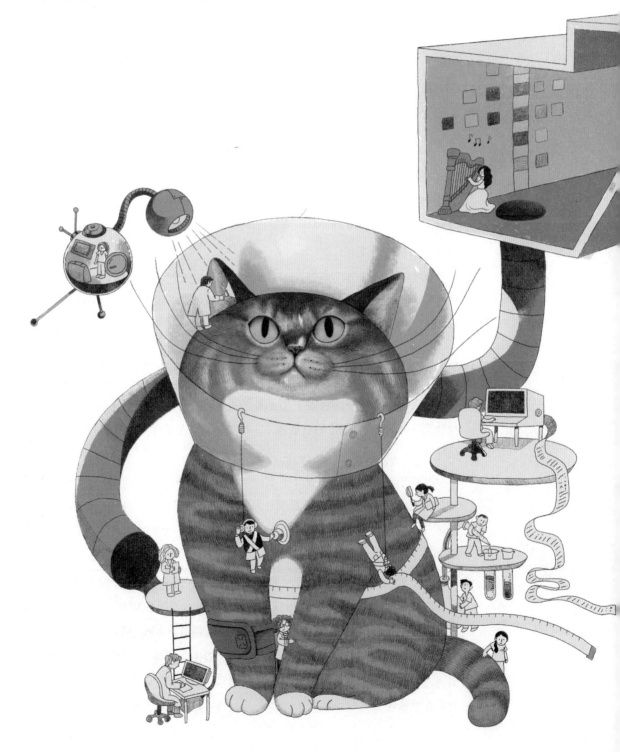

저자 서문

이 책의 목적은 수의사의 의학적 조언을 대체하자는 것이 아니다. 함께 사는 고양이가 건강하기를 바란다면 주치의와의 정기적인 상담이 가장 중요하다. 특히 반려묘에게 나타나는 증상에 대해서는 주치의를 직접 만나서 의학적으로 접근해야 한다. 그걸 간과해서는 안 된다.

그럼에도 이 책을 읽었다면 고양이에게 일어나고 있는 일의 징후와 증상에 대해서 대략적으로 파악할 수 있을 것이다. 이를 통해 고양이가 겪고 있는 문제의 심각한 정도를 가늠할 수도 있을 것이다. 보호자가 고양이를 언제 병원에 데려가야 하는지 아는 것은 매우 중요하다. 늦으면 위험할 수도 있기 때문이다.

급성질환의 발병 또는 응급상황에 처했을 때, 병원에 데려가기 전 직접 취할 수 있는 방법을 제공하려고 노력했다. 인공호흡과 심장 마사지와 같은 구명조치, 중독이 발생한 경우의 조치법, 출산 관련 문제, 그 외 다른 응급상황에 대해서도 심도 있게 다루었다.

하지만 이런 수의학적 지침서가 전문적인 진료를 대체할 수는 없다. 책에서 해 주는 조언은 수의사가 직접 진료를 보는 것만큼 안전하거나 효과적이지 않다. 이 책 또한 결코 주치의와의 상담과 병원에서의 검사를 통한 신속하고 정확한 진단을 대체할 수 없다.

그러나 이 책에서 제공하는 수의학적 지식은 수의사와 대화를 할 때 보호자가 수의사의 이야기를 더 잘 이해할 수 있도록 돕고 효과적인 결정을 내리는 데 도움을 줄 것이다. 또한 집에서 관찰을 통해 고양이의 건강과 관련된 이상징후들을 더 빨리 알아차리고 그에 대해 수의사에게 더 잘 설명할 수 있을 것이다. 고양이를 돌보는 기본적인 방법이나 응급상황에 대한 대처방법 역시 다루고 있다. 이 책을 읽는 보호자와 수의사가 함께 고양이의 건강을 위해 훌륭한 팀워크를 발휘하기를 바란다!

이 책은 함께한 팀원들의 노력과 사랑의 결실로 탄생했다. 편집자 베스 아델만은 작업을 부드럽게 독려하며 사실상 공동 저자의 역할을 담당했다. 자료조사를 한 마르셀라 듀랜드는 잘 알려지지 않은 사실과 이미지를 찾아냈다. 테크니컬 에디터 로레인 자보 박사는 고양이에 관한 방대한 지식을 제공했다. 탁월한 실력의 웬디 크리스텐슨과 함께 대학생인 발레리 토카틀리는 멋진 삽화를 그려 주었다. 크리스 스탬보의 전문지식은 우리를 어려움에서 구해 주었다. 이 일을 할 수 있게 나를 밀어붙인 록산 체다에게 감사드린다. 그리고 집 안 한가득 고양이 관련 수의학 논문, 기사, 책, 브로셔 더미에서 생활해야 했던 가족에게 감사의 마음을 전한다.

내 삶의 모든 고양이에게도 특별한 감사를 전한다. 22년간 내 삶을 우아하게 만들어 준 샘. 나의 첫 번째 고양이 프레데리카부터 지금 함께 사는 오렌지색 고양이 파이어크래커까지 고양이들은 내게 끊임없이 즐거운 시간을 선사해 주었다. 환자로 만난 고양이, 보호소 고양이, 친구의 고양이, 길고양이까지 모두 내 삶의 기쁨이었다. 세 다리를 가진 아름다운 비너스, 고양이 발레리나이자 오페라 스타인 제니, 자신이 개라고 생각하는 타이거, 주치의임에도 나를 사랑하는 C2에게도 특별한 사랑을 전한다. 다른 종과 공간을 공유한다는 것은 쉽지 않은 일이지만 고양이와 함께하는 삶은 항상 흥미로움으로 가득하다!

데브라 M. 엘드레지(수의사)

편집자의 글

이 책은 내 책장의 한 켠을 30년 넘게 차지하고 있다. 함께 사는 고양이의 건강관리를 위해 몇 번씩이나 되풀이하여 찾아보는 책이기 때문이다. 그 세월 동안 고양이들이 이 책 위에 앉기도 하고, 발로 긁기도 하고, 가장자리를 여기저기 뜯어먹기도 해서 너덜너덜해졌다.

나는 이 책의 초판과 개정판(한국에서 처음으로 출간되는 이 책의 원서는 세 번째 개정판이다)을 모두 가지고 있다. 그런데 의외로 많은 사람들이 초판과 개정판을 모두 가지고 있다는 이야기를 듣고 놀랐다. 아마 모두 초판이 나온 1983년 이래로 한시도 이 책을 떼어놓을 수 없었기 때문일 것이다. 나는 '고양이 질병의 모든 것(Cat Owner's Home Veterinary Handbook)에 따르면….'이라는 문구로 시작되는 많은 토론에 참여했다. 이 책은 긴 역사를 가진 오래된 유산이다. 이번 세 번째 개정판은 완전히 새롭고 더 폭넓은 내용을 다루고 있다. 편집자로서 이미 고전으로 자리 잡았고 앞으로도 그렇게 남을 책을 만든다는 건 큰 영광이다.

최근 고양이 의학에 관한 정보가 많이 바뀌고 추가되었다. 한때 고양이의 수의학적 치료에 관한 상당한 내용은 개에게서 이루어진 연구를 바탕으로 했다. 고양이는 개와 아주 비슷하고(단지 작은 개처럼) 치료와 약물에 비슷한 반응을 보일 것이라는 막연한 추측에서 비롯된 것이다.

그러나 실제 이런 생각은 사실과 다르다. 이제 우리는 고양이가 생물학적으로 사람과 다른 만큼이나 개와 다르다는 것을 잘 안다. 많은 수의학적인 연구가 이런 사실을 밝혀내고 있다. 따라서 이 책은 이전보다 훨씬 더 많은 내용을 다루고 있으며(우리가 더 많은 것을 알게 되었기 때문이다!), 크게 바뀐 몇 가지 내용도 있다.

예방접종, 벼룩, 진드기, 심장사상충 예방, 사료 라벨 읽기, 영양학, 관절 보조제, 암과 신장 질환 치료, 당뇨병 치료 등에 관한 최신 정보를 얻을 수 있을 것이다. 새롭게 관심이 커지고 있는 심장·근육·구강 질환도 다루고 있으며 고양이 하부 요로기계 질환, 고관절이형성증, 칼리시바이러스 감염 등에 관한 새로운 내용도 추가했다. 백신 관련 육종과 발톱제거술 같은 민감한 주제도 다루고 있다. 자세한 해부학적 그림도 추가했다. 행동학 관련 부분은 새로운 정보를 바탕으로 새롭게 쓰여졌다.

1995년 두 번째 개정판이 출간된 당시에는 영양제와 건강기능식품, 침술 같은 홀리스틱적 요법이 완전히 검증되지 않은 상태였다. 그러나 현재는 홀리스틱적 치료법이 질병 치료에 도움이 된다는 것이 입증되었으므로 본문의 치료 항목에서 소개하고 있다.

2006년 동물보험업계가 연구한 보험 계약자들이 호소하는 고양이의 의학적 문제 상위 열 가지는 다음과 같다.

1. 비뇨기계 감염 2. 위의 문제 3. 신장 질환 4. 피부 알레르기 5. 호흡기 감염 6. 당뇨병 7. 귀의 감염 8. 대장염 9. 눈의 감염 10. 상처의 감염

독자들은 고양이가 흔히 겪는 건강상의 문제에 대한 모든 것을 이 책에서 찾을 수 있을 것이다. 그리고 고양이가 가진 문제가 무엇이건 명확한 설명과 함께 수의사와 치료방법에 대해 상의하는 데 필요한 정보를 얻을 수 있을 것이다. 보호자가 동물병원을 다녀온 뒤 궁금해할 만한 내용을 쉽게 찾아볼 수 있기를 바란다.

베스 아델만(편집자)

차례

일러두기

* 8쪽 '차례'는 장기와 신체 체계를 구분해서 자세하게 구성했다. 해부학적으로 특정 부위에 문제가 생겼다면 먼저 차례를 찾아본다.
* 571쪽 '찾아보기'는 의학정보에 대한 종합적인 안내다. 고양이의 병명이 정해졌거나 질병의 원인, 치료 방법, 건강 관리 등 수의학적 정보가 필요할 때 찾아본다.
* 576쪽 '증상별 찾아보기'는 이 책의 특별한 점이다. 고양이가 이상 증상을 보인다면 이곳을 먼저 찾아본다. 문제를 신속히 파악하는 데 도움이 될 것이다.

가장 작은 고양잇과 동물조차도 완벽한 예술작품이다.

레오나르도 다빈치

1장
응급상황

응급처치란 동물병원에 도착하기 전까지 위험할 수 있는 상황에 되도록 빠르게 대처하는 것을 의미한다. 응급상황에 대처하는 데 있어 가장 중요한 원칙은 평정심 유지다. 보호자가 패닉 상태에 빠지면 현명한 판단을 내리지 못하고 고양이까지 위험에 빠뜨릴 수 있다. 심호흡을 하고 고양이의 상태를 침착하게 평가한 뒤, 필요한 행동을 해야 한다. 도움을 요청하는 데 주저하지 말고, 고양이의 생명이 자신에게 달려 있음을 명심한다.

가정용 구급상자

구급상자	핀셋
펜라이트(또는 스마트폰 손전등 기능을 사용한다.)	가위
담요	클리퍼(이발기)
직장 체온계	펜치(앞이 뾰족한 것)
외과용 장갑	윤활 젤이나 바셀린
탈지면	소독용 알코올
면봉	베타딘이나 유사한 소독제
거즈(2.5cm, 사각)	과산화수소수
거즈붕대(폭 2.5~5cm)	국소용 항생연고
압박붕대(폭 2.5~5cm)	눈 세척용 멸균 식염수
반창고(폭 1.5~2.5cm)	응급 전화번호 목록
1회용 주사기(바늘 없는 것)	주치의 동물병원 연락처
압축 활성탄(5g씩 들어 있는 것)	주변 24시간 응급병원

고양이를 다루고 보정(통제)하기

아무리 순한 고양이라고 해도 심하게 다치거나, 겁을 먹거나, 통증이 있는 경우에는 다루다가 물릴 위험이 있다. 이를 잘 인지하고 물리지 않도록 적절한 주의를 기울여야 한다. 그러기 위해서는 고양이의 머리 부위를 보정(통제)하는 것이 중요하다.

고양이를 다루고 통제하는 데는 수많은 방법이 있다. 고양이가 얌전하고 협조적인지, 아니면 흥분 상태고 공격적인지에 따라 선택은 달라질 수 있다. 고양이는 5개의 강력한 무기(이빨과 네 발)를 가지고 있다. 그리고 이 무기들을 한치의 머뭇거림 없이 능숙하게 사용할 수 있음을 명심해야 한다.

고양이 잡기

일반적으로는 손을 뻗어 위쪽에서부터 잡는 방법을 추천한다. 얼굴을 마주한 채 접근하면 긴장해서 고양이가 비협조적이고 공격적으로 될 수 있다.

협조적인 고양이는 한 손을 가슴 아래쪽으로 넣어 앞발을 포개어 겹친 뒤 검지손가락을 다리 사이에 넣어 단단히 잡는다. 고양이를 잡아 사람 몸에 밀착시키고, 필요하면 뒷다리를 받쳐 준다. 다른 한 손으로는 고양이의 턱을 받쳐 준다.

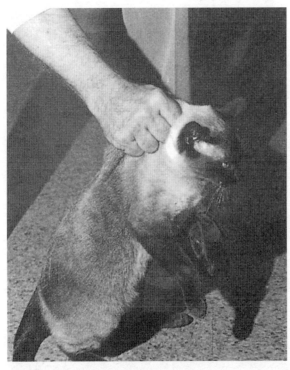

긴장한 고양이는 손을 뻗어 목덜미를 잡는다.

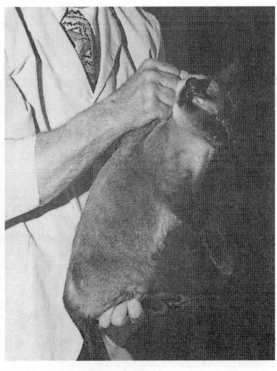

다른 한 손으로는 뒷다리를 받친다.

긴장한 고양이는 손을 뻗어 목덜미를 잡고 들어올린다. 1살 미만의 고양이들은 대부분 얌전해진다. (어미 고양이가 새끼였던 자신을 물고 옮기던 것처럼 느낀다.) 그러나 나이 먹은 고양이는 목덜미를 잡는 것을 좋아하지 않을 수 있다. 한 손으로는 목덜미를, 다른 한 손으로는 고양이의 뒷다리와 몸통을 받쳐 잡는다.

겁먹은 고양이는 수건으로 감싸안아 잡는다. 1~2분 뒤, 고양이가 얌전해지면 몸의 아래쪽을 수건 안으로 밀어넣고 수건으로 돌돌 감은 채 고양이를 들어올린다. 이 방법은 공격적인 고양이에게도 효과가 있는데, 경우에 따라 두꺼운 가죽장갑이나 담요가 필요할 수 있다. 고양이에게 목줄을 채우는 것도 좋다. 고양이와 실랑이를 벌이거

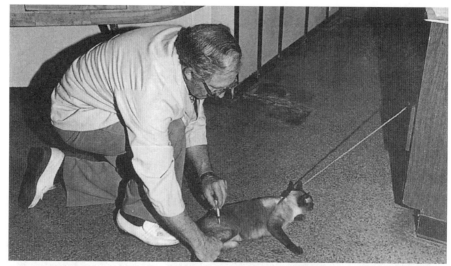

공격적인 고양이는 목줄이나 동그란 고리를 이용한다. 팽팽히 당겨진 목줄 때문에 움직이지 못한다.

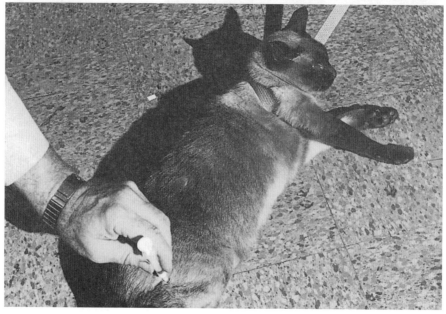

고양이가 질식되는 것을 막기 위해 한쪽 앞다리를 목줄이나 고리에 함께 넣는다.

나 품에서 뛰쳐나갈 경우, 적어도 목줄이 채워져 있으면 완전히 탈출하는 것을 막을 수 있다.

공격적인 고양이는 머리와 한쪽 앞다리에 목줄이나 동그란 고리를 채워 잡을 수 있다. 목줄로 잡아 올려, 테이블 위나 이동장 등에 내려놓는다. 이 방법은 고양이를 더욱 흥분시킬 수 있으므로 <u>최후의 수단</u>(위의 방법들이 모두 실패한 경우)으로 사용해야 한다.

작은 보정용 케이지나 보정가방을 사용하는 방법도 있다. 몸을 부드럽게 잡아 주는 이 특별한 보정장치를 이용해 주사를 놓거나 간단한 신체검사를 할 수 있다. 고양이를 잡기 위해 그물로 된 포획낭을 사용하기도 하는데, 발톱이 밖으로 빠져나올 수 있으니 주의한다.

진료를 위한 보정

협조적인 고양이는 최소한의 보정만으로도 빗질, 목욕, 약물투여와 같은 일상적인 것들을 조용한 환경에서 효과적으로 실시할 수 있다. 자신감 있게 접근하여 부드럽게 고양이를 다룬다. 침착하게 행동한다면 고양이는 대부분 보정에 잘 따르고 치료도 잘 받는다. 기분을 잘 달래주기만 해도 많은 고양이가 보정 없이 이 과정을 잘 따른다.

협조적인 고양이는 부드러운 바닥의 탁자 위나 캣타워에 올린다. 고양이가 약간 불안정하게 느낄 수도 있지만, 겁을 먹지는 않는다. 고양이가 안정될 때까지 낮고 부드러운 목소리로 이야기한다. 귀 주변을 문지르거나 머리를 쓰다듬는 행동은 고양이를 안심시키는 데 도움이 된다. 고양이가 앞으로 움직이지 못하도록 한 손은 가슴 앞쪽에 두고, 다른 손은 치료하는 데 쓴다.

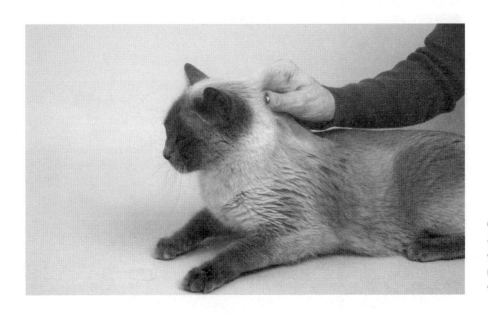

어떤 고양이들은 목덜미를 잡으면 매우 협조적인 모습을 보인다. 그러나 강하게 저항하는 고양이도 있다.

비협조적인 고양이는 불안감 정도에 따라 여러 방법을 사용할 수 있다. 고양이를 만지는 것이 가능하다면, 어떤 고양이들은 목덜미를 조용히 잡아 앞뒤로 부드럽게 움직이거나 머리를 가볍게 두드리는 것으로 주의를 분산시킬 수 있다. 이런 방법은 1살 미만의 고양이에게 더 효과적이다. 만약 이런 방법이 통하지 않는다면 테이블 위에서 목덜미를 잡고 고양이의 몸이 쭉 펴지도록 단단히 힘을 가한다. 이렇게 하면 고양이가 발톱을 세워 할퀴는 것을 방지할 수 있다.

도와줄 사람이 있다면, 한 사람이 고양이 뒤쪽에 서서 양팔로 양 옆구리를 고정한 채 양손으로 목이나 앞다리 주변을 잡아 보정한다. 타월이나 담요로 고양이를 감싸는 것도 약을 먹이는 등의 짧은 보정에는 효과적이다. 보조자는 고양이를 차분하게 감싼

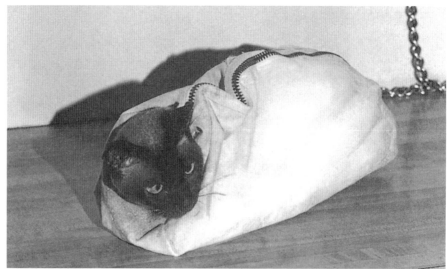

캣백을 이용한 보정은 머리 부위 치료 시 유용하지만, 어떤 고양이들은 그 안에 들어가는 것을 몹시 싫어한다.

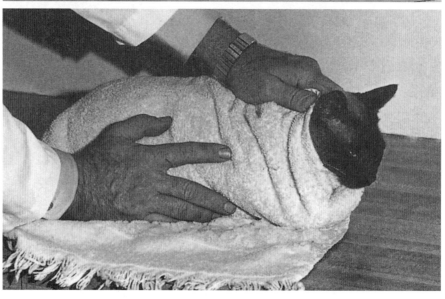

타월로 고양이를 감싸 주는 것만으로도 종종 쉽게 문제를 해결할 수 있다. 일부 동물병원은 이런 방법으로 옮기기도 한다.

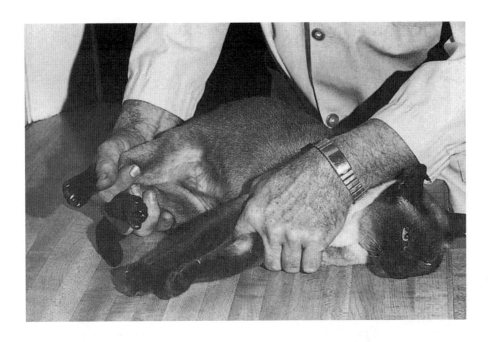

짧은 시간 동안 고양이를 이런 방법으로 보정하려면 보조자가 필요하다.

자세를 유지해야 한다.

외투의 소매도 훌륭한 보정도구다. 고양이는 종종 소매 안쪽으로 들어가려고 한다. 고양이 목 주변의 소매 끝을 단단히 잡고 고정하면 머리나 꼬리 부위의 치료가 가능하다.

캣백(cat bag)은 고양이 보정을 위해 특별히 만들어진 가방이다. 고양이를 지퍼가 열린 가방에 넣고 재빠르게 목 부위 앞까지 지퍼를 잠근다. 일부 수의사는 캣백을 즐겨 사용하는데 고양이는 대부분 캣백을 좋아하지 않는다. 안에 들어가지 않으려고 몸부림을 치거나 들어가서도 얌전해지지 않을 가능성이 있으므로, 타월로 고양이를 감싸는 것이 보다 간편한 해결책일 수 있다.

고양이 보정을 위해 만들어진 입마개도 있다. 주둥이 주변을 동그랗게 감싸는 천 형태로 보통 귀 뒤쪽에서 고정하도록 되어 있다.

시간이 오래 걸리거나 앞의 방법으로는 보정이 어려운 경우, 한 손으로는 고양이의 목덜미 뒤쪽을 잡고 다른 한 손으로는 양 뒷다리를 잡고 쭉 펴준다. 테이블 위에 고양이를 옆으로 눕혀 몸을 길게 늘린 자세를 유지한 채 힘을 단단히 가한다. 그리고 보조자가 위의 사진에서처럼 한 손으로는 양쪽 앞다리를 잡고, 다른 손으로는 양쪽 뒷다리를 잡는다.

보조자가 없으면 스카프같이 부드러운 재질의 천으로 앞다리를 묶는데 팔꿈치 아래 부위를 2~3회 감아 단단히 묶어 준다. 또 다른 스카프를 이용해 뒷다리의 발꿈치 위 부위도 단단히 고정한다. 머리는 타월이나 천으로 덮어 고양이를 안정시킨다. 이 방법에서 주의할 점은, 고양이를 이렇게 보정했다면 절대 고양이만 홀로 남겨두어서는 안 된다는 것이다.

적절히 보정을 하고 나면 고양이는 일반적으로 순응하여 치료를 받는다. 다행히 보정을 풀어주면 대부분 불쾌한 경험을 바로 잊는다. 그러나 일부 고양이는 풀어주자마자 몸을 돌려 공격할 수 있으므로 이런 상황도 대비해야 한다.

고양이가 매우 예민하다면, 치료를 위해 진정처치를 고려해 볼 수 있다. 건강한 고양이의 경우 치료의 공포로 인한 스트레스와 비교할 때 진정처치로 인한 위험은 매우 낮다. 길고양이나 심하게 겁이 많은 고양이를 위한 특수한 보정틀도 있는데, 주로 동물병원이나 보호소에서 사용한다. 이에 대해서는 수의사에게 문의한다.

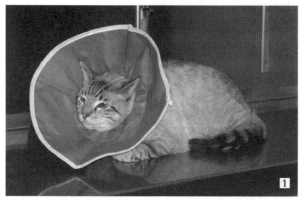

1 최근 판매되는 엘리자베스 칼라는 기존의 단단한 플라스틱 재질보다 부드러워서 고양이가 덜 싫어한다.

2 바이트낫 칼라를 엘리자베스 칼라보다 더 편하게 생각하는 고양이도 있다.

보정용 칼라

엘리자베스 칼라라는 이름은 영국 엘리자베스 여왕이 통치하던 시절에 유행했던 높고 화려한 옷깃에서 유래했다. 고양이가 귀를 긁거나 상처 또는 피부병 부위를 핥거나 깨물지 못하게 하는 데 유용하다. 예전에 나온 제품은 단단한 판으로 만들었으나 최신 제품은 부드럽고 유연한 재질로 만들어 고양이가 보다 편안하게 착용할 수 있다. 이런 칼라는 펫숍이나 동물병원에서 구입할 수 있고 대여할 수도 있다. 착용 시 칼라가 고양이 목을 조이지 않도록 조심한다.

또 다른 제품으로는 바이트낫(BiteNot) 칼라가 있다. 목 부위가 긴 형태여서 고양이가 물려고 고개를 돌리는 것을 막는다. 엘리자베스 칼라를 사용할 때와 마찬가지로 치수에 딱 맞게 착용하는 것이 중요하며, 칼라의 길이는 고양이 목길이만큼 충분히 길어야 한다.

집에서 넥칼라를 만들어 줄 수도 있다. 넓은 판지를 목둘레에 맞게 잘라서 간단히 만들 수 있다. 넥칼라의 폭이 5~8cm 정도는 되어야 고양이가 고개를 마음대로 움직이지 못하고 편안하다. 목 주변 피부에 상처를 내거나 자극하지 않도록 접촉 부위의 마감처리를 잘해야 한다.

많은 고양이들이 보정용 칼라를 착용하면 물을 마시거나 음식을 먹는 데 어려움을 느끼거나 아예 먹는 것을 거부할 수 있다. 이런 경우 하루에 몇 번 정도 일시적으로 칼라를 빼 주되 잘 지켜봐야 한다. 보정용 칼라를 착용한 고양이는 집 밖으로 나가게 해서는 안 된다.

다친 고양이 옮기기

아무리 기본적인 품성이 유순하더라도 통증을 느끼는 고양이는 모두 할퀴거나 물 수 있다. 게다가 아프고 다친 고양이가 발버둥치다가 급속하게 지치게 되면 쇼크나 허탈에 빠질 수도 있다. 하지만 고양이를 적절히 다룬다면 모든 상황을 예방할 수 있다.

고양이를 만질 수 있다면 협조적인 고양이(21쪽 참조)를 다루는 방법에서 설명한 대로 고양이를 안고 뒷다리를 뒤쪽으로 향하게 잡아서, 발톱을 세운다 해도 잡고 있는 사람이 다치지 않도록 한다. 팔꿈치 안쪽과 팔뚝을 이용해 고양이 옆구리를 압박하여 단단히 잡는다.

고양이가 겁에 질렸거나 통증을 호소하는 상태라면 상처를 입지 않도록 조심한다. 순간적으로 고양이의 목덜미를 잡고 들어올려 몸 아래쪽을 받친 상태로 이동장이나 천가방(베갯잇 같은)에 집어넣는다. 이동도구는 공기가 통하고 고양이를 질식시키지 않는 재질이어야 한다.

담요나 타월이 있다면 고양이를 덮어 감싸서 들어올리는 것도 효과적이다. 고양이가 숨을 쉬는지 확인한다. 고양이를 타월 등으로 감싼 후 이동장이나 상자에 넣는다. 그런 다음 고양이를 동물병원으로 데리고 가면 된다.

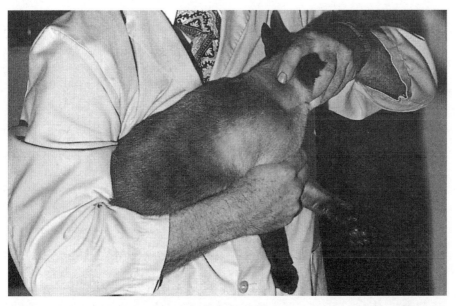

고양이를 안전하게 다룰 수 있다면 한 손으로 뒷다리 쪽을 몸에 붙인 상태로 단단히 움켜잡는다. 다른 손으로는 눈과 귀를 가려 고양이를 안정시킨다.

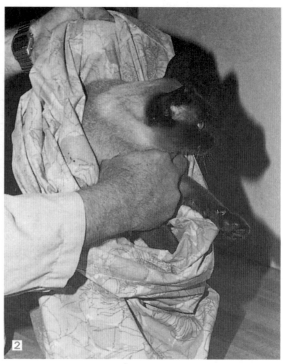

1 이 이동장은 윗면이나 옆면을 열 수 있다. 비협조적인 고양이는 옆으로 밀어넣는 것보다 위쪽으로 넣는 것이 훨씬 쉽다.

2 이동장이 없다면 담요나 타월 등으로 감싼 다음 고양이를 들어올려 가방이나 베갯잇 안에 넣는다.

척추손상 가능성이 있는 고양이는 딱딱한 판자나 작은 나무판자, 들것 등을 이용해 옮긴다. 들것이나 담요 위로 마스킹 테이프 등을 감아 고양이를 보다 안전하고 단단하게 고정시킨다.

인공호흡과 심장 마사지

인공호흡은 호흡이 멈추고 의식이 없는 고양이에게 산소를 공급하기 위해 사용하는 응급조치다. 심장 마사지는 심장박동이 들리지 않거나 느껴지지 않을 때 사용한다. 인공호흡과 심장 마사지를 함께 병행하는 것을 심폐소생술(CPR, cardiopulmonary resuscitation)이라고 부른다. 고양이의 호흡이 멈추면 곧이어 심장의 기능도 멈추는데, 반대로 심장박동이 멈추어도 호흡이 멈춘다. 때문에 심폐소생술의 두 가지 측면을 모두 아는 게 중요하다. 심폐소생술은 한 사람이 실행할 수 있으나 두 사람이 함께할 수 있다면 더 쉽다. 한 사람이 숨을 불어넣고 다른 사람이 심장 마사지를 한다.

다음은 인공호흡이나 심폐소생술이 필요한 응급상황이다.

- 혼수상태
- 감전(전기 쇼크)

- 머리의 부상

- 대사성 문제

- 기도폐쇄(질식)

- 장시간의 발작

- 중독

- 쇼크

- 급사

- 외상

응급처치를 실시하기에 앞서 고양이가 어느 정도의, 또 어떤 형태의 도움이 필요한지 알아야 한다. 고양이가 정신을 차리고 응급처치에 대해 저항한다면 처치를 필요로 하는 상태가 아니다.

인공호흡 또는 심폐소생술?	
고양이가 숨을 쉬는가? 가슴이 위아래로 움직이는지 관찰한다. 뺨을 대어 보아 입김이 나오는지 확인한다.	**숨을 쉰다면** 혀를 밖으로 빼내고 기도를 확보한다. 부드럽게 입을 벌려 손가락을 휘저어 구토물과 같은 물질이 기도를 막지 않도록 해야 할 수도 있다. 고양이를 잘 관찰한다. **숨을 쉬지 않는다면** 맥박을 확인한다.
고양이의 맥박이 뛰는가? 사타구니의 대퇴동맥을 촉진한다. 또는 주의 깊게 심장박동을 확인한다. 고양이 가슴 아래나 주변에 손을 대고 아주 가볍게 누른 상태로 심장박동을 느끼도록 한다.	**맥박이 뛰면** 인공호흡을 시작한다. **맥박이 뛰지 않는다면** 심폐소생술을 시작한다.

인공호흡

1. 고양이의 오른쪽을 아래로 하여 편평한 바닥에 눕힌다.

2. 입을 벌리고 천이나 손수건으로 입 안의 분비물 등을 제거한다. 이물이 없는지 확인한다. 이물이 보이면 되도록 제거한다. 이물이 손에 닿지 않거나 꽉 끼어 있어 제거하기 어려운 경우 하임리히법(311쪽 참조)을 실시한다.

3. 혀를 앞으로 잡아당기고 입을 닫는다. 고양이의 코(입이 아니다)에 입을 갖다 댄다. 고양이의 콧구멍으로 숨을 부드럽게 불어넣으면 가슴이 부풀어 오르는 게 보일 것이다. 풍선을 불 때처럼 세게 불지 말고 보다 부드럽게 불어야 한다.

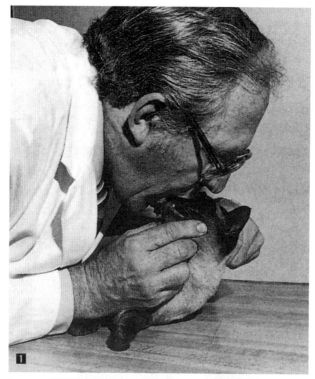

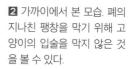

1 인공호흡. 고양이의 콧구멍으로 숨을 부드럽게 불어넣는다.

2 가까이에서 본 모습. 폐의 지나친 팽창을 막기 위해 고양이의 입술을 막지 않은 것을 볼 수 있다.

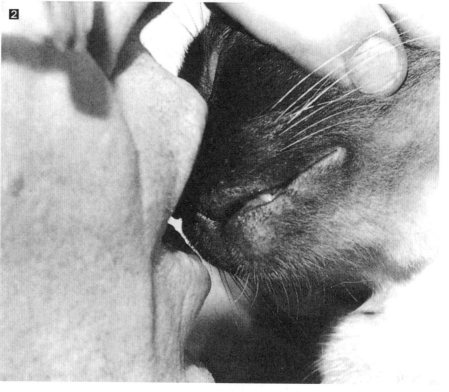

4. 공기가 다시 빠져나오게 한다. 과도한 양의 공기가 들어갔다면 폐의 지나친 팽창과 위의 팽만을 막기 위해 공기가 고양이의 입술 사이로 빠져나올 것이다.

5. 가슴의 움직임이 관찰되지 않는다면 숨을 좀더 강하게 불어넣는다. 필요하다면 고양이의 입술을 손으로 살짝 막은 상태에서 숨을 불어넣는다.

6. 4~5초에 한 번 숨을 불어넣는다(분당 12~15회).

7. 고양이가 스스로 숨을 쉴 때까지 또는 심박동이 돌아올 때까지 계속한다.

심폐소생술CPR

심폐소생술은 인공호흡과 심장 마사지를 병행하는 방법이다. 고양이가 심장 마사지를 필요로 하는 상태라면 인공호흡 역시 필요하다. 혹시 고양이가 심폐소생술을 하는 것에 대해 저항한다면 심폐소생술은 필요 없는 상황이다!

1. 입을 고양이의 코에 대고(mouth-to-nose) 인공호흡을 계속한다.

2. 심장 마사지 준비를 한다. 고양이의 팔꿈치 부위 뒤쪽의 흉골이나 가슴 부위 양측을 엄지손가락과 다른 네 손가락으로 잡는다.

3. 심장을 강하게 6회 압박한 뒤, 인공호흡을 실시한다. 그리고 다시 반복한다. 심장 마사지는 분당 80~120회 정도 실시한다.

4. 가능하다면 인공호흡을 하는 동안에도 심장 마사지를 멈추지 않는다.

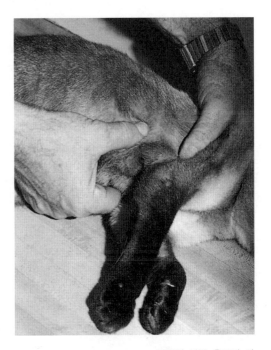

팔꿈치 뒤쪽 흉골의 양 측면을 엄지손가락과 다른 네 손가락을 이용해 마사지한다.

5. 맥박과 자발호흡을 체크하기 위해 2분마다 10~15초 정도 쉰다.

6. 심박과 자발호흡이 돌아올 때까지 계속하는데 30분이 지나도 심박이 돌아오지 않으면 중단한다.

쇼크

쇼크는 산소와 혈류의 양이 신체가 요구하는 양을 충족시키지 못할 때 발생한다. 충분한 혈류량을 유지하려면 효과적인 심박출 활동(정상적인 박동과 건강한 혈관)과 혈류와 혈압을 유지할 수 있는 충분한 양의 혈액이 필요하다. 산소가 충분히 공급되려면 호흡기관이 정상적으로 열려 있어야 하고, 호흡 활동을 위한 에너지도 충분해야 한다. 순환기계나 호흡기계에 악영향을 끼치는 상태들은 앞서 언급한 사항들을 불가능하게 만들어 쇼크를 유발할 수 있다.

쇼크가 발생한 동물의 심혈관계는 부족한 산소와 혈류량을 보완하기 위해 심박수와 호흡수를 늘리고, 피부의 혈관을 수축시키며, 순환 체액의 양을 유지하기 위해 배뇨를 억제시킨다. 생체기관이 정상적인 활동을 수행하는 데 필요한 산소가 부족해지면 위의 반응들이 계속되어 에너지가 추가로 필요해진다. 시간이 지남에 따라 쇼크는 스스로 지속되며, 치료하지 않으면 생명을 잃게 된다.

쇼크의 일반적인 원인으로는 탈수(오랜 구토나 설사에 의해 흔히 발생), 열사병, 심각한 감염, 중독, 지혈 문제 등이 있다. 고양이에게 가장 흔한 외상성 쇼크의 원인은 낙상이나 교통사고다.

쇼크의 초기 증상에는 헐떡거림, 심박수 증가, 튀는 맥박, 입술과 잇몸 그리고 혀의 점막이 밝은 붉은색을 띠는 것 등이 있다. 이런 증상들은 보통 알아차리지 못하거나 고양이가 매우 흥분하거나 탈진해서 그런 거라고 대수롭지 않게 여기고 지나치는 경우가 많다. 그러다 보니 고양이에게 문제가 있음을 알아챘을 때에는 쇼크가 한참 진행된 경우가 빈번하다. 쇼크가 진행되면 피부와 점막의 창백함, 체온하강, 발과 다리의 냉감, 호흡수 감소, 무관심과 침울, 의식상실, 맥박의 약화 또는 소실 등의 증상이 관찰된다.

치료 : 먼저 상태를 살핀다. 숨을 쉬는가? 심박이 느껴지는가? 얼마나 다쳤는가? 쇼크 상태인가? 만약 그렇다면 다음의 과정을 따른다.

1. 고양이가 숨을 쉬지 않는다면, 인공호흡을 실시한다(29쪽 참조).

2. 고양이의 심박이 느껴지지 않는다면, 심폐소생술을 실시한다(31쪽 참조).

3. 고양이가 의식이 없다면 기도를 확보한다. 손가락으로 입 안의 분비물을 제거하고, 혀를 잡아당겨 분비물이 기도를 막지 않도록 한다. 머리를 몸보다 아래쪽에 위치시킨다.

4. 출혈을 잡는다(65쪽, 상처 참조).

5. 쇼크 상태가 더 악화되는 것을 막기 위해 다음의 조치를 취한다.

• 고양이를 안정시키고 부드럽게 말을 건넨다.

• 고양이가 가장 편안한 자세를 취하도록 한다. 고양이는 본능적으로 가장 통증을 느끼지 않는 자세를 취할 것이다. 억지로 고양이를 눕히지 않는다. 이는 호흡을 더 어렵게 만들 수도 있다.

• 골절의 경우 가능하다면 고양이를 옮기기 전 골절 부위에 부목을 대는 등 고정

할 수 있는 조치를 취한다(34쪽, 골절 참조).

- 담요로 고양이를 감싸 온기를 유지하고 발이나 꼬리가 다치는 것을 방지한다
  (다친 고양이를 동물병원까지 이송하는 방법은 21쪽, 고양이를 다루고 보정하기 참조). 호
  흡을 방해할 수 있으므로 입마개를 하지 않는다.

6. 동물병원으로 향한다.

과민성 쇼크/아나필락시스anaphylactic Shock

과민성 쇼크는 즉각적으로 나타나는 심각한 알레르기 반응으로, 알레르겐*에 노출
되어 발생한다.

약물 중 과민성 쇼크를 유발하는 가장 흔한 알레르겐으로는 페니실린이 있으며, 꿀
벌이나 말벌에 의한 벌독도 때때로 과민성 쇼크를 유발한다. 흔한 경우는 아니지만
예방접종 후 쇼크가 오기도 한다.

과민성 쇼크는 앞에서 설명한 원인에 의해 다양한 증상을 나타낸다. 처음에는 접촉
부위에 한정되어 통증, 가려움, 부종, 피부 발적이 관찰될 수 있다. 급성 과민성 쇼크
는 즉각적으로 또는 몇 시간 동안에 걸쳐 전신성 알레르기 반응을 일으킨다. 불안감,
설사, 구토, 호흡곤란, 후두부종으로 인한 천명(그렁거리는 거친 숨소리), 쇠약, 순환장
애 등의 증상을 보인다. 치료하지 않으면 혼수상태나 죽음에 이른다.

치료 : 아드레날린(에피네피린) 투여, 산소 공급, 항히스타민제와 히드로코르티손 투
여, 정맥수액 등 과민성 쇼크에 대한 응급치료를 한다.**

과거에 특정 약물에 알레르기 반응을 보였던 병력이 있는 고양이는 같은 약물을 다
시 투여해서는 안 된다(61쪽, 벌레 물림, 거미, 전갈도 참조).

급성 복통

급성 복통은 응급상황으로 최대한 신속하게 치료하지 않으면 죽음에 이를 수 있다.
구토나 구역질, 안절부절해하며 편안한 자세를 취하지 못하고, 울거나 갸르렁거리고,
노력성 호흡 등의 증상을 동반하며 갑작스런 복통을 호소하는 등의 특징적 행동을 보
인다. 배를 누르면 극도로 아파하는데, 때때로 엉덩이를 허공에 치켜올리고 가슴을 바
닥에 대고 있는 특징적인 자세를 취한다. 상태가 악화되면 맥박이 약해지고, 점막은
창백해지며 쇼크 상태에 빠진다.

원인은 다음과 같다.

* **알레르겐**allergen 알레
르기를 일으키는 원인.

** 이런 응급처치는 가정
에서 할 수 없다. 이것이
반드시 동물병원에서 예
방접종을 해야 하는 이유
다. 동물병원에는 알레르
기 반응이 나타나면 즉
시 치료할 수 있는 약물
과 장비가 준비되어 있기
때문이다.

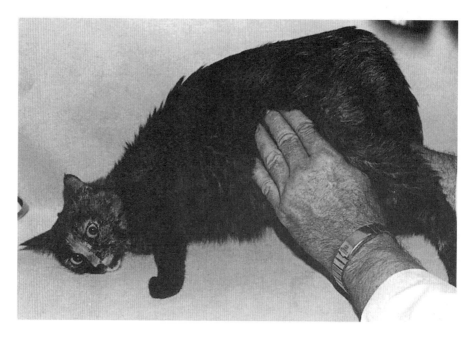

배에 통증이 있는 경우 수의사의 진료를 받아야 한다.

- 요로폐색
- 내부 출혈을 동반한 복부의 둔상(발에 차이거나 차에 치이는 경우)
- 방광파열
- 위나 장의 천공
- 중독
- 임신 상태에서 자궁의 파열
- 급성 복막염
- 장폐색

급성 복통이 있는 고양이는 위험한 상태로 <u>즉시 수의사의 진료를 받아야 한다.</u>

골절

대부분의 골절은 교통사고나 낙상에 의해 발생한다. 따뜻한 날씨에는 아파트 창문에서 떨어지는 낙상이 가장 흔한데, 방충망이 열려 있거나 매달린 고양이의 체중에 의해 방충망이 빠지면서 발생한다. 대퇴골, 골반뼈, 턱뼈가 가장 잘 부러지는 부위며, 두개골과 척추의 골절은 상대적으로 흔하지 않다. 자동차가 고양이의 꼬리를 밟고 지나가면서 골절이 일어나는 경우도 제법 흔하다. **척수손상(350쪽 참조)**에 자세히 나와 있다.

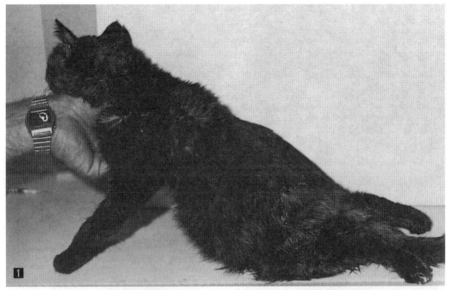

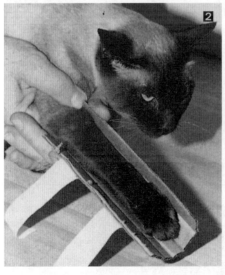

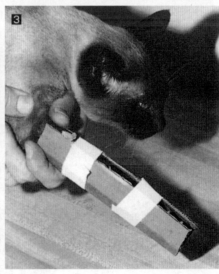

1 골반골절이 있는 고양이는 체중을 다리에 싣지 못한다. 이런 증상은 척수손상이나 동맥성 혈전색전증과 혼동될 수 있다.

2 판지 조각은 훌륭한 임시 부목이 될 수 있다.

3 팔꿈치 아래의 앞다리골절에 사용한다.

골절은 유형과 피부파열 여부에 따라 분류된다. 어린 고양이의 뼈는 대나무처럼 갈라지기 쉬워 부전골절(greenstick fracture)이라고 부르는 반면, 나이 든 고양이의 뼈는 탄성이 약해 부러지기 쉽다. 완전골절은 개방골절과 폐쇄골절로 나뉜다. 폐쇄골절은 뼈가 피부 밖으로 튀어나오지 않은 상태며, 개방골절은 뼈가 외부에 노출된 상태로 피부가 깊게 패거나 뼈의 뾰족한 돌출 부위가 피부를 뚫고 나와 생긴다. 개방골절의 경우 뼈에 감염이 발생할 확률이 높다.

치료 : 골절은 쇼크, 출혈, 다른 장기의 손상 등을 동반하는 경우가 많다. 골절 치료에 앞서 쇼크 증상을 치료한다(**31쪽, 쇼크 참조**). 다쳤거나 통증이 있는 고양이는 고양이를 다루고 보정하기(**21쪽 참조**)에서 설명한 대로 조심해서 다루어야 한다. 할퀴거나 물

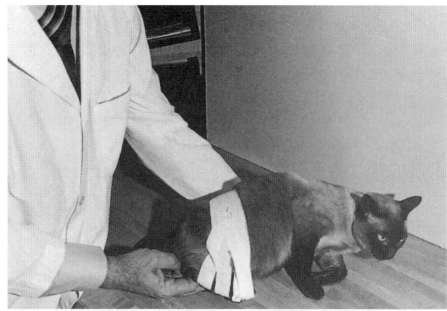

무릎관절 위쪽의 골절은 다리를 몸에 붙여 고정한다.

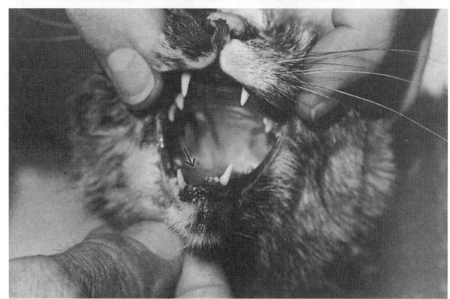

아래턱의 골절로 양쪽이 분리된 것이 보인다. 이런 손상은 보통 머리에 충격을 받아서 생긴다.

리지 않도록 주의한다.

골절이 발생하면 동물병원에 데리고 갈 때까지 추가적인 손상이 발생하지 않도록 다친 다리에 부목을 대서 잘 고정한다. 부목은 다친 부위 위아래의 관절에 교차하여 대는 게 좋고, 다친 부위의 위나 아래쪽 관절을 함께 포함하여 넓게 대는 게 좋다. 골절 부위가 무릎이나 팔꿈치 아래쪽이라면 잡지나 두꺼운 판지를 접어 다리 주변을 고정한다. 종종 화장지 심이 딱 적당한 크기의 부목 재료로 쓰일 수 있다. 다리에 부목을 댄 후 거즈, 넥타이, 테이프 등으로 잘 감싼다.

무릎이나 팔꿈치 위쪽에 발생한 다리의 골절은 다리를 몸에 붙여 고정한다. 때때로 다리를 몸에 붙인 상태로 고양이를 그저 담요나 타월로 조심해서 감싸주는 것이 최선인 경우도 있다. 차로 이동하는 경우, 가능하다면 한 사람이 운전하는 동안 다른 사람이 고양이를 담요로 감싼 상태를 유지한다.

뼈가 완전히 부러져 골절면이 어긋난 경우, 수의사는 골절된 뼈를 원위치로 환원시켜야 한다. 반드시 전신마취를 해야 하는데, 뼈가 어긋나도록 만든 근육의 긴장도보다 더 세게 다리를 잡아당겨 위치를 복원해야 하기 때문이다. 일단 원위치로 돌아오고 나면 뼈를 고정한 채 잘 유지해야 한다. 일반적으로 무릎이나 팔꿈치 아래쪽의 골절은 부목이나 깁스로 고정하는 반면 위쪽의 골절은 핀과 금속성 플레이트로 고정한다.

턱뼈가 골절로 어긋나면 치아의 부정교합을 유발한다. 턱뼈를 잘 조정하여 정확한 위치를 잡은 뒤, 이를 유지시키기 위해 치료가 끝날 때까지 치아도 함께 철사로 고정한다. 두개골절은 압박되어 눌린 뼈를 원위치시키는 수술이 필요할 수 있다. 더 자세한 내용은 머리의 손상(338쪽)을 참조한다.

실제 고양이의 움직임을 고려할 때 발가락의 골절을 제외하고는 핀이나 플레이트를 이용한 내고정이나 외고정 등의 수술적 교정이 추천된다. 옮긴이 주

화상

화상은 열, 화학물질, 전기충격, 방사선 등에 의해 발생한다. 일광화상은 방사선화상의 일례로, 흰 털을 가진 고양이의 귀 부위나 흰색 코, 털을 짧게 깎은 흰 털 고양이에서 발생한다(223쪽, 일광화상 참조). 몸 위로 뜨거운 액체가 쏟아지거나 가정에서 사고로 데일 수 있다. 가장 흔한 화상의 형태는 금속 재질 지붕, 전기 난로 위, 막 포장한 도로의 아스팔트 위를 걸어서 발바닥에 화상을 입는 것이다.

노출의 길이와 강도에 따라 손상 정도가 다르다.

1도 화상은 피부가 빨갛게 되고 약간 부어오르며 통증이 있다. 피부가 붉게 부어오르며 때때로 물집이 생기기도 하는데, 보통 약 5~7일 내에 치유된다.

2도 화상은 손상이 더 깊고 물집이 잡힌다. 통증도 아주 극심하다. 이런 상처는 치유되기까지 3주 정도 걸리는데 감염이 발생하면 더 오래 걸리기도 한다.

3도 화상은 모든 피부층이 손상되어 피하지방에까지 영향을 미친다. 피부는 하얗거나 가죽처럼 변하고, 털도 잡아당기면 쉽게 빠진다. 처음에는 통증이 심하나 신경말단이 파괴되면 통증이 사라진다. 보통 화상이 피부 바깥으로 파고 들어가며 신경말단을 파괴하므로 2도 화상만큼 통증이 심하지 않을 수 있다. 체표 면적의 20% 이상이 깊은 화상을 입으면 예후가 좋지 않다. 체액 손실이 매우 심하며, 쇼크가 발생하거나 피부

방어층이 사라져 버려 쉽게 감염된다.

치료 : 고양이가 감전된 것 같다면, 고양이를 만지기 전에 나무로 만든 도구를 이용해 전선을 멀리 치운다. 전기 차단기를 내려 보호자까지 감전되는 상황을 예방한다.

화상은 대부분 수의사의 치료가 필요하다. 가벼운 화상도 체액 손실, 쇼크, 감염 등으로 인해 생명을 위협하는 합병증을 유발할 수 있다.

화상을 입은 부위에 버터나 다른 '기름' 성분의 연고를 발라서는 안 된다. 물에 적신 거즈를 환부에 덮고 바로 동물병원으로 간다.

* 냉찜질은 너무 차가우면 조직이 손상될 수 있으므로 아이스팩은 피한다.

가벼운 화상의 경우, 상처 부위에 30분간 냉찜질*을 해 통증을 완화시킨다. 찜질팩이 따뜻해지면 다른 것으로 교체한다. 환부의 털을 자르고 소독용 비누로 부드럽게 씻어낸다. 수건으로 말린 뒤, 항생제 연고를 바른다. 거즈붕대로 헐겁게 감아 상처가 다치지 않게 방지한다. 붕대는 최소한 하루에 한 번 교체해야 환부가 깨끗하게 유지되어 치료될 수 있다. 다친 피부 부위는 문질러서는 안 된다.

산, 알칼리, 가솔린, 등유 및 기타 화학물질에 의한 화상은 다량의 물로 10분간 씻어낸다. 고양이가 털에 묻은 화학물질을 핥지 못하게 주의한다. 장갑을 끼고 저자극 비누와 물로 고양이를 목욕시킨다. 수건으로 말린 뒤 항생제 연고를 바르고 붕대를 헐겁게 감는다. 물집과 같은 분명한 화상병변이 관찰되면 수의사의 진료가 필요하다. 이런 물질들은 화상은 물론 고양이에게 독성으로 인한 피해를 유발할 수 있다.

고양이가 화상을 입은 피부를 핥지 못하게 한다. 이를 위해 엘리자베스 칼라나 바이트낫 칼라를 씌운다. 부위가 작다면 고양이가 핥지 못하도록 붕대를 감아도 된다 (247쪽, 입술, 입, 혀의 화상 참조).

추위에 노출됨

저체온증

장시간 추위에 노출되면 체온이 떨어진다. 고양이의 몸이 젖어 있으면 저체온증이 더욱 발생하기 쉽다. 저체온증은 쇼크 상태나 장시간의 마취 상황, 막 태어난 새끼 고양이에게도 발생한다(체온이 떨어진 새끼 고양이를 따뜻하게 해 주는 방법은 461쪽, 차가워진 새끼 고양이의 체온 올리기 참조). 장시간 추위에 노출되면 체내 가용 에너지가 소모되고 혈당도 떨어진다.

저체온증의 증상은 격렬하게 몸을 떨다가 무력감과 침울감에 빠지며, 직장체온이 36℃ 이하로 떨어지고, 마침내 허탈상태가 되고 혼수상태에 빠진다. 저체온증의 고양이는 체온이 떨어짐에 따라 대사활동도 감소하므로 심정지 상태가 길어져도 더 오래 버틸 수 있다. 이런 경우, 심폐소생술이 효과적일 수 있다.

치료 : 고양이를 담요나 외투에 싸서 집 안으로 옮긴다. 고양이의 몸이 젖어 있다면 (얼음물을 뒤집어 썼거나 비를 맞은 경우) 따뜻한 물로 목욕시킨다. 피부를 말리기 위해 수건으로 격렬히 문지른다.

수건으로 감싼 핫팩으로 체온이 떨어진 고양이의 겨드랑이, 가슴, 복부 등을 따뜻하게 해 준다. 핫팩의 온도는 아기 젖병 온도가 적당한데, 손목에 대어 보아 따뜻하게 느껴지는 정도다. 10분마다 직장체온을 측정한다. 체온이 37.8℃가 될 때까지 팩을 교체하며 지속한다. 화상을 입을 수 있으므로 헤어드라이어는 사용하지 않는다.

고양이가 움직이려고 하면 꿀이나 약간의 포도당 용액(500mL의 따뜻한 물에 설탕 7g을 녹임)을 먹인다. 고양이가 먹지 않으면 소량의 꿀이나 시럽을 잇몸에 묻혀 준다.

동상

동상은 심한 냉기에 의해 피부와 피하조직이 손상되는 것으로, 종종 저체온증과 함께 발생한다. 발가락, 귀, 음낭, 꼬리에서 가장 잘 발생한다(223쪽, 동상 참조). 이 부위는 털이 적어 직접 노출이 심한 부위로, 동상에 걸리면 먼저 피부가 창백해져 하얗게 변한다. 다시 혈액순환이 되면 빨갛게 부어오르고, 나중에는 껍질이 벗겨지기도 한다. 살아 있는 조직과 죽은 조직 사이의 경계선이 생기면서 마치 화상처럼 보이기도 한다. 죽은 조직 부위는 검고 딱딱하게 변해 부스러지는데, 일주일 정도까지는 실제 손상 정도가 명확하지 않을 수 있다. 죽은 피부가 분리되는 데 1~3주 정도가 소요되기 때문이다.

치료 : 동상에 걸린 부위를 따뜻한 물에(뜨거운 물이 아닌) 20분 정도 담그거나 혈색이 돌아올 때까지 담가 따뜻하게 해 준다. 이렇게 녹인 후에는 <u>눈이나 얼음이 닿지 않도록 한다.</u> 녹은 조직이 다시 얼면 조직파괴가 크게 증가한다. 손상된 조직은 쉽게 파괴되므로 문지르거나 마사지를 해서도 안 된다. 추가적인 조치를 위해 고양이를 동물병원에 데리고 간다. 국소용 또는 경구용 항생제가 처방될 것이다.

차가워진 부위의 감각이 되돌아오면 통증이 심할 수 있으므로 고양이가 심하게 핥거나 깨물지 못하도록 한다.

탈수

탈수는 고양이가 보충할 수 있는 능력 이상의 체액이 손실되어 일어난다. 보통 수분과 전해질(나트륨, 염소, 칼륨과 같은 미네랄)이 함께 손실된다. 아픈 고양이는 수분 섭취량이 적어 탈수가 발생할 수 있다. 열이 올라도 수분 손실이 증가하는데, 고양이가 손실분을 상쇄시킬 만큼의 수분을 섭취하느냐가 중요하다. 흔히 탈수가 발생하는 또 다른 원인은 장기간의 구토와 설사다.

탈수 증상 중 하나는 피부 탄력의 감소다. 정상 상태의 피부는 주름이 생길 정도로 잡아당겼다가 놓으면 곧바로 부드럽게 원상태로 복구된다. 그러나 탈수상태의 피부는 탄력을 잃어 신속히 원상복구되지 않는다. 또 다른 증상은 입 안이 건조해지는 것이다. 촉촉하게 윤이 나야 할 잇몸이 건조하게 메마르고, 침은 진득하게 끈적거린다. 탈수가 심해지면 눈이 쑥 들어가고 쇼크 상태에 빠진다.

치료 : 눈에 띄게 탈수상태를 보이는 고양이는 즉시 수의사의 진료를 받아야 한다. 체액을 보충하고 추가 수분 손실을 예방한다.

구토가 없고 경미한 경우, 먹여서 수분을 보충할 수 있다. 고양이 스스로 항상 신선하고 깨끗한 물을 마실 수 있도록 해 준다. 고양이가 물을 마시지 않는 경우 약병이나 주사기를 이용해 뺨 안쪽으로 전해질 용액을 투여한다(557쪽, 물약 참조). 소아용으로 나온 전해질 용액을 약국에서 구입할 수 있다. 5% 포도당이 첨가된 유산 링거액과 페디아라이트(Pedialyte) 모두 고양이에게 적합하다. 단, 이 용액들은 경구용으로만 투여해야 한다. 탈수의 심각한 정도에 따라 체중 500g당 시간당 2~4mL를 투여한다(또는 수의사의 지시를 따른다).

대다수의 고양이는 동물병원에서 피하 또는 정맥을 통한 수액 투여가 필요하다. 심각한 탈수는 이차적으로 신부전을 유발할 수 있다(새끼 고양이의 탈수 치료에 대해서는 471쪽, 흔한 급여상의 문제 참조).

익사와 질식

폐와 혈액 내로 산소가 공급되지 못하면 질식상태에 빠지는데 일산화탄소중독, 독성 가스 흡입(연기, 가솔린, 프로판, 냉매, 용제 등), 익사, 공기가 부족한 공간에 너무 오래 남겨두어 생긴 질식상태 등이 이에 해당된다. 이물이 기도를 막는 것과 호흡을 방해하는 가슴의 부상 등도 질식의 원인이 된다.

고양이 목걸이가 울타리 등의 장애물에 걸리면 벗어나려고 버둥거리는 과정에서 목이 졸리는 경우도 있으므로 탄력성이 좋아 잘 늘어나고 응급 시 머리가 잘 빠지거나 쉽게 풀리는 목걸이를 해 준다.

고양이는 태어날 때부터 헤엄치는 법을 알기 때문에 짧은 거리는 헤엄쳐 건널 수 있다. 그러나 물의 가장자리가 가파르거나 절벽이라면 고양이는 물에서 올라갈 수 없다. 수영장에 빠졌을 때 출구 경사로를 찾지 못해 패닉 상태에 빠지거나 헤엄을 치느라 기력을 다 소진해 버리면 익사할 수 있다. 연못의 얼음이 깨져 빠진 경우에도 빠져나오지 못해 익사하기도 한다.

산소가 결핍되는 저산소증의 경우 고양이는 호흡하려 애를 쓰고, 숨이 턱턱 막히는 듯 보이며(종종 고개를 쭉 편 채로), 극도로 불안해하고, 기력을 잃다가 결국 의식을 잃어가며 쓰러진다. 동공은 확장되고, 혀와 점막은 산소결핍으로 창백하게 변한다(청색증).

청색증이 나타나지 않는 예외적인 경우로 일산화탄소중독이 있는데, 이 경우 점막은 선홍색을 나타낸다. 일산화탄소중독은 화재현장에서 구조된 경우, 자동차 트렁크에 갇힌 경우, 자동차에 시동이 걸린 상태로 차고에 갇힌 고양이에게 발생한다.

치료 : 가장 중요한 것은 고양이가 신선한 공기로 호흡하도록 하는 것이다(가능하다면 산소를 직접 공급해 주는 것이 더 좋다). 호흡이 약하거나 없다면 즉시 인공호흡을 실시한다(29쪽 참조). 고양이를 동물병원으로 데리고 가는 동안 가능하다면 한 사람은 운전을 하고 다른 한 사람은 호흡을 유지시킨다.

일산화탄소중독은 보통 연기를 들이마시거나 입 안과 목구멍에 화상을 입는 것과 연관된다. 일산화탄소는 혈액 내 헤모글로빈과 결합하여 신체 조직으로 가는 산소 공급을 차단한다. 고양이가 심호흡을 해도 몇 시간 동안은 산소 공급이 악화될 것이다. 고농도의 산소를 흡입하면 회복하는 데 도움이 된다. 수의사는 산소 마스크나 산소 튜브(코에 꽂는 관), 산소 케이지 등을 이용해 처치한다.

고양이 가슴에 난 상처로 인해 기흉*이 발생하는 경우(고양이가 숨을 쉴 때 공기가 들썩거리는 소리가 나는 것으로 확인할 수 있다), 상처 위 피부를 잡아당겨 가슴의 구멍을 막는다. 막은 상태로 가슴 주변을 붕대로 감거나 거즈로 상처 부위를 단단히 감싼 상태로 고양이를 동물병원으로 옮긴다. 물에 빠진 경우 먼저 가능한 한 많은 양의 물을 폐에서 제거해야 한다. 한 손으로는 고양이 아랫배를 잡은 상태로 고양이를 거꾸로 잡고, 머리를 지지한 상태로 30초간 고양이를 앞뒤로 부드럽게 흔든다. 그러고 난 뒤, 고양이의 머리를 가슴보다 낮춘 상태로 눕히고 인공호흡을 실시한다(29쪽 참조). 맥박이 느껴지지 않는다면 심장 마사지를 시도해야 한다(31쪽, 심폐소생술 참조). 고양이가 스스로 숨을 쉴 수 있을 때까지, 혹은 30분간 계속해도 맥박이 돌아오지 않아 결국 중

* **기흉**pneumothorax 흉막강 내에 여러 원인으로 인해 공기가 차서 호흡곤란이나 흉부 통증 등의 증상을 일으키는 상태.

단할 때까지 마사지를 지속한다. 찬물에 빠지거나 추운 곳에 있었던 고양이의 경우 종종 오랜 시간이 지난 뒤에도 소생되는 경우가 있다는 것을 기억한다.

일단 긴급한 위기 상황이 지나고 나면 수의사의 진료를 받는다. 합병증으로는 이물 흡입으로 인한 폐렴이 흔하다.

감전사고 electric shock

감전사고는 전기 코드를 물어 뜯거나 방치된 전깃줄과 접촉하여 발생한다. 쇼크로 인해 턱근육의 수축이 발생할 수 있는데, 이로 인해 감전을 일으킨 전선을 계속 물고 있는 상태가 될 수도 있다. 번개를 맞은 경우도 치명적인데 피부와 털이 그슬린 명확한 표시가 남는다.

감전된 고양이는 화상을 입거나 순환성 허탈에 의해 심박이 불규칙해질 수 있다. 또한 전류가 흐르면 폐의 모세혈관을 손상시켜 폐포에 물이 축적되는 폐수종이 발생하기도 한다. 고양이는 호흡하려 애를 쓰고, 숨이 턱턱 막히는 듯 보이며(종종 고개를 쭉 편 채로), 극도로 불안해하고, 기력을 잃다가 의식을 잃어가며 쓰러진다. 고양이가 전선을 깨문 경우 침흘림, 입술의 화상, 폐손상에 의한 기침 등의 증상이 관찰될 수 있다.

치료 : 고양이가 전선이나 가전제품, 방치된 전깃줄 등과 접촉되어 있는 경우 그 상태로 고양이를 만져서는 안 된다. 가능하다면 먼저 집 안의 전기 차단기를 내리거나 전기 플러그를 뽑는다. 나무집게나 빗자루의 손잡이 부위 등을 이용해 전선을 고양이로부터 치운다. 고양이가 의식이 없고 숨을 쉬지 않는다면 인공호흡을 실시한다(29쪽 참조). 폐수종은 반드시 수의사의 치료가 필요하며, 감전된 고양이는 무조건 수의사에게 데려가 진찰을 받아야 한다.

화상을 입었다면 **화상**(37쪽 참조)에서 설명한 바와 같이 치료한다. 감전에 의한 입 안의 화상은 247쪽에서 자세히 설명하고 있으니 참조한다.

예방 : 전선은 고양이가 가지고 놀 가능성이 가장 적은 장소로 치운다. 특히 어린 고양이들은 주의가 필요하다. 전선을 벽 안쪽으로 설치하거나 플라스틱 전선 커버 등으로 정리한다.

열사병heat stroke

열사병은 즉시 발견하여 치료해야 하는 응급상황이다. 고양이는 사람과 마찬가지로 고온을 견디기 힘들다. 고양이는 발바닥에서만 아주 소량의 땀을 분비한다. 대신 빠른 호흡을 통해 뜨거운 공기를 차가운 공기와 교환한다. 열기에 노출된 고양이는 다량의 침을 흘리고, 털을 핥으며 침을 골고루 묻히는데 이는 침을 증발시켜 체온을 낮추는 데 큰 도움이 된다. 그러나 기온이 체온에 가까울 정도로 높아지면 증발을 이용한 방법은 효과가 크게 떨어진다. 호흡기에 문제가 있는 고양이 역시 심한 열기를 극복하기 어렵다.

체온을 올리거나 열사병을 일으키는 주요 원인은 다음과 같다.

- 더운 날씨에 차 안에 남겨두거나 물도 주지 않고 집에 가둬 두는 등 주변 온도가 상승하는 경우
- 기도의 질환으로 인해 빠른 호흡을 통한 열의 발산이 어려운 경우
- 심장 질환이나 폐 질환으로 효율적인 호흡을 하기 어려운 경우
- 고열, 발작, 격렬한 운동에 의해 과도한 열이 발생하는 경우

열사병은 빠르고, 격렬하며, 시끄러운 호흡으로 시작된다. 혀와 신체의 점막이 선홍색으로 변하고, 침은 진하게 진득거리며, 종종 구토를 하기도 한다. 체온은 때때로 직장체온으로 41℃ 이상 오른다. 보통 고양이의 외양만으로도 문제가 있다는 것을 알아챌 수 있으며, 체온을 재서 확인할 수 있다.

열사병을 치료하지 않으면 고양이는 불안정하게 비틀거리고, 종종 피가 섞인 설사를 하기도 하며, 점차 기력을 잃어간다. 입술과 점막은 창백한 푸른색이나 회색을 띤다. 시간이 지남에 따라 허탈상태, 혼수상태, 죽음에 이른다.

치료 : 즉시 응급조치를 실시해야 한다. 10분마다 직장체온을 측정한다. 가벼운 증상인 경우라면 고양이를 에어컨이 가동되는 건물이나 자동차같이 서늘한 장소로 옮기기만 해도 좋아진다. 고양이의 체온이 41℃를 넘거나 상태가 불안정하다면 차갑게 적신 수건으로 머리를 비롯해 겨드랑이와 사타구니를 감싸 주거나 직장체온이 39.4℃가 될 때까지 고양이를 차가운 물에 담가놓는다(머리는 제외). 정원용 호스로 몸에 물을 뿌려 줄 수도 있다. 머리와 사타구니 부위에 아이스팩을 대 주어도 된다. 체온이 39.4℃ 이하로 떨어지면 몸을 식히는 일을 중단한다. 온도조절 기능이 정상적이지 않은 상태므로 몸을 계속 식히면 저체온증이 발생할 수 있다.

열사병이 의심되는 고양이는 수의사의 진료를 받아야 한다. 치료가 지연되거나 이

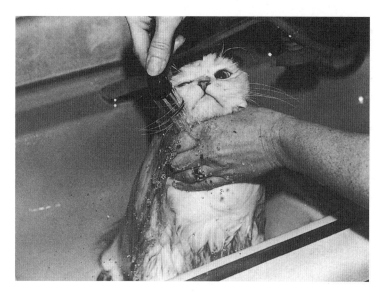

열사병은 응급상황이다. 차가운 물을 뿌리거나 고양이를 차가운 욕조에 담가 몸을 식힌다.

차적인 문제가 발생하는 경우 신부전, 심장 부정맥, 발작 등이 올 수 있다. 열사병은 목구멍의 부종을 악화시킬 수 있다. 이 경우 수의사는 치료를 위해 코르티손 주사를 투여할 것이다.

예방

• 기도 질환이 있거나 호흡에 문제가 있는 고양이를 장시간 열기에 노출시키지 않는다.

• 그늘에 주차를 했더라도 창문을 닫은 채 고양이를 차 안에 남겨두지 않는다.

• 차로 이동하는 경우 고양이를 환기가 잘 되는 이동장이나 철장에 넣고 차창을 열어 둔다.

• 밖에서 노는 데 많은 시간을 보내는 고양이에게는 그늘이나 시원한 물을 제공한다.

• 덥고 습한 날씨에는 페르시안과 같이 주둥이가 짧은 고양이의 경우 각별한 주의가 필요하다.

중독

독극물이란 신체에 해를 끼치는 모든 물질을 뜻한다. 여기에는 처방받은 약물, 세제, 천연 허브 등을 포함하는 여타의 식물도 포함된다. 고양이는 선천적으로 호기심이 많아 독성이 있는 물질을 핥거나 맛본다. 깔끔한 성격의 고양이는 그루밍을 하며 털에 묻은 독성물질을 핥아먹기도 한다.

동물용 미끼는 먹도록 유인하는 맛있는 독극물로 고양이는 스스로 독극물을 먹어 중독된다. 반면, 때로는 독소에 노출된 먹이를 먹은 설치류를 잡아먹고 의도치 않게 중독되기도 한다. (실내에서 생활하는 고양이도 설치류, 곤충, 작은 파충류 등 작은 먹잇감을 사냥할 수 있다.)

중독이 의심되는 상황은 대부분 실제로는 중독이 아닌 경우가 많다. 고양이는 천성적으로 호기심이 많아 나무더미, 수풀, 창고 등을 탐험하길 좋아한다. 또한 작은 동물들을 사냥해서 종종 좁은 공간으로 몰기도 한다. 이런 특성은 고양이가 곤충, 동물의 사체, 독성식물 등과 접촉할 기회를 제공한다. 때문에 중독이 의심되는 상황에서는 정확한 원인물질을 찾아내기가 어렵다. 고양이가 어떤 식물이나 물질을 먹었는지 바로 알아낼 수 없다면 엄청나게 다양한 잠재적인 독성식물과 관목 중에서 무엇이 범인인지를 찾아내는 것은 매우 어렵거나 불가능한 일이다.

중독사고는 대부분 집 안이나 차고에서 발생한다. 따라서 독성이 있는 물질은 안전한 용기에 보관해야 하며, 가능하다면 단단히 잠글 수 있는 수납장에 보관하는 게 좋다(앞발로 벽장 문을 여는 고양이도 있다). 집 안에 독성이 있는 식물이 있다면 치우거나 고양이가 접근하지 못하도록 울타리를 친다. 약은 어린이용 잠금장치가 된 용기에 넣어 안전하게 수납장 안에 보관한다.

고양이의 주요 중독사고 10가지

미국의 동물보호단체 미국동물학대방지협회(ASPCA, Pmerican Society for the Prevention of Cruelty to Animals)의 동물중독관리센터에 따르면 고양이에서 가장 흔히 발생하는 중독사고는 다음과 같다.

1. 개용 퍼메트린 외부기생충약 : 개용 진드기, 벼룩 구제제는 절대 고양이에게 사용해서는 안 된다!
2. 기타 국소용 살충제 : 살충제 사용제품 설명을 주의 깊게 따라야 한다.
3. 벤라팍신(venlafaxine, 사람용 항우울제) : 고양이는 캡슐약에 호기심이 많다.
4. 발광 장신구나 발광막대 : 안에 들어 있는 성분에 약한 독성이 있다.
5. 백합 : 모든 백합과 식물은 신부전을 유발할 수 있다.
6. 액상 방향제 : 고양이가 방향제를 직접 핥거나 방향제를 밟은 자신의 발을 핥으면서 먹을 수 있다.
7. 아스피린과 이부프로펜 등 비스테로이드성 소염제(NSAID).
8. 아세트아미노펜(타이레놀) : 한 알만 먹어도 치명적일 수 있다.
9. 항응고 성분의 살서제(쥐약) : 고양이가 쥐약을 직접 먹거나 중독된 설치류를 잡아먹어 발생할 수 있다.
10. 암페타민 : 극소량으로도 위험할 수 있다.

중독 증상의 일반적인 치료

고양이가 알 수 없는 물질을 먹었다면 그 물질에 독성이 있는지 여부를 파악하는 것이 중요하다. 대부분의 제품은 라벨에 성분이 나와 있지만, 라벨을 통해 성분이나 독성 여부를 파악할 수 없다면 미국동물학대방지협회 동물중독관리센터에 전화를 걸어 자세한 정보를 얻는다. 동물중독관리센터에는 면허를 받은 수의사와 독성학자가

안타깝게도 국내에는 전문적인 동물중독관리기관이 없다. 중독사고가 발생하는 경우 인터넷 검색 등은 자제하고 주치의 수의사나 24시 동물병원에 문의한다. 옮긴이 주

1년 365일 24시간 상담을 받는다.

가까운 24시 동물병원에 전화를 걸어, 중독 증상에 어떻게 대처할지 정보를 얻는다. 일부 독극물은 특정한 해독제를 이용할 수 있다. 하지만 원인 물질이 불분명하거나 정황상으로만 중독이 의심된다면 해독제를 투여해서는 안 된다. 일부 제품의 상품 포장에는 안전성에 대한 정보를 문의할 수 있는 전화번호가 적혀 있기도 하다.

중독 증상이 발현되면 가장 중요한 사항은 고양이를 즉시 응급진료가 가능한 곳으로 데려가는 것이다. 가능하다면 독극물을 찾아 함께 담아 가지고 간다. 이는 응급실에서 즉시 진단을 하고 치료 계획을 세우는 데 도움이 된다.

고양이가 중독물질을 먹은 지 얼마 지나지 않은 경우라면 종종 아직 위 내에 중독 물질이 남아 있을 수 있다. 가장 먼저 취할 수 있는 조치는 위 내에 남아 있는 독극물을 제거하는 것이다. 가장 효과적인 위세척 방법은 위에 튜브를 삽입하여 위의 내용물을 가능한 한 많이 배출시키고 다량의 물로 위를 세척하는 것이다. 이런 조치는 동물병원에서만 실시할 수 있다.

부득이하게 병원에 고양이를 직접 데려갈 수 없는 경우는 즉시 구토를 유발시켜야 한다. 고양이가 독성물질을 삼키는 것을 눈앞에서 보았다면 즉시 토해 내게 만드는 게 최선의 방법이다. 독극물을 먹은 지 2시간 이내고 동물병원까지 가는 데 30분 이상 걸린다면 전화로 상담자에게 구토를 유도하는 방법을 조언받는다.

그러나 다음과 같은 경우에는 구토를 유도해서는 안 된다.

- 고양이가 이미 구토한 경우
- 고양이의 의식이 혼미하거나 호흡이 곤란한 경우, 신경학적 증상을 보이는 경우
- 고양이가 의식이 없거나 경련을 하는 경우
- 고양이가 산, 알칼리, 세제, 가정용 화학물질, 석유류 제품을 먹은 경우
- 고양이가 식도에 박히거나 위를 천공시킬 수 있는 날카로운 물체를 먹은 경우
- 제품포장에 "구토를 유발시키지 마시오."라고 적힌 경우

구토 유도 및 독극물 흡수 억제

고양이에게 과산화수소수를 먹여 구토를 유발한다. 3% 용액이 가장 효과적이다. 체중 약 4.5kg당 1티스푼(5mL)의 과산화수소수를 먹이는데 3티스푼 이상을 먹여서는 안 된다. 처음 먹인 뒤 고양이가 토하지 않으면 구토할 때까지 10분 간격으로 세 차례까지 추가로 투여한다. 가능하다면 과산화수소수를 먹인 뒤 고양이가 주변을 걸어다니게 하거나 고양이를 팔로 잡고 부드럽게 흔들어 주는 게 좋다. 이런 행동은 구토를 자극한다.

일단 위에서 독극물을 제거한 이후 활성탄을 투여하면 남아 있는 독극물과 결합해 추가로 흡수되는 것을 막는 데 도움이 된다.

가정에서 가장 효과적이고 손쉽게 투여할 수 있는 경구용 활성탄 제품은 압축 활성탄으로 보통 5g짜리 알약으로 시판된다(20쪽, 가정용 구급상자에서 추천). 용량은 체중 4.5kg당 한 알이다. 액상이나 가루로 되어 현탁액을 만들어 먹이는 제품은 집에서 주사기나 약병으로 먹이기가 매우 어렵다. 현탁액은 진하고 끈적거려서 스스로 삼키는 고양이는 극히 드물다. (일부 고양이들은 음식에 섞어 주면 먹는다.) 이런 액상 제품은 위 튜브(stomach tube)로 투여하는 것이 가장 적합하다. 수의사는 보통 위를 세척한 뒤 투여한다.

활성탄을 사용할 수 없다면 우유 60mL와 달걀 흰자 60mL를 잘 섞어 고양이에게 2 티스푼(10mL) 먹인다. 플라스틱 주사기로 뺨 안쪽으로 투여하거나(556쪽, 약물을 투여하는 방법 참조) 음식에 섞어 준다. 주사기를 이용하는 경우 고양이의 기도로 들어가 흡인성 폐렴에 걸리는 것을 방지하기 위해 똑똑 떨어뜨려 먹이는 게 좋다.

중독된 고양이는 동물병원에서 집중관리를 받을 경우 생존율이 높다. 정맥수액 유지, 순환 유지, 쇼크 치료, 신장 보호 등의 치료가 이루어진다. 다량의 소변을 보는 것은 독극물 제거에 도움이 된다. 항염증 효과를 위해 코르티코스테로이드를 투여하기도 한다. 급성으로 호흡이 억제된 혼수상태의 고양이는 기관삽관 및 인공환기가 도움이 된다.

신경계 증상을 보이는 고양이는 문제가 심각하다. <u>가능한 한 빨리 고양이를 동물병원에 데려간다.</u> 구토물을 담아가거나 가능하다면 독극물이 담겨 있는 용기째 가지고 간다. 응급처치를 지체해서는 안 된다. 경련을 하거나 의식이 없거나 호흡이 없다면 심폐소생술을 실시한다(31쪽 참조).

발작

독극물에 의한 발작은 저산소혈증이 지속됨에 따라 뇌손상이 발생할 수 있다. 지속적이고 반복적인 발작은 수의사가 정맥용 디아제팜(diazepam)이나 바르비투르 (barbiturates)를 투여하여 관리할 수 있다.

스트리키닌 및 기타 중추신경계 독극물에 의한 발작은 뇌전증(간질)으로 오인될 수 있다. 중독인 경우 수의사의 즉각적인 치료가 필요하나 대부분의 뇌전증은 응급상황이 아니므로 두 가지를 구분하는 것이 중요하다. 중독에 의한 발작은 보통 지속적이며 수분 내에 다시 발생한다. 발작 사이에 고양이는 몸을 떨거나 조정 능력 결여, 쇠약, 복통, 설사 등의 증상이 나타날 수 있다. 반대로, 대부분의 뇌전증은 짧게 발생하고, 2분 이상 지속되는 경우가 드물며, 발작이 끝난 후 약간 멍한 상태를 보이거나 평상시와 같은 모습을 보인다.

발작관리에 대해서는 **발작**(346쪽 참조)에서 설명한다. 고양이는 혀가 말려들어가지 않으므로 발작하는 동안 물릴 위험을 무릅쓰고 혀를 잡아빼려 애쓰지 않아도 된다. 타월이나 담요로 고양이를 잘 감싸서 고양이를 안정시키면 발작하는 동안 다치는 것을 예방할 수 있다.

독극물이 묻은 경우

고양이의 피부나 털에 독성물질이 묻었다면 다량의 미지근한 물을 이용해 30분 동안 씻어낸다. 장갑을 끼고 고양이를 목욕시키는 데 차가운 물이 아닌 미지근한 물을 사용해 140쪽 설명처럼 목욕시킨다. 자극을 유발하지 않는 물질이라도 반드시 제거해야 한다. 그렇지 않으면 고양이가 핥아서 먹을 수도 있다. 휘발유와 기름 얼룩은 미네랄 오일이나 식물성 오일을 이용해 제거한다(페인트 시너나 테레빈유*는 사용하지 않는다). 오일을 잘 발라 문지른 후 부드러운 비누로 씻어낸다. 남아 있는 기름기를 흡수하기 위해 녹말이나 밀가루로 문지른 뒤 빗질해 제거한다.

약물중독

약물중독은 의도치 않게 동물용 약을 과량으로 복용했거나 먹으면 안 되는 사람용 또는 동물용 약을 먹어 발생하는 경우가 흔하다. 특히 동물용 약은 맛있게 만들어진 경우가 많아 고양이가 발견하면 바로 먹어 버리곤 한다. 호기심이 많은 고양이는 종종 바닥에 떨어져 굴러다니는 알약에 흥미를 느껴 가지고 놀다가 먹기도 한다.

많은 사람들이 다양한 증상을 치료하려는 목적으로 수의사의 승인 없이 사람용 일반의약품 약들을 고양이에게 먹이고는 한다. 사람에서처럼 고양이에게도 약효가 발휘될 것이라 믿는다. 하지만 불행하게도 그렇지 않다. 고양이는 많은 약물에 매우 민감하다. 고양이에게 사람의 용량을 기준으로 약을 먹이면 대부분 독성을 일으킨다. 또한 일부 사람용 약물은 소량이라도 고양이에게 먹여서는 절대 안 된다.

이부프로펜과 아세트아미노펜 같은 흔한 진통제도 고양이에게는 매우 독성이 강한 약물이다. 고양이는 이 약물들을 해독하고 배설하는 데 필요한 효소를 가지고 있지 않다. 특히, 고양이는 글루쿠로닐 전이효소(glucuronyl transferase)라는 간효소가 부족하다. 이 효소는 약물을 분해하여 대사시키는 역할을 하는데 이게 없으면 약물을 복용하는 경우 위험물질이 체내에 축적되어 복통, 침흘림, 구토, 쇠약 등의 증상이 급속하게 나타난다.

*테레빈유turpentime 송정유라고도 한다. 소나무의 송진을 수증기로 증류하여 얻는 정유로 독특한 향이 난다. 의약품, 유화를 녹이는 기름, 페인트, 구두약 등에 쓰인다.

이 외의 사람용 약도 다양한 독성을 나타낸다. 주로 사고로 먹게 되는 경우가 많은데 항우울제, 항히스타민제, 비스테로이드성 진통제, 수면제, 체중감량약, 심장약, 혈압약, 비타민 등이 포함된다.

치료 : 약을 먹은 경우 대부분 심각한 상황에 이를 수 있다. 동물이 어떤 약을 먹었다고 의심되면 즉시 구토를 시키고 46쪽에 설명한 대로 장벽을 보호해 체내 흡수를 막는다. 수의사에게 연락해 추가 지시를 받는다.

예방 : 모든 약은 열림 방지용 약통에 담아 장 안에 넣어 안전하게 보관한다. 어떤 약물을 투여하기에 앞서 항상 수의사와 의논한다. 투약 횟수와 용량을 정확하게 따른다. 사람약이 동물에게도 안전할 것이라고 추측해서는 절대 안 된다!

부동액

에틸렌글라이콜(ethylene glycol)에 의한 부동액 중독은 개나 고양이에서 가장 흔한 중독사고 중 하나다. 주로 고양이가 자동차 라디에이터에서 흘러나온 부동액을 먹어 발생한다.

부동액 중독은 주로 뇌와 신장에 영향을 끼친다. 증상은 복용량에 따라 다르며 보통 30분 이내에 나타나는데 간혹 섭취 12시간 후에 나타나기도 한다. 침울함, 구토, '술에 취한 듯한' 부자연스러운 걸음걸이, 발작 등이 나타난다. 몇 시간 만에 혼수상태에 빠지거나 생명을 잃을 수도 있다. 고양이가 급성 중독에서 회복되었어도 1~3일 후에 신부전으로 진행되어 죽음에 이르는 경우가 많다.

치료 : 고양이가 부동액을 소량이라도 먹는 것을 보거나 먹은 것이 의심된다면 즉시 구토를 유도하고(46쪽 참조) 동물병원에 데리고 간다. 치료가 지연되는 경우, 에틸렌글라이콜의 흡수를 막기 위해 활성탄(46쪽 참조)을 투여한다. 에틸렌글라이콜의 대사를 막기 위해 정맥 수액 처치를 하고, 에탄올 치료를 한다. 동물병원에서의 집중적인 치료를 통해 신부전을 막을 수 있다. 혈액투석 치료가 가능한 2차 병원도 있다.

예방 : 동물과 아이에게 발생하는 부동액 중독사고는 부동액 뚜껑을 꽉 잠그고, 잘 보관하여 쏟아지는 사고를 예방하고, 사용한 부동액을 잘 폐기하는 것으로 예방할 수 있다. 최근 나온 부동액은 에틸렌글라이콜 대신 프로필렌글라이콜(propylene glycol)을 사용하기도 한다. 미국 식품의약품안전청(FDA)은 프로필렌글라이콜에 대해 '일반적으로 안전하다'고 표시하는데 이는 식품첨가제로도 가능한 정도를 의미한다. 그러나 이는 사람에게 소량 섭취되는 경우에 해당되므로 고양이는 먹지 못하게 해야 한다. 프로필렌글라이콜을 먹고 조정 능력 결핍이나 심한 경우 발작이 나타날 수 있으나 치명적인 경우는 드물다.

살서제(쥐약) 중독

흔히 쓰이는 쥐약에는 항응고제와 고칼슘제제가 들어 있다. 둘 다 고양이가 먹으면 치명적일 수 있으며, 간혹 쥐약을 먹은 설치류를 먹어 문제가 발생하기도 한다.

항응고제

항응고제 성분의 쥐약은 가장 흔히 사용하는 제품으로, 개와 고양이의 중독사고 중 상당수를 차지한다. 항응고제는 정상적인 지혈작용에 필수적인 비타민 K 의존성 응고요소의 합성을 차단한다.

쥐약을 먹고 며칠이 지나도 겉으로 증상이 나타나지 않을 수 있다. 고양이는 혈액 손실로 인해 기운이 없고 창백해지며, 코피, 토혈, 항문출혈, 피하의 혈종이나 멍, 잇몸 출혈 등이 나타난다. 흉강이나 복강에 출혈이 발생하여 죽은 채 발견되기도 한다.

두 세대의 항응고제가 있는데, 둘 다 모두 현재 사용되고 있다. 1세대 항응고제는 축적독성이 있어 며칠에 걸쳐 여러 번 먹으면서 설치류가 죽음에 이른다. 이런 항응고제로는 와파린과 히드록시쿠마린 등이 있다.

2세대 항응고제로는 브로마디올론과 브로디파쿰 등이 있는데 와파린과 히드록시쿠마린보다 독성이 50~200배 더 강하다. 이런 제품은 고양이에게 더 위험하며 설치류는 한 번만 먹어도 죽음에 이를 수 있다. 죽은 설치류 위 내의 잔류 성분에 의해 사체를 먹은 고양이도 중독될 수 있다.

독성이 매우 강한 인데인다이온 계열의 장기지속형 항응고제(pindone, diphacinone, diphenadione, chlorphacinone)도 2세대 항응고제와 밀접한 관련이 있다.

치료 : 즉시 수의사의 진료를 받아야 한다. 가능하면 동물병원에 쥐약통을 가지고 가서 독극물을 확인한다. 1세대 항응고제 혹은 2세대 항응고제 중 어느 것을 먹었는지에 따라 치료가 달라질 수 있으므로 중요하다. 먹은 지 얼마 지나지 않은 것 같으면 일단 구토를 유도한다(46쪽 참조).

항응고제에 의해 발생한 자발적 출혈은 수의사가 혈액 손실량을 평가하여 신선한 전혈*이나 동결 혈장을 수혈하여 치료한다. 비타민 K가 해독제며 피하주사로 투여한 뒤 응고시간이 정상으로 돌아올 때까지 피하주사나 경구로 필요량을 반복 투여한다. 1세대 항응고제 중독의 경우 보통 이런 과정에 일주일가량 소요된다. 그러나 장기 지속형 항응고제의 경우 고양이 체내 잔류기간이 길어 회복까지 한 달이 걸리기도 한다.

고칼슘제제

고칼슘제제 성분의 약물은 유효성분으로 비타민 D(콜레칼시페롤)를 함유하고 있다.

* **전혈** 적혈구·백혈구·혈장·혈소판 등 혈액의 전체 성분을 포함한 혈액.

콜레칼시페롤은 혈청 내 칼슘 농도를 독성 수준으로 높여 심장 부정맥을 유발해 죽음에 이르게 만든다. 설치류에서 내성이 발생하지 않아 점점 더 사용이 늘고 있다. 중독된 설치류를 먹은 고양이도 중독될 수 있기는 하나 대부분 고양이가 직접 먹어서 문제가 된다.

고양이는 섭취 18~36시간 후에 고칼슘혈증이 발생하는데 갈증과 다뇨 증상, 구토, 전신쇠약, 근육경련, 발작, 최종적으로 죽음에 이르는 등의 증상을 보인다. 살아남은 경우에도 수 주 동안 혈청 칼슘 농도가 상승한 상태가 지속된다.

치료 : 고양이가 먹은 지 4시간 이내라면 구토를 유도하고(46쪽 참조) 수의사에게 알린다. 수의사는 체액과 전해질 불균형을 교정하고 이뇨제, 프레드니손(prednisone), 경구용 인흡착제, 저칼슘 처방식 등을 사용하여 칼슘 농도를 낮춰 나갈 것이다. 칼시토닌이 해독제긴 하나 구하기 어렵고 효과도 단기적이다.

브로메탈린Bromethalin

뇌와 척수 세포의 부종을 유발하여 중추신경계에 작용한다. 고양이에서 첫 번째로 나타나는 증상은 발작이나 배뇨조절 불능 등의 마비 증상이다. 경미한 경우 운동실조만 보이기도 한다.

치료 : 먹은 즉시 발견했다면 구토를 유도하고 활성탄을 투여한다(47쪽 참조). 고양이를 동물병원으로 데려간다. 수의사가 투여한 스테로이드와 은행 성분 보조제가 어느 정도 도움이 될 것이다. 일단 증상이 시작되면 경구용 치료는 위험할 수 있다. 살아남은 경우 회복하기까지 수 주가 걸린다.

독이 든 미끼

스트리키닌, 불화초산나트륨, 인, 인화아연, 메트알데하이드 등이 함유된 동물용 미끼는 시골 지역에서 땅다람쥐, 코요테, 기타 포식자를 관리하는 목적으로 사용된다. 또한 설치류를 없애기 위해 외양간과 헛간에서도 사용된다. 이런 미끼들은 맛이 좋아 고양이들이 먹는 경우가 발생한다. 독성이 매우 강해 먹고 난 뒤 몇 분 만에 생명을 잃는다. 다행히 가축의 죽음, 환경 내 지속적인 잔류 우려, 반려동물과 아이들에 대한 위험성 때문에 사용이 감소하고 있다.

스트리키닌strychnine

스트리키닌은 래트(rat)나 생쥐 박멸에 쓰이는 약으로, 종종 코요테 미끼로도 사용한다. 다행히 스트리키닌의 사용은 감소 추세다. 0.5% 이상의 농도는 허가받은 해충 구제업자에게만 사용이 제한되어 있으며, 시중에서 판매되는 제품들은 0.3% 미만의 농도다. 규제가 강화되고 저농도를 사용함에 따라 스트리키닌 중독 발생률도 감소하고 있다.

보통 보라색, 빨간색, 초록색으로 코팅된 펠릿 형태로 판매된다. 스트리키닌 중독은 증상이 매우 특징적이어서 보통 즉시 진단을 내릴 수 있다. 갑자기(먹은 뒤 2시간 이내) 불안감, 민감한 반응, 두려움 등의 첫 번째 증상이 나타난다. 조금 지나면 약 60초간 지속되는 강렬하고 심한 통증의 근육성 발작이 관찰되는데, 고양이는 고개를 뒤로 젖힌 채 숨을 쉬지 못하며 창백하게 변한다. 살짝 건드리거나 손뼉을 치는 등의 아주 작은 자극에도 발작을 일으킨다. 이는 진단을 내리는 데 이용되는 특징적인 반응이다. 신경계와 연관된 다른 증상으로는 근육 떨림, 입을 우적거리는 행동, 침흘림, 부자연스러운 근육경련, 허탈, 다리를 차는 행동 등이 있다.

스트리키닌 및 기타 중추신경계 독소에 의한 발작은 때때로 뇌전증(간질)으로 오진된다. 중독은 즉각적인 수의사의 치료가 필요하므로 이런 실수는 치명적일 수 있다. 간질성 발작은 보통 몇 분 동안 지속되고 바로 다시 나타나지 않는다. 그리고 증상은 항상 순서대로 나타나며 매번 유사한 형태로 발생한다. 대부분 동물병원에 데리고 가기 전에 끝나 버리며 응급상황이 아닌 경우가 많다(346쪽, 발작 참조).

치료 : 고양이가 중독의 첫 번째 증상을 보이고, 구토를 하지 않은 상태라면 46쪽에서 설명한 바와 같이 구토를 유도한다. 노력성 호흡이나 발작을 보인다면 구토를 시켜서는 안 된다.

중추신경계 관련 증상이 나타났다면 더 이상 구토 유도를 미뤄서는 안 된다. 큰 소리를 내거나 불필요하게 고양이를 만지는 것은 발작을 촉발시킬 수 있으므로 조심한다. 고양이를 외투나 담요로 감싸고 바로 가까운 동물병원으로 간다. 수의사는 발작을 멈추기 위해 디아제팜이나 바르비투르 정맥주사 등의 치료를 할 수 있다. 그리고 고양이를 어둡고 조용한 방에 두어 가능한 한 외부 자극을 최소화한다.

플루오로아세트산나트륨 sodium fluoroacetate

플루오로아세트산나트륨(화합물 1080/1081)은 쥐와 땅다람쥐에 아주 효과적인 독극물로 곡물, 겨, 기타 설치류의 먹이에 섞어 사용한다. 이를 먹고 죽은 설치류를 개나 고양이가 먹으면 중독될 수 있다. 허가받은 해충 구제업자만 사용이 가능하며, 미국 내 사용빈도는 낮은 편이나 오래된 헛간 등에서는 찾아볼 수 있다.

증상의 발현은 갑작스런 구토로 시작되며 불안감, 배뇨나 배변을 하려고 힘을 주는 행동, 비틀거리는 걸음걸이, 비전형적인 발작이나 진성경련 등이 뒤따르며 허탈상태에 빠진다. 스트리키닌 중독에서처럼 외부 자극에 의해 발작이 촉발되지는 않는다.

치료 : 고양이가 독극물을 먹은 즉시 구토를 유도한다(46쪽 참조). 스트리키닌 중독에서와 마찬가지로 조치한다.

비소arsenic

달팽이류 미끼에 메트알데하이드와 섞어 사용하는 비소는 개미약, 제초제, 목재 방부제, 살충제에도 들어 있는 경우가 있다. 비소는 많은 화합물에서 흔히 발견되는 불순물인데 사용량은 감소 추세에 있다. 증상을 관찰하기도 전에 섭취 직후 죽음에 이를 수 있다. 진행이 늦은 경우 갈증, 침흘림, 구토, 비틀거림, 극심한 복통, 위경련, 설사, 마비 증상을 보이다 죽곤 한다. 고양이가 숨을 쉴 때 진한 마늘 냄새가 날 것이다.

치료 : 구토를 유도한다(46쪽 참조). 신장 세척을 위한 정맥수액 치료를 위해 동물병원에 데려간다. 디메르카프롤이라는 킬레이트 제제는 비소와 결합하여 배출에 도움이 되지만 부작용이 있다. BAL(British anti-Lewisite)이 해독제다.

메트알데하이드

메트알데하이드는 종종 쥐약, 달팽이류 미끼에 비소와 혼합하여 사용된다. 캠프용 난로의 고체연료에 들어 있는 경우도 있다. 흥분, 침흘림, 부자연스러운 보행, 근육 떨림 등의 증상이 나타나며, 섭취 몇 시간 내로 일어서는 게 불가능할 정도로 기력을 잃는다. 근육 떨림 증상이 외부 자극에 의해 촉발되지는 않는다.

치료 : 고양이가 독극물을 섭취한 즉시 구토를 유도한다(46쪽 참조). 스트리키닌 중독(51쪽 참조)에서 설명한 바와 같이 조치한다. 며칠 뒤 간부전으로 죽는다.

인

인은 쥐약과 바퀴벌레약, 화약, 조명탄, 성냥, 성냥갑 등에 들어 있다. 중독된 고양이는 숨을 쉴 때 마늘 냄새가 난다. 중독의 첫 번째 증상은 구토와 설사다. 증상이 가라앉는 듯하다 다시 구토, 위경련, 복통, 경련, 혼수 등의 증상이 뒤따른다.

치료 : 인을 함유한 제품이나 독극물을 먹었다고 의심되면 구토를 유도한다(46쪽 참조). 장벽을 보호할 목적으로 우유나 달걀 흰자를 먹이면 오히려 흡수를 촉진시킬 수 있으니 사용하지 않는다. 가까운 동물병원에 데려가야 한다. 특정한 해독제는 없다.

인화아연

인화아연은 쥐약과 곡물용 훈증제에서 발견된다. 중추신경계에 작용해 침울, 노력성 호흡, 구토(종종 피가 섞임), 쇠약, 경련 증상을 일으키며 심한 경우 생명을 잃는다. 인화아연에 중독된 설치류나 새를 먹은 고양이도 중독될 수 있다.

치료 : 특정한 해독제는 없다. 스트리키닌 중독에서처럼 치료한다(51쪽 참조). 동물병원에서 위세척을 실시해야 한다. 위를 5% 중탄산나트륨으로 세척해서 위내 pH(수소이온 농도 지수)를 올려 가스 형성을 지연시킬 수 있도록 한다.

살충제

창고형 마트, 가정용품점, 농업용품점에서 판매되는 개미, 흰개미, 말벌, 정원 해충 및 기타 벌레용 살충 제품은 종류가 무수히 많다. 이것들은 대부분 활성 성분으로 유기인제(organophosphates)와 카바메이트(carbamate)를 함유하고 있다. 효능은 동등하나 독성이 낮은 피레트린(pyrethrin) 살충제가 개발됨에 따라 유기인제와 카바메이트의 사용량은 감소했다.

유기인제와 카바메이트

유기인제에는 클로르피리포스, 다이아지논, 포스메트, 펜티온 사이티오산, 테트라클로르빈포스 등이 있다. 반려동물 용품에서 가장 많이 쓰이는 카바메이트 두 가지는 카바릴(carbaryl)과 프로폭서(propoxur)다. 대부분의 유기인제와 카바메이트 중독은 고양이가 중독된 미끼를 먹거나 고양이에게 개용으로 만든 벼룩 구제 약품을 사용하여 발생한다. 고농도의 분무제 등에 노출되어서도 발생할 수 있다. 유기인제는 특히 고양이에게 독성이 강하게 나타난다.

독성의 증상은 과흥분, 심한 침흘림, 빈뇨, 설사, 근육 뒤틀림, 쇠약, 비틀거림, 허탈, 혼수 등이다. 호흡부전으로 생명을 잃기도 한다.

치료 : 고양이가 살충제를 먹었다고 의심되면 즉시 구토를 유도하고(46쪽 참조) 수의사에게 알린다. 중독 증상이 하나라도 관찰되면 가능한 한 빨리 고양이를 동물병원으로 데리고 가야 한다.

유기인제 중독(카바메이트 중독은 해당 안 됨)의 해독제로는 2-PAM(pralidoxime chloride)이 있다. 유기인제 중독과 카바메이트 중독에 의한 과도한 침흘림, 구토, 잦은 배뇨와 배변, 서맥 등의 증상관리를 위해 아트로핀을 투여한다. 발작은 디아제팜이나 바르비투르로 관리한다.

피부가 노출된 경우 남아 있는 살충제를 제거하기 위해 고양이의 몸 전체를 비눗물로 씻기고 헹궈 낸다.

염화탄화수소chlorinated hydrocarbon

염화탄화수소는 DDT의 전구물질로 분무식 식물용 살충제에 첨가된다. 지속적인 환경독성으로 인해 사용이 감소하고 있는데 현재 린데인과 메톡시클로르만 가축에 사용하도록 허가되어 있다. 염화탄화수소는 흡입하기 쉬우며 피부를 통해서도 쉽게 흡수된다. 반복적으로 노출되거나 한 번에 과량 노출되면 중독이 발생할 수 있는데 고양이에게 독성이 매우 강하게 나타난다.

독성 증상은 급속히 나타난다. 안면근육의 뒤틀림을 동반한 과흥분, 머리부터 시작한 근육 떨림이 등쪽을 향해 목, 어깨, 몸통, 뒷다리로 진행된다. 발작과 경련이 일어나고 호흡마비와 죽음에 이른다.

치료 : 특정한 해독제는 없다. 고양이의 몸 전체를 목욕시켜야 한다. 동물병원에서는 생명기능 유지, 위세척이나 활성탄 투여를 통해 섭취된 독극물의 제거, 발작관리 등의 치료를 한다.

피레트린pyrethrin과 피레트로이드pyrethroid

이 화합물은 많은 살충 성분 샴푸, 스프레이, 침지액 등에 함유되어 있다. 피레트린과 합성 피레트로이드는 개에게는 다른 살충제에 비해 훨씬 안전하여 널리 사용되고 있다. 그러나 고양이에게는 피레트린만 안전하다. 또한 시중에 유통되는 국소용 벼룩 구제 제품에는 활성 성분으로 농축된 피레트린이 들어 있는데 피레트린도 고농도의 경우 고양이에게 위험할 수 있다.

피레트로이드는 고양이에게 안전하지 않다. 퍼메트린, 알레트린, 펜발레레이트, 레스메트린, 서메트린 등이 이 계열 약물에 해당된다. 일부 고양이는 국소용 퍼메트린 제품을 바른 개와 뒹굴고 놀며 같이 잠을 자거나 개의 털을 핥는 행동만으로도 중독된다.

중독 증상은 침흘림, 침울, 근육 떨림, 비틀거림, 구토, 빠르고 가쁜 호흡 등이다. 유기인제와 함께 동시에 노출되는 경우 피레트로이드의 독성은 더 증가한다. 고체온증이 나타날 수 있다.

치료 : 섭취 2시간 이내에 구토를 유도한다(46쪽 참조). 당장 동물병원에 갈 수 없는 경우 수의사에게 전화를 걸어 추가적으로 취해야 할 조치가 있는지 문의한다. 석유증류액이 첨가된 제품을 먹었다면 구토를 유발시켜서는 안 된다. 독성 증상이 나타나면 즉시 동물병원으로 향한다.

국소적으로 노출되었다면, 고양이를 미지근한 물과(뜨겁거나 차가운 물은 독극물의 흡수를 증가시키거나 독성을 증가시켜 고체온증을 유발할 수 있다) 주방세제나 고양이용

상당수의 외부기생충 관리용 샴푸나 귀진드기 치료용 귀세정제 등이 피레트린계 약물을 포함하고 있어 주의를 요한다. 일부 외부기생충 방지용 목걸이류도 피레트린 계열 약물이 쓰인 경우가 많아 이런 제품은 반드시 수의사로부터 추천받은 제품을 사용한다. 옮긴이 주

샴푸를 이용해 목욕시켜 남아 있는 살충제를 제거한다. (벼룩 구제용 샴푸를 사용해서는 안 된다.) 샴푸 후 꼼꼼히 헹구어 낸다. 목욕 후에는 고양이를 따뜻한 곳에 둔다.

혹시라도 고체온증 증상이 나타나면 고양이의 체온을 떨어뜨려야 한다(43쪽, 열사병 참조). 고체온증은 퍼메트린 중독에서 더 흔히 발생한다.

근육경련을 완화시키기 위해 수의사는 메토카르바몰을 투여할 수 있다. 디아제팜은 보통 효과가 미미하다. 신장을 철저히 세척하기 위해 수액치료가 추천된다.

예방 : 중독의 대부분은 벼룩 구제용 제품을 적합하게 사용하지 않아 발생한다. 제품설명을 잘 따라야 한다. 고양이에게 사용이 허가된 제품만 사용하고 개용으로 만들어진 제품을 고양이에게는 절대 사용해서는 안 된다.

석유 제품

휘발유, 등유, 테레빈유 및 유사 휘발성 액체류는 고양이가 들이마시면 폐렴을 유발할 수 있다. 독성 증상은 구토, 호흡곤란, 떨림, 경련, 혼수 등이며 호흡부전으로 죽음에 이를 수 있다. 이런 화합물을 섭취하면 위장관의 이상을 일으키고, 입 안이나 식도의 화상을 유발하며, 간부전과 신부전을 유발할 수 있다.

치료 : 구토를 유도하면 안 된다. 남아 있는 물질을 제거하기 위해 입 안 전체를 씻어낸다. 인공호흡 준비를 한다(29쪽 참조). 수의사는 활성탄을 투여하거나 섭취한 양을 제거하기 위해 위세척을 실시할 것이다.

이런 제품은 피부에도 아주 자극적이므로 가능한 한 신속하게 제거해야 한다. 따뜻한 비눗물로 목욕시킨다(143쪽 타르와 페인트 참조).

납

납은 주로 살충제에서 발견되는데 이전에는 많은 시판용 페인트에서 사용되었다. 주로 호기심과 활동성이 많은 새끼 고양이 그리고 성묘 중에서도 비교적 나이가 어린 고양이가 납페인트로 칠해진 물건을 깨물어 중독이 발생한다. 리놀륨(바닥제), 낚시추, 배터리, 배관 재료 등에도 들어 있다. 노묘라도 납을 함유한 살충제를 먹는 경우 발생할 수 있다. 저농도에 반복적으로 노출되면 만성 중독이 될 수 있다.

급성 중독은 복통과 구토로 시작된다. 만성형은 다양한 중추신경계 증상이 나타날 수 있다. 발작, 부자연스런 걸음걸이, 흥분, 과잉적인 공격성, 쇠약, 의식혼미, 시력상실 등의 증상을 나타낸다. 이는 뇌염의 증상이기도 하다(342쪽 참조).

치료 : 섭취한 직후 구토를 유도한다. 즉시 수의사의 진료를 받는다. 수의사는 납의 농도를 측정하기 위해 혈액검사를 실시할 수 있으며, 특정한 해독제를 사용할 수도

있다.

부식성 가정용품

부식성 화학물질(산과 알칼리)은 가정용 청소세제, 주방세제, 화장실 세정제, 하수구 청소세제 등에 들어 있다. 먹게 되면 입 안, 식도, 위에서 화상을 유발한다. 심각한 경우 급성으로 식도와 위의 천공이 발생할 수 있다. 나중에는 이 장기들의 협착으로 인해 조직손상이나 반흔을 유발한다. 리졸(Lysol)과 같은 페놀계 소독액은 청소 후 고양이가 그 위를 걸어다닌 뒤 발을 핥는 행동만으로도 위험할 수 있다.

치료 : 구토를 유도하면 안 된다! 구토는 조직손상만 더 악화시킨다. 고양이의 입을 헹궈야 하는데 가능하다면 흐르는 물로 헹군다. 이런 물질에 노출이 되었다면 수의사에게 알린다.

알칼리를 중화시키기 위해 산을 투여하거나 반대로 산을 중화시키기 위해 알칼리를 투여하는 방법은 위벽에 열손상을 일으키므로 권하지 않는다.

피부에 묻었을 경우에는 핥거나 그루밍하지 못하도록 흐르는 물에 10~30분 정도 철저하게 씻어낸다.

쓰레기 및 식중독

고양이는 개에 비해 입맛이 까다롭다. 그럼에도 불구하고 때때로 쓰레기더미를 뒤지거나 썩은 고기, 부패한 음식, 동물성 비료, 기타 유독물질(289쪽, 설사에서 열거한 것들 참조)을 먹고는 한다. 고양이는 식중독에 대해 개보다 더 민감하고 적은 양만 먹어도 문제를 일으킨다. 이는 상대적으로 작은 체구와 간효소인 글루쿠로닐 전이효소의 결핍과도 관계가 있다.

중독 증상은 보통 구토와 복통으로 시작한다. 심한 경우에 2~6시간 뒤 피가 섞인 설사를 한다. 특히 세균 감염이 동반되면 쇼크가 발생하기 쉽다. 경미한 경우는 1~2일 내로 회복된다.

치료 : 탈수, 독성, 쇼크 증상의 관리를 위해 즉시 동물병원을 찾는다. 경미한 경우는 구토 유도 및 독극물 흡수 억제(46쪽 참조)에서 설명한 대로 장벽을 보호한다.

위험한 음식들

고양이는 효소의 결핍 때문에 일부 음식을 적절히 소화하지 못한다. 대표적인 음식이 양파와 마늘이다. 양파가루가 든 유아식을 먹거나 백합과 식물을 물어뜯어 독성에 노출되기도 하며, 마늘이 들어 있는 천연 벼룩방지 제품도 위험하다. 위장관의 이상 증상과 함께 적혈구를 파괴하는 독소가 축적되어 빈혈이 발생할 수 있다. 항산화제 투여, 산소 치료, 심한 경우 수혈을 통해 치료한다.

초콜릿과 커피에 함유된 자극물질인 테오브로민(theobromine)과 카페인도 독성을 유발할 수 있다. 흥분, 쇠약, 빠른 호흡 등의 증상이 나타나며 심한 경우 죽음에 이르기도 한다. 구토를 유도하고 활성탄(46쪽 참조)을 이용할 수 있다. 전신의 독소를 제거하기 위해 동물병원에서 수액치료를 받아야 하는 경우도 있다.

포도, 건포도, 마카다미아는 개에게 위험한 독성이 있는 것으로 알려져 있다. 고양이에게도 좋지 않을 것으로 추측되는데 다행히 고양이는 이런 음식을 좋아하지 않는다. 무설탕 제빵류와 껌에 들어 있는 인공감미료인 자일리톨도 개에게 유독한데, 고양이에게도 역시 유독할 것으로 추측된다.

독성식물

식물에 따라 특정 부위에서만 독성이 있는 식물이 있는가 하면 식물 전체가 독성이 있는 경우도 있다. 독성식물은 다양한 증상을 유발하는데 입 안의 불편함부터 시작해, 침흘림, 구토, 설사, 환각, 발작, 혼수, 죽음에 이르기도 한다. 어떤 식물은 피부에 발진을 유발하기도 하며 특정한 약리작용을 나타내어 약으로 쓰이는 식물도 있다.

독성을 지닌 식물 및 나무는 다음의 표에 소개한다. 이 목록은 생활하며 흔히 접하게 되는 독성식물로 모든 독성식물이 포함된 것은 아니다. 그러므로 특정 식물의 독성 여부가 궁금하다면 수의사나 지역 식물원에 문의한다.

국내에서는 화초를 먹고 급성으로 병원을 찾는 경우가 많지 않다. 보통은 오랜 기간에 걸쳐 독성이 축적되는 경우가 많으며, 그 원인이 정확히 화초를 먹어서인지도 모호한 경우가 많다. 본문에 있는 독성이 있는 실내식물 리스트를 참고하여 가정 내 식물로 인한 중독 가능성을 체크해 보는 정도면 충분하다. _옮긴이 주

독성이 있는 실내식물

피부나 입에 접촉 후 피부반응을 일으키는 식물	
국화(Chrysanthemum)	포인세티아(Poinsettia)
왕모람(Creeping fig)	벤자민(Weeping fig)

구강의 부종, 연하곤란, 호흡곤란, 위장관장애 등을 유발하는 옥살산이 함유된 식물	
싱고니움(Arrowhead vine, Neththyis)	스킨답서스(Marble queen)
담쟁이덩굴(Boston ivy)	산세베리아(Mother-in-law plant)
칼라디움(Caladium)	싱고니움(Neththyis, Arrowhead vine)
칼라(Calla, Arum lily)	독일아이비(Parlor ivy)
마리안느(Dumbcane)	부두백합(Pothos, Devil's lily)
알로카시아(Elephant's ear)	스파티필름(Peace lily)
에머랄드듀크(Emerald duke)	말랑가(Malanga)

필로덴드론(Heart leaf)	제나두(Split leaf)
천남성(Jack-in-the-pulpit)	구근베고니아(Tuberous begonia)
마제스티(Majesty)	

광범위한 독소를 함유하고 있는 식물(대부분 구토, 복통, 위경련 등을 유발하고, 일부는 보호자가 알아채기 어려운 떨림, 심장과 호흡의 문제, 신장손상 등의 증상을 유발)

아마릴리스(Amaryllis)	옥천앵두(Jerusalem cherry)
아스파라거스 고사리(Asparagus fern)	가짓과 식물(Nightshade)
서양철쭉(Azalea)	포트멈(Pot mum)
극락조(Bird-of-paradise)	거미국화(Spider mum)
리시마키아(Creeping Charlie)	종려방동사니(Umbrella plant)
꽃기린(Crown of thorns)	아이비 종(ivy species)
알로카시아(Elephant's ear)	

독성이 있는 옥외식물

구토나 설사를 유발하는 옥외식물

노박덩굴(Bittersweet woody)	로벨리아(Indian tobacco)
아주까리(Castor bean)	천남성(Indian turnip)
크로커스(Crocus)	참제비꽃(Larkspur woody)
수선화(Daffodil)	미국자리공(Poke weed)
델피니움(Delphinium)	앉은부채(Skunk cabbage)
디기탈리스(Foxglove)	무환자나무(Soapberry)
꽈리(Ground cherry)	튤립(Tulip)
히아신스(Hyacinth)	등나무(Wisteria)

구토, 복통, 설사 등을 유발하는 나무나 관목

미국주목나무(American yew)	마로니에(Horse chestnut)
살구나무(Apricot)	비파나무(Japanese plum)
아몬드나무(Almond)	고광나무(Mock orange)
서양철쭉(Azalea)	몽키포드(Monkey pod)
여주(Balsam pear)	복숭아나무(Peach)
극락조 덤불(Bird-of-paradise bush)	쥐똥나무(Privet)
칠엽수나무(Buckeye)	레인트리(Rain tree)
체리나무(Cherry)	영국주목나무(English black locust yew)
서양호랑가시나무(English holly)	산벚나무(Wild cherry)

다양한 독성을 나타내는 옥외식물	
천사의 나팔(Angel's trumpet)	고삼속 상록나무(Mescal bean)
미나리아재비(Buttercup)	새모래덩굴(Moonseed)
원추리(Day lily)	버섯
돌로제톤(Dologeton)	가짓과 식물(Nightshade)
네덜란드금낭화(Dutchman's breeches)	명아주(Pigweed)
재스민(Jasmine)	독당근(Poison hemlock)
흰독말풀(Jimsonweed)	대홍(Rhubarb)
로코초(Locoweed)	시금치
루핀(Lupine)	햇볕에 익은 감자
메이애플(May apple)	토마토 넝쿨
구기자나무(Matrimony vine)	독미나리(Water hemlock)
참나리(Tiger lily)	

환각작용	
로코초(Locoweed)	페리윙클(Periwinkle)
마리화나	페요테(Peyote)
나팔꽃(Morning glory)	양귀비
육두구(Nutmeg)	

경련을 유발하는 실외식물	
멀구슬나무(Chinaberry)	마전자(Nux vomica)
코리아리아속(Coriaria)	독미나리(Water hemlock)
문위드(Moonweed)	

두꺼비와 도룡뇽 중독

북미 지역에는 독을 품은 두꺼비가 두 종 있다. 콜로라도리버두꺼비는 남서부와 하와이에서 발견되고, 마린두꺼비는 플로리다에서 발견된다. 독성이 있는 도룡뇽은 한 종이 있는데 캘리포니아에서 발견되는 캘리포니아영원이 그것이다.

모든 두꺼비는 독성이 없는 종이라 할지라도 맛이 없다. 고양이가 두꺼비를 물면 곧 뱉어 버리고 침을 흘릴 것이다. 마린두꺼비는 매우 독성이 강해 15분 만에 죽음에 이를 수 있다.

증상은 두꺼비와 도룡뇽의 독성과 흡수한 독의 양에 따라 다르다. 침흘림부터 경련, 시력상실, 죽음에 이르기까지 다양한 증상을 보인다.

치료 : 고양이의 입 안을 세척하고(필요한 경우 정원용 호스를 이용) 구토를 유도한다 (46쪽 참조). 심폐소생술을 실시할 준비를 한다(31쪽 참조). 고양이를 즉시 수의사에게

데려가고, 중독원인 두꺼비나 도롱뇽에 대해 가능한 한 많은 정보를 제공한다. 도롱뇽에 중독된 고양이는 보통 빨리 회복한다.

벌레 물림, 거미, 전갈

고양이는 포식자인 동시에 호기심이 많아 작은 독충에 의한 위험에 빠지기 쉽다. 꿀벌, 말벌, 개미 등에 물리면 붓고 통증이 생긴다. 고양이는 얼굴이나 발을 물리는 경우가 많은데, 얼굴과 목이 전체적으로 부을 수도 있고 물린 부위만 붓는 경우도 있다. 여러 번 물릴 경우 독소가 체내에 흡수되어 쇼크에 빠질 수도 있다. 드물기는 하지만 이전에 물렸던 적이 있는 경우 과민반응(과민성 쇼크)이 나타날 수도 있다(33쪽 참조).

블랙위도거미, 갈색은둔거미, 타란툴라는 독을 가지고 있다. 첫 번째 증상은 물린 부위의 예리한 통증인데, 이후 흥분, 한기, 고열, 노력성 호흡 등의 증상이 나타난다. 블랙위도거미에 물린 경우 초기에는 마비 증상과 함께 쇼크나 발작이 발생할 수 있다. 대부분의 고양이는 생명을 잃는다. 신속히 동물병원을 방문해 사독혈청 처치를 받아야 한다. 갈색은둔거미는 두 가지 증후군을 유발한다. 첫 번째는 국소 부위에 물집이 잡히고 통증을 유발하는 피부형으로 불스아이(소의 눈처럼 생긴) 병변이 특징적으로 관찰된다. 1~2주가 지나면 피부가 괴사되고 궤양이 발생하는데, 상처가 치유되기까지 수개월이 걸린다. 두 번째는 내장형으로 고열, 관절의 통증으로 구토와 발작을 일으키며, 혈액 이상이나 신부전이 발생하기도 한다. 피부형에 비해 훨씬 드물기는 하나 치명적인 경우가 많다.

타란툴라는 피부와 점막을 자극하지만 대부분 심각하지 않다.

지네와 전갈은 국소반응을 일으키는데 가끔 심각한 증상을 유발하기도 한다. 물린 상처는 서서히 치유된다. 독전갈은 남부 애리조나에서만 발견된다. 어린 고양이나 체구가 작은 고양이에게 더 위험하다.

쏘이거나 물린 상처의 치료

1. 가능하다면 고양이를 문 곤충이나 동물의 정체를 확인한다.
2. 집게나 신용카드를 이용해 피부에 박힌 침을 제거한다. (꿀벌만 침을 남긴다.)
3. 베이킹소다 반죽을 만들어 물린 상처에 직접 붙인다.
4. 부종과 통증을 가라앉히기 위해 아이스팩을 댄다.
5. 필요하다면 가려움을 완화시키기 위해 피부 진정용 로션이나 스테로이드 성분

의 크림을 바른다. 고양이가 약을 핥지 못하도록 붕대를 느슨하게 감는다.

고양이가 전신 독성이나 과민반응 증상을 보인다면(무기력, 불안, 얼굴을 긁는 행동, 침흘림, 구토, 설사, 호흡곤란, 허탈, 발작) 즉시 가까운 동물병원으로 데리고 간다. 만약 고양이가 이전에도 벌에 물려 이런 과민반응을 보였다면, 수의사에게 문의하여 아나필락시스 처치를 위한 응급 에피네프린 주사 세트를 구할 수 있는지, 용량은 어떻게 사용해야 하는지 문의한다. 에피네프린은 유통기간이 짧으므로 수시로 날짜를 체크해야 한다.

뱀과 도마뱀

뱀은 독의 유무와 관계 없이 전 지역에 걸쳐 넓게 분포한다. 고양이는 사냥을 하거나 호기심으로 돌아다니다가 뱀과 마주치게 된다. 일반적으로 독이 없는 뱀은 부종이나 통증을 유발하지 않으며 물린 자국도 말발굽 모양을 나타낸다. 즉, 송곳니 자국이 없다.

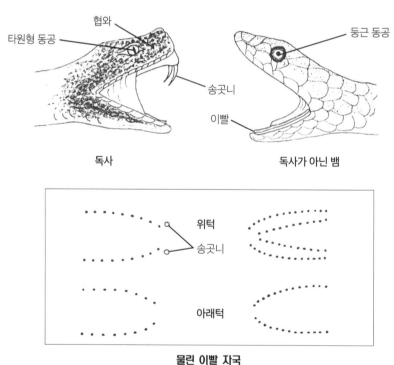

독사   독사가 아닌 뱀

물린 이빨 자국

산호뱀을 제외한 북아메리카 지역의 모든 독사류는 살모사다. 타원형의 동공, 눈 아래쪽의 협와, 커다란 송곳니, 특징적인 물린 자국에 주목한다.

고양이의 90%는 머리와 다리를 물린다. 독사에게 몸통을 물리면 치명적인 경우가 많다.

독사에 물린 상처는 이빨 모양, 물린 동물의 행동, 고양이를 문 뱀을 확인하는 방법 등으로 진단한다(가능하다면 독사를 먼저 죽인다).

살모사(방울뱀, 늪살모사 등)

살모사는 커다란 크기(몸길이 1.2~2.4m), 삼각형 모양의 머리, 눈 아래쪽의 협와(뺨에 우묵하게 들어간 자리), 타원형 동공, 거친 비늘, 위턱으로 감춰지는 송곳니로 식별할 수 있다.

물린 자리 : 고양이 피부에 하나 혹은 2개의 피가 나는 구멍 모양 상처가 관찰된다면 이것이 송곳니 자국이다. 상처를 찾기 위해 주의 깊게 털과 피부를 살펴봐야 할 수도 있다. 국소반응으로는 피부의 급격한 부종, 발적, 출혈 등이 있는데 통증은 즉각적이며 심하게 나타난다.

독사가 문 자리의 25%는 독의 양이 적어 국소반응을 유발하지 않는다. 국소적인 부종과 통증이 없는 것은 좋은 징후긴 하나 고양이에게 아무 문제가 없다고 보장할 수는 없다. 심각한 뱀독 중독은 국소반응 없이 발생하기도 한다.

고양이의 행동 : 계절적 시기, 뱀의 종류, 독성의 강도, 주입된 양, 물린 부위, 고양이의 건강 상태 및 체구와 같은 다양한 요소로 인해, 독이 퍼져 증상이 나타나기까지 길게는 몇 시간이 걸릴 수도 있다. 몸에 들어간 독의 양은 뱀의 크기와는 관계가 적다. 뱀독의 첫 번째 증상은 극심한 불안감, 헥헥거림, 침흘림, 쇠약 등이다. 이런 증상들과 함께 설사, 호흡곤란, 허탈이 나타나고 심한 경우 때때로 발작, 쇼크, 죽음에 이르기도 한다.

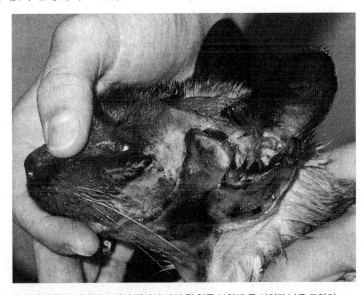
독사에게 물려 괴사된 조직이 떨어져 나간 뒤 얼굴 부위에 큰 상처가 남은 고양이.

산호뱀

산호뱀은 상대적으로 크기가 작고(몸길이 90cm 미만), 머리 크기도 작으며, 코는 검은색, 몸 전체를 감싼 밝은색의 교차된 줄무늬(빨강, 노랑, 검정) 등으로 구분할 수 있다. 위턱의 송곳니는 감춰지지 않는다.

물린 자리 : 물린 부위의 발적과 부종은 심하지 않은 편이며, 독의 주입 여부에 따라 통증은 가벼울 수도 있고 극심할 수도 있다. 송곳니 자국을 찾아본다.

고양이의 행동 : 산호뱀의 독은 신경독으로, 신경에 작용하여 마비와 쇠약을 유발한다. 구토, 설사, 요실금, 마비, 경련, 혼수 등의 증상이 나타난다. 일부 고양이는 살아남기도 한다.

도마뱀

미국에는 독이 있는 도마뱀이 두 종류 있는데, 미국독도마뱀과 멕시코턱수염도마뱀이며, 모두 서부 쪽에 서식한다. 도마뱀의 독은 잠재적으로 고양이에게 치명적일 수 있다. 도마뱀이 고양이를 물고 있는 상태라면 펜치를 이용해 턱을 벌려 떼어낸다.

뱀과 도마뱀에 물렸을 때의 치료

먼저 어떤 뱀, 어떤 도마뱀에 물렸는지 확인하고 물린 부위를 살핀다. 독이 없다면 환부를 세정하고 아래에 나오는 상처 치료 방법을 참조하여 소독한다. 독이 있는 뱀이나 도마뱀에 물린 후 <u>30분 이내로 동물병원에 도착할 수 있다면 즉시 병원으로 향한다.</u> 병원에 30분 내로 갈 수 없는 상황이라면 아래 단계를 따른 후에 가장 가까운 동물병원으로 간다.

- 고양이가 움직일수록 뱀독이 신속히 퍼지므로 고양이부터 안정시킨다. 흥분, 운동, 저항 등에 의해 흡수율이 높아진다.
- 다리를 물렸다면 손수건이나 끈을 이용해 물린 부위와 심장 사이를 꽉 조이도록 묶는다. 손가락 하나만 들어갈 정도로 조여서 묶는다. 한 시간마다 5분간 살짝 느슨하게 풀어 준다.
- 뱀독의 흡수를 촉진할 수 있으므로 상처를 닦아서는 안 된다.
- 얼음찜질은 흡수율을 낮추기는커녕 오히려 조직을 손상시킬 수 있으므로 하지 않는다.
- 상처에 칼집을 내어 독을 빨아내려 시도하지 않는다. 이는 전혀 도움이 되지도 않고 잘못하면 독을 빼는 사람에게 독이 퍼질 수 있다.

<u>즉시 동물병원으로 간다.</u> 수의사는 호흡과 순환을 위한 지지요법, 항히스타민제, 정맥수액, 특별한 사독혈청 등으로 치료할 것이다. 사독혈청을 빨리 맞으면 맞을수록 예후가 좋다. 종종 중독 증상이 천천히 나타나는 경우가 있으므로 겉으로 멀쩡해 보

이더라도 독이 있는 뱀이나 도마뱀에게 물린 고양이는 무조건 병원에 입원하여 24시간 동안 관찰한다.

상처

상처를 치료하는 데 가장 중요한 목표는 출혈을 중지시키고 감염을 막는 것이다. 상처는 통증을 수반하므로 상처를 치료하기에 앞서 고양이를 보정해야 한다(21쪽, 고양이를 다루고 보정하기 참조).

출혈관리

출혈은 동맥(선홍색 피가 분출되듯 나옴)이나 정맥(암적색 피가 스미듯 나옴), 또는 동맥과 정맥이 모두 손상되어 발생할 수 있다. 응고된 혈전이 제거될 수 있으므로 지혈된 상처를 닦아내서는 안 된다. 마찬가지로 혈전을 녹여 다시 출혈을 유발할 수 있으므로 상처에 과산화수소수를 발라서도 안 된다. 과산화수소수는 조직을 손상시켜 치유를 지연시킬 수 있다.

응급상황에서 지혈을 위해 사용되는 두 가지 방법은 압박붕대와 지혈대다.

압박붕대

지혈을 하는 가장 효과적이고 안전한 방법은 상처에 직접 압박을 가하는 것이다. 여러 장의 거즈를 포개어(응급상황에는 깨끗한 천을 두툼하게 접어 사용) 상처 위에 대고 5~10분간 직접 압박을 가한다. 덧댄 상태 그대로 위에 붕대를 감는다. 붕대로 감을 만한 것이 없다면 손으로 압박을 유지한다.

압박 부위 아래로 다리의 부종이 생기지 않는지 확인한다(69쪽, 발과 다리에 붕대감기 참조). 부종은 피가 잘 안 통하는 것을 의미하므로 다리가 붓는 경우 붕대를 느슨하게 해 주거나 제거해야 한다. 거즈를 더 많이 대거나 이중으로 붕대를 감는 것을 고려한다. 붕대를 감은 후 고양이를 동물병원으로 데려간다.

지혈대

지혈대는 압박붕대로 멈출 수 없는 동맥 출혈을 멈추기 위해 사지와 꼬리에 사용된다. 지혈대는 직접 압박으로 지혈할 수 있는 출혈 부위에는 절대 사용해서는 안 된다.

지혈대는 상처 위쪽에 사용해야 한다(즉, 상처와 심장 사이).

지혈대로 쓰기 적당한 재료로는 천조각, 벨트, 기다란 거즈 등이 있다. 다리 주변으로 고리를 만든 후 손으로 묶거나 고리에 막대를 넣어 돌려가며 꽉 조인다. 출혈이 멈출 때까지 조이면 된다.

동맥 끝 부분이 눈에 보인다면 집게로 들어올려 명주실로 혈관을 결찰*할 수 있다. 이는 수의사가 실시해야 하므로 응급 시에만 고려한다.

* 결찰 지혈을 목적으로 혈관을 동여매어 내용물이 통하지 않게 하는 것.

저산소증으로 인한 조직손상을 예방하고 지혈 여부를 확인하기 위해 지혈대는 10분마다 느슨하게 풀어준다. 지혈이 되었다면 앞에서 설명한 바와 같이 압박붕대를 한다. 출혈이 지속된다면 30초간 느슨하게 풀어주고 다시 지혈대를 꽉 조인 상태로 10분간 유지한다.

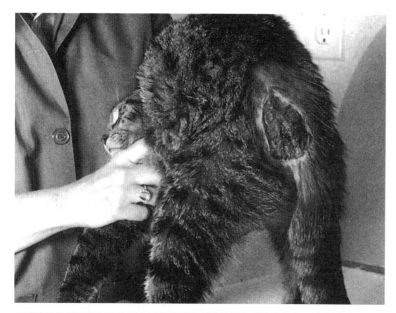

고양이 간의 싸움으로 꼬리 아래 부위에 생긴 상처에 감염이 발생했다. 고양이 입 안의 세균으로 인해 물린 부위는 쉽게 감염되고 농양이 발생한다.

구멍 난 상처

구멍 난 상처는 교상이나 뾰족한 물체에 찔려 발생한다. 특히 동물에게 물린 경우 세균에 감염되기 쉽다. 출혈을 동반할 수 있으며 몸집이 더 큰 동물에게 물린 채 들어올려져 흔들리는 사고를 당한 경우에는 멍이 들기도 한다. 구멍 난 상처는 고양이의 털에 가려져 잘 보이지 않는 경우가 많아, 며칠이 지나 농양이 발생한 뒤에야 겉으로 드러나곤 한다.

구멍 난 상처는 수의사의 치료가 필요하다. 수의사는 상처 부위를 외과적으로 넓힌 뒤 배액을 시키고 소독액으로 세정한다. 이런 상처는 봉합해서는 안 된다. 동물에게 물려 생긴 모든 상처는 광견병 감염 가능성을 염두에 두어야 한다. 고양이가 접종 여부를 알 수 없는 동물이나 야생동물에게 물렸다면 광견병 보강 접종이 추천된다.

다른 고양이에게 물렸을 때 농양이 발생하는 경우가 아주 흔하다. 교상이나 심하게 오염된 상처에는 주로 항생제를 처방한다.

상처치료

거의 모든 동물의 상처가 먼지와 세균에 오염된다. 적절한 관리를 통해 파상풍 감염 위험을 줄이고 기타 감염을 예방할 수 있다. 상처를 치료하기에 앞서 손과 기구를 깨끗이 씻는 것을 잊지 않는다.

상처관리의 5단계는 다음과 같다.

1. 상처 부위 정리
2. 상처 세척
3. 괴사조직 제거
4. 상처 봉합
5. 붕대감기

상처 부위 정리

처음에 감았던 붕대를 제거하고 상처 주변을 외과용 세정제로 닦는다. 가장 흔히 사용되는 소독액은 베타딘(포비돈-요오드)과 클로르헥시딘이다. 두 용액 모두 시판되는 제품의 농도가 노출된 조직에 매우 자극적이므로(베타딘 10%, 클로르헥시딘 2%) 주변부 소독 시 상처 안으로 들어가지 않게 각별히 주의해야 한다. 베타딘은 옅은 홍차 색깔 정도로 희석하여 사용한다.

상처를 세정한 뒤 주변의 털이 상처를 자극하지 않도록 상처 가장자리부터 시작해 털을 잘라 준다.

종종 상처 소독제로 추천되는 3% 과산화수소수는 소독 효과는 적고 독성이 강해서 조직에 손상을 주고 치유를 지연시키므로 상처에 사용하지 않는다.

상처 세척

세척의 목적은 먼지와 세균을 제거하는 것이다. 가장 효과적이고도 부드럽게 상처를 세척하는 방법은 조직이 깨끗해질 때까지 다량의 액체로 씻어내는 것이다. 출혈을 일으키고 노출된 조직을 손상시킬 수 있으므로 솔이나 거즈 등으로 상처를 격렬하게 닦아서는 안 된다.

수돗물이나 세척용액을 이용할 수 있는데 수돗물에는 미미한 수준의 세균만 존재하고 멸균 증류수에 비해 조직반응도 적은 것으로 알려져 있다.

항균 효과를 위해 가능하다면 클로르헥시딘 용액이나 베타딘 용액을 수돗물에 섞어서 쓰는 것이 좋다. 클로르헥시딘은 훌륭한 잔류 살균 효과를 발휘하는데 살균용액(비누용액이 아님)도 정확히 희석하면 효과가 좋다. 클로르헥시딘 희석액은 2L의 수돗물에 2% 용액 25mL를 첨가해 0.05%의 세척액을 만든다. 베타딘을 희석하는 경우는 2L의 수돗물에 10% 베타딘 용액 40mL를 첨가해 0.2% 세척액을 만든다.

세척 효과는 세척 시 사용되는 물의 양 및 수압과 관련이 있다. 이구형 흡입기(bulb syringe)는 압력이 낮기 때문에 만족스런 효과를 위해서는 많은 양의 물이 필요하다. 커다란 플라스틱 주사기는 먼지와 세균을 제거하는 데 중간 정도의 효과가 있다. 압력이 높은 가정용 워터픽(waterpik, 사람용 구강세척기)이나 시판용 세척 세트가 가장 효과가 좋다.

고압 노즐이 달린 정원용 호스나 가정용 싱크대 노즐도 대체품으로 적절하다. 상처를 깨끗하게 세척하고 싶다면 먼지가 상처 깊숙이 들어가지 않도록 주의해야 한다. 상처 표면의 찌꺼기가 밖으로 잘 배출될 수 있도록 세척액 줄기의 방향을 잘 조절한다.

괴사조직 제거

핀셋, 가위, 메스를 이용해 죽은 조직을 제거한다. 괴사조직을 제거하려면 정상 조직과 죽은 조직을 구분할 수 있어야 하며 출혈을 관리하고 상처를 봉합할 수 있는 기구도 필요하다. 때문에 괴사조직을 제거하고 봉합하는 일은 동물병원에서 이루어진다.

상처 봉합

입술, 얼굴, 눈꺼풀, 귀에 발생한 신선창*은 감염을 막고, 상처를 최소화시키고, 회복을 단축시키기 위해 봉합하는 것이 가장 좋다. 몸통이나 다리에 생긴 1.25cm 이상의 찢어진 상처는 아마도 봉합이 필요할 것이다. 작은 상처의 경우 반드시 봉합할 필요는 없다. 단, 작은 상처라도 V자 모양으로 찢어진 경우에는 봉합하는 것이 좋다.

먼지나 이물질에 오염된 상처는 상처를 입은 직후 바로 봉합하면 감염이 발생하기 쉽다. 때문에 이런 상처는 봉합하지 않거나 봉합 후 주변에 배액관을 설치해 꼼꼼히 세척한다. 비슷한 이유로 12시간 이상 지난 상처도 배액(상처가 난 공간 속에 있는 액체나 삼출물을 제거하는 일) 없이 봉합해서는 안 된다. 상처가 감염되어 보인다면(붉게 부어오르거나 표면에 분비물이 있는 경우) 봉합은 피하는 게 좋다.

수의사는 며칠 간 상처를 봉합하지 않은 상태로 두고 새살이 차오르기 시작하면 봉합 여부를 결정할 것이다. 며칠이 지나 새살이 차오른 상처는 감염에 저항력을 가지고 부작용 없이 잘 봉합된다. 이렇게 상처를 봉합하는 방법을 지연일차봉합(delayed primary closure)이라고 한다.

봉합한 실을 제거하는 시기는 상처의 위치와 특성에 따라 다르다. 대부분 10~14일 후에 제거한다.

* **신선창**fresh laceration 생긴 지 얼마 되지 않아 오염되지 않은 상처.

붕대감기

붕대는 상처를 먼지와 오염으로부터 보호한다. 또한 움직임을 제한하고, 피부가 들뜬 공간에 압박을 가해 치유를 돕고 분비물이 차는 것을 막아 주며, 고양이가 상처를 핥거나 깨물지 못하게 한다. 붕대는 다리나 꼬리의 상처에 가장 효과적이다. 분비물이 흐르거나 감염된 상처는 하루에 1~2회 붕대를 교체해야 한다. 분비물을 충분히 흡수할 수 있도록 충분한 양의 솜을 덧대어 붕대를 감는다.

고양이는 개보다 붕대감기가 더 어려우며, 붕대를 감고나서도 그대로 유지하기가 어렵다. 붕대 감은 것을 참지 못하고 끊임 없이 벗어내려 하는 고양이라면 가벼운 진정처치가 도움이 될 수도 있다. 보정용 칼라도 도움이 된다. 머리 주변의 상처와 고름이 흐르는 상처는 붕대를 하지 않은 채로 두는 게 치료에 용이하다.

고양이가 상처를 발톱으로 긁거나 피부에 자극을 주는 경우에는 뒷다리에 붕대를 감거나 발에 아기용 양말을 신기고, 발톱을 깎아 주면 치료에 도움이 된다. 21쪽에서와 같이 고양이를 얌전하게 잘 보정한 경우 붕대감기가 훨씬 수월하다. 붕대를 감는 데 필요한 준비물은 가정용 구급상자(20쪽 참조)에 소개되어 있다.

발과 다리에 붕대감기

발에 붕대를 감기 위해 우선 여러 장의 멸균 거즈를 상처에 덧댄다. 솜을 쪼개어 발가락 사이에 조금씩 채워 넣는다. 거즈가 떨어지지 않게 반창고를 고리 모양으로 발바닥을 감싸 붙인 뒤, 다시 발이 불편하지 않을 정도로 바닥의 반창고를 위쪽으로 말아붙인다.

다리에 붕대를 감기 위해서 먼저 발을 위에 설명한 대로 감싼 뒤, 상처를 여러 장의 멸균 거즈로 덮고 반창고로 고정한다. 위쪽을 충분한 양의 솜으로 감싸주면 너무 꽉 조여 혈액순환이 방해되는 것을 예방할 수 있다. 먼저 70쪽의 사진처럼 롤거즈를 이용해 튼튼하나 너무 꽉 조이지 않을 정도로 다리를 감은 뒤, 탄력붕대나 붕대로 감는다. 수의사나 수의 테크니션(수의사의 진료나 병원 업무를 보조하는 사람)은 각각의 상처에 대해 붕대 감는 방법을 알려줄 것이다.

동물병원에서 사용하는 접착식 탄력붕대는 좋긴 하나 사용하기에 익숙하지 않을 수 있다. 여러 차례 무릎과 발을 굽혔다 폈다를 반복해 관절 운동에 적당하고 너무 꽉 조이지 않을 정도로 조절한다.

다리 위쪽에서부터 다리 주변을 반창고로 붙이는데 테이프가 털에 잘 붙도록 겹쳐 붙이지 않도록 한다. 그렇게 하면 붕대가 위아래로 움직이는 것을 방지할 수 있다. 반창고를 붙이지 않고 롤거즈만 감는 경우 붕대가 위아래로 움직이는 건 흔히 발생하는

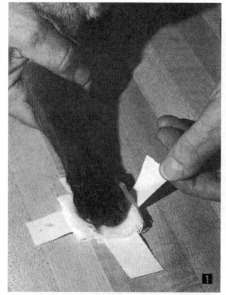

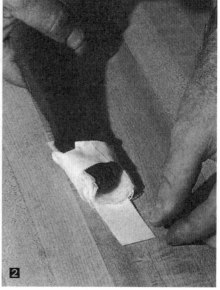

1 먼저 다친 부위에 여러 겹의 거즈를 댄다.

2 발바닥 주변을 반창고로 감싸 붙인 뒤, 바닥의 반창고를 위쪽으로 말아 붙인다.

3 혈액순환이 잘 되도록 반창고를 약간 느슨하게 붙인다.

문제다. 일정 시간 동안 붕대가 제자리에 잘 위치하고 있다면 몇 시간에 한 번씩 발이 붓지 않는지 확인한다. 발가락이 차가운지도 확인한다. 붕대를 감은 부위 아래로 다리가 붓는 경우 발가락으로 확인할 수 있는데, 발가락이 부으면 발톱이 나란히 자리잡지 못하고 따로 떨어져 넓게 펴진 모양이 된다. 붕대를 제거하여 부종을 해결하지 않으면 발은 차가워지고 감각을 잃게 된다. 발의 감각이나 순환에 조금이라도 문제가 있는 것 같다면 즉시 붕대를 느슨하게 풀어준다. 고양이는 붕대를 너무 꽉 조이거나 불편한 경우 자꾸 핥거나 깨물어 붕대를 풀려는 모습을 보일 것이다.

고양이가 화장실에 갈 때를 대비해 모래가 붕대 안으로 들어가지 않도록 비닐봉투로 감싸 놓을 수도 있다. 붕대를 감은 고양이는 밖에 나가서는 안 된다.

상처 치유 중인 경우 붕대는 이틀에 한 번 교체하는데 하루 서너 차례 너무 꽉 조이진 않았는지, 부종이 생기진 않았는지, 붕대가 말려 올라가진 않았는지, 분비물이 있거나 붕대가 오염되지 않았는지 살펴본다. 이런 문제가 발견되면 바로 붕대를 교체한다.

발이나 다리에 난 상처는 붕대와 함께 부목을 댈 수도 있는데, 부목은 상처 부위의 움직임을 최소화시키고 치유를 앞당기는 데 도움이 된다.

다단붕대

이 붕대법은 할퀴었거나 물린 배, 옆구리 등의 상처를 보호하기 위해 사용한다. 직사각형 모양의 린넨으로 몸통을 감싼 후, 묶을 수 있도록 옆부분을 자른다. 붕대를 고정시키기 위해 등쪽 위로 여러 번 묶는다.

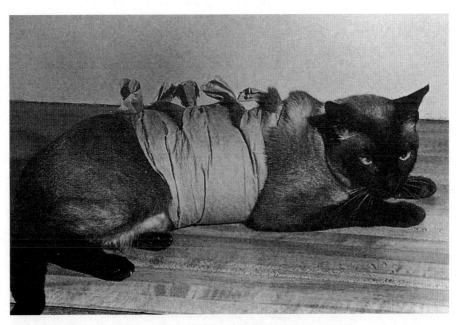

다단붕대는 어미의 유선이 감염된 경우 새끼들이 젖을 빨지 못하도록 할 때 유용하다.

귀에 붕대감기

귀는 붕대를 감기가 어렵다. 그래서 귀를 다친 경우 대부분 상처를 개방시켜 놓는다. 귀를 긁는 것을 막기 위해 엘리자베스 칼라를 이용한다.

눈에 붕대감기

수의사는 눈의 질병을 치료하는 과정에 눈에 붕대를 감을 수 있다. 사각 멸균 거즈를 눈 위에 대고 약 2.5cm 정도 너비의 붕대를 머리 주변에 감아 고정시킨다. 반창고로 고정할 때 너무 꽉 감기지 않게 주의한다. 귀는 빼고 감아야 한다.

눈에 약을 넣어 주기 위해 수시로 붕대를 갈아야 할 수 있다. 많은 경우 붕대를 풀지 못하도록 고양이에게 엘리자베스 칼라를 착용한다.

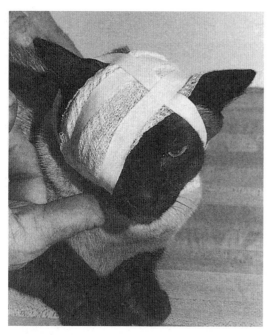

눈에 붕대를 감는 경우, 거즈를 붕대 아래쪽에 넣은 상태로 눈 주변을 붕대로 감고 반창고로 고정한다. 귀는 빼고 감아야 한다.

가정에서의 상처관리

작은 상처는 봉합하지 않고 집에서 치료할 수 있다. 상처에 국소용 항생연고를 하루 2번 바른다. 상처는 반창고를 붙일 수도 있고, 그냥 노출시킬 수도 있다. 고양이가 상처를 핥거나 깨물지 않는지 잘 확인한다. 양말 등으로 상처를 감싸거나 엘리자베스 칼라 등을 씌울 수도 있다.

고름이 나오는 감염된 상처는 멸균 습윤 반창고를 붙여야 한다. 상처의 감염을 치료하기 위해 다양한 국소용 항균제를 사용할 수 있다. 클로르헥시딘, 베타딘(67쪽 상처세척에서 설명한 대로 희석해 사용), 항생제 성분의 상처연고 등이 이에 해당된다. 국소용 항생제는 상처에 직접 바르거나 거즈에 묻혀 상처에 붙인다.

배액을 위해 하루 1~2회 반창고를 교체한다. 고양이가 약을 핥거나 그루밍하지 못하도록 한다. 상처에 약이 흡수될 때까지 놀잇감이나 음식으로 주의를 돌리면 도움이 된다.

2장
위장관 기생충

대부분의 고양이는 살면서 몇 번은 내부기생충에 감염된다. 새끼 고양이는 주로 어미 뱃속에서 태반으로 감염되거나 출생 후 수유 과정에서 감염되며, 밖에 돌아다니는 고양이는 특히 사냥하는 과정에서 기생충에 감염된다. 항상 실내에서만 생활하는 고양이라 할지라도 새로운 고양이가 집에 들어오거나 집 안에 몰래 들어온 쥐를 잡는 과정에서 기생충에 노출될 수 있다. 집 안을 들락거리는 모기와 벼룩도 기생충을 옮긴다.

기생충이 숙주의 몸에서 심각한 건강상의 문제를 일으키지 않고 살아간다면 가장 이상적일 것이다. 그러나 일단 기생충의 수가 일정 크기에 도달하면 그들이 기생하던 동물의 몸에 질병의 증상이 나타난다. 장내 기생충이 문제를 일으키면 고양이의 변에서 피와 점액이 관찰될 수 있다. 고양이의 전반적인 건강 상태도 악화되어 식욕과 체중의 감소, 3안검 돌출, 설사, 빈혈 등의 증상이 관찰된다.

회충, 촌충, 구충은 고양이에서 가장 흔한 내부기생충이다. 보통 건강한 성묘는 기생충에 대해 어느 정도 그 숫자를 조절할 수 있는 일정 수준의 면역력을 가지고 있다. 그러나 기생충의 종류에 따라 다르다. 예를 들어, 촌충과 같은 일부 기생충은 쉽게 재발된다. 고양이는 명확히 규명되지는 않았으나 개처럼 유충이 동물의 조직으로 침투하는 특정 내부기생충(회충과 구충 등)에 대해서는 어느 정도 저항성을 획득하는 것으로 보인다. 촌충은 유충의 이행 단계가 없어 면역력의 영향을 거의 받지 않는다.

회충에 대한 저항성은 연령과 관계가 깊다. 어린 고양이는 저항력이 약해 심한 감염으로 진행되기도 하는데 심각한 기생충 감염은 몸에 큰 손상을 입혀 죽음에 이르게도 한다. 반면 생후 6개월 이상의 고양이에게 임상 증상이 심각하게 나타나는 경우는 어린 고양이에 비해 훨씬 드물다.

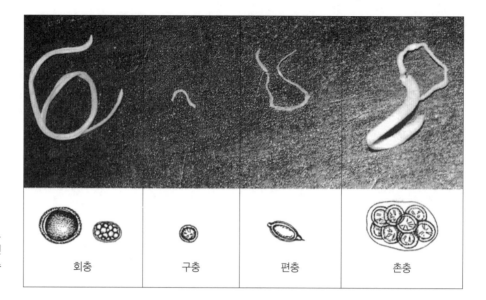

성묘에게 흔한 기생충. 성충과 충란의 상대적인 모양과 크기를 확인할 수 있다(회충알은 두 종류다).

회충	구충	편충	촌충

스테로이드나 화학요법 약물 같은 면역억제제는 동물의 조직 내에서 휴면기에 들어가 있던 구충의 유충을 활성화시킨다. 외상, 수술, 심각한 질환, 정서적인 심한 스트레스 상태도 휴면기의 유충을 활성화시킨다. 그 결과 변에서 충란이 관찰된다.

수유기에도 휴면기에 있던 회충의 유충이 활성화되어 모유에서 발견될 수 있다. 때문에 구충관리가 잘 되어 있는 어미 고양이의 새끼도 심각한 기생충 감염이 발생할 수 있다. 조직 내에서 낭 속에 싸여 있는 유충에는 구충제가 효과적으로 작용하기 어렵기 때문이다.

구충하기

일부 구충제는 한 종류 이상의 기생충에 효과를 나타내기도 하지만 모든 기생충에 확실한 효과가 있는 약은 없다. 따라서 안전하고 효과적인 구충을 위해 정확한 진단이 필요하다. 또한 정확한 용법에 따라 투여하는 것도 중요하다. 구충제로 인한 설사, 구토 같은 자연스런 부작용은 독성반응과 잘 구분해야 한다. 모든 구충제는 독소라 할 수 있다. 다만 숙주에서보다 기생충에게 훨씬 독성이 강력하게 작용하는 것이다. 이런 이유로 구충은 오직 수의사의 지시에 따라 사용해야 한다.

새끼 고양이 구충하기

많은 새끼 고양이가 회충에 감염되며 다른 기생충에도 감염될 수 있다. 회충 감염을 치료하기에 앞서 분변검사를 추천한다. 그렇지 않으면 회충이 아닌 다른 기생충에 의한 감염을 배제할 수 없다.

기생충 감염은 과식을 하거나, 한기에 노출되거나, 밀폐된 곳에 두었거나, 갑작스런 먹이 변화가 있는 새끼 고양이에게 특히 위험하다. 이런 고양이는 구충제 투여에 앞서 우선 스트레스 요인을 해결해야 한다. 설사를 하거나 다른 질병의 징후를 보이는 새끼 고양이는 수의사가 내부기생충에 의한 문제로 확진을 내리기 전에 구충제를 투여해서는 안 된다.

회충에 감염된 새끼 고양이는 생후 2~3주에 첫 구충을 하고, 5~6주에 다시 구충을 한다(77쪽, 회충 참조). 분변에서 여전히 충란이나 기생충이 관찰된다면 추가 치료가 필요하다. 공중보건 차원에서 6개월까지는 매달 안전한 구충제로 구충할 것을 추천한다.

성묘 구충하기

성묘의 경우 감염의 특정한 증거가 나타났을 때 구충할 것을 권한다. 현미경을 이용한 분변검사는 정확한 진단 및 적합한 구충제를 선택하는 가장 효과적인 방법이다.

기생충 감염이 확실치 않은 상태에서 알 수 없는 원인으로 아파하는 고양이에게 구충제를 먹이는 것은 추천하지 않는다. '모든 구충제는 독소의 일종이다'라는 말은 구충제가 고양이에게는 독이 아니라고 해도 기생충에게는 독으로 작용한다는 의미다. 따라서 질병으로 인해 건강이 크게 악화된 고양이라면 구충제의 독성에 대한 저항 능력이 약해질 수 있다.

모든 연령의 고양이는, 특히 사냥을 하거나 자주 밖에 나가는 경우 심각한 기생충 감염에 노출되기 쉽다. 때문에 이런 고양이는 연 1~2회의 검사가 필요하다. 기생충이 확인되면 치료를 해야 하는데 분변검사에서 기생충이 발견되지 않더라도 외출이 잦은 고양이는 회충과 촌충에 대한 정기적인 구충이 필요하다. 구충제는 대부분 반복 투여를 해도 안전하다. 종종 촌충의 분절이 관찰되기도 하는데, 이런 경우 구충을 실시해야 한다. 촌충이 있는 고양이는 일 년에 4~5번까지 반복적인 치료가 필요할 수 있다.

임신을 계획 중인 고양이는 미리 분변검사를 해야 한다. 기생충이 발견된다면 철저한 구충을 실시한다. 구충제를 먹인다고 새끼들의 기생충 감염을 완벽히 막을 수는 없지만 감염의 정도와 확률은 낮출 수 있다. 물론 구충관리는 최상의 상태로 임신을 건강하게 유지하는 데도 도움이 된다.

흔히 사용되는 구충제				
약물	회충	구충	촌충	기타
엡시프란텔(epsiprantel)	효과 없음	효과 없음	좋음	
펜벤다졸(fenbendazole)	좋음	좋음	좋음	지아르디아도 치료
이버멕틴(ivermectin)	보통	좋음	효과 없음	심장사상충도 예방
밀베마이신(milbemycin)	좋음	좋음	효과 없음	심장사상충도 예방
피페라진(piperazine)	좋음	효과 없음	효과 없음	
프라지콴텔(praziquantel)	효과 없음	효과 없음	좋음	
프라지콴텔+피란텔 (praziquantel+pyrantel)	좋음	좋음	좋음	
피란텔 파모에이트 (pyrantel pamoate)	좋음	좋음	효과 없음	
셀라멕틴(selamectin)	좋음	좋음	효과 없음	심장사상충도 예방

기생충 예방

대부분의 기생충은 재감염되기 쉽다. 기생충 감염을 예방하려면 재감염되기 전에 충란과 유충을 박멸할 수 있도록 고양이의 생활 환경을 철저하게 관리한다. 여기에는 벼룩과 설치류 같은 중간숙주를 차단하는 것도 포함된다.

고양이는 실내에서 생활하는 반려동물이지만 일부 고양이들은 실외에서 살거나 자주 밖에 나가기도 할 것이다. 실외에 집이 있는 경우 그늘진 땅은 충란과 유충이 살기 최적의 환경이므로 피한다. 시멘트같이 물이 스며들지 않는 재질이 청소에 용이하다. 매일 물로 청소하고 햇볕에 건조한다. 콘크리트 표면은 석회, 소금, 붕사(0.9m²당 2mL) 등을 이용해 소독한다. 배설물은 매일 치운다. 잔디는 짧게 깎고 필요한 경우에만 물을 준다. 마당에 있는 배설물도 최소 일주일에 두 번은 치운다.

벼룩, 이, 바퀴벌레, 딱정벌레, 수생곤충, 설치류 등은 촌충이나 회충의 중간숙주다. 재감염을 막기 위해 이런 해충을 박멸해야 하는데, 주변 환경의 벼룩 박멸(155쪽)을 참조한다.

화장실의 배설물과 젖은 모래는 매일 치워야 한다. 화장실은 청결하고 건조한 곳에 두어야 하며 세제와 끓는 물을 이용해 자주 청소한다. 꼼꼼히 헹구고 말린 뒤 다시 모래를 채운다.

다수의 내부기생충이 생애의 초기를 또 다른 동물의 몸에서 보내는데, 고양이가 이

동물들을 잡아먹는 과정에서 감염이 되고 성충으로 발달하는 경우도 많다. 따라서 고양이가 배회하거나 사냥하는 것은 좋지 않다. 생고기는 고양이에게 주기 전에 철저히 익혀서 준다.

기생충 감염이 지속적으로 발생하는 캐터리*에는 다른 문제가 있을 수 있다. 피부 질환, 장 질환, 호흡기 질환 등의 문제가 있을 수 있는데 캐터리 전체의 위생 상태를 향상시키고 유지하는 철저한 노력이 필요하다.

회충roundworm

회충은 상당수의 어린 고양이와 25~75%가량의 성묘에서 발생하는 가장 흔한 기생충으로 주로 고양이가 감염되는 종은 두 종류다. 회충 성충은 위와 장에서 살며 길이가 13cm까지 성장한다. 충란은 단단한 껍질에 싸여 있어, 견고한 보호 속에 토양에서 수개월에서 수년에 걸쳐 살 수 있다. 변으로 배출되고 3~4개월 동안 전염성을 갖게 된다. 이렇게 충란에 오염된 토양과의 접촉을 통해 충란을 섭취하거나, 오염된 발을 핥거나, 유충에 노출된 벌레나 설치류 같은 숙주동물을 먹는 과정에서 유충이 고양이의 소화관 속으로 들어가 감염된다.

고양이에게 가장 흔한 회충인 톡소카라 카티(*Toxocara cati*)의 유충은 조직 내로도 침투할 수 있다. 입 안으로 들어간 충란은 장에서 부화하고, 부화한 유충은 혈류를 통해 폐로 이동하는데 폐에서 운동 능력을 획득한 후 기관까지 기어가 다시 목구멍으로 삼켜진다(이 과정에서 기침이나 구역질을 유발하기도 한다). 그리고 다시 장으로 돌아와 성충으로 성장한다. 이런 형태의 기생충 이동방식은 어린 고양이에서 가장 흔하다.

성묘는 소수의 유충만 다시 소화관으로 돌아오고 나머지는 조직 내에서 휴면기 상태로 남는다. 이런 잠복기 유충은 수유기 동안 다시 혈류로 들어가 모유를 통해 새끼에게 전염된다. 모유로 유충을 배출하면 변으로는 충란을 배출하지 않을 수 있다. 때문에 분변검사에서 기생충이 발견되지 않더라도 생후 3주에는 어미와 새끼 모두 구충을 시켜야 한다.

임신 전에 어미 고양이를 구충하면 완벽하지 않아도 새끼의 회충 감염의 가능성을 낮추거나 중증의 감염을 예방하는 데 도움이 된다. 보호막에 싸인 유충은 구충제로도 제거되지 않는다.

고양이에 있어 두 번째로 흔한 회충은 톡소카리스 레오니나(*Toxocaris leonina*)다. 이 회충은 모유를 통해 전염되지는 않지만 충란을 먹거나 감염된 설치류를 먹고 감염된다.

성묘는 중증의 회충 감염이 드문 편이나 사냥을 많이 하는 고양이에서는 발생하기 쉽다. 어린 고양이가 심하게 감염되는 경우 크게 아프거나 생명을 잃을 수 있다. 이런 고양이는 마르고 배가 항아리처럼 부풀어 있다. 때때로 기침이나 구토 증상을 보이거나 설사를 하고 빈혈이 나타나기도 하며, 기생충이 혈관에서 폐의 공기주머니로 이동하면 폐렴으로 진행되기도 한다. 구토물이나 변에서 기생충이 관찰될 수 있는데, 흰 지렁이나 스파게티면의 형태로 살아 움직이는 전형적인 모습을 보인다.

치료 : 피란텔 파모에이트(pyrantel pamoate)는 안전하고 효과적인 약물이며 수유 중인 새끼에게도 사용할 수 있다. 새끼 고양이는 회충 감염을 막기 위해 생후 3주에 구충을 실시해야 한다. 첫 구충 시 유충 단계에서 살아남은 성충을 제거하기 위해 2~3주 후에 다시 구충한다. 추가 치료는 이후의 분변검사에서 충란이나 기생충이 발견되면 실시한다. 생후 6개월까지는 매달 구충할 것을 추천한다.

피란텔 파모에이트 성분의 구충제는 동물병원에서 쉽게 처방받을 수 있다. 약은 식후에 투여하며, 투여용량은 지시사항을 잘 따른다. 밀베마이신, 이버멕틴, 셀라멕틴도 효과적인 약물이긴 하나 일반적으로 개월 수가 더 지난 고양이나 성묘에게 사용한다. 안전을 위해 반드시 수의사로부터 체중에 맞는 적합한 구충제를 처방받는다.

공중보건 측면 : 회충은 유충 상태에서 사람에게 옮을 수 있고, 질병을 유발할 수도 있다. 이는 심각한 공중보건상의 문제며 인수공통 전염병 중 하나다. 대부분 개회충(*Toxocara canis*)에 의해 발생하지만 고양이회충(*Toxocara cati*)도 질병을 유발할 수 있다. 매년 발생이 보고되는데 주로 온화한 기후의 지역에서 발생한다. 어린이에게 가장 흔히 발생하고, 더러운 먼지 등을 먹어 생기는 경우가 많다. 모래놀이터가 옥외에 있다

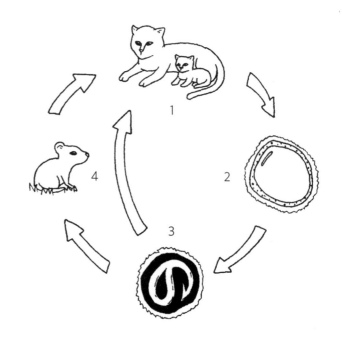

고양이회충(*Toxocara cati*)의 생활사
고양이는 분변을 통해 충란을 배출하거나 모유를 통해 유충을 배출한다.
1. 유충이 모유를 통해 새끼 고양이에게 감염된다. 충란은 분변으로 배출된다.
2. 충란이 유충으로 발달한다.
3. 설치류가 충란을 섭취한다.
4. 고양이가 사냥을 하며 설치류를 잡아먹는다. 유충이 성숙되기 전에 새끼 고양이에게 감염되면 어미도 새끼를 핥아 주는 과정에서 재감염될 수 있다.

면 고양이가 화장실로 사용하지 못하도록 하고, 사용하지 않을 때는 덮개를 덮어놓는다. 정원관리를 할 때는 장갑을 낀다.

사람이 회충알을 먹으면 고양이에서와 마찬가지로 유충으로 발달한다. 그러나 사람은 고유 숙주가 아니므로 유충은 성충으로 발달하지 못한다. 대신 유충이 조직으로 이동하여 목적지 없이 돌아다니면서 발열, 빈혈, 간종대, 폐렴 등의 증상을 유발한다. 유충이 어린이의 눈으로 들어가 유충안구이행증(ocular larva migrans)이라고 불리는 질병을 일으켜 드물게 시력을 상실시킬 수도 있다. 이 병은 약 1년에 걸쳐 진행되는데, 정기적인 구충과 위생관리를 통해 개와 고양이에서의 감염을 예방하는 것이 최선의 방법이다.

구충(십이지장충)hookworm

구충은 길이 0.6~1.3cm가량의 가늘고 작은 기생충으로 소장벽에 단단히 붙어 숙주로부터 피를 빤다. 고양이에게 감염되는 구충은 4종류가 있는데 고양이는 개처럼 구충이 흔하지는 않다. 유충의 전파와 성장이 용이한 고온다습한 기후에서 많이 발생한다.

토양이나 분변에 있는 유충을 섭취하거나 유충이 직접 피부를 뚫고 들어와 감염된다(보통 발바닥 패드를 통해 감염된다). 드물긴 하나, 유충을 가진 쥐를 잡아먹고 감염되기도 한다. 미성숙한 유충은 폐를 통해 장으로 이동해 성충이 된다. 2주 뒤 고양이는 변을 통해 충란을 배출한다. 충란은 토양 속에 있다가 조건이 만족되면 유충이 되고 2~5일 내로 전염성을 갖게 된다.

구충 감염의 전형적인 증상은 설사, 빈혈, 체중감소, 점진적인 쇠약 증상이다. 감염이 심한 경우 변이 핏빛이나 암적색, 암갈색을 띠기도 하나 흔한 것은 아니다. 아주 어린 고양이는 구충 감염이 생명을 위협할 수도 있다. 분변 속의 충란을 검사하여 진단한다.

신생묘는 자궁 내에서 태반을 통해서는 감염되지 않지만 모유를 통해서는 감염될 수 있다. 성묘에서는 어린 고양이에 비해 만성 감염이 흔하다.

회복한 고양이의 다수가 조직 내 포낭을 가진 보균자로 남는다. 스트레스를 받거나 질병을 앓는 경우, 유충이 활동하면서 다시 발병할 수 있다.

치료 : 피란텔 파모에이트와 셀라멕틴은 안전성과 효능이 높아 치료에 적합하다. 밀베마이신과 이버멕틴도 효과적이긴 하나 일반적으로 성묘나 비교적 월령이 있는 어린 고양이에게만 사용한다. 2주의 간격을 두고 2회 치료한다. 치료 효과를 확인하

려면 분변검사를 해야 한다.

급성 증상을 보이는 새끼 고양이는 집중적인 수의사의 치료가 필요하다. 재감염을 예방하려면 76쪽 기생충 예방을 참조한다.

공중보건 측면 : 유충피부이행증이라고 하는 사람의 이행발진도 구충에 의해 발생한다. 토양 속의 유충이 사람의 피부를 뚫고 들어와 몸속으로 이동한다. 작은 혹, 피하의 줄무늬상 병변, 가려움 등을 유발한다. 증상은 보통 저절로 낫는다.

촌충tapeworm

촌충은 성묘에서 가장 흔한 내부기생충이다. 주로 소장에 기생하는데, 길이도 25mm부터 30cm까지 다양하다. 빨판을 이용해 머리 부위를 장벽에 부착시킨다. 몸통은 충란이 들어 있는 분절로 이루어져 있다. 때문에 촌충 감염을 제거하려면 머리 부위를 파괴해야 한다. 그렇지 않으면 다시 재생한다.

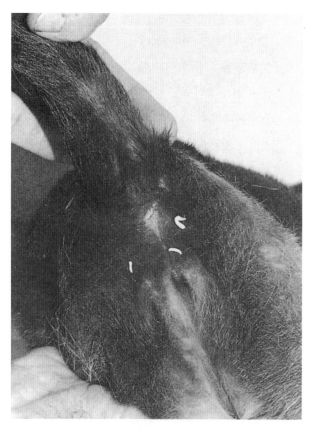

간혹 감염된 고양이 항문 주변의 털에서 기어다니는 촌충 분절이 관찰되기도 한다.

충란은 변을 통해 배출되는데 분절 안에 들어 있다(이를 편절이라고 한다). 편절은 신선하고 습한 상태에서는 움직이는 것도 가능하다. 길이가 6mm 정도 되는데, 간혹 항문 주변의 털이나 변에서 관찰되기도 한다. 말라붙으면 쌀알처럼 보인다.

고양이에서 발견되는 촌충은 두 종으로, 둘 다 중간숙주에 의해 전염된다. 디필리디움 카니눔(*Dipylidium caninum*)은 미성숙 단계의 촌충을 장내에 가지고 있는 벼룩이나 이를 통해 감염된다. 이런 벌레들은 촌충 충란을 먹고 기생충에 감염되는데 고양이가 이를 물거나 먹어야만 감염된다. 타이니아 타이니아포르미스(*Taenia taeniaformis*)는 고양이가 설치류, 날고기, 날생선, 버려진 동물 사체 등을 먹고 감염된다.

디보트리오케팔루스 라투스(*Dibothriocephalus latus*)와 스피로메트라 만소노이데스(*Spirometra mansonoides*)는 고양이에서는 흔치 않다. 날생선

디필리디움 카니눔의 생활사
1. 분절이 고양이 직장 주변의 변으로 들어간다.
2. 벼룩이 분절이나 충란을 먹는다.
3. 고양이가 그루밍을 하며 벼룩을 먹는다.

타이니아 타이니아포르미스의 생활사
1. 분절이 고양이 직장 주변의 변으로 들어간다.
2. 설치류가 분절이나 충란을 먹는다.
3. 고양이가 사냥을 하며 설치류를 잡아먹는다.

이나 물뱀을 먹고 감염될 수 있다.

치료 : 프라지콴텔(praziquantel)은 고양이의 촌충 두 종에 가장 효과적인 약물이다. 펜벤다졸(fenbendazole)과 에스피프란텔(espiprantel)도 적당한 약물이다. 수의사의 지시에 따라 투약한다. 디필리디움 카니눔(*Dipylidium caninum*)의 구충은 벼룩과 이의 구제도 함께 병행해 실시해야 하고(154쪽, 추천할 만한 벼룩 박멸 계획 참조), 다른 촌충의 경우 고양이가 밖에 돌아다니거나 사냥하는 것을 막아 예방한다.

공중보건 측면 : 어린이들은 우연히 감염된 벼룩을 삼켜 감염되기도 한다. 이런 경우를 제외하고 사람에게는 별다른 문제가 되지 않는다.

기타 기생충

이 장에서 다루는 모든 기생충은 고양이에게 흔히 감염되지 않는 것들이다. 심장사상충은 11장(334쪽)을 참조한다. 안충(eye worm)은 미국 서부 연안에 사는 고양이들에게 발생하는데, 자세한 내용은 5장을 참조한다(206쪽). 요충은 어린이가 있는 가정에서 많이 문제가 되는데 고양이를 통해서는 감염되거나 전파되지 않는다.

선모충증 trichinosis
선모충증은 낭에 싸인 트리키나 스피랄리스(*Trichina spiralis*) 유충이 들어 있는 돼지

고기를 익히지 않고 먹어 감염된다. 미국에 사는 사람들의 15%는 선모충증에 한 번 감염되는 것으로 알려져 있는데 임상 증상을 나타내는 경우는 소수에 불과하다. 발생률은 개와 고양이에서 약간 더 높다. 근육통, 두통, 관절통 등의 증상을 나타낸다.

고양이가 밖으로 돌아다니는 것을 막아(특히 시골 지역에 사는 경우) 예방할 수 있다. 사람의 음식이든 고양이의 음식이든 모든 육류는 잘 익혀 먹인다.

치료 : 수의사의 처방 아래 메벤다졸로 치료한다.

분선충strongyloides

분선충은 스트론길로이데스 카티(*Strongyloides cati*)와 스트론길로이데스 스테르코랄리스(*Strongyloides stercoralis*) 두 종이 있다. 전자는 아열대 기후에서 주로 발견되고, 후자는 사람 기생충으로 고양이에게 전염될 수 있다(감염 이후에는 고양이에서 사람으로도 전염된다). 흔히 감염되는 기생충은 아니다. 피나 점액이 섞인 설사가 증상으로 나타난다.

치료 : 이버멕틴이나 티아벤다졸로 치료한다.

편충whipworm

50~76mm가량의 가늘고 긴 편충은 맹장(대장의 첫 번째 부분)에서 기생한다. 한쪽 끝이 더 두껍게 생겨 모양이 채찍과 유사하다. 편충은 보통 우연히 발견되며 고양이에게는 특별한 문제를 일으키지 않는 것으로 알려져 있다.

치료 : 특별한 치료가 필요하지 않다.

흡충fluke

흡충은 길이가 몇 mm에서 3cm까지 이르는 크기가 다양한 납작한 기생충이다. 폐, 간, 소장 등 고양이 몸 곳곳에서 다양한 종이 군집을 이룬다. 소화관 흡충은 감염된 날생선을 먹거나 달팽이, 개구리, 가재 같은 작은 동물을 잡아먹어 감염된다. 그러나 흡충 중 알라리아 마르키아나이(*Alaria marcianae*)는 모유를 통해 새끼에게 전염되기도 한다.

흡충 감염의 증상은 다양하며 경미한 경우도 많다. 생선은 익혀 먹이고 고양이가 사냥하는 것을 막아 감염을 예방할 수 있다.

치료 : 전문가의 진단과 치료가 필요하다. 약물 사용이 매우 복잡하며 치료에 실패하는 경우도 있다.

위충stomach worm

위충은 미국 남서부 지역 고양이에게 많이 문제를 일으킨다. 고양이에 기생하는 위충은 두 종이다. 피살로프테라 프라이푸티알리스(*Physaloptera praeputialis*)의 경우 토양 속의 충란을 먹은 딱정벌레, 귀뚜라미, 도마뱀, 바퀴벌레, 고슴도치 등을 잡아먹어 감염되고, 올룰라누스 트리쿠스피스(*Ollulanus tricuspis*)는 감염된 고양이의 구토물과 접촉해 감염된다.

반복적인 구토가 가장 흔한 증상이다. 위충과 다른 구토의 원인을 감별하고, 감염을 일으킨 위충의 종류를 찾아내기 위해 수의학적 진단이 필요하다. 충란은 일반적으로 변에서는 관찰되지 않으며, 성충은 구토물이나 위 세척 시 관찰될 수 있다. 예방을 위해 고양이가 집 밖에 돌아다니거나 사냥하지 못하게 한다.

치료: 올룰라누스(*Ollulanus*) 종은 테트라미졸, 피살로프테라(*Physaloptera*) 종은 이버 멕틴이나 레바미졸이 가장 효과적이다.

원충성 기생충

원충은 단세포 동물로 맨눈으로는 보이지 않지만 현미경으로는 관찰된다. 보통 물 속에서 살며 이동한다. 일반적인 분변부유검사로는 잘 확인되지 않는 경우가 많고, 성충이나 성충의 낭포를 확인하려면 신선한 변이 필요하다.

지아르디아증giardiasis

지아르디아증은 지아르디아(*Giardia*)라는 원충에 의해 발생한다. 지아르디아는 고양이 종특이성을 가지고 있으며, 보통 개울 물을 마시거나 낭포에 감염된 감염원에 노출되어 감염된다.

감염된 성묘는 대부분 증상이 없다. 주로 어린 고양이에게 악취가 심한 다량의 수양성 설사* 증상이 나타난다. 설사는 급성 또는 만성, 간헐적 또는 지속적으로 모두 나타날 수 있으며 체중감소를 동반한다.

신선한 변을 식염수에 섞어 분변도말검사**를 실시하여 원충이나 특징적인 낭포를 발견하여 진단한다. 직장에서 도말한 면봉시료도 좋다. 간헐적으로 낭포를 배출하기도 하므로 도말검사상 발견되지 않았다고 지아르디아증을 배제해서는 안 된다. 최소 이틀 정도 간격을 두고 3차례의 분변도말검사가 음성일 경우에는 감염을 배제한다. 혈청학적 검사(ELISA와 IFA)를 이용할 수도 있다.

* **수양성 설사** 물 같은 설사.

** **분변도말검사** 신선한 변 또는 희석액을 슬라이드에 얇게 도말하여 현미경으로 검사하는 방법.

고양이는 지아르디아 감염에 대한 면역성을 발달시키지 못하므로 원충이 살기 쉬운 고인 물 주변을 잘 청소하고 고양이의 접근을 막아 예방한다. 실내도 철저히 청소한다.

치료 : 지아르디아증은 메트로니다졸(metronidazole)로 잘 치료된다. 메트로니다졸은 태아의 기형을 유발할 수 있으므로 임신묘에게는 투여해서는 안 된다. 메트로니다졸은 또한 세균의 증식을 막아 장의 면역 기능에도 영향을 미칠 수 있다. 펜벤다졸 등의 다른 약물도 효과적이다. 현재는 지아르디아증을 예방하는 백신도 시판되어 있으나 보통 경미한 증상을 보이고 치료도 잘 되는 편이라 많이 추천되지는 않는다.

톡소플라스마증toxoplasmosis

톡소플라스마증은 톡소플라스마 곤디이(*Toxoplasma gondii*)라는 원충에 의해 발생한다. 고양이는 감염된 새나 설치류를 잡아먹거나 드물게 오염된 토양의 낭포를 섭취해 감염된다. 고양이는 이 세포 내 기생충의 1차 숙주며, 다른 온혈동물에게 전염시킬 수도 있다.

고양이와 사람 모두 조리하지 않은 날고기(돼지고기, 소고기, 양고기 등)나 멸균하지 않은 유제품의 섭취를 통해서도 감염된다. 고양이 소장에서 낭포가 발달해 변으로 배출되며, 이 고양이의 변은 다른 고양이에게 또 다른 감염원이 된다. 그러나 이 전염성을 가진 낭포는 초기 노출 직후 아주 짧은 시간 동안에만 배출된다. 고양이와 사람의 톡소플라스마는 뱃속의 태아에게도 전염될 수 있다.

고양이 장 톡소플라스마증은 일반적으로 증상이 없다. 증상이 있는 경우에는 뇌, 척수, 눈, 림프계, 폐 등에 영향을 끼친다. 가장 흔한 증상은 식욕감소, 무기력, 기침, 과다호흡 등이다. 시각과 신경학적 증상이 나타날 수도 있다. 발열, 체중감소, 설사, 복부팽만 등의 증상을 보일 수도 있다. 림프절확장도 관찰된다. 어린 고양이는 뇌염, 간부전, 폐렴 등이 발생할 수 있다. 임신기간 중 감염되면 유산, 사산, 특별한 이유 없는 신생묘의 죽음 등을 유발할 수 있다. 임상 증상을 나타내는 고양이의 다수는 고양이 면역결핍증(FIV)이나 고양이 백혈병(FeLV)에 함께 감염되어 있는 경우가 많다.

고양이의 변에서 톡소플라스마 곤디이(*T. gondii*) 낭포가 발견된다면 이는 고양이가 사람이나 고양이에게 전염시킬 수 있음을 의미한다. 혈청학적 검사(ELISA 등)로 고양이의 기존 노출 여부를 확인할 수 있다. 건강한 고양이의 결과가 양성으로 나왔다면 이는 고양이가 능동면역을 획득하였다는 뜻이므로 사람에게 전염 위험이 없다.

감염을 예방하기 위해 날고기를 주지 말고 사냥을 못하게 해야 한다. 멸균처리가 안 된 유제품도 주어서는 안 된다. 집 안에서 사료만 먹고 사는 고양이라면 감염될 가능성이 매우 낮다.

치료 : 클린다마이신(clindamycin)과 같은 항생제는 감염을 치료하고 장에서의 낭포 배출을 막는다.

공중보건 측면 : 성인의 절반가량은 혈청학적으로 과거 톡소플라스마에 노출되었 던 소견을 보인다. 이들은 방어 항체를 통해 감염에 대한 면역을 유지한다. 그러나 과 거 노출 경험이 없어 항체가 없는 임산부들은 매우 위험하다. 면역력이 저하된 사람 도 위험하다.

임산부의 톡소플라스마 감염은 유산, 사산, 태아의 중추신경계 손상 등을 유발할 수 있다. 고양이는 전염성을 가진 기생충을 변으로 배출하는 유일한 동물이므로 임산 부는 고양이를 키워서는 안 된다는 속설이 퍼지게 되었다. 그러나 임산부라 해도 고 양이를 없앨 필요는 없다! 사람에서 톡소플라스마증의 가장 주된 감염 경로는 조리 하지 않은 날고기(특히 양고기나 돼지고기)를 먹어서다. 멸균되지 않은 유제품도 감염 원이 될 수 있다. 낭포가 토양에 있을 수 있으므로 신선한 야채도 꼼꼼히 세척한다. 감 염된 토양과의 접촉을 피하기 위해 정원을 가꿀 때는 장갑을 끼는 것이 좋다.

고양이로부터의 감염 경로를 바로 알고 실제로는 그 위험성이 극히 낮음을 이해하 는 게 중요하다. 활성화된 톡소플라스마증에 감염된 고양이조차 평생 동안 낭포를 변 으로 배출하는 기간은 급성 감염 시기인 약 7~10일에 불과하다. 또한 배출된 분변 속의 낭포가 전염성을 획득하기까지는 추가로 1~3일간의 시간이 필요하다(1~3일 동 안 화장실을 치워 주지 않아야 전염이 가능하다는 의미한다). 그리고 이후에 사람이 감염된 변과 접촉하고 그것이 입속으로 들어가야만 감염이 일어난다.

임산부는 검사를 통해 이전의 톡소플라스마 노출 여부를 확인할 수 있다. 항체를 가지고 있다면 걱정할 필요가 없다. 또한 정원일을 하거나 고양이 화장실을 치워 줄 때 장갑을 껴 변과 접촉하는 것을 차단할 수 있다.

고양이가 밖에 돌아다니거나 사냥하는 것을 막아 감염을 예방한다. 고양이 화장실 을 치워 줄 때는 일회용 장갑을 착용한다. 화장실은 매일 치우고, 모래는 잘 담아서 버 린다. 끓는 물과 세제를 이용해 고양이 화장실을 청소하고 살균한다. 길에 돌아다니는 고양이가 용변을 보지 못하도록 모래놀이터에는 덮개를 씌워 둔다.

사람과 고양이 모두 고기를 65.5℃ 이상의 열로 잘 익혀 먹는다. 날고기를 만진 후에 는 비누로 손을 깨끗이 씻는다. 날고기와 접촉 가능한 주방 곳곳도 잘 청소한다.

콕시듐증coccidiosis

콕시듐증은 보통 이유 직후의 어린 고양이가 문제가 되는데 성묘에서도 발생할 수 있다. 콕시듐증은 매우 전염성이 높으며, 회복 후 생긴 면역력도 단기간만 유지된다.

회복한 고양이는 흔히 보균자가 되어 분변을 통해 낭포를 배출한다.

콕시듐은 여러 종류가 있는데 키스토이소스포라 펠리스(*Cystoisospora felis*)(이전에는 *Isospora felis*로 불림)만 분변을 통해 고양이에서 고양이로 전파되고, 다른 종은 새나 작은 동물을 중간숙주로 이용해 전파된다. 콕시듐은 이런 중간숙주들이 고양이에게 잡아먹히면서 생활사가 완료된다. 새끼 고양이는 어미를 통해 키스토이소스포라 펠리스에 감염되기도 있다.

낭포 섭취 후 5~7일이 지나면 감염체가 분변으로 배출되는데, 생활사의 대부분은 소장 내벽의 세포에서 이루어진다. 가장 흔한 증상은 설사로, 점액이 섞이거나 핏빛을 띠기도 한다. 심한 경우 혈변을 보기도 한다. 쇠약, 탈수, 빈혈 등을 동반할 수 있다.

콕시듐은 아무 증상 없이 우연히 어린 고양이에게서 발견되기도 하는데 밀집사육, 영양불량, 이유식 문제, 회충 감염, 이사와 같은 스트레스 요인에 의해 저항력이 약화되어 증상이 나타나도록 진행될 수 있다. 보통 분변검사를 통해 진단한다.

치료 : 담백한 음식을 급여하고 수분 섭취를 돕는다. 탈수나 빈혈이 심한 고양이는 입원하여 수액처치를 받거나 수혈을 받는다. 어린 고양이는 성묘에 비해 집중적인 치료가 필요한 경우가 더 많다.

대부분 급성으로 10일 정도 지속되다 회복되므로 보존적 치료가 중요하다. 설폰아마이드와 니트로푸라존 같은 항생제를 사용한다.

보균자로 의심되는 고양이는 격리시켜 치료한다. 고양이 사육장소는 감염성 낭포를 박멸하기 위해 소독제와 끓는 물로 매일 청소한다.

트리코모나스증trichomoniasis

트리코모나스증은 트리코모나스 포이투스(*Trichomonas foetus*)라는 원충에 의해 발생한다. 트리코모나스 포이투스는 고양이에게 감염되면 대장에서 증식하여 만성 재발성 설사를 유발하는데 간혹 피나 점액이 섞여 나오기도 한다. 감염은 주로 어린 고양이나 캐터리 출신의 고양이에게 가장 흔한데 추정하건대 고양이들끼리의 접촉이 용이한 환경이라 잘 전파되는 듯하다. 다른 종으로는 전파가 되지 않는 것으로 알려져 있으며 분변검사를 통해 진단한다.

치료 : 다양한 항원충제를 이용해 치료하는데 과정이 쉽지 않다. 고양이는 대부분 천천히 스스로 회복한다. 그러나 이런 자가치유 과정이 9개월 이상 걸리기도 한다. 감염된 고양이는 대부분 설사 증상이 사라지고 난 이후에도 수개월에 걸쳐 분변을 통해 감염체를 조금씩 배출한다.

최근에는 난치성 트리코모나스증에 로니다졸(ronidazole) 처방이 늘고 있다. 좋은 효과를 나타내고 있으나 안타깝게도 정식으로 유통되는 약품이 없어 약품 수급이 어려운 편이다. 옮긴이 주

3장
전염병

전염병은 세균, 바이러스, 원충, 곰팡이 등이 감수성 있는(병에 걸리기 쉬운) 숙주의 체내로 침입해 질병을 일으키는 것으로 전염병의 원인이 되는 물질을 병원체라고 부른다.

전염병은 보통 감염된 분변, 오줌, 점액, 그 외 체내 분비물, 또는 공기 중 병원성 물질을 흡입하는 식으로 고양이에서 다른 고양이로 전파된다. 드물게 교미 시 생식기를 통해 전파되기도 한다. 땅속에 있는 포자와 접촉하는 과정에서 호흡기나 피부를 통해 체내로 침투하기도 한다.

병원체는 주변 환경 어디에나 존재하지만 그중 오직 일부만 감염을 일으킨다. 많은 전염병이 종특이성을 가지고 있다. 즉, 고양이는 말이 걸리는 특정 질병에 감염되지 않고, 말도 고양이로부터 감염되지 않는다. 종특이성이 없는 전염병도 있는데 이들은 사람을 포함한 많은 동물에게 질병을 일으킬 수 있다. 이를 인수공통 전염병(zoonosis)이라고 하는데 공중 위생적인 측면을 고려해 이 장에서 함께 설명할 것이다.

많은 병원체는 숙주동물의 몸 밖에서 장기간 생존할 수 있다. 병원체의 생활사(life cycle, 생물의 개체가 발생을 시작하고 나서 죽을 때까지의 일생)를 아는 것은 전염병이 어떻게 전파되는지 이해하는 데 중요하다. 백신 접종은 많은 질병을 예방할 수 있는 최선의 방법이다. 면역력과 백신 접종에 관한 내용은 이 장 말미에서 다루겠다.

세균성 질환

세균은 한 개의 세포로 이루어진 미생물로, 질병을 일으킨다. 일부 세균성 질환에 대한 내용은 주요 질환을 일으키는 체내 장기를 다룬 장에서 다룬다.

살모넬라salmonella

살모넬라 감염은 취약한 동물의 위장관 감염을 통해 발생하는데, 밀집사육을 하거나 비위생적인 환경에 노출된 새끼 고양이와 바이러스 감염, 영양결핍, 기타 스트레스 등으로 자연적인 저항력이 약해진 고양이가 쉽게 걸린다. 살모넬라는 토양이나 거름 속에서 수개월에서 수년 동안 생존한다. 고양이가 날고기나 오염된 음식을 먹거나, 발이나 털에 묻은 거름을 핥거나, 감염된 고양이의 설사에 오염된 물체를 입에 접촉하여 감염된다. 음식의 위생관리를 항상 철저하게 하는 경우가 아니라면 생식을 먹는 고양이는 특히 취약하다.

감염되면 발열, 구토와 설사(90%의 경우), 탈수, 쇠약 등의 증상이 나타난다. 변에 피가 섞이거나 악취가 난다. 구토와 설사가 지속되면 탈수 증상이 심해진다. 세균이 혈류를 타고 이동해 간, 신장, 자궁, 폐에서 농양을 유발할 수 있다. 일부 고양이에서는 결막염이 관찰되기도 한다. 4~10일간 급성으로 증상이 나타났다가 한 달 이상 지속되는 만성 설사로 진행된다. 절반 정도가 죽음에 이르며 임신묘의 경우 유산 발생도 보고되고 있다.

고양이뿐 아니라 개도 흔히 증상이 나타나지 않는 보균자가 된다. 몸 상태가 좋지 않을 때 변을 통해 세균이 배출되면 가축이나 사람에서 왕성하게 감염을 일으킨다.

진단은 분변배양검사나(보균자 상태인 경우) 혈액, 변, 급성 감염을 앓은 고양이의 감염 조직에서 직접 살모넬라균을 확인하여 이루어진다.

치료 : 경미하거나 합병증이 없는 경우 탈수, 구토, 설사 증상을 교정하면 호전된다. 심한 감염일 경우에만 항생제를 사용한다. (클로람페니콜, 아목시실린, 퀴놀론계 항생제, 설파계 약물) 항생제는 살모넬라균의 약물에 대한 내성을 키울 수 있다. 항생제 사용 시 주사로 투여하는 게 가장 좋으며, 경구용으로는 투여하지 않는다. 이렇게 해야 세균이 내성을 키울 가능성을 최소화할 수 있다.

심하게 감염된 고양이는 정맥수액 치료가 필요하다. 경미한 증상의 고양이라도 이런 종류의 전염성 설사 증상을 보이면 피하 수액과 전해질 교정이 필요하다.

예방 : 고양이를 잘 관리하고 적절한 영양을 공급할 수 있는 넓고 청결한 환경을 조성해 주면 예방할 수 있다.

공중보건 측면 : 이 전염병은 사람에게도 전파될 수 있다. 변을 치우고 화장실을 청소할 때 철저한 위생관리가 필요하다.

캄필로박터증campylobacteriosis

캄필로박터증은 새끼 고양이에게 급성 전염성 설사를 일으키는 질병이다. 환경이 열악하고 다른 소화기 감염 발병이 빈번한 캐터리나 보호소의 고양이에게서도 발생할 수 있다.

이 세균은 오염된 음식, 물, 조리되지 않은 날고기, 동물의 변 등과 접촉해 감염된다. 캄필로박터균은 물이나 저온살균 하지 않은 우유에서 5주까지 생존할 수 있다.

하루에서 일주일 정도 잠복기를 거치며, 급성 감염의 경우 구토 증상과 함께 점액이나 혈액이 섞인 수양성 설사를 보인다. 보통 5~15일간 지속되며 이후 변으로 세균을 배출시키는 만성 설사 양상을 보인다.

치료 : 경미한 설사는 289쪽 설사에서 설명한 것처럼 치료한다. 고양이를 따뜻하고 건조한, 스트레스를 최소화할 수 있는 환경에 둔다. 증상이 심한 고양이는 탈수를 교정하기 위해 동물병원에서 정맥수액 치료를 받아야 할 수도 있다. 항생제도 추천되는데, 에리스로마이신과 시프로플록사신이 효과적이다.

공중보건 측면 : 캄필로박터증은 흔히 사람에서 설사를 유발한다. 사람 환자는 대부분 설사 증상을 보이는 새로 입양한 새끼 고양이나 강아지와 접촉하여 감염된다. 때문에 설사를 하는 새끼 고양이가 인수공통 전염병의 보균자일 수 있음을 알아야 한다. 철저한 위생관리가 필수며, 특히 어린 아이나 면역력이 약화된 사람은 더욱 취약하다.

웰치균Welch bacillus

웰치균(*Clostridium perfringens*)은 독소를 생산하며, 포자를 형성한다. 공기 중에 떠다니는 포자를 형성하므로 청소 등 환경적인 관리에도 더 잘 견딘다. 독소는 급성의 수양성 설사를 유발한다. 변에 점액과 혈액이 관찰될 수 있으며, 고양이는 화장실에서 힘을 주며 변 보는 자세를 취할 수 있다.

치료 : 타이로신, 암피실린, 메트로니다졸 등의 항생제가 처방되며, 이에 더해 고양이의 수분 공급을 잘 유지하는 게 중요하다. 심한 경우 몇 주 동안 지속적인 항생제 치료가 필요할 수 있다.

파상풍tetanus

파상풍 감염은 클로스트리디움 테타니(*Clostridium tetani*)라는 세균에 의해 발생하는데 모든 온혈동물에서 발생할 수 있다. 고양이는 자연 면역력이 높아 발병이 흔치 않다. 파상풍균은 말과 소의 배설물로 만든 거름에 의해 오염된 토양에서 발견된다. 또한 거의 모든 동물의 소화관 내에서 발견될 수 있는데, 소화관에서는 질병을 유발하지 않는다. 파상풍균은 물린 상처나 찔린 상처를 통해 피부로 침입한다. 녹슨 못에 찔리는 것은 전형적인 감염의 예다. 피부층 전체를 뚫고 들어간 깊은 상처는 항상 감염의 시발점이 될 수 있다.

증상은 처음 상처를 입은 지 2~14일 후에 나타난다. 산소를 싫어하는 혐기성의 파상풍균은 산소 농도가 낮은 조직에서 가장 잘 증식하므로, 깊은 상처나 오물로 심하게 오염된 죽은 조직은 이상적인 증식 환경이 된다.

파상풍균은 신경계에 영향을 끼치는 신경독소를 만들어 낸다. 임상 증상도 신경독소에 인해 발생한다. 파상풍에 감염된 고양이는 종종 한쪽 다리가 뻣뻣해지는 국소적인 질환을 보이는데 보통 그쪽 다리에 분명한 상처가 관찰된다. 증상은 다른 다리로 번져 나갈 수도 있다. 전신형 파상풍은 다리의 경련성 수축과 강직성 신전 증상*을 보이고, 입을 벌리거나 음식을 삼키기 어려워하며, 입술과 안구가 수축된다. 가끔 꼬리가 곧게 서 있기도 한다. 고양이를 자극시키는 거의 모든 것에 의해 근육경련이 촉발된다. 탈수, 탈진, 호흡곤란으로 죽는다.

치료 : 때때로 신속한 수의학적 치료로 파상풍의 치명적인 결과를 막을 수 있다. 파상풍 항독소, 항생제, 진정제, 정맥수액, 상처 치료 등으로 상태를 개선시킬 수 있다. 회복되는 데 4~6주 정도 소요되며, 이 기간 동안 자극을 최소화시키기 위해 고양이를 어둡고 조용한 환경에 두는 것이 좋다.

예방 : 이 질병은 피부 상처에 대한 즉각적인 관리로 예방할 수 있다(65쪽, 상처 참조).

헬리코박터 helicobacter

헬리코박터 파이로리(*Helicobacter pylori*)는 사람의 위궤양과 관련이 있는 세균이다. 고양이에게 구토, 설사, 복통을 유발한다. 보통 만성적으로 경미한 구토 증상을 나타내는데 많은 고양이들이 보균하고 있어도 증상을 보이지 않는다.

내시경을 이용한 위 조직생검**이 가장 좋은 확진 방법이다.

치료 : 위산 감소에 도움이 되는 파모티딘과 아목시실린이나 메트로니다졸 같은 항생제로 치료한다.

공중보건 측면 : 사람과 고양이 간의 직접적인 연관성이 알려져 있지 않았으나 사람과 고양이에 모두 발생할 수 있는 헬리코박터균도 있다.

야토병 tularemia

야토병은 프란키셀라 툴라렌시스(*Francisella tularensis*)라는 세균에 의해 발생하는데

* **신전 증상** 몸이 뻣뻣하게 퍼지는 증상.

** **조직생검** biopsy 생체 조직 일부를 채취하여 질병의 존재 여부나 양상을 파악하는 검사.

고양이에게는 흔치 않다. 야생동물에서 자연적으로 발생하는데, 특히 설치류와 토끼에 많다. 고양이와 개는 보통 감염된 동물의 피를 빨아먹은 흡혈 진드기나 벼룩에 물려 감염된다. 특히 고양이가 밖에 잘 나가거나 사냥을 다니는 경우라면 감염된 야생동물이나 사체와 직접 접촉하여 감염되기도 한다.

야토병에 걸린 고양이는 체중감소, 발열, 무력감, 침울, 림프절 종대, 폐렴 등의 증상을 보인다. 입에 궤양이 관찰될 수 있으며, 벌레 물린 피부 부위에 궤양 같은 상처가 생기기도 한다. 일부 고양이는 눈과 코에서 분비물이 보이며 피부에 발진이 나타나기도 하는데 사타구니 부위에서 가장 잘 관찰된다.

치료 : 항생제로 치료한다. 테트라사이클린(tetracycline), 클로람페니콜, 스트렙토마이신, 겐타마이신 등이 효과가 있다. 장기간의 치료가 필요할 수 있으며, 재발 가능성이 있다.

예방 : 벼룩과 다른 해충을 구제하는 것이 감염 발생을 낮추는 데 도움이 된다(154쪽, 추천할 만한 벼룩 박멸 계획 참조). 또 고양이가 밖에 돌아다니거나 사냥을 하지 못하게 한다. 상처가 있어서 삼출물*이 흐르는 고양이를 다룰 때는 고무장갑을 끼고 위생상의 주의사항을 철저히 따른다. 궤양이 생긴 피부병변을 외과적으로 절제해 내는 것도 도움이 된다.

공중보건 측면 : 감염된 고양이가 물거나 할퀴어서, 또는 피부의 궤양에서 흐르는 삼출물에 직접 접촉한 경우 사람에게 전염될 수 있다. 야토병은 토끼고기와 가죽을 다루는 직업에 종사하는 사람들에게서 감염 위험이 높다. 이 세균은 냉동된 토끼고기에서도 생존이 가능하다. 만약 고양이에게 토끼고기를 먹인다면(특히 야생 토끼) 각별한 주의가 필요하다.

흑사병plague

흑사병(선페스트)은 예르시니아 페스티스(*Yersinia pestis*)라는 세균에 의해 발생하는 매우 무서운 질병이다. 사람의 경우 매년 세계적으로 소수의 환자 발생이 보고되고 있는데, 흑사병은 고양이에서 사람으로 전파 가능성이 있어 우려를 사고 있다.

자연에서 흑사병은 벼룩이 설치류 사이를 옮겨 다니면서 전파되는데 다람쥐와 프레리독이 흔히 감염된다. 고양이, 개, 야생 육식동물, 사람도 숙주가 될 수 있다. 고양이와 다른 육식동물은 감염된 설치류를 먹고 감염되거나 감염된 벼룩에 물려 감염된다. 감염된 고양이의 50%는 경미하거나 뚜렷한 증상을 보이지 않는다. 하지만 고양이는 감수성이 높은 편으로 증상이 심한 경우 30~50%가 죽음에 이른다.

증상이 심한 고양이는 노출 후 바로 증상이 나타난다. 고열, 식욕감소, 무력감과 침

* 삼출물 다친 부위에서 새어 나온 혈액 등의 분비물.

* **패혈증**septicemic 미생
물에 감염되어 이에 대한
면역반응이 생명을 위협
할 정도로 강하게 나타나
는 전신 염증 상태.

울, 탈수, 구강 궤양, 기침, 호흡곤란, 림프절의 커다란 부종(가래톳 흑사병이란 말이 여
기서 유래되었다) 등의 증상이 있는데 림프절의 부종은 특히 하악 림프절에서 잘 발생
한다. 림프절의 부종은 감염성 물질이 흐르는 농양을 형성하는데, 이것이 가장 흔한
감염 형태다. 흑사병은 또한 혈류의 패혈증*이나 폐렴으로 나타나기도 한다. 이런 경
우 고양이는 기침을 통해 공기 중에 감염물질을 전파시킨다.

흉부 엑스레이, 혈액과 조직배양 검사, 그람염색, 예르시니아 페스티스(*Y. pestis*)에
대한 연속적인 항체가검사 등으로 진단한다.

치료 : 흑사병에 걸린 고양이를 치료하는 데 관여된 모든 사람은 각별히 주의해야
한다. 전문적인 지침하에 엄격한 위생관리와 격리가 필요하다. 입원과 수의학적 치료
가 반드시 필요하다. 이 질병은 급속하게 치명적으로 진행되므로, 검사실에서 진단이
확정되기 전부터 치료를 시작한다. 예르시니아 페스티스(*Y. pestis*)는 스트렙토마이신,
겐타마이신, 독시사이클린, 테트라사이클린, 클로람페니콜을 포함한 다양한 항생제에
감수성이 있다(페니실린은 제외). 수 주 간의 항생제 치료가 필요하다.

예방 : 벼룩을 구제하는 것이 가장 중요하다(154쪽, 추천할 만한 벼룩 박멸 계획 참조). 고
양이가 밖에 돌아다니거나 사냥하지 못하게 하여 흑사병에 노출되는 것을 최소화한
다. 특히 흑사병 발생 지역에서는 격리조치가 중요하다.

공중보건 측면 : 사람에게 전염되는 가장 흔한 경로는 감염된 벼룩에 물리는 것이
다. 고양이나 개도 흑사병에 감염된 야생동물로부터 벼룩을 옮길 수 있다. 감염된 고
양이는 물거나 할퀴어 세균을 전파시킨다. 폐렴이 있는 고양이는 재채기나 기침을 할
때 튀는 분비물을 통해 전염시킨다. 감염된 고양이를 다루는 과정에서 사람의 피부나
점막이 직접 접촉하면 전염될 수 있다. 벼룩과 외부기생충도 고양이를 치료하는 사람
에게 위험할 수 있으므로 신속히 적절한 살충제 처치로 박멸한다.

흑사병에 감염된 동물을 다루거나, 접촉하거나, 치료에 관여하는 모든 사람은 즉시
의사의 진료를 받는다. 예방적인 항생제 투여가 필요할 수 있다.

결핵tuberculosis

결핵은 고양이에게 흔치 않은데, 결핵균(*Mycobacterium*)에 의해 발생한다. 사람에
서 발병하는 결핵균에는 세 가지 균주가 있는데 고양이는 소형(*M. bovis*)과 조류형(*M.
avian*)에만 감염된다. 고양이는 인간형(*M. tuberculosis*)에는 저항성을 가지고 있으며, 조
류형 결핵은 흔치 않다.

고양이의 결핵은 보통 감염된 소의 우유를 먹거나 오염된 소고기를 날것으로 먹어
감염된다. 저온멸균 우유와 축산농가의 질병 박멸 노력으로 결핵은 꾸준히 감소하는

추세긴 하지만 아직 완전히 사라지진 않았다.

고양이 결핵(M. bovis)은 주로 위장관*에 문제를 일으킨다. 잘 관리하고 풍부한 영양을 공급함에도 불구하고 만성적인 쇠약증 및 활력저하를 보이며 일반적으로 미열을 동반한다. 장관 림프절과 간에 농양을 형성하며, 폐에 감염될 수도 있다. 때때로 열린 상처가 감염되면 피부에서 세균이 들어 있는 분비물이 흘러나오기도 한다.

호흡기 결핵은 빠른 노력성 호흡, 짧은 호흡, 출혈성 객담을 유발한다.

분변, 가래, 상처의 삼출물에서 결핵균을 확인하는 것으로 진단한다. 현미경으로 검사할 때는 특별한 시료염색이 필요하다. 흉부 엑스레이검사가 추천될 수도 있다. 투베르쿨린 피부반응검사는 고양이에서는 신뢰도가 낮다. 결핵이 의심되는 고양이에게 산화질소를 이용한 새로운 혈액검사 방법을 이용할 수도 있다.

치료 : 항결핵약물로 치료하는데, 치료가 어렵고 기간이 오래 소요된다.

공중보건 측면 : 사람도 소형 결핵균에 감염될 수 있다. 때문에 사람이 감염되는 위험을 막기 위해 종종 감염된 고양이를 안락사 시키는 것이 가장 분별 있는 선택이 되기도 한다.

보르데텔라bordetella

보르데텔라 브론키세프티카(Bordetella bronchiseptica)는 고양이 상부 호흡기 감염의 원인체. 이 세균은 건강한 고양이에서도 정상적으로 관찰되는데 바이러스성 상부 호흡기 감염에 이어 이차적으로 문제를 일으킨다. 드물게 폐렴으로 진행되기도 한다.

어린 고양이 또는 보호소나 밀집사육을 하고 환기가 안 되는 스트레스가 많은 환경에서 생활하는 고양이에게 보다 심각한 문제가 된다. 무기력, 발열, 식욕부진, 기침, 재채기, 눈과 코의 분비물, 턱밑 림프절의 커짐 등의 임상 증상을 보인다. 호흡곤란을 보인다면 폐렴으로 진행된 것일 수 있다.

치료 : 필요한 경우 항생제 등의 보존적 치료가 중요하다(자세한 내용은 10장 참조). 비강 내 백신으로 접종이 가능하다.

고양이 폐렴(고양이 클라미디아증)feline chlamydiosis

클라미도필라 펠리스(Chlamydophila felis)(이전에는 Chlamydia psittaci라고 불림)는 한때 고양이 상부 호흡기 질환의 주된 원인체로 생각되었다. 그러나 최근 연구에 따르면 세균과 유사한 이 미생물은 결막염과 함께 고양이 폐렴이라 부르는 상대적으로 경미한 상부 호흡기 질환을 일으킨다고 한다. 주요 증상은 장액성(맑고 묽은)에서 화농성(고름 같은) 눈곱으로 진행되는 결막염이다. 고양이 폐렴은 생후 3개월 미만의 새끼 고

* **위장관** 소화기관 중 위, 소장, 대장 등의 창자를 포함하는 부분.

고양이 클라미디아증은 어린 고양이에게 결막염을 유발하는 주요 원인 중 하나다. 전형적인 모습은 눈꺼풀이 들러붙어 감긴 모습이다.

국내 동물병원에서 흔히 접종하는 4종 혼합백신은 고양이 범백혈구감소증, 칼리시바이러스감염증, 허피스바이러스감염증의 세 가지 바이러스성 전염병과 클라미디아증을 함께 예방하는 백신이다._옮긴이 주

양이에게 가장 흔하다. 호흡기형도 가끔 관찰되는데 보통 바이러스성 상부 호흡기 감염에 의해 이차적으로 발생한다.

치료 : 안약을 포함하여 테트라사이클린 계열 약물이 사용된다. 예방백신이 있으나 부작용 가능성과 북아메리카 지역에서는 클라미디아 감염이 상대적으로 흔치 않은 이유로 일반적으로는 추천하지 않는다.

고양이 마이코플라스마 감염feline mycoplasmal infection
마이코플라스마 펠리스(*Mycoplasma felis*)는 결막염과 콧물을 동반한 상부 호흡기 감염을 유발하는데 양측성(양쪽 모두) 또는 편측성(한쪽만)으로 모두 발생할 수 있다. 보통 2~4주 안에 저절로 회복되며, 바이러스성 상부 호흡기 감염에 의해 이차적으로 발생하기도 한다.

치료 : 자가치유가 되지 않는 경우 치료를 위해 안약과 함께 테트라사이클린을 처방한다.

고양이 감염성 빈혈feline infection anemias
키타욱스준 펠리스(*Cytauxzoon felis*)와 마이코플라스마 하이모필루스(*Mycoplasma haemophilus*)(예전에는 *Hemobartonella felis*라고 불림)는 고양이에 감염되어 빈혈을 일으킨다. 이 질병에 대한 자세한 내용은 11장을 참조한다.

바이러스성 질환

고양이 바이러스성 호흡기 질환군

고양이 바이러스성 호흡기 질환은 전염성이 매우 높고, 여러 마리를 기르는 집이나 캐터리, 보호소에서 종종 심각한 병증이 급속히 전파된다. 고양이 보호자가 겪는 가장 흔한 전염성 질환 중 하나기도 하다. 상부 호흡기 질환으로 생명을 잃는 성묘는 드물지만 새끼 고양이의 치사율은 50% 가까이 된다.

고양이 사이에서는 전염성이 매우 강하지만 사람에게는 옮기지 않는다. 고양이 역시 사람의 감기에 걸리지 않는다. 고양이를 공격하는 바이러스는 사람으로 감염되지 않으며, 사람의 바이러스도 고양이로 감염되지 않는다.

최근 상부 호흡기 감염의 80~90%는 2개의 주요 바이러스군에 의해 발생한다는 사실이 밝혀졌다. 첫 번째는 고양이 바이러스성 비기관염(FVR, feline viral rhinotracheitis)을 포함한 허피스바이러스군이며, 두 번째는 고양이 칼리시바이러스 감염을 포함한 칼리시바이러스군이다.

레오바이러스 등의 다른 바이러스에 의한 감염 증례는 훨씬 적다.

고양이 바이러스성 호흡기 질환군은 뚜렷한 2단계 양상을 보이며, 급성기가 지나면 만성 보균 상태가 지속된다.

고양이 상부 호흡기 질환

증상	허피스바이러스	칼리시바이러스	보르데텔라	마이코플라스마
질병 지속기간	2~4주	1~2주	1~2주	2~4주
코	재채기, 콧물	콧물	기침, 콧물	콧물
눈	결막염, 각막궤양	눈곱	눈곱	결막염
입	침흘림	궤양, 만성 치은염	없음	없음
열	있음	가끔 관찰	경미함	있음
폐렴	드묾	흔함	가끔	드묾
무력감	심함	경미함	경미함	경미함
특이적 증상	없음	파행	림프절 종대	편측성 콧물

급성 바이러스성 호흡기 감염acute viral respiratory infection

질환의 심각성은 다양하게 나타난다. 어떤 고양이는 경미한 증상을 보이는 반면 어떤 고양이는 급속히 악화되어 때때로 치명적이다.

이 질병은 감염된 눈, 코, 입의 분비물과 직접 접촉하거나 오염된 화장실, 물그릇, 사람의 손, 드물게는 공기 중의 전염원에 의해 고양이에서 고양이로 전파된다. 바이러스는 외부 조건에 따라 숙주의 몸 밖에서도 짧게는 24시간, 길게는 10일까지 안정된 상태로 생존한다.

감염의 원인체가 어떤 바이러스냐에 상관 없이 초기 증상은 유사하다. 감염된 미생물은 바이러스나 혈청학적 검사로만 확인이 가능하다. 그러나 이런 검사는 결과가 나올 때까지 시간이 걸려 그 결과에 따라 정확한 치료계획을 세우기 어려울 수도 있다.

임상 증상은 노출 후 2~17일경에 나타나고, 10일 후쯤 가장 심한 증상이 나타난다. 보통 1~2일에 걸쳐 지속되는 심한 재채기 증상으로 시작된다. 결막염과 감기 증상 같은 수양성의 눈곱과 콧물이 관찰된다. 3~4일째가 되면 열이 나고, 기운이 없고, 식욕도 감소한다. 눈곱과 콧물은 점액성이나 화농성으로 변한다. 고양이는 코가 막히면 입을 벌리고 호흡한다.

특정 호흡기 바이러스는 추가 증상이 나타날 수 있다. 허피스바이러스에 감염된 고양이는 경련성 기침을 하기도 한다. 눈 표면이 심하게 감염되면 각막염이나 각막궤양이 발생할 수도 있다.

칼리시바이러스에 감염된 고양이는 구강 점막에 궤양이 발생할 수 있다(구내염). 구내염은 고양이가 입맛을 잃고 물과 음식을 거부한다는 점에서 특히 큰 문제가 된다. 침흘림 증상도 흔하며, 호흡이 짧아지거나 바이러스성 폐렴이 발생할 수 있다. 2차 세균 감염, 탈수, 기아, 급속한 체중감소 등의 합병증으로 죽음에 이르기도 한다.

임상 증상으로 진단을 내리기도 하고, 목구멍에서 바이러스를 분리하거나 특이 혈청학적 검사*를 통해 확진한다. 칼리시바이러스 감염은 전염성이 매우 강해 캐터리, 보호소, 여러 마리를 기르는 가정에서는 진단이 매우 중요하다.

치료 : 급성 바이러스성 호흡기 감염이 의심되는 고양이는 3~4주간 철저히 격리하여 다른 고양이에게 전염되는 것을 막아야 한다. 잠자리, 식기, 케이지 외 아픈 고양이가 접촉했던 물건은 물과 락스를 이용해 철저히 세척하고 소독한다. 아픈 고양이를 돌보는 사람은 옷을 갈아입고, 일회용 덧신을 착용하고, 손을 자주 씻는다.

아픈 고양이는 안정을 취하고 적절한 습도를 유지해 주는 것이 중요하다. 고양이를 따뜻한 방에 격리시키고 가정용 가습기를 사용한다. 차가운 증기가 나오는 가습기는 추가적인 호흡기 문제를 덜 유발하므로 따뜻한 증기가 나오는 가습기보다 적합하다. 샤워하는 동안 고양이를 잠시 욕실 안에 두는 것도 작은 도움이 된다.

탈수와 식욕부진은 고양이의 몸 상태를 심각하게 악화시키므로, 음식을 먹고 마시

* 혈청학적 검사 혈청을 이용하여 항원과 항체 등의 면역학적 현상을 파악하는 검사.

게 만드는 게 중요하다. 참치향이 나는 음식이나 곱게 간 아기용 이유식(양파 분말이 들어 있지 않은 제품으로 선택)처럼 냄새가 강하고 맛있는 음식을 물에 섞어 먹인다. 주사기로 먹이는 영양 보조액을 먹일 수도 있다(556쪽, 약물을 투여하는 방법 참조). 일단 고양이가 다시 먹고 마시기 시작하면 최악의 상황은 지나간 것이다.

촉촉한 솜으로 가능한 한 자주 눈, 코, 입의 분비물을 닦아낸다.

소아용 코막힘용 비염약[보통 0.025% 옥시메타졸린(oxymetazoline)]을 투여해 코점막의 부종을 완화시키기도 한다. 첫날에 한쪽 콧구멍에 한 방울, 다음 날 반대쪽 콧구멍에 한 방울 떨어뜨리는 식으로 양쪽 코에 교대로 투여한다. 다시 충혈이 발생하거나 점막이 지나치게 건조해질 수 있으므로 사용에 주의를 요한다. 코충혈 완화제는 5일 이상 사용하면 안 된다.

고양이가 탈수에 빠지고, 먹지 않고, 체중이 감소하는 등 가정 내 관리에 호전을 보이지 않는다면 즉시 동물병원을 찾는다.

중등도에서 심한 호흡기 감염을 치료하려면 항생제를 투여해 2차 세균 감염을 치료하는 것이 중요하다. 가벼운 상부 호흡기 감염의 경우 항생제가 필요 없을 수도 있다. 아목시실린-클라불란산합제와 독시사이클린이 효과적이다. 엘-라이신(L-Lysine)은 아미노산의 하나로 허피스바이러스 관련 감염 치료에 도움이 된다.

라이신과 허피스바이러스

라이신(Lysine)은 1980년대 인간의 허피스바이러스(HHV) 복제를 억제하는 효과가 있어, 영양 보조제로 큰 인기를 끌었다. 1990년대 이후 고양이 허피스바이러스(FHV)에도 유사한 효과를 나타내는 관련 연구가 발표되고 수의학 텍스트에 관련 내용이 실렸다. 이후 수의사는 대부분 허피스바이러스 환자에게 치료의 일환으로 라이신 보조제 급여를 추천해 왔다.

그러나 2016년 세바스티안 볼(Sebastiaan Bol)의 논문이 발표되며 라이신 복용에 대한 논란이 시작되었다. 볼은 라이신이 허피스바이러스 복제를 억제하고 증상을 완화시킨다는 사실과 관련한 연구자료가 매우 부실하여 신뢰할 수 없으며, 오히려 라이신이 아르기닌 양을 감소시켜 해로운 부작용을 초래할 수 있다고 주장했다. 이를 계기로 라이신 효능에 대한 재평가가 제기되었고, 일부 텍스트는 라이신 처방에 대한 내용을 수정하기도 했다.

이에 라이신의 효과를 주장하는 연구자들은 어린 연령에 발병하거나 열악한 캐터리나 보호소에서 집단 발생하는 허피스바이러스의 발병 특성상 정확한 실험적인 평가가 어려우며, 10여 년 넘게 경험적으로 증상이 호전된 증례가 많음을 근거로 제시했다. 또 라이신에 의한 아르기닌의 억제 효과는 경구용 보조제로서의 용량에서는 큰 영향이 없다는 연구

결과를 발표했다.

라이신의 효능에 대해서 다양한 후속 연구가 이루어지고 있으며, 곧 보다 확실한 결론에 이를 것으로 보인다. 이와 비슷한 논란은 관절염에 대한 글루코사민의 효과나 방광염에 대한 크랜베리의 효과와 같은 다른 영양 보조제에 대해서도 일고 있다.

명확한 결론을 내릴 수는 없지만 과학적인 근거와 별개로 라이신을 먹고 눈곱이 줄고, 글루코사민을 먹고 불편하던 다리의 통증이 완화되고, 크랜베리를 먹고 방광염 재발이 감소한 환자를 많이 보았다. 항생제와 고가의 항바이러스 약물 대신 라이신을, 장기복용 부작용이 큰 진통제 대신 글루코사민을 선택하는 데는 치료제가 아닌 보조제로서 기대하는 장단점이 있다. 때문에 다른 대안이 없을 경우 주치의와 상의하여 적절한 급여계획을 세울 것을 추천한다.

최근에는 허피스바이러스 등의 고양이 호흡기 질환 치료를 위해 락토페린, 베타글루칸, 후코이단, 유산균 등 면역력 강화에 기초한 다양한 보조제가 출시되고 있고, 바이러스에 대한 고양이의 대항 능력을 높여 증상 완화에 도움이 되고 있다. _옮긴이 주

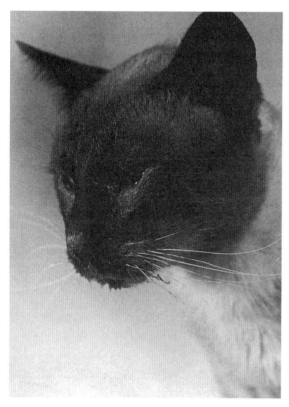

급성 상부 호흡기 감염에 걸린 고양이로 눈, 코, 입의 분비물이 특징이다.

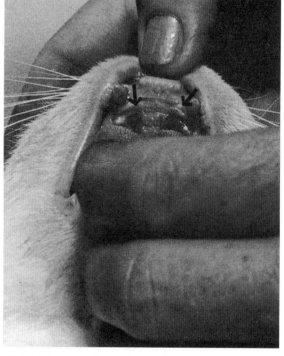

칼리시바이러스 감염에 의해 발생한 고양이 입천장의 궤양.

눈의 염증이 심한 상부 호흡기 감염. 허피스바이러스 감염의 특징이다.

만성 보균 상태

FVR(고양이 바이러스성 비기관염)에 감염된 고양이는 대부분 만성 보균자가 된다. 허피스바이러스는 목구멍의 점막세포에 살면서 증식하다가 스트레스 상태(질병, 마취, 수술, 수유, 스테로이드 복용, 정서적인 스트레스)가 되면 면역력이 저하되며 입에서 나오는 분비물을 통해 바이러스가 배출된다. 이때 고양이는 가벼운 상부 호흡기 증상을 보이기도 한다.

칼리시바이러스도 지속적으로 배출될 수 있다. 칼리시바이러스에 감염된 고양이의 80%는 만성 보균 상태가 된다. 이런 이유로 칼리시바이러스에 감염된 고양이는 같이 사는 다른 고양이에게 심각한 위험이 될 수 있으며, 주기적으로 감염이 발생하기 쉽다.

예방 : 바이러스 양성을 나타내는 고양이를 집단에서 분리시키는 것은 쉽지 않다. 격리와 검사에 수개월이 걸린다. 집이나 캐터리에 새로 합류한 고양이는 감염원이 될 가능성이 있다. 이런 고양이들은 10~14일 동안 철저히 격리시켜 감염 증상이 나타나는지 관찰해야 한다. 잠시 머물다 가는 고양이도 격리된 공간에서 다른 고양이들과 분리되어 지내야 한다. 모든 고양이는 정기적으로 고양이 백혈병과 고양이 면역결핍증 바이러스 검사를 받아야 한다. 위생관리를 철저히 실시하고 식기와 고양이의 생활 공간을 자주 소독한다. 또한 환기가 잘되는 충분한 공간을 마련하여 밀집사육을 막는 것이 캐터리 관리에 중요하다.

가장 효과적인 방법은 모든 고양이에게 예방접종을 하는 것이다. 그러나 예방접종이 100% 완벽하지는 않으며, 만성 보균 상태를 완전히 없앨 수도 없다. 예방접종에 관해 더 자세한 내용은 125쪽, 고양이 바이러스성 호흡기 질환군(필수)을 참조한다.

고병원성 전신성 고양이 칼리시바이러스 virulent systemic feline calicivirus

칼리시바이러스의 새로운 변종들이 고양이에서 다양하게 발생하고 있다. 첫 발생은 캘리포니아에서였는데 이후 미국 전역으로 확대되었다. 이런 칼리시바이러스는 병원성이 더 강한 형태로 변이된 것으로 추정된다. 그래서 고병원성 전신성 고양이 칼리시바이러스(VS-FCV, virulent systemic feline calicivirus)라고도 불린다.

바이러스는 분변, 떨어진 피부나 털, 코, 눈, 입의 분비물 등을 통해 배출된다. 증상이 없거나 경미한 고양이도 다른 고양이에게 전염시킬 수 있으므로 바이러스에 노출된 고양이는 모두 잠재적으로 감염 위험이 있음을 염두에 둔다. 이 바이러스는 감염성이 매우 높아 직접 접촉하거나 옷, 식기, 깔개, 기타 물건 등에 의해 쉽게 전파될 수 있다. 감염이 전파되는 것을 막기 위해 엄격한 위생관리가 필요하다.

고양이는 호흡기 증상과 함께 고열, 얼굴과 다리의 부종, 안면, 발, 귓바퀴의 궤양과 탈모가 관찰된다. 콧물과 눈곱, 구강궤양, 식욕부진, 침울함 등 보다 전형적인 상부 호흡기 질환의 다른 증상을 보이기도 한다.

이러한 증상을 동반하는 장기 손상은 이차적인 면역반응에 의한 것으로 생각되는데, 치사율이 60%에 이른다. 어린 고양이보다 성묘에서 치사율이 더 높다.

고병원성 칼리시바이러스는 흔치 않으나 미국 전역에서 발병하고 있으며 예방접종을 하지 않은 고양이는 물론 칼리시바이러스 예방접종을 한 고양이도 연령에 상관 없이 발생하고 있다. 이 칼리시바이러스 균주가 다른 동물에 감염된 것은 알려진 바 없으며 사람에서의 위험성도 알려진 바 없다.

치료 : 감염된 고양이는 스테로이드와 인터페론을 이용한 약물치료와 함께 보존적 치료를 병행한다. 소 락토페린도 유용할 수 있는데, 이러한 치료에 대한 효능은 아직 확립되어 있지 않다.

예방 : 감염이 의심되는 모든 고양이는 격리시킨다. VS-FCV는 주변 환경에서 4주까지도 생존 가능하며, 일부 소독제에도 저항력이 있다. 감염이 발생했던 장소는 락스(락스와 물의 비율을 1 : 32로 희석)로 소독한다. 주변을 철저히 청소하고 살균한다. 최소한 4주간은 새로 고양이를 데리고 오지 않는다.

포트닷지사에서 출시한 칼리시백스(CaliciVax)라는 고병원성 백신이 있다(126쪽 참조).

국내에도 고병원성 칼리시 바이러스 발병사례 보고가 늘고 있다. 일반 칼리시바이러스가 주로 상부호흡기 증상에 국한되고 빨리 회복되는 반면, 고병원성 칼리시바이러스는 더 강력하고 전신 장기에 염증을 유발한다. 심한 경우 죽음에 이르는 심각한 손상을 야기하는 특징을 보인다. 전염력이 매우 강하며 예방접종을 실시한 개체도 발생이 보고된다. 감염 가능성이 있는 고양이가 고열이나 식욕부진 같은 증상을 호소하면 반드시 동물병원을 찾아야 한다. 안타깝게도 국내에는 아직 고병원성 칼리시바이러스 백신이 출시되지 않았다. 옮긴이 주

고양이 범백혈구감소증feline panleukopenia

고양이 범백혈구감소증은 고양이 전염성 장염이라고도 하며, 주로 어린 고양이들의 생명을 위협한다. 고양이 홍역(디스템퍼)이라고도 부르는데 개의 홍역을 유발하는 바이러스와는 아무런 상관도 없다. 오히려 개의 파보바이러스가 유사한 바이러스로 고양이에 교차 감염(종과 종 사이에 감염)될 가능성이 있다.

범백혈구감소증 바이러스는 감염될 가능성이 있는 동물이 있는 곳이라면 어디에서든 발견될 수 있다. 밍크, 페럿, 너구리, 야생 고양이 등이 모두 보균자가 될 수 있으며 전염성이 매우 높다. 이 바이러스는 감염된 동물이나 분비물과 직접 접촉하여 전파된다. 오염된 식기, 깔개, 화장실, 옷 또는 감염된 고양이를 치료한 사람의 손 등에 접촉하면 바이러스에 노출된다.

범백혈구감소증 바이러스는 백혈구를 공격하는 특성이 있다. 혈류 중의 백혈구 수가 감소하는 특징이 있어서 범백혈구감소증이라고 이름 붙여졌다. 바이러스에 노출되면 2일에서 10일 후에 급성으로 증상이 나타난다. 초기에는 식욕부진, 무력감, 40.5℃까지 이르는 고열 등의 증상을 보인다. 보통 반복적인 구토가 관찰되는데 거품 섞인 노란빛의 담즙을 토한다. 고양이는 통증으로 배를 웅크리거나 물그릇 앞에서 머리를 늘어뜨리기도 한다. 물을 마시면 곧바로 다시 구토를 한다. 복통으로 애처롭게 울 것이다.

초기부터 설사를 할 수도 있지만 보통은 병이 진행되면서 나타난다. 노랗거나 피가 섞인 변을 본다. 보호자가 새끼 고양이(또는 일부 노묘)가 아프다는 것을 알아채기도 전에 급속히 악화되어 죽음에 이르기도 한다. 마치 고양이가 무언가에 중독된 것처럼 보일 수도 있다.

출생 전과 출생 직후, 두 경우 모두 범백혈구감소증에 전염될 수 있다. 이런 경우 치사율은 90%에 이른다. 신생아 감염에서 회복한 새끼 고양이는 소뇌에 손상이 발생할 수 있다. 처음 걷기 시작할 때 흔들거리면서 부자연스러운 보행이 관찰된다. 이차 세균 감염도 흔히 발생하는데 바이러스보다도 오히려 세균 감염이 죽음의 원인이 될 수 있다.

진단은 백혈구 수치로 확진하며 파보바이러스 키트로 검사할 수도 있다.

살아남은 고양이는 재감염에 대한 강력한 면역력을 갖게 되지만 몇 주 동안은 바이러스를 배출할 수 있다. 증상이 없는 고양이와 더불어 이들은 고양이 집단에 반복적으로 바이러스를 노출시키는 역할을 한다. 이런 반복적인 노출은 면역계를 끊임없이 자극시켜 이미 항체를 획득한 고양이들의 면역력 강화에 도움이 되기도 한다.

치료 : 고양이를 살리기 위해 즉시 집중적인 치료를 시작해야 하기 때문에 조기에

범백혈구감소증을 진단하는 것이 매우 중요하다. 고양이가 심하게 아플 때까지 기다리는 것보다 혹시 별일이 아닐지라도 동물병원을 찾는 것이 훨씬 안전하다. 수액처치, 항생제 투여, 영양유지 관리, 경우에 따라 수혈요법 등 보존적 치료를 한다.

예방 : 범백혈구감소증 바이러스는 견고하다. 카펫, 틈새, 가구 등에서 1년 이상 생존하는 것도 가능하다. 일반적인 가정용 소독제에 저항성이 있으나 락스(표백제)를 사용하면 파괴할 수 있다(락스와 물의 비율을 1 : 32로 희석한다).

대부분의 고양이는 일생 동안 몇 번은 범백혈구감소증 바이러스에 노출된다. 이 무서운 질병을 피하기 위해서는 예방접종이 가장 효과적이다(125쪽 참조).

고양이 전염성 복막염FIP, feline infectious peritonitis

고양이 장 코로나바이러스(FeCV)는 코로나바이러스 계열의 바이러스로 야생 고양이와 반려 고양이에게 흔히 발생한다. 이 질병은 고양이에서 고양이로 전파되는데 감염된 분비물과 밀접하고 지속적으로 접촉할 때 전염된다. 잠복기는 2~3주 정도 혹은 그 이상인데 노출된 고양이 중 75%는 감염되지 않는다. 감염된 고양이는 콧물을 흘리거나 눈곱이 끼는 정도의 가벼운 호흡기 감염 증상을 나타내는 경우가 가장 많다.

가벼운 감염에서 회복한 고양이는 증상이 없는 보균자가 된다. 이런 식으로 감염된 고양이는 대부분 장차 코로나바이러스 감염에 대한 면역력을 가지지 못한다. 전체 고양이의 30~40%는 FeCV에 대한 항체를 가지고 있으나 캐터리에서는 그 비율이 80~90%에 이를 정도로 높다.

바이러스에 노출된 전체 고양이의 1% 미만이 고양이 전염성 복막염(FIP)이라고 알려진 치명적인 질병으로 발전한다. 왜 어떤 고양이는 FIP로 진행되고 어떤 고양이는 진행되지 않는가는 분명히 알려져 있지 않다. FIP는 양성 코로나바이러스가 변이를 일으키는 것으로 생각되는데, 때문에 전염성이 없다. 바이러스가 처음 코로나바이러스에 노출된 몇 주, 몇 달, 혹은 몇 년 뒤에 양성에서 강독성의 바이러스로 바뀌는 것이다. 양성에서 강독성으로 바뀌는데 부분적으로 작용하는 요소로는 유전적 소인, 만성적인 바이러스 노출, 여러 마리가 함께 살아 스트레스가 증가하는 환경 등이 있다.

유전적 감수성은 다인자적(polygenic, 여러 유전자의 작용에 의해 결정되는) 영향을 받는다. 한 연구에서는 페르시안과 버마 품종에서 발생률이 높았다. 또 다른 연구는 아비시니안, 벵갈, 버마, 히말라얀, 랙돌, 렉스 품종은 특히 위험성이 높다고 보고하고 있다. 일반적으로 혈통 있는 순종 고양이의 위험성이 높은데, 이는 이들이 주로 캐터리에서 길러진다는 사실과 관련이 있는 듯하다.

FIP는 새끼 고양이, 생후 6~12개월 사이의 고양이, 14살 이상의 노묘에서 가장 잘 걸린다. 신생묘의 FIP는 신생묘 조기사망증후군(fading kitten syndrome, 출생 후 바로 죽거나 점점 쇠약해져 사망함)과도 연관이 있다(476쪽 참조). 캐터리는 밀집 사육되거나 바이러스에 장기간 지속적으로 노출되기 쉬운 환경이라 감염률이 더 높다. 영양 상태가 불량하거나 몸이 약해진 경우, 고양이 백혈병과 같은 다른 질병을 앓고 있는 고양이들이 가장 감염에 취약하다. 이런 요소들이 고양이의 FIP에 대한 타고난 저항성을 약화시키기 때문이다.

이름과 달리 FIP는 엄격히 말하면 복강의 질병이 아니다. 바이러스는 몸 전체에 분포한 모세혈관에서 활동한다(특히 복부, 흉강, 눈, 뇌, 내부 장기의 모세혈관과 림프절). 이런 미세한 혈관의 손상은 조직과 체강으로의 체액 소실을 유발한다. FIP는 장기간에 걸쳐 진행되는데 증상이 나타나기까지 몇 주가 걸리기도 한다. 감염된 고양이의 면역체계가 이 질병의 한 부분을 차지한다. 고양이는 세포성 면역과 체액성(항체) 면역을 모두 가지고 있다. FIP에 걸린 고양이는 면역체계가 비정상적으로 작용해 정상 세포를 파괴 대상으로 삼아 공격한다. FIP는 습성(wet form)과 건성(dry form) 두 가지 형태로 발생하는데 두 가지 모두 치명적이다.

습성 복막염 초기 증상은 특별한 것이 없고 다른 질환과 유사하다. 식욕부진, 체중 감소, 무기력, 침울감 등의 증상을 보이는데 만성적으로 계속 쇠약해진다. 체강에 액체가 차기 시작함에 따라 흉수에 의한 노력성 호흡이나 복수에 의한 복부팽만이 관찰된다. 심낭수로 인해 급사할 수도 있다. 습성 복막염의 다른 증상은 41℃까지 오르는 고열, 탈수, 빈혈, 구토, 설사 등이다. 간부전으로 인해 황달이나 짙은 소변이 관찰될 수 있다.

건성 복막염(파종성 복막염) 복수나 흉수가 찬다는 것을 제외하면 초기 증상은 습성 복막염과 비슷하다. 건성은 진단이 더 어려운 편으로 눈(15%는 증상이 눈에만 국한된다), 뇌, 간, 신장, 췌장을 포함한 다양한 장기에 영향을 미친다. 건성 복막염의 60%는 눈이나 뇌와 연관된 증상을 보인다.

진단을 위해 탐색적 개복술이 필요할 수 있다. 간, 비장, 장의 표면에 끈적한 점액이나 섬유성 단백질 가닥이 발견된다. 이전에는 건성 복막염에 걸린 고양이의 10~20%가 고양이 백혈병 바이러스에도 감염되어 있는 것으로 알려졌으나, 고양이 백혈병에 대한 검사와 관리가 더 활발해지며 그 수치는 5% 미만으로 감소하였다.

FIP의 진단은 전형적인 임상 증상을 바탕으로 혈구검사, 간기능검사, 혈청 단백질 양상의 이상 소견 등을 통해 내려진다. 습성의 경우 복부(또는 흉부)검사가 도움이 될 수 있다. 코로나바이러스 항체를 확인하는 혈청학적 검사는 확진 수단이 아니며 위양성*을 나타낼 수도 있다. 아직까지 장 코로나바이러스와 고병원성 바이러스, 예방접종에 의한 항체역가 여부를 명확히 구분할 수 있는 방법은 없다. 유일한 확진 방법은 장기의 조직생검뿐이다. 습성 복막염의 경우 흉강이나 복강에서 흡인한 액체도 정확한 진단을 내리는 데 도움이 된다.

치료 : 불행히도 일단 이차적인 질병의 증상이 발현되면(그게 습성이건 건성이건) 죽음에 이른다. 습성 복막염은 예후가 더 나빠 2개월 이내에 생명을 잃는 경우도 흔하다. 건성 복막염에 걸린 고양이는 길게는 1년까지 정상적인 수준의 삶을 살기도 한다. 약물 투여를 통해 고양이는 보다 편안하게 생활할 수 있다. 사이클로포스파마이드(cyclophosphamide)와 같은 화학요법제나 면역억제 용량의 스테로이드 투여로 수명이 연장될 수 있다. 인터페론과 비타민 보조제(특히 비타민 C)도 도움이 된다. 일부 고양이는 염증을 완화시키는 저용량의 아스피린 투여가 도움이 되기도 한다. 일부 수의사는 혈관손상을 치료할 목적으로 펜톡시필린을 사용한다.

2020년 전후로 수의사도 놀랄 만한 전염성 복막염 치료의 혁신적인 변화가 이루어졌다. 그동안 전염성 복막염 치료의 경향은 효과는 낮고 부작용이 큰 화학요법제 대신 사이클로스포린, 미코페놀레이트 모페틸 등의 차세대 면역억제제를 사용하거나 포스포릴레이티드 폴리프레놀(phosphorylated polyprenol) 같은 면역촉진제를 적용하며 부분적인 효과를 얻는 수준이었다.

그러나 '복막염 신약'으로 불리는 항바이러스 약물인 gc376(프로테아제 억제제)와 gs441524(뉴클레오시드 유사체)는 치료와 관리가 가장 어려웠던 습성 복막염에서 낮은 부작용 발생률과 확연한 치료 효과를 보이며 연이은 치료 성공사례들을 보고하고 있다. 다만 아직 정식 약품으로 생산되지 않아 함량미달의 약이나 가짜약이 시장에 유통되고 있어서 우려된다. 또한 폭넓은 임상실험을 거치지 않아 장기적인 투여에 대한 임상자료가 많이 부족하므로 반드시 수의사의 감독하에 투여해야 한다. 옮긴이 주

예방 : 신체적·환경적 스트레스는 고양이의 면역력을 악화시키고 바이러스 감염에 취약하게 만들기 쉽다. 때문에 충분한 영양 공급, 기생충 예방, 질병의 조기 치료, 정기적인 털관리 등의 유지관리가 중요하다.

FIP는 고양이를 여러 마리 기르는 가정, 보호소, 위탁시설, 캐터리에서 가장 위험하다. 건조된 바이러스는 주변 환경에서 몇 주 동안 생존이 가능하다. 다행히 이 바이러스는 가정용 소독제로 쉽게 살균된다. 락스(락스와 물의 비율을 1 : 32로 희석)도 아주 좋은 살균제다. 고양이가 활동하는 공간을 정기적으로 소독한다. 고양이마다 널찍한 공

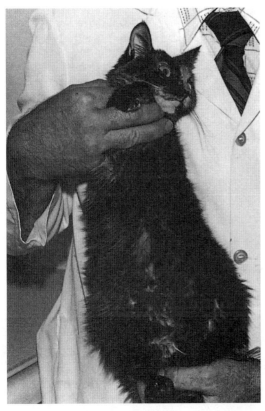

습성 고양이 전염성 복막염에 걸린 고양이의 부풀어 오른 배. FIP에 걸린 고양이는 극심한 침울감, 근육위축, 돌출된 등뼈가
관찰된다.

간을 주고 운동을 할 수 있는 충분한 기회를 제공한다.

여러 마리를 기르는 가정이나 캐터리의 모든 고양이에게 FIP 검사를 정기적으로
실시하는 것은 그다지 도움이 되지 않는다. 참고로 새끼 고양이는 생후 12~16주에 코
로나바이러스 항체검사를 실시할 수 있다.

집에 새로 온 고양이는 2주 동안 격리시키고 FIP 검사를 실시한다. 역가만으로는
양성 바이러스인지 고병원성 바이러스인지 구분이 불가능하므로 코로나바이러스 역
가가 양성이라고 건강한 고양이를 없앨 필요는 없다.

현재 비강 내 변형 생독백신을 접종할 수 있는데(128쪽 참조), 그 효과가 아직 명확
히 입증되지 않아 필수 예방접종 스케줄에는 포함되어 있지 않다.

고양이 백혈병 바이러스FeLV, feline leukemia virus

고양이 백혈병 바이러스는 다른 어떤 감염성 질환보다 고양이의 많은 질환에 영향
을 끼친다. 가장 많은 고양이의 목숨을 앗아가는 '외상'에 이어 고양이 사망의 두 번째

원인이기도 하다. 고양이 암의 가장 중요한 원인이며(19장 참조), 다른 질병의 악화에도 주요한 역할을 한다. 이 바이러스는 감염된 타액을 통해 고양이에서 고양이로 전파된다. 물그릇이나 밥그릇을 함께 사용하거나 고양이끼리 그루밍을 하는 경우, 고양이에게 물린 경우에 감염될 수 있다. 분변과 소변을 통해서도 적은 양이 배출될 수 있다. 어린 고양이는 임신 시 자궁 내 감염이 가능하며, 감염된 모유를 통해서도 감염될 수 있다.

활성 감염의 발생은 다양하게 나타난다. 건강하고, 자유롭게 돌아다니는 고양이의 약 1~2%가 감염된다. 여러 마리의 고양이를 기르는 가정이나 캐터리에서는 발생률이 높아져, 일부 경우에는 20~30%에 이르는 고양이가 혈액 내에 고양이 백혈병 바이러스를 가지고 있다. 약 50%는 중화항체를 가지고 있는데, 이는 이전 감염으로부터 회복되었음을 의미한다. 아픈 상태로 떠돌아다니는 고양이들은 40%에 이르는 높은 발생률을 보이기도 한다.

전염이 되려면 반복적이고 지속적인 노출이 있어야 한다. 건강한 성묘가 감염되려면 장기간 동안 노출되어야 하고, 어린 고양이는 저항력이 약하다. 적어도 4주 동안 노출될 때까지는 혈액검사상 바이러스가 발견되지 않는다. 20주 동안 노출된 후에는 80%의 고양이가 감염된다. 일 년이 걸릴 수도 있다. 질병, 밀집사육, 위생불량 등을 포함한 환경적 스트레스가 바이러스에 대한 고양이의 저항력을 약화시켜 보다 쉽게 감염되도록 만든다.

고양이 백혈병 바이러스는 4가지 부류로 나뉜다. 한 마리의 고양이가 한 가지 또는 그 이상의 부류에 속할 수 있다. A형은 가장 흔한 형태로, 면역을 억제하여 고양이 백혈병 바이러스 양성인 고양이가 많은 감염에 취약하게 만든다. B형은 A형과 함께 작용하여 다수의 고양이 백혈병 바이러스와 관련 암종을 유발한다. C형은 가장 드문 형태로 심각한 빈혈과 골수손상을 일으킨다. T형은 림프구를 파괴하여 면역결핍을 유발한다.

고양이 종양 바이러스 관련 세포막 항원(FOCMA, feline oncovirus-associated cell membrane antigen)은 일부 고양이의 종양 세포에서 발견되는 단백질로, 고양이 백혈병 바이러스 양성 고양이와 고양이 백혈병 바이러스 음성 고양이에게서 모두 관찰된다. 이 단백질에 대한 항체를 가지고 있는 고양이는 림프종과 같은 특정 암으로부터 보호된다. 그러나 고양이 백혈병 바이러스 감염이나 다른 고양이 백혈병 바이러스 관련 질환을 막을 수는 없다.

임상 증상

초기 증상은 2~16주간 지속되는데 발열, 무관심, 식욕감소, 체중감소 등의 비특이적인 증상을 나타낸다. 구토와 변비 혹은 설사 등의 증상을 보일 수도 있다. 일부 고양이는 림프절 확장, 빈혈, 점막의 창백함 등이 관찰될 수 있다. 이 시기에 죽는 일은 드물며, 증상도 모르고 지나쳐 버릴 정도로 가볍다.

다음은 바이러스에 노출된 후 고양이에게 일어날 수 있는 4가지 결과다.

1. 약 30%의 고양이는 전혀 감염되지 않는다. 저항력 때문인지 노출이 부족해서인지는 분명하지 않다.

2. 약 30%의 고양이는 12주 미만의 기간 동안 일시적으로 바이러스가 혈액과 타액으로 배출되는 바이러스혈증*을 나타낸다. 이 단계가 지나면 질병을 치유하는 중화항체**가 생산된다. 이런 고양이들은 치료되어 질병을 옮기지 않고, 정상적인 수명을 살며, 고양이 백혈병 바이러스와 관련된 질병에 걸릴 위험도 높아지지 않는다.

3. 약 30%의 고양이는 12주 이상의 기간 동안 지속적으로 바이러스가 혈액과 타액으로 배출되는 영구적인 바이러스혈증을 나타낸다. 지속적으로 바이러스혈증을 보이는 고양이는 항바이러스 면역반응을 효과적으로 활성화시키지 못하고 치명적인 여러 질병에 취약해진다. 약 50%는 6개월 이내에 생명을 잃고, 80%는 3년 반을 넘기지 못한다. 이런 고양이는 살아 있는 동안 바이러스를 계속 배출한다.

4. 약 5~10%의 고양이는 잠복감염 상태가 된다. 이런 고양이는 바이러스를 혈액과 타액에서 제거하는 중화항체를 생산할 수 있으나 바이러스를 완전히 제거하지는 못한다. 바이러스는 골수와 T림프구에 남아 있다. 잠복감염 상태 고양이의 다수는 수개월에 걸쳐 질병을 극복하고 바이러스를 완전히 제거하므로, 3년 이후의 잠복감염 발생률이 매우 낮다. 잠복감염 상태의 고양이는 스트레스를 받거나 다른 질병을 앓는 경우 바이러스가 활성화되어 바이러스혈증이 재발될 수 있다. 잠복 상태가 지속되는 고양이는 고양이 백혈병 바이러스 관련 질환의 발병 가능성도 높다. 잠복감염 상태의 암고양이는 자궁 내 감염이나 수유를 통해 새끼 고양이를 감염시킬 수 있다.

바이러스혈증을 지속적으로 보이는 경우 고양이 백혈병 바이러스가 고양이의 면역력을 억압하여 다른 질병이 발생하게 만든다. 고양이 백혈병 바이러스에 의해 발병 가능한 질병으로는 고양이 전염성 복막염, 고양이 전염성 빈혈, 고양이 바이러스성 호흡기 질환군, 톡소플라스마 감염, 만성 방광염, 치주 질환, 기회감염*** 등이 있다. 바이러스가 골수를 억압해 빈혈과 자발성 출혈을 유발할 수도 있다.

* **바이러스혈증**viremia 혈액 중 바이러스가 있는 상태.

** **중화항체**neutralizing antibody 바이러스에 감염된 동물의 체내에서는 그 바이러스에 대한 특이 항체가 만들어진다. 항체에는 바이러스 입자 표면에 결합하여 바이러스의 감염성을 중화하는, 즉 바이러스의 감염을 방어하는 능력이 있다.

*** **기회감염** 면역력이 감소해 병원성이 약한 세균에도 감염되는 상태.

모성 감염은 일부 증례에서 반복적인 유산, 사산, 태아흡수, 신생묘 조기사망증후군 등의 번식장애를 유발한다.

바이러스혈증을 지속적으로 나타내는 고양이의 약 30%는 노출 수개월 또는 수년 뒤 바이러스 관련 암이 발생한다. 림프육종(림프구계 세포의 악성종양)이 가장 흔한데, 한 개 혹은 그 이상의 통증 없는 종괴가 복부에서 촉진된다. 사타구니, 겨드랑이, 목, 가슴의 림프절이 확장될 수 있다. 암은 눈, 뇌, 피부, 신장, 기타 다른 장기로 전이될 수 있으며 다양한 증상으로 나타난다.

백혈병은 또 다른 형태의 변형된 악성 질환으로 백혈구가 급속히 통제 불가능한 상태로 증가하는 질병이다. 빈혈과 백혈구의 변이가 동반될 수 있다. 림프육종보다는 훨씬 드물다.

고양이 백혈병 바이러스의 진단

현재 고양이 백혈병 바이러스 감염의 진단은 두 가지 방법으로 가능하다.

1. IFA 검사(간접형광항체법)는 연구소에 의뢰하여 검사하는 방법으로 감염된 백혈구의 바이러스 항원을 찾아내는 것이다. 양성인 경우 골수가 감염되어 고양이가 지속적인 바이러스혈증 상태가 되므로 타액으로 바이러스를 배출하여 다른 고양이를 전염시킬 가능성이 높음을 의미한다. IFA 검사상 양성인 고양이의 약 97%는 평생 바이러스혈증 상태를 나타내고 바이러스를 완전히 제거하지 못한다.

2. ELISA 검사(효소면역분석법)는 전혈, 혈청, 타액, 눈물 속의 바이러스 항원을 찾아낸다. 동물병원에서 백혈병 검사 키트를 이용해 신속히 결과를 확인할 수 있다. ELISA 검사는 경미하거나 초기, 일시적인 감염을 보다 잘 찾아낼 수 있다.

PCR 검사를 통한 진단도 가능하다. IFA 검사나 PCR 검사는 동물병원에서 실험실에 의뢰하면 가능하다._옮긴이 주

고양이 백혈병 바이러스를 진단하는 가장 흔한 방법은 ELISA 검사다. 결과가 양성인 고양이는 향후 완전히 회복가능한 일시적인 바이러스혈증 상태일 수 있고, 감염의 초기 단계로 질병이 진행 중일 수도 있다. ELISA 검사 양성은 IFA 검사로 확진해야 한다. IFA 검사결과가 양성인 고양이는 바이러스를 배출하고 있어 전염원이 될 수 있음을 의미한다.

ELISA 검사는 바이러스 제거 여부를 확인하기 위해 8~12주 후 다시 실시해야 한다. 감염 초기일 가능성도 있으므로 IFA 검사도 이때 다시 실시해야 한다. 처음에 IFA 검사가 양성이 아니어도 12주 후에는 양성일 수 있다.

잠복감염 상태의 고양이는 ELISA 검사와 IFA 검사에서 모두 음성이 나타난다. 혈청과 백혈구에서 모두 바이러스가 존재하지 않기 때문인데, 잠복감염을 진단할 수 있

는 유일한 방법은 잠복 상태의 바이러스를 가지고 있는 골수를 채취해 세포를 배양하는 것이다.

예방접종은 고양이 백혈병 바이러스 검사결과에 영향을 미치지 않는다.

고양이 백혈병 바이러스의 치료

여러 연구에도 불구하고 현재 고양이 백혈병 바이러스에 효과적인 치료법은 없다. 고양이 백혈병 바이러스 검사가 양성이지만 건강한 고양이 중에는 오랫동안 잘 사는 경우도 많다. 이들은 기생충 예방, 철저한 실내 생활, 양질의 영양 공급, 정기적인 털 관리, 스트레스를 최소화하는 등 세심한 관리가 필요하다.

일단 아픈 고양이라면 몇 가지를 선택적으로 고려해 볼 수 있는데 이뮤노레귤린(ImmunoRegulin), 인터페론오메가, 아세마난(acemannan) 등이 있다.

고양이 백혈병 바이러스에 의해 발생한 암종은 치료가 불가능하며, 관련 종양이 발생한 고양이 백혈병 바이러스 양성 고양이는 여러 치료에도 불구하고 평균 생존기간이 6개월이다. 일부 고양이는 조기 진단이 질병 악화를 늦추는 데 도움이 되나 치료할수 있는 것은 아니다. 치료에는 항생제, 비타민-미네랄 보조제, 수혈, 항암치료 약물 등이 포함된다. 약물치료에 반응을 보이는 고양이는 삶의 질이 보다 향상되며 수명을 연장할 수 있다. 그러나 안타깝게도 약물반응을 예측하는 방법은 없다. 이런 고양이들은 지속적으로 바이러스를 배출하므로 접촉 가능한 다른 고양이들의 건강에 위험요소로 작용하게 된다.

고양이 백혈병 바이러스의 관리 및 예방

고양이 백혈병 바이러스의 관리는 무엇보다 여러 고양이를 기르는 가정, 보호소, 캐터리에서 바이러스에 걸린 고양이를 정확히 찾아내고 무리에서 격리시키는 데 달려 있다. 예방접종은 이차적인 방법으로, 고양이 백혈병 바이러스 백신은 다른 백신들만큼 효과적이진 못하지만 어느 정도 예방효과는 있다(126쪽 참조).

다음은 캐터리, 보호소 또는 고립된 고양이 집단에서 감염이 확대되는 것을 막는 방법이다.

- 검사를 하기 전에는 새로운 고양이를 합사시키지 않는다.
- 모든 고양이는 IFA 검사를 하고 3개월마다 검사를 반복한다. 양성인 고양이는 무리에서 제외시킨다. 양성인 고양이는 모두 격리시키고 3개월 후 재검사한다.
- 두 번 연속 음성인 고양이는 질병이 활성화되지 않고 다른 고양이에게도 전염시키지 않는 것으로 생각된다. 매년 재검사한다.

- 새로운 고양이는 격리시킨 후 두 번의 검사에서(3개월 간격) 음성이 나올 때까지 합사하지 않는다.
- 수고양이와 암고양이는 번식에 앞서 바이러스가 없는지 검사한다.
- 집, 식기, 잠자리, 고양이 케이지 등은 가정용 세제나 락스 희석액으로 청소하고 소독한다. 고양이 백혈병 바이러스는 단단하지 않아 쉽게 죽는다. 고양이가 배변을 보거나 침이 묻을 수 있는 곳은 확실히 소독해야 한다.

고양이 백혈병 바이러스가 사람에게도 질병을 일으키는지는 입증된 바가 없다. 연구에 따르면 이 바이러스는 사람의 조직에서는 증식하지 못한다. 하지만 이론상으로는 아이들과 면역력이 떨어진 환자들은 위험할 수 있다. 적절한 예방책으로 어린이나 환자, 임신 중이거나 임신을 준비 중인 여성은 바이러스 양성인 고양이와의 접촉을 삼가는 게 좋다.

고양이 면역결핍증 바이러스FIV, feline immunodeficiency virus

* 고양이 면역결핍증 바이러스 보호자들은 흔히 고양이 에이즈라고 부른다.

고양이 면역결핍증 바이러스*는 1986년 캘리포니아 북부 캐터리에서 처음 발견되었는데, 고양이의 만성 면역결핍의 주요 원인체다. 고양이 면역결핍증 바이러스는 렌티바이러스 계열에 속하는 레트로바이러스다. 사람의 HIV 바이러스(AIDS를 유발하는 바이러스)와 관계가 있다. 이 두 바이러스는 종특이성을 가지고 있어 HIV는 고양이에게 질병을 유발하지 않고, 고양이 면역결핍증 바이러스도 사람에게 질병을 유발하지 않는다.

정확한 발생률은 아직 보고되지 않았지만, 고양이 면역결핍증 바이러스는 미국 전역에서 발생하고 있으며 2~4%의 고양이가 감염된 것으로 추정된다. 집 밖에서 생활하는 고양이와 3~5살 사이의 수고양이에서 발생률이 가장 높다. 수고양이들이 싸우는 과정에서 생긴 교상은 바이러스의 전파와 관계가 깊다. 이 바이러스가 주로 타액을 통해 배출되기 때문이다.

평상적으로 가까이 접촉하는 것만으로는 거의 전염되지 않는다. 교미를 통해 전염된다는 증거 역시 없다. 그러나 암고양이가 임신 중 감염되면 뱃속의 고양이에게 바이러스를 전달할 수 있다.

임상 증상

고양이 면역결핍증 바이러스에 노출되고 4~6주가 지나면, 발열과 림프절 종대(부어오름)를 특징으로 하는 급성 증상이 나타난다. 백혈구 수치는 정상 이하를 나타내며, 고양이에게 설사, 피부 감염, 빈혈 등이 관찰된다. 급성 감염 이후에는 수개월에서 길게는 12년까지 잠복기를 가지는데, 이 기간 동안 고양이는 외견상 건강하게 보일 수 있다. 만성적인 면역결핍증후군이 나타나며 느리게 진행된다(다시 수개월에서 수년에 걸쳐 진행된다).

만성 고양이 면역결핍증 바이러스에 감염된 고양이는 원인이 불명확한 다양한 건강상의 문제가 나타난다. 심한 구강과 잇몸의 질환, 장기간 지속되는 설사, 몸이 야위게 만드는 식욕과 체중 감소, 발열, 눈곱과 콧물을 동반한 재발성 상부 호흡기 감염, 이도 감염, 재발성 요로기계 감염 등이 나타난다. 이런 증상은 고양이 백혈병, 심각한 영양불량, 면역억제 약물치료, 전신에 퍼진 암종 등 다른 면역결핍장애에서 나타나는 증상과 유사하다. 약 50%의 고양이에게 만성적인 구강 질환이 보이며, 약 30%는 만성적인 상부 호흡기 감염이 나타난다. 10~20%는 설사 증상을 보이기도 한다. 치매와 같은 신경학적 증상이 나타날 수도 있다. 고양이 면역결핍증 바이러스에 감염된 고양이는 림프종 발생 확률도 훨씬 높다.

고양이 면역결핍증 바이러스의 진단

고양이의 ELISA 검사상 혈청에서 고양이 면역결핍증 바이러스 항체가 발견된다면, 다른 고양이의 감염원으로 작용하는 지속적인 바이러스혈증 상태에 있거나 고양이 면역결핍증 바이러스 예방접종을 했다고 추측할 수 있다. ELISA 검사에서 양성인 고양이는 IFA 검사나 웨스턴블롯 면역분석법과 같은 다른 검사방법을 외부 실험실

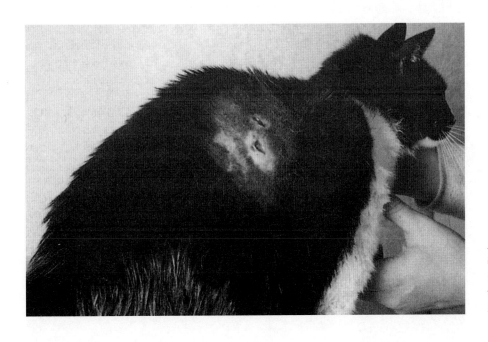

고양이 면역결핍증 바이러스 감염은 고양이 사이에서 물린 상처를 통해 전염되는 것으로 여겨진다.

에 의뢰해 확진해야 한다. 그러나 이런 검사로도 백신에 의한 것과 감염에 의한 것을 구분할 수 없다. 진성 감염과 백신에 의한 항체 여부를 구분할 수 있는 검사법에 대한 연구가 계속되고 있다.

검사 결과가 음성으로 잘못 나올 수 있는 두 가지 상황이 있다. 하나는 고양이 면역결핍증 바이러스 말기에 고양이가 탐지 가능한 항체를 생산해 내지 못하는 경우고, 또 다른 하나는 바이러스가 혈청에 출현한 지 얼마 안 되는 질병 초기로 아직 항체가 생산되지 못한 경우다. 후자의 경우 2~3개월 후에 재검사를 실시하면 된다.

반면 감염된 어미의 모유에 들어 있는 항체를 받은 새끼 고양이의 검사 결과는 위양성, 즉 양성으로 잘못 나타날 수 있다. 진성 감염 여부를 판단하기 위해 생후 12~14주 후나 생후 6개월 이후 재검사를 한다.

최근에는 진성 감염 항체와 백신 항체를 구분할 수 있는 discriminant ELISA라는 검사법이 개발되어 상용화를 앞두고 있다._옮긴이 주

고양이 면역결핍증 바이러스의 치료

현재까지 고양이 면역결핍증 바이러스 감염에 효과적인 치료법은 없다. 그러나 인간 AIDS 치료제를 개발하려는 엄청난 노력은 유사한 질병인 고양이 면역결핍증 바이러스 감염 치료와도 관련이 깊다. 때문에 이런 연구가 진전되어 감에 따라 향후 고양이 면역결핍증 바이러스의 효과적인 치료법을 기대해 볼 수 있을 것이다. AIDS 치료에 사용되는 약물이 일부 고양이에게 도움이 되기도 한다. 그러나 이런 약물은(특히 AZT) 사람보다 고양이에게 독성이 더욱 강하다. 이뮤노레귤린, 인터페론오메가, 아세마난 등도 약간의 효과가 있다. 스탐피딘(Stampidine)도 실험 중인 약물로 좋은 효과를 나타낸다.

미국에서는 LTCI(Lymphocyte T-Cell Immunomodulator)가 고양이 백혈병 바이러스와 고양이 면역결핍증 바이러스 치료에 승인되어 사용되고 있다._옮긴이 주

감염된 고양이가 높은 삶의 질을 유지할 수 있도록 해 주는 일상적인 관리가 중요하다. 최고의 영양, 기생충 예방, 실내 생활, 최소한의 스트레스 등이 해당된다.

고양이 면역결핍증 바이러스의 예방

고양이 면역결핍증 바이러스에 대한 예방백신이 있으나 일반적으로 추천하지 않는다(127쪽 참조). 백신 접종 후에 실제 감염되지 않은 고양이가 검사상 양성을 나타내는 문제가 있다. 예방을 위한 최선의 방법은 고양이들이 감염된 길고양이와 싸우지 않도록 하는 것이다. 이것으로 감염 가능성을 획기적으로 낮출 수 있다. 수고양이의 중성화도 고양이 간의 싸움을 줄이는 데 도움이 된다.

여러 마리를 기르는 가정의 모든 고양이는 검사를 해야 한다. 고양이 면역결핍증 바이러스에 감염된 고양이는 다른 곳으로 보내거나 무리에서 격리시켜 접촉을 막는다. 감염된 고양이들은 웨스턴블롯 면역분석법으로 재검사를 실시한다. 집에 새로 온

고양이나 새끼 고양이는 우선 고양이 백혈병 바이러스와 고양이 면역결핍증 바이러스 검사를 실시한다.

광견병rabies

광견병은 설치류에서는 드물지만 거의 모든 온혈동물에게 발생하는 치명적인 질환이다. 미국에서는 고양이와 다른 가축에 대한 예방접종 프로그램이 큰 효과를 보고 있다. 이로 인해 동물과 보호자가 광견병에 걸릴 위험도 크게 감소했다.

광견병에 걸린 고양이의 90%는 3살 미만이고, 대다수가 수컷이다. 야생동물은 광견병에 노출될 가능성이 높기 때문에 시골에 사는 고양이들이 광견병에 걸릴 위험이 가장 높다.

교외 지역에서는 야생동물을 통해 사람에게 광견병이 전염되는 경우가 많다. 많은 나라에서 주로 감염된 개나 고양이에게 물려 광견병에 감염되는데, 예를 들어 광견병 예방 프로그램이 부족한 인도의 경우 매년 수천 명의 사람이 광견병으로 죽는다. 때문에 광견병이 창궐하는 국가로 여행을 떠나는 사람은 동물에 물렸을 경우 위험할 수 있으니 대비해야 한다.

광견병 바이러스는 감염된 동물의 타액에서 발견되는데 보통 물린 상처를 통해 체내로 침입한다. 개방된 상처나 점막에 묻은 타액으로도 광견병에 노출될 수 있다. 고양이의 잠복기는 9일에서 1년까지 다양하나 일반적으로 노출 후 15~25일경 증상이 나타난다. 바이러스는 신경계를 따라 뇌로 이동하므로 물린 부위가 뇌로부터 거리가 멀수록 잠복기도 길다. 그리고 바이러스는 신경을 따라 다시 입으로 이동한다. 바이러스는 적어도 증상이 나타나기 10일 이전에 침샘으로 들어간다. 때문에 광견병 증상이 나타나기 전에도 다른 동물에게 전염될 수 있다. 이런 경우는 흔하지 않지만 충분히 가능하다.

광견병 증상은 뇌의 염증(뇌염)에 의해 나타난다. 1~3일간 지속되는 전구기, 즉 첫 번째 단계 동안에는 증상이 미묘하며 성격이 변한 것처럼 보인다. 친근하고 사회성 좋은 고양이가 종종 예민하고 공격적으로 변하며 바이러스가 침입한 부위를 반복적으로 깨물 수도 있다. 부끄럼을 많이 타고 내성적인 고양이가 아주 친근한 성격으로 변할 수도 있다. 그러다 곧, 감염된 동물은 위축된 상태로 구석을 빤히 쳐다볼 것이다. 빛을 피하고 숨거나 발견되기도 전에 숨을 거둘 수도 있다.

뇌염에는 광폭형과 마비형 두 가지 형태가 있다. 광견병에 걸린 고양이는 하나 혹은 두 가지 증상 모두 보일 수 있다. 광폭형 또는 '광견'형 광견병이 가장 흔한데 2~4일간 지속된다. 광견병에 걸린 고양이는 갑자기 증상이 나타나 사람의 목과 얼굴 주변

우리나라는 2014년 이후 광견병 발생 보고가 없다. 옮긴이 주

을 공격하므로 광견병에 걸린 개보다 더욱 위험하다. 고양이는 근육이 뒤틀리고, 떨리고, 비틀거리고, 뒷다리가 부자연스럽고 격렬한 경련 증상 등을 보이게 된다.

30%에서 나타나는 마비형은 음식을 삼키는 데 쓰이는 근육의 마비를 유발한다. 고양이는 침을 흘리고, 기침을 하며, 입을 발로 긁는다. 뇌염이 진행됨에 따라 고양이는 뒷다리를 움직이기 어려워서 쓰러져 일어나지 못하게 된다. 하루 이틀 이내 호흡정지가 일어나 죽는다. 광견병은 급속히 진행되므로 마비 증상만 관찰될 수도 있다.

광견병 감염 여부가 불확실한 동물에게 물린 고양이는 확인 전까지 광견병에 노출되었다고 가정해야 한다. 즉시 물린 부위와 피부에 묻은 타액을 씻어낸다. 감염 위험이 있으므로 장갑을 끼고 주의해야 한다.

고양이가 이전에 광견병 예방접종을 한 경우, 즉시 재접종을 실시하고 집 안에 철저히 격리시켜 45일 동안 관찰할 것을 추천한다. 고양이가 접종을 하지 않았다면 안락사시키거나 사람이나 다른 동물과의 접촉을 철저히 차단한 공간에 6개월 동안 격리시킨다. 격리해제 한 달 전(물린 뒤 5개월 후) 예방접종을 실시한다. 가혹하게 느껴질 수도 있지만 예방접종만 해 주었다면 불필요한 일이었음을 명심한다.

치료 : 고양이나 보호자가 광견병 감염 여부가 불명확한 동물에게 물렸다면 모든 상처와 긁힌 곳을 비누와 물로 철저하게 씻어내는 것이 대단히 중요하다. 연구에 따르면 즉시 상처를 씻어내는 것이 광견병 발병 위험을 크게 감소시킨다. 상처를 봉합해서는 안 된다.

예방적 조치로 이전에 예방접종을 한 고양이도 추가 접종을 해야 하는데 노출된 후 빠르면 빠를수록 좋다. 일단 광견병 증상이 나타난 이후라면 예방접종은 효과가 없다.

사람의 이배체 세포를 이용해 배양한 불활화 백신*의 등장으로 광견병에 노출된 사람들에 대한 백신 접종의 효과와 안정성이 크게 개선되었다. 상처를 입은 사람들의 경우 대부분 이전에 광견병에 대한 면역이 없었음을 가정하여, 수동면역을 통한 면역 글로불린**과 사람의 이배체 세포로 배양한 백신을 함께 투여한다.

광견병에는 효과적인 치료법이 없기 때문에 동물에게 예방접종을 철저히 시켜야 하고, 접종은 반드시 수의사를 통해 이루어져야 한다. 또한 수의사만이 법적으로 예방접종 증명서를 발급할 수 있다.

공중보건 측면 : 광견병에 걸렸을 가능성이 있는 동물을 만지거나 도움을 주려고 접근하지 않는다. 야생동물에게 물린 상처는 그 동물이 광폭해 보이는가에 상관 없이 광견병에 걸렸을 가능성이 있다고 간주해야 한다. 고양이가 야생동물이나 광견병 여부가 불확실한 동물에게 물렸다면 상처를 세정할 때 장갑을 착용한다. 물린 상처 안팎의 타액은 상처나 점막을 통해 사람에게 감염될 수 있다.

* 불활화 백신 병원성 미생물을 가열이나 화학 처리로 사멸하여 병원성을 불활성화한 백신.

** 면역 글로불린 혈청 성분 중 면역에 중요한 역할을 하는 항체작용을 하는 단백질.

수의사, 동물관리사, 동굴탐험가, 실험실 종사자 등 고위험군의 사람들은 예방접종이 필요하다.

노출된 사람이 최대한 신속히 광견병 예방조치를 받을 수 있도록 실험실에서의 신속한 광견병 진단은 필수적이다. 의심동물은 안락사를 시키고, 머리를 냉동시킨 상태로 실험실로 보내 광견병을 진단한다. 광견병은 의심동물의 뇌나 타액조직으로부터 광견병 바이러스나 광견병 항원을 확인하여 확진을 내린다. 동물을 잡을 수 없고, 광견병 여부를 확인하지 못한다면 주치의를 찾아 상의한다. 수의사는 예방적 조치로 백신접종을 추천할 것이다.

광견병이 의심되는 동물과 신체적인 접촉을 할 때마다 즉시 의사 및 수의사와 상의하고, 또한 지역 보건부서에 알린다. 집 밖으로 외출을 했던 고양이가 무는 행동을 보이는 경우, 건강해 보이더라도 10일 동안 격리시켜 잘 관찰해야 한다. 고양이가 예방접종을 했다고 알고 있더라도 반드시 확인한다.

곰팡이 감염

곰팡이는 버섯을 포함한 커다란 미생물군이다. 곰팡이성 질환은 두 종류로 구분된다. 하나는 피부사상균이나 아구창같이 피부와 점막에만 영향을 미치는 곰팡이고, 다른 하나는 간, 폐, 뇌, 기타 장기로 확산되어 전신성 질환을 유발하는 곰팡이다.

전신성 질환을 유발하는 곰팡이는 땅속이나 유기물질에서 사는데, 열에 저항성이 있고 물 없이도 장기간 살 수 있는 포자가 호흡기나 상처 난 피부를 통해 몸속으로 침입한다. 곰팡이에 의한 전신성 질환은 만성질환이 있거나 영양적으로 열악한 고양이에게 잘 발생한다. 스테로이드나 항생제 치료를 장기간 받은 경우에도 저항력을 악화시켜 곰팡이 감염이 발생할 수 있다. 고양이 백혈병, 고양이 범백혈구감소증, 고양이 면역결핍증 바이러스에 의한 면역억제도 연관될 수 있다.

곰팡이성 질환은 인지하고 치료하는 것이 어렵다. 엑스레이검사, 조직생검, 곰팡이 배양, 혈청학적 혈액검사 등으로 진단한다. 원인불명의 감염이 모든 항생제에 대해 반응이 없다면, 곰팡이를 의심할 수 있다. 전신성 곰팡이성 질환의 많은 원인체가 사람과 고양이 모두에게 전염될 수 있으나, 스포로트릭스증(sporotrichosis)은 감염된 고양이에 직접 노출된 사람에게만 감염되는 것으로 알려져 있다.

크립토코쿠스증cryptococcosis

효모 비슷한 곰팡이인 크립토코쿠스 네오포르만스(*Cryptococcus neoformans*)에 의해 발생하는 질환으로 고양이들이 흔히 감염되는 전신성 곰팡이다. 젊은 성묘에서 잘 발생하며 새의 배설물(특히 비둘기)로 심하게 오염된 토양 속 포자를 흡인하여 감염된다. 고양이가 면역결핍 상태라면 감염 가능성은 높아진다. 그러나 면역이 억제되어 있다고 모두 크립토코쿠스증에 걸리는 것은 아니다.

가장 흔한 형태는 코형, 피부형, 신경형 크립토코쿠스증이다. 피부 아래 결절에 궤양이 생기고 고름이 흐르는 형태도 있다.

코 크립토코쿠스증은 전체 감염의 약 50%에서 발생한다. 재채기, 훌쩍거림, 한쪽 혹은 양쪽 콧구멍의 점액성 또는 혈액성 분비물, 기침, 폐쇄성 호흡 등의 증상이 나타난다. 코에 피부색의 폴립(작은 돌기) 같은 신생물이 돌출된 것을 볼 수 있다. 감염이 뇌로 전파되면 치명적인 뇌수막염을 유발할 수 있는데 선회 증상*과 발작 같은 신경학적 증상이 나타난다. 실명을 포함한 눈의 손상도 발생할 수 있다.

피부 크립토코쿠스증은 약 25%에서 발생하는데, 주로 콧잔등 위로 단단한 부종이 생긴다. 얼굴과 목에도 병변이 흔하게 생긴다.

신경형 크립토코쿠스증은 감염이 발생한 부위에 따라 다양한 증상을 보인다. 실명, 발작, 운동실조(신체 각 부위가 조화를 이루지 못하고 부자연스러워지는 운동장애)나 사경 증상(머리나 목이 한쪽으로 기우는 증상) 같은 전정계 증상이 해당된다. 곰팡이 배양이나 조직생검을 통해 진단하는데, 종종 콧물을 도말하여 곰팡이를 확인할 수 있는 경우도 있다. 크립토코쿠스 라텍스 응집시험으로 검사할 수 있다.

치료 : 초기에는 케토코나졸 같은 이미다졸 계열의 경구용 항곰팡이 약물이 효과적이다. 고양이에게는 차세대 약물인 플루코나졸과 이트라코나졸이 훨씬 더 효과적이다. 이 약물들은 천천히 작용하고, 치료기간도 길다. 이 약물로 치료되지 않는 경우 암포테리신 B나 플루사이토신의 투여를 고려할 수 있다. 그러나 이런 약물은 다양하고 심각한 부작용이 발생할 수 있으므로 최후의 선택으로 남겨둔다.

예방 : 고양이가 밖에 나가 사냥하지 못하게 하는 것만으로도 발병 가능성을 낮출 수 있다. 사람에게 전염된 보고는 없다.

히스토플라스마증histoplasmosis

5대호, 애팔래치아산맥, 텍사스, 미시시피 계곡, 오하이오, 세인트로렌스강 인근 등 미국 중부 지역에서 발견되는 곰팡이에 의해 발생한다. 이 지역의 토양은 질소 성분이 풍부해 원인체인 히스토플라스마 캡술라툼(*Histoplasma capsulatum*)의 생장에 유

* **선회 증상**circling 뱅글뱅글 제자리에서 도는 증상.

리하다.

히스토플라스마증은 대다수의 고양이에게 발열, 식욕부진, 쇠약, 체중감소 등을 동반하면서 서서히 진행된다. 간, 호흡기계, 눈, 피부에 영향을 미치며, 파행(절뚝거림)을 보이기도 한다.

사냥을 다니는 고양이는 감염 가능성이 높으며, 비둘기가 건물 창틀에 튼 둥지에서 타고 들어오는 포자를 통해 감염된 사례도 보고된 바 있다. 곰팡이 배양, 세침흡인검사(FNA, fine needle aspiration),* 조직생검으로 진단한다.

치료 : 조기에 진단하는 경우 이트라코나졸 같은 항곰팡이 약물이 효과적일 수 있다. 그럼에도 불구하고 대부분의 고양이는 죽는다. 가벼운 호흡기 증상만 보이는 경우의 예후가 가장 좋다.

스포로트릭스증sporotrichosis

토양의 곰팡이 포자에 의해 발생하는 이 피부 감염은 알려진 바가 많지 않다. 포자는 보통 피부의 상처를 통해 침투하는데 포자를 먹거나 흡입해서 발생하기도 한다. 이 질환은 가시가 있는 덤불이나 날카로운 풀이 많은 목초지를 배회하는 수고양이에게 가장 흔하다. 대부분의 증례는 강의 계곡과 해안 지역을 따라 미국 북부와 중부 지역에서 보고된다.

피부의 상처 부위에 결절이 생기는데 주로 발이나 다리, 얼굴, 꼬리 기저부에 생긴다. 결절 부위는 털이 빠지며, 축축해지면서 표면에 궤양이 생긴다. 일부 증례에서는 피부 표면의 병변이 거의 관찰되지 않기도 하는데, 이런 경우 피부 아래로 작은 결절이 형성되어 사슬 모양의 형태가 나타난다.

드물기는 하지만 내부로 퍼져 간과 폐에 영향을 미치기도 한다. 이런 경우 치료 예후는 불분명하다. 조직의 일부를 제거하여 현미경으로 검사하거나 확진을 위해 곰팡이를 배양하여 진단한다. 상처의 삼출물에서 곰팡이 성분이 발견될 수도 있다.

치료 : 감염이 피부와 그 주변 조직에 한정되어 있는 경우 치료에 대한 반응은 아주 좋다. 요오드화 칼륨을 경구로 투여한다. 그러나 구토, 침울, 경련, 심장 문제와 같은 요오드 독성 증상이 나타나는지 세심히 관찰해야 한다. 최근에는 새로운 항곰팡이 약물인 이트라코나졸이 추천된다. 내부 감염이 발생한 경우 암포테리신 B를 투여하는데 최후의 수단으로 사용해야 한다. 이 약물은 위험한 독성으로 수의사의 집중관리가 필요하다.

공중보건 측면 : 스포로트릭스증은 감염된 고양이의 결절과 궤양 부위의 삼출물을 다루는 사람에게도 감염되는 것으로 알려져 있다. 상처에 삼출물이 있는 고양이를 다

* 세침흡인검사FNA 가는 바늘을 이용하여 조직이나 세포를 흡인하여 채취해 현미경으로 검사하는 방법.

룰 때는 장갑을 착용하고 엄격한 위생기준을 따라야 한다. 고양이는 감염 상처와 분변에서 모두 병원체를 배출하므로, 고양이 화장실 청소를 할 때도 주의해야 한다.

아스페르길루스증aspergillosis

이 곰팡이는 상한 야채와 유기물이 풍부한 토양에서 발견된다. 아스페르길루스증은 보통 범백혈구감소증에 걸려 면역력이 저하된 고양이에게서 발생이 보고된다. 크립토코쿠스증에서와 유사한 코의 감염과 히스토플라스마증의 전신 감염 증상을 보인다. 고양이는 폐와 장에 증상이 모두 나타날 수 있다.

콧물에서 균이 관찰될 수 있다. 코의 통증이 매우 심하고 궤양이 생기곤 한다. 종종 엑스레이상으로 뼈와 비강의 융해가 관찰되기도 한다. AGID(agar gel immunodiffusion test) 검사와 ELISA 검사* 등의 혈액검사가 진단에 도움이 된다.

치료 : 성공적인 치료를 위해 조기에 발견하고 치료하는 것이 중요하다. 비강을 열어 국소 부위에 약물을 직접 투여하는 것이 가장 좋은 치료법이다. 에닐코나졸을 치료에 사용하는데(국소적으로 적용해도 전신으로 많은 양이 흡수된다), 개에게 사용하는 클로트리마졸도 효과가 좋다. 이트라코나졸을 사용할 수도 있다.

<aside>

* **ELISA 검사**Enzyme-linked Immunosorbent Assay 효소면역분석법. 바이러스나 세균 등의 항원-항체 반응을 이용한 미량 분석법.

</aside>

분아균증blastomycosis

이 질환은 동부 해안지방, 5대호 지역, 미시시피, 오하이오, 세인트로렌스강 계곡 등지에서 발견된다. 이 곰팡이는 삼나무와 비둘기 배설물에서 발견되는데 고양이는 사람과 개에 비해 분아균증에 대한 저항성이 높다.

분아균증에 걸리면 대부분 호흡기계, 피부, 눈, 뇌에 증상이 나타난다. 호흡기 증상이 가장 흔한데 기침과 노력성 호흡을 보인다. 피부병변으로는 커다란 농양이 주로 코, 얼굴, 손톱 밑바닥에 발생한다. 고양이에게 신경계 증상은 흔치 않다.

감염된 조직의 생검이나 감염 부위 삼출물을 배양해 진단한다. 분비물에서 세균이 관찰될 수도 있다. 다양한 혈청학적 검사로도 가능하다.

치료 : 이트라코나졸이 효과적이며 오래 사용하는 경우 두 달까지 투여한다.

공중보건 측면 : 사람은 개에게 물려 분아균증에 걸리기도 하는데 위험성은 미미하다.

원충성 질환

원충은 하나의 세포로 이루어진 동물*로 맨눈으로는 보이지 않는다. 현미경으로는 잘 관찰되며 보통 물에서 발견된다. 성충이나 포낭을 확인하려면 신선한 분변 시료가 필요하다.

원충류의 생활사는 복잡하다. 기본적으로 포낭을 섭취해 감염이 일어나고, 포낭이 장벽으로 침투해 성충으로 성숙하고 분변으로 배출된다. 증식에 적합한 상태가 되면 감염형으로 발달한다.

고양이에서 가장 흔히 발생하는 원충성 질환은 **콕시듐증**(85쪽 참조)과 **톡소플라스마증**(84쪽 참조)이다.

* 분류학에서는 원생생물이라고 한다.

리케차성 질환

리케차는 다양한 질병을 유발하는 기생충으로(세균과 비슷한 크기) 벼룩, 진드기, 이 등에 의해 전파된다. 리케차는 세포 내에서 기생한다. 곤충 전염병 매개체, 영구 숙주, 동물 보균자를 거치는 생활사를 통해 자연에서 삶을 유지한다.

바르토넬라(묘소병)bartonella(cat scratch disease)

한때는 바이러스에 의해 발생한다고 알려졌으나 현재는 대부분 리케차균인 바르토넬라 헨셀라이(*Bartonella henselae*)에 의해 발생하는 것으로 알려져 있다. 바르토넬라는 고양이의 피를 빨아먹고 감염된 벼룩에서 관찰되는데, 보통 고양이에게는 질병을 일으키지 않는다. 그러나 매년 22,000명의 사람이 감염되므로 고양이와의 연관성을 고려하여 진단과 치료에 대한 내용을 다룬다.

사람 환자는 대부분 1월에서 9월에 걸쳐 발생한다. 특히 어린이와 젊은 성인에게 많이 발생하는데 특별한 이유 없이 몇 주에 걸쳐 림프절이 부어오르고 아프다. 이런 환자들은 종종 묘소병과는 관련 없는 병인 림프종을 배제하기 위해 림프절 생검을 하기도 한다.

고양이는 보통 무증상의 전염원이 되는데 감염된 벼룩의 분변이 발톱에 묻거나 그루밍을 하면서 입에 묻어 간접적으로 사람에게 전파시킨다. 증례의 90%가 고양이가 물거나(보통 새끼 고양이가) 핥거나 발톱으로 긁은 병력을 가지고 있다. 이는 감염체가 그루밍이나 발톱을 긁는 과정에서 고양이의 입에서 발톱으로 이동할 수 있음을 의미한다.

감염된 사람의 50%는 노출 3~10일 후 전염 부위에 빨간 상처가 올라온다. 팔이나 다리에 빨간 줄무늬 모양이 관찰되기도 한다. 모든 증례에서 겨드랑이, 목, 사타구니의 림프절이 부어오르며 아픈 소견을 보인다. 림프절 종대 증상이 2~5개월까지 지속되기도 한다.

감염된 사람들의 5% 미만에서 미열, 피로감, 두통, 식욕부진과 같은 전신 증상이 나타난다. 드물게 비장, 뇌, 관절, 눈, 폐, 기타 장기에 영향을 미치기도 한다. 면역이 결핍된 사람에게는 치명적일 수 있다.

반면에 고양이는 치은염, 구내염, 염증성 장 질환과 같은 만성적인 염증이 있는 경우에도 바르토넬라 감염에는 일반적으로 별 증상이 없다.

치료 : 사람은 의사와 상담하고 진단과 치료에 대한 지시를 따라야 한다.

고양이가 임상 증상을 보인다면 독시사이클린, 아목시실린-클라불란산합제, 아지스로마이신으로 치료한다. 벼룩 구제를 위한 노력도 필요하다(154쪽 참조).

예방 : 고양이에게 물리거나 긁힌 상처는 바로 씻어낸다. 고양이가 개방된 상처를 핥지 못하게 한다.

언제 어떤 고양이가 감염균을 가지고 있는지 알아내기란 불가능하다. 가족 중 한 사람이 고양이에게 긁힌 뒤 아프다면 다른 사람에게 전염되는 것을 막기 위해 의심되는 고양이를 2~3주간 격리한다. 예방 차원에서 아픈 어린이와 면역력이 떨어진 사람은 1살 미만의 고양이와 접촉을 피해야 한다. 사람에게 전염되는 것을 막기 위해 발톱을 제거하는 것은 추천하지 않는다. 평소 발톱을 잘 깎아 주고, 과격한 놀이는 자제시키면 된다. 중요한 것은 벼룩 구제의 중요성과 임상 증상을 보이는 고양이에 대한 즉각적인 치료다.

항체와 면역력

특정한 병원체에 대해 면역력이 있는 동물은 항체라는 물질을 가진다. 항체는 병원체가 몸 안에서 질병을 일으키기 전에 이들을 공격하고 파괴한다. 항체는 백혈구와 림프절, 그리고 골수, 비장, 간, 폐의 특별한 세포들로 구성된 세망내피계에서 생산된다. 이 특별한 세포들은 항체와 혈액 내 다른 물질과 협력해 병원체를 공격하고 파괴한다.

항체는 매우 특이하게도 자신이 생산되도록 자극한 특정 병원체만 파괴한다. 고양이가 어떤 전염성 질환으로 아프면 면역체계가 이 병원체에 대한 특정한 항체를 만들어 낸다. 이 항체는 고양이가 같은 전염병에 재감염되는 것을 막는데, 이를 능동면역을 획득했다고 말한다. 능동면역은 자기영속성이 있어 고양이는 질병에서 회복한 이후에도 오랫동안 계속 항체를 만들어 낸다. 언젠가 고양이가 다시 특정한 병원체에 노출되면 면역체계는 더 많은 항체를 생산한다. 능동면역의 기간은 병원체와 고양이 개체에 따라 다르며, 자연면역에 의한 능동면역은 종종 평생 지속되기도 한다. 일반적으로 바이러스에 대한 면역력은 세균에 대한 면역력에 비해 더 길게 유지된다.

예방접종으로 능동면역을 유도할 수 있다. 열처리한 병원체, 생균, 약독화된 병원체(전염성을 약화시킨 항원) 등에 고양이를 노출시켜 질병을 유발하지 않으면서 면역의 면역체계를 자극한다. 자연면역과 마찬가지로 예방접종은 백신 안에 들어 있는 특정 병원체에 대한 항체 생산을 자극한다. 그러나 자연면역과 달리 면역 유지기간이 한정적이다. 따라서 높은 수준의 방어력을 유지하려면 보강접종이 필요하다. 사용된 항원, 병원체에 노출된 횟수, 고양이의 면역력, 접종한 백신의 종류에 따라 얼마나 자주 예방접종을 해야 하는가는 달라진다. 예방접종 일정도 고양이 개체에 따라 달라질 수 있다.

또 다른 종류의 면역은 수동면역이다. 수동면역이란 한 동물에서 다른 동물로 면역력이 전달되는 것이다. 전형적인 것이 새끼 고양이가 어미의 초유로부터 흡수하는 항체다. 새끼 고양이는 출생 후 24~36시간 동안 분비되는 어미의 초유에서 항체를 흡수한다. 이 면역력은 새끼 고양이 혈류 속에 항체가 남아 있는 기간 동안 지속된다. 면역 지속기간은 고양이가 출생했을 시기의 모유 항체의 농도에 따라 달라진다. 번식 직전에 예방접종을 한 암고양이의 항체 농도가 가장 높아 새끼 고양이를 생후 16주까지 보호할 수 있다. 그러나 번식 전 추가 보강접종이 필요 없다고 주장하는 수의사도 있다.

생후 3주 미만의 새끼 고양이는 수동적으로 획득한 모체이행 항체 때문에 예방접종에 의한 항체 발달이 어려울 수 있다. 모체이행 항체가 백신의 항원에 결합하여 면역체계의 자극을 방해한다. 이런 수동면역 항체는 생후 6~16주 사이에 소멸되므로 새끼 고양이는 모체이행 항체가 감소하기 시작해 백신의 작용을 방해하지 않게 되는 시기에 예방접종을 실시한다.

수동면역의 또 다른 형태는 혈액제제를 이용해 심각한 전염병 또는 면역성 장애가 있는 고양이에게 항체를 공급하는 것이다. 이는 흔하지 않으나 일부 고양이에게는 생명을 구하는 수단이 될 수 있다.

예방접종

현재 고양이에게 사용되는 예방백신은 몇 가지 형태가 있다. 변형 생독 바이러스 백신, 불활화 또는 사독 바이러스 백신, 가장 새로운 형태인 재조합 기술 백신이다(생벡터, 서브유닛, DNA). 변형 생독 바이러스 백신은 살아 있는 바이러스를 함유하고 있어 고양이의 몸에서 복제되는데, 조작이 되어 있어서 고양이에게 실제로 질병을 일으키지는 않는다. 이런 백신은 일반적으로 빠르고 풍부한 면역반응을 나타낸다. 변형 생독백신은 사독백신에 비해 더 효과적이고 오랫동안 지속되는 면역력을 유도한다.

사독 바이러스 백신은 죽은 바이러스를 이용하는데 고양이의 몸에서 복제되지 않아 질병을 유발하지 않는다. 대신 표면항원에 의존하여 항원보강제라고 부르는 면역자극물질과 함께 면역반응을 자극한다.

재조합백신은 급속히 발전하는 생명공학 시장에 새로 등장한 기술이다. 한 유기체(바이러스나 세균)로부터 추출한 유전자 크기의 DNA 조각을 이어붙여 이것을 또 다른 유기체(고양이)에 전달해 항체의 생산을 자극시키는 방법이다.

생벡터를 이용한 방법은 고양이의 항원(체내에 침입해 항체의 면역반응을 유도하는 물질)으로부터 추출한 유전자를 비감염성 바이러스에 주입하여 항체를 자극한다. 항원은 복제되지 않는다. 서브유닛 백신은 감염체의 항원 한 부분에 대한 면역을 자극한다. 이런 방법은 최소량의 항원을 이용하여 최상의 면역력을 제공한다. DNA 백신(현재 고양이에서 실험 중인)의 경우도 아주 소량의 감염체 DNA만 이용한다.

이와 같이 재조합백신은 질병을 유발하는 유기체 전체를 이용하지 않으므로 예방접종의 위험 없이 특정 항원물질을 전달할 수 있다. 이는 매우 새로운 발전이다. 재조합백신은 머잖아 고양이 전염성 질환 전부는 아니더라도 상당히 많은 질병의 변형 생독백신과 사독백신을 대체할 것이다.

재조합백신은 변형 생독백신만큼 면역력이 오랫동안 유지되는 결과를 보인다. 모든 형태의 백신이 충분한 수준의 방어력을 유지하기 위해 보강접종이 필요하다. 보강접종의 접종주기는 관련 질환, 백신의 종류, 고양이의 면역상태, 전염원에의 자연적인 노출 여부 등에 따라 다양하다.

예방접종에 다양한 기술이 적용되고 있다. 보통 예방접종은 피부 아래로 주사하거나(피하주사) 근육으로 주사한다(근육주사). 또한 코나 눈 안으로 약물을 주입하기도 하며 피부로 흡수되는 새로운 형태의 백신도 있다.

예방접종이 실패하는 이유

예방접종은 전염성 질환의 예방에는 매우 효과적이나 가끔 효과를 발휘하지 못하는 경우가 있다. 백신을 부적합하게 다루거나 저장하는 경우, 부적절하게 투여한 경우, 체력이 저하되어 있거나 질병으로 인해 고양이의 면역체계가 백신 자극에 제대로 반응할 수 없는 경우에는 예방접종이 실패한다. 동시에 너무 많은 예방접종을 병행하거나 너무 자주 접종하는 경우에도 면역체계에 과부하를 일으켜 원활한 항체 생산에 실패할 수 있다. 고양이가 이미 감염되었다면 예방접종을 해도 질병을 막을 수 없다. 1회 투여량의 백신을 두 마리에 나누어 접종하는 것도 예방접종의 효과가 나타나지 못하는 원인이다.

고양이들의 개체별 차이를 고려한 백신의 적절한 관리와 투여가 중요하다. 예방접종은 반드시 백신접종이 능숙한 수의사에 의해서만 실시되어야 한다.

예방접종이 모든 고양이에게 성공적인 것은 아니다. 체력이 고갈되거나, 영양 상태가 불량하거나 쇠약한 고양이는 병원체에 노출되어 항체를 정상적으로 만들고 면역력을 갖추는 과정에 문제가 생길 수 있다. 이런 고양이는 건강 상태가 나아졌을 때 접종을 실시해야 한다. 또한 스테로이드나 화학요법 제제 같은 면역억제 약물은 면역계를 억압해 항체 형성을 방해한다.

생후 6~16주 사이의 새끼 고양이는 수동면역(모유 섭취를 통해 획득)이 더 이상 완벽하게 작동하지 않을 수 있는 반면, 모체이행 항체가 여전히 예방접종을 방해할 수 있는 면역상의 공백기다. 이런 이유로 효과적인 예방접종을 위해서 모유수유 중인 생후 6주 미만의 고양이는 예방접종을 실시하지 말아야 하며, 16주 이전에 예방접종 일정을 완료해서도 안 된다.

새끼 고양이는 특정 전염성 질환에 매우 감수성이 높아 면역을 형성할 시기가 되면 예방접종을 가급적 빨리 실시해야 한다. 새끼 고양이에게 위험한 전염성 질환은 범백혈구감소증, 고양이 바이러스성 호흡기 질환군 등이 있고, 고양이 백혈병과 광견병도 있다. 고양이 전염성 복막염, 링웜, 지아르디아,* 고양이 면역결핍증, 고양이 폐렴(클라미디아증)에 대한 백신이 제품화되어 있으며, 상황에 따라 예방접종을 할 수 있다.

효과적인 예방접종을 위해 추천 예방접종 프로그램을 따르도록 한다(128쪽, **권장 예방접종표 참조**).

백신에 대한 알레르기 반응은 설사를 동반하거나 구토, 호흡곤란, 가려움과 발진 등이다. 조치를 신속히 취하지 않으면 허탈상태에 빠질 수 있다. 예방접종을 반드시 동물병원에서 실시해야 하는 이유기도 하다. 병원에서는 이런 상황에 신속히 적절한 조치를 할 수 있기 때문이다.

이전에 가벼운 백신 알레르기 반응을 보였던 고양이는 예방을 위해 접종에 앞서 항히스타민 제제나 코르티코스테로이드 제제를 투여하는 것이 도움이 될 수 있다. 예방접종 후 잠시 동물병원에 머물면서 알레르기 반응이 나타나지 않는지 확인한다.

* 국내에는 아직 고양이 면역결핍증, 지아르디아에 대한 백신이 없다._옮긴이 주

추가 접종에 대한 논란

면역학적으로 논쟁이 많은 주제 중 하나가 추가 접종 시기다. 신체반응에 대한 정보가 늘어남에 따라 추가 접종의 추천 시기도 변화하고 있다. 일반적으로 바이러스 백신은 세균 백신에 비해 면역력을 더 오래 지속한다.

최근 일부 연구에서는 바이러스에 대한 백신의 방어 능력은 기초 접종 후 몇 년간 유지되는 경우도 있어, 추가 접종을 매년이 아닌 3년마다 실시하도록 추천하기도 한다. 접종 간격은 새로운 백신이 나오거나 면역 유지기간에 대한 새로운 연구가 발표되면 더 길어지거나 짧아질 수 있다.

그러나 예방접종을 관리하는 최선의 방법은 수의사와 상의하여 고양이의 건강 상태와 위험요소에 기초하여 각각의 고양이에게 최적화된 예방접종 스케줄을 만드는 것이다.[*]

백신의 혼합

많은 고양이 백신은 두 가지 혹은 그 이상의 질병에 작용한다. 이는 하나의 주사에 여러 질병에 대한 항원이 들어 있다는 것을 의미한다. 한때는 주사 하나로 다섯 가지 질병을 예방하기도 했지만 현재는 이런 방법은 추천하지 않는다. 모든 고양이에게 반드시 필요하지 않은 백신이 있기도 하고, 고양이의 면역체계에 과도한 부담을 주지 않으려는 이유도 있다.

현재 가장 흔히 사용되는 혼합백신은 비기관염(허피스바이러스), 칼리시바이러스, 고양이 범백혈구감소증에 대한 FVR, FCV, FPL 혼합백신이다. 대부분의 수의사들은 이 세 가지가 혼합된 백신을 사용한다.

백신 알레르기 반응 병력이 있는(또는 그러한 위험이 있는) 고양이는 칼리시바이러스, 비기관염, 범백혈구감소증과 같은 필수 예방접종을 나누어 맞거나 항체가를 측정하여 추가 접종을 하는 것도 방법이 될 수 있다. 단, 항체가검사를 통해서 질병에 대해 안전한 수준의 항체가를 보유하고 있는지를 정확히 측정하려면 더 많은 연구가 필요하다.[**]

필수 예방접종과 선택 예방접종

수의사회는 예방접종을 크게 세 가지로 분류한다. 첫 번째는 필수 예방접종으로 모든 고양이에게 추천하는 백신이다. 두 번째는 선택 예방접종으로 지리학적 위치, 생활양식 등에 따라 일부 고양이에게 필요한 백신이다. 세 번째는 접종은 가능하나 일반적으로는 추천하지 않는 백신이다.

[*] 미국과 달리 근거리에서 길고양이와의 접촉이 일상화된 국내에서는 범백혈구감소증, 칼리시바이러스 감염 등 치명적인 전염병 예방을 위해 매년 추가 접종이 추천된다. 불필요한 접종을 피하고 싶다면 비용이 들더라도 정기적으로 항체가검사를 실시하여 항체역가를 확인한 후 추가 접종 여부를 결정하는 것도 좋다._옮긴이 주

[**] 현재 국내에 유통되는 혼합백신은 3종 백신과 클라미디아증을 혼합한 4종 백신, 4종 백신에 고양이 백혈병을 혼합한 5종 백신이 있다._옮긴이 주

백신 관련 고양이 육종

고양이 백신 접종과 육종* 발생 사이의 관련성이 보고되고 있다. 고양이 백혈병과 광견병 백신은 다른 백신에 비해 육종의 발생과 관련이 많다. 육종은 피하주사를 맞은 부위와 근육주사를 맞은 부위 모두에서 발생할 수 있다. 자세한 내용은 백신접종에 의한 고양이 육종(532쪽)을 참조한다.

암을 유발하는 항원보강제와 염증반응에 대한 우려 때문에 미국고양이임상수의사회는 다른 수의사 단체와 함께 예방접종에 대한 새로운 지침을 발표했다. 이 지침에는 발생원인을 찾아내고 치료하는 데 도움이 될 수 있는 추천 접종 부위가 포함되어 있다. 즉, 오른쪽 뒷다리에는 광견병, 왼쪽 뒷다리에는 고양이 백혈병, 오른쪽 어깨나 목덜미 부위에는 다른 피하 예방접종을 할 것을 추천한다.

> * 육종sarcoma 뼈, 연골, 근육, 지방, 신경, 혈관 등의 비상피성 결합조직에서 발생하는 종양.

접종 가능한 백신들

어린 고양이는 특정 전염성 질환에 감수성이 매우 높아 면역력을 형성할 수 있는 시기가 되면 즉시 예방접종을 실시해야 한다. 미국고양이임상수의사회는 필수 예방접종, 선택 예방접종, 비추천 예방접종으로 분류하고 있는데, 이 장에서 설명한 백신도 이 분류를 따르고 있다. 이 지침에는 생후 6주의 새끼 고양이도 예방접종이 가능한 것으로 되어 있으나 대부분의 수의사와 브리더는 생후 7~8주 이후를 추천한다.

고양이 범백혈구감소증(필수)

고양이 범백혈구감소증(FPV)의 첫 예방접종은 생후 6~8주에 실시한다. 새끼 고양이가 새로운 집으로 입양되어 다른 고양이에게 노출되기 전에 접종하는 것이 좋다. 고양이가 전염병이 발생하는 특정 위험 지역에 있다면 생후 6주에 첫 접종을 하고, 3~4주 간격으로 16주까지 3회 예방접종을 한다. 자세한 일정은 수의사와 상의한다.

새끼 고양이 때 기초 접종을 마친 후 1년 뒤 다시 추가 접종을 실시한다. 이후 상태에 따라 1~3년마다 추가 접종을 실시한다.

범백혈구감소증 백신은 흔히 고양이 바이러스성 호흡기 질환군 백신 등과 하나의 주사제로 혼합하여 접종한다.

고양이 바이러스성 호흡기 질환군(필수)

수의사는 허피스바이러스(FHV), 칼리시바이러스(FCV) 균주가 들어 있는 백신 주사를 추천할 것이다. 보통 범백혈구감소증 백신과 혼합되어 접종하는데 최소한 두 번 이상 접종한다. 새끼 고양이는 생후 6주에도 접종이 가능하다.

성묘는 3~4주에 걸쳐 두 차례 기초 접종을 실시한다. 새끼 고양이와 성묘 모두 1년 뒤에 추가 접종이 추천되며, 이후에는 상태에 따라 1~3년마다 실시한다.

바이러스성 호흡기 질환군 백신이 매우 효과적이긴 하나 전염병을 완벽하게 차단할 수 있는 것은 아니다. 백신에 반응하지 않는 바이러스 균주에 노출될 수 있고, 고양이의 방어력을 능가할 정도로 심각한 감염이 발생할 수도 있다. 이런 경우 보통 접종을 한 고양이는 접종을 하지 않은 경우에 비해 질병을 가볍게 앓는다. 예방접종은 이미 감염된 보균 상태의 고양이에게는 예방효과가 없다.

고병원성 전신성 고양이 칼리시바이러스VS-FCV

고병원성 전신성 고양이 칼리시바이러스에 대응하여 출시된 새로운 백신 칼리시백스(CaliciVax)는 항원보강제가 들어 있는 사독백신이다. 칼리시백스에는 기존의 칼리시바이러스(FCV) 균주는 물론 고병원성 전신성 고양이 칼리시바이러스(VS-FCV) 균주가 첨가되었다. 생후 8~10주의 건강한 고양이에게 3~4주 간격으로 두 차례 접종하고, 이후에는 매년 추가 접종을 하라고 안내되어 있다. 그러나 고병원성 전신성 고양이 칼리시바이러스가 발생하지 않는 지역의 고양이라면 항원보강제 백신의 위험을 감수할 필요가 없다(532쪽, 백신접종에 의한 고양이 육종 참조).

이 백신은 2007년 발행된 미국고양이임상수의사회(AAFP) 예방접종 가이드에 소개되었는데, 광범위하게 장기간 사용하였을 때 가장 효과적이다.

광견병(필수)

광견병 예방접종은 나라나 지역에 따라 관련 법규가 다르다. 광견병 예방접종은 반드시 수의사에 의해서만 실시되도록 법으로 규정하고 있다. 지역의 경계를 넘어 이동하는 고양이는 광견병 예방접종을 실시하고 이를 증명하는 증명서를 휴대해야 한다.

일반적으로 새끼 고양이는 사용된 백신에 따라 생후 12주 이후에 사독 또는 재조합 백신을 한 차례 접종한다. 백신 접종 여부가 불분명한 성묘도 예방접종을 실시해야 하며, 매년 추가 접종이 추천된다. 사독 광견병 백신은 1년마다 추가 접종한다.

광견병 예방접종은 오른쪽 뒷다리 부위, 되도록 말단에 피하주사할 것을 권장한다.

고양이 백혈병 바이러스(선택)

레트로바이러스 감염에 대한 백신의 발전은 오랫동안 기다려 온 수의학계의 성과

다. 그러나 이 백신은 100% 효과가 나타나진 않는다. 고양이 백혈병 바이러스(FeLV) 예방접종을 한 고양이도 감염될 수 있다.

이 백신은 효과가 불완전하기도 하므로 입양 전 백혈병 바이러스 검사를 했다면 이후 감염될 가능성이 높지 않으므로 선택 예방접종으로 분류한다. 새끼 고양이는 어미로부터 초유에 함유된 방어항체를 얻는다. 이런 방어력은 생후 6~12주에 사라지기 시작하며 그 이후에는 질병에 취약해진다.

집 밖에 살거나 돌아다니는 고양이는 이 백신이 필요할 수 있다. 그러나 새끼 고양이가 고양이 백혈병 바이러스에 가장 취약하므로 새끼 때 기초 예방접종을 시키고, 1년 뒤 첫 추가 접종을 할 것을 추천한다. 고양이가 집 안에만 머무르고 다른 고양이와 접촉할 가능성이 없는 게 확실하다면 더 이상의 추가 접종은 필요하지 않을 수 있다.

예방접종에 앞서 고양이 백혈병 바이러스 검사를 추천한다. 검사에서 양성이 나오거나 이미 감염되었다면 예방접종은 효과가 없다. ELISA 검사가 음성이라면 8~12주에 접종하고, 14~16주에 추가로 접종한다. 첫 번째 추가 접종은 1년 뒤에 한다.

백신의 효과를 높이려면 예방접종 스케줄을 충실히 따라야 한다. 2~3주 간격으로 두 차례 접종하고, 1년 뒤에 추가 보강접종을 한다. 그리고 필요한 경우에 매년 추가 접종한다.

미국에는 항원보강제가 첨가된 주사형 사독백신과 항원보강제가 들어 있지 않은 경피형 재조합백신 두 종류가 있으며, 유럽에서는 항원보강제가 들어 있지 않은 피하 주사형 재조합백신을 사용한다.* 백신 관련 육종 권고사항에 따르면 고양이 백혈병 바이러스 백신은 왼쪽 뒷다리 부위의 가능한 한 말단에 피하주사 할 것을 권장한다.

* 국내에 유통되는 백신은 주사형 사독백신이다._옮긴이 주

고양이 면역결핍증 바이러스(선택)

FIV 백신은 불활화, 사독 주사형 백신이다. 불행하게도 FIV 음성인 고양이에게 예방접종을 하면 현재 이용되는 혈청학적 검사로는 양성이 나타난다. 게다가 이전에 예방접종을 했다고 해서 감염을 배제할 수도 없으므로 접종한 고양이인 경우 검사결과가 양성이면 감염 여부에 대한 정확한 평가가 어렵다. 백신에 사용되는 바이러스 균주가 흔히 발생하는 균주를 방어할 수 없다는 비판도 있다. 이런 이유로 수의사와 이 백신의 득과 실에 대해 잘 상의하여 결정해야 한다.

클라미디아증(선택)

클라미도필라 펠리스(*Chlamydophila felis*)는 고양이 폐렴을 일으킨다. 예방접종으로 유도된 면역력은 아마도 짧은 기간 동안만 작용할 것이며, 방어 능력도 불안전할 수

있다. 예방접종을 한 고양이도 여전히 폐렴에 걸릴 수 있으나 보통 더 빠르고 가볍게 앓고 지나간다. 이 백신의 접종 여부는 감염 발생 가능성 여부를 고려해 결정한다. 이 예방접종을 한 고양이의 약 3%에 부작용이 나타난다.

보르데텔라 감염(선택)

이 백신은 변형 생독 비강 내 백신이다. 보르데텔라 브론키셉티카(*Bordetella bronchiseptica*)는 심각한 하부 호흡기 질환을 일으킬 수 있어 주로 아주 어린 새끼 고양이에게 문제가 된다. 일반적으로 성묘에게는 흔치 않으며 항생제에 잘 반응한다. 때문에 일반적으로 예방접종은 추천하지 않는다.

고양이 전염성 복막염(비추천)

FIP 백신은 변형 생독 비강 내 백신이다. 이 백신의 효과에 대해서는 논란이 있고, 면역력의 작용기간도 짧다. 고양이 코로나바이러스에 노출 기회가 높다고 하더라도 FIP의 발병률은 매우 낮다. 특히 고양이를 한 마리만 기르는 경우는 더욱 그렇다. FIP가 문제가 되는 캐터리의 고양이는 대부분 첫 접종을 추천하는 시기인 생후 16주 이전에 코로나바이러스에 감염된다.

지아르디아증(비추천)

이 백신은 사독 주사형 백신이다. 이 질병은 치료가 쉽고 예방접종이 감염을 예방한다는 근거가 충분하지 않으므로 추천하지 않는다.

권장 예방접종표

이 표는 미국고양이임상수의사회(American Association of Feline Practitioners)의 2013년 예방접종 가이드라인에 기초하고 있다. 예방접종 일정은 고양이의 상태에 따라 다를 수 있다. 추가 접종 추천시기는 지속기간이 길어짐에 따라 수시로 바뀌고 있다.

	기초 접종	추가 접종
필수 예방접종 모든 고양이에게 추천됨.		
광견병 법으로 규정	3개월 이후 1회 접종	1년 뒤 접종하고, 이후에도 법령에 따라 매년 접종
범백혈구감소증(FPV) 모든 고양이에게 중요	6~8주 이후 3~4주 간격으로 3회 접종	1년 뒤 접종, 이후 3년마다 접종(우리나라는 매년 접종 추천)

허피스바이러스(FHV) 모든 고양이에게 중요	6~8주 이후 3~4주 간격으로 3회 접종	1년 뒤 접종, 이후 3년마다 접종
칼리시바이러스(FCV) 모든 고양이에게 중요	6~8주 이후 3~4주 간격으로 3회 접종	1년 뒤 접종, 이후 3년마다 접 종(우리나라는 매년 접종 추천)
선택 예방접종 개체의 환경에 따라 중요하거나 그렇지 않을 수 있음.		
백혈병 바이러스(FeLV)	8주 이후 3~4주 간격으로 2회	1년 뒤 접종, 이후에는 감염 위험성에 따라 1~2년마다 접종
면역결핍증 바이러스(FIV)	8주에 첫 번째 접종, 이후 2~3 주 간격으로 2회 추가 접종	1년 뒤 접종, 이후에는 감염 위험성이 있다면 매년 접종
보르데텔라 감염	8주 이후 1회 접종	감염 위험이 있다면 매년 접종
클라미디아증	9주 이후 1회 접종, 이후 3~4 주 간격으로 2회	감염 위험이 있다면 매년 접종
비추천 이 백신은 경미한 질환이거나 효과가 불충분해 추천되지 않음.		
전염성 복막염(FIP)		
지아르디아증		

보호소의 예방접종

보호소와 같이 전염병 발생 위험이 높은 환경의 고양이는 예방접종 프로그램을 변경해 실시해야 한다. 새끼 고양이는 보호소에 들어오자마자 가능한 한 빨리 범백혈구 감소증 예방접종을 실시한다(빠른 경우 4~6주에도 접종). 이후 16주까지 2주 간격으로 추가 접종한다.

비기관염(허피스바이러스)과 칼리시바이러스 예방접종도 같은 방법으로 적용한다. 광견병도 가능한 한 빨리 접종하고(보통 12주에 실시) 이후 일 년에 한 번 추가 접종한다. 나이가 든 고양이의 경우에도 접종 여부가 불확실하다면 보호소에 들어오자마자 가급적 빨리 광견병 예방접종을 실시한다.

고양이들에게 고양이 백혈병 바이러스와 면역결핍증 바이러스 검사를 실시하는 것도 추천할 만하다. 검사결과 양성반응이 나온 고양이는 외견상 임상적으로 아파 보이지 않더라도 격리시켜 재검사를 실시한다.

4장
피부와 털

고양이의 피부와 털 상태는 전반적인 건강 상태에 대해 많은 정보를 준다.

고양이의 피부는 사람에 비해 더 얇고 상처에 민감하다. 부주의하고 거칠게 다루거나 적절하지 못한 도구를 사용할 경우 다치기 쉽다. 고양이의 피부는 근육층 위에 헐겁게 붙어 있어, 물리거나 상처가 나는 경우에도 대부분 피부 표면에 국한되곤 한다.

피부는 많은 기능을 수행한다. 피부가 없다면 조직 내의 수분이 쉽게 증발하여 체온이 떨어지고 탈수상태에 빠질 것이다. 피부는 세균과 외부 이물질을 방어하는 장벽 역할을 한다. 신체 표면의 감각을 제공하고, 몸의 형태를 이루며, 외부의 열과 추위로부터 보호한다.

피부의 바깥층을 표피라고 하는데, 고양이의 몸 부위에 따라 두께가 다양한 각질층이다. 코와 발바닥 부위는 두껍고 거칠며, 사타구니와 겨드랑이의 주름 부위는 얇고 연약해 상처가 나기 쉽다.

표피 바로 아래층은 진피인데 주요 기능은 표피에 영양을 공급하는 것이다. 또한 진피의 부속 기관인 모낭, 피지샘, 땀샘, 발톱은 특별한 기능을 수행하기 위해 표피세포가 변형된 것이다.

피부의 모낭에서는 세 종류의 털이 자란다. 첫 번째는 상모(primary hair)라고 불리는 털의 바깥 부분을 이루는 긴 보호털이다. 각각의 털은 독립된 모근에서 자라난다. 미세한 근육이 모근과 연결되어 있어 날씨가 추워지면 털을 세울 수 있는데, 이렇게 하면 따뜻한 공기를 털 사이사이에 품을 수 있어 보온 효과가 높아진다. 하모(secondary hair)는 양이 훨씬 더 많은데 주로 보온과 보호 작용을 한다. 하모는 진피에 있는 하나의 모낭에서 몇 가닥이 함께 자라난다. 까칠까칠하고 깔끄러운 털은 중간 길이인 반면, 솜털은 짧고 부드러운 섬유로 되어 있다.

세 번째 종류의 털은 수염, 눈썹, 턱 털, 앞 발목 털(앞다리 뒤쪽에서 관찰됨)로, 촉감을 위해 특별하게 변형된 형태를 지녔으며 촉모라고도 한다. 수염은 길고 두껍고 뻣뻣한 털로 펼 수도 있고 앞쪽으로 회전하거나 뒤로 젖힐 수도 있다. 수염의 뿌리는 고양이의 조직 깊숙이 박혀 있다. 여기에는 신경말단이 다량 분포하고 있어서 수염은 공기의 흐름, 기압, 촉감, 고양이의 예리한 후각과 청각을 보조하는 등 매우 상세한 정보를 제공한다. 수염은 고양이가 가까이 있는 물체를 느끼고 조사하는 데 중요한 역할을 한다. 보통 고양이의 수염은 몸의 너비와 비슷해서 고양이가 좁은 공간에 들어갈 수 있는지 여부를 쉽게 판단하게 해 주는 것으로 알려져 있다. 물론, 이는 뚱뚱한 고양이에게는 해당되지 않는다.

피지샘의 기능은 피지라고 하는 기름 성분의 물질을 분비하는 것인데, 피지는 털을 감싸 방수 효과가 있고 건강하게 윤기가 흐르도록 만든다. 피지의 생산량은 혈중 호르몬 농도의 영향을 받는데, 다량의 여성 호르몬인 에스트로겐은 그 생산을 감소시키고 소량의 남성 호르몬인 안드로겐은 분비를 증가시킨다.

아포크린 땀샘은 신체 모든 부위에 분포하는데, 특히 항문낭과 관계가 깊은 꼬리 기저부와 항문 양옆 부위에서 분비하는 우유 비슷한 액체의 냄새는 성적 매력과 관련이 있는 것으로 보인다. 아포크린 땀샘은 노묘에서 종양으로 발전하기도 하는데 대부분은 양성 선종이다. 그러나 샴고양이는 악성 선암종이 발생하기 쉽다. 이런 경우 최선의 치료법은 수술로 제거하는 것이다.

사람은 피부에 땀샘이 잘 분포되어 있다. 피부 표면의 땀은 증발작용을 통해 몸의 열손실을 조절하는 데 도움이 된다. 고양이는 발 패드에만 땀샘이 존재하는데 지나치게 열이 오르거나, 겁을 먹는 경우, 흥분한 경우에는 땀을 분비해 발바닥 자국을 남기고 다닌다. 고양이는 헥헥거리거나 털을 핥으면서 몸의 열을 식히는데 이 역시 수분의 증발을 통해 체온을 낮추는 행동이다.

코끝의 물기는 콧구멍의 점막에서 분비되는 액체다.

고양이의 앞발은 5개의 발가락 패드와 발톱, 그리고 보통의 경우 지면에 닿지 않는 2개의 발바닥 패드로 되어 있다. 뒷발은 4개의 발가락 패드와 발톱, 그리고 2개의 커다란 발바닥 패드로 되어 있는데 이 역시 보통은 지면에 닿지 않는다. 발톱은 평상시에는 피부의 주름 아래쪽에 있지만 고양이가 힘줄을 펴면 밖으로 돌출된다.

발 패드의 거친 피부는 마찰력을 높이는 데 도움이 된다. 발 패드의 피부는 다른 신체 부위의 피부보다 75배가량 두껍지만 촉감에는 아주 민감하다. 고양이는 한 발을 내딛고는 조심스럽게 낯선 표면의 크기와 질감, 자기 몸과의 거리 등을 발 패드를 통해서 느낀다. 이런 촉각은 고양이의 발 패드 아래 깊숙이 자리잡은 풍부한 감각수용

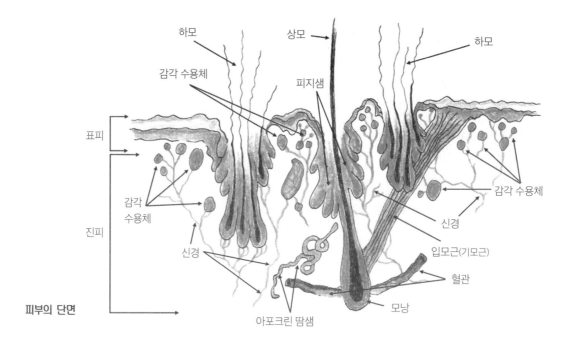

하모　　상모　　하모

감각 수용체

피지샘

표피

감각
수용체

진피

신경

아포크린 땀샘

감각 수용체

신경

입모근(기모근)

혈관

모낭

피부의 단면

체에 의해 가능하다.

　고양이의 발톱은 케라틴, 섬유성 단백질로 이루어져 있는데 큐티클이라고 불리는 단단한 껍질로 싸여 있다. 각 발톱 가운데를 분홍색 선 모양으로 가로지르는 것이 속 살인데 여기에는 혈관, 신경, 발톱이 자라는 데 필요한 생식세포(germinal cell) 등이 들 어 있다. 발톱은 계속 자라나며 바깥층이나 껍질이 벗겨진다. 고양이는 스크래치 타워 나 표면이 거친 물체를 긁어 발톱을 갈아낸다. 발톱이 너무 길게 자라면 발 패드를 뚫 고 들어갈 수 있다. 스크래치나 여타의 활동을 통해 발톱이 충분히 닳지 않는 경우라 면 정기적으로 발톱을 잘 깎아 주어야 한다.

고양이의 털

　고양이 털의 모질은 호르몬 농도, 영양 상태, 전반적인 건강 상태, 기생충 감염 여 부, 유전, 고양이의 털 손질, 빗질 횟수 등 다양의 요인에 의해 좌우된다.

털의 생장

　고양이 털은 성장 주기가 있다. 각각의 모낭은 급성장하는 시기, 성장이 느려지고 쉬는 시기인 휴지기, 퇴행기를 갖는다. 퇴행기 동안에는 성숙한 털이 모낭 안쪽에 붙어 있다. 고양이가 털갈이를 하면(휴지기) 새로운 털이 오래된 털을 밀어내고 새로운 생장주기를 시작한다. 고양이의 털은 매달 평균 8mm 정도 자란다.

피터볼드(태어날 때는 털이 약간 있으나 2살 전에 다 빠진다), 스핑크스(몸 전체가 미세한 솜털로 덮여 있고 코, 발가락, 꼬리에 털이 있을 수 있다)처럼 털이 없는 품종도 있다. 이는 유전적 변이에 의해 털이 없는 것으로 건강상의 문제는 아니다.

여성 호르몬이 너무 많은 경우 털의 성장을 지연시킬 수 있다. 갑상선호르몬이 너무 적은 경우도 털의 성장, 촉감, 윤기에 손상을 줄 수 있다. 아프거나 건강이 안 좋은 경우, 호르몬 불균형, 비타민 결핍, 기생충 감염 등도 털이 얇아지거나 약해지는 원인이 된다. 고양이의 털 상태가 평소와 달리 안 좋다고 생각되면 동물병원을 방문해야 한다. 취약한 모질은 종종 전신적인 건강의 문제를 반영한다.

몇몇 품종은 풍부한 모량을 가지고 태어난다. 주변 환경도 털의 두께와 양에 큰 영향을 끼친다. 집 밖의 추운 날씨에서 생활하는 고양이는 단열과 보호를 위해 털이 풍성하게 자란다. 이런 시기에는 지방이 털의 성장에 보다 중요한 에너지원이 되므로 식단에 지방을 추가로 공급해 주는 것이 좋다. 지방은 지용성 비타민의 흡수를 돕고 건강한 피부와 털을 위해 필수 지방산을 공급하며 음식의 기호성을 높인다. 지방의 양이 지나치게 많으면 변이 물러질 수 있으므로 주의한다.

일반적으로 집 안에 사는 고양이는 지방의 보조 급여가 필요하지 않다. 특히 주의할 점은 췌장염, 담석, 흡수장애증후군이 있는 고양이에게는 지방을 보조 급여해서는 안 된다. 또 과도한 지방 급여는 비타민 E의 대사를 방해할 수 있다. 고양이 식단의 지방 성분을 장기적으로 조절하기에 앞서 18장 영양을 읽고 수의사와 상의해 결정한다. 식단에 어떤 성분을 첨가하기 전에 반드시 수의사와 상의한다.

털갈이

어떤 사람은 계절적인 기온의 변화가 고양이의 털갈이를 좌우한다고 믿는다. 하지만 실제 털갈이는 주변 환경에서 노출되는 빛의 양과 더 관련이 깊다. 빛에 더 많이 노출되면 될수록 털갈이는 심해진다. 중성화 여부와도 상관이 없다.

대부분의 시간을 집 밖에서 보내는 고양이는 늦은 봄 햇빛에 노출되는 시간이 길어지면서 몇 주 지속되는 털갈이 과정이 활성화된다. 하루에 몇 시간 동안 밖에 나가는 고양이는 보통 초여름에 털갈이를 하고 새로운 털이 자란다. 가을이 되면 낮의 길이가 짧아짐에 따라 털도 겨울을 대비해 두꺼워지기 시작한다. 실내에서 생활하는 고양이는 빛에 끊임없이 노출되므로 일 년 내내 조금씩 털갈이를 하고 새로운 털이 자라나기도 한다.

고양이는 대부분 길고 거친 바깥층의 보호털과 양털같이 부드럽고 미세한 안쪽 털로 구성된 이중모 구조를 가진다. 데본렉스와 코니시렉스 품종은 예외인데, 렉스 고양이는 미세한 곱슬거리는 털로 된 단일모를 가진다. 셀커크렉스는 털이 약간 길고 곱슬거리는데, 이 고양이들도 털갈이를 하지만 보통의 고양이에 비해 심하지 않다. 이것은 우성변이에 의한 것이다.

털이 뻣뻣한 고양이는 털과 수염 모두 견고하고 곱슬거린다. 이 또한 우성변이로, 털을 만지면 거친 느낌이 난다.

이중모인 고양이가 털갈이를 시작하면 안쪽 털이 모자이크나 조각 형태로 빠져 좀먹은 것처럼 보이는데 이는 지극히 정상이다. 집 안에서 사는 고양이는 일 년 내내 어느 정도 털이 빠지긴 하나 표시가 날 정도로 털갈이를 심하게 하지는 않는다. 털갈이가 시작되면 매일 빗질을 해서 가능한 한 많은 양의 죽은 털을 제거하여 피부자극을 예방한다.

얼룩무늬는 야생에서 가장 흔한 털색이다. 호랑이는 줄무늬 얼룩을, 표범은 점 모양의 얼룩을, 사자는 밝은 회색과 어두운 회색이 혼재된 얼룩무늬를 가진다. 얼룩무늬는 아메리칸쇼트헤어와 같은 집고양이 품종에서도 아주 흔하다.

털색의 변화

털색에 포인트가 있는 품종(전체적으로 밝은 털에 귀, 꼬리, 다리, 얼굴의 끝부분에 어두운색을 가진 고양이)에서 포인트색은 체온에 영향을 받는다. 샴고양이, 버미즈, 발리네즈, 히말라얀 등은 체온보다 차가운 부위의 털색은 짙고, 체온보다 따뜻한 몸통은 털색이 밝다.

이런 고양이들의 어떤 부위에서 체온의 변화가 일어나면 털색에 영향을 미친다. 예를 들어 샴고양이의 옆구리 털을 짧게 밀면 털이 덮고 있던 부위의 체온이 낮아지므로 어두운색의 털이 자랄 수 있다. 그러나 어두운색의 털이 빠진 후에는 정상적인 색의 털이 다시 자란다. 이 품종들의 새끼 고양이는 보통 전체가 밝은 털색으로 태어나지만 성장함에 따라 포인트색이 짙어진다.

털과 피부의 관리

그루밍(털손질)

고양이의 혀는 표면이 가시같이 생겨 빗처럼 사용된다. 고양이는 털을 손질하며 털에 침을 묻히고 핥음으로써 수분을 공급하고, 이물질을 제거하며, 빠지는 털을 정리한다. 어미는 새끼에게 그루밍을 가르친다. 두 마리의 고양이가 함께 사는 경우 종종 서로 털을 손질해 주기도 한다.

고양이가 깔끔한 편이라도 해도 정기적으로 빗질을 해 주어야 한다. 보호자가 더 많은 털을 제거해 줄수록 고양이가 핥고, 삼키고, 떨어지는 털의 양이 감소하고, 이로 인해 헤어볼로 인한 문제를 예방할 수 있으며, 집 안에 날리는 털도 줄어든다. 빗질을 자주 해 주면 윤기가 흐르고 건강한 털을 유지할 수 있고, 기생충 등 다른 피부 문제를 예방하는 데도 도움이 된다.

어린 고양이는 젖을 뗀 이후부터 매일 조금씩 빗질을 해 주어야 훈련이 된다. 다 큰 고양이가 빗질에 익숙하지 않으면 털이 엉켰을 때 힘들어진다. 아주 부드러운 빗을 사용하고, 빗질하는 시간을 짧고 행복한 시간으로 만든다.

성묘의 경우 빗질을 얼마나 자주 해야 하는지는 털의 두께와 길이, 피부와 털의 상태에 따라 다르다. 단모종은 보통 털손질이 덜 필요하여 일주일에 한 번이면 충분하다. 그러나 페르시안, 히말라얀, 앙고라와 같이 털이 풍성한 장모종은 털이 뭉치고 엉키는 것을 막기 위해 매일 빗질을 해 주어야 한다. 고양이가 나이를 먹어 감에 따라 스스로 그루밍을 덜하게 되므로 나이 든 단모종 고양이도 빗질을 자주 해 주는 것이 좋다.

다음은 빗질에 필요한 다양한 도구다. 고양이의 털에 적합한 것을 사용한다.

• **빗** 금속으로 된 빗은 고양이가 평생 동안 사용할 수 있다. 빗은 부드럽고, 피부가 다치지 않게 끝이 몽툭해야 한다. 먼지나 벼룩을 제거하기 위해 이가 촘촘한 빗이 필요하다. 이가 넓은 빗은 긴 털을 빗거나 머리 주변과 다른 예민한 부위의 털을 관리하

장모종 고양이는 털이 엉키고 뭉치는 것을 막기 위해 매일 빗질해 주어야 한다.

단모종 고양이는 느슨해진 털을 제거하고 헤어볼 문제 등을 예방하기 위해 일주일에 1~2회 빗질해 준다.

① 이가 촘촘한 빗과 넓은 빗이 함께 결합된 제품 ② 장모종을 위한 이중빗(촘촘한 이 위쪽으로 듬성듬성 긴 이가 있는 형태의 빗) ③ 고무재질의 손바닥 빗 ④ 가위 모양의 발톱깎이 ⑤ 눈곱빗 ⑥ 슬리커브러시

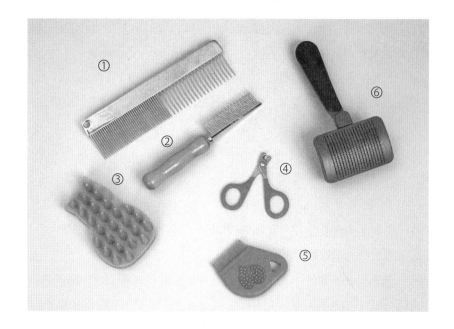

는 데 적당하다. 한쪽은 촘촘한 빗이, 다른 한쪽은 이가 넓은 빗이 달린 제품도 있다.

· **브러시** 천연 재질의 솔로 된 브러시는 나일론 제품보다 정전기가 덜 일어나고 털 손상이 적다. 슬리커브러시(slicker brush, 짧고 뻣뻣한 철사로 된 직사각형 모양의 브러시)는 대부분의 단모종에 사용하기에 적절하다. 브러시의 철사는 고양이 혀의 가시와 유사한데, 죽은 털을 빗겨 내는 데 아주 좋다. 렉스 고양이는 빗질을 강하게 하면 털이 심하게 빠지는 경향이 있기 때문에 솔이 아주 짧은 브러시나 고무재질로 된 브러시가 적합하다.

· **손바닥 빗(palm brush), 하운드 글로브(hound glove)** 단모종의 죽은 털을 제거하거나 털에 윤기가 흐르게 하는 데 좋다. 샤모아 가죽이나 나일론으로 된 긴 양말을 사용할 수도 있다. 스핑크스 고양이는 그루밍을 위해 축축한 타월이면 충분할 것이다.

· **가위** 뭉친 털을 제거하는 데 필요하다(빗질을 잘 해 주면 털이 뭉칠 일이 없다). 끝이 몽톡하거나 둥글게 처리가 된 것을 사용한다.

· **발톱깎이** 재단기 타입보다는 양쪽에 절단면이 있는 가위 타입이 더 좋다.

· **미용 테이블** 어떤 사람은 털을 빗길 때 무릎에 앉혀 놓는 것을 선호하지만 어떤 고양이는 무릎에 앉으려 하지 않는다. 이런 경우 고양이를 높은 곳에 올려놓고 빗질하면 수월하다. 테이블의 높이가 적절하다면 몸을 숙이지 않고 편안하게 빗질할 수 있다. 바닥이 미끄럽지 않은 단단한 재질의 것이 좋다. 평범한 탁자나 편평하고 단단한 재질의 물체 위에 미끄럼방지 매트를 올려놓고 미용을 해도 된다.

빗질하는 법

고양이는 정전기를 아주 싫어해서 빗질을 할 때 주의해야 한다. 미리 빗을 적셔두거나 물을 뿌려 두면 도움이 된다. 단모종의 경우, 이가 촘촘한 빗을 이용해 머리에서 시작해 꼬리 쪽으로 조심스럽게 빗질한다. 배와 겨드랑이 부위를 빗길 때는 고양이의 몸을 부드럽게 뒤집는다. 그런 다음 솔이나 슬리커브러시를 이용해 같은 방향으로 빗질한다. 마지막으로 손바닥빗이나 샤모아 가죽 조각 등으로 털에 윤기가 흐르도록 쓸어준다.

장모종의 경우, 이가 넓은 빗을 사용하여 머리 주변에서 머리 쪽을 향해 빗질을 시작한다. 보풀을 떼어내기 위해 털의 반대방향으로 빗질한다. 다리 위와 가슴 옆, 등, 옆구리, 꼬리를 위쪽 방향으로 빗긴다. 그러고 난 뒤 브러시를 이용해 같은 방향으로 빗질한다. 목 주변의 털은 얼굴 쪽으로 빗질해서 올린다. 배와 겨드랑이 부위는 고양이의 몸을 부드럽게 뒤집은 후 빗질한다. 마지막으로 털을 부풀릴 게 아니라면 몸을 따라 털을 뒤쪽 방향으로 빗질한다.

흔히 탈모 증상을 동반하며 꼬리 아래 부분이 갈색으로 변하는 증상은 꼬리 기저부에 있는 기름 분비샘이 과도하게 활성화되어 발생한다. 중성화하지 않은 수컷에서 가장 흔하지만, 다른 고양이에서도 발생할 수 있다(179쪽, 스터드테일 참조).

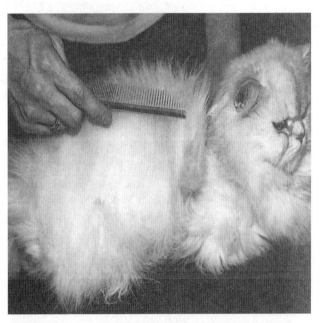

장모종 고양이는 털이 난 방향의 반대방향으로 빗질한다.

귀 뒤와 다리 아래 부위의 솜털같이 부드러운 털은 평소 빗질이 잘 되도록 특별히 주의를 기울여 관리해야 한다. 이 두 곳은 신경 쓰지 않으면 털이 쉽게 뭉친다. 뭉친 털은 모두 제거해야 하는데, 뭉친 털을 제거하지 않으면 점점 더 많은 털이 엉키고 뭉쳐 고양이의 피부를 움켜잡아 자극과 통증을 유발한다.

액상이나 스프레이로 된 엉킴 방지 제품이 있다. 엉킨 부위를 부드럽게 해서 제거하기 쉽게 해 준다. 뭉친 털을 제거하려면 먼저 엉킴 방지 제품으로 털뭉치를 흠뻑 적신다. 이 과정은 털에 수분을 공급하고 털의 돌기를 완화시킨다. 다음으로 가능한 한 많은 양의 엉킨 털을 손가락으로 분리한다.

일부 털뭉치는 빗 끝을 이용해 풀어낼 수 있다. 그러나 대부분의 경우 잘라내야 한다. 가위로 털뭉치를 잘라내는 경우 세심한 주의가 필요하다. 고양이의 피부는 피부

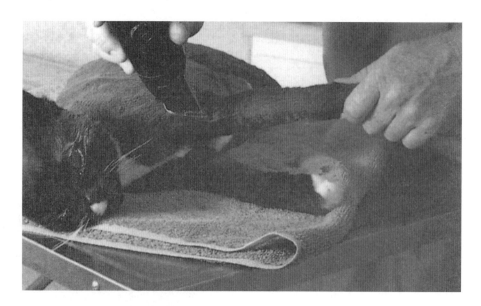

털이 너무 심하게 엉켜 빗질을 할 수 없는 경우에는 털을 깎는다.

밑 근육에 붙어 있지 않아 엉킨 부위를 잡아당기면 함께 딸려오기 때문에 다치기 쉽다. 피부에서 깔끔하게 분리할 목적으로 엉킨 털 아래쪽을 가위로 자르다가는 피부가 잘릴 수 있다. 그러므로 가위로 엉킨 부위를 조심스럽게 조금씩 잘라내야 한다. 가능하다면 엉킨 부위 아래로 빗을 끼워넣어 가위와 피부 사이의 경계를 만든다. 그리고 가위를 빗에 수직 방향으로 잡고 조심스럽게 잘라낸 뒤 손가락을 이용해 털뭉치를 부드럽게 떼어낸다. 엉킨 부위를 제거하고 난 뒤 남은 부위를 빗질한다.

심하게 털이 엉킨 고양이는 미용사나 수의사에 의해 전신의 털을 잘라내야 할 수도 있다. 일부 보호자는 따뜻한 계절에 장모종 고양이를 짧게 미용시키기도 한다.

빗질 이외의 관리

고양이의 귀는 매주 살펴야 한다. 먼지와 이물질을 제거하기 위한 방법은 기본적인 귀의 관리(219쪽)를 참조한다. 일상적인 구강검사를 통해 치석이 생겼는지 여부를 알 수 있다. 구강위생에 관한 자세한 내용은 **고양이의 구강관리**(256쪽)를 참조한다. 항문낭도 잘 검사하여 분비물이 차 있는지 확인한다. 항문낭 관리는 **항문낭의 손상**(293쪽)을 참조한다.

발톱 깎기

실내에서 생활하는 고양이는 앞발톱을 갈고 노후된 발톱을 제거하기 위해 스크래

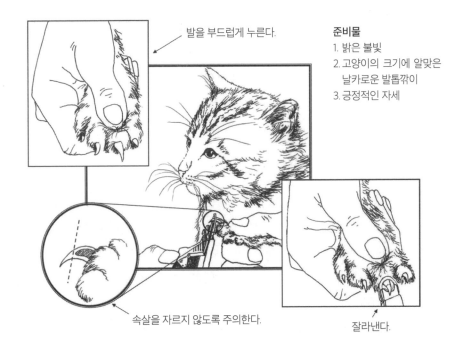

발을 부드럽게 누른다.

준비물
1. 밝은 불빛
2. 고양이의 크기에 알맞은 날카로운 발톱깎이
3. 긍정적인 자세

속살을 자르지 않도록 주의한다.

잘라낸다.

고양이 발톱 깎기. 엄지 손가락과 검지손가락으로 발가락 위아래에서 짜내듯이 눌러 발톱을 노출시킨다. 발톱이 아래쪽으로 꺾이는 지점의 속살 바로 앞의 투명한 부분만 자른다.

치 타워를 사용하는 훈련을 시켜야 한다. 그럼에도 실내묘는 발톱을 깎아 주는 게 좋다. 활동량이 적은 고양이라면 특히 그렇다.

실외에서 생활하는 고양이는 발톱을 깎을 필요가 없다. 활동을 하면서 발톱이 닳기 때문이다. 또한 발톱은 방어를 위한 무기 역할도 한다.

노묘나 관절이 아픈 고양이는 발톱을 잘 관리할 수 없기 때문에, 이런 경우 뒷발톱도 깎아 주어야 한다. 발톱을 깎아 주지 않으면, 발톱이 자라 발 패드 안쪽으로 파고들어 큰 통증을 유발할 수 있다. 발가락 숫자가 정상보다 많은 고양이도 발톱이 발 패드를 파고들지 않는지 매주 확인해야 한다.

어린 고양이 시기부터 발을 만지고 발톱을 깎는 것에 익숙해지도록 해야 한다. 발톱 깎는 것에 익숙하지 않은 고양이는 발톱관리에 애를 먹게 된다. 발톱을 깎은 뒤에 놀이, 간식 등으로 보상하면 긍정적 강화로 작용해 도움이 된다.

발톱깎이는 날이 2개인 것이 가장 좋다. 고양이를 단단한 바닥 테이블이나 무릎 위에 앉힌 후 앞발 하나를 잡는다. 발톱이 노출되도록 엄지손가락과 검지손가락 사이에 놓고 발가락을 부드럽게 짜내듯 누른다. 아니면 발가락 바닥 쪽을 밀어올려 발톱이 노출되도록 해도 된다. 신경과 혈관이 있는 발톱의 분홍색 속살을 잘 확인한다. 고양이의 발톱이 어두운색이면 속살이 잘 안 보이므로 발톱이 아래쪽으로 휘어지기 시작하는 끝부분만 자른다. 신속하게 진행해야 한다. 한쪽 발만 깎은 뒤에 잠시 쉬었다가 다른 발을 깎는 게 좋다.

실수로 속살을 자르면, 고양이는 약간의 통증을 느끼며 발톱에서 피가 난다. 이런 경우 발톱 끝을 솜으로 누르며 압박한다. 출혈은 몇 분 내에 멎는다. 출혈이 지속된다면 지혈제나 옥수수녹말을 사용한다. 발톱갈이에 대한 내용은 357쪽에 소개되어 있다.

목욕

목욕은 털의 종류나 생활 양식, 깔끔함에 따라 다르므로 특정한 가이드라인을 제시하기란 쉽지 않다. 어떤 고양이, 특히 실내에 사는 고양이는 목욕이 필요하지 않을 수도 있다. 지나친 목욕은 털에 필수적인 천연 오일 성분을 제거한다. 규칙적인 빗질만으로도 빛나고 윤기 나는 털로 관리할 수 있어서 목욕이 많이 필요하지 않다.

고양이는 대부분 자신의 털을 깨끗하게 유지하지만, 몸이 아주 더러워지거나 스스로 털손질을 하기에 위험한 물질이 몸에 묻는 경우도 있다. 털에 심한 얼룩이 묻거나, 고약한 냄새가 나거나, 빗질에도 불구하고 기름기가 있다면 유일한 해결책은 목욕을 시키는 것이다. 피부병이 있거나 외부기생충에 감염된 고양이는 약욕제를 이용해 목욕시킨다. 캣쇼에 출전하는 고양이는 쇼 출전을 위해 정기적으로 목욕을 시켜야 한다. 새끼 고양이를 쇼에 출전시킬 계획이라도 생후 3개월 이후에 목욕을 시켜야 안전하다.

고양이 목욕시키기

고양이 목욕시키기는 참으로 어려운 도전이다. 새끼 고양이 때부터 목욕을 하지 않았다면 더욱 어렵다. 고양이는 대부분 물을 싫어하므로 저항에 부딪힌다. 목욕을 시키는 사람 말고 고양이를 잡아 안정시킬 수 있는 사람이 한 명 더 있으면 도움이 된다. 목욕을 전문 미용실에 맡길 수도 있다.

목욕은 뭉치고 엉킨 털을 빗질로 제거하는 것부터 시작한다. 뭉친 털은 물에 젖으면 완전히 엉킨 상태로 단단해져 빗질이 더욱 어려워진다. 솜뭉치로 고양이의 귓구멍을 막아 물이 들어가는 것을 막는다. 비눗물에 의한 자극을 막기 위해 눈에 인공눈물 연고를 넣는다(189쪽, 눈에 약 넣기 참조).

어떤 샴푸를 사용하는지도 중요하다. 시판되는 반려동물용 샴푸는 고양이용인지 강아지용인지 라벨이 붙어 있으니 꼭 고양이용 샴푸를 선택한다. 강아지용 샴푸의 상당수에는 고양이에게 독성 위험이 있는 성분이 들어 있다.

목욕통 바닥에 목욕 매트를 깔아 고양이가 미끄러지지 않도록 한다(욕조를 사용할

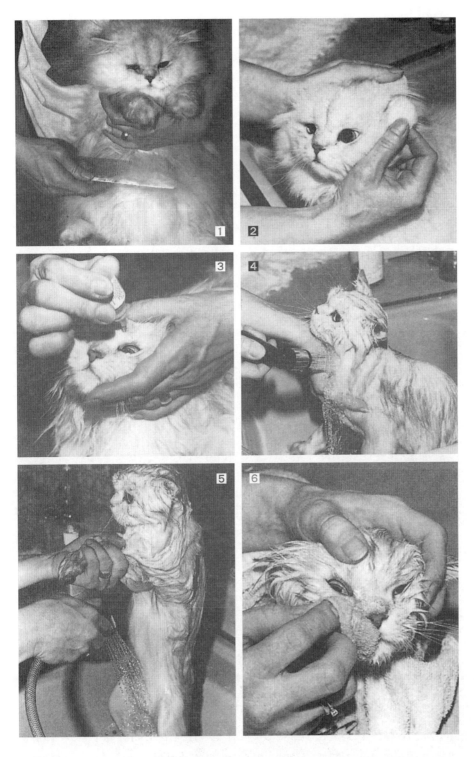

1 목욕을 시키기 전에 먼저 몸 전체를 빗질한다.

2 물이 들어가지 않도록 귓구멍을 솜뭉치로 막는다.

3 비눗물에 의한 자극을 막기 위해 눈에 미네랄 오일이나 인공눈물을 넣는다.

4 샤워기가 고양이의 얼굴을 향하지 않도록 조심한다.

5 거품이 모두 없어질 때까지 잘 헹군다.

6 수건으로 몸을 잘 감싸 말린다. 수건으로 싸고 있는 동안 젖은 천으로 얼굴을 닦는다.

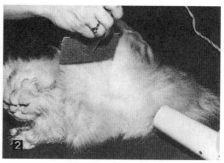

■ 고양이의 저항이 심하지 않다면 헤어드라이어를 냉풍으로 하여 사용한다(온풍은 안 된다!). 대부분 자연 건조가 더 수월하다. 털이 마를 때까지 따뜻한 실내에 둔다.

② 마지막으로 부풀려 가며 빗질을 한다. 캣쇼에 출전할 예정이라면 털이 최대한 부풀려지도록 헤어드라이어를 사용할 수도 있다.

경우에는 허리를 굽히거나 무릎을 꿇어야 한다). 따뜻한 물을 목욕통에 수심 10cm 깊이로 채운다. 고양이의 목덜미를 너무 꽉 잡지 말고 부드럽게 잡고 고양이 등이 사람 쪽으로 향하게 하여 목욕통 안에 넣는다(이렇게 해야 할퀴지 않는다). 플라스틱 컵을 이용해 고양이의 등 위로 물을 천천히 붓는다. 그런 다음 고양이의 눈과 귀에 들어가지 않도록 조심하여 샴푸로 샴푸 거품을 내서 털에 문지른 뒤 따뜻한 물을 붓거나 샤워기를 이용해 잘 헹궈낸다. 고양이의 얼굴에는 절대 샤워기를 직접 사용해서는 안 된다. 샴푸를 완전히 제거했는지 꼼꼼히 확인한다. 남은 샴푸는 털을 거칠게 만들고 피부를 자극할 수 있다. 털이 심하게 더러운 상태라면 거품칠을 두 번 한다.

목욕통이 두 개라면 더욱 편리하다. 각각의 목욕통을 따뜻한 물로 10cm씩 채우고 하나는 비누칠용으로, 다른 하나는 헹굼용으로 사용한다.

쇼에 출전하는 고양이라서 뛰어난 모질관리가 필요하다면 종종 특별한 린스를 해줄 것을 추천한다. 린스는 샴푸를 헹군 뒤 사용한다. 그리고 완전히 헹군다. <u>식초, 레몬즙, 표백용 린스를 사용해선 안 된다.</u> 너무 산성이거나 염기성이어서 고양이의 털과 피부를 손상시킬 수 있기 때문이다. 털에 손상으로 줄 수 있으므로 염색약도 쓰지 않는다.

수건으로 털을 부드럽게 말린다. 장모종은 털이 엉키므로 문질러서 닦으면 안 된다. 그냥 수건으로 고양이의 몸을 감싼 채 잠시 있는 것만으로도 털이 상당 부분 마른다. 털이 완전히 마르는 데는 한두 시간이 소요되므로, 감기에 걸리지 않도록 따뜻한 실내에 머무르게 한다. 고양이가 저항이 심하지 않다면 드라이어의 냉풍을 이용할 수도 있다(따뜻하거나 뜨거운 바람은 고양이의 털을 손상시킬 수 있다). 하지만 고양이는 대부분 드라이어의 소음에 거부반응을 보인다.

털에 기름기가 있는 고양이는 먼지가 특히 달라붙기 쉽다. 이런 경우 목욕 주기 중간에 '드라이클리닝'을 해볼 수 있다. 판매되고 있는 수많은 드라이 샴푸 중에서 '고양이에게 안전한' 제품인지 확인한다. 탄산칼슘, 활석이나 베이비파우더, 백토, 녹말 등의 성분은 고양이에게 필요한 유분을 제거하지 않고 털이나 피부를 손상시키지도 않는다. 털 사이에 가루를 뿌리고 기름기를 흡수하도록 20여 분간 가만히 둔다. 그런 다음 가루가 떨어지도록 조심스럽게 빗질을 하거나 불어낸다. 고양이가 그루밍을 하면서 핥지 못하게 한다.

목욕과 관련된 특별한 문제

스컹크 냄새

고양이 몸에 묻은 스컹크 기름을 제거하는 민간요법이 있다. 토마토즙에 기름이 묻은 부위를 흠뻑 적신 후 목욕시키는 것이다. 이렇게 하면 보통 스컹크 냄새가 조금만 남는다. 그런데 털은 분홍빛으로 염색이 된다. 최근에는 《케미컬 앤드 엔지니어링(Chemical & Engineering)》에 실린 뒤 인터넷을 통해 널리 알려진 효과적이며 한 번에 끝내는 방법이 있다. 고양이는 물론 개에게도 적용 가능하다.

3% 과산화수소수 1L(약국에서 구입)
베이킹소다(탄산수소나트륨) 1/4컵(55g)
액상 주방세제 1티스푼(5mL)

고양이를 목욕시킨 후 위의 재료를 섞은 용액을 털에 바르고 물로 헹군다. 장모종 고양이는 털 아래 피부까지 용액이 미치도록 하는 게 중요하다.

사용하지 않은 용액은 화학반응으로 인해 용기가 폭발할 수 있으므로 폐기한다.

타르와 페인트

타르, 기름, 페인트가 묻은 털은 자르고, 남아 있는 물질을 제거하기 위해 털에 식물성 오일을 흠뻑 바른다. 24시간 후에 비누와 물로 닦아내거나 목욕시킨다. 이런 물질이 발에만 묻었다면 매니큐어 제거제로 닦아내고 잘 헹군다. 고양이가 타르나 기름을 핥지 못하게 주의한다. 엘리자베스 칼라나 바이트낫 칼라가 필요할 수도 있다. 가솔린, 등유, 테레빈유와 같은 석유 용매를 털의 이물질을 제거하려는 목적으로 사용해서는 안 된다. 피부에 매우 유해하며 흡수되는 경우 독성이 아주 강하다.

껌

껌과 같이 끈적거리는 물질은 얼음을 이용해 얼린 다음 제거하거나 털을 자른다.

헤어볼

위모구(trichobezoar)라고도 불리는 헤어볼은 많은 보호자들에게 골칫거리다. 고양이는 몸을 꼼꼼하게 핥아 털손질을 하므로 상당히 많은 양의 털을 먹는다(이 과정에서 털에 묻은 다양한 물질도 함께 먹는다). 삼킨 털은 대부분 변으로 배출하거나 토해 낸다. 그러나 드물게 위나 장에 털이 축적되어 장을 폐쇄시키는 지경에 이르기도 한다.

헤어볼을 토해 내려는 고양이는 기침 증상과 비슷하게 과도한 기침이나 구역질을 하는 듯한 소리를 낸다. 고양이가 이런 행동을 자주 보이는데 그것이 헤어볼에 의한 문제가 아니라면 의학적으로 심각한 상태일 수 있다.

치료 : 헤어볼을 관리하는 가장 좋은 방법은 고양이를 정기적으로 빗질하여 다량의 털을 삼키지 못하게 하는 것이다. 먹는 보조제도 헤어볼 관리에 도움이 된다. 먹는 보호제로는 털이 소화관을 잘 미끄러져 나가도록 도와주는 역할을 하는 윤활제류와 털을 밀어내는 역할을 하는 식이섬유류, 두 종류가 있다.

석유 추출 성분의 윤활제는 털을 매끄럽게 하여 소화관을 통해 이동시킨다. 이런 제품은 흔히 향이 있어 고양이의 발에 발라주면 스스로 핥아먹는다. 맛이 좋다면 보호자 손가락에 묻힌 걸 핥아먹을 것이다. 이도저도 힘들다면 고양이의 입 안에 짜넣을 수도 있다. 이런 제품은 지용성 비타민 A, D, E, K의 흡수를 방해하므로 투여에 주의해야 한다. 락사톤(Laxatone) 등의 제품은 여분의 비타민을 함유하고 있다. 식사 전후 한 시간은 투여를 피하는 것이 좋다.

고식이섬유성 첨가제도 털을 배출시키는 데 도움이 된다. 알약 제품, 간식 제품, 가루형 제품, 헤어볼 전용사료 등이 이런 원리로 만들어진다.

예방 : 헤어볼을 예방하는 최선의 방법은 빗질을 자주 해 주는 것이다. 털갈이 시기에는 더욱 신경 쓴다(실내에서 생활하는 경우 거의 일 년 내내 신경 써야 한다). 위에서 이야기한 헤어볼 관리 제품을 동물병원에서 구입하여 급여한다. 헤어볼 제거를 위해 가정에서 이용 가능한 안전하고 효과적인 방법 중 하나가 바셀린(white petroleum jelly)*이다. 1/2티스푼 정도를 먹이면 바셀린이 위에서 녹아 헤어볼을 매끄럽게 만들어 쉽게 배출하도록 만든다. 일주일에 한두 번 사용한다.

미네랄 오일도 효과적이다. 일주일에 한두 번 체중 2.3kg당 1티스푼(5mL)의 미네랄 오일을 고양이의 음식에 섞어준다. 기도로 넘어갈 가능성이 있으므로 입으로 직접 먹이는 것은 피한다. 장기간에 걸쳐 다량 투여하는 경우 바셀린과 미네랄 오일은 지용성 비타민의 흡수를 방해할 수 있다. 헤어볼 관리에 특화된 전문 처방사료도 도움이 된다.

* 바셀린은 고양이가 먹어도 큰 부작용은 없다. 하지만 시판되는 바셀린은 외용제로 제작된 것이므로 가급적 전문 헤어볼 제거제를 사용한다. _옮긴이 주.

피부병의 분류

피부병은 고양이에게 흔한 질병이다. 고양이에게 피부병이 있다고 의심되면 몸 전체의 피부와 털을 꼼꼼하게 살핀다. 단모종 고양이는 촘촘한 빗으로 피부를 노출시킬 수 있도록 털이 난 방향의 반대방향으로 빗질한다. 장모종 고양이는 브러시 빗을 사용한다. 빗질을 하며 피부를 체크하고 빗에 묻은 부스러기를 검사한다. 146~148쪽의 표는 여러 종류의 피부병과 원인을 찾기 위해 어디를 찾아봐야 하는지 소개하고 있다.

첫 번째 표의 '가려운 피부병'은 끊임없이 긁고, 핥고, 피부를 깨물며, 가려움 완화를 위해 사물에 몸을 비비는 특징이 있다. 긁어서 생긴 상처 딱지 같은 흔적이 관찰될 것이다.

피부가 가려우면 끊임없이 긁고, 핥고, 물고, 사물에 몸을 비빈다. 알레르기는 가려움증의 흔한 원인이다.

두 번째 표는 '탈모성 피부병'을 모아놓은 것이다. 이 질병은 초기에는 고양이가 큰 불편을 느끼지 않는다. 주 증상은 탈모며, 털이 자라지 않는 형태로 관찰되기도 하고 몸의 특정 부위에 털이 빠지는 형태로 관찰되기도 한다. 가끔 털 상태가 정상적이지 않고 기름지거나 거칠고 잘 부서지기도 한다. 이런 증상의 상당수는 호르몬 분비와 관련이 있다.

세 번째 표는 '고름이 생기는 피부병'을 모아놓은 것이다. 농피증*은 고름, 감염된 상처, 딱지, 피부의 궤양, 구진**, 농포, 종기, 부스럼, 피부농양 등을 특징으로 한다. 일부 고양이에서는 스스로를 긁거나 깨무는 자해행동의 결과로 발생하기도 한다. 다른 농피증은 그 자체로 발생하는 특별한 피부 질환이다.

* **농피증** 피부의 세균 감염으로 인한 화농성 염증(고름)이 발생한 질환.

** **구진** 피부의 작은 발진.

고양이를 빗질하거나 함께 놀아주는 동안 피부나 피하에 덩어리나 돌출부가 없는지 잘 확인해야 한다. 이런 덩어리들이 무엇인지 알기 위해서는 147쪽 마지막 표 '피하의 혹이나 종괴'를 참조한다. 19장 종양과 암에서 더욱 많은 정보를 다룬다.

가려운 피부병

알레르기성 접촉성 피부염 : 접촉성 피부염과 비슷하나, 접촉 부위 외에도 발진이 관찰될 수 있다. 알레르겐에 반복적으로 끊임없이 노출되어 발생한다.

털진드기 : 발가락 사이와 귀, 입 주변에 가려움과 심한 불편함을 유발한다. 아주 작은 크기의 빨갛거나 노랑색, 주황색의 털진드기가 보인다(유충).

접촉성 피부염 : 화학물질, 세제, 페인트 등의 자극원에 접촉된 부위가 빨갛게 되고 가려우며 부어오르고 염증이 생긴다. 고무나 플라스틱 재질의 접시에 의해서도 발생할 수 있다. 각질이 생기고 탈모가 발생할 수 있다.

귀진드기 : 머리를 기울이거나 흔들고 귀를 긁는다. 외이도 안에 갈색의, 왁스 같은 혹은 화농성의 (고름 같은) 물질이 가득 찬다.

고양이 좁쌀피부염 : 작은 발진과 딱지가 머리, 목, 등 주변 털 아래로 만져진다. 벼룩과 관련된 것일 수 있다. 농피증이 함께 발생할 수 있다.

벼룩 알레르기성 피부염 : 꼬리 기저부, 뒷다리 바깥쪽, 가랑이 안쪽 피부에 빨갛고 가려운 여드름 같은 발진을 보인다. 벼룩을 구제한 뒤에도 계속 긁는다.

벼룩 : 등과 꼬리 하반신 주변을 가려워하고 긁는다. 털 속에서 벼룩 또는 검고 흰색의 딱딱한 물질이 보인다(벼룩의 배설물과 알).

음식 알레르기성 피부염 : 머리와 목, 등을 심하게 긁는다. 눈꺼풀이 부어오르기도 하며, 귀가 빨개지는 정도의 증상만 나타나기도 한다. 종종 탈모나 끊임없이 심하게 긁고 깨물어 진물이 나는 상처를 동반하기도 한다.

흡입성 알레르기(아토피성 피부염) : 외양은 고양이 좁쌀피부염과 유사하다. 몸통에서 대칭성 탈모가 관찰될 수 있다.

이 : 2mm가량의 벌레나 흰 모래알 같은 물질(서캐)이 털에 붙어 있다. 관리가 잘 안 된 고양이의 엉킨 털 부위 아래에서 발견된다. 털이 빠져 탈모된 부위가 있을 수 있다.

구더기 : 부드러운 몸체에 다리가 없는 파리의 유충이 엉킨 털의 축축한 부위나 개방된 상처에서 관찰될 수 있다. 농피증이 함께 발생할 수 있다.

옴(개선충) : 머리, 얼굴, 목, 귀끝 부위의 극심한 가려움을 유발한다. 털이 빠지고, 회색이나 노란색의 전형적인 두툼한 딱지가 생긴다. 농피증이 함께 발생할 수 있다.

진드기 : 크거나 아주 작은 벌레가 피부에 붙어 있거나 털 사이를 천천히 기어다닌다. 강낭콩 크기로 부풀어 오를 수 있다. 주로 귀 주변이나 등 부위, 발가락 사이에서 관찰된다.

걸어다니는 비듬 : 목, 등, 옆구리 주변 피부에 다량의 건조한 각질이 관찰된다. 가려움은 심하지 않은 편이다.

탈모성 피부병

선천성 빈모증 : 생후 약 4개월까지 출생 시 가지고 있던 털이 모두 빠지는 유전적 질환.

코르티손 과다 : 몸통에서 대칭성 탈모를 보이며, 탈모 부위 피부가 검게 변한다. 쿠싱병에서 관찰되나, 갑상선 질환에서도 나타날 수 있다. 피부의 얇아짐도 관찰될 수 있다.

모낭충 : 눈과 눈꺼풀 주변의 털이 얇아지고 빠지며, 고양이의 외양이 좀먹은 것처럼 보이게 만든다. 고양이에게는 흔치 않다.

호산구성 육아종 : 복부나 사타구니 안쪽에 빨갛게 융기된 원형 병변이 관찰된다(호산구판). 뒷다리 뒤쪽에 직선 형태로 나타나기도 한다.

고양이 내분비성 탈모증 : 뒷다리 안쪽, 하복부, 생식기 주변의 털이 얇아지거나 빠진다. 탈모 형태는 대칭을 이루며, 중성화수술을 한 고양이에게 가장 흔하다.

갑상선기능항진증(갑상선선르몬 과다) : 이 호르몬성 질환을 가지고 있는 고양이의 약 1/3이 잡아당기면 쉽게 빠지는 털과 탈모 증상을 보인다.

갑상선기능저하증(갑상선호르몬 부족) : 피부가 건조해지고 털이 얇아진다. 털이 거칠고 쉽게 부서진다. 고양이에게는 흔치 않다.

무통성(잠식성) 궤양 : 털이 없는 피부에 빨갛고 매끈한 반점이 관찰된다. 보통 윗입술 중간 부위에 잘 생기며 가끔 아랫입술에도 생긴다. 통증은 없다.

심인성 탈모증 : 등이나 복부의 털이 줄무늬 모양으로 얇아진다. 강박적인 그루밍에 의해 발생한다.

피부사상균(링웜) : 곰팡이 감염. 각질과 딱지가 있는 지름 12~50mm가량 크기의 빨간 원형 반점이 관찰된다. 가장자리가 붉은 고리 모양이며 가운데 부위의 털이 빠져 보인다. 가끔 얼굴과 귀의 털이 부스러져 보이기도 하는데 이런 경우에도 감염되었을 수 있다. 전염성이 아주 높고, 사람도 옮을 수 있다.

스터드테일(stud tail) : 기름기가 흐르고, 역한 냄새가 나는 갈색의 왁스상 물질이 꼬리 기저부에서 관찰된다. 보통 분비샘 주변 부위의 털이 빠져 있다.

고름이 생기는 피부병

칸디다증(아구창) : 문지르면 쉽게 피가 나는 흰색의 축축한 위막이 관찰된다. 대부분 점막에 생긴다.

봉와직염 또는 농양 : 피부의 통증이 심하고, 열이 나고, 염증이 동반되거나 피하에 고름이 차는 상태다. 종종 자가손상으로 발생하기도 한다. 가려움증, 이물, 물린 상처나 찔린 상처 등이 없는지 잘 살핀다.

고양이 여드름 : 턱 아래와 입술 가장자리에 여드름 같은 종기가 생긴다. 플라스틱이나 고무 재질의 밥그릇 사용과 관련 있을 수 있다.

농가진 : 어린 고양이의 복부와 털 없는 피부 부위에 농포가 관찰된다.

모기 물림 과민반응 : 콧잔등 위와 귀끝에 짓무름과 딱지를 동반한 상처가 관찰된다.

피하의 혹이나 종괴

농양 : 물린 상처나 찔린 상처 부위에 통증이 나타나며 고름이 찬 상태. 고양이끼리 싸우고 난 뒤에 흔히 발견된다. 단단하게 부어올랐다가 시간이 지나면 말랑해진다. 화농성 분비물이 나온다.

암 : 급속하게 커지거나, 주변 조직에 단단히 붙어 있거나, 뼈에서 자라나거나, 출혈을 동반하거나, 주변으로 퍼지거나 궤양이 생기거나, 특별한 이유 없이 잘 낫지 않는 상처(특히 발이나 다리) 등은 암종의 특성이다. 암인지 아닌지를 정확히 구분하는 유일한 방법은 수술로 제거하여 조직검사를 하는 것이다. 악성종양을 놓치면 안 되니 양성종양도 잘 체크한다.

표피낭종 : 피하에 생긴 단단하고 표면이 매끄러운 혹. 서서히 자라날 수 있으며, 치즈 같은 분비물이 흘러나오며 감염이 발생할 수 있다. 감염이 일어나지 않으면 아프지 않다.

구더기증 : 2~3cm 길이의 유충이 피부 아래 낭 모양의 혹을 형성하는데 가운데에는 숨을 쉬기 위한 구멍이 뚫려 있다. 주로 턱 아래나 목 위, 복부 피부를 따라 발견된다.

혈종 : 응고된 피가 피하에 고인 것으로, 주로 귀에 잘 생긴다. 외상에 의해 일어날 수 있으며 통증이 있다.

진균종 : 과립성 물질이 흘러나오는 구멍이 뚫린 피하의 종괴나 결절. 곰팡이에 의해 발생한다.

피부유두종 : 피부에서 자라나 사마귀나 껌 조각이 피부에 달라붙은 것처럼 보인다. 통증도 없고 위험하지도 않다.

스포로트리쿰증 : 탈모를 보이는 피부의 결절로, 찔린 상처나 찢어진 상처 부위가 고름으로 젖어 축축해진다. 곰팡이에 의해 발생한다.

벼룩flea

고양이 벼룩(*Ctenocephalides felis*)은 고양이 피부에서 가장 흔하게 발견되는 기생충이다. 고지대에 사는 고양이를 제외한 모든 고양이에게 발생할 수 있다(벼룩은 고도 1,520m 이상에서는 살 수 없다). 실내에서 생활하는 고양이는 일 년 내내 벼룩에 노출될 수 있다.

벼룩은 숙주에게 뛰어올라 피부에 구멍을 내고 피를 빨아먹으면서 산다. 대부분의 경우 가벼운 가려움을 유발하지만 어린 고양이나 노묘, 아픈 고양이에서는 심한 감염이 진행되어 심각한 빈혈이나 죽음에 이를 수도 있다. 또한 벼룩은 촌충의 중간숙주기도 하다. 일부 고양이는 벼룩의 타액에 과민반응을 보이는데, 이런 경우 심한 가려움으로 인해 국소 혹은 전신에 피부반응을 일으킨다. 이런 고양이는 특별한 주의를 필요로 한다(169쪽, 고양이 좁쌀 피부염 참조).

벼룩의 감염은 고양이 몸에서 벼룩을 직접 발견하거나 검고 흰 소금이나 후춧가루 같은 알갱이를 관찰하는 것으로 진단한다. 후춧가루 같은 알갱이들은 벼룩의 배설물이고, 소금 같은 알갱이는 벼룩의 알이다. 배설물은 소화된 혈액이어서 젖은 종이를 바닥에 깔고 빗질하면 색이 붉은색이나 갈색으로 변하는 것을 확인할 수 있다.

성충 벼룩은 약 2.5mm 크기의 짙은 갈색을 띠는데 맨눈으로도 관찰할 수 있다. 벼

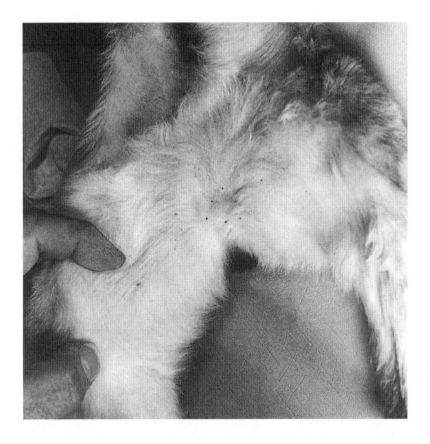

벼룩은 검은 반점처럼 보이는데, 털이 적은 사타구니에서 쉽게 관찰할 수 있다.

룩은 날개가 없어 날 수 없지만, 강력한 뒷다리로 엄청난 거리를 뛰어오를 수 있다. 벼룩은 털 속으로 재빨리 들어가므로 잡기가 쉽지 않다.

고양이의 등과 꼬리, 뒷다리 주위를 촘촘한 빗으로 빗기면서 벼룩을 찾는다. 때때로 털이 적고 따뜻한 사타구니 주변에서 잘 보이는데, 이 부위의 가려움이 가장 심하다.

벼룩의 생활사

효과적인 벼룩 구제 전략을 세우려면 벼룩의 생활사를 이해해야 한다. 벼룩이 번성하려면 따뜻하고 습한 환경이 필요하다. 온도와 습도가 높으면 높을수록 번식이 용이하다. 성충 벼룩은 고양이의 몸에서 최대 115일까지 생존할 수 있지만 보통 1~2일 뒤면 떨어져 나간다.

피를 빨아먹은 뒤, 벼룩은 고양이의 피부 위에서 교미를 한다. 암컷은 24~48시간 내에 알을 낳는데, 4개월의 수명이 다하는 동안 2,000개에 달하는 알을 낳을 수 있다. 알은 몸에서 떨어져 나와 가구, 카펫, 틈새, 침구류 등에서 성장한다. 올이 길고 풍성한 카펫은 알이 자라는 데 이상적인 환경을 제공한다.

10일이 지나면 알에서 부화하여 주변의 찌꺼기를 먹고 자라는 유충이 되는데, 유충은 번데기가 되어 며칠에서 몇 달을 지낸다. 이상적인 온도와 습도 환경(약 18~27℃, 70%의 습도, 진동, 호흡으로 배출되는 이산화탄소)에서 벼룩은 급속히 숫자를 늘린다. 부화 후, 미성숙한 성충 벼룩은 숙주를 찾는데, 바로 찾지 못하는 경우 아무것도 먹지 않고도 1~2주를 버틸 수 있다.

벼룩의 수명은 고양이의 그루밍 습관에 달려 있다. 고양이가 가려워서 피부를 깨물고 핥는 과정에서 많은 수의 벼룩이 죽을 수 있으므로 벼룩의 수명도 그만큼 짧아진다. 마찬가지로, 벼룩의 감염에 민감하지 않은 고양이는 겉으로 증상을 거의 보이지 않음에도 불구하고 실제로는 많은 수의 벼룩이 있을 수 있다.

보편적으로 벼룩 감염은 1%의 성충 벼룩과 99%의 알, 유충, 번데기들로 이루어진다. 때문에 벼룩을 효과적으로 구제하려면 유충을 함께 제거해야 한다. 다시 말해, 고양이의 벼룩을 구제하려면 주변 환경의 수많은 벼룩도 함께 박멸하는 것이 가장 중요하다. 고양이를 치료하면서 동시에 집 안이나 마당에 대한 조치를 취하지 않으면 아무리 많은 살충제를 쓰더라도 반복적인 재발을 막기 어렵다. 한 마리에게서만 벼룩을 발견하였더라도 집 안의 모든 동물이 함께 치료해야 하는 이유다.

벼룩 구제의 새로운 방법

바르는 형태의 다양한 예방약이 기존의 약욕제, 분말, 스프레이, 샴푸 등의 벼룩 예방을 위해 쓰던 제품들을 임상적으로 대체하고 있다. 새 제품들은 이전의 방법에 비해 더 안전하고 효과적이며, 적용하기도 쉽다. 그러나 퍼메트린(permethrin)은 독성이 있어서 퍼메트린이 섞여 있는 제품은 고양이에게 안전하지 않다. 개와 고양이를 함께 기르고 있다면 개에게도 퍼메트린 함유 제품을 절대 사용해서는 안 된다. 고양이는 퍼메트린 제품으로 치료한 개와 같이 잠을 자는 것만으로도 독성반응을 일으킬 수 있다. 독성이 나타나는 경우 심하게 몸을 떨거나 발작을 보이는데 디아제팜으로도 가라앉힐 수 없는 상태가 되기도 한다. 수액치료가 추천되고, 메토카르바몰 치료가 필요할 수도 있다.

프로그램(lufenuron의 상품명)은 고양이 벼룩 구제 제품 중 가장 먼저 출시되었고, 가장 많이 알려진 제품이다. 알약이나 물약 형태로 한 달에 한 번 음식과 같이 먹인다. 6개월에 한 번 주사제를 맞는 것도 가능하다.

약용 성분이 고양이 피하조직에 축적되는 원리므로 효과가 나타나려면 벼룩이 고양이를 물어야 한다. 벼룩의 알이 자라나 부화하는 것을 억제하여, 서서히 주변 환경의 벼룩 숫자를 줄인다. 이 약물의 효과는 벼룩의 단단한 바깥 껍질에만 국한되어 작용하므로 포유류에게는 무해하다. 그러나 성숙한 벼룩에는 효과가 없어서 고양이가 몸을 긁거나 가려워하는 증상이 사라지기까지 30~60일 또는 그 이상이 걸릴 수도 있다. 효과적인 치료를 위해 집 안의 모든 동물에게 프로그램*을 투약해야 한다.

고양이가 벼룩 알레르기성 피부염을 앓고 있다면 보다 즉각적인 결과를 위해서 바르는 제품과 함께 벼룩 구제용 샴푸나 국소용 살충제를 사용한다. 살충제로 주변 환경의 벼룩을 제거하는 것이 필요할 수도 있다(155쪽, 주변 환경의 벼룩 박멸 참조).

어드밴티지(imidacloprid 성분)는 한 달에 한 번 투여하는 국소용 약물로 직접적인 접촉을 통해 벼룩을 죽이는데, 약물이 작용하기 위해서 벼룩이 고양이를 물 필요도 없다. 어드밴티지는 튜브 형태로 되어 있다. 고양이의 어깨 사이 피부에 바른다(털이 아닌 피부에 잘 발리도록 신경 써야 한다). 한 번 바르면 30일까지 방어 효과가 있다. 이 약물은 체내 유분과 모공을 통해 분비된다. 맛이 써서 고양이가 핥을 경우 침을 흘릴 수 있으므로 고양이의 혀가 닿지 않는 부위에 발라주는 게 좋다.

어드밴티지는 직접적인 접촉에 의해 벼룩을 죽이며, 부화하는 알과 유충의 수도 줄일 수 있다. 적용 후 12시간 이내에 성충 벼룩의 98~100%가 죽기 때문에 고양이의 몸에 새롭게 감염된 벼룩도 알을 낳기 전에 죽는다. 이는 벼룩의 생활사를 차단시켜 실질적으로 주변 환경에서 벼룩을 박멸시킨다. 어드밴티지는 고양이의 체내에 흡수되지 않으므로 독성이 없다. 사람 역시 약물 적용 후 고양이를 만져도 약물이 흡수되지 않는다. 어드밴티지는 생후 8주 이상의 고양이에서 사용 가능하다.

애드보킷은 어드밴티지에 목시덱틴이 첨가되어 있다. 목시덱틴은 심장사상충을 예방하며 귀진드기와 일부 장내 기생충의 유충과 성충 단계 모두를 구제한다.

프론트라인의 피프로닐 성분에 접촉한 벼룩은 24~48시간 이내에 죽는다. 벼룩이 고양이를 물지 않아도 죽는다. 프론트라인은 튜브형으로 된 국소용 액상 제품으로 어드밴티지에서 설명한 대로 사용하면 된다. 프론트라인의 효과는 고양이의 털이 젖어도 사라지지 않는다. 일부 고양이에서는 90일까지 지속되는 잔류 효과가 있다. 어드밴티지와 마찬가지로 프론트라인도 고양이의 몸에 흡수되지 않아 독성이 없다. 한 번 사용으로 30일간 효과가 지속되는데, 이(lice)의 구제도 가능하며 개선충의 치료에도 도움이 된다. 프론트라인은 8주 미만의 고양이에게는 사용해서는 안 된다. 체내 유분과 모공을 통해 분비되며, 일부 고양이에게는 적용 부위에 과민반응이 나타날 수 있다.

프론트라인 플러스는 프론트라인에 S-메토프렌이라는 성분이 추가로 들어 있어 성충 벼룩, 벼룩의 알과 유충을 모두 구제한다. 또한 이의 감염을 치료하고 부분적으로 개선충 치료에도 사용된다. 프론트라인 플러스는 8주 이상의 고양이에게 사용 가능하며, 교배묘나 임신묘, 수유묘에서도 사용 가능하다고 설명서에 안내되어 있다.

레볼루션(셀라멕틴)은 어드밴티지처럼 한 달에 한 번 고양이의 목덜미 피부에 발라

* 프로그램은 국내에서는 시판되지 않고 있다. 그러나 다양한 대체품이 나와 있으므로 수의사와 상의해 적당한 제품을 선택한다. _옮긴이 주

프론트라인 플러스에 심장사상충을 예방하는 에프리노멕틴, 내부 구충제인 프라지콴텔이 첨가된 바르는 제품인 '브로드라인'이 국내에 출시되어 유통되고 있다. _옮긴이 주

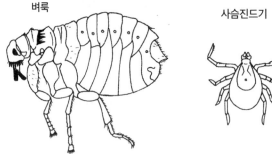

벼룩

사슴진드기

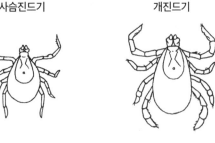

개진드기

외부기생충의 상대적인 크기 비교다. 정확한 크기는 아니다.

주는 심장사상충 예방 목적의 국소용 약물이다. 성충 벼룩을 구제하고 벼룩 알의 부화를 막는 효과가 있다. 셀라멕틴은 진드기는 물론 귀진드기, 회충, 구충의 구제에도 사용한다. 임신묘, 수유묘에게도 안전한 것으로 알려져 있다.

바이오스팟은 피리프록시펜 성분으로, 곤충 성장조절제가 들어 있다. 국소용 제품은 생후 3개월 이상의 고양이에게 3개월에 한 번씩 사용하고, 분무형 제품은 7개월 이상의 고양이에게만 3개월에 한 번씩 사용한다. 주변 환경에 뿌려 줘도 된다. 이 화학물질은 종종 고양이에게 안전하지 않은 다른 화학물질과 혼합되어 사용되기도 하므로, 항상 성분표시란을 주의 깊게 읽어야 한다!

벼룩 구제를 위한 국소용 살충제

벼룩 구제를 위한 다양한 살충제 제품이 시판되고 있는데 안전성과 효과도 다양하다. 고양이를 위해 만들어진 벼룩 구제 제품인지 여부를 잘 확인한다. 가능하다면 수의사에게 자문을 구해 추천하는 제품을 사용하는 것이 좋다. 강아지용으로 만들어진 제품을 고양이나 토끼에게 사용해서는 안 된다! 또한 많은 벼룩용 제품은 어린 고양이나 임신묘에 사용해서도 안 된다.

퍼메트린은 다른 많은 유기인제처럼 고양이에게 독성이 있다. 아미트라즈(amitraz)도 고양이에게 독성이 아주 강한 화학물질인데 벼룩 박멸 제품에 첨가되어 있는 경우가 가끔 있다.

벼룩용 샴푸는 고양이 몸에 있는 벼룩만 잡는다. 한 번 헹구고 나면 잔류 효과는 없다. 주변 환경을 먼저 개선하고 경미하거나 중증의 벼룩 감염에 사용하기에 적합하다. 다양한 성분의 벼룩용 샴푸를 구입할 수 있다. 피레트린 샴푸는 일반적으로 어린 고양이에게도 안전하다. 고양이가 집이나 보호소에 새로 들어온 경우, 벼룩용 샴푸를 사용하면 주변 환경에 벼룩이 옮는 것을 예방하는 데 도움이 된다.

분말형 제품은 잔류 효과가 뛰어나다. 털 안쪽 피부까지 전체에 꼼꼼하게 발라 줘야 한다. 이 제품은 털을 건조하게 하고 모래가 묻은 것처럼 만든다. 일주일에 2~3번 제품 설명대로 반복해서 사용한다. 분말형 제품은 샴푸, 스프레이, 침지액 등과 함께 사용할 때 가장 효과적이다. 고양이에 사용해도 되는지 항상 제품 표시를 확인한다. 그렇지 않으면 고양이가 그루밍을 하는 과정에서 삼켜서 아프거나 심지어 생명을 잃을 수도 있다.

스프레이나 거품형 제품은 벼룩 퇴치 후에 뒤늦게 부화한 벼룩의 구제를 위해 사용한다. 샴푸와 다음 샴푸 중간에 사용해 주면 가장 효과적이다. 스프레이는 대부분 길게는 14일까지 잔류 효과가 있으며, 샴푸에서 설명한 것과 같은 살충 성분을 사용한다. 인화성이 높고 피부 자극이 있는 알코올성 스프레이보다는 수성 스프레이를 권장한다. 스프레이와 거품형 제품은 생후 2개월 미만의 새끼 고양이에게는 사용해서는 안 된다.

스프레이를 사용할 때는 고양이의 머리 부근에서부터 시작해 꼬리 쪽으로 뿌려 준다. 이렇게 해야 몸통에서 얼굴 쪽으로 도망가는 벼룩까지 잡을 수 있다. 털에 잘 스며들도록 부드럽게 문질러 준다(제조업체가 권장한다면 장갑을 낀다).

살충 침지액(담그는 용도의 약물)에 고양이 털을 담근 뒤 건조시켜 벼룩을 제거하는 효과를 극대화시킨다. 침지액이 털 속으로 침투해 가장 즉각적인 살충 효과가 나타나고 잔류 효과도 가장 길게 유지된다. d-리모넨(d-limonene)을 함유한 유기 침지액이 고양이에 가장 안전하지만 그럼에도 고양이에게 독성반응을 유발할 수 있다. 침지액을 사용하기에 앞서 제품설명을 꼼꼼히 읽고 제조사의 추천 사용법을 따른다. 혹시라도 독성이 의심되는 증상이 나타나면 곧바로 목욕을 시켜 헹군다. 과도한 침흘림, 쇠약함, 비틀거림은 가볍게 중독되었을 때 나타나는 증상이다. 침지액은 대부분 7~10일마다 반복해 사용하는데 제품마다 다를 수 있으므로 각 제품의 제품 설명에 따른다. 침지액은 4개월 미만의 어린 고양이에게 사용해서는 안 되며, 적당한 비율로 희석해서 사용해야 한다.

벼룩 방지 목걸이는 다른 방법에 비해 효과가 떨어지지만 일부 경우에서는 효과적일 수 있다. 목걸이를 착용할 때 고양이의 목이 졸리는 것을 방지하기 위해 손가락 2개 정도 들어갈 수 있는 공간을 남긴다. 목걸이의 남는 부분은 자른다. 목걸이가 입에 걸리거나 목을 압박하지 않는지 주의 깊게 관찰해야 한다. 아미트라즈, 퍼메트린, 유기인제가 함유된 목걸이는 <u>고양이에게 사용해서는 안 된다.</u>

한국은 벼룩이 많지 않은 편이다. 최근에는 유해성이 높고 사용이 불편한 침지액 대신 효과와 안전성이 뛰어난 바르는 제품의 사용이 늘고 있다._옮긴이 주

추천할 만한 벼룩 박멸 계획

프로그램, 어드밴티지, 프론트라인 플러스 등을 이용해 가능하다면 벼룩 감염이 발생하기 전, 매달 정기적인 벼룩 예방관리를 한다.

이미 벼룩에 감염되었다면 고양이 몸의 벼룩을 없애고 재발을 막아야 한다. 즉시 벼룩을 박멸하려면 샴푸나 침지액을 사용한다. 그리고 주변을 철저히 청소하고 세탁한다. 24~48시간 후, 주변 환경에서 부화한 새로운 성충 벼룩을 없애기 위해 프론트라인이나 어드밴티지를 투여한다. 일부 수의사는 보다 신속한 결과와 내성을 최소화하기 위해 프론트라인이나 어드밴티지를 프로그램과 함께 사용하기도 한다. 이런 제품은 벼룩의 번식을 차단하므로 실질적으로 주변 환경의 벼룩을 박멸한다.

이렇게 치료가 성공적으로 끝나면 집 안의 모든 개와 고양이에게 꼭 벼룩 예방을 실시한다. (페럿이나 토끼도 포함) 개에게 안전한 제품이어도 고양이나 다른 동물에게는 안전하지 않을 수 있음을 주의한다.

다음은 고양이에게 매달 정기적인 벼룩관리 프로그램을 실시하지 않고 있는 경우에 적용할 수 있는 방법이다.

- 모든 개, 고양이, 페럿, 토끼는 벼룩 구제 치료를 받아야만 한다.
- 모든 동물을 격주로 피레트린이 함유된 침지액이나 샴푸로 치료한다. 고양이에게 안전한 제품인지 확인하는 게 중요하다(집 안의 모든 동물을 치료하는 게 가능하지 않다면 스프레이나 거품형 제품으로 권장 사용량의 최대 범위에서 사용할 것을 고려한다).
- 다른 방법으로는 피레트린이 함유된 스프레이나 거품형 제품을 격주로 사용할 수 있다. 털뿐만이 아니라, 피부 표면에도 적용토록 한다.

참빗으로 벼룩을 제거한다. 몸통은 물론 얼굴도 빗긴다.

- 벼룩에 감염되지 않은 고양이는 침지액이나 스프레이 중 하나로 한 달에 두 번 정도 치료하면 충분하다.
- 참빗(2.5cm당 32개의 이가 있는 것)을 이용해 벼룩을 물리적으로 제거하는 방법도 가벼운 감염에는 효과적이다. 최소한 이틀에 한 번 빗질을 해 주며, 몸통은 물론 얼굴도 빗겨준다. 빗질로 떨어진 벼룩은 알코올이나 액상세제에 담가 죽인다.
- 벼룩 구제를 위해 벼룩 방지 목걸이 하나만 사용하는 것은 효과적이지 않다.

주변 환경의 벼룩 박멸

프로그램, 어드밴티지, 프론트라인 등으로 매달 벼룩 예방을 하고 있다면 주변 환경의 벼룩도 차차 번식에 실패해 사라지게 된다. 보다 효과적인 구제를 위해 집 안의 모든 동물에게 벼룩 구제 제품을 사용한다.

집 안의 벼룩 수를 즉각적으로 감소시키고 싶거나 감염 정도가 심한 경우 집 안 전체를 철저히 청소하고 카펫 샴푸나 스프레이 형태의 살충제를 사용한다. 카펫이 깔린 바닥은 정전기가 있는 소듐 폴리보레이트(SPB) 분말이 가장 효과적이며, 1년 가까이 효능이 유지된다.

고양이나 어린 아이들이 있는 집에서 사용 가능한 가장 안전한 살충제는 피레트린과 곤충 성장조절제인 메토프렌(methoprene)과 페녹시카브(fenoxycarb)다. 곤충 성장조절제는 알과 유충이 성충으로 자라는 것을 막는다. 메토프렌은 알을 낳고 12시간 이내에 접촉해야 완벽한 효과를 얻을 수 있는 반면, 페녹시카브는 알의 발달과정 어느 단계에서 접촉해도 효과가 있다.

살충제는 모든 바닥 표면에 매달 뿌린다. 피레트린만 단독으로 사용하는 경우 처음 3주간은 매주 스프레이를 뿌려주어야 한다.

분무형 제품은 보통 퍼메트린 성분이거나 천연 피레트린 성분(피레트로이드)이 함께 들어 있는데, 이들 중 상당수가 고양이에게 독성을 일으킨다! 곤충 성장조절제가 들어 있는 제품도 있다. 분무형 제품의 단점 중 하나는 작은 입자가 카펫 표면에만 붙어서 가구 덮개 틈새나 가구 아래까지는 효과가 없다는 점이다. 반면 벼룩 유충과 번데기는 카펫 올 속으로 파고들고, 틈새 곳곳을 찾아다닌다. 이런 단점을 상쇄시키기 위해서 분무제를 뿌리기 전에 가구 아래에 스프레이를 뿌리고 카펫을 세척한다.

걸음마 아기들과 어린 아이들이 생활하는 방에는 분무제를 사용하지 않는다. 제품 설명에 사용 후 1~3시간 동안 방을 비우라고 하지만 연구에 따르면 고농도의 잔류 성분이 일주일 이상 남는 경우도 있다. 특히 살충제가 달라붙기 쉬운 플라스틱 장난감이나 봉제 동물 인형 등이 위험하다.

벼룩 감염이 극심한 경우 기계적인 청소와 살충제 사용을 3주 간격으로 반복해야 한다. 눈에 보이는 벼룩이 모두 없어지는 데 9주가 걸리기도 한다. 상태가 심각한 경우 전문 해충구제업체에 서비스를 요청해야 할 수도 있다.

실외관리는 벼룩 구제제를 뿌리기 전에 모든 썩은 풀과 나무를 제거하고 시작한다. 풀을 베고, 갈퀴질을 하고, 찌꺼기를 청소한다. 벼룩 구제제를 뿌릴 때는 벼룩이 좋아하는 장소인 '핫스팟(현관 아래, 차고 등)'에 집중적으로 뿌린다. 실외관리에 사용할 수 있는 효과적인 살충제로는 클로르피리포스나 다른 유기인제 살충제다. 하지만 이런 성분은 고양이에게 독성을 일으킨다는 것을 기억한다! 펜발러레이트 성분의 제품은 (곤충 성장조절제가 들어 있을 수도 있다) 고양이와 환경에 보다 안전하다. 동물을 밖에 내보내기 전에 땅이 완전히 말랐는지 확인한다.

2~3주 간격으로 구제를 반복한다. 제조사의 제품 설명을 숙지하고 혼합비율, 준비 사항, 사용방법 등을 잘 따른다. 주변의 수원지, 호수, 강으로 오염물질이 흘러가지 않도록 주의한다. 설치류 구제제도 실외의 벼룩 수를 줄이는 데 도움이 된다.

다른 기생곤충

기생곤충은 고양이의 다양한 피부 질환의 원인이 되고 바이러스성, 원충성, 세균성, 기생충성 질환의 주요 매개체로 작용한다. 이런 기생충은 고양이가 대다수 실내에서만 생활한다면 피할 수 있다. 또한 정기적인 털관리만으로도 상당수 예방할 수 있다. 만일 충분한 관리에도 불구하고 고양이가 벼룩, 진드기, 다른 외부기생충에 감염되었다면 문제가 더 심각해지기 전에 해결책을 찾아야 한다.

꿀벌, 말벌 등과 같이 쏘거나 무는 곤충은 벌레 물림, 거미, 전갈(61쪽 참조)에 설명되어 있다.

진드기mite

진드기는 거미처럼 생긴 미세한 벌레로 고양이의 피부나 귓속에 산다. 진드기는 단순한 비듬부터 진물이 흐르며 불규칙하게 좀먹은 것 같은 탈모를 유발하는 피부병까지 다양한 문제를 유발한다. 집합적인 의미로는 미세진드기(mange)*라고도 부르는데 다시 몇 가지로 분류된다.

귀진드기(*Ododectes cynotis*)는 별개의 종으로 미세진드기와 혼동해서는 안 된다. 귀진드기는 집 밖으로 나다니는 고양이가 가장 흔하게 접하게 되는 문제 중 하나다. 진드기는 이도 내에 살며 피부와 부스러기를 먹고 산다(224쪽 참조).

고양이 옴(머리진드기)feline scabies(head mange)

고양이 옴은 드물게 발생하는 피부 질환으로 머리진드기인 노토이드레스 카티 (*Notoedres cati*)에 의해 발생한다. 가장 먼저 나타나는 증상은 머리와 목 부위의 극심한 가려움으로, 병변 부위의 털이 빠진다. 쉴 새 없이 긁는 행동으로 피부는 빨갛게 되고 벗겨진다. 회색 또는 노란색의 두꺼운 딱지가 얼굴, 목, 귀끝에 특징적으로 생긴다. 발

* mange가 국내에서는 주로 개선충을 의미하는 옴으로 사용되어 혼동을 막고자 미세진드기로 표현했다. 옮긴이 주

이나 생식기 부위에 발생하기도 한다.

증상이 심하거나 적절히 치료를 하지 않으면 피부에 두꺼운 딱지가 생기거나 목 부위의 피부가 두껍게 주름져 고양이가 나이 들어 보이기도 한다. 심하게 긁은 상처는 감염될 수 있다.

암컷 진드기가 피부 밑에서 알을 낳기 위해 피부에 몇 mm의 미세한 구멍을 뚫기 때문에 극심한 가려움을 유발한다. 진드기 알은 5~10일 내에 부화한다. 미성숙한 진드기는 성충이 되어 다시 알을 낳는다. 전체 생활사는 3~4주 정도다. 진단은 피부소파검사(피부를 긁어내어 검사하는 방법)로 이루어지고, 난해한 경우 피부 생검을 통해 이루어진다.

머리진드기는 전염성이 매우 높으며 주로 동물 간의 직접적인 접촉을 통해 전염된다. 개와 사람도 전염될 수 있는데 짧은 기간 동안만 영향을 미친다. 사람에게 발병하면 가려움을 유발하는데 고양이의 모든 진드기를 박멸했다면 보통 2~6주 내에 저절로 낫는다.

머리진드기는 고양이 몸에서만 번식한다. 건조함에 매우 취약해서 숙주로부터 떨어져서는 며칠 이상 생존할 수 없다.

치료 : 털이 긴 고양이는 옴에 감염된 부위의 털을 잘라 주고 몸 전체를 따뜻한 물로 목욕시키고 비누로 딱지를 부드럽게 벗겨낸다. 어린 고양이는 감기에 걸리지 않도록 신속하게 목욕시킨다. 매주 2.5% 라임설파(lime sulfur, 석회유황 성분의 살균·살충제)에 침지(깊이 담금)하면 머리진드기를 제거할 수 있다. 겉보기에 완전히 치료된 것처럼 보여도 2주 정도 더 실시한다. 라임설파 침지요법은 임신한 고양이나 생후 6주 이상의 어린 고양이에게도 안전하다. 함께 사는 고양이들도 3~4주간 일주일에 한 번 침지요법을 실시한다. 함께 사는 고양이가 은신처로 작용해 나중에 재발할 수 있기 때문이다.

침지요법을 대체할 수 있는 방법으로는 한 달 간격으로 추천 용량의 셀라멕틴(레볼루션)을 투여하는 것이다. 간혹 이버멕틴을 처방하기도 한다.

살충 침지액을 사용하는 중간에는 순한 샴푸를 이용해 각질을 부드럽게 만든다. 가려움이 심한 경우 코르티손이 첨가된 크림이나 스프레이 제품도 증상 완화에 도움이 된다. 스스로 긁어 감염이 일어난 것으로 보이는 상처는 국소용 연고로 치료한다.

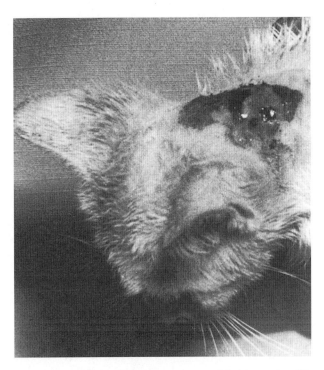

자학적으로 긁는 행동 때문에 피부가 젖어 있고 염증이 생기고 감염이 발생했다. 머리진드기는 극심한 가려움 때문에 긁는 행동을 유발한다.

셸레티엘라 진드기(걸어다니는 비듬 덩어리)Cheyletiella mange(walking dandruff)

크고 붉은색을 띠는 이 진드기는 피부 위에 살면서 가벼운 가려움을 유발한다. 비듬처럼 보이는 엄청난 양의 건조한 각질이 생기며 각질은 등, 목, 옆구리에 두껍게 생긴다. 흔히 실외에 방치된 오염된 지푸라기나 낡은 신문지 깔개 등에 의해 감염되는데 고양이에게는 흔치 않다.

셸레티엘라(*Cheyletiella*)의 생활사는 머리진드기와 유사하다. 전체 생활사는 4~5주 정도 소요되며, 피부소파검사로 검사하여 진드기를 확인함으로써 진단이 이루어진다.

전염성이 매우 강해, 사람도 쉽게 감염될 수 있다. 가려움과 함께 피부에 붉고, 부어오른 발진이 생긴다. 마치 벌레 물린 것처럼 보인다. 셸레티엘라 진드기는 고양이 몸에서 떨어진 상태로는 2주 이상 생존할 수 없다. 고양이가 치료를 받으면 사람의 피부 발진도 좋아진다.

치료 : 집 안의 모든 고양이와 개를 라임설파 침지요법이나 피레트린이 함유된 샴푸로 목욕시켜야 한다. 증상이 사라지고도 2주간 치료를 계속한다. 집 안도 주변 환경의 벼룩 박멸(155쪽 참조)처럼 조치한다. 이버멕틴 약물요법도 대체 가능한 치료법이다.

털진드기 유충chigger

허베스트 진드기(harvest mite) 혹은 레드 버그(red bug)라고도 불리는 털진드기는 성충이 상한 야채에 기생한다. 유충만 기생성을 가지며, 고양이가 털진드기가 번식하는 풀밭이나 들판을 돌아다니다가 감염된다.

붉은색, 노란색, 주황색의 작은 알갱이 형태의 유충은 맨눈으로는 겨우 보일 정도며 확대경으로는 쉽게 확인할 수 있다. 발가락 사이나 귀와 입과 같이 피부가 얇은 부위에 군집을 이루는 경향이 있는데 몸 어느 부위에서도 관찰할 수 있다. 유충은 피부를 빨아먹고 살기 때문에, 심한 가려움과 딱지가 덮인 빨간 구멍 뚫린 상처를 유발한다. 피부가 벗겨진 형태로 나타날 수 있다.

유충은 맨눈으로 관찰할 수도 있고, 피부소파검사로도 확인할 수 있다.

치료 : 이도 내의 털진드기는 귀진드기 치료와 같은 방법으로 치료한다(224쪽 참조). 다른 부위의 진드기는 라임설파 침지액이나 피레트린 샴푸를 한 차례 사용하는 것으로도 효과를 볼 수 있다. 피프로닐도 또 다른 효과적인 치료방법이다. 국소적인 털진드기 감염은 국소용 연고로도 치료한다. 가려움이 심한 경우 코르티코스테로이드제나 항히스타민제 처방이 필요할 수 있다. 재발을 방지하기 위해 털진드기가 많은 기간에는 고양이의 활동범위를 제한해야 한다.

모낭충demodectic mange

모낭충은 비전염성 진드기로 개에게 흔하고 고양이는 드물다. 모낭충이 고양이 피부에 정상적으로 기생하는 보통의 경우 가볍거나 국소적인 감염 외의 문제를 일으키지는 않는다. 그러나 고양이 백혈병, 당뇨병, 만성 호흡기 감염, 암, 화학요법이나 과도한 스테로이드 등에 의해 면역이 억제된 고양이는 예외가 될 수 있다.

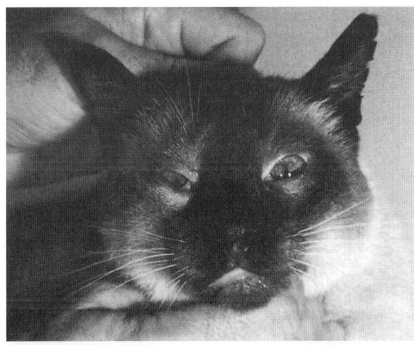

국소 모낭충 감염에 의해 발생한 눈 주변의 좀먹은 듯한 특징적인 탈모.

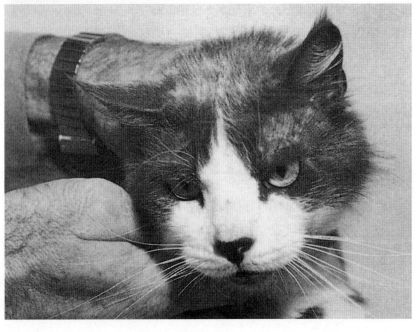

눈 위쪽의 탈모 증상은 집 밖을 돌아다니는 수컷이 싸움을 하다가 다친 상처에서도 흔히 발생하는데, 이는 국소 모낭충 감염과 외형상 유사하다.

고양이는 데모덱스 카티(*Demodex cati*)와 데모덱스 가토이(*Demodex gatoi*) 두 종의 모낭충에 감염된다. 데모덱스 카티는 모공 속에, 데모덱스 가토이는 피부 표면에 기생한다. 피부소파검사를 통해 현미경으로 확인해 확진한다.

국소 모낭충 감염은 어린 고양이에게 가장 흔히 발생하는데 머리, 목, 귀 주변에 하나 또는 그 이상의 탈모 부위가 관찰된다. 비듬이 점점 심해지고 상처에 딱지가 생기는데 가렵고 감염이 발생한다. 한두 달 뒤에야 다시 털이 나기 시작하며, 대부분의 경우 3개월 이내에 치유된다.

전신형 모낭충 감염도 비슷한데 증상이 몸 전체에 걸쳐 넓게 나타난다. 이런 고양이는 치료가 필요한 다른 질환을 함께 앓고 있을 가능성이 있다.

치료 : 국소 모낭충 감염은 국소용 각질 용해제 및 항균 성분이 함유된 샴푸를 사용한다. 라임설파 침지요법이나 국소용 로테논(rotenone) 제품을 적용한다. 이버멕틴도 사용할 수 있다. 그러나 이런 치료법은 대다수 고양이의 모낭충 치료 목적으로 승인된 것이 아니기 때문에 수의사의 지시에 따라 사용해야 한다.

전신 모낭충 감염은 증상이 보다 심하다. 죽은 피부를 제거하고, 모낭충을 죽이고, 2차 세균 감염을 치료하기 위해 샴푸 요법을 활용하고, 장기간 반복적인 치료가 필요할 수 있다. 일부 고양이는 몇 개월 뒤 저절로 낫기도 한다.

개선충 sarcoptic mange

이 진드기는 개에게 흔히 감염되어 개선충이라는 질병을 유발한다. 다행히 고양이에게는 흔치 않다. 증상과 치료방법은 머리진드기(156쪽 참조)와 비슷하다. 피부소파검사로 진단한다. 여러 부위에서 소파검사를 했지만 진드기가 관찰되지 않은 경우라 해도 강하게 의심된다면 수의사는 개선충 치료를 추천할 것이다.

치료 : 사용이 승인되지는 않았지만 피프로닐과 밀베마이신 치료가 효과적이다.

참진드기 tick

참진드기는 생활사가 복잡하다. 야생동물, 가축, 인간을 포함한 3개의 숙주를 가지며 알은 다리가 6개 달린 유충으로 부화한다. 유충은 동물의 몸에서 약 일주일 동안 먹고 살다 떨어져 탈피를 한다. 탈피한 유충은 다리가 8개다. 이 유충은 다시 3~11일간 동물의 몸에 기생하다가 떨어져 다시 탈피하여 성충이 된다.

참진드기는 벼룩처럼 뛰어오를 수는 없지만 종종걸음으로 천천히 이동한다. 풀과 식물 위로 올라가 숙주가 지나가는 쪽으로 다리를 향한 채 기다린다. 온혈동물이 옆을 지나가면 동물의 몸 위로 기어가 피를 빨기 시작한다.

참진드기는 고양이 피부의 모든 부위에 단단히 매달릴 수 있는데 주로 귀 주변, 발가락 사이, 가끔 겨드랑이 부위에서 관찰된다. 고양이는 스스로 그루밍을 통해 대부분의 진드기를 잡아서 뗄 수 있음에도 불구하고 심하게 감염되면 전신에 수백 마리의 진드기가 붙어 있는 경우도 있다. 참진드기는 입을 먹이에 부착시켜 피를 빨아먹어 영양을 섭취한다. 피를 빠는 동안에는 진드기의 타액이 숙주의 몸속과 혈류로 들어가게 되는데, 이 과정을 통해 질병이 전염된다.

수컷과 암컷 참진드기는 고양이의 피부에서 번식한다. 암컷은 피를 다 빨아먹은 뒤 아래로 떨어져 알을 낳는다. 보통 고양이의 몸에 달라붙고 5~20시간 뒤에 몸에서 떨어지므로 즉시 참진드기를 제거하는 것이 진드기 유래 질병을 예방하는 효과적인 방법이다.

흔치는 않지만 참진드기는 고양이에게서 사람에게로 옮아갈 수 있다. 그러나 일단 진드기가 고양이의 피를 빨기 시작하면 배가 부를 때까지 피를 빨아먹기 때문에 대부분 다른 숙주를 찾지 않는다.

수컷 참진드기는 작고, 편평한 곤충으로 성냥머리 크기 정도다. 피를 머금은 완두콩 크기의 참진드기는 숙주의 피를 빨고 있는 암컷 참진드기다. 사슴진드기(deer tick)는 훨씬 더 작아 핀 끝 정도의 크기다.

참진드기는 고양이에게 바베시아증, 사이토준증, 에를리히증, 헤모바르토넬라증, 야토병 등의 질병을 전파시킬 수 있다.

치료 : 고양이에게 많은 진드기가 달라붙는 일은 드물기 때문에 하나하나 제거해주면 된다. 진드기의 혈액은 사람에게 위험할 수 있으니 맨손으로 진드기를 터뜨리거나 짜내지 않는다. 진드기를 제거하기에 앞서 고무장갑이나 일회용 장갑을 착용한다.

피부에 달라붙어 있지 않은 진드기는 집게로 쉽게 제거할 수 있다. 시판되는 진드기

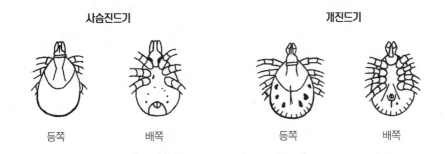

사슴진드기		개진드기	
등쪽	배쪽	등쪽	배쪽

사슴진드기를 위쪽에서 보면 배 부위 가장자리가 매끄럽다. 아래쪽에서 보면 가장자리 주변에 솟아오른 조직에 둘러싸인 배설기관이 보인다.

개진드기를 위쪽에서 보면 배 부위 주변에 솟아오른 부위가 보이지 않는다. 아래쪽에서 보면 진드기 몸의 가운데 부위에 배설기관이 보인다.

제거용 기구를 사용해도 된다. 일단 제거한 진드기는 소독용 알코올에 넣어 죽인다.

피부에 머리를 파묻고 있는 진드기를 발견했을 경우 주의를 기울여야 한다. 진드기를 떼어내는 과정에서 머리가 분리되어 그대로 남아 있을 수 있다. 진드기 제거기구나 집게로 가능한 한 피부 가까이에서 진드기를 단단히 잡고 떼어낸다.

알코올이나 매니큐어 제거제를 진드기 위에 떨어뜨리면 진드기를 떼어내는 데 도움이 된다. 가능한 한 머리와 입 부위 전체를 제거한다. 일부가 남으면 그 부위에 국소적인 감염을 일으킬 수 있다.

집게를 이용해 소량의 알코올이 담긴 병이나 플라스틱 접시 속에 떼어낸 진드기를 넣은 후에 잘 밀봉하여 집 밖 쓰레기통에 버린다. 진드기가 살아남아 다른 동물에 다시 감염될 수 있으므로 변기에 버리면 안 된다. 집게는 뜨거운 물이나 알코올로 철저히 세척한다.

진드기를 버리기에 앞서, 그 진드기가 다른 질병을 유발할 수 있는지 수의사에게 문의하는 것도 좋다.

만약 진드기의 머리 부위가 피부에 그대로 박혀 있는 경우 그 부위의 피부가 빨갛게 부어오를 수 있다. 대부분의 경우 이런 증상은 2~3일 내에 사라진다. 항생제 성분의 연고를 살짝 발라주면 대부분의 피부 감염을 예방하는 데 도움이 된다. 하지만 가라앉지 않거나 발적 증상이 심해지면 수의사와 상의한다.

예방 : 집 밖의 진드기 관리를 위해 길게 자란 풀을 자른다. 주변 환경의 벼룩 박멸(155쪽 참조)에서 설명한 것처럼 주변 환경에 살충제 처치를 한다. 피프로닐, 셀라멕틴, 피레트린과 같은 국소용 벼룩 구제용 제품도 진드기 관리에 도움이 된다.

이lice(pediculosis)

이는 고양이에게 흔치 않다. 주로 영양이 결핍되거나 체력이 고갈되어 스스로 털손질을 할 수 없는 고양이에게 발생한다. 주로 귀, 머리, 목, 어깨, 회음부 주변의 뭉친 털 아래에서 발견된다. 가려움으로 계속 긁어 털이 떨어져 나간 상처가 보이기도 한다. 이는 고양이 촌충의 중간 숙주기도 하다.

오직 각질을 먹고 사는 이(*Trichodectes felis* 또는 *Felicola subrostratus*)만 고양이에게 감염된다. 성충은 길이가 2~3mm, 날개가 없고, 느리게 움직이는 옅은색의 곤충이다. 이들은 서캐라고 불리는 흰 모래알 같은 알을 낳는데 주로 털에 붙어 있어 빗질로 제거하기가 쉽지 않다. 서캐는 비듬처럼 보이기도 하는데 정상적인 비듬이 있는 고양이는 가려움을 호소하지 않으므로 구분이 가능하다. 확대경으로 검사하면 보다 쉽게 구분할 수 있는데 서캐는 완만한 원형의 형태로 털줄기에 붙어 있다.

동물마다 기생하는 이의 종류가 다르다. 이런 이유로 사람의 머릿니는 함께 사는 고양이에게 옮지 않는다.

치료 : 이는 살충제에 저항력이 거의 없고 고양이의 몸에서 떨어지면 오래 살 수 없다. 고양이를 목욕시키고 벼룩에 효과가 있는 살충 침지액에 적셔 치료한다(166쪽 참조). 열흘 간격으로 3~4회 정도 치료해야 한다. 침지요법 대신 국소용 피프로닐, 셀라멕틴, 이미다클로프리드 제품을 사용해도 된다.

감염이 심하거나 영양결핍이 심한 고양이는 치료를 견뎌내지 못하고 쇼크에 빠질 수 있다. 살충 침지액이나 국소용 약물을 사용하기 전에 수의사와 상의한다. 감염된 깔개는 버리고 고양이의 잠자리도 소독한다(155쪽, 주변 환경의 벼룩 박멸 참조).

파리fly

성충이 된 파리는 고양이를 괴롭히지 않는다. 그러나 고양이의 상처에 알을 낳거나 땅에 있는 유충이 고양이의 피부를 뚫고 들어오는 경우 감염될 수 있다.

구더기증myiasis

따뜻한 계절에 발생하는 계절성 질환으로 주로 검정파리나 똥파리에 의해 발생한다. 상처나 심하게 더러워지고 축축하게 엉킨 털에 알을 낳아 감염된다. 알은 8~72시간 내에 부화하고, 2~19일 사이에 유충이 커다란 구더기로 성장한다. 구더기의 타액에는 피부를 뚫고 들어갈 수 있는 효소가 있다. 구더기는 피부를 뚫고 들어가 구멍을 넓히는데 이로 인해 피부의 세균 감염이 발생한다.

감염이 심한 경우 고양이가 쇼크에 빠질 수 있다. 쇼크는 구더기가 분비하는 효소와 독소에 의해 발생한다.

치료 : 오염되고 뭉친 털을 잘라낸다. 뭉툭한 집게로 구더기를 모두 제거한 후 감염된 부위를 베타딘 용액으로 닦아내고 완전히 건조시킨다. 피레트린 성분이 함유된 비알코올성 스프레이나 샴푸를 사용하고, 추천할 만한 벼룩 박멸 계획(154쪽 참조)에서 설명한 것과 같이 반복한다. 남아 있는 구더기가 없는지 꼼꼼히 확인한다. 피레트린이 상처를 통해 흡수될 수 있으므로 스프레이 사용 시 주의를 기울인다.

사실 구더기증에 감염된 모든 고양이는 이런 침입자를 방관할 정도면 이미 다른 건강상의 문제를 가지고 있을 확률이 높다. 때문에 즉시 동물병원에 간다. 상처가 감염된 고양이는 경구용 항생제 처방을 받아야 하며, 치료를 위해서는 고양이의 건강 상태와 영양 상태가 안정을 찾아야 한다.

말파리구더기증grub(cuterebriasis)

주로 미국에서 넓은 지역에 걸쳐 계절적으로 발생하는데 말파리에 의해 가장 빈번히 발생한다. 설치류나 토끼의 굴 주변에 알을 낳는다. 고양이는 오염된 토양에 직접적으로 접촉하여 감염된다.

부화한 유충은 피부를 뚫고 들어가 결정 같은 덩어리를 형성하는데, 바깥쪽에 유충이 숨을 쉬기 위한 작은 구멍이 나 있다. 때때로 손가락 한마디 길이의 유충이 이 구멍으로 튀어나오기도 한다. 이들은 한 달 내에 나와 땅으로 떨어지는데 한 부위에서 여러 마리의 유충이 발견된다(보통 턱뼈 주변, 얼굴 주변, 복부 아래, 옆구리 등). 이런 경우 커다란 결절형 종괴를 형성한다.

치료 : 수의사의 치료를 받아야 한다. 수의사는 털을 깎아 호흡구멍을 노출시킨 뒤, 미세한 집게로 유충을 하나하나 잡아낸다. 과민성 쇼크를 유발할 수 있으므로 떼어내는 과정에서 유충을 터뜨리지 않도록 주의한다. 경우에 따라, 유충 제거를 위해 고양이를 마취시킨 후 작게 절개해 제거할 수도 있다. 이런 상처는 천천히 아물고 감염이 쉽게 발생하므로 항생제 치료를 해야 한다.

살충제의 사용

파리, 이, 진드기, 기타 다른 외부기생충을 효과적으로 관리하려면 반려동물, 집, 마당에 살충제를 사용해야 한다. 살충제는 분말, 스프레이, 침지액 등의 형태로 되어 있다. 깔개, 집, 캐터리, 정원, 사육장, 차고 등 고양이가 성충이나 중간 단계의 기생충에 노출될 수 있는 모든 장소에 사용한다.

살충제는 독극물이다! 살충제를 사용하기로 결정했다면 라벨에 붙은 주의사항과 사용방법을 반드시 지켜야 한다. 그렇지 않으면 사람과 동물이 불필요하게 독극물에 노출될 것이다.

살충제를 과잉 사용하는 경우 고양이는 턱 경련을 일으키고, 거품을 물거나, 허탈, 전신경련, 혼수상태에까지 이를 수 있다. 설사, 천식성 호흡, 갈지자 걸음, 근육경련 등이 나타날 수 있는데 살충제의 사용량과 화학성분의 종류에 따라 며칠 뒤에 또는 뒤늦게 나타날 수 있다.

고양이에게 살충제 부작용이 의심되는 증상이 나타나면, 따뜻한 물과 비누로 털에 남아 있는 성분을 씻어내고 안정을 취하게 한다. 그리고 즉시 수의사에게 연락한다.

리졸 등의 가정용 소독제는 고양이의 몸을 닦아주는 데 적합하지 않으며 사용해서도 안 된다. 살충제와 마찬가지로 고양이의 피부를 통해 흡수되어 문제를 일으키거나 죽음에 이르게 할 수 있다.

수의사의 자문 없이는 절대로 살충제를 혼합하여 사용해선 안 된다.

현재 사용되는 살충제로는 크게 다섯 가지가 있다.

1. 피레트린(천연제품과 합성제품)
2. 카바메이트
3. 유기인제 살충제
4. 천연 살충제(d-리모넨 등)
5. 새로운 국소용 제품

여기에 더해, 곤충성장억제제(IGR, insect growth regulator)가 있는데 살충제는 아니지만 해충의 번식을 예방한다.

피레트린은 아프리카 국화에서 추출한 천연물질이다. 벼룩을 신속히 죽이지만 자외선에 의해 주변 환경에서 빠르게 약화되므로 잔류작용이 거의 없다. 피레트린은 독성 가능성도 낮아 고양이와 개에게 사용이 허가되어 샴푸, 스프레이, 분말, 침지액 등 다양한 제품에 사용된다. 피레트로이드(pyrethroid)는 피레트린과 구조가 유사한 화합물이다. 햇빛에 보다 안정된 반응을 보이며 잔류작용은 더 길다. 퍼메트린(permethrin)은 가장 흔히 사용되는 합성 피레트린으로 다른 종류다. 피레트린은 매우 안전하지만, 퍼메트린과 합성 피레트로이드는 모두 고양이에게 독성이 있다!

카바메이트에는 벼룩 및 진드기 샴푸 등에 쓰이는 살충제 카바릴(상품명은 세빈)과 전문적인 축사 벼룩 구제제로 흔히 쓰이는 벤디오카브(bendiocarb)가 있다. 독성 때문에 카바메이트는 더 이상 살충제로 쓰이지 않는다.

유기인제 살충제는 불안정하여 주변 환경에서는 지속되지 않는다. 특히 포유류에서 가장 큰 독성을 나타내는데, 특히 고양이에게 독성이 강하다. 유기인제는 고양이에게 사용해서는 안 되며 주의 깊게 통제된 상황하에 주변 환경에만 사용해야 한다.

천연 살충제는 감귤류의 뿌리나 추출물로 만든 식물성 화합물이다. 로테논과 d-리모넨은 벼룩, 진드기, 몇몇 종류의 이와 응애에 어느 정도 효과를 나타낸다. d-리모넨은 알을 포함한 모든 단계의 벼룩에 효과가 있으나 합성 피레트린에 비해 잔류효과는 약하다. 개와 고양이용으로 허가받은 샴푸, 침지액, 스프레이 형태가 있다. d-리모넨은 최근 고양이에 독성을 나타낸 증례가 있어 수의사의 지시 아래 최후의 수단으로만 사용한다.

곤충성장억제제로는 메토프렌과 페녹시카브가 있다. 이 호르몬 유사물질은 벼룩의 유충이 성충으로 발달하지 못하도록 작용하는 것으로 번데기나 성충 단계에는 효과가 없다. 둘 다 햇빛에 의해 약화되므로 실내용으로 사용된다. 메토프렌은 분무용이나 축사용 스프레이 형태로 단독 사용하거나 또는 알과 성충 단계 모두를 구제하기 위해 피레트린과 병용해 사용할 수 있다.

새로운 국소용 제품 중 셀라멕틴(레볼루션)은 기생충의 마비 작용을 일으키는 이버멕틴의 반합성 물질이다. 이미다클로프리드(어드밴티지)는 신경 수용체에 작용하여 중추신경의 손상이나 죽음을 유발하는 나이트로구아니딘의 합성물질이다. 어떤 곤충종은 포유류보다 이런 약물에 대한 반응이 훨씬 높다. 피프로닐(프론트라인)은 무척추동물의 중추신경계 활동을 방해하는 약물인 페닐피라졸 약물이다.

피레트린, 천연 살충제, 곤충성장억제제의 발달로 독성이 강한 살충제의 사용이 감소했으며, 천연화합물의 사용으로 주변 환경이 독성에 오염되는 것에 대한 우려도 감소했다. 고양이는 특히 살충제 독성에 민감하므로 되도록이면 독성이 가장 약한 제품을 사용하는 것이 중요하다.

살충 침지액

살충 침지액은 체내로 스며들게 한 후 헹구지 않은 채로 털과 피부에서 건조시킨다. 수의사가 추천하는 제품을 사용하는 것이 좋다. 시판 제품을 직접 구입하는 경우에는 라벨을 잘 확인해 의심되는 기생충에 효과가 있는지, <u>고양이에게 안전한지 확인한다.</u> 침지액은 그대로 건조시켜 사용하므로 고양이가 먹을 경우 독성을 일으킬 수 있다. 그루밍을 하거나 핥지 못하게 한다. 이런 이유 외에도 다른 문제점으로 인해 최근에는 침지액 대신 국소용 제품으로 대체되고 있다.

몇몇 구충제는 살충 침지액과 유사한 화학물질을 함유하고 있다. 고양이에게 구충제를 투여한지 얼마되지 않았는데 샴푸나 침지액, 스프레이 등의 살충제를 사용하게 되면 고양이의 체내에 화학물질이 축적될 수 있다. 구충제 투여 일주일 이내에는 살충 침지액의 사용을 피한다.

고양이의 털이 많이 엉키고, 지저분하고, 기름기가 흐른다면 먼저 순한 고양이용 샴푸로 목욕을 시킨다. 목욕 후 털이 아직 젖어 있는 상태에서 포장에 쓰여진 사용법에 따라 살충 침지액을 만들어 전체적으로 헹구어 낸다. 눈에는 안연고나 미네랄 오일을 넣어주고, 귀는 솜으로 막으면 얼굴과 귀 부위에도 침지액을 적용할 수 있다. 침지액을 적용한 뒤 고양이의 몸이 아직 젖어 있는 상태에서 곧바로 참빗을 이용해 기생충을 제거한다.

대부분의 침지액은 7~10일 간격으로 한 번 이상 반복해 적용해야 한다. 라벨에 적힌 사용횟수를 참조한다. 권장 사용횟수를 초과하지 말아야 하며 4개월 미만의 어린 고양이에게 사용해서는 안 된다.

주변 환경의 소독

목표는 거주 환경의 기생충, 알, 유충, 그 외 중간 단계의 기생충을 모두 제거하여 재감염을 예방하는 것이다. 청소와 살충제를 적절히 사용하면 목표를 달성할 수 있다.

재감염을 막으려면 집 안의 모든 동물이 반드시 치료를 받아야 한다. 고양이가 잠을 자는 모든 담요, 깔개, 카펫은 매주 뜨거운 물로 세탁하거나 폐기한다. 집 안 구석구석 청소하는데, 기생충, 알, 유충을 모두 박멸하기 위해 진공청소기로 카펫을 청소하고, 가구에 스프레이를 뿌리고, 모퉁이와 틈새에 살충제를 뿌린다.

감염이 심하면 카펫을 스팀 살균하는 것이 알과 유충을 죽이는 데 아주 효과적이다. 스팀 살균액에 살충제를 첨가해 사용하기도 하는데, 고양이 주변에서 사용해도 안전한 제품인지 확인해야 한다. 진공청소기 먼지봉투는 벼룩이 증식하는 데 이상적인 공간이 될 수 있으므로 사용 즉시 버린다. 심한 감염의 경우 전문적인 업체에 서비스를 의뢰하는 것이 나을 수도 있다.

집 안 구석구석을 철저히 청소한 뒤 앞서 추천할 만한 벼룩 박멸 계획(154쪽 참조)에서 설명한 대로 집과 마당을 살충제로 구제한다. 벼룩을 박멸하려면 2~3주 간격으로 최소 3회 이상 실시한다. 이후에는 필요에 따라 정기적으로 실시한다. 따뜻하고 습도가 높을 때는 6~8주마다 실시해야 할 수도 있다.

옥외용 살충제의 잔류작용은 날씨에 따라 다르다. 건조한 날씨에는 잔류작용이 한 달간 지속되지만 습한 날씨에는 1~3주 정도만 지속되므로 다시 실시해야 한다. 일부 살충 침지액은 스프레이 형태로 정원, 잔디 등 외부 장소에 사용할 수 있다. 라벨의 지시에 따라 사용한다.

플리 어웨이(Flea Away) 등의 규조토 제품을 고양이가 돌아다니는 마당에 뿌릴 수 있다. 또는 마당의 벼룩을 없애기 위해 벼룩의 유충을 잡아먹는 곤충류를 이용할 수도 있다.

다람쥐, 생쥐와 같은 설치류는 마당에 벼룩을 재감염시킬 수 있으므로 쫓아내야 한다. 직접 잡을 수도 있고, 새모이 그릇 등을 치우면 설치류가 다른 곳으로 옮겨갈 수도 있다. 야생동물의 주의를 끌 수 있으므로 개, 고양이가 먹다 남은 음식을 집 밖에 두지 말고, 모든 쓰레기통은 덮개로 확실히 닫는다.

알레르기 allergy

알레르기는 고양이의 면역체계가 음식, 흡입물 등 주변 환경의 물질에 과민하게 반응하여 발생하는 반갑지 않은 몸의 이상반응이다. 면역계가 없다면 동물은 체내로 침입하는 바이러스나 세균, 이물성 단백질, 기타 자극원에 대한 저항력을 가질 수 없다. 그러나 가끔 면역계가 위험하지 않은 것들에 대해서도 반응을 하는 경우가 생긴다. 어떤 음식이나 꽃가루, 분말, 깃털, 양털, 집먼지와 같은 물질, 벌레 물림 등은 전형적인 가려움 증상이나 재채기, 기침, 눈꺼풀 부종, 눈물 흘림, 구토, 설사 등을 일으킨다. 이런 반응은 사람은 물론 고양이에게도 나타난다. 드물긴 하지만 고양이가 자신의 세포에 대해 면역반응을 일으키기도 하는데 이를 자가면역장애*라고 한다.

* **자가면역장애** autoimmune problem 면역계가 자신의 조직과 자신이 아닌 것을 구분하는 기능에 이상이 생긴 상태.

어떤 물질에 알레르기를 보인다면 최소한 두 번 이상 그 물질에 노출된 것이다. 알레르기를 일으키는 물질을 알레르겐(allergen)이라고 하는데 몸이 알레르겐에 반응하는 방식을 과민반응 또는 알레르기 반응이라고 부른다.

과민반응에는 두 가지 종류가 있는데 즉시형 과민반응은 노출된 직후에 나타나며 두드러기와 가려움을 유발한다. 두드러기처럼 보통 눈과 입 주변 등 머리 부위가 갑자기 부어오르거나, 때때로 몸 곳곳에 피부가 부풀어 오르는 특징을 보인다. 지연형 과민반응은 몇 시간 또는 며칠 후에 가려움을 유발한다. 벼룩 물림 피부염은 두 가지 모두에 해당된다. 이런 이유로 고양이의 몸과 주변 환경에서 벼룩을 제거했는데도 고양이는 계속 가려움을 호소하곤 한다.

알레르겐은 폐(꽃가루, 집먼지 등), 소화관(음식), 주입(벌레 물림이나 예방주사) 또는 피부를 통해 직접 흡수되어 몸 안으로 들어온다. 사람은 보통 기도와 폐를 통한 반응이 주를 이루지만, 고양이는 주로 피부나 소화관에서 문제가 된다. 피부에 나타나는 주 증상은 심한 가려움이다.

음식 알레르기

특정 음식이나 음식에 들어 있는 물질에 알레르기 반응을 나타낼 수 있다. 가장 흔한 음식 알레르겐은 닭고기, 생선, 옥수수, 밀, 콩 등이다. 소고기, 돼지고기, 유제품, 달걀에 음식 알레르기가 나타날 수도 있다. 주로 머리, 목, 등 부위에 극심한 가려움과 발진이 나타나는데 눈꺼풀이 부어오르기도 한다. 끊임없이 긁는 행위로 인해 탈모나 진물이 나는 상처가 생긴다. 가끔 귀에만 증상이 나타나는 경우도 있다. 이런 경우 귀가 아주 빨갛게 달아오르고 염증을 일으키는데 습성의 귀지가 관찰되기도 한다. 흔치 않지만 설사나 구토를 유발하기도 한다(280쪽, 염증성 장 질환 참조).

치료 : 진단은 먼저 고양이에게 최소한 4~6주간 의심되는 음식을 먹이지 않는 것이다. 다음 단계로 고양이를 의심되는 알레르겐에 노출시키고 알레르기 반응이 일어나는지의 여부를 지켜본다. 다양한 저알레르기 제품이 있다. 치료방법은 설사의 치료(291쪽 참조)와 음식 과민증(275쪽 참조)에 잘 설명되어 있다.

고양이 좁쌀 피부염feline miliary dermatitis

벼룩, 모기, 진드기, 이 등에 물리는 것을 포함해 여러 알레르겐에 대한 피부 알레르기 반응으로 발생한다. 세균 및 곰팡이 피부 감염, 영양장애, 호르몬 불균형, 자가면역 질환, 약물 부작용 등도 좁쌀 피부염을 유발한다. 이 피부병에 걸리면 등을 따라 머리와 목 주변의 털 밑에 작은 씨앗 크기의 발진과 딱지가 생긴다. 가려움은 있거나 없을 수 있다.

벼룩 물림 알레르기가 고양이 좁쌀 피부염의 가장 흔한 원인이다. 벼룩 때문이 아니라면, 피부 기생충, 알레르기, 감염 등을 고려한다.

벼룩 물림 피부염

가려움이 매우 심하며 긁어서 감염이 일어나고 피부가 찢어져 생살이 보이기도 한다. 그 결과 국소형 또는 전신형 호산구성 위막이 생기기도 한다(181쪽, 호산구성 육아종 복합체 참조). 일부 고양이는 벼룩에 물려도 내성이 있어 증상이 나타나지 않으면서 다수의 벼룩을 가지고 있는 경우가 있다. 그러나 알레르기 반응을 보이는 고양이는 일주일에 단 한 번 또는 두 번만 물려도 반응이 나타나기에 충분하다. 벼룩이 기승을 부리는 한여름에 증상이 가장 심하다. 고양이가 벼룩에 노출된 이후에는 집 안에 벼룩이 있는

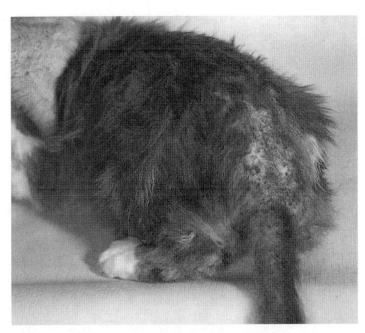

벼룩 물림 피부염에 걸린 고양이의 전형적인 모습. 작은 발진과 딱지, 드러난 생살, 핥고 긁어서 생긴 탈모 부위.

한 일 년 내내 가려움이 지속될 수 있다.

특징적인 피부발진이 관찰되고 고양이의 몸에서 벼룩이 발견되면 의심해 볼 수 있

다. 고양이를 흰 종이 위해 두고 빗질을 해서 확인해 본다. 종이 위로 떨어지는 모래알 같은 하얗고 검은 물질은 벼룩의 알과 배설물이다. 피내 피부반응검사로 확진한다. 벼룩 알레르기는 즉시형과 지연형 과민반응을 모두 보이므로 벼룩이 다 죽은 뒤에도 가려움이 오랫동안 지속될 수 있다.

치료 : 벼룩이 보이면 추천할 만한 벼룩 박멸 계획(154쪽 참조)에서 설명한 바와 같이 조치한다. 벼룩을 관찰하지 못했다면 좁쌀 피부염의 다른 원인을 찾아서 그에 따라 치료한다.

벼룩을 치료하는 동안 알레르기 반응을 차단하고 가려움을 완화시키기 위해 프레드니손과 같은 스테로이드 정제나 주사제를 투여해 고양이의 고통을 덜어 줄 수 있다. 스테로이드는 반드시 수의사의 지시하에 사용해야 한다. 항히스타민제와 오메가-3 지방산도 염증 완화에 도움이 된다. 상처에는 국소용 항생제 및 스테로이드 성분 연고를 바른다. 알로에 연고나 알로에즙은 안전하면서도 증상 완화에 도움이 된다. 알레르기의 원인을 찾아내 고양이의 생활환경에서 제거할 수 있다면 가장 이상적이겠지만 항상 가능한 것은 아니다. 감작요법*도 고양이가 좀 더 편안해지는 데 도움이 되나 장기간 여러 차례에 걸쳐 치료해야 한다.

* **감작요법** hyposensitization 고양이 면역계의 과민성을 감소시키기 위해 벼룩 알레르겐의 농도를 증가시켜 가며 주사하는 방법.

자극성 접촉 피부염과 알레르기성 접촉 피부염

자극성 접촉 피부염과 알레르기성 접촉 피부염은 증상이 비슷해서 함께 비교가 되나 서로 다른 질병이다. 둘 다 화학물질과 접촉하여 발생하는데, 자극성 접촉 피부염은 화학물질의 직접적인 자극에 의해 발생한다. 반면 알레르기성 접촉 피부염은 반복적인 접촉에 의해 피부가 민감성을 가지게 되는, 연속적인 노출에 대한 알레르기 반응이다. 두 가지 피부병 모두 고양이에게는 드물게 관찰되는데 우선은 털에 의해 보호되고, 그루밍을 하는 습성이 이물질과의 접촉을 막아 주기 때문이다. 알레르기성 접촉 피부염의 경우는 더욱 그렇다.

두 가지 피부염 모두 발, 턱, 코, 복부, 사타구니와 같이 털이 적거나 없는 부위에 잘 발생한다. 이 부위들은 화학물질과 접촉하기도 쉽다. 액상의 자극물질은 신체 모든 부위에서 문제를 일으킬 수 있다.

접촉성 피부염은 피부가 빨갛게 되고, 염증 부위를 따라 가려운 발진이 나타난다. 각질이 많아지고 털도 빠진다. 심하게 긁어 피부에 상처가 나고 이차적인 감염이 발생한다. 알레르기성 접촉 피부염의 발진은 접촉 부위가 아닌 곳으로 번지기도 한다.

자극성 피부염을 유발하는 화학물질로는 산과 알칼리, 세제, 용제, 비누, 석유 부산물 등이 있다. 알레르기 반응을 유발하는 물질로는 벼룩 구제용 분말, 샴푸(특히 요오드 성분이 들어간 제품), 옻나무 및 다른 식물, 섬유(울과 합성섬유도 포함), 가죽, 플라스틱이나 고무재질의 밥그릇, 카펫의 염료 등이 있다. 국소용 연고 등에 많이 사용되는 네오마이신(neomycin)도 다른 약물처럼 알레르기 반응을 일으킬 수 있다.

벼룩 방지용 목걸이로 인한 피부염은 목걸이에 함유된 살충제에 대한 반응 때문이다. 목 주변 피부에 국소적인 가려움과 발적 증상이 나타나고 탈모

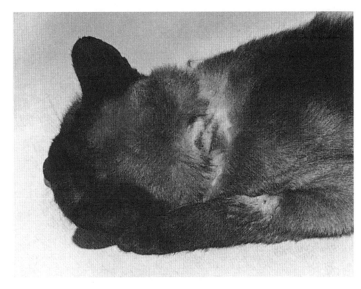

벼룩 방지 목걸이에 함유된 살충제에 의한 알레르기성 접촉 피부염.

나 딱지가 생긴다. 이런 증상은 다른 부위로 번질 수 있다. 국소 과민반응을 일으키는 것 외에도 벼룩 방지용 목걸이는 독성을 유발할 수 있는데, 특히 벗겨진 피부나 상처 위에 채운 경우 더욱 심하다. 화장실 모래 피부염은 고양이가 사용해 오던 모래나 모래 첨가제에 알레르기 반응을 일으켜 발생하는데 발, 꼬리 주변 피부, 항문 부위에 문제를 일으킨다.

치료 : 노출된 장소를 관찰하고 문제를 유발하는 알레르겐이나 화학물질이 무엇인지 찾아내어 다시 노출되는 것을 막는다. 감염된 피부는 **봉와직염과 농양**(180쪽 참조)에서와 같이 치료한다. 수의사의 처방을 받아 국소용 또는 경구용 코르티코스테로이드제나 항히스타민제를 투여하면 가려움과 염증 완화에 도움이 되지만 치료 효과는 없다. 알레르기 주사와 면역요법이 증상을 조절하는 데 도움이 될 수도 있으나 근본적인 문제 해결은 되지 않는다.

자극물질이 계속 고양이의 몸에 묻어 있다면 즉시 목욕을 시켜 증상을 최소화하거나 예방한다.

아토피 피부염(흡인성 알레르기)atopic dermatitis

호흡을 통한 꽃가루, 집먼지, 곰팡이, 기타 다른 실내외의 알레르겐에 의한 알레르기성 피부 반응이다. 계절적인 특성을 나타내거나 나타내지 않을 수도 있으며, 증상도 다양하다. 머리와 목 부위의 가려움, 목과 등을 따라 나타나는 **고양이 좁쌀 피부염**(169쪽 참조)과 유사한 발진, **호산구성 육아종 복합체**(181쪽 참조)과 유사한 피부발진, 심하게 핥아서 생긴 몸 전체의 대칭성 탈모 등의 증상이 나타난다.

아토피 피부염은 벌레 물림, 음식 과민반응, 화학물질 접촉 등과 같은 다른 알레르

기성 피부 질환과 구분하기 어렵다. 피내 피부반응검사를 통해 정확한 진단을 할 수 있다.

치료 : 알레르겐을 찾아내고 고양이의 생활환경에서 제거하는 것이 가장 이상적인 방법이다. 그러나 이것은 종종 불가능하다. 꽃가루, 곰팡이, 먼지 등은 열린 창문을 통해 유입되어 실내에서 생활하는 고양이에도 영향을 끼칠 수 있다. 항히스타민제나 코르티코스테로이드제가 증상을 완화시키는 데 도움이 되긴 하지만, 치료를 하는 것은 아니다. 일부 고양이에서는 과민성을 낮춰 주는 알레르기 주사가 효과를 나타내기도 한다. 오메가-3 지방산도 고양이의 증상 완화에 도움이 될 수 있다.

지루증seborrhea

지루증은 일차로는 유전, 이차로는 대개 피부병에 의해 발생한다. 두 가지 형태가 있는데 비듬처럼 보이는 건성 각질 형태와 기름기가 있고 불쾌한 냄새가 나는 지성 각질 형태가 있다. 어떤 고양이는 가려워하고, 어떤 고양이는 가려움 없이 외형상으로만 증상을 보이기도 한다.

치료 : 진단은 보통 일차적인 피부 질환을 감별하여 이루어진다. 만약 다른 문제가 확인되었다면 지루 증상도 해결될 것이다. 지루용 샴푸와 지방산 보조제가 도움이 된다.

면역과 연관된 피부의 문제

천포창(pemphigus)은 고양이에게 가장 흔한 자가면역성 피부 질환이다. 이 부류의 피부 질환은 부적합한 면역반응이 피부의 정상 세포층을 공격해 발생한다. 천포창은 몇 가지 형태로 피부의 각기 다른 부위에서 발생한다.

낙엽성 천포창(pemphigus foliaceus)은 고양이에게 가장 흔한 형태다. 발과 머리에 먼저 발생하는데 농포에서 딱지로 변하는 병변을 보인다. 종종 코의 색소가 빠지기도 한다. 고양이는 가려워하며 발에 병변이 있는 경우 절뚝거릴 수도 있다. 심한 경우 발열, 무기력, 식욕저하 등의 증상을 보일 수 있다. 피부생검이 가장 정확한 진단방법이다. 치료는 코르티코스테로이드, 면역억제 약물, 일부 증례에서는 황금주사* 등으로 치료하기도 한다.

홍반성 천포창(pemphigus erythematosus)은 보다 경미한 형태로 태양광 노출과 관련이 있다. 증상은 보통 얼굴과 귀에 한정된다. 국소용 스테로이드 제제로 치료한다.

심상성 천포창(pemphigus vulgaris)은 가장 드문 형태로, 딱지로 덮인 큰 궤양이 있는 상처가 특히 머리에 많이 생기는데 입 안에까지 생기기도 한다. 면역억제 용량의 프레드니솔론과 다른 약물로도 치료가 어렵다.

최근 출시되어 개에서 알레르기의 가려움증 관리를 위해 처방되는 아포퀠(oclacitinib)은 고양이에게는 사용이 승인되지 않았으나 수의사의 판단에 따라 처방되기도 한다. 이 약은 가려움증에 관여하는 사이토카인을 억제하는 데 스테로이드 제제에 비해 부작용이 적다._옮긴이 주

* **황금주사** 금 성분을 함유한 아우로티오말레이트(aurothiomalate) 주사요법은 황금요법이라고 불리는데 면역억제 효과로 사람의 류머티스 관절염 등에 쓰인다._옮긴이 주

홍반성 루프스(lupus erythematosus)는 피부는 물론 신장, 근육, 다양한 신체기관에 영향을 주는 또 다른 자가면역질환이다. 발 패드에 종종 궤양이 생기고 통증이 심하다. 2차 세균 감염이 흔히 발생한다. 혈액검사로 진단하기도 하나 피부생검이 가장 좋은 검사법이다. 프레드니손과 면역억제 약물이 관리에 도움이 될 수 있다.

곰팡이 감염

피부사상균(링웜)ringworm

링웜은 벌레가 아니라 털과 모낭에 침투하는 식물 비슷한 균체다. 대부분 미크로스포룸 카니스(*Microsporum canis*)라는 곰팡이에 의해 발생하는데 간혹 다른 곰팡이 종에 의해 발생하기도 한다.

링웜이라는 명칭은 피부 가운데 동그랗게 털이 빠지고 각질이 생기고 가장자리는 붉게 반지 모양의 형태를 띠는 데서 유래되었다. 그러나 항상 이렇게 전형적인 형태를 나타내는 것은 아니며, 고양이에서는 특히 그렇다. 때때로 단순히 각질이 많아지거나, 불규칙한 탈모 양상, 얼굴과 귀 주변의 털이 일부 손상된 정도로만 나타나기도 한다(귓바퀴의 피부사상균에 대해서는 227쪽, 효모성 및 곰팡이성 외이염에서 다루고 있다). 피부사상균은 발톱에 감염될 수도 있은데, 발톱이 자라면서 모양이 변형된다. 일부 고양이는 전혀 증상이 나타나지 않고 보균자로 곰팡이만 가지고 있는 경우도 있다.

피부사상균 단순 감염은 일반적으로 가렵지 않지만, 딱지가 생기고 상처에 진물이 흐르면 고양이가 핥고 긁게 된다. 이게 피부의 문제를 점점 악화시킬 수 있다. 보통 어린 고양이나 영양 상태가 안 좋은 고양이, 질병으로 면역체계가 억압된 고양이에서 발생한다.

링웜은 토양 중의 포자와 직접 접촉하거나, 감염된 고양이나 개의 털과 직접 접촉해 전염된다. 카펫, 솔, 빗, 장난감, 가구 등이 대표적인 감염 매개체다. 고양이는 아무런 증상 없이 곰팡이균을 옮길 수도 있으며 집 안의 다른 동물에게 전염을 시키는 감염원이 될 수 있다. 사람도 고양이로부터 링웜에 감염될 수 있고, 사람이 동물에게 감염시킬 수도 있다. 특히 감염에 취약한 어린이는 링웜에 걸린 동물과의 접촉을 삼가해야 한다. 성인의 경우 고령자나 면역이 억제된 경우가 아니라면 상대적으로 저항력을 가진다.

가벼운 감염의 경우 털만 빠지고 국소적으로 각질이 관찰되는데 종종 모낭충과 유사하게 보인다. 때로는 자외선 램프로 비춰 보면 하얗게 변하는 것을 보고 진단하기도 한다. 그러나 이 방법은 모든 곰팡이균에 적용되지는 않는다. 피부소파검사로 현미경 검사를 하거나 곰팡이를 배양하는 것이 보다 정확한 진단방법이다. 수의사는 감염부위에서 털을 뽑아 특별한 배양배지에 넣고 곰팡이를 배양할 것이다. 1~2주에 걸쳐 매일매일 균이 자라는지 여부를 확인한다. 균이 자라남에 따라 배지의 색이 변하고, 감염된 곰팡이의 정확한 종류가 무엇인지 포자로 확인할 수 있다.

치료 : 경미한 감염은 종종 저절로 낫기도 한다. 정상적인 면역을 지닌 고양이에게는 쉽게 재발하지 않는다.

국소 감염의 경우 감염 부위의 털을 깎고 베타딘 용액으로 피부를 세정한다. 미코나졸, 클로르헥시딘, 클로트리마졸, 티아벤다졸 등의 성분이 함유된 항곰팡이 연고나 용액을 감염 부위와 주변의 피부와 털에 매일 발라준다. 감염된 상처는 항생제 치료가 필요하다. 보통 4~6주에 걸쳐 치료한다.

전신 감염에는 모든 감염 부위의 털을 깎고 일주일에 두 번 라임설파(석회유황)나 클로르헥시딘 같은 항곰팡이성 용액으로 침지 치료한다. 침지요법은 증상이 사라진 뒤에도 2주간 지속해야 한다. 침지요법에 대한 내용은 153쪽에 잘 설명되어 있다.

전신 감염, 캐터리, 여러 마리를 기르는 경우에는 종종 경구용 항곰팡이성 약물을 처방한다. 이런 경우 증상이 없는 고양이를 포함한 모든 고양이가 치료를 받아야 한다. 그리세오풀빈(griseofulvin)은 거의 사용하지 않고, 주로 케토코나졸을 사용한다. 최근에는 부작용이 적은 이트라코나졸을 더욱 추천한다. 그리세오풀빈과 케토코나졸은 선천성 결함을 유발할 수 있으므로 임신한 고양이에게 사용해서는 안 된다. 항곰팡이성 약물은 수의사의 철저한 감독하에 사용 가능하다. 필요하면 한 달 이상 투여하는 경우도 있다. 곰팡이 배양에서 음성이 나오면 치료를 종료한다.

링웜에 대한 백신이 시판되고 있는데 증상 개선에는 효과가 있으나 치료기간을 단축하지는 못하고 감염의 정도만 감소시킨다. 이 백신은 필수 백신은 아니지만 감염 가능성이 높은 캐터리나 보호소 같은 환경에서는 유용하다.

예방 : 포자는 최대 1년까지 생존할 수 있으므로 재발방지를 위해 주거지에서 확실히 제거해야 한다. 고양이의 깔개는 버리고, 털손질 도구는 물과 락스를 10 : 1로 희석한 용액으로 살균한다. 집 안 전체를 청소하고 감염된 털을 제거하기 위해 매주 진공청소기로 청소한다. 걸레질을 하고 단단한 표면(마루, 주방 조리대, 캐터리의 동물장 등)은 희석한 락스로 닦는다. 전문용 제품인 캅탄(captan, 오소사이드 성분의 농업용 살균제)을 물과 1 : 200의 비율로 희석해 분무제로 사용해도 된다. 하지만 캐터리나 보호소에서 사용할 때 고양이의 몸에 뿌려서는 안 된다.

사람에게 감염되는 것을 막기 위해 엄격한 위생관리가 필요하다. 감염된 고양이를

최근에는 약물독성 등의 문제로 그리세오풀빈이나 케토코나졸은 거의 사용되지 않는다. 대신 부작용이 상대적으로 적고 효과가 높은 이트라코나졸, 테르비나핀 등이 주로 쓰인다._옮긴이 주

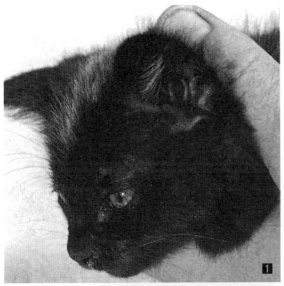

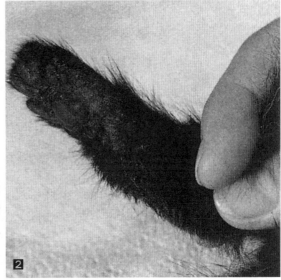

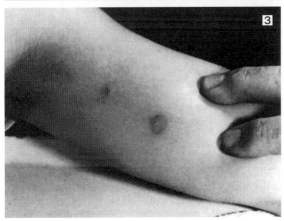

1 링웜이 전형적인 원형의 병변이 항상 보이는 건 아닌데 고양이가 특히 그렇다. 가끔 단지 각질이 생기고 털이 불규칙하게 빠져 있거나, 얼굴과 귀 주변에 털이 약간 거칠어진 정도의 증상만을 나타내기도 한다.

2 링웜에 감염된 고양이의 발에서 관찰되는 각화성 병변과 불규칙한 탈모 병변.

3 링웜은 전파력이 매우 강한 피부병이다. 사람의 경우 가운데에는 각질이 생기고 가장자리에는 붉게 융기된 전형적인 원형 발진이 나타난다.

치료할 때는 고무장갑을 착용한다. 오염된 옷이나 천은 삶거나 표백제로 세탁해서 포자를 죽인다.

말라세지아Malassezia

말라세지아 파치데르마티티스(*Malassezia pachydermatitis*)는 고양이의 피부에서 흔히 발견되는 효모균이다. 평상시에는 어떤 문제도 일으키지 않지만 증식하게 되면 고양이에서 임상 증상이 나타난다. 일반적으로 면역결핍, 세균 감염, 지루증에 대한 이차적인 반응으로 발생한다. 탈모 증상이 흔하며 감염된 부위에 축축한 발적 부위가 관찰된다. 피부소파검사로 확인하거나 병변 의심 부위를 투명 테이프나 슬라이드로 찍어누른 뒤 현미경으로 확인해 진단한다.

치료 : 보통 감염 부위를 벤조일 페록사이드나 클로르헥시딘 샴푸로 세정하고 미코나졸 연고를 바른다. 전신성 감염의 경우 경구용 이트라코나졸이나 케토코나졸로 치료한다.

진균종mycetoma

진균종은 상처를 통해 몸에 침입한 곰팡이에 의해 발생하는 종양 비슷한 종괴다. 피부가 아래에서 불룩하게 올라와 구멍이 뚫려 과립(잔알갱이)상의 물질이 흘러나오는 것이 전형적인 증상이다. 과립의 색깔은 흰색, 노란색, 검은색 등 곰팡이의 종류에 따라 다르다. 항생제를 투약해도 잘 낫지 않는 만성 농양과 유사한 양상을 보인다. 일부 진균종은 치명적인 감염을 유발하기도 하나 흔치 않다.

치료 : 항곰팡이 약물은 거의 효과가 없다. 수술적으로 완전히 제거하는 것이 좋다. 스포로트릭스증(117쪽 참조)을 참조한다.

호르몬성 피부 질환

호르몬성 피부병은 흔치 않다. 몸통 양쪽으로 서로 거울에 비친 듯한 대칭적인 탈모 증상이 관찰되는 특징이 있다. 가렵지 않지만 드물게 호르몬 불균형으로 인한 피부 감염이 발생하면 가려움을 동반할 수 있다.

탈모alopecia

탈모는 털이 없거나 빠지는 것을 말한다. 고양이의 내분비성 탈모는 중성화한 수고양이와 중년 나이의 암고양이에게 가장 흔하다. 원인으로 호르몬 결핍이 의심되나 호르몬 농도는 보통 정상치를 나타낸다. 비슷한 연령대에서 심인성 탈모도 발생한다. 호르몬 결핍성 탈모로 추정된 많은 증례가 사실은 강박적인 과도한 그루밍에 의한 것일 가능성도 있다.

복부 아래, 회음부, 생식기 주변, 사타구니 부위에 대칭적으로 털이 빠지기도 한다. 심한 경우에만 털이 빠진 것이 잘 드러난다. 일부 고양이는 털이 다시 자라나는데 나중에 다시 털이 빠진다. 가려움은 없는 편이다.

그루밍성 탈모는 스트레스를 받는 고양이에게서 자주 관찰된다. 이사, 새로운 동물이 집에 오거나, 심지어 카펫이나 가구를 바꾸는 것 등도 포함된다. 샴, 아비시니안, 버마, 히말라얀 종에서 심인성 탈모가 잘 발생한다. 갑상선기능항진증이 있는 고양이

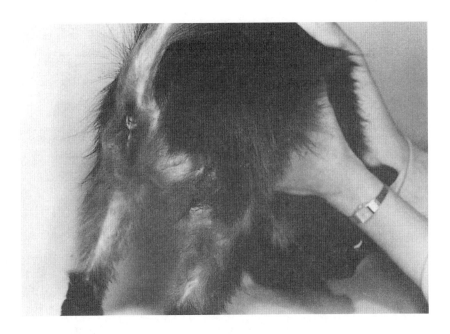

호르몬성 탈모가 있는 고양이. 정상적인 피부에 대칭성 탈모가 보인다.

들의 약 1/3은 탈모 병변을 보인다. 털을 잡아당기면 쉽게 빠진다. **갑상선기능항진증** (543쪽)을 참조한다.

치료 : 주로 미용상의 문제다. 간과 골수 독성 등 부작용이 심해 성호르몬 치료는 추천되지 않는다.

심인성 탈모의 경우 행동교정과 아미트리프틸린(amitriptyline) 같은 행동교정 약물이 도움이 될 수 있다.

갑상선기능저하증hypothyroidism

갑상선기능저하증은 고양이에게는 드물다. 주로 갑상선 수술 후 발생한다. 갑상선 호르몬의 결핍은 새로운 털의 성장을 방해하고, 털의 휴지기를 연장한다. 이로 인해 서서히 몸털의 숱이 적어지고, 푸석푸석해 보이며 생기 없어 보이기도 한다. 무기력, 변비, 체중 증가, 정신의 혼미함 등은 갑상선기능저하증의 또 다른 증상이다. 선천성 갑상선기능저하증을 가진 어린 고양이는 머리가 크고 넓으며, 목과 다리는 짧은 불균형한 왜소증을 보인다. 갑상선 혈액검사로 진단한다.

치료 : 갑상선기능저하증은 보통 영구적이어서 평생 동안 매일 호르몬 대체제를 복용해야 한다.

코르티손 과다(스테로이드 과다)cortisone excess

부신에서 코르티손이 과잉 생산되어 발생한다. 부신을 활성화시키는 부신종양이나 뇌하수체종양에 의해 이런 문제가 발생하는데 둘 다 고양이에서는 흔치 않다. 경구용 혹은 주사용 코르티손의 투약도 부신의 호르몬 분비 과잉과 유사한 영향을 나타낼 수 있다. 그러나 고양이는 코르티손의 부작용에 대한 높은 내성을 가지고 있어 흔히 발생하지는 않는다.

코르티손 과다의 영향으로 몸 아래쪽 피부가 어둡게 변하며, 몸통에 대칭성 탈모를 일으키고, 배가 볼록 나온다. 이런 고양이는 체중이 늘고, 부종이 있고, 간, 췌장, 요로 기계의 문제를 보일 수 있다.

치료 : 고양이가 경구제나 주사제로 코르티손을 투약받고 있다면 수의사는 점차적으로 용량을 낮추거나 투약을 중단할 것이다. 코르티손 농도가 너무 낮게 떨어져도 문제를 일으킬 수 있으므로 너무 갑작스럽게 투약을 중단해서는 안 된다(397쪽 부신피질기능저하증 참조). 뇌하수체나 부신종양에 의한 코르티손 과다는 양측 부신을 절제하여 치료하고 매일 코르티손 대체제를 투여해 관리한다(397쪽, 부신피질기능항진증 참조).

일광 피부염solar dermatosis

고양이가 태양광에 심하게 노출되면 화상을 입고 재발성 피부염을 앓을 수 있다. 흰색 털의 고양이나 코와 귀가 흰 고양이에게 가장 흔하다. 재발성 염증이 잘 발생하는 부위는 편평상피세포암종으로 진행되기 쉽다.

치료 : 흰 부위에 색을 입히는 문신을 해 주거나 선크림을 발라주는 게 도움이 될 수 있으나 가장 좋은 방법은 태양광에 노출시키지 않는 것이다. 특히 오전 10시부터 오후 2시까지는 햇볕을 피한다.

농피증pyoderma

농피증이란 피부의 세균 감염이다. 전체 환자의 90%는 포도상구균에 의해 유발된다. 농피증은 손상된 피부의 깊이에 따라 분류된다.

농가진impetigo

피부의 진피 감염으로 신생묘에게 발생한다. 신생묘 피부 감염(477쪽)에 설명되어 있다.

모낭염folliculitis

모낭의 국소적인 감염으로, 각질이 가장 흔한 증상인데 좁쌀 피부염이 함께 발생하기도 한다. 종종 다른 피부 질환의 일환으로 발생하나 모낭 자체의 문제로 발생할 수 있다. 모낭의 심부에 발생하면 절종(종기)이라고 부른다. 많은 수의 모낭이 감염되면 옹종*으로 진행되기도 한다.

치료 : 약욕제로 피부를 세정하고, 심한 경우 항생제를 사용하는 것이 효과적이다.

고양이 여드름feline acne

고양이 여드름은 턱 아래쪽과 입술 가장자리의 피지선에서 발생한다. 과도한 피지나 각질에 의해 모공이 손상되어 발생한다. 지성 피부의 고양이에게 더 잘 발생하며, 사람의 여드름과는 다르다.

고양이 여드름은 블랙헤드나 사람 여드름 비슷하게 농이 찬 종기 형태로 관찰된다. 심한 경우 턱과 아랫입술 전체가 붓기도 한다.

고무나 플라스틱 재질 밥그릇에 대한 알레르기 반응으로도 유사한 증상이 나타날 수 있다. 이런 경우 스테인리스나 사기 재질의 밥그릇으로 바꿔 주는 것만으로도 증상이 개선된다.

치료 : 감염은 보통 하루 2회 피부를 세정하고, 2.5~5%의 벤조일 페록사이드, 클로르헥시딘, 포비돈-요오드(베타딘) 성분을 함유한 연고나 젤을 적용하면 개선된다. 피지가 심한 경우 고양이용 약용 샴푸로 세정한다. 감염이 광범위하거나 깊은 경우 항생제 처방이 필요할 수 있다. 근본적인 문제를 해결하지 않으면 여드름이 다시 재발한다. 일부 고양이는 습식 사료를 건식 사료로 교체하거나 고양이가 밥을 먹은 뒤 턱을 닦아주면 증상이 호전된다.

스터드테일stud tail

스터드테일은 피지의 과다 분비에서 기인하는데 여드름과 유사하다. 꼬리 기저부(항문 가까운 쪽)의 털을 갈라보면 왁스상의 갈색 물질이 축적된 것이 보인다. 심한 경우 모공에 감염이 일어난다. 털은 엉켜서 기름기가 흐르고, 역한 냄새를 풍기며 잘 뽑히기도 한다. 중성화수술을 하지 않은 수고양이에게 가장 흔하게 나타나나 암고양이나 중성화수술을 한 수컷에게도 발생한다.

치료 : 하루 2회 고양이용 약용 샴푸로 꼬리를 씻겨 주고, 녹말이나 베이비파우더를 병변 부위에 뿌린다. 피부에 감염이 발생하면 **봉와직염과 농양**(180쪽 참조)에서 설명한 바와 같이 치료한다. 스터드테일은 만성질환으로 매일매일 꾸준히 관리해야 한다. 심

* **옹종** 절종들이 융합된 큰 종기로, 감염물질이 피부 아래로 불룩하게 생긴다.

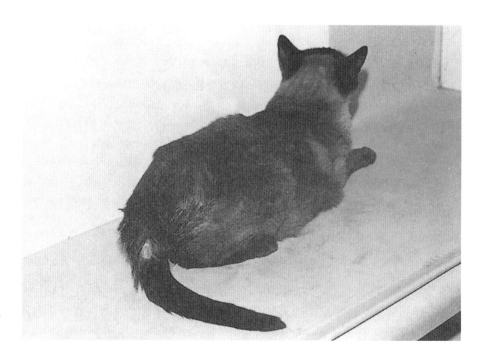

스터드테일은 중성화수술을 하지 않은 수고양이에게 가장 흔하다.

한 경우 경구용 레티노이드를 사용하기도 하는데, 반드시 수의사의 처방 아래 사용해야 한다.

봉와직염과 농양cellulitis and abscesses

봉와직염은 피부 깊숙한 부위에 발생한 염증이다. 가장 흔한 원인은 동물에게 물리거나 할퀸 상처(고양이들끼리 싸우다 생긴 상처 등)다. 뚫린 상처로 인해 세균이 표피 아래로 침입하게 된다. 다친 후 몇 시간 이내로 적절한 조치를 취할 수 있다면 상처를 여러 차례에 걸쳐 씻겨내어 감염을 예방한다.

봉와직염의 증상은 통증(누르면 아파함), 열감(정상보다 뜨겁게 느껴짐), 단단함(평상시만큼 부드럽지 않음), 변색(평상시보다 붉게 보임) 등이다. 감염이 상처에서 림프계로 퍼지면, 피부에 붉게 줄무늬가 관찰되거나 사타구니, 겨드랑이, 목 부위의 림프절이 확장되기도 한다

피부농양은 피부 표면 아래쪽으로 국소적으로 고름 주머니가 생기는 것이다. 여드름, 농포, 종기 등도 작은 농양이다. 증상은 봉와직염과 거의 같은데, 피부농양은 눌렀을 때 물이 찬 듯한 느낌이 난다.

치료 : 감염이 심해지는 것을 막기 위해서 병변 부위의 털을 깎고 하루 3번 15분간 온찜질을 한다. 봉와직염 부위에 온찜질을 하면 열과 습기가 몸의 천연 방어작용을 돕고, 감염 부위가 곪아 터지게 된다. 농양의 가장 윗부분이 가장 얇아져 터지면서 고

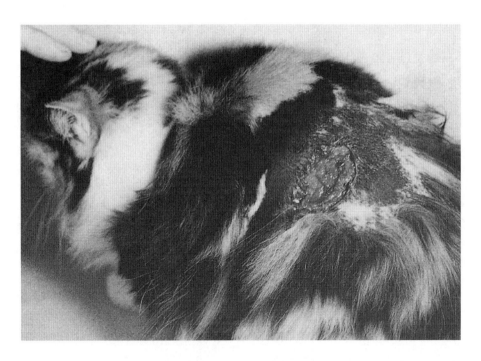

고양이들 간의 싸움으로
인해 생긴 상처에 발생한
농피증과 피부 농양.

름이 밖으로 배출된다. 그리고 고름 주머니는 아래쪽에서부터 치료된다. 농양은 터져서 열려 있어야 이차적인 농양을 추가로 생성하지 않고 안쪽에서부터 바깥쪽으로 낫는다.

여드름, 농포, 종기 등의 다른 작은 농양도 저절로 터지지 않으면 수의사가 일부러 구멍을 내어 배농시켜야 한다. 수의사는 아래쪽부터 치료가 될 때까지 농이 빠져나온 공간을 희석한 항생용액으로 세정하여 구멍이 막히는 것을 막고 배농시킨다. 피하의 이물(나뭇조각 등)은 지속적인 감염원이므로 집게로 반드시 제거해야 한다.

상처의 감염, 봉와직염, 농양을 치료하기 위해 항생제를 투여한다. 대부분의 피부 세균은 다양한 항생제에 잘 반응하는 편이지만, 가장 좋은 약물을 선택하기 위해 세균배양과 항생제 감수성 검사가 필요할 수 있다.

호산구성 육아종 복합체
eosinophilic granuloma complex

호산구성 육아종은 피부에 궤양과 육아종을 형성하는 피부병으로 예전에는 핥음 육아종(lick granuloma)이라고 불리기도 했다. 고양이 좁쌀 피부염, 음식 과민반응, 흡인성 알레르기와 같은 알레르기성 피부 질환과 관련해 나타날 수도 있고, 또 어떤 경우에는 고양이 백혈병과 같이 고양이의 면역체계가 억제된 상태에서 나타날 수도 있다.

무통성 (잠복성) 궤양(indolent (rodent) ulcer)은 윗입술의 중간 부위에서 가장 흔히 관찰되는데 때때로 아랫입술, 위턱 마지막 어금니 뒤쪽에도 생긴다. 이 궤양은 가렵거나 아프지 않지만 암으로 발전될 가능성이 있다. 자세한 정보는 245쪽 호산구성 궤양을 참조한다.

호산구성 반점(eosinophilic plaque)은 어린 고양이나 중간 연령의 고양이(평균 3살)에게 발생하는 가려운 피부 상태다. 탈모를 동반한, 경계가 분명하고 융기된 빨간 반점이 특징이다. 이 반점은 주로 복부, 가랑이 안쪽에서 관찰된다. 벼룩 알레르기를 포함한 알레르기 반응이 원인으로 여겨지며, 반점 부위의 조직생검을 통해 진단한다.

선상 육아종(linear rganuloma)은 고양이 호산구성 육아종이라고도 불리는데, 주로 어린 고양이와 젊은 고양이(평균 1살)에서 발생하고 수컷보다 암컷에게 더 흔하다. 경계가 분명하고 융기된 빨간 반점이 관찰되는데 원형보다는 선형 형태를 띤다. 뒷다리 뒤쪽에 생기며, 대부분 대칭적인 형태로 관찰된다. 선상 육아종은 발 패드, 입, 턱 부위에도 발생할 수 있다. 알레르기가 원인이라 생각되는데, 발 패드에서만 문제를 일으키는 경우라면 화장실 모래의 성분에 의한 반응일 수도 있다. 진단방법은 호산구성 반점과 같다.

모기 물림 과민증(mosquito bite hypersensitivity)은 콧등과 귀끝에 잘 생기며 발 패드의 가려움을 유발한다. 딱지가 있는 상처가 특징적인데, 상태가 심해지고 전신성이 되면 열이 나거나 림프절이 부어오르기도 한다. 모기가 없는 겨울에는 발생하지 않는다. 모기 물림에 과민반응을 보이는 고양이는 활동범위를 실내로 한정한다.

치료 : 가능하다면 문제의 근본 원인을 찾고 다음과 같이 치료한다. 클로르페니라민(chlorpheniramine)으로 가려움을 완화시킬 수 있다. 주사로 궤양 부위에 직접 코르티손을 주사하기도 한다. 대부분의 경우 경구용 코르티손 제제의 처방이 필요하며, 메틸프레드니솔론(methylprednisolone)을 근육 주사하기도 한다. 호산구성 육아종은 치료가 어렵고 쉽게 재발하므로 적극적으로 치료해야 한다. 수의사 주도로 치료하는 것이 필수적이다.

피부 아래에서 만져지는 덩어리

피부 아래에서 발견되는 모든 종류의 덩어리(종괴)는 모두 종양으로 정의할 수 있다. 종양은 암종이 아닌 양성종양과 암종인 악성종양으로 분류된다.

분류상 양성종양은 천천히 자라나며 피막에 싸여 있어 침습적이지 않아 주변으로 퍼지지 않는다. 그러나 종양을 제거해서 현미경으로 검사해 보지 않고는 그것이 양성인지 악성인지 구분할 수 없다. 종양이 양성인 경우, 완전히 제거했다면 재발하지 않는다.

암종은 보통 급속하게 커진다(몇 주 또는 몇 개월). 피막에 싸여 있지도 않다. 암종은 주변 조직에 침윤하여 피부에 궤양이나 출혈을 일으킨다. 뼈에 붙어 있는 단단한 종괴나 뼈 자체에서 자라나는 신생물은 위험하다. 색소가 침착된 종괴나 편평한 점이 갑자기 커지면서, 주변으로 번져 나가며 출혈을 보이는 경우도 위험할 수 있다(흑색종).

단단한 회색 또는 분홍색의 궤양이 잘 낫지 않는다면(특히 발과 다리에) 피부암일 수 있으므로 의심해 보아야 한다.

<u>원인이 밝혀지지 않은 고양이 피부의 모든 종괴나 궤양은 반드시 수의사의 검진을 받아야만 한다.</u> 대부분의 암종은 통증이 없다. 고양이가 큰 불편을 호소하지 않는다고 가볍게 생각해서는 안 된다.

피부의 종양에 관한 일반적인 사항은 19장을 참조한다.

5장
눈

고양이의 눈은 다른 동물과 구분되는 특별함이 있다. 개는 환경에 적응하기 위해 시각, 청각, 후각의 조합을 이용한다. 그러나 고양이는 사냥에 적합하게 발달된 그들만의 독특한 시각에 더 많이 의존한다. 고양이는 움직이는 귀로 먹잇감이 어디로 움직이는지 신호를 주고받으며 예리한 청각을 활용한다. 그리고 훌륭한 시력으로 미세한 움직임을 알아차린다.

고양이의 눈은 특이할 정도로 크다. 체구와 비례해 사람이 고양이와 비슷한 크기의 눈을 가진다면 아마도 그 지름이 20cm는 될 것이다. 눈의 가장 바깥층인 각막은 아주 커서, 더 많은 빛을 눈 뒤쪽으로 전달한다. 안구는 움푹 들어간 뼈 안쪽에 있어 지방 성분의 완충구조에 의해 보호된다. 안구가 깊숙이 자리잡고 있어 눈의 운동범위가 제한적이다. 대신 시야 구석의 움직임을 감지하면 머리를 재빨리 돌려 물체에 초점을 맞추는 데 익숙하다. 고양이의 눈은 상대적으로 정지된 물체를 보는 능력이 떨어져서 작은 움직임을 감지하기 위해서 오랫동안 집중한 상태로 눈을 깜빡거리지도 않고 응시한다. 눈은 머리 앞쪽에 있어서 먹잇감(또는 장난감)을 덮치기 위해 얼마의 거리를 도약해야 하는지 계산할 때 유용하다. 고양이의 시야각은 약 200도로 주변 시야가 놀라울 정도로 넓으며, 140도 정도는 양안시야로 겹친다.

고양이의 눈은 가까운 거리의 물체를 정확히 보지 못하는 원시안이라 생각된다(정상적인 사람을 20/20으로 보면 약 20/100 정도). 수정체의 모양을 조절하는 근육이 상대적으로 약하기 때문이다. 따라서 초점을 잘 조절하지 못한다. 고양이의 근거리 시력은 사람으로 치면 점점 원시로 변해 돋보기가 필요한 중년의 시력과 비슷하다. 고양이의 동공은 동그랗지 않고 야행성 파충류처럼 타원형이다. 이런 모양의 동공은 신속하게 열고 닫을 수 있고, 보다 활짝 열 수 있어서 더 많은 빛이 투과할 수 있다.

눈 뒤쪽의 빛을 감지하는 막인 망막은 막대세포(rod)와 원추세포(cone)라는 두 종류의 광수용체 신경세포를 가지고 있다. 막대세포는 빛의 강한 정도를 인식한다. 때문에 고양이는 검은색, 흰색, 회색의 명암을 구별할 수 있다. 원추세포는 색을 감지한다. 고양이의 망막은 다수의 막대세포와 아주 적은 원추세포가 있어서 희미한 빛 속에서도 잘 볼 수 있으나 색을 구별하는 데는 한계가 있다. 확실하지는 않지만 적록 색맹인 사람과 비슷한 정도의 색감을 가지고 있을 것으로 추측된다.

어둠 속에서 고양이의 눈이 빨갛게 보이는 것은 망막 뒤에 반사판이라는 특별한 세포층이 있기 때문이다. 이 세포는 마치 거울처럼 작용해 망막에 비춰진 빛을 반사시켜 광수용체가 두 배의 빛을 감지하도록 한다. 이런 반사작용과 고양이 눈의 풍부한 막대세포가 더해져 대부분의 다른 동물보다 야간 시력이 뛰어나다. 완전한 어둠이라면 고양이도 보는 게 불가능하지만 어느 정도 어두운 곳에서는 제법 잘 볼 수 있다. 고양이는 사람이 볼 수 있는 빛의 역치의 7배 어두운 정도까지 볼 수 있다.

다른 동물과 마찬가지로 고양이는 평상시에는 잘 볼 수 없지만 눈 안쪽에서 안구를 덮고 있는 3안검이 있다. 검지손가락으로 눈꺼풀 위쪽을 살짝 눌러보면 3안검이 눈 앞쪽으로 살짝 밀려나오는 것을 볼 수 있다.

3안검은 눈을 깨끗이 하고 촉촉하게 유지하는 데 중요한 역할을 하며, 눈을 잘 깜빡거리지 않는 고양이의 특성을 보완해 준다. 자동차 앞유리의 와이퍼처럼 3안검은 눈 표면의 이물질을 제거하고 눈물을 뿌린다. 눈 표면에 상처가 나지 않도록 보호하는 데도 도움이 된다. 빗질을 하거나 털을 고를 때와 같이 눈을 완전히 감지 않은 상태에서도 3안검이 밀려나와 눈을 보호한다. 눈에 어떤 문제가 있거나 신경학적인 증상 또는 많이 아픈 고양이에게서는 평상시에도 3안검이 보일 수 있다.

눈의 구조

고양이의 눈을 보았을 때 보이는 투명한 눈의 앞쪽 부위가 각막이다. 각막은 고양이의 체구에 비해 아주 큰 편이다. 각막은 투명한 세포층으로 덮여 있고 가장자리는 흰 공막으로 둘러싸여 있다. 눈꺼풀을 뒤집어 올리지 않은 상태에서는 공막이 조금만 보인다. 눈의 흰자위를 덮고 있는 세포층을 결막이라고 하는데, 결막은 눈꺼풀 안쪽 면과 3안검의 앞뒤를 모두 덮고 있으나 각막을 덮지는 않는다.

고양이의 눈꺼풀은 피부의 단단한 주름으로 안구의 앞쪽을 지지한다. 눈꺼풀과 안구의 표면 사이에는 얇은 눈물층이 있어 직접적으로 접촉되지는 않는다. 눈을 감았을 때 위아래 눈꺼풀의 가장자리가 딱 맞닿아야 하는데 그렇지 않은 경우 각막이 건조해져 눈에 자극을 일으키는 원인이 된다. 고양이는 보통 눈썹이 없다. 하지만 눈썹이 있거나 방향이 잘못 난 경우 눈 표면을 자극하는 원인이 되기도 한다.

눈물은 눈꺼풀과 3안검, 결막에 있는 샘에서 분비된다. 눈물은 두 가지 기능을 하는데 하나는 눈의 표면을 깨끗이 하고 영양을 공급하고 윤활작용을 하고, 다른 하나는 면역작용을 돕는 화학물질이 함유되어 있어 세균으로부터 눈의 감염을 예방한다.

정상적으로 축적된 눈물은 증발되어 사라지는데, 과도한 눈물은 눈 안쪽 모퉁이 주변에 고여 비루관(코눈물관)을 통해 코로 배출된다. 눈물량이 지나치게 많아지면 눈병, 눈을 자극하는 이물질, 비루관의 폐쇄 등을 의심할 수 있다.

눈 한가운데에 구멍이 뚫린 것처럼 보이는 부분이 동공이다. 동공은 홍채라고 불리는 원형 또는 타원형의 색깔 있는 근육으로 둘러싸여 있다. 홍채는 동공의 크기와 모양을 변화시킨다. 홍채가 이완되면 동공이 동그랗게 커져 많은 양의 빛을 받아들이고, 홍채가 수축되면 동공이 작아지며 수직의 선 모양이 되어 적은 양의 빛을 받아들인다.

고양이의 눈은 색깔이 다양하다. 눈 색깔은 홍채에 침착된 색소의 결과물인데, 일

주변 시야 :
각각 75~80도

양안시야 :
125~130도

지지인대

망막

반사판

홍채

동공

각막

시신경

유리체
(초자체)

수정체

안방수

지지인대

공막

눈의 해부도

반적으로 털색과 관련이 있다. 가장 흔한 홍채 색깔은 연두색에서 황금색 사이의 색깔이다. 고양이 중에는 파랑, 녹색, 금색, 구리색 눈을 가진 경우도 있다. 때때로 한쪽 눈은 파란색, 다른 쪽 눈은 녹색이나 노란색으로 태어나는 경우도 있는데 이를 오드아이(odd-eyes)라고 한다. 오드아이 고양이는 파란색 눈쪽 방향에 선천적인 청각소실을 가지고 있을 가능성이 있다. 선천성 청각소실은 파란 눈을 가진 흰 털 고양이에게서도 발생할 수 있다. 그러나 모두에게 청각소실이 나타나지는 않는다. 이러한 선천적인 결함은 귀 구조의 색소침착결핍과 관련이 있다.

눈의 안쪽은 두 개의 방으로 나뉜다. 앞쪽의 방을 전안방이라 하는데 각막과 홍채 사이를 말한다. 후안방은 홍채와 수정체 사이의 액체로 채워진 공간으로, 전안방으로 구멍이 뚫려 있어 액체와 세포가 서로 이동할 수 있다. 유리체는 수정체와 망막 사이의 투명한 젤리상 물질로 채워진 공간이다. 빛은 각막을 통해 전안방으로, 또다시 동공과 수정체를 통과한다. 수정체에 의해 초점이 맞춰진 빛은 유리체를 통과하고 망막에서 인식된다.

고양이의 눈에 문제가 생겼다면

눈 주변이 지저분해지고, 눈물량이 많아지고, 눈을 깜빡거리고, 사시가 되거나, 눈을 발로 긁거나 통증을 느끼는 듯한 모습이 보이거나, 3안검이 돌출되었다면 고양이의 눈에 문제가 있는 것이다. 가장 먼저 해야 할 일은 눈을 잘 살펴보고 원인을 찾는 것이다. 눈의 가벼운 문제도 단시간 내에 매우 심각한 상황으로 진행될 수 있으므로 즉시 해결할 수 있는 문제가 아니라면, 바로 동물병원을 찾는다.

눈병의 증상
눈에 문제가 생기면 다양한 증상이 나타난다. 통증은 가장 심각한 증상 중 하나다. 고양이가 눈의 통증을 느낀다면 즉시 수의사의 진료를 받아야 한다.

• **눈곱** : 눈곱의 형태는 원인을 찾는 데 도움이 된다. 충혈기나 통증이 없는 투명한 눈곱은 비루관의 문제일 수 있다. 반면 눈이 충혈되고 투명한 눈곱이 관찰된다면 바이러스성 질환에 의한 결막염일 수 있다. 뿌옇고 끈적끈적한 점액이나 고름 같은 눈곱이 생기고 염증으로 눈이 충혈되었다면 클라미디아 감염에 의한 결막염일 수 있다. 통증을 호소하며 눈곱이 관찰된다면 각막이나 눈 안쪽이 손상되었을 가능성이 있으므로 주의를 요한다.

- **눈의 통증** : 통증이 있는 경우 과도하게 눈물을 흘리거나, 눈을 찡그리거나 감는다. 눈을 만졌을 때 물렁한 느낌이 있기도 하고, 빛을 비추면 시선을 돌린다. 고양이는 발로 눈을 긁거나 문지르려 할 것이다. 통증으로 인해 종종 3안검이 돌출된다. 눈의 통증을 유발하는 일반적인 원인은 각막과 눈 안쪽의 손상이다. 녹내장이나 포도막염과 같이 시력을 위협하는 심각한 질환도 포함된다.

- **눈을 덮고 있는 막** : 눈 안쪽의 안구 표면 위를 움직이는 불투명하거나 흰 막은 3안검이다. 그 원인에 대해서는 3안검(198쪽)을 참조한다.

- **뿌옇게 된 눈** : 눈의 투명도를 변화시키는 질병들이 있다. 눈이 뿌옇게 되어 실명한 것처럼 보이고, 작은 부위부터 눈 전체에 이르기까지 혼탁한 정도도 다양하다. 불투명한 눈은 눈 안쪽의 이상을 의미한다. 통증이 있는 혼탁한 눈은 각막염, 녹내장, 포도막염을 의미한다. 각막 부종은 투명한 각막층에 수분이 축적되는 것으로 균일한 푸른 회색빛 혼탁을 보인다. 각막 부종은 보통 통증을 동반한다. 통증이 없으면 가장 흔한 원인은 백내장이다. 눈 전체가 뿌옇게 변해 고양이가 실명했다고 생각할 수 있지만 반드시 그렇지는 않다. 눈이 뿌옇게 변하면 즉시 수의사의 진찰을 받는다.

- **딱딱하거나 물렁해진 눈** : 눈의 압력이 변하는 것은 눈 안쪽의 문제다. 동공은 고정되어 수축되거나 이완되지 않는다. 동공이 확장되고 팽팽해진 눈은 녹내장을 의미한다. 반면 동공이 축소되고 물렁해진 눈은 눈 안쪽 구조의 염증(포도막염)을 의미한다.

- **눈꺼풀의 자극** : 부종, 딱지, 가려움, 탈모를 유발하는 상태에 대해서는 **눈꺼풀**(193쪽)을 참조한다.

- **눈의 돌출이나 함몰** : 돌출된 눈은 녹내장, 종양, 안구 뒤쪽의 농양에 의한 것으로 눈이 안와 밖으로 튀어나온다. 함몰된 눈은 탈수, 체중감소, 통증, 파상풍 등에 의해 발생할 수 있다. 다만 페르시안과 히말라얀 고양이 같은 품종의 경우 어느 정도 돌출된 눈은 정상이다.

- **비정상적인 눈의 움직임** : 눈동자가 앞뒤로 흔들리거나 두 눈이 다른 방향으로 초점을 맞추는 등의 증상은 **안구**(191쪽)를 참조한다.

- **색의 변화** : 눈의 색이 변한다면 흑색종 같은 종양을 의심해 볼 수 있다. 황달(빌리루빈이라는 색소물질이 축적되어 눈 흰자위나 피부가 노랗게 변하는 증상)에 의해 흰자위가 노랗게 변하기도 한다.

눈병을 가볍게 생각해서는 안 된다. 원인이 모호하거나 집에서 조치를 취하고 24시간이 지나도 호전되지 않으면 동물병원을 찾는다. 눈의 문제는 순식간에 가벼운 상태에서 심각한 상태로 악화될 수 있다.

눈을 검사하는 방법

눈을 검사하려면 어두운 방 안에서 플래시와 확대경 등을 이용해 고양이의 눈에 빛을 비춘다. 확대경을 통해 눈꺼풀과 안구 표면의 미세한 이상을 찾아낼 수 있고, 운이 좋으면 눈 안쪽 구조의 이상을 발견할 수 있다.

눈 검사를 하려면 고양이를 고정시켜 움직이지 않도록 해야 한다. 베갯잇 안에 고양이를 넣고 옷핀으로 목 주변을 고정시키거나 수건으로 부드럽게 몸을 감싸안는다. 협조적인 편이라면 무릎 위에 올려놓고 잡는다.

양쪽 눈의 외견을 비교하는 것은 종종 눈의 이상을 발견하는 데 도움이 된다. 양쪽 눈의 크기, 모양, 색깔이 같은지 확인한다. 눈이 돌출되거나 안으로 움푹 꺼졌는지, 눈곱이 꼈는지, 3안검이 보이는지, 눈이 흐릿하거나 뿌옇지 않은지 확인한다.

안구의 바깥쪽을 검사하기 위해 한쪽 엄지손가락은 눈 아래쪽에, 다른 쪽 엄지손가락은 위 눈꺼풀 바로 위의 뼈 위에 댄다. 부드럽게 아래 눈꺼풀을 당긴 후, 반대쪽 엄지손가락으로는 위 눈꺼풀을 당긴다. 아래 눈꺼풀이 처지면 눈꺼풀 뒤쪽의 결막낭과 각막을 관찰할 수 있다. 위 눈꺼풀 뒤쪽도 같은 방법으로 확인할 수 있다.

각막이 깨끗하고 투명한지 검사하기 위해 빛을 비춰 본다. 각막에 거칠거나 파인 자국이 관찰된다면 다친 것이다. 양쪽 눈의 동공은 크기가 같아야 하며, 눈에 빛을 비추었을 때 길쭉하게 수축해야 한다.

한쪽 눈이 단단해지거나 물렁해지지 않았는지 검사하기 위해 눈을 감은 상태에서 부드럽게 안구를 누른다. 눈이 물렁해졌다면 고양이는 통증을 호소할 것이다.

시력이 있는지 확인하기 위해 한쪽 눈을 가린 뒤 손가락으로 다른 쪽 눈을 만지려는 시늉을 해본다. 시력이 있는 고양이는 손가락이 다가오면 눈을 깜빡일 것이다. 하지만 고양이는 손가락의 움직임에 의한 작은 바람결에도 눈을 깜빡거릴 수 있으므로, 이 방법이 시력의 상실 여부를 평가하는 정확한 방법은 아니다.

눈에 약 넣기

인공눈물을 제외한 모든 안약(연고나 점안액)은 수의사의 지시 없이 사용해서는 안 된다. 눈에 통증이 있다면 즉시 동물병원을 찾는다.

연고를 넣으려면 한 손으로 고양이의 머리를 잡은 상태에서 아래 눈꺼풀을 아래로 잡아당겨 눈 안쪽이 보이도록 한다. 190쪽의 사진처럼 다른 손으로는 약통을 잡고 눈으로 향한다. 이렇게 하면 고양이가 갑자기 움직이더라도 손으로 잡고 있으니 눈이 다치는 것을 막을 수 있다. 연고는 아래 눈꺼풀 안쪽에 넣는다. 연고를 눈 위에 직접 넣는 것은 자극을 줄 수 있고 고양이가 놀라 머리를 흔들 수 있다. 약이 각막 전체에

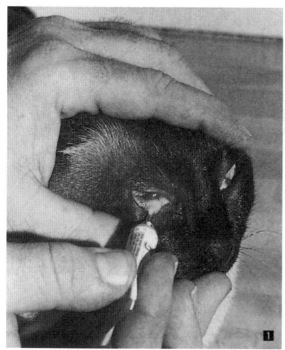
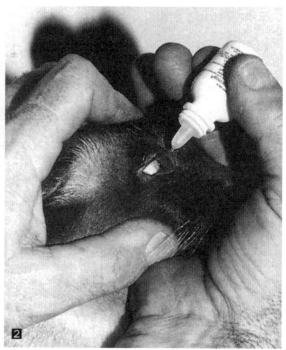

1 아래 눈꺼풀 안쪽에 안연고를 넣는다.

2 눈의 가장자리에 점안 액을 넣는다.

잘 퍼지도록 눈꺼풀을 닫고 부드럽게 문지른다.

점안액은 안구에 직접 투여한다. 한 손으로 고양이 머리를 잡은 상태에서 고양이의 코를 위쪽 방향으로 하여 점안액을 눈의 가장자리 안쪽에 넣는다. 약이 골고루 퍼지 도록 눈꺼풀 위를 부드럽게 문지른다. 점안액은 시간이 지나면 눈물에 의해 닦이므로 수의사가 지시한 횟수대로 자주 넣어 준다. 안과용으로 제조된 약물만 사용하고, 유통 기한을 확인한다.

수의사는 안약을 넣기 전에 인공눈물이나 생리식염수로 눈을 부드럽게 세척할 것 을 추천하기도 한다. 딱딱하게 굳은 눈곱은 미지근한 물을 묻힌 솜 등으로 불린 다음 제거한다. 항상 주의사항을 잘 따라야 한다.

항생제 성분의 안약을 장기간 투여하면 곰팡이 감염이나 내성균에 취약해질 수 있다.

통증완화를 위해 동공을 확장시켜 아트로핀(atrophine) 성분의 안약을 투여해야 한 다면 주의사항을 숙지해야 한다. 혹시라도 아트로핀 성분의 안약이 입 안으로 들어가 면 고양이는 1~2분 후 쓴맛 때문에 입에 거품을 물 것이다. 또 동공이 확장되면서 눈 이 부실 수 있으니 밝은 빛은 피한다.

안구

안구탈출eye out of its socket

응급상황이다. 머리에 강한 충격이 가해지거나 강한 압박으로 인해 안구가 안와 밖으로 튀어나온다. 눈꺼풀이 안구 뒤쪽으로 말려들어가 탈출된 상태가 지속될 것이다. 페르시안과 같이 눈이 아주 크고 코가 뭉툭한 품종에서 발생한다. 안구가 튀어나온 직후, 눈 뒤쪽으로 부종이 발생하여 눈을 원래 위치로 되돌려 놓는 것이 더 어려워진다.

치료 : 부종이 심해지는 것을 막기 위해 눈에 차가운 습포를 대준 상태로 붕대감기(72쪽 참조)에서 나온 것처럼 붕대를 감는다. 다치지 않은 쪽의 안구운동이 탈출된 눈을 불필요하게 움직이게 만들 수 있으니 양쪽 눈을 다 가린다. 즉시 동물병원으로 간다. 탈출된 안구는 가능한 한 빨리 원위치로 복구시켜야 한다. 동물병원으로 가는 동안 탈출된 눈이 건조해지지 않도록 주의한다. 점안액이나 연고 형태의 인공눈물을 사용한다.

만약 한 시간 이내에 동물병원에 도착할 수 없다면 다음과 같이 한다. 우선, 고양이를 잘 보정한다(21쪽, 고양이를 다루고 보정하기 참조). 다음으로 인공눈물이나 미네랄 오일을 떨어뜨려 안구를 매끄럽게 만든 뒤, 탈출된 안구가 제자리로 돌아갈 수 있도록 눈꺼풀을 부드럽게 안구 바깥쪽으로 잡아당긴다. 만약 실패한다면 더 이상 시도하지 않는다. 무리한 조작과 반복된 시도로 인해 부종과 눈의 손상이 더 심해질 수 있기 때문이다. 물론, 수의사의 진료를 도저히 받을 수 없는 상황이라면 반복해서라도 시도해 보는 것이 의미 있을 수 있다.

탈출된 눈은 시력이 손상될 위험이 매우 크므로 안구를 원위치로 돌려놓았다고 하더라도 후속 조치를 위해 동물병원을 방문해야 한다. 눈이 다시 탈출되지 않도록 외과적인 처치가 필요할 수도 있다.

안구돌출증(튀어나온 눈)exophthalmos(bulging eye)

안구가 돌출되는 것은 눈 뒤의 조직이 부어올라 안구를 앞쪽으로 밀기 때문이다. 다치거나 아픈 눈에서 발생 가능성이 더욱 높다. 심하게 눈이 튀어나온 경우에는 눈을 감지 못한다. 눈의 신경이 늘어나거나 손상되었다면 동공이 확장되고 빛을 비추어도 수축되지 않는다.

이런 상태는 농양(고름이 고여 있는 상태)이 원인일 수도 있다. 안구돌출은 안와골의 골절이나 눈 뒤쪽에 혈액이 고이는 혈종, 강한 충격에 의해서도 발생할 수 있다. 부비강의 감염이 안구로 퍼지는 경우에도 눈이 돌출될 수 있다. 이런 경우 입을 벌리려고

안구 뒤 종양에 의해 오른쪽 안구가 튀어나왔다.

할 때 극심한 통증을 호소하고, 종종 고열을 동반한다.

안구 뒤쪽의 종양도 안구돌출의 또 다른 원인이다. 대부분 악성으로 치료에 반응이 미약하다. 몇 주에 걸쳐 서서히 돌출되며 상태가 악화된다. 만성 녹내장을 치료하지 않고 방치해도 눈의 크기가 커진 상태로 돌출될 수 있다 (211쪽, 녹내장 참조).

치료 : 어떤 원인이든 모든 안구돌출은 즉시 수의사의 진료가 필요하다. 매우 심각한 질환으로 시력을 잃을 수도 있다. 외상에 의한 부종을 경감시키는 약물을 투여할 수 있다. 안구 뒤의 감염인 경우 항생제를 투여해야 한다. 안구 뒤나 감염된 부비강 내의 혈종이나 농양을 배액시키는 수술을 하기도 하며, 눈의 손상이나 건조해지는 것을 막기 위해 돌출된 안구 위로 눈꺼풀을 봉합하기도 한다.

안구함몰증(움푹 들어간 눈)enophthalmos(sunken eye)

눈 뒤쪽의 지방 성분이 소실되거나 탈수, 급격한 체중감소 등에 의해 양쪽 눈이 쑥 들어갈 수 있다. 이와 달리 상처를 입거나 질병에 의한 경우 보통 한쪽 눈만 들어가게 된다.

눈에 있는 견인근이 긴장하면 안구를 안와 안쪽으로 잡아당긴다. 각막에 통증이 심한 상처가 생긴 경우 발생할 수 있는데 보통 일시적으로 나타난다.

파상풍은 양쪽 안구의 견인근을 긴장시켜 특징적으로 3안검이 돌출된다. 목 부위 신경줄기의 손상도 안구함몰과 동공축소(199쪽, 호너 증후군 참조)를 유발할 수 있다. 목을 다치거나 중이염이어도 발생할 수 있다. 눈에 심한 손상을 입은 경우, 안구가 위축되어 눈이 점점 작아지고 안와 밑으로 가라앉아도 나타난다.

안구가 뒤로 밀려남에 따라 3안검이 밖으로 드러나며, 종종 안구가 밀려나며 생긴 공간에 점액이 축적되기도 한다. 마치 눈이 뒤로 말려들어간 듯한 특이한 모습을 보이는데, 눈을 넓게 뒤덮은 막으로 인해 안구의 함몰이 3안검 돌출의 문제로 오인되기도 한다.

치료 : 안구함몰증의 치료는 근본원인을 해결하는 것이다.

사시strabismus(cross-eyed gaze)

사시는 샴고양이 보호자에게는 정상으로 간주될 만큼 이 품종에게는 아주 흔하다. 한쪽 눈이 앞을 보고 있는 동안 다른 눈은 다른 곳을 본다. 사시는 유전되며 교정방법이 없다.

또 다른 형태의 사시는 눈근육의 마비에 의해 발생한다. 눈이 특정 방향으로는 움직이지 않는다. 주요 원인은 뇌종양 또는 눈의 신경이나 근육 손상이다. 이런 형태의 사시는 드문 편이다.

삼고양이는 사시가 흔하다.

안구진탕(눈의 떨림)nystagmus(jerking eye movement)

불수의적*인 눈의 운동으로 인해 안구가 불규칙하게 양옆으로 떨리듯 움직이기도 하고 빨랐다 느렸다 시계추처럼 흔들리기도 한다. 보통 전정기관의 이상을 의미한다(229쪽, 내이염 참조). 눈이 움직이는 인형과 유사해서 '인형의 눈(doll's eye)'이라고 부르기도 한다.

치료 : 치료는 근본원인을 해결하는 것이다.

* **불수의적** 자기의 마음대로 되지 않는.

눈꺼풀

눈꺼풀경련(눈 찡그림)blepharospasm(severe squinting)

눈 주변 근육의 경련은 통증에 의해 발생하는데 이물질에 의한 자극 등 다양한 원인이 있다. 이런 자극은 눈꺼풀 근육을 단단하게 만든다. 이로 인해 부분적으로 눈이 감기거나 눈꺼풀이 각막을 향해 안쪽으로 말린다. 일단 눈꺼풀이 말려들어가면 눈꺼풀의 거친 가장자리가 안구를 자극하고 통증과 경련은 더욱 심해진다.

치료 : 점안 마취제를 떨어뜨려 통증을 완화시키고, 증상이 되풀이되는 것을 막아야 한다. 증상완화는 일시적이며, 자극의 근본원인을 찾아 제거해야 한다.

이 고양이의 심한 눈 찡그림(눈꺼풀경련)은 눈의 통증이 그 원인이다.

눈꺼풀염blepharitis

눈꺼풀염은 주로 고양이끼리 싸우다 눈꺼풀을 다쳐 생긴다. 긁힌 상처나 표면의 상처는 쉽게 감염된다. 감염이 일어나면 가려워 긁거나, 딱지가 생기고, 눈꺼풀에 고름과 찌꺼기가 쌓인다.

눈꺼풀염은 머리진드기(*Notoedres cati*), 모낭충, 링웜 감염에 의해서도 발생할 수 있다. 머리진드기는 극심한 가려움을 유발한다. 지속적으로 긁어대면 탈모, 발적, 딱지가 생긴다. 눈꺼풀의 털에 감염된 링웜은 털을 푸석푸석하게 만든 뒤 옆의 피부로 전파된다. 가렵지 않으며, 피부는 각질이 많고 딱지가 앉은 듯 보이지만 빨갛게 되거나 염증이 생기는 경우는 드물다.

치료 : 미네랄 오일을 떨어뜨려 눈을 보호한 뒤, 따뜻한 습포로 딱지를 적셔 제거한다. 눈을 깨끗하게 유지하고 수의사의 진료를 받는다. 눈꺼풀의 감염에는 국소 또는 경구용 항생제 투여가 필요할 수 있다. 눈을 비비지 못하도록 고양이에게 엘리자베스 칼라를 씌워야 한다. 링웜과 진드기의 치료는 4장에 설명되어 있다.

결막부종chemosis

고양이의 결막부종은 결막과 눈꺼풀에 수분이 차고, 부어올라 연화되는 것이다. 알레르겐의 자극에 반응하여 순환 중이던 수분이 조직으로 빠져나가 발생한다.

눈꺼풀과 결막의 갑작스런 부종은 보통 알레르기 반응으로 나타난다. 벌레에 물리거나 음식이나 약물에 대한 알레르기 반응은 가장 흔한 원인이다. 자세한 사항은 **알레르기(168쪽)**를 참조한다.

클라미디아 감염과 바이러스 감염도 부종의 원인이 될 수 있으나 주로 결막에만 발생한다.

치료 : 심각한 문제는 아니다. 알레르겐만 제거하면 상태가 금방 좋아진다. 가벼운 경우 수의사로부터 스테로이드 성분이 함유된 점안액이나 안연고를 처방받아 치료한다. 일부 고양이는 알레르기 반응에 대해 코르티코스테로이드제나 항히스타민제 투여와 같은 전신치료가 필요할 수 있다.

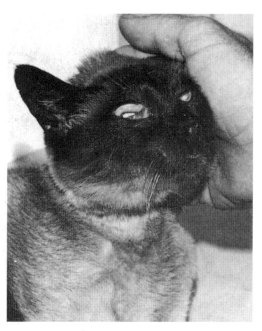

결막부종이 생긴 고양이. 알레르기 반응에 의해 눈꺼풀과 결막이 갑자기 부어올랐다.

눈의 이물 foreign body in the eye

먼지, 풀잎 씨앗, 작은 조각 등의 이물질이 눈꺼풀과 3안검 뒤쪽에 끼는 경우가 있다. 외출이 잦은 고양이에게 더 흔하지만 실내에서 생활하는 고양이도 눈에 털이나 먼지가 끼기도 한다. 첫 번째 신호는 눈을 깜빡거리는 증상과 함께 눈물을 흘리는 것이다. 자극받은 눈을 보호하기 위해 3안검이 돌출된다.

치료 : 먼저 눈을 검사하는 방법(189쪽 참조)에서와 같이 눈을 잘 살펴본다. 안구 표면이나 눈꺼풀 뒤쪽에서 이물질을 발견할 수 있을 것이다. 만약 이물질이 보이지 않는다면 3안검 뒤쪽에 있을 가능성이 있다. 이런 경우 점안마취를 한 뒤에 눈꺼풀을 뒤집어 이물질을 제거한다. 병원 진료가 필요하며 특히 고양이가 협조적이지 않을 경우 더욱 그렇다.

눈 안에 먼지나 작은 티끌이 있는 경우 눈꺼풀을 당긴 채로 인공눈물, 멸균 생리식염수 또는 시원한 물로 10~15분간 닦아낸다. 솜을 적셔 눈 안으로 짜넣거나 점안액을 떨어뜨린다. 이런 방법으로 제거가 되지 않고, 이물질이 보이는 상태라면 끝을 적신 면봉 등으로 부드럽게 닦아낼 수 있다. 이물질이 솜 끝에 붙어 나올 수 있다.

눈 안의 이물질을 제거한 뒤에는 수의사에게 처방받은 항생제 점안액이나 연고를 넣는다.

눈꺼풀 표면에 달라붙은 가시는 끝이 뭉툭한 집게로 제거할 수 있으나 눈물에 씻겨 내려가지 않을 경우 동물병원을 찾아야 한다. 눈의 표면을 뚫고 들어간 이물질은 반드시 동물병원에서 제거한다.

치료 후에도 고양이가 지속적으로 눈을 문지를 수 있으므로 가능하면 문지르지 못하도록 보정한다. 엘리자베스 칼라나 바이트낫 칼라를 착용시킨다. 고양이가 계속 눈

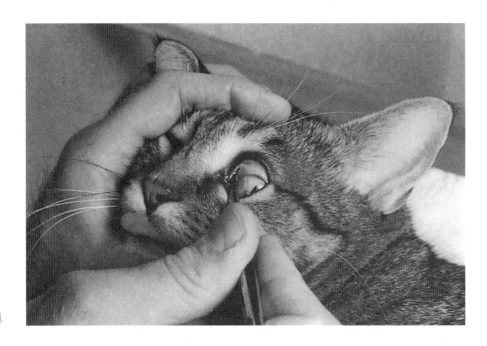

3안검 안쪽의 이물 제거.

을 문지르면 눈 안에 아직 이물질이 남아 있거나 각막에 상처가 났을 수 있다(206쪽, 각막 참조). <u>수의사에게 도움을 요청한다.</u>

눈의 화상burns of the eye

산, 알칼리, 비누, 샴푸, 국소용 살충제 등의 화학물질이 눈에 튀면 결막과 각막이 손상될 수 있다. 연기도 독성이 있다면 눈을 자극하고 손상시킬 수 있다. 눈물 흘림, 눈 깜빡임, 발로 눈을 긁는 행동 등의 증상이 나타난다.

치료 : 눈의 이물(195쪽 참조)에서 설명한 바와 같이 시원한 물, 인공눈물, 멸균 생리식염수로 눈을 씻어낸다. 눈의 손상을 방지하기 위해 자극원에 노출된 즉시 씻어내야 한다. 15분 동안 씻어낸다. 씻는 것을 완전히 마친 뒤에 정확한 진단과 치료를 위해 동물병원에 간다.

목욕을 시킬 때 샴푸나 약욕제로부터 눈을 보호한다.

속눈썹이상trichiasis

일반적으로 고양이는 속눈썹이 없지만 예외의 경우가 있다. 속눈썹이 있는 경우 눈꺼풀에서 눈 안쪽으로 자라나 각막을 자극하게 되어 눈이 가렵거나 다치게 만든다.

치료 : 눈을 자극하는 속눈썹을 수술이나 냉동치료법(cryotherapy)으로 뿌리째 제거해야 한다. 끝이 뭉툭한 집게로 뽑아내면 일시적으로 증상을 완화시킬 수 있으나 영구적인 치료법은 되지 못한다.

안검내번entropion

눈꺼풀이 안쪽으로 말려들어가는 상태로 때때로 페르시안이나 그 유사 품종의 유전적 결함으로 발생한다. 화농성 결막염이나 눈꺼풀 열상(찢어짐)에 의한 아래 눈꺼풀의 흉터로 다른 품종에서도 발생할 수 있다. 안으로 말려들어간 눈꺼풀이 눈을 자극해 눈물이 나고 심하게 눈을 깜빡거린다.

치료 : 안검내번은 수술로 교정할 수 있다.

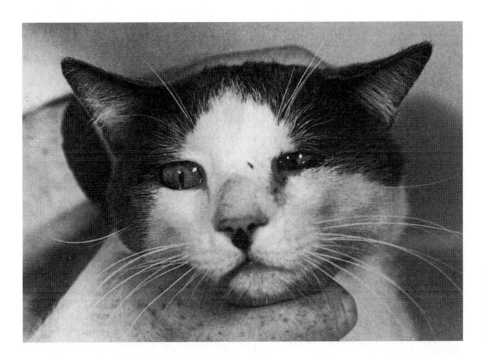

한쪽 눈에 눈곱과 탈모 병변이 보이고 심하게 눈을 깜빡인다. 이는 안검내번의 만성적인 자극에 의한 것이다.

안검외번ectropion

아래 눈꺼풀이 바깥 방향으로 말려 있는 상태로 안구 표면이 자극원에 노출된다. 눈꺼풀이 찢어져 생긴 상처를 제대로 치료하지 않아 생기는 경우가 대부분이다. 출생 시의 결함으로 발생할 수도 있지만 안검내번에 비해 드물다.

치료 : 눈꺼풀이 처지지 않고 눈을 보호하도록 수술이 필요할 수 있다.

눈꺼풀의 종양tumor of the eyelid

고양이의 눈꺼풀에 종양이 발생했다면 암일 가능성이 높다. 어떤 것은 콜리플라워처럼 생긴 반면, 어떤 것은 궤양*이 발생한다. 눈꺼풀 종양은 보통 노묘에서 발생한다. 악성종양은 급속하게 자라나 목에 있는 림프절로 퍼진다. 편평상피세포암이 가장 흔한 악성종양이다. 흰 털의 고양이는 눈꺼풀, 코, 귀에 편평상피세포암이 잘 발생한다.

* **궤양** 피부나 점막의 표면 조직이 손상되어 결손된 상태.

치료 : 눈꺼풀의 모든 종양은 수술로 제거하고 조직검사를 의뢰해야 한다.

3안검(순막, 셋째눈꺼풀)

눈을 덮고 있는 막film over the eye

3안검은 평상시에는 잘 보이지 않지만 눈병이 나거나 손상을 입으면 겉으로 드러난다. 일부 고양이는 완전히 이완되어 휴식을 취할 때 3안검이 올라오는 경우가 있으므로 평상시 고양이의 정상 눈 상태가 어떤지 아는 것이 중요하다. 이런 경우는 깜짝 놀라면 순식간에 막이 안으로 사라져 버린다. 3안검이 노출되는 시간은 다양해서 눈을 깜빡일 때, 혹은 항상 조금씩 보이기도 한다. 하지만 3안검이 눈 안쪽 가장자리 쪽에서 관찰된다면 이는 돌출된 것이다.

눈이 돌출되면서 3안검을 노출시키는 원인으로는 안구 뒤 조직의 감염(농양)이나 출혈(혈종), 종양 등이 있다.

눈이 함몰되며 3안검을 노출시키는 원인은 많다. 눈 주변 근육의 경련을 일으키는 통증이 심한 질병, 파상풍에 의한 근육경련, 탈수나 만성적인 체중감소로 인한 안구 뒤쪽 지방층의 감소 등이다. 한쪽 눈만 그렇다면 국소적인 문제로 생각할 수 있으나 양쪽 눈이 그렇다면 고양이 바이러스성 호흡기 감염과 같은 전신 질환을 의심해 보아야 한다.

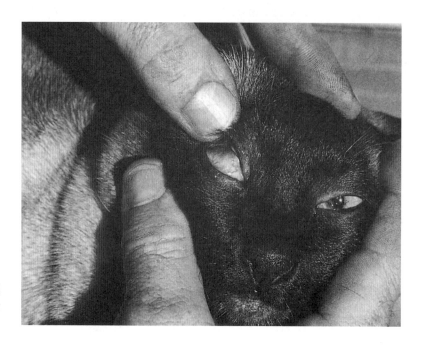

눈을 뒤쪽으로 밀면, 정상적인 3안검을 확인할 수 있다.

키-가스켈 증후군key-gaskell syndrome

키-가스켈 증후군은 원인이 알려지지 않은 흔치 않은 자율신경계의 이상으로 한 쪽 눈의 3안검이 돌출된다. 동공확장, 변비, 저작곤란(음식을 정상적으로 씹을 수 없음), 서맥(심박이 느려짐) 등의 증상도 나타난다. 키-가스켈 증후군은 영국에서 많이 발생한다.

치료 : 몇 주 혹은 몇 개월 간의 광범위한 치료가 필요하다. 예후가 좋지 않아 대부분의 고양이가 흡인성 폐렴으로 생을 마감한다.

호너 증후군horner's syndrome

안구함몰, 3안검의 돌출, 동공이 작아지는 증상이 나타난다. 목에 있는 신경의 손상(또는 종양과 관련한 손상)이나 중이염에 의해 발생하곤 한다.

치료 : 시간이 지나면 상태가 나아지기도 하나 특별한 치료법은 없다.

호 증후군Haw syndrome

좀 더 흔한 질병으로 불명확한 원인에 의해 3안검이 일시적으로 돌출된다. 2살 미만의 건강한 고양이에서 발생하는데 보통 앞서 위장관 질환을 앓은 경우가 많다.

치료 : 특별한 치료를 하지 않아도 몇 달 내로 돌출이 사라진다. 돌출된 막에 의해 시력이 방해를 받는다면 수의사에게 1~2%의 필로카르핀이 함유된 점안액을 처방받을 수 있다(돌출된 크기를 줄여 준다).

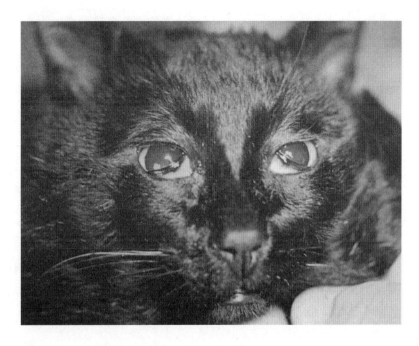

호 증후군으로 3안검이 돌출되었다.

체리아이cherry eye

체리아이는 눈물샘이 돌출된 것으로 특히 버마고양이에 많다. 이유는 알려져 있지 않다. 3안검의 연골이 접히면서 눈물샘이 돌출된다. 이는 시력에도 방해가 되는 것은 물론, 불편함을 유발하고 고양이의 각막에 궤양을 일으키기도 한다.

치료 : 외과적인 절제를 통해 눈물샘의 돌출을 손쉽게 교정할 수 있지만 이상적인 해결방법은 아니다. 눈물샘의 부분 혹은 전체적인 절제가 발생하면 눈물 생산량이 감소할 수 있다. 이로 인해 종종 이차적으로 건성 각결막염이 발생한다. 때문에 최근에는 돌출부를 절제하지 않고, 수술을 통해 눈물샘의 위치를 원상태로 되돌려 놓는 매몰식 수술법을 선호한다.

눈물

유루증(젖어 있는 눈)epiphora(watery eye)

물 또는 점액 같은 분비물이 넘쳐 얼굴을 타고 흐르거나 털을 물들이는 유루증에는 수많은 원인이 있다. 울어서 그렇다고 생각하는 사람도 있지만 그건 잘못된 생각이다. 고양이는 사람처럼 울지 않는다. 그러므로 눈물이 흐른다면 원인을 찾아 적절한 치료를 해야 한다.

우선 눈이 충혈되거나 자극되어 있는지 확인하는 것이 중요하다. 자극을 받은 눈은 눈물을 지나치게 많이 흘리며 충혈되었거나 통증이 있다. <u>그러나 눈이 충혈되지 않았다면 눈물길이 막힌 것일 수도 있다.</u>

눈물을 심하게 흘리거나 눈이나 코에 끈적끈적한 고름 같은 분비물이 관찰된다면 고양이 바이러스성 호흡기 감염과 관계가 있을 수 있다(95쪽 참조). 눈만 단독으로 치료하기에 앞서 이런 가능성을 확인해야 한다.

비루관(코눈물관) 폐쇄nasolacrimal occlusion

고양이의 눈물배출 체계에 문제가 생기면 눈물이 흘러넘치게 된다. 충혈되지는 않고 눈곱만 계속 낀다면 눈물의 배출에 문제가 있을 가능성이 크다.

선천적으로 불완전한 눈물배출 체계를 가지고 태어나는 고양이가 있을 수도 있지만, 대부분 싸움 등에 의해 생긴 눈꺼풀 상처로 인해 후천적인 비루관 폐쇄가 발생한다. 누관의 만성 감염, 점도 높은 분비물이나 먼지, 풀잎 씨앗 등이 누관에 끼는 것이 원인이 된다.

누관이 잘 열려 있는지 확인하기 위해 수의사는 형광 염색약을 눈 안쪽에 떨어뜨린다. 염색약이 콧구멍으로 흘러나오지 않으면 그쪽 누관은 막힌 것이다. 막혀 있는 지점을 찾아내기 위해 비루관 탐침자를 삽입하고 다양한 방법으로 세정한다. 종종 누관 세정으로 막힌 곳이 뚫려 누관이 열리기도 한다.

치료 : 누관의 감염은 항생제로 치료한다. 간혹 누관으로 직접 흘려넣거나 세정 시에 사용하기도 한다. 용량, 종류, 투여 경로는 수의사의 지시를 따른다.

간혹 누관이 회복이 불가능한 경우도 있는데 이런 경우 만성적이지만 경미한 문제므로 적절히 조치를 취하면 된다.

눈물 자국

코가 짧고, 눈이 크고 튀어나왔으며, 납작한 얼굴을 가진 고양이는 흘러 넘친 눈물이 눈 아래 털을 보기 싫게 변색시키곤 한다. 페르시안과 히말라얀 고양이, 그밖에 짧은 주둥이를 가진 품종에게 흔하다. 이 품종들은 눈물을 흘리게 만드는 만성적인 눈의 자극과 감염이 자주 발생한다. 얼굴의 구조상 비루관이 좁고, 눈 안쪽의 눈물 저장 공간이 작은 모든 요소가 원인이 된다.

치료 : 원인을 교정하는 게 불가능할 경우, 광범위 항생제 투여로 증상이 개선되기도 한다. 만성적인 감염에 의한 것이라면 항생제로 치료할 수 있다. 테트라사이클린이 효과적인 약물이며, 눈물로 분비되어 털을 변색시키는 눈물 성분에 결합한다. 그러나 약물의 작용은 변색을 막는데만 국한되므로 얼굴은 계속 축축하게 젖어 있을 수 있다. 테트라사이클린은 3주 동안 투여하는데, 치료 후 다시 변색이 되면 장기투여를 고려해야 한다. 일부 고양이 보호자는 장기투여 방법으로 밥에 저용량의 테트라사이클린을 첨가하기도 한다. 테트라사이클린은 치아와 뼈의 발달에 문제를 일으킬 수 있으므로 성장기의 고양이나 임신한 고양이에게는 투여해서는 안 된다.

미용상의 문제라면 눈 주변의 털을 짧게 잘라 주는 것도 좋다.

건성 각결막염(안구건조증)keratoconjunctivitis sicca(dry eye)

건성 각결막염은 눈물 수분층의 생산이 불충분하여 각막을 건조하게 만드는 눈물 샘장애다. 이 경우 눈물층에는 수분층이 적고 점액층이 많다. 그 결과, 건조한 눈은 점도가 높고 끈적끈적한 점액성 또는 점액화농성 눈곱이 전형적인 증상으로 나타난다. 이런 유형의 눈곱은 결막염에서도 나타날 수 있으므로 안구건조증이 만성 결막염으로 잘못 진단되어 증상의 개선 없이 장기간 잘못된 치료를 받을 수도 있다.

다행히 고양이는 개만큼 흔하지 않다. 고양이 안구건조증의 주원인으로는 허피스바이러스 감염을 의심해 볼 수 있다. 버마고양이는 선천적으로 발생하기도 한다.

안구건조증이 있는 고양이는 눈이 밝게 윤이 나고 빛나는 대신 각막이 건조하고, 불투명하게 혼탁하다. 결막염의 재발도 전형적인 증상이다. 각막에 궤양이 생기거나 각막염이 진행된다. 시력을 잃기도 한다.

안구건조증에는 다양한 원인이 있는데 다음과 같은 특별한 원인도 있다.

• **눈물샘에 분포한 신경의 손상.** 눈물샘을 활성화시키는 안면신경은 중이(가운데 귀)를 통해 지나간다. 그래서 중이염은 신경분지를 손상시킬 수 있으며, 그쪽 얼굴의 근육은 물론 눈물샘에도 영향을 미친다. 이런 경우 반대쪽 눈은 정상이다.

• **눈물샘 자체의 손상.** 전신성 질환에 의해 눈물샘의 부분 혹은 전체가 파괴된다. 예를 들어, 고양이 허피스바이러스는 눈물샘을 막을 수 있다. 세균성 안검염이나 결막염은 눈물샘을 파괴하거나 눈으로 눈물을 이동시키는 작은 관을 막을 수 있다. 많은 종류의 설폰아마이드(sulfonamide)계 약물은 눈물샘에 독성이 있다. 근본 원인이 해결되고 나면 눈물샘의 손상이 부분적으로 회복되기도 한다.

안구건조증은 눈물량을 측정하여 진단한다. 눈물량검사(Schirmer tear test)는 검사지를 눈 안쪽의 눈물 골에 끼어넣어 검사지가 1분 동안 젖는 양을 측정한다. 일반적으로는 12~22mm 정도 젖어야 정상이다.

치료 : 예전에는 인공눈물을 수시로 넣어 주는 것이 유일한 치료법이었다. 그러나 안약용 사이클로스포린(cyclosporin)의 사용으로 혁신적인 치료가 가능해졌고 증상을 크게 개선시켰다. 사이클로스포린은 면역매개성 눈물샘 파괴를 회복시킨다(되돌리지 못하는 경우라도 최소한 진행을 멈추게 한다).

건조한 눈 표면에 사이클로스포린 안연고를 넣는데 투여 횟수는 수의사가 정한 대로 따른다. 효과가 즉각적으로 나타나지 않는다. 인공눈물과 국소용 항생제는 눈물량 검사가 정상치를 나타낼 때까지 계속 사용한다. 치료는 평생 지속해야 한다.

눈물샘의 손상이 기능적인 조직을 거의 남겨놓지 않은 경우라면 사이클로스포린이 크게 효과를 나타내지 못한다. 원인이 면역적인 문제가 아닌 경우 더욱 그렇다. 수의사가 처방한 인공눈물(점안액과 연고)을 평생 하루에 몇 번씩 투여해야 한다. 연고가 점안액에 비해 저렴하고 상대적으로 자주 넣지 않아도 되어 편리하다. 식염수는 눈물의 지방층을 씻어내어 눈 상태를 악화시킬 수 있으므로 사용을 피한다.

약물요법이 실패했다면 최후 수단으로 수술을 고려할 수 있다. 귀밑의 침샘관을 눈의 가장자리 안쪽으로 연결하는 방법으로 타액이 눈물 역할을 해 준다. 이 수술에는 몇 가지 문제점이 있는데 그중 한 가지가 정상적으로 배출하는 눈물의 양보다 많은 양이 분비된다는 것이다. 그 결과 눈이 축축히 젖어 있고 각막과 얼굴에 미네랄 침착이 발생할 수 있다.

눈의 외부

결막염conjunctivitis

결막염은 눈꺼풀 뒷면과 각막 전까지의 안구 표면을 덮고 있는 막에 생긴 염증으로, 고양이에게 가장 흔한 눈의 문제 중 하나다. 고양이의 결막염은 거의 대부분 전염성 질환에 기인한다. 가장 흔한 원인은 허피스바이러스 감염(FHV-1)이고, 두 번째로 흔한 원인은 클라미디아 감염이다. 눈의 충혈, 눈곱, 가려워 눈을 긁는 증상을 보인다. 결막의 조직은 빨갛게 되거나 부어오른다. 결막염을 치료하지 않고 방치하면 시력을 위협하는 문제로까지 진행될 수 있다.

결막염은 가렵기는 하지만 통증은 없다. 눈이 충혈되고, 만졌을 때 통증을 호소한다면 각막염, 포도막염, 녹내장의 가능성을 고려해 볼 수 있다. 이런 질환은 시력을 잃을 수 있으므로 지체하지 말고 치료해야 한다.

맑은 수양성 분비물은 심한 결막염을 의미한다. 통증은 없다.

장액성 결막염serous conjunctivitis

가벼운 질환으로 결막이 분홍빛을 나타내고, 약간 부어오른다. 눈의 분비물은 투명한 물 같은 양상을 보인다. 바람, 추운 날씨, 먼지, 다양한 알레르겐 등 물리적인 자극에 의해 발생한다. 눈물 분비의 문제와 감별이 필요하다.

장액성 결막염은 고양이 바이러스성 호흡기 질환이나 클라미디아 감염의 초기 증상일 수도 있다. 안충(206쪽 참조)도 드물게 결막염을 유발한다.

치료 : 경미한 자극성 결막염은 집에서 치료할 수 있다. 안과용 붕산 희석액, 인공눈물 또는 사람용으로 나온 일반의약품용 멸균 안약으로 눈을 세정한다. 24시간 이내 증상이 개선되지 않으면 동물병원을 찾는다.

고양이 바이러스성 호흡기 질환과 화농성 결막염을 앓고 있는 새끼 고양이.

화농성 결막염purulent conjunctivitis

화농성 결막염은 장액성 결막염이 고름처럼 변하며 시작된다. 눈꺼풀에 끈적끈적한 분비물이 딱지로 엉겨붙는다. 눈의 분비물에 점액이나 농이 들어 있으면 2차 세균 감염을 의미한다.

양쪽 눈에서 이런 분비물이 관찰된다면 바이러스 감염을 의심한다. 허피스바이러스나 칼리시바이러스 감염일 수 있다. 처음에는 한쪽 눈에 생겼다가 며칠 뒤 점차 다른 쪽 눈으로 번진다면 클라미디아 감염이나 마이코플라스마 감염을 의심해 볼 수 있다. 이런 병원체는 수의사가 결막에서 채취한 시료를 현미경으로 검사해 진단한다. 각막의 궤양은 허피스바이러스성 결막염 진단에 도움이 된다.

곰팡이 감염에 의한 결막염은 드문 편이다. 진단은 전문 연구소에 의뢰한다.

치료 : 화농성 결막염은 눈을 닦아내고 엉겨붙은 눈곱을 제거하기 위해 따뜻한 물로 적셔야 할 수도 있다. 눈 표면에 항생제를 하루에 몇 차례 투여한다. 항생제는 눈곱이 끼지 않더라도 일주일 동안 계속 투여한다. 네오마이신(neomycin), 바시트라신(bacitracin), 폴리믹신(polymyxin)이 함유된 연고가 효과가 좋다.

클리미디아나 마이코플라스마가 원인인 경우, 테트라사이클린이나 클로람페니콜 성분의 안약을 추천한다. 클라미디아 감염성 결막염은 완치된 듯 보이나 변이나 오줌을 통해 병원체를 배설하는 고양이를 통해 감염되기도 한다. 보균자 고양이는 3주간의 독시사이클린(doxycycline) 투여나 일주일 간의 아지스로마이신(azithromycin) 투여를 통해 치료한다.

감염이 심한 경우 완치가 어렵다. 이런 경우 눈물 배출의 문제가 아닌지 의심해 봐야 한다. 보통 눈의 반복적인 세정, 근본적인 문제의 해결, 세균배양과 항생제 감수성 검사를 통한 국소 및 경구용 항생제 처방이 일차적인 접근법이다.

바이러스성 결막염의 치료는 항바이러스성 안과용 약물이 도움이 된다. 이런 약물은 수의사에게 처방받아야 한다. 허피스바이러스에 감염된 고양이는 종종 만성적인 재발성 결막염을 보이기도 하며, 주기적으로 다른 고양이들을 감염시키기도 한다. 콜로라도 대학교에서 새로운 항바이러스 제제인 시도포비어(cidofovir)를 이용해 고양이의 허피스바이러스 결막염을 치료한 연구가 있는데, 하루에 두 번 투여해야 하며 다른 항바이러스 제제만큼 자극적이지 않다.

국내의 시도포비어 사용 현황은 궤양성 각막염(208쪽) 치료 부분의 옮긴이 설명을 참조한다.

여포성 결막염follicular conjunctivitis

3안검 아래쪽에 있는 작은 점액샘(여포라고도 부른다)이 표면에 거칠게 형성되어 눈을 자극하고 점액성 분비물을 생산하는 상태. 다양한 종류의 꽃가루, 알레르겐, 감염체가 원인이 되며, 초기 원인이 제거된 이후에도 여포는 커진 채 남는다. 이렇게 거칠어진 결막 표면은 영구적으로 눈을 자극하는 요인이 된다.

치료 : 스테로이드가 함유된 안연고가 여포의 크기를 줄여 주고 표면을 부드럽게 해 준다. 스테로이드로 효과를 보지 못한다면 수의사는 물리적으로 또는 화학적으로 여포를 제거해야 한다. 감염성 원인이 배제되기 전에는 스테로이드를 사용해서는 안 된다.

눈에 끈적끈적한 점액성 분비물을 보이는 만성 결막염.

신생자묘의 결막염

눈꺼풀 안쪽의 세균 감염으로 발생한다. 일부는 허피스바이러스와 관련이 있다. 갓 태어난 새끼가 눈을 뜨기 전에 발생한다. 자세한 내용은 **신생묘 결막염(477쪽)**을 참조한다.

안충eye worm

고양이의 눈에 안충(*Thelazia* sp.)이 생길 수 있는데, 눈곱을 먹고사는 파리에 의해 전염된다. 성충은 몸길이가 5~20mm 정도로 결막낭에서 관찰된다. 치료하지 않고 방치하면 각막을 손상시킬 수 있다.

치료 : 국소마취 상태에서 수의사가 끝이 뭉툭한 집게로 안충을 제거한다. 레바미솔(levamisole)이 함유된 안약을 처방한다.

각막

눈의 투명한 부분인 각막은 표면의 보호층(상피세포)으로 싸여 있다. 각막을 손상시키는 대부분의 파괴 과정은 상피층의 손상으로부터 시작된다. 이물이나 스크래치와 같은 자극원은 각막 표면을 손상시킬 수 있는데 페르시안과 같이 눈이 튀어나온 고양이는 특히 손상에 취약하다. 일단 상피세포의 배열이 파괴되면 스스로 치유되기도 하고, 상태가 더 심해지기도 한다. 예후는 손상된 정도, 조치를 얼마나 빨리 취하느냐, 초기 원인을 찾아내고 제거하느냐에 따라 다르다.

각막 찰과상corneal abrasion

각막이 긁힌 상태다. 각막의 손상은 통증이 매우 심하다. 고양이는 눈을 깜빡거리고, 눈물을 흘리며, 발로 눈을 문지르며, 빛에 민감해지기도 한다. 종종 다친 눈을 보호하기 위해 3안검이 돌출되기도 한다. 상처가 깊으면 주변의 각막 표면이 부어올라 뿌옇고 혼탁해 보인다.

각막 찰과상의 원인은 위치에 따라 추정할 수 있다. 각막 윗부분의 상처는 위 눈꺼풀의 눈썹 방향이 잘못난 경우가 많고, 각막 아래 부분의 상처는 이물질이 긴 경우가 많다. 눈 안쪽 부근의 상처는 3안검 아래쪽의 이물을 의심해 봐야 한다. 먼지가 각막에 들어가도 가벼운 찰과상이 발생할 수 있다.

치료 : 각막 찰과상이 의심되면 동물병원을 찾는다. 각막궤양이나 각막염 같은 보

각막 찰과상이 심해져서 눈물을 흘리고, 눈을 깜빡이고, 3안검이 돌출되었다.

다 심각한 질환으로 급속히 진행될 수 있다. 작은 부위의 각막 찰과상은 보통 상피세포가 손상된 부분을 24~48시간에 걸쳐 얇게 덮어 나가면서 치유된다. 보다 크고 깊은 상처는 시간이 더 오래 걸린다. 이물질이 각막이나 3안검 아래 그대로 있으면 각막 찰과상은 치료되지 않는다. 때문에 증상을 나타내는 고양이는 이물이 남아 있는지 여부를 검사해야 한다. 이물 제거에 대해서는 눈의 이물(195쪽 참조)을 참조한다.

각막궤양 corneal ulcer

각막의 궤양은 즉시 치료하지 않으면 위험하다. 대부분 각막손상으로 발생한다. 그 외의 원인으로는 감염(바이러스, 세균, 곰팡이)이나 영양결핍 등이 있다. 드물게 원인을 알 수 없는 경우도 있다.

궤양이 큰 경우 육안으로도 관찰이 가능한데 눈의 표면이 짓무르거나 움푹 파인 것처럼 보인다. 작은 궤양은 형광염색을 하면 관찰할 수 있다. 수의사는 형광염색약이나 형광염색 용지를 이용해 눈 표면을 가볍게 염색한다. 염색된 눈은 조명을 낮춘 방에서 푸른빛으로 비추어 보는데 손상된 각막 부위만 형광빛으로 밝게 빛난다.

치료: 심각한 합병증이나 시력손상을 막기 위해 초기 치료가 중요하다. 통증관리를 위해 아트로핀 점안액과 2차 세균 감염을 막기 위한 항생제 등으로 치료한다(아트로핀 점안액은 매우 써서 안약의 일부가 입 안으로 들어가면 고양이가 거품을 물 수 있다).

결막염용 안약에 많이 첨가되어 있는 스테로이드는 <u>각막손상이 의심되는 경우에</u>
<u>는 투여해선 안 된다.</u> 각막파열이나 시력상실을 야기할 수 있다.

각막염keratitis

각막염은 눈의 맑은 창에 해당하는 각막의 염증을 말한다. 눈의 통증이 특징적이
며, 결막염과 구분해야 한다. 각막염의 증상은 눈 깜빡거림, 분비물, 눈을 비비는 행동,
3안검의 돌출 등이다. 반면 결막염은 통증이 거의 없고 만성적으로 눈의 분비물이 관
찰된다.

각막염에는 여러 종류가 있다. 모두 각막의 투명성을 잃게 되고 각막염이 발생한
눈의 시력에 부분적으로 혹은 전체적으로 영향을 끼친다. 각막염은 반드시 수의사의
진료를 받아야 하며, 처음에는 매 시간 혹은 두 시간마다 안약이나 안연고를 넣어 주
어야 한다.

궤양성 각막염ulcerative keratitis

눈의 표면을 다쳐 찰과상이나 궤양이 발생한 경우 치유되지 않고 진행되면 2차 감염
이 발생한다. 고양이는 외상이 궤양성 각막염의 가장 흔한 원인 중 하나다.

감염에 의한 궤양성 각막염은 고양이 허피스바이러스가 원인이다(95쪽, 고양이 바이
러스성 호흡기 질환군 참조). 눈의 증상이 나타나기 이전 혹은 같은 시기에 호흡기 감염이
관찰된다. 한쪽 눈 또는 양쪽 눈에 발생할 수 있다.

치료 : 항바이러스 안약을 사용할 수 있는데 가능하면 신약인 시도포비어가 들어
있는 제품이 좋다. 허피스바이러스 예방접종도 도움이 되지만 완벽하게 예방할 수는
없다. 식단에 라이신(lysine)을 첨가하는 것이 도움이 된다. 이 아미노산은 허피스바이
러스 복제에 필수 아미노산인 아르기닌(arginine)과 경쟁적으로 작용한다.

만성 퇴행성 각막염chronic degenerative keratitis

고양이에게만 특이적으로 나타나는 이 질환은 특히 페르시안이나 히말라얀에게서
주로 발생한다. 샴이나 토종 고양이에게서 관찰되기도 한다. 증상은 궤양성 각막염과
유사하나, 각막 표면의 조직에 염증이 생겨 갈색이나 검정색의 피막을 형성한다(부분
괴사). 정확한 원인은 알려지지 않았지만 안검내번(눈꺼풀이 안으로 말리는 증상), 정상
적인 눈물 생산의 결핍(건조성 각결막염), 토안증(눈이 완전히 감기지 않는 상태) 등과 연
관 있는 것으로 보고되었다.

치료 : 외과적으로 각막의 바깥층을 벗겨내어 부분괴사 조직을 제거한다. 결손부가

국내에는 아직 시도포비
어 성분의 안약은 정식
으로 수입되고 있지 않
다. 일부 병원에서 주사
용 약물을 점안액으로
희석해 사용하나 가격이
매우 고가다. 때문에 대
부분의 병원에서는 트리
플루리딘 성분의 항바이
러스 안약을 사용하고 있
다._옮긴이 주

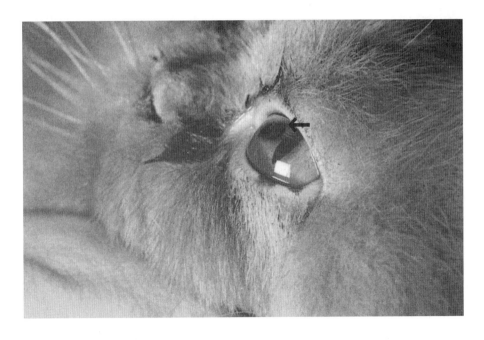

눈의 투명한 부위에 보이는 둥글고 검은 얼룩이 각막의 부분괴사 조직이다. 이는 고양이에게만 특별하게 나타나는 증상이다.

큰 경우 결막편 이식이 필요할 수도 있다. 이런 경우, 3안검을 끌어올려 각막을 덮은 채로 일시적으로 봉합하기도 한다. 허피스바이러스와도 관련이 깊다.

호산구성 각막염eosinophilic keratitis

호산구성 각막염에 걸린 고양이는 각막에 많은 혈관이 자라난다. 각막의 바깥층을 긁어 보면 수많은 호산구와 비만세포를 볼 수 있다. 흔히 알레르기나 면역반응과 연관이 있는데 허피스바이러스와 관련되었을 수도 있다. 각막 위로 흰 막과 혈관이 관찰된다.

치료 : 국소용 또는 경구용 스테로이드 제제 같은 항염증 약물이 효과적이나 증상이 재발할 수 있다. 잠복성 허피스바이러스 감염이 의심되는 경우 국소용 사이클로스포린을 대신 사용할 수 있다(면역억제 약물이다). 완치가 쉽지는 않으나 대부분의 경우 상태가 많이 호전된다.

눈의 내부

실명blindness

눈 안으로 들어가는 빛을 차단하는 모든 문제는 시력에 영향을 미친다. 각막염 같은 각막의 질환, 백내장과 같은 수정체의 질환 등이 여기 속한다. 녹내장이나 포도막염과 같이 눈 안 깊숙한 구조의 염증도 실명에 이르는 원인이 될 수 있다. 노묘에서 실명의 흔한 원인은 고혈압이다. 빛 자극에 대한 망막의 감수성을 감소시키는 망막위축과 같은 질병, 시신경이나 뇌의 시각중추에 영향을 미치는 외상 등이 실명을 포함한 다양한 정도의 시력장애를 유발한다. 실명인 경우 대부분 겉으로 분명히 드러나지 않는다. 정확한 진단을 위해서는 안과학적 검사가 필요하다.

동공의 수축을 검사하기 위해 고양이 눈에 밝은 빛을 비추어 보는 것은 시력을 검사하는 올바른 방법이 아니다. 동공이 작아지는 것은 단순한 반사작용일 뿐이다. 이것은 고양이의 뇌가 시각적인 영상을 구현해 낼 수 있는지에 대한 정보를 주지 못한다. 반면 시력과 몸의 균형감각을 필요로 하는 공잡기 놀이나 의자로 뛰어오르는 행동 등을 잘 하지 못하면 시력을 잃었다고 판단할 수 있다. 시력이 없거나 약화된 고양이는 조명이 침침한 방에서 가구에 부딪치거나 바닥에 코를 대고 수염을 이용해 방향을 찾아내려 애쓴다.

나이 든 고양이는 청력을 잃고 얼마 뒤에 시력을 잃는 일이 흔하게 발생한다. 이런 상태가 되면 고양이는 집 주변에서 길을 찾는 데 더욱 기억에 의존하게 된다. 많은 고양이는 시력을 완전히 잃고서도 익숙한 환경에 놀라울 정도로 잘 적응한다. 고양이 머릿속의 지도에 혼란을 주면 안 되니 가구의 배치를 바꾸지 않는다. 실명한 고양이가 집 밖을 자유롭게 배회하게 두어서는 절대 안 된다. 고양이는 반드시 집 안이나 폐쇄된 공간에 있어야 하며 보호자와 함께할 때만 밖으로 나간다.

백내장 cataract

백내장이란 수정체가 불투명하게 변해 빛이 망막에 이르는 것을 방해하는 상태다. 빛을 차단하는 수정체의 얼룩은 크기에 상관 없이 백내장이다.

고양이에게 백내장은 흔치 않다. 백내장은 대부분 눈의 상처나 감염에 의해 생긴다. 소안증(안구가 작은 것)이나 동공막잔존증(홍채를 가로질러 또는 홍채에서 각막 쪽으로 조직편이 남아 있는 것)과 같은 다른 선천적인 이상과 함께 유전적인 백내장이 발생할 수 있다. 당뇨에 걸린 고양이에게도 발생할 수 있으나 흔하지는 않다.

고양이가 나이를 먹어감에 따라 정상적인 눈의 노화가 진행된다. 고양이의 일생에 걸쳐 새로운 섬유조직이 끊임없이 수정체 표면 중심으로 형성된다. 또한 수정체는 노화가 진행됨에 따라 수분을 잃는다. 이로 인해 노묘의 각막 뒤로 보이는 수정체는 푸르스름하고 뿌옇게 보이게 된다. 대부분 시력에는 영향을 주지 않으며 치료도 필요하지 않다. 이를 핵경화라고 부르는데 백내장과 잘 구분해야 한다.

치료 : 백내장은 시력을 손상시킬 때만 문제가 된다. 시력의 소실은 수정체를 제거

하고 인공수정체를 삽입함으로써 교정할 수 있다. 수정체 적출방법에는 세 가지가 있는데, 낭외수정체적출술(ECLE, extracapsular lens extraction), 낭내수정체적출술(ICLE, intracapsular lens extraction), 수정체분쇄법(수정체유화법 또는 줄여서 'phaco'라고도 한다)이다. ECLE는 수정체가 너무 단단해 유화가 어려운 경우에만 드물게 시행된다. ICLE는 주로 정상 위치에서 벗어난 수정체를 제거할 때 시행된다. 수정체분쇄법은 대다수의 수의 안과의가 선호하는 방법이다. 이 방법은 초음파를 이용해 수정체를 액화시킨 뒤 수정체 파편을 흡입하고 눈을 세척시킨 다음 정상에 가까운 시력으로 회복시키기 위해 인공수정체를 눈 안에 삽입한다. 인공수정체를 삽입하지 않으면 망막에 초점을 잡을 수 없어 시력의 정밀도가 떨어진다.

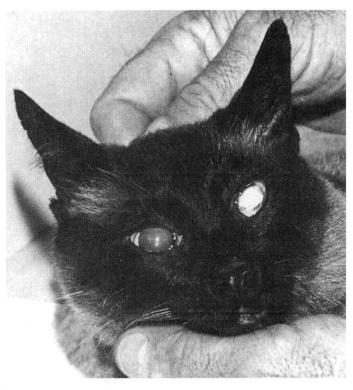

왼쪽 눈에 백내장이 생긴 고양이.

　백내장 수술은 양쪽 눈에 백내장이 생겨 활동이 어려운 고양이에게 필요하다. 수술 전에 망막과 눈의 다른 기능이 정상인지 확인하기 위해 망막전위도검사(ERG, electroretinogram)를 포함한 안검사를 실시한다. 그래야 수술 후 시력을 회복할 수 있다. 망막이 손상된 경우라면 수술을 해도 큰 의미가 없다.

녹내장glaucoma

　녹내장은 안구 내의 압력이 증가해서 발생한다. 정상 상태에서는 안구와 주변 정맥 사이에 끊임없이(비록 아주 느린 속도긴 하지만) 수분 교환이 이루어진다. 이 섬세한 균형을 방해하는 어떤 요인이 발생하면 압력이 증가하고 눈을 단단하고 부풀어 오르게 만든다. 눈 안의 압력이 동맥압보다 커지게 되면 동맥혈이 눈 안으로 들어갈 수 없게 되고 망막에 영양을 공급할 수 없게 된다.

　눈 안의 염증과 감염은 후천적 혹은 이차성 녹내장의 가장 흔한 원인이 된다(213쪽, **포도막염 참조**). 백내장, 눈의 상처, 눈 안의 종양 등에 의해서도 발생한다. 정상적인 위치에서 이탈한 수정체(수정체탈구)도 눈 안의 정상적인 수분 흐름을 방해할 수 있다. 일차성(선천적) 녹내장은 드물게 페르시안, 샴, 토종 고양이에게서 발생한다.

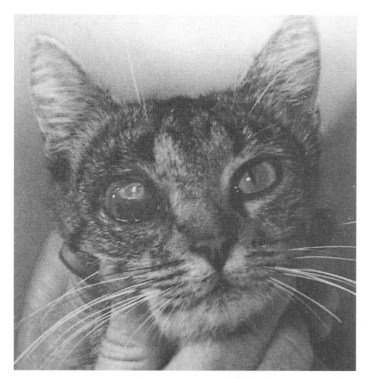

급성 녹내장이 발생한 고양이는 가볍게 또는 조금 심하게 눈물을 흘리거나 눈을 깜빡거리며, 눈 흰자위가 약간 빨갛게 변한다. 아픈 쪽 눈의 동공은 반대쪽 눈보다 약간 커져 있다. 눈의 압력이 30~50mmHg 이상으로 오르면 눈은 확연하게 커지면서 표면이 돌출되기 시작한다(정상 안압은 10~20mmHg). 시간이 지나면 망막도 손상된다. 수정체도 부분적으로 또는 완전히 탈구될 수 있다. 이 일련의 과정은 갑자기 또는 몇 주에 걸쳐 서서히 발생한다.

각막궤양의 합병증으로 발생한 만성 녹내장으로 인해 돌출된 눈.

녹내장의 진단은 안압계를 직접 눈의 표면에 대고 눈 안의 압력을 측정해 이루어진다. 눈 안의 검사도 반드시 실시해야 하는데 전방각경검사(우각경검사)는 안방수의 배출에 문제가 있는지를 검사하는 것이다. 초음파검사도 눈 상태를 평가하는 데 도움이 된다.

비슷한 증상이 나타나는 결막염이나 포도막염과 녹내장을 구분하는 모든 검사를 실시해야 한다. 망막의 손상은 되돌릴 수 없으므로 녹내장 치료를 조기에 시작하는 것이 중요하다. 녹내장 진단을 받기도 전에 이미 영구적으로 시력을 상실하는 경우도 있다.

치료 : 급성 녹내장은 응급 입원치료가 필요할 수 있다. 수의사는 안압을 낮추기 위해 다양한 안약과 먹는 약을 사용한다. 안압을 낮추기 위해 만니톨(mannitol)을 단기간 투여하기도 한다.

만성 녹내장에는 유지약물요법을 적용한다. 국소용 또는 경구용 탄산탈수소효소억제제나 경우에 따라 필로카르핀(pilocarpine) 등도 적용한다. 눈에 다른 문제도 가지고 있다면 함께 치료한다. 치료는 평생 지속해야 한다.

약물요법을 실패하고, 시력이 남아 있을 가능성이 있다면 외과적인 방법을 고려해야 한다. 수술로 안방수의 생산을 줄이거나 배출을 증가시켜 눈 안의 압력을 낮춘다. 시력을 잃거나 통증이 심한 경우 최선의 방법은 안구 전체를 적출하는 것이다. 미용상의 목적으로 의안을 삽입할 수 있다.

시력을 상실한 경우 심미적인 측면에서 안구적출을 대체하는 방법이 있다. 겐타마이신이나 시도포비어 등의 약물을 안구 내로 주사하여 모양체 등 안구 내 세포를 파괴하여 안압을 낮추는 방법으로 최근에 많이 시술되고 있다. 보통 전신마취하에 이루어지나 고양이가 협조적일 경우 국소마취로도 가능하다(시도포비어의 경우 극소량 주사). 예후는 양호한 편이나 간혹 다시 안압이 상승해 재시술을 하거나 안압이 지나치게 떨어져 안구가 작아지는 부작용이 생길 수 있다._옮긴이 주

세포의 글루탐산에 의한 이차적인 신경손상도 일부 녹내장의 원인이라 생각된다. 아미노산인 글루탐산은 망막 신경절에 강한 독성을 보이는데 기본적으로 신경절을 과도하게 자극한다. 글루탐산의 수용체를 차단하는 약물, 칼슘 채널 차단제(망막과 시신경 보호를 위해 사용) 등이 치료제로 연구되고 있다.

포도막염uveitis

포도막염은 눈 안쪽에 혈관이 많이 모이는 조직에 생긴 염증이다. 고양이에게 가장 흔한 눈 질환 중 하나로 눈에 영향을 미치는 많은 고양이 전염병과 관련이 있다. 고양이 백혈병(FeLV), 고양이 전염성 복막염(FIP, 특히 육아종형), 고양이 면역결핍증(FIV), 톡소플라스마, 허피스바이러스, 바르토넬라, 전신성 곰팡이 감염, 회충과 심장사상충의 유충 감염 등이 이에 해당된다. 눈을 관통한 상처, 혈액에 의한 세균 감염, 눈의 종양에 의해서도 발생할 수 있다. 포도막염은 실명에 이를 수 있는 심각한 눈의 이상이다.

<u>포도막염은 통증이 심하다.</u> 고양이는 눈을 깜빡거리고, 눈물을 흘린다. 포도막염을 구별하는 다른 증상은 눈 표면이 빨갛게 되고, 동공이 작아지는 것이다. 손가락으로 눈꺼풀 위를 눌러보면 눈이 말랑말랑하고 부드러운 포도 같은 느낌이 든다. 일부 고양이는 각막의 혼탁이나 부종을 보이며 각막을 가로질러 신생혈관이 자라기도 한다. 전안방에 혈액이나 고름이 관찰되기도 한다. 염증세포가 축적되면 홍채가 수정체에 달라붙기도 하며, 이것이 흉터처럼 손상을 입혀 이차성 녹내장이 발생하기도 한다.

급성 포도막염에 걸린 고양이는 안압이 떨어진다. 양쪽 눈의 압력을 비교해 보면 쉽게 확인할 수 있다. 원인을 찾기 위해 혈청학적 검사와 역가검사를 하기도 한다.

치료 : 전염병 또는 전신성 질환을 앓고 있다면 치료해야 한다. 스테로이드는 눈 안의 염증을 완화시키지만, 전신성 질환을 악화시킬 수 있으므로 주의 깊게 사용한다. 동공을 확장시키고, 통증을 완화시키기 위해 아트로핀과 같은 점안액을 사용한다. 감염 때문에 항생제를 투여할 수 있다. 모든 치료는 수의사의 지시하에 이루어져야 한다. 톡소플라스마 감염과 바르토넬라 감염의 치료에 아지스로마이신이나 클린다마이신이 처방된다.

치료하지 않고 방치된 만성 포도막염은 안구 내 암의 발생과 관련될 가능성이 있다.

망막 질환retinal disease

망막은 눈의 뒤쪽에 위치한 얇고 정교한 막으로, 시신경이 확장된 조직이다. 건강한 고양이의 망막은 빛을 감지하여 뇌로 전달한다. 그러나 망막의 세포가 손상되면 아무 신호도 보낼 수 없다. 망막 질환을 가진 고양이는 망막세포가 손상되어 빛을 감지하여 적절하게 신호를 전달할 수 없다. 시각적인 영상은 흐릿해지거나 시야의 한 부분 혹은 전체가 암흑 상태가 된다.

망막 질환은 보통 야간 시력을 잃는 것부터 시작된다. 야간 시력을 잃은 고양이는 밤에 나가거나 어두운 방 안에서 가구 위로 뛰어오르는 일 등을 주저하게 된다.

진행성 망막위축progressive retinal atrophy

진행성 망막위축은 망막세포가 시간이 지나면서 퇴행하는 것이다. 고양이에게 유전적인 영향은 흔하지 않다. 페르시안, 아비시니안, 간혹 샴고양이에게 유전성의 진행성 망막위축이 발생하곤 한다. 유전의 형태는 보통 염색체 열성유전이다.

치료 : 진행성 망막위축은 치료방법이 없어 결국 실명에 이른다. 유전적 선별검사를 통해 향후 이런 문제를 피할 수 있다.

망막염retinitis

망막염은 망막에 염증이 생기는 질환으로 빛 수용체가 퇴화되거나 파괴될 수 있다. 톡소플라스마 감염, 고양이 전염성 복막염, 림프종, 크립토코쿠스 감염, 전신성 곰팡이 감염 등에 의해 발생할 수 있다. 고혈압, 눈의 상처 또는 특별한 이유 없이 발생하기도 한다. 이런 경우 망막이 눈의 뒤쪽으로부터 분리되기도 한다(망막박리). 혈압의 상승이나 고혈압이 망막박리의 가장 흔한 원인인데 고혈압은 보통 갑상선기능항진증이나 신부전과 연관이 있다. 신속한 치료를 통해 망막박리의 진행을 막을 수 있다.

치료 : 시력을 어디까지 유지할 수 있는가는 원인과 진단 시점에 망막의 손상 정도에 달려 있다. 고혈압과 같은 내과적 질환은 치료가 가능하다. 질병을 잘 관리하거나 치료하면 더 심한 손상을 막을 수 있다. 외상에 의한 망막박리는 조기에 발견하는 경우 때때로 치유되기도 하며, 적어도 더 심한 손상을 입는 것은 막을 수 있다. 이런 경우 수의 안과 전문의의 치료가 필요하다.

중심성 망막변성central retinal degeneration

필수 아미노산인 타우린의 식이성 결핍은 망막의 중앙부에서부터 시작하는 망막의 변성을 유발한다. 이 부위는 고양이의 시력에 가장 중요한 부위로 고양이는 정지한 물체를 잘 볼 수 없게 된다. 말초 시력은 약간 남아 있어 주변의 움직이는 물체는 감지할 수 있다. 이런 식이적인 문제는 고양이 사료 생산업체가 대부분의 사료에 타우린을 첨가함으로써 최근에는 거의 찾아보기 어렵다. 타우린 결핍에 관한 더 자세한

망막 질환이 진행되어 시
력을 잃은 고양이의 확장
된 동공.

내용은 **아미노산**(498쪽)을 참조한다.

항생제인 엔로플록사신도 망막변성과 관련이 있다. 일부 고양이는 투약을 중단하
면 곧바로 증상이 개선되지만 모두가 호전되는 것은 아니다.

치료 : 타우린 결핍은 서서히 진행되는데 식단을 교정하면 진행을 멈출 수 있다.

6장
귀

청각은 고양이의 가장 예리한 감각 중 하나다. 고양이는 너무 희미해서 사람이 듣지 못하는 소리도 들을 수 있다. 또한 고양이는 개가 듣지 못하는 고주파의 잡음도 들을 수 있다. 고양이가 들을 수 있는 범위는 45~64,000Hz다. 고양이는 소리가 나는 방향으로 머리를 완전히 돌릴 수 있으며, 소리의 방향을 따라 귀를 자유롭게 움직일 수도 있다. 눈도 소리가 나는 방향으로 초점을 맞추는데 이런 감각의 조합이 고양이를 뛰어난 사냥꾼, 특히 어둠 속에서도 뛰어난 사냥꾼으로 만든다.

고양이는 내이(안쪽 귀)의 기전에 의해 아주 빠르고 민첩하게 몸의 중심을 잡을 수 있는 매우 뛰어난 평형감각을 자랑한다. 높은 곳에서 뒤집어 떨어져도 2초 안에 몸을 뒤틀어 네 다리로 착지할 수 있다. 고양이는 몸의 앞부분을 땅 쪽으로 회전시킨 뒤, 나머지 몸의 뒷부분을 회전시켜 중심을 잡는다. 강력한 꼬리의 도움으로 네 다리가 함께 땅에 닿도록 몸을 뒤트는 것이 가능하다. 하지만 그렇다고 해서 고양이가 아주 높은 곳에서 떨어져도 전혀 다치지 않는다는 말은 아니다. 도시의 수의사들은 높은 곳에서 떨어져 생기는 낙상이 고양이가 죽거나 다치는 주요 원인 중 하나라고 말한다. 고양이는 높이에 대한 위험을 인식하지 못하고 뛰어내릴 수 있으므로 모든 창문을 잘 닫아야 한다.

청각 기능 외에도 고양이의 귀는 감정 상태를 표현하는 수단이다. 귀가 옆쪽이나 뒤로 살짝 젖혀진다면 흥분해 있다는 신호인 경우가 많다. 귀가 납작해진 것은 겁을 먹거나 방어적 또는 공격적인 상태를 의미한다. 귀가 앞쪽을 향해 쫑긋하다면 편안한 상태고, 귀가 돌아가듯 움직이는 것은 뭔가에 관심이 있거나 소리를 듣고 있음을 의미한다.

귀의 구조

귀는 세 부분으로 나뉜다. 외이(바깥귀)는 귓바퀴와 외이도(바깥귀길)로 구성되고, 중이(가운데귀)는 고막과 이골(귓뼈)과 청소골(작은귓뼈)로 구성되며, 내이(속귀)는 달팽이관, 골성미로, 청각신경으로 구성된다.

소리는 공기의 진동이다. 소리가 귓바퀴에 모여 외이도를 따라 고막으로 이동한다. 고막의 움직임은 청소골이라는 작은 뼈들에 의해 내이로 전달된다. 청소골은 망치뼈, 등자뼈, 모루뼈로 구성된다.

달팽이관은 액체가 들어 있는 관으로 청소골의 움직임에 의해 진동이 발생한다. 이 진동은 신경신호로 바뀌어 청신경을 통해 뇌로 전달된다.

고양이는 대부분 귀가 쫑긋 서 있다. 귀의 바깥쪽 피부는 몸의 다른 부위와 같이 털로 덮여 있어 피부병이 발생할 수 있다. 귀 안쪽 피부는 어두운 분홍색을 띠는데 간혹 반점 같은 것이 보인다. 외이도 내에 갈색의 끈적한 분비물이 소량 관찰되는 것은 정상이다.

새끼 고양이가 태어나면 외이도가 막힌 상태여서 소리를 들을 수 없다(정말 그런지 직접 확인할 수는 없다). 5~8일이 지나면 귀가 열리기 시작하여 13~16일이 되면 소리에 반응한다. 3, 4주가 되면 서로 다른 소리를 구분한다. 이 시기에 잘 살펴보면 고양이의 청각 기능이 정상적으로 발달하는지 판단할 수 있다.

몇몇 품종은 귀가 서 있지 않다. 아메리칸컬은 귀끝이 뒤쪽으로 말려 있다. 새끼 때는 귀를 쫑긋 세운 채 태어나지만 4개월 정도가 되면 귀가 얼마나 말릴지 알 수 있다.

스코티시폴드의 귀는 생후 3~4주경에 아래로 처진다. 이 품종은 절대 귀가 접힌 고양이끼리 번식시켜서는 안 된다. 귀를 접히게 만드는 유전적 변이가 근골격계의 기형을 유발하는 유전자와 연관되어 있기 때문이다. 이 유전자는 불완전 우성형질로 두 마리의 보인자를 교배시키면 그 자손은 생후 4~6개월이 되면 명확한 퇴행성 관절 질환이 나타난다. 새끼 고양이는 다리의 아래쪽 관절이 융합되고 꼬리가 짧아지며 뻣뻣해진다. 귀가 접힌 고양이와 귀가 쫑긋 선 고양이를 번식시키면 이런 문제를 피할 수 있다.

고양이가 귀를 긁거나 머리를 반복적으로 흔들며, 귀에서 좋지 않은 냄새가 난다거나 다량의 고름이나 끈적끈적한 귀 분비물이 관찰된다면 귀에 문제가 있는 것이다. 어린 고양이에서는 대부분 귀진드기가 원인이지만, 알레르기와 같은 다른 원인에 의해서도 발생할 수 있다. 중이에 문제가 있는 경우 머리를 기울이거나(사경) 청각 소실이 관찰될 수 있다. 내이의 질환은 평형중추에 영향을 주는데, 고양이가 비틀거리거

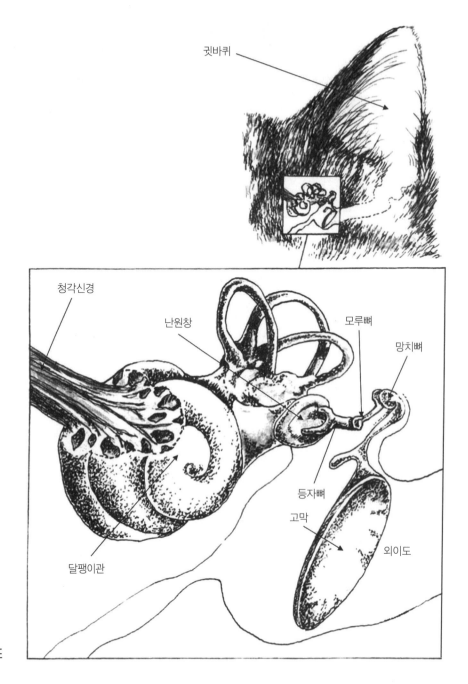

귀의 해부도

귓바퀴

청각신경

난원창

모루뼈

망치뼈

등자뼈

고막

외이도

달팽이관

나, 뱅글뱅글 돌거나, 쓰러져 구르며, 몸을 일으키는 데 어려움을 호소한다. 안구가 빠른 속도로 움직이는 안구진탕 증상을 보이기도 한다.

유전자 변이에 의한 스코티시폴드 고양이의 접힌 귀. 스코티시폴드 유전자는 근골격계의 기형과 관계가 있어 번식 상대를 신중하게 선택해야 한다.

기본적인 귀의 관리

고양이를 목욕시킬 때에는 귀에 물이 들어가지 않도록 귓구멍에 솜을 넣어 막는다. 이도가 젖으면 귀에 감염이 일어나기 쉽다. 고양이가 밖에서 싸우고 들어왔다면 치료가 필요한 상처는 없는지 잘 살핀다(221쪽, 귓바퀴 참조).

일상적인 귀청소는 필요하지 않다. 어느 정도의 귀분비물은 건강한 조직을 유지하는 데 필요하다. 그러나 귀지, 먼지, 찌꺼기 등이 과도하게 많으면 청소를 해야 한다. 적은 양의 분비물은 적신 솜이나 면봉으로 쉽게 닦을 수 있다. 무릎에 고양이를 앉히고 얼굴을 돌린 채 잡고 귀청소를 하면 많은 고양이가 잘 참고 앉아 있다.

고막의 손상 여부가 분명하지 않다면 귓속으로 어떤 세정제도 넣어서는 안 된다.

귀가 아주 지저분하다면 귀 세정액을 넣고 귀 아래쪽을 부드럽게 문질러 준다.

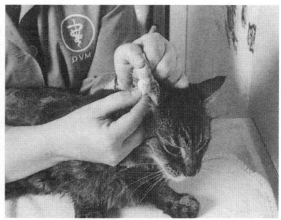

솜으로 부드럽게 닦아낸다.

면봉으로 귀의 주름을 청소한다. 면봉을 외이도 안쪽으로 넣지 않는다.

귀 상태가 아주 지저분하다면 미네랄 오일, 올리브 오일, 희석한 식초액(30mL의 물에 식초 3방울을 희석한 용액), 수의사가 추천한 귀 세정액 등을 외이도에 몇 방울 떨어뜨린 후 먼지나 귀지가 잘 용해되도록 귀 아랫부분을 문지른다. 그러고 난 뒤 솜으로 귀를 부드럽게 닦아낸다.

귀의 주름은 오일이나 세정액을 묻힌 면봉을 이용하면 깨끗이 청소할 수 있다. 귀지가 안쪽으로 더욱 깊이 들어가 고막을 자극할 수 있으므로 외이도 안쪽으로 면봉을 직접 밀어 넣어서는 안 된다. 알코올이나 자극적인 용액은 통증이나 부종을 일으킬 수 있으므로 사용하지 않는다.

많은 고양이가 귀청소를 좋아하지 않는다. 고양이를 다루고 보정하기(21쪽 참조)에서 설명한 것처럼 부드럽게 보정해야 한다. 조용하고 안정된 환경에서 기다리거나 귀청소가 끝나고 간식을 주거나 함께 놀아주는 등 즐거운 경험으로 인식하도록 노력한다. 귀청소 직후에는 많은 고양이가 이상한 자세로 귀를 세우곤 한다.

귀약 넣기

귀세정액은 귀를 청소하는 목적으로만 사용하고, 어떤 세정액이 적합할지는 수의사와 상의한다.

어떤 제품은 앞이 기다란 형태로, 어떤 제품은 방울을 떨어뜨리는 식으로 되어 있다. 고양이를 잘 보정한 상태에서 제품의 투입구가 피부를 손상시키는 사고가 생기지 않도록 주의해서 사용한다. 귀를 정수리 쪽으로 젖힌 뒤 가능한 한 외이도 내로 깊숙하게 넣는다. 수의사의 특별한 지시가 없었다면 연고를 소량만 짜넣거나 물약의 경우에는 3~4방울 떨어뜨린다.

감염은 대부분 외이도 깊숙한 수평 외이도에서 발생하므로 약물이 그곳까지 닿도록 하는 것이 중요하다. 귀 아래쪽 연골 부위를 20초 정도 문질러 약물이 잘 퍼지게 한다. 마사지를 하는 동안 찔걱거리는 소리를 들을 수 있다. 귓바퀴 안쪽에서 흘러나오는 여분의 약물은 솜으로 닦는다.

항생제 성분의 귀약

항생제 성분의 귀약은 흔히 외이(귓바퀴와 외이도를 합친 곳)의 감염을 치료할 때 사용한다. 항생제와 다른 약물이 혼합된 제품도 있다. 고막이 파열된 경우 모든 귀약은 중이나 내이에 손상을 입힐 수 있다. 수의사의 검진을 통해 고막의 손상을 확인하지 않은 상태에서는 어떤 귀약도 사용해서는 안 된다. 외이도 전체를 철저하게 청소하기 위해 때로는 고양이에게 진정제를 투여하기도 한다.

항생제 성분의 귀약을 장기간 사용하는 경우 피부 알레르기 반응, 항생제 내성, 효모나 곰팡이의 증식과 같은 문제가 발생할 수 있다. 투여 횟수는 제조사의 제품 설명을 따른다. 2~3일 내로 증상이 호전되는데, 증상이 호전되지 않으면 치료가 지연될 수 있으므로 수의사와 상의한다.

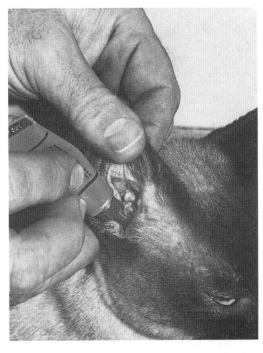

약을 넣으려면 약병의 주입구를 가능한 한 깊숙이 넣고 소량을 짜넣는다.

귓바퀴

귓바퀴는 양쪽 면이 피부로 둘러싸인 연골로 된 덮개다. 귓바퀴는 연약해서 쉽게 상처를 입는다. 귓바퀴나 외이에 문제가 있는 경우 분비물을 보이고, 머리를 흔들며, 귀를 긁고, 귀 주변을 만지면 통증을 호소한다. 귀가 가려워서 귀를 아주 심하게 긁어 피부가 벗겨지기도 한다. 벗겨진 피부에 감염이 일어나면 농양이 발생할 수도 있다. 귀를 가려워하고 긁어대는 근본 원인을 찾아서 치료해야만 상처난 귓바퀴를 성공적으로 치료할 수 있다.

교상과 열상(물린 상처와 찢긴 상처)bite and laceration

고양이끼리 서로 물거나 긁으며 싸우면 통증이 심한 상처가 생기고, 심각한 감염이 발생하기 쉽다. 귓바퀴는 특히 이런 상처가 잘 발생하는 부위다. 교미 시에 상처를 입기도 한다.

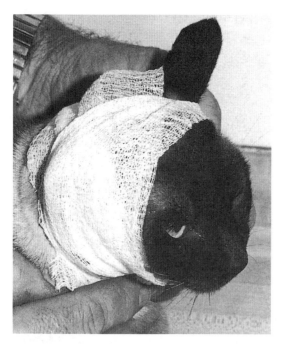

귀에 붕대를 감으면 교상이나 열상으로 생긴 상처를 보호할 수 있다.

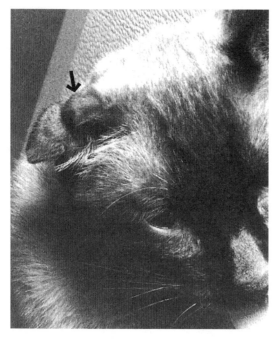

머리를 심하게 흔들어 생긴 귓바퀴의 혈종. 부종과 귀의 변형이 보인다(이개혈종).

치료 : 물린 상처는 꼼꼼히 닦고 살펴야 한다. 상처 부위의 털을 잘라내고, 혈액 찌꺼기나 이물을 제거하기 위해 상처 부위를 베타딘이나 클로르헥시딘 소독액으로 잘 세정한다. 소독액이 눈에 들어가지 않게 주의한다. 출혈이 있다면 이 과정은 생략한다.

다음으로 항생제 연고를 바른다. 연고를 바른 뒤에는 고양이가 바로 문지르거나 핥지 않도록 잠시 동안 주의를 딴 곳으로 돌린다.

발톱에 긁히거나 이빨에 물리면 상처를 통해 세균이 침투하게 되므로 고양이끼리 싸움을 한 경우 합병증으로 농양이 잘 발생한다. 일부 경우에는 항생제를 투여하여 예방할 수 있다(주로 아목시실린과 같은 페니실린 계열 항생제). 수의사의 지시 없이 항생제를 투여해서는 안 된다.

귀 가장자리나 연골 부위까지 이어진 큰 상처는 수의사의 진료가 필요하다. 흉터가 심하게 남거나 귀의 모양이 변형되는 것을 막으려면 외과적 치료가 필요할 수 있다. 정체불명의 동물에게 물린 경우 수의사와 광견병에 대해 상의한다.

귓바퀴 부종swollen pinna

귀 주변이 갑자기 부어오르는 것은 농양이나 혈종에 의한 것이다. 농양이 더 흔하다. 귀 피부가 감염되거나 싸움 뒤에 잘 생기는데, 귀를 심하게 긁어 피부가 감염되고 농양이 발생한다. 농양은 보통 귀 아래쪽에 생긴다. 자세한 내용은 180쪽을 참조한다.

혈종(이개혈종)은 귓바퀴 피부 아래쪽으로 피가 고이는 것이다. 외상을 입은 경우, 혹은 머리를 심하게 흔들거나 귀를 긁는 행동에 의해 발생한다. 귀진드기나 외이도의 감염과 같이 가려움을 유발하는 귀의 문제를 살펴야 한다(이런 문제는 혈종과 함께 치료해야 한다).

치료 : 상처가 남거나 귀의 변형을 막기 위해 수의사는 혈종의 혈액을 배출(배액)시

킨다. 바늘과 주사기로 제거하는 방법은 다시 재발되므로 효과적이지 않다. 피부를 절개하여 지속적으로 배액을 시키는 수술을 선택할 수 있다. 이를 위해 배액관을 넣기도 한다. 피부를 잡아당기고 피가 고여 있던 공간을 제거하기 위해 귀의 양쪽 면을 봉합한다. 발로 귀를 긁지 못하도록 엘리자베스 칼라를 씌우는 게 좋다.

귀 알레르기ear allergy

귀 피부가 분비물 없이 빨갛게 되고 가려운 것이 귀 알레르기의 증상이자 특징이다. 음식 알레르기와 아토피(흡인성 알레르기) 모두 처음에는 귓병으로 나타날 수 있는데 귓바퀴는 물론 이도의 피부에도 영향을 준다. 알레르기에 의한 귓병은 효모 감염과 매우 유사해 보이기도 하고, 또는 알레르기에 의해 이차적인 효모 감염이 발생하기도 한다. 때문에 집에서 약물을 투여하기 전에 수의사의 진단을 받아야 한다. 자세한 사항은 알레르기(168쪽)를 참조한다.

치료 : 알레르기 반응은 1% 히드로코르티손 크림(hydrocortisone cream)이 효과적이다. 극심한 가려움으로 인해 고양이가 자신의 귀에 상처를 입히거나 2차 세균 감염으로 진행될 수 있으니 주의한다.

동상frostbite

동상은 추운 겨울 밖에서 지내는 고양이의 귀에 잘 발생하는데, 특히 바람이 심하고 습도가 높을 때 더 많이 발생한다. 귀는 털이 짧아 외부 노출로부터 겨우 보호되어서 추위에 특히 취약하다(귀끝이 가장 취약하다). 동상에 걸리면 샴고양이 등의 귀끝은 동그랗게 변하거나 흰 털이 자라난다. 장시간 추위와 바람에 노출되면 귀가 처지기도 한다.

치료 : 동상 치료에 대해서는 39쪽에 설명되어 있다.

일광화상sunburn

흰색 귀를 가진 고양이는 특히 햇볕으로 인한 화상에 취약하다. 화상을 입으면 귀끝과 가장자리의 털이 빠지며, 피부가 빨갛게 된다. 심해지면 귀를 긁어 피부가 찢어지고 궤양이나 상처가 생긴다. 여름을 보낼 때마다 상태가 더 심해진다.

시간이 지나면 궤양이 발생한 자리에 편평상피피부암이 생길 수 있다. 다른 종류의 종양이 귀에 발생하기도 하는데 대부분 악성이다. 귀에 발생하는 신생물은 모두 위험할 수 있으므로 수의사의 진료를 받아야 한다.

치료 : 일광화상에 취약한 고양이를 위한 이상적인 대처법은 항상 실내에 머무르는

것이다. 햇빛이 강한 날에만 실내에 두는 것으로는 문제가 해결되지 않는다. 피부손상을 일으키는 태양의 자외선은 흐린 날씨에도 영향을 줄 수 있다. 고양이가 꼭 밖에 나가야만 한다면 밤에만 외출을 허용한다. 귀에 자외선차단제를 바르는 것도 좋다. 자외선차단제를 바를 때에는 바로 닦아내지 못하도록 고양이의 주의를 다른 곳으로 돌린다. 결국 고양이가 닦아내겠지만 그나마 도움이 된다.

낫지 않은 상처는 수술이 필요하다. 귀끝에 궤양이 생기면 주변을 동그랗고 넓적이 잘라 제거한다. 작은 궤양은 잘라내고, 큰 궤양은 악성인 경우가 많아 귓바퀴 전체를 잘라내야 할 수도 있다.

기생충parasite

머리진드기(고양이 옴)는 노토이드레스 카티(*Notoedres cati*)라는 진드기에 의해 발생한다. 고양이의 머리와 귀 주변 피부에 기생한다. 가려움이 주증상이다. 귀를 청소해보면 귀진드기(*Otodectes cynotis*)에 의한 귀진드기 감염과 구분하는 데 도움이 된다. 치료법은 156쪽에 설명되어 있다.

벼룩도 귓바퀴 피부에 흔히 기생한다. 귀나 다른 부위 피부에서 벼룩을 직접 발견할 수도 있고, 검게 바스러지는 굳은 피딱지만 발견할 수도 있다. 치료법은 154쪽에 설명되어 있다.

<u>이도</u>耳道

이도가 자극을 받거나 감염이 발생하면 분비물이 생기고, 고양이는 머리를 흔들며 귀를 긁는다. 일반적인 원인은 다음과 같다.

귀진드기ear mite

귀진드기 감염은 고양이가 겪는 가장 흔한 건강상의 문제 중 하나다. 귀진드기(*Otodectes cynotis*)는 이도에 살며 피부를 뚫고 영양을 섭취하는 아주 작은 곤충으로 증식성이 있다. 새끼 고양이는 어미로부터 전염되기도 한다. 양쪽 귀 모두 문제라면 귀진드기를 의심한다.

가장 흔한 증상은 귀를 긁고 머리를 격렬하게 흔드는 극심한 가려움이다. 귀진드기에 의한 단순 자극은 물론이고, 귀진드기에 대해 알레르기 반응을 보이는 경우 상태가 더 심해진다. 건조하고, 바스러지는 암갈색의 분비물이 귀 안에서 관찰된다. 마치 커피 찌꺼기처럼 보이고, 악취가 날 것이다. 귀를 계속 긁으면 생살이 드러나고, 귀 주변에 딱지가 생기며, 털이 빠진다. 이런 상태에서는 합병증으로 만성적인 세균 감염이 발생하기 쉽다.

수의사는 검이경을 통해 검은 귀지 속의 귀진드기를 확인하는데, 진드기는 핀 끝 크기 정도의 흰 점들이 움직이는 것처럼 보인다.

모낭충(*Demodex cati*)도 귀에 영향을 주는 진드기다. 귀에서 왁스 같은 눅눅한 찌꺼기가 보인다. 면봉으로 귀 안을 채취해 검사한다.

귀진드기는 이도 안에 남아 온몸을 돌아다닐 수 있다. 고양이, 애완용 토끼, 페럿, 개를 포함한 동물 사이에 전염성이 매우 강하다. 사람은 좀처럼 옮지 않는다. 한 동물에게서 귀진드기가 발견되면 집 안의 다른 동물도 함께 치료해야 한다.

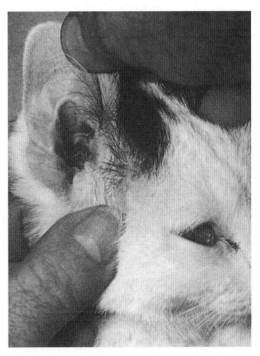

암갈색의 건조하고 잘 부스러지는 분비물은 전형적인 귀진드기 분비물이다.

치료 : 귀진드기는 고양이를 매우 괴롭히는 심각한 문제로, 이도 깊숙이 기어들어가 치료를 어렵게 만든다. 심하면 이차적인 감염을 유발할 수 있다. 때문에 귀진드기 감염은 신속하고 철저하게 치료하는 것이 매우 중요하다.

수의사의 확진 없이 귀진드기 약을 썼다가 다른 종류의 병인 경우 상태를 더 악화시킬 수 있으므로 귓병의 원인으로 귀진드기를 확진하기 전까지는 치료를 시작하지 않는다.

219쪽에 설명한 바와 같이 귀를 청소한다. 귀청소는 필수적인 과정이다. 귀지와 세포 찌꺼기가 들어 찬 지저분한 이도는 진드기가 기생하기 쉬운 장소가 되고, 진드기를 죽이기 위해 약물을 투여할 때 방해가 된다.

수의사가 처방한 약물을 투여한다. 용량이나 횟수는 수의사의 지시를 따른다. 너무 빨리 치료를 중단하면 진드기에 재감염되는 경우가 있으므로, 치료를 완전히 끝마치는 것이 아주 중요하다.

이버멕틴이 귀진드기 치료에 성공적으로 사용되고 있다. 피하주사를 한 번 맞거나 국소용 제제를 귓속에 떨어뜨려 치료한다. 셀라멕틴도 때때로 귀진드기 치료에 사용된다. 모낭충은 일반적으로 이버멕틴이나 석회유황(lime-sulfur) 약욕제로 치료한다.

치료 도중 진드기가 이도에서 도망쳐 나와 다른 곳에 숨는 경우 가려움을 유발하여 긁게 된다. 때문에 수의사의 조언에 따라 국소용 살충 제품으로 고양이의 몸 전체를

최근에는 귀진드기 치료에 외부기생충용 바르는 제제를 많이 사용한다. 귀진드기 치료는 귀진드기를 제거하는 치료와 그로 인한 귀의 감염이나 염증에 대한 치료가 반드시 병행되어야 한다. 또한 어린 고양이는 바르는 제품에 주의를 기울어야 한다. 반드시 수의사의 진료를 통해 치료한다._옮긴이 주

치료하는 것이 중요하다(154쪽, 추천할 만한 벼룩 박멸 계획 참조). 대부분의 고양이가 꼬리를 귀 옆으로 동그랗게 말고 자므로, 꼬리도 치료하는 것을 잊지 않는다.

귀를 긁어 상처가 나는 것을 최소화하기 위해 고양이의 발톱을 깎는다.

세균성 외이염bacterial otitis externa

이도의 세균성 피부염은 피부를 긁거나 물려서 흔히 발생한다. 일부 고양이의 경우 이도 내에 귀지, 세포 찌꺼기, 이물질 등이 지나치게 많이 쌓여 발생하기도 한다. 귀진드기 감염도 흔히 세균성 외이염의 원인이 된다.

이도 감염의 증상은 머리를 흔들거나, 아픈 귀를 긁거나, 귀에서 나는 냄새 등이다. 고양이는 아픈 쪽으로 머리를 기울이거나 고개를 숙이며, 귀를 건드리면 아파한다. 검사를 해보면 이도 피부주름 부위가 빨갛게 되거나 부어 있다. 과도한 양의 귀지나 화농성 분비물이 관찰되기도 한다. 종종 이 분비물에 의해 악취가 난다.

이도의 깊숙한 안쪽을 보거나 이도 안의 이물을 찾고, 그밖의 만성 감염의 원인을 알아내려면 수의사에 의한 검이경 검사가 필요하다.

장기간 지속되는 세균 감염은 이도를 두껍고 빨갛게 만들어 상당한 통증과 불편함을 야기한다. 염증성 폴립이나 종양과 같은 덩어리가 자라나 이도를 막기도 한다. 이런 경우 막힌 이도를 뚫는 수술을 해야 한다.

치료 : 첫 번째 단계는 원인을 찾는 것이다. 가벼운 세균성 외이염(과도한 분비물은 없으나 귀가 더럽고 귀지가 쌓인 경우)이라면 수의사의 진단을 받은 후 집에서 치료한다.

219쪽에 설명한 것처럼 귀를 청소한다. 수의사가 처방한 귀 세정액을 적신 솜으로 딱지와 분비물을 닦아낸다. 찌꺼기가 이도 안쪽으로 깊숙이 밀려 들어가지 않도록 주의한다. 귀지가 쌓여 있으면 찌꺼기를 부드럽게 만들어 배출이 용이하도록 하기 위해 귀지 용해제를 넣는다. 마지막으로 귀를 솜으로 닦아 말린 뒤 항생제 성분의 귀약을 220쪽과 같이 넣어 준다.

귀의 통증을 심하게 호소한다면 동물병원에 가서 고양이를 진정시킨 후에 귀를 꼼꼼하게 세정한다. 문제의 원인을 찾기 위해 분비물을 도말하여 현미경으로 검사하기도 한다. 특히 감염의 재발이 잦다면 정확한 항생제 치료를 위해 분비물을 배양하고 감수성 검사를 한다. 일부 고양이는 국소용 약물과 함께 경구용 항생제가 필요할 수도 있다.

귀를 긁어 생기는 상처를 최소화하기 위해 발톱을 깎는다.

효모성 및 곰팡이성 외이염yeast or fungal otitis externa

국소용 항생제를 오래 사용하면 이도 내의 정상세균총을 변화시켜 효모와 곰팡이가 쉽게 성장한다. 그런 까닭에 효모성 외이염은 세균 감염이나 귀진드기 감염, 음식 알레르기 등이 장기간 지속되어 이차적으로 발생하는 경우가 많다. 음식 알레르기나 아토피와 관련이 있는 외이염을 포함해 효모성 외이염의 가장 흔한 원인체는 말라세지아(*Malassezia pachydermatis*)다.

효모 감염의 증상은 세균 감염처럼 명확하지 않다. 귀에는 염증이 생기고 통증이 있지만 세균 감염에 비해 강도가 덜하다. 간혹 귀가 살짝 빨갛게 되거나 축축해 보이는 정도만 관찰되기도 한다. 갈색의 눅눅한 분비물이 관찰되는데, 화농성은 아니며 역한 냄새가 특징적이다.

효모와 곰팡이 감염은 재발되기 쉬워 장기간 치료를 받아야 하는 경우가 많다.

치료 : 수의사는 정확한 원인을 찾거나 치료의 종료 시점을 결정하기 위해 귀의 분비물을 도말하여 세포를 확인한다. 임상 증상이 사라지자마자 바로 치료를 중단하면 쉽게 재발하기 때문이다. 보조적으로 경구용 약과 국소용 약물이 필요할 수 있다.

치료는 항생제 대신 항진균제(니스타틴이나 티아벤다졸 등)를 사용한다는 점만 빼고는 세균성 외이염 치료와 유사하다. 니스타틴은 효모균인 칸디다 알비칸스(*Candida albicans*)에도 효과적이다. 티아벤다졸은 칸디다(*Candida*)와 대부분의 효모균에 효과적이다. 미코나졸 용액도 흔히 처방된다.

이도의 이물이나 진드기foreign body or ticks in the ear canal

이도 내의 이물은 가려움과 감염을 유발한다. 보통 풀씨나 까끄라기(곡식의 겉껍질에 붙은 수염 조각) 등이 문제가 되는데, 처음에는 귀 주변의 털에 붙어 있다가 이도 내로 들어간다. 진드기는 귀 피부에 달라붙어 있다가 이도 내로 기어들어간다.

고양이가 풀밭에서 놀았다면 귀를 검사해야 한다. 머리를 흔들거나 귀를 긁는 경우에는 더욱 귀 검사가 필요하다.

치료 : 이도 내의 이물은 수의사가 제거해야 한다. 이물이 귓구멍 가까이 있다면 끝이 뭉툭한 집게를 이용해 꺼낼 수 있으나 집에서 하는 것은 위험하다. 이도 깊숙이 들어간 이물은 특별한 기구를 이용해 꺼내야 한다. 이는 매우 민감한 과정으로 마취를 해야 할 수도 있다.

진드기가 귓바퀴에 있어 쉽게 잡을 수 있다면 **참진드기**(160쪽 참조)에서 설명한 대로 제거한다. 진드기가 이도 안에 있다면 수의사가 제거해야 한다.

귀의 폴립(혹)ear polyp

귀의 폴립은 1~4살 사이의 고양이에게서 주로 관찰되는 신생물로 다른 연령대에서도 발생할 수 있다. 만성 염증과 관련이 있거나 발달결함의 결과로 발생하기도 한다. 귀의 폴립은 처음에는 주로 중이에서 시작되어 고막을 통해 외이 쪽 또는 내이 쪽으로 자라난다. 재발성 감염을 나타내는 고양이는 귀의 폴립을 주의 깊게 검사해 봐야 한다.

고양이가 머리를 흔들거나 가끔 귀에서 분비물이 보인다. 귀의 통증이 매우 심하며, 머리를 기울이거나 3안검이 노출되는 증상이 나타날 수 있다. 어떤 고양이는 폴립이 여러 개 있기도 하며, 코나 목구멍 등에 폴립이 자라나 호흡에 문제를 일으키기도 한다.

치료 : 폴립은 수술로 제거한다. 폴립 전체를 완전히 제거하지 못하면 쉽게 재발된다. 수술 후 코르티코스테로이드를 투여하면 재발률을 줄이는 데 도움이 된다. 드물게 수술 후 신경손상이 남기도 하는데, 대부분의 고양이는 완전히 회복된다.

귀지샘의 문제ceruminous gland problem

양성 귀지샘 낭종은 고양이에게 흔하다. 이 낭종은 귀 전체에 검게 나타나는데, 군집을 이루어 마치 포도송이처럼 보인다. 이도를 막으며 자라나는 경우 제거해야 한다. 그렇지 않으면 귀에 문제를 일으킨다.

고양이도 귀에 귀지샘 종양이 잘 발생하는데 보통 악성 선암종이다. 귀의 폴립과 잘 구분해야 한다.

중이염otitis media

중이의 감염인 중이염은 고양이에게는 흔하지 않다. 대부분 고막이 파열된 외이염에 의해 발생한다. 편도염과 구강 및 부비동의 감염이 중이와 목구멍 뒤쪽을 연결하는 유스타키오관을 통해 중이로 전파되기도 한다. 드물게 혈류를 통해 세균이 전파되기도 한다.

선행된 이도의 감염 증상 때문에 중이염의 초기 증상은 종종 잘 드러나지 않는다. 중이에 문제가 생기면 보다 심한 통증을 보이며, 고개를 숙이거나 아픈 쪽 머리를 아래로 기울이는 증상을 보인다. 머리를 잘 움직이지 않으려 하고, 균형감각에 영향을 주어 종종 걸음걸이가 불안정해 보인다.

수의사는 검이경검사를 통해 고막이 뚫리거나 손상되었는지 검사한다. 엑스레이 검사로 뼈의 변화를 확인할 수 있다. 고막 표면을 가로지르는 신경이 영향을 받으면 아픈 쪽 얼굴이 처져 보인다. 3안검이 돌출되기도 한다. 중이의 감염은 내이로 전파될 수 있다.

치료 : 중이의 감염은 수의사의 치료를 받아야 한다. 국소용, 경구용 항생제가 모두 필요할 수 있으며, 수의사가 고막 상태를 확인하기 전에는 귀청소를 하거나 귀약을 넣어서는 안 된다.

내이염otitis interna

내이염은 내이의 감염으로 흔히 중이염에서 시작된다. 구토, 비틀거림, 귀가 아픈 쪽으로 쓰러지거나 뱅뱅 도는 행동, 안구가 주기적으로 떨리는 등의 증상은 전정기관의 질환이므로 내이염을 의심해야 한다.

대부분의 귀약은 내이의 민감한 조직과 직접 접촉하게 되면 내이염이나 영구적인 귀의 손상을 야기할 수 있다. 이런 이유로 수의사가 고막이 손상되었는지 검사를 하기 전까지는 귀를 청소하거나 귀약을 투여해서는 안 된다.

뇌종양, 약물중독, 독극물 중독, 특발성 전정계증후군(349쪽, 전정기관 이상 참조)도 내이염과 유사한 증상을 보이는데 특발성 증후군이 가장 흔하다. 이전에 귀의 감염이 없었는데도 내이염 증상이 나타난다면 위에 열거한 이상을 의심해야 한다.

치료 : 내이의 감염은 수의사의 치료를 받아야 한다. 약물에 반응하지 않는 만성의 재발성 감염은 수술이 필요할 수도 있다. 드물게 이도 전체를 제거해야 하는 경우도 있다.

난청deafness

어떤 고양이는 청각기관의 발달결함으로 인해 청력을 잃은 채 태어난다. 한쪽 귀만 들리지 않을 수도 있다. 선천적 난청은 파란 눈의 흰 털 고양이에게 가장 흔한데 불완전 상염색체 우성유전자에 의해 발생한다. 흰 털에 파란 눈을 가진 고양이를 포함한 파란 눈을 가진 모든 고양이가 다 귀가 들리지 않는 것은 아니다. 파란 눈의 장모종 고양이가 단모종에 비해 난청 가능성이 높다. 샴 희석유전자(dilution gene)를 가진 흰 털의 고양이는 파란 눈이어도 청력에 아무 이상이 없다. 흰 털의 고양이는 일반적으로 다른 색 털에 비해 난청 가능성이 높으며, 파란 눈도 난청 가능성이 더 높다(한쪽 눈만 파란 경우에도). 선천적으로 난청을 보이는 고양이는 번식을 시켜서는 안 된다.

다음 표는 흰 털 유전자를 가진 대표적인 품종이다. 이 품종은 선천성 난청이 발생할 가능성이 높은데 이 품종이면서 흰 털을 가진 고양이에게만 해당된다.

흰 털 색소 유전자를 가진 대표적인 품종	
아메리칸쇼트헤어	맹크스(Manx)고양이
아메리칸와이어헤어	노르웨이숲
브리티시쇼트헤어	오리엔탈쇼트헤어
코니시렉스	페르시안
데본렉스	랙돌
엑조틱 쇼트헤어	스코티시폴드
메인쿤	터키시앙고라

고양이의 난청에 대한 심도 깊은 연구는 아직 없다. 고양이의 청력이 의심된다면 이 분야 전문가인 루이지애나 수의과대학 조지 스트레인(George Strain) 박사에게 문의해 보면 도움이 될 것이다(strain@lsu.edu).

BAER(brainstem auditory evoked response) 검사(뇌줄기 유발반응청력검사)를 이용해 고양이의 난청을 검사할 수 있다. 이 검사는 일부 수의과대학에서 실시한다. BAER 검사는 고양이가 정상 청력을 가지고 있는지, 양쪽 귀가 모두 안 들리는지 아니면 한쪽만 안 들리는지를 구별한다. 다른 주파수의 소리에 대한 반응에 따른 뇌의 파형을 기록하는 뇌파검사(EEG, electroencephalogram)를 이용해 청력을 검사할 수도 있다. 뇌의 파형이 변화하지 않는다면 소리가 들리지 않는 것이다. 일부 고양이는 평상 상태에서 검사를 받을 수도 있지만 대부분의 경우 진정이 필요하다.

점진적인 청력의 소실gradual hearing loss

청력은 노화, 중이의 감염, 머리의 부상, 귀지와 찌꺼기로 이도가 막힌 경우, 약물중독 등에 의해 소실될 수 있다. 특히 스트렙토마이신, 겐타마이신, 네오마이신, 카나마이신과 같은 항생제를 장기간 사용하는 경우에 청각신경이 손상되어 난청과 내이염 증상이 올 수 있다.

점진적인 청각의 소실은 일부 노묘에서 발생한다. 그러나 종종 노령의 귀먹은 고양이가 사람이 들을 수 없는 고음조의 소리를 듣는 경우도 있다.

고양이가 청력을 잃어가고 있는지 알기는 쉽지 않다. 고양이의 청력을 평가하려면 고양이가 귀를 사용하는 행동을 잘 관찰해야 한다. 소리를 듣는 고양이는 머리를 세우고 소리 나는 쪽을 바라본다. 귀는 소리가 나는 곳을 찾아내기 위해 움직인다. 때문에 소리에 집중하지 못하는 것도 청각 소실의 첫 번째 징후 중 하나다. 또 다른 방법은 고양이가 잠들어 있을 때 큰 소리를 내본다. 만약 고양이가 놀라서 일어나지 않는다면 심각한 청력의 소실이 있음을 짐작할 수 있다. 잘 듣지 못하는 고양이를 잠든 상태에서 조심하지 않고 갑자기 만지면 놀라서 물거나 할퀼 수 있다. 고양이는 진동을 느낄 수 있으므로, 바닥을 발로 구르는 것도 귀먹은 고양이의 주의를 끄는 데 도움이 된다.

귀가 들리지 않아도 고양이는 잘 지내는 편이다. 소실된 청각 기능에 보상적으로 시각, 후각, 수염의 촉각을 사용한다. 그러나 <u>귀먹은 고양이는 밖에 나가게 해서는 안 된다.</u>

7장
코

고양이의 코끝 피부는 삼각형 형태를 이루는데 유전자나 고양이의 기본 색깔에 따라 색이 다르다. 코는 밝은 분홍색이나 주황색부터 청회색, 갈색, 검정색, 반점 모양 등 다양하다. 피부가 분홍색인 고양이는 코와 귀에 편평상피암이 발생할 가능성이 높은데, 장시간 햇볕에 노출되었을 때 특히 영향을 받는다. 코가 분홍색인 고양이는 날씨가 춥거나 흥분하면 일시적으로 코가 하얗게 변하기도 한다. 특별한 이유 없이 코가 하얗다면 빈혈을 의심해 볼 수 있다.

고양이의 코가 따뜻하고 말라 있는지, 축축하고 차가운지는 환경적인 영향을 크게 받는다. 따뜻하게 마른 코는 종종 건강한 고양이임을 나타내나 경우에 따라서는 탈수 상태에 빠졌거나 열이 나는 것일 수도 있다. 간혹 반대로 아픈 고양이의 코가 콧물이 증발되며 차갑고 축축할 수 있다. 정상 상태의 고양이는 콧물을 흘리지 않는다.

고양이의 코 양쪽 측면에는 뺨에서 자란 민감한 수염이 있다(턱, 눈 위, 다리 뒤쪽에도 수염이 있다). 고양이의 수염은 민감한 촉각기관으로 먹이와 주변 환경에 대한 복잡한 정보를 피부 아래쪽 신경다발로 전달한다. 수염은 신경계에 가깝게 연결되어 매우 민감하다. 고양이는 수염이 손상되면 불편함을 느낀다. <u>때문에 수염은 절대 자르거나 다듬어서는 안 된다.</u>

비강은 정중의 격벽에 의해 두 개의 통로로 나뉘는데, 각각의 통로는 콧구멍으로 연결된다. 이 통로는 목구멍으로도 열려 있다. 고양이는 두 개의 커다란 전두동*을 가지고 있는데 비도(코의 통로)와 연결되어 있다. 비도는 크기가 작기 때문에 진정이나 마취 상태에서만 검사가 가능하다(242쪽, 고양이 머리 단면도 참조).

비강은 점막(점액성 섬모층이라고 부름)으로 덮여 있어 혈관과 신경세포가 풍부하다. 이 점막층은 섬모**로 덮여 있어 세균과 이물질을 걸러내고 감염에 대한 일차적인 방

* **전두동**frontal sinuses 얼굴뼈 속의 공기로 채워진 공간 중 이마 쪽 부위.

** **섬모** 호흡기 점막을 덮고 있는 털처럼 생긴 기관.

어막으로 작용한다. 탈수상태나 추위에 장기간 노출되면 섬모층의 운동성이 멈추고 점액층이 두꺼워져 점액성 섬모층의 작용효과가 감소한다. 단두개종* 고양이는 점액성 섬모층의 분포 부위가 적어 호흡기 감염에 취약하다.

고양이는 사람에게는 없는 후각기관이 하나 더 있다. 보습코기관(야콥슨기관이라고도 한다)은 앞니 바로 뒤의 입천장에 위치한 액체로 찬 두 개의 주머니다. 이 주머니는 비구개관을 거쳐 비강으로 연결된다. 입을 살짝 벌리면 이 관이 열려 냄새 분자를 함유한 공기가 보습코기관으로 전달된다. 고양이가 숨을 들이쉴 때의 모습은 때때로 미소를 짓거나 얼굴을 찡그리는 듯 보이기도 한다. 이런 행동을 플레멘(flehman) 반응이라고 하는데 2개월짜리 어린 고양이에게서도 관찰되고는 한다.

이런 형태의 후각 기전이 정확히 무엇을 위한 것인지는 완전히 알려지지는 않았으나 페로몬(몸 밖으로 배출되는 냄새를 가진 입자)을 감지하는 것과 연관이 있다고 알려져 있다. 페로몬은 고양이가 동료를 찾는 걸 돕고, 사물에 얼굴 옆 부위를 문지를 때 분비된다. 페로몬은 고양이의 행동과 행동학적 치료에 있어 매우 중요하다.

고양이는 사람보다 후각이 14배 이상 발달되어 있다. 그 까닭에 어떤 고양이는 향기 나는 모래를 싫어하고, 어떤 고양이는 깔끔한 화장실이 아니면 사용하지 않는다.

고양이에게 후각은 상당히 자기중심적(위협적인 냄새를 감지하는 것 등을 포함)이다. 쉽게 말해 고양이는 주로 냄새를 통해 세상을 인지한다. 냄새는 식욕 자극에도 중요하다. 때문에 코가 막힌 고양이는 대부분 식욕부진을 동반한다. 고양이는 상한 음식에 매우 민감한데 뛰어난 후각이 음식이 조금이라도 부패했는지를 구별하는 데 도움을 준다.

고양이는 먹잇감을 탐지하거나 다른 고양이나 사람을 인식할 때도 후각에 의존한다. 가장 먼저 얼굴, 다음으로 엉덩이 부위의 냄새를 맡고 서로에게 인사를 한다.

히말라얀과 같은 단두개종 고양이는 편평한 비강으로 인해 호흡기 감염에 취약하다.

고양이는 얼굴, 턱, 머리, 꼬리에 개체마다 독특한 냄새를 가진 개별적인 냄새 분비
샘을 가지고 있다. 이 분비샘은 긁는 행동이나(발의 분비샘을 통해 냄새를 남김) 머리, 얼
굴, 꼬리를 사물(사람도 포함된다!)에 문지르는 행동을 통해 영역표시 방법으로도 이용
된다. 소변을 통해 영역표시를 하기도 한다.

어떤 냄새는 고양이의 관심을 끈다. 흔히 장난감에 들어가는 캣닙(개박하)은 다양한
종류의 박하향으로 고양이를 흥분시키고 마법에 걸린 것처럼 만든다. 고양이는 캣닙
근처로 다가가 코를 킁킁거리고 핥거나 씹어 먹는다. 그러고는 바닥에 뒹굴거나 가구
에 몸을 문지른다. 불과 몇 분 동안 효과가 지속되는데 고양이는 전형적인 이완 상태
에 빠진다. 캣닙에 대한 민감도는 유전적인 면과 연령에 따라 다르다. 어린 고양이나
성묘의 1/4 정도는 반응을 보이지 않는다. 흥미롭게도 사자와 호랑이를 포함한 고양
잇과 동물은 캣닙에 비슷한 반응을 보인다.

고양이는 마늘과 양파 냄새를 좋아해서 기호성을 높일 목적으로 사료에 첨가되기
도 했다. 그러나 지금은 독성이 있다는 게 알려져 사용하지 않는다. 반면 시큼한 과일
향은 고양이에게 불쾌함을 유발한다. 집 안의 일정 장소나 가구에 고양이가 가기를
원치 않을 때 이용할 수 있다.

코의 자극에 의한 증상

비염(콧물)rhinitis(nasal discharge)

고양이의 코에서 콧물이 몇 시간 동안 지속적으로 관찰된다면 문제가 있다는 의미
다. 전문적인 치료가 필요할 수 있다. 초기에 발견하는 게 중요하다.

- 재채기를 동반한 맑은 수양성 콧물은 국소적인 자극이나 알레르기성 비염에
  의해 발생한다. 바이러스 감염 초기에도 보인다.
- 점액성 콧물은 바이러스성 호흡기 질환군에서 특징적이다.
- 끈적거리는 노란 화농성 또는 고름 같은 콧물은 세균 감염을 의미한다.

다양한 감염성 물질에 기인한 콧물은 흔히 맑은 콧물에서 시작되어 점액성 또는 화
농성 콧물로 진행된다.

양쪽 콧구멍에서 콧물이 나고, 종종 열, 식욕부진, 눈곱, 침흘림, 기침, 입 안의 상처
등을 동반하면 고양이 바이러스성 호흡기 질환일 수 있다. 코점막이 부어 양쪽 콧구
멍이 막히면 고양이는 킁킁거리거나 호흡 소리가 거칠어지고 입을 벌려 호흡한다. 고

양이는 막 운동을 했을 때를 제외하고는 입을 벌리고 숨을 쉬는 경우가 거의 없다. 고양이가 입을 벌리고 숨을 쉰다면 수의사의 진료가 필요한 경우다.

한쪽 콧구멍의 콧물은 보통 이물이 원인일 때가 많다. 이런 경우 콧물은 혈액성부터 화농성까지 다양하다. 알레르기성 비염은 보통 양쪽 코에서 장액성 콧물이 난다.

종양, 곰팡이 감염, 만성 세균 감염은 코의 점막을 약화시켜 핏빛 또는 혈액성 분비물을 유발하는데, 한쪽 혹은 양쪽 다 관계되었을 수 있다. 고양이의 코에 발생하는 곰팡이 감염의 가장 흔한 원인체는 크립토코쿠스다(116쪽 참조). 콧물에 피가 섞였다면 동물병원을 찾아야 한다.

재채기sneezing

재채기는 코에 자극이 있을 때 나타나는 주요 증상 중 하나다. 코의 점막이 자극을 받으면 반사적으로 재채기가 나온다. 고양이가 몇 시간에 걸쳐 재채기를 하고 멈추기를 반복함에도 특별히 다른 증상이 없다면 가벼운 코의 자극이나 알레르기일 가능성이 높다. 먼지, 담배연기, 꽃가루와 같은 자극물질도 재채기를 유발할 수 있다.

재채기가 하루 종일 지속된다면 고양이 바이러스성 호흡기 질환의 초기 증상일 수 있는데, 특히 허피스바이러스 감염 또는 비기관염(95쪽)에서 흔하다. 갑자기 머리를 흔들고 코를 발로 문지르며 격렬한 재채기 증상을 보인다면 콧속의 이물이 원인일 수 있다(237쪽 참조).

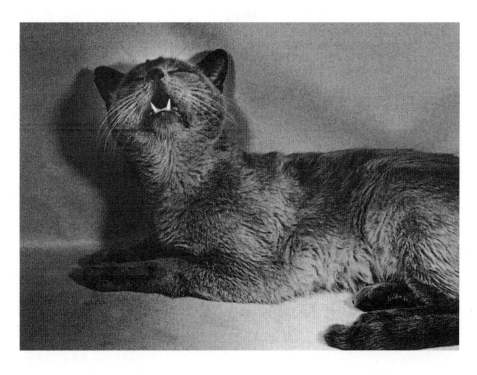

재채기는 코가 자극을 받으면 나타나는 대표적인 증상 중 하나다.

세균 감염도 재채기와 훌쩍거림을 유발할 수 있다. 만성이 되기 쉽고 급속하게 점액성 또는 화농성 콧물을 유발할 수 있다. 장기간 지속되는 심한 재채기는 코피를 유발하기도 한다.

사람의 감기 바이러스는 고양이에게 전염되지 않는다. 하지만 고양이는 사람의 감기와 유사한 증상을 나타내는 수많은 바이러스에 감염될 수 있다. 또한 우리가 바이러스로부터 취약해지는 환경과 유사한 환경에서 고양이 역시 바이러스에 취약해진다. 밀집사육, 환기 불량, 스트레스 등이 여기에 포함된다. 만약 고양이가 콧물을 흘리고 눈곱도 낀다면(특히 기침과 재채기를 하고 미열이 난다면) 수의사와 상담한다(10장 호흡기계와 3장 전염병 참조).

후두경련(역재채기)laryngospasm(reverse sneezing)

후두경련은 목구멍 뒤쪽에 점액이 쌓여 후두의 근육에 일시적으로 경련을 일으키는 것이다. 이런 증상은 흔치 않고 해롭지도 않지만 마치 고양이의 기도에 이물질이 걸린 것 같은 소리를 내므로 놀랄 수 있다. 후두경련 후 격렬하게 코로 공기를 흡입하는데, 아주 크게 코를 고는 듯한 소리를 낸다. 이런 증상이 나타나기 전후로 고양이의 상태는 아주 멀쩡하다. 손으로 고양이의 코를 부드럽게 잡아주는 게 도움이 된다.

비강

코피epistaxis(nosebleed)

고양이가 자연적으로 코피를 흘리는 경우는 없다. 하지만 비강이 아주 예민해서 외상을 입으면 쉽게 출혈을 일으킨다. 코피의 원인은 대부분 코에 손상을 주는 안면부 외상과 관련이 있다. 이물에 의한 코점막의 손상, 감염, 종양, 기생충에 의해서도 발생할 수 있다. 드물게 혈소판 수치 저하, 간 질환, 살서제(쥐약)의 항응고약물에 노출되는 등 전신성 응고장애가 발생해 코피가 날 수 있다.

외상에 의해 코피가 나는 경우, 입천장의 정중선 부위 골절과 관련이 있을 수 있다. 고양이가 입을 벌리고 숨을 쉰다면 의심해 봐야 한다. 이 골절은 치아의 정렬을 손상시키므로, 골절이 치유될 때까지 정렬을 맞추고 치아도 함께 고정해야 한다. 외상을 입고 코피를 흘리는 고양이는 수의사의 진료를 받아야 한다.

치료 : 코피를 동반한 재채기는 출혈을 악화시킬 수 있다. 우선 고양이를 조용한 곳에 격리시킨다. 혈류량을 감소시키고 지혈을 돕기 위해 얼음 조각이나 아이스팩으로

콧잔등을 냉찜질한다. 가벼운 출혈은 금방 진정된다. 특히 고양이가 안정된 상태라면 더 빠르게 진정된다. 출혈이 지속되면 수의사를 찾는다.

코의 이물foreign body in the nose

고양이는 비도가 좁아 코의 이물은 흔치 않다. 그럼에도 불구하고 지푸라기 조각, 풀씨, 잡초, 생선가시, 끈, 나뭇조각, 때때로 벌레까지 코로 들어가는 경우가 있다.

전형적인 증상은 발로 코를 긁으며 갑자기 하는 격렬한 재채기다(처음에는 연속적으로, 이후에는 간헐적으로). 고양이는 불편한 쪽으로 머리를 기울이거나, 눈을 깜빡거리며, 목을 쭉 펴고 머리를 바닥에 늘어뜨린 채로 심호흡을 하려고 애쓴다. 비강 뒤쪽에 이물이 걸린 경우 반복적으로 헛기침을 하는 행동을 보일 수 있다. 어떤 이물은 거의 증상이 없어 모르고 지나가기도 한다.

코에 있는 이물이 하루 또는 그 이상 지속되면 2차 세균 감염이 발생해 화농성 콧물이 흐른다(238쪽, 코의 감염 참조).

한쪽 코에서 화농성 콧물과 함께 파리 유충이 보일 수 있다. 이는 파리가 비도 내에 낳은 알이 자라 생긴 것이다. 코점막을 손상시키지 않기 위해 마취한 후 유충을 조심스럽게 제거하기도 한다. 집에서 유충을 제거하려고 해서는 안 된다.

치료 : 이물이 눈에 보이고 콧구멍 가까이에 있다면 집게로 제거한다. 그러나 보통 이물은 더 깊숙이 박혀 있다. 목구멍 아래를 살펴보면 끈 조각이나 풀잎이 연구개에서 인두 부위 방향으로 걸려 있을 수 있다. 혼자서 이런 이물을 제거하려고 해서는 안 된다. 병원을 찾는다.

이물이 눈에 보이지 않고 심각한 증상을 유발하지도 않는다면 시간이 지남에 따라 저절로 빠질 수도 있다. 그러나 몇 시간 뒤에도 고양이가 여전히 불편해하면 동물병원을 찾아야 한다. 고양이가 스스로 이물을 배출해 낼 수 없거나 심한 증상을 일으킨다면 마취하여 이물의 위치를 확인하고 제거해야 한다.

며칠 동안 코에 이물이 남아 있는 고양이는 2차 세균 감염을 방지하기 위해 예방적으로 항생제를 투여한다. 대부분의 이물은 비강 내에서 일부 조직을 손상시키는데, 이러면 세균의 침투에 취약해진다. 이물을 배출시키거나 제거한 뒤에도 항생제를 1~2주 동안 지속적으로 투여한다.

알레르기성 비염(코 알레르기)allergic rhinitis(nasal allergy)

코 알레르기는 짧은 시간 동안 주기적으로 재채기를 하고 매일매일 재발하는 특징을 보인다. 보통 맑은 수양성 콧물이 흐른다. 대부분 주변 환경의 자극물질과 알레르겐에 의해 유발된다(168쪽, 알레르기 참조). 담배연기, 먼지, 꽃가루가 흔한 자극원이다. 새로 산 카펫 청소제, 탈취제, 심지어 새로 산 세탁세제도 코에 자극을 줄 수 있다. 대다수의 수의학 전문가에 따르면 진성 코 알레르기는 흔치 않고, 대부분은 자극물질에 의한 반응이다.

치료 : 자극원을 제거하는 게 가능하다면 간단히 해결된다. 불가능하다면, 이런 종류의 비염은 스테로이드 제제와 항히스타민 제제가 함유된 약물에 잘 반응하므로 약물을 처방할 수 있다. 수의사와 상의 없이 절대로 스테로이드가 함유된 약물을 투여해서는 안 된다. 항히스타민 제제인 클로르페니라민(chlorpheniramine)이나 사이프로헵타딘(cyroheptadine)이 도움이 되기도 한다. 수의사는 비강 내로 투여할 수 있는 항염증 안약을 처방하기도 한다.

만성적인 염증은 림프구형질세포성 비염(코의 조직으로 림프구가 흘러나옴)으로 발전할 수 있는데 이는 고양이에게 상당히 흔하다. 치료를 위해 멜록시캄(meloxicam)이나 코르티코스테로이드 제제와 같은 전신성 소염제 처방이 필요할 수 있다. 만성 염증 상태는 고양이의 코에 발생하는 종양 중 가장 흔한 코 림프종으로 진행되기도 한다.

코의 감염 nasal infection

이물이나 외상으로 인해 코의 안쪽 점막에 생긴 상처, 또는 이전에 걸린 바이러스성 호흡기 질환에 의해 세균 감염이 발생하기도 한다. 코에 감염이 생기면 재채기, 콧물, 호흡 시 잡음, 개구호흡 등을 유발한다. 코의 울혈로 인해 냄새를 맡는 데 방해를 받으면 식욕이 감소하고 밥을 먹지 않는다.

때때로 감염이 비강에서 전두동으로 퍼지는데(240쪽, 부비동염 참조), 이런 경우 종종 치근의 감염과 연관된다. 비강의 종양에 의해 이차적으로 감염이 발생할 수도 있다. 세균 감염의 주 증상은 점액성의, 노란 크림색의, 고름 같은 콧물이다. 피가 섞인 콧물은 코 점막에 궤양이 발생했음을 의미하기도 한다. 고양이는 열이 나거나 식욕이 떨어질 수 있다.

고양이 바이러스성 호흡기 질환군(95쪽 참조)은 코의 감염을 일으키는 가장 흔한 원인이다. 바이러스 감염에서 회복된 고양이의 80~90%가 허피스바이러스나 칼리시바이러스의 보균자가 된다. 스트레스를 받거나 면역력이 떨어지면 다시 활성화된다. 칼리시바이러스는 임상 증상을 나타내지 않으면서도 바이러스를 거의 지속적으로 배출시켜 다른 고양이를 감염시킬 수 있다. 일부는 코의 감염이 경미하게 나타나기도 하고, 어떤 고양이는 눈과 코의 만성적인 점액화농성 분비물의 원인이 되기도 한

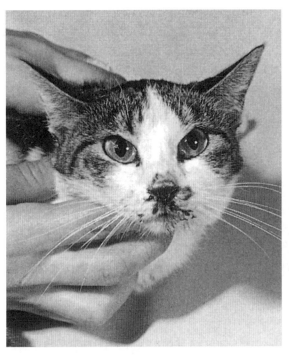

양쪽 코에서 진득하고 고름 같은 콧물이 나온다면
코가 감염된 것이다.

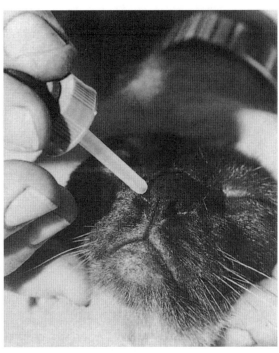

비염 치료액은 점막의 부종을 완화시켜 호흡을 편안하게 하고 식욕을
회복시키는 데 도움이 된다.

다(3장 전염병 참조). 클라미디아 감염(클라미디아증이라고도 함)도 바이러스에 이어 코의
감염을 일으키는 두 번째 원인이다.

치료 : 치료 목표는 호흡을 다시 안정시키고, 감염을 치료하고 예방하여 가능한 한
고양이를 편안하게 만들어 주는 것이다. 아픈 고양이가 집 안의 다른 고양이에게 전
염시킬 가능성이 있다면 격리시킨다. 딱지나 분비물을 제거하기 위해 적신 솜이나 깨
끗한 천으로 콧구멍을 부드럽게 닦아 준다. 향이 없는 아기용 물티슈도 좋다. 코가 갈
라지고 건조해지는 것을 막기 위해 코에 베이비오일이나 베이비 로션 한 방울을 부
드럽게 발라준다. 가습기를 틀면 분비물을 묽게 만들고 점액성 섬모층이 복구되는 데
도움이 된다. 샤워를 하는 동안 욕실에 고양이를 두는 것만으로도 콧물을 묽게 하는
데 도움이 된다.

고양이가 좋아하는 냄새가 나는 음식으로 식욕을 북돋는다. 평상시 먹는 음식에 참
치캔의 국물을 첨가해도 된다. 냄새가 더 잘 나도록 음식을 살짝 데우는 것도 좋다. 사
이프로헵타딘은 식욕 촉진제로 사용되는 항히스타민 제제로 필요한 경우 수의사에게
처방받을 수 있다. 보조제로 아미노산인 라이신을 급여하는 것도 호흡기관 내의 허피
스바이러스를 감소시키는 데 도움이 된다.

소아용 강도의 비염 치료액(옥시메타졸린 성분)을 투여해 코점막의 부종을 완화시킬 수 있다. 코막힘이 재발하고 점막이 과도하게 건조해지지 않도록 주의 깊게 투여해야 한다. 반드시 수의사의 처방을 받아 사용해야 한다. 첫째 날 한쪽 콧구멍에 한 방울 떨어뜨리고, 다음 날 반대쪽 콧구멍에 한 방울 떨어뜨린다. 약물이 흡수되면 양쪽 코에 모두 작용하므로 교대로 한쪽 코에만 투여하면 된다. <u>그러나 울혈완화제를 5일을 초과하여 투여해서는 안 된다.</u> 소아용 식염수도 증상 완화에 도움이 된다.

화농성 콧물은 세균 감염을 의미하므로 항생제 투여가 필요하다. 치료를 받는데도 증상이 지속되면 수의사는 세균배양을 하고 가장 적합한 항생제를 찾기 위해 감수성 검사를 실시한다.

장기간 지속되는 경우 곰팡이 감염을 의심할 수 있다. 코를 도말하여 현미경으로 검사하면 곰팡이가 관찰된다. 수의사는 감염이 장기화되거나 재발하는 경우 이런 검사를 실시하는데, 곰팡이 감염은 특히 장기간의 약물 투여가 필요하다.

일부 고양이는 입원하여 체력 회복을 위해 수액처치나 영양 튜브 삽입 등의 치료를 받아야 한다. 특히 어린 고양이는 상부 호흡기 감염에 걸리면 상태가 급속하게 나빠지고 체액이 손실된다.

예방 : 비강이 손상(이물이나 물려서 생기는 상처 등)된 경우 세균 감염을 막기 위해 예방적 항생제 처치가 권장된다.

부비동염sinusitis

고양이는 전두동 2개와 쐐기 모양의 접형동 2개가 있다. 크기가 작은 접형동은 문제를 일으키지 않지만, 고양이는 호흡기 감염이 흔한 편이어서 전두동에서는 2차 감염이 빈번하게 발생한다.

만성 세균 감염의 증상은 지속적으로 흐르는 화농성 콧물인데 흔히 한쪽 코에서만 관찰되며 재채기와 훌쩍거림을 동반하는 경우가 많다. 엑스레이상으로 한쪽 전두동의 밀도가 증가해 보일 수 있다. 고양이는 두통을 앓는 듯이 눈을 살짝 감은 채로 머리를 떨구고 앉아 있는 모습을 보인다. 식욕감소 증상도 보이며 급속히 체중이 감소한다.

치근농양(보통 작은어금니 치근 중 하나)에 의해서도 전두동에 농양이 발생할 수 있다. 이런 상태가 되면 눈 아래가 부어오르고 심한 통증을 유발한다. 고양이에게 흔치 않다.

고양이에서 곰팡이 감염(크립토코쿠스증과 아스페르길루스증)이 전두동 감염의 원인인 경우는 드물다. 이에 관해서는 곰팡이성 질환에서 잘 설명하고 있다(115쪽 참조).

크립토코쿠스 감염이 있는 경우 안면이 변형되거나 코의 피부에 궤양이 관찰될 수 있다. 크립토코쿠스는 종종 고양이가 비둘기에 노출되었는지와 관련이 있다. 단순히 비둘기 배설물 부스러기가 바람을 타고 열린 창문으로 들어오는 것만으로도 발생할 수 있다.

부비동염은 임상 증상으로 의심할 수 있으며 보통 엑스레이검사로 확진한다.

치료 : 세균배양과 항생제 감수성 검사에 기초한 적절한 항생제 투여로 치료한다. 가끔 약물치료에 실패하기도 한다. 이런 경우 배액이 용이하도록 전두동에서 피부로의 통로를 만들어 주는 외과적인 시술이 필요할 수 있다. 전두동을 세척하고 치료를 위해 배액로를 연 채로 두는 것이 또 다른 치료법이다.

코의 종양 nasal tumor

비강과 부비동에 양성종양과 악성종양 모두 발생할 수 있는데 보통 한쪽에서만 발생한다. 재채기와 훌쩍거림 같은 초기 증상으로 시작해 호흡곤란이 온다. 종양이 있는 쪽의 코에서 코피가 날 수도 있다. 커다란 종양이 있는 쪽의 얼굴이 반대쪽에 비해 돌출되어 보이기도 한다. 종양이 안구 뒤쪽으로 퍼지면 안구가 돌출될 수 있다. 이 종양은 점점 진행되며 일반적으로 치료가 어렵다.

만성 비염이 있는 고양이는 코 림프종에 더 취약할 수 있다.

치료 : 많은 증례에서 방사선 치료가 효과를 나타낸다. 종종 수술을 병행하기도 한다.

코인두 폴립 nasopharyngeal polyp

고양이에게만 드물게 특징적으로 발생하는 상부 호흡기 문제로, 젊은 고양이에게 가장 흔하다. 이 종양은 목구멍 뒤쪽의 유스타키오관을 틀어막아 중이염을 유발한다 (228쪽, 중이염 참조).

치료 : 수술로 제거한다.

8장
입과 목구멍

고양이의 입은 입술과 뺨에 의해 입의 앞과 옆이 구분되고, 입의 위쪽은 연구개(입천장 뒤쪽 연한 부분)와 경구개(입천장 앞쪽 단단한 부분)에 의해, 아래쪽은 혀와 구강 아래쪽 근육층에 의해 구분된다. 4개의 침샘은 구강으로 침을 분비한다.

인두*는 비강이 구강 뒤쪽과 만나 형성되는 공간이다. 판막처럼 생긴 후두덮개는 후두와 기관을 닫아서 고양이가 음식을 삼킬 때 음식이 폐 쪽으로 들어가지 않고 식도를 향해 이동하도록 한다.

평균적인 성묘는 치아가 30개다. 사람보다 2개 적고, 개보다는 12개 적다. 고양이의

* **인두**pharynx 식도와 후두에 붙은 깔때기 모양의 부분.

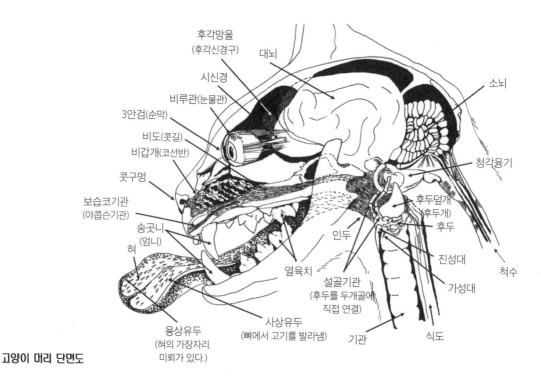

고양이 머리 단면도

치아는 잡고, 자르고, 찢고, 조각낼 수 있도록 만들어져 있다. 어금니도 음식을 으깨는 목적이 아니라서 앞니처럼 뾰족하고 날카롭다. 고양이는 앞발로 고기 조각을 움켜쥐고, 앞쪽 4개의 송곳니로 물어뜯고 뒤쪽의 이빨로는 고기를 자른다. 입 안 가득한 고기는 씹지 않고 삼킨다.

고양이 혀의 표면은 목구멍 안쪽으로 향한 날카로운 가시로 되어 있다. 거친 혀 표면은 털이 잘 달라붙어 털을 고를 때 이상적인 빗 역할을 한다.

고양이가 핥을 때에는 꺼칠꺼칠하다고 느낄 것이다. 다른 동물과 달리 고양이가 상처 부위를 심하게 핥지 않는 이유는 혀의 표면이 거칠어 통증을 유발할 수 있기 때문이다.

구강검사

많은 구강 질환이 입술, 치아, 구강검사를 통해 진단된다. 고양이가 심한 통증을 호소하는 경우 정확한 검사를 위해 수의사가 진정제 처치를 할 수 있다.

교합 상태를 검사할 때에는 엄지손가락으로 아랫입술을 잡아당긴 채 윗입술을 들어올린다. 교합 상태는 위아래의 앞니가 어떻게 만나고 있느냐에 따라 결정된다(254쪽, 부정교합 참조). 입술을 들어올리면 잇몸의 점막도 관찰할 수 있다. 잇몸 상태는 빈혈과 순환 상태 등에 대한 정보를 준다. 이는 분홍빛 잇몸(색소가 침착되어 변색된 잇몸과 대비되는)을 평가하는 가장 손쉬운 방법이다.

입을 벌릴 때에는 한 손의 엄지손가락과 검지손가락으로 위턱을 잡고 부드럽게 힘을 준 상태에서, 다른 손의 검지손가락을 입속으로 넣은 다음 아래턱을 눌러 아래로 내린다(244쪽 사진 참조). 편도와 목구멍 뒤쪽을 볼 수 있도록 혀 뒤쪽을 아래로 누르거나 고양이의 머리를 뒤로 젖힌다. 많은 고양이가 입 안 검사를 싫어하므로, 심하게 물리거나 긁히지 않도록 잘 보정해야 한다(21쪽, 고양이를 다루고 보정하기 참조).

입과 목구멍에 생기는 질병의 증상

• **잘 먹지 못한다.** 구강 질환에서 가장 먼저 나타나는 증상이다. 이 경우는 다른 원인으로 먹지 못하는 경우에 비해 식욕이 덜 감소한다. 때문에 고양이가 밥그릇 주변에 앉아 있거나 음식을 먹고 싶어서 시도할 때 음식물을 곧바로 바닥에 떨어뜨리는

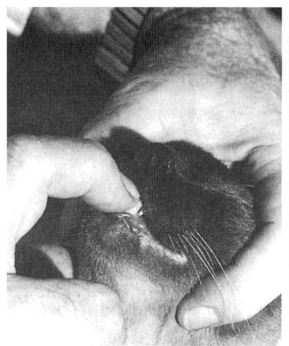
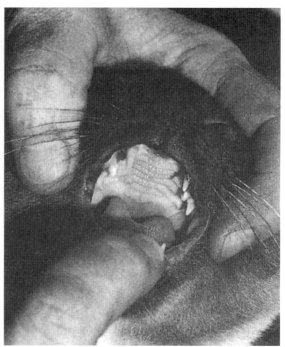

고양이의 입을 벌릴 때에는 한 손으로 양쪽 뺨 부위를 잡고, 다른 한 손의 검지손가락을 입속으로 부드럽게 밀어넣는다.

입속에 넣은 검지손가락으로 아래턱을 지그시 끌어내린다.

모습을 보인다. 입 안을 검사하려 하면 몸을 움츠리고 도망치려고 할 것이다. 고양이가 음식을 먹지 못하는 것은 심각한 문제다. 24시간 이상 음식을 먹지 못하면 간기능에 변화를 야기할 수 있다.

• **지저분한 외양.** 입은 털고르기에 이용되므로 입이 아픈 고양이는 털고르기를 잘 못하게 된다. 침을 흘리면서 털을 고르면 고양이의 뺨과 가슴 부위의 털이 더러워지거나 젖을 수 있다. 입 안의 통증은 침을 흘리는 대표적인 원인 중 하나다. 침의 색깔도 감염이나 출혈로 인해 갈색이나 붉은색으로 변할 수 있다.

• **입냄새.** 고양이 입에서 지속적으로 고약한 냄새가 나는 것도 비정상이다. 원인을 찾아내 적절히 치료해야 한다. 입냄새의 원인은 구내염과 치은염이다. 치석이 심한 경우도 입냄새가 난다(248쪽, 치은염 참조). 침을 흘리고 입을 벌리기 싫어하는 고양이가 입냄새까지 심하다면 구강의 감염이나 종양이 의심되므로 진료를 받아야 한다. 신장 질환도 입냄새와 구강궤양의 원인일 수 있다.

• **구역질, 숨막힘, 침흘림.** 이런 경우 입 안, 혀, 목구멍에 이물이 있을 수 있다. 입 안의 물체가 잘 보이지 않거나, 보이긴 하나 바로 제거할 수 없는 경우 동물병원을 찾는다. 입이 처진 채 벌리고 있거나 침을 흘리거나 거품을 무는 모습이 관찰되면 광견병을 의심할 수 있다. 이런 모습은 심각한 호흡곤란이나 구강종양을 가진 고양이에게

서도 볼 수 있다.

• **입을 벌리거나 음식을 삼키는 데 어려움을 느낀다.** 머리나 목에 농양이 생기거나 턱을 다친 경우 흔히 보이는 증상이다.

입술

입술염cheilitis

입술염은 입술의 염증으로 부드러운 입술 부분과 털이 난 부분이 만나는 부위에 누렇게 딱지가 생긴다. 이 딱지가 벗겨지면서 피부가 빨갛게 드러나고 자극에 민감해진다.

입술의 염증은 종종 입술과 연결된 입 안의 감염에 의해 생긴다. 다른 원인으로는 입술을 자극하여 피부를 갈라지게 만드는 풀이나 빗에 의한 접촉 등이 있다. 전선을 물어뜯어 전기적 충격에 의해서도 입술염이 생길 수 있다. 때때로 만성적으로 습윤한 피부는 효모(말라세지아) 감염을 유발하기도 한다 (175쪽 참조).

치료 : 미지근한 물과 부드러운 샴푸로 입술을 깨끗하게 닦는다. 가피(딱지)를 부드럽게 만들기 위해 온찜질을 먼저 해야 할 수도 있다. 어떤 연고를 발라 주어야 할지 수의사와 상의한다. 알로에 연고도 증상 완화에 도움이 된다. 사람용으로 나온 입술보호제(챕스틱 같은)도 증상 완화에 도움이 된다. 고양이에 사용할 경우 향이 없는 제품을 사용한다.

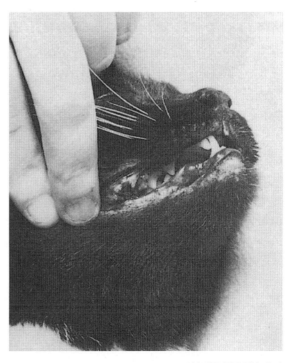

입술염은 종종 입술과 연결된 입 안의 감염에 의해 생긴다.

호산구성 궤양(잠식성 궤양, 무통성 궤양)eosinophilic ulcer(rodent ulcer, indolent ulcer)

잠식성 궤양(rodent ulcer)은 노랗거나 분홍색의 윤기 나는 발진으로 시작되어 염증이 깊어지면 상처가 터진다. 주로 양쪽 윗입술 중간부에 생기며, 아랫입술이나 어금니 뒤쪽 입꼬리 부위에 생기는 경우는 흔치 않다. 일부 고양이는 혀의 궤양으로 발달하기도 한다. 가렵거나 통증을 유발하지는 않는다. 궤양이 진행됨에 따라 커진 궤양성

부종에 의해 입술이 부분적으로 부풀어 오르고 이와 잇몸이 노출된다.

이 보기 흉한 상태는 특징적으로 고양이에게만 나타난다. 모든 연령에서 나타날 수 있으며, 수컷보다 암컷에서 나타날 확률이 3배 높다. 잠식성 궤양의 정확한 원인은 알려져 있지 않으며 설치류와 어떤 직접적인 관계가 있는 것도 아니다(rodent는 설치류라는 뜻이다). 호산구의 존재는 곧 알레르기 반응, 기생충 감염, 면역성 질환 등을 의미한다. 잠식성 궤양도 호산구성 육아종 복합체의 하나로 생각된다(181쪽 참조). 곤충, 주변 환경 속 물질, 식단 등을 포함한 부식성 물질로 인한 과민증이 강하게 의심된다. 벼룩

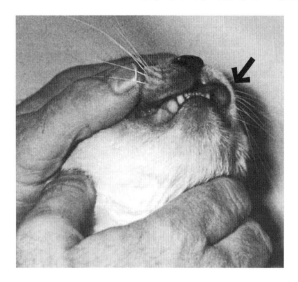

잠식성 궤양은 윗입술의 중앙부 주변에서 시작하는 것이 특징이다.

알레르기는 항상 가능한 원인으로 고려해야 한다. 몇 몇 증례에서는 치아의 감염과도 관계가 있었다. 타고난 유전적 소인도 영향을 미친다.

잠식성 궤양은 백혈병에 노출된 고양이에서도 발견되는데 손상된 면역체계가 원인으로 보인다. 그러나 잠식성 궤양이 있는 고양이가 모두 백혈병 검사에서 양성을 나타내는 것은 아니므로 잠식성 궤양이 반드시 백혈병을 의미하지는 않는다. 궤양, 육아종 형성과 같은 유사한 과정이 몸의 다른 부분에서도 발생함에 주목한다(181쪽, 호산구성 육아종 복합체 참조).

진단은 병증의 전형적인 생김새와 궤양이 생기는 부위를 참조해 내려진다. 의심스러운 경우, 악성 변형을 배제하기 위해 생검이나 세침 흡인을 통한 세포학적 검사를 할 수 있다. 잠식성 궤양이 있는 고양이는 고양이 백혈병검사(105쪽 참조)를 해야 한다.

치료 : 모든 환자는 수의사의 치료를 받아야 한다. 코르티손이 가장 효과적인 치료제임이 입증되었는데 2차 감염을 예방하려면 초기에 항생제와 함께 투여해야 한다. 코르티손은 내복약이나 주사제로 투여할 수 있으며, 장기 지속형 스테로이드를 처방할 수 있다. 대체 약물로 프레드니손을 궤양이 사라질 때까지 매일 투여할 수 있다. 주사나 경구요법 후 궤양이 재발하는 경우 프레드니손 유지요법을 실시하는데 보통 격일로 한 번씩 투여한다. 필수 지방산 보조제도 도움이 된다.

알레르겐이나 자극원에 의한 경우에는 플라스틱이나 고무로 된 밥그릇과 물그릇 사용을 중단한다. 스테인리스 재질이 좋다.

사이클로스포린, 인터페론, 방사선요법, 냉동요법(cryosurgery, 저온물질을 이용하여 조직에 손상을 가해 파괴시키는 치료법) 등도 도움이 될 수 있다. 황금요법도 난치성 사례에 도움이 된다.

잠식성 궤양의 일부 증례에서 메게스트롤(megestrol)이 사용되기도 한다. 그러나 이 프로게스테론 약물은 고양이용으로 허가되지 않았고, 심각한 부작용을 나타내기도 하므로 수의사의 감독하에 최후의 치료방법으로 사용하는 것이 바람직하다. 이 궤양은 재발하는 것으로 알려져 있으므로 근본 원인을 찾아 제거하려고 노력해야 한다.

입술, 입, 혀의 열상(찢어짐)laceration of the lip, mouth, and tongue

입 안의 부드러운 조직은 상처가 나기 쉽다. 상처는 대부분 고양이를 포함한 다른 동물에게 물려서 생기고, 일부는 깡통 가장자리처럼 날카로운 물질 때문에 상처를 입기도 한다. 흔하지는 않지만 아주 차가운 날씨에 꽁꽁 언 금속과 접촉한 혀가 얼어붙어 외상을 입기도 한다. 혀를 떼어냈을 때는 혀의 표면이 벗겨지고 출혈이 생긴다. 전기선을 물어뜯어 입술에 상처가 남기도 하는데 화상이나 궤양의 형태로 나타난다.

치료 : 입 안의 통증을 호소하는 고양이는 보통 보정이 필요하다(21쪽, 고양이를 다루고 보정하기 참조). 지혈은 상처를 5분 동안 압박하면 된다. 깨끗한 거즈나 솜 조각을 이용해 상처를 직접 압박한다. 혀에 출혈이 있는 경우 입을 벌려야 한다(244쪽 그림 참조). 출혈소를 보기 위해 혀를 앞으로 잡아당겨야 할 수도 있는데 고양이가 협조적인 경우가 아니라면 혀를 직접 압박하려고 시도하지 않는다.

지혈이 된 작은 상처는 일부러 봉합할 필요는 없다. 상처 일부분이 덜렁거리거나 입 가장자리 입술이 찢어진 경우, 압박지혈 후에도 출혈이 다시 재발하는 경우에는 상처를 봉합해야 한다. 봉합은 가능한 한 신속히 하는 게 중요하다. 시간이 지연되면 봉합이 불가능할 수 있기 때문이다. 혀의 깊은 상처는 꼭 봉합해야 한다. 뚫린 상처는 감염되기 쉬우므로, 봉합하지 않고 남겨두거나 배액을 고려하여 봉합한다. 앞서 **상처**(65쪽 참조)에서 기술하였듯 상처는 조기에 적절하게 처치하는 것이 중요하다.

상처가 치료되면 0.1% 클로르헥시딘 소독제로 하루 두 번 입을 소독해 준다. 식욕을 돋우기 위해 냄새가 강하고 소화가 용이한 음식을 주고, 씹을 때 통증을 느낄 수 있으므로 한동안 딱딱한 건조 사료의 급여는 피한다.

입술, 입, 혀의 화상burn of the lip, mouth, and tongue

전기에 의한 입의 화상은 고양이가 전선을 씹어서 생긴다. 통증히 상당히 큰 편이나, 대부분 자연적으로 치료된다. 몇몇 경우에는 화상부 표면에 회색의 막이 생기고 궤양이 발달한다. 죽은 조직을 외과적으로 제거하고 건강한 조직으로 되돌려야 한다. 전선을 테이프로 감거나 플라스틱 보호덮개 등을 사용하여 전기로 인한 화상을 방지한다.

화학적 화상은 염색약, 페놀, 유기인제, 가정용 세제, 알칼리제 등의 다양한 부식제에 의해 발생한다. 이런 물질을 삼키게 되면 목구멍에 화상을 입을 뿐 아니라 좀더 심각한 문제를 일으킨다(270쪽, 식도 참조). 게다가 페놀과 같은 일부 제품은 독성이 있다.

치료 : 즉시 다량의 물을 이용해 고양이의 입에서 독극물을 세척한다. 입 안의 화상도 앞에 언급한 열상에서와 같이 관리한다. 바로 동물병원에 데려가고 임의로 구토를 시켜서는 안 된다.

잇몸

건강한 잇몸은 단단하고 일반적으로 분홍빛을 띤다(어떤 고양이는 잇몸에 색소가 침착되어 있기도 하다). 잇몸과 치아 사이에는 음식물이나 찌꺼기가 낄 공간이 없지만 치아의 경계를 따라 생기는 치아와 구강점막 사이의 공간은 염증과 충치의 원인이 된다.

창백한 잇몸은 빈혈의 징후다. 푸르스름한 회색빛 잇몸은 쇼크나 산소 부족, 밝은 붉은색을 나타내는 잇몸은 일산화탄소중독, 일사병, 감염을 의미하며, 노랗게 물든 잇몸은 황달을 의미한다.

모세혈관재충만시간(CRT, capillary refill time, 심장 기능과 빈혈을 체크하는 검사)을 측정한다. 잇몸을 부드럽게 누른 후 하얗게 변한 잇몸이 다시 원래 색으로 돌아오는 시간을 측정한다. 정상범위의 모세혈관재충만시간은 2~3초다.

치주 질환periodontal disease

치주 질환은 동물병원에서 가장 흔히 접하게 되는 질환 중 하나다. 보통 두 가지 형태로 나타난다. 첫째는 적절하게 치료하면 건강한 잇몸 상태로 되돌릴 수 있는 치은염, 둘째는 치아를 지지하고 있는 심부 구조의 염증인 치주염이다. 둘 다 잇몸선 주변의 치아에 치태(플라그)와 치석이 형성되는 것으로 시작된다. 보통 2살 이상 고양이의 약 85%에서 발생하는데 몇몇 고양이는 한 살 이하에서도 나타난다.

치은염gingivitis

건강한 잇몸의 가장자리는 치아 주변과 잘 맞물려 있다. 치은염이 있는 고양이는 잇몸선을 따라 치석이 불규칙하고 울퉁불퉁하게 형성되어 있고 잇몸이 치아 바깥쪽으로 벌어진다. 벌어진 잇몸 사이로 공간이 생기면 음식과 세균이 끼고, 시간이 지나면 잇몸에 염증이 생기고 감염이 일어난다.

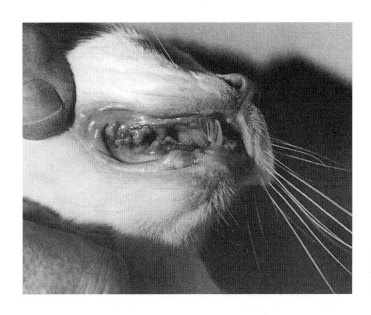

치은염이 있는 고양이는 치주 질환이나 충치가 있을 가능성이 높다.

치태(플라그)는 부드러운 무색의 물질로 눈으로는 잘 관찰되지 않는다. 치태는 음식 분자, 다른 유기 및 비유기 물질, 살아서 증식하는 수백만 개의 세균으로 이뤄진다. 침 착이 되면 처음에는 노랗거나 갈색의 부드러운 물질로 관찰된다.

치태는 빠른 속도로 단단해지면서 치석이 되는데, 치석은 인산칼슘과 유기탄산염 으로 이루어진다. 칼슘은 산에서 용해되지만, 약알칼리인 고양이의 침에서는 치석 형 성이 촉진된다. 치석은 노랗거나 갈색을 띠는데, 치아 표면을 울퉁불퉁하게 만들어 치 태 형성에 이상적인 공간을 제공한다. 보통 제거해도 일주일 뒤부터 다시 침착되기 시작한다.

치석 형성은 치은염의 가장 주요한 원인이다. 잇몸의 감염은 고양이 범백혈구감소 증, 고양이 바이러스성 호흡기 질환, 신부전 및 간부전, 영양장애, 면역 질환을 포함한 다양한 질환에 의해서도 발생한다.

치은염의 첫 번째 징후는 잇몸이 붉게 변하고, 통증이 있으며, 붓는다. 문지르면 피 가 날 수 있다. 그다음에는 잇몸의 가장자리가 치아의 옆면에서 벌어지면서 생긴 작 은 틈새가 점점 커진다. 이 틈새에 음식물과 세균이 끼면서 잇몸선에 감염이 일어나 게 되고 치주염과 충치가 생긴다. 다른 증상으로는 식욕감소, 그루밍을 하지 않아 지 저분한 외양, 침흘림, 입냄새 등이 있다.

치료 : 일단 치은염의 증상이 나타나면 상당한 정도의 치태 및 치석, 잇몸 염증이 관찰된다. 수의사에게서 전문적인 치아 스케일링 등을 받은 후, 집에서도 구강관리 프 로그램을 실시해야 한다(256쪽, 고양이의 구강관리 참조). 치은염 재발을 방지하기 위해 매일(최소한 일주일에 2~3회) 양치질을 시킨다. 치은염을 예방하고 치석 형성을 감소시

키는 특별한 사료도 있다(256쪽, 고양이의 구강관리 참조).

잇몸 질환의 원인이 될 수 있는 다른 질병도 건강한 구강건강을 위해 치료해야 한다.

치주염 periodontitis

치주염은 치아를 지지하는 구조의 파괴나 손상을 동반한 치아와 잇몸의 감염이다. 단순한 치은염을 치료하지 않은 경우에도 치주염이 발생한다. 불가역적인 질환이긴 하나 일부 증례에서는 치료된 경우도 있다. 드물게 헐거워졌던 치아가 치료 후에 다시 단단해지기도 한다. 치주염은 치근의 농양으로 발전할 수도 있다.

치주염의 첫 번째 증상 중 하나는 지독한 입냄새로, 간혹 정상적인 냄새 정도로 느껴지는 경우도 있다. 또 다른 증상은 고양이의 씹는 행동의 변화다. 치주염은 씹는 데 영향을 주므로 고양이가 밥그릇 앞에 앉아서 먹으려고 애쓰는 모습을 보인다. 체중 감소, 털이 부스스한 외양도 흔한 증상이다. 치아는 흔들리거나 심한 경우 빠지기도 한다.

치주염에 걸린 고양이를 가까이서 살펴보면 작은어금니, 큰어금니, 송곳니에 침착된 치석을 확인할 수 있다. 잇몸을 누르면 잇몸의 틈새로 고름이 나올 수도 있다. 이는 고양이에게 아주 고통스러운 일이므로 집에서는 시도하지 않는다. 몇몇 품종은 치주염에 더 취약하다고 알려져 있다. 예를 들어 치주염은 샴, 오리엔탈쇼트헤어에서 더 흔하다. 또한 바이러스성 호흡기 감염(특히 칼리시바이러스 감염증이나 바르토넬라 감염증), 고양이 백혈병, 고양이 면역결핍증에 걸린 고양이에게 더 잘 발생한다.

평상시 단단하고 마모 효과가 있는 물질을 씹는 행동은 치아를 깨끗이 해 주고 치석의 형성을 감소시킨다. 치아관리용 사료는(256쪽, 고양이의 구강관리 참조) 치아 연마 효과가 있다. 야생의 고양이는 먹잇감의 작은 뼈, 거친 털, 깃털을 씹으면서 이빨 청소를 한다.

치료 : 입 안 전체를 깨끗이 관리하고 정상 상태에 가깝게 만들어야 한다. 치석과 치태를 제거하고, 치아 틈새를 잘 소독하고, 손상된 치아를 뽑고, 치아 표면을 연마한다. 이를 위해서는 전신마취가 필요

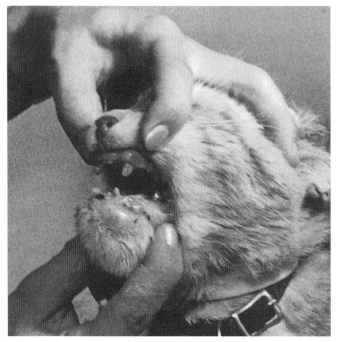

진행된 치주염과 치근농양이 있는 고양이. 골 감염으로 인해 아래턱이 부어 있다.

하므로 반드시 수의사와 상의해서 결정한다. 마취가 된 동안, 수의사는 치과용 탐침을 이용해 잇몸의 손상 정도를 평가한다. 엑스레이검사로 치아의 손상 정도를 확인할 수 있다. 감염이 일어난 잇몸 틈새에 항생제 젤을 넣어주기도 한다.

이와 함께 7~10일간 항생제를 투여해야 한다. 이때 집에서 뒤에서 기술할 치아관리를 시작하는 것이 매우 중요하다. 정기적인 치아관리는 치주염을 치료하고 치아의 변형을 예방한다.

림프구성/형질세포성 치은염 구내염lymphocytic/plasmacytic gingivitis stomatitis

고양이는 고양이에게만 특이하게 나타나는 림프구성/형질세포성 치은염 구내염(LPGS)이나 고양이 치은염 구내염(FGS, feline gingivitis stomatitis)에 걸릴 수 있다. 이 용어는 잇몸을 포함한 입 안 전체에 심한 염증이 생기는 경우에 쓰인다. 잇몸은 아주 빨갛고 문지르면 쉽게 출혈이 생긴다. 일부 고양이는 잇몸을 따라 병변이 진행되기도 한다. 이 병에 걸린 고양이는 입냄새가 심하고 다량의 침을 흘린다. 통증이 극심하여 종종 음식을 대충 핥기만 하거나 음식을 전혀 씹거나 먹으려 하지 않는다.

대부분의 경우 중년 이상의 고양이에게 발병하나 생후 3~5개월의 어린 고양이에게 발병하기도 한다. 어린 고양이는 잘 치료하면 회복되지만, 노묘는 잘 낫지 않는다. 아비시니안, 샴, 페르시안 품종은 특히 어린 고양이에게도 발병 경향이 높다.

이 질병은 스스로 자신의 치태와 치아의 상아질(법랑질 바로 아래 물질)에 대한 면역반응을 일으키는데, 정확한 원인은 알려져 있지 않지만 알레르기 혹은 면역매개성 질환으로 추정되고 있다. LPGS에 걸린 고양이의 약 15%가 고양이 백혈병이나 고양이 면역결핍증 바이러스에 양성이다. 칼리시바이러스에 일찍 노출된 경우도 원인으로 파악된다. 바르토넬라균도 관련이 있다.

정확한 진단이 필요하다. 신부전, 당뇨, 암과 같은 유사한 증상을 나타내는 질병과의 감별을 위해 조직생검이 필요하다. 보통 양측성으로 대칭인 경우 암일 가능성이 낮지만, 확실하게 확인하는 것이 좋다. 치근의 용해나 농양 여부를 포함한 치아의 상태를 확인하기 위해 엑스레이검사도 실시한다.

치료 : LPGS에 걸린 고양이는 경구용 또는 주사용 스테로이드로 염증을 치료한다. 세균 증식을 예방하기 위해 적어도 초기에는 항생제를 추가한다. 펜타닐 패치와 같은 진통약물도 고양이를 편안하게 만들어 주는 데 중요한 역할을 한다. 증식된 염증조직을 제거하기 위해 레이저 수술을 하기도 한다. 락토페린(면역조절 능력이 있는 철 부착 단백질)으로 입 안을 헹구어 준다. 이 제품은 칼리시바이러스에도 효과가 있어 일석이

최근에 인터페론 제품이 정식으로 출시되어 LPGS에도 처방되고 있다. 그 효과에 대해서는 개체 차이가 있고 고가인 단점이 있으나 LPGS 치료를 위한 마땅한 대안이 없는 상황에서 고려해 볼 수 있다. 또한 면역력 강화를 통해 구내염 증상을 완화시키는 구강용 유산균 제품과 락토페린 성분의 보조제도 많이 출시되어 있다. _옮긴이 주

조다.

치태와 치석이 있는 고양이는 바로 문제를 해결할 필요가 있다. 4~6개월마다 마취하여 스케일링을 해 준다. 구강관리용 처방사료나 기능성 구강관리용 껌도 도움이 된다.

치아 건강을 위해서는 집에서 매일 양치질을 하고 입 안을 닦아내는 등 관리를 해야 한다. 플라스틱이나 고무 재질의 물그릇을 스테인리스나 도자기로 된 것으로 바꾸는 것도 일부 고양이에게 도움이 된다. 저알레르기성 사료나 제한된 성분의 단백질원 사료 등도 도움이 될 수 있다.

공격적인 치료에도 불구하고 많은 고양이의 LPGS는 완치되지 않고 치아를 모두 뽑을 때까지 불편함이 지속되곤 한다(송곳니 정도를 남기는 경우는 있다). 치아를 모두 뽑는 것이 조금 과격해 보일 수는 있지만 고양이의 건강 상태가 좋아지고, 줄었던 체중이 늘고, 대부분의 경우 건조 사료를 먹을 때도 씹는 데 큰 불편이 없다.

잇몸의 종양growths on the gum

고양이 암종의 약 10%는 구강에서 발생한다. 그중 대다수는 편평세포암종(귀끝에서 하얗게 발생하는 것과 같은 세포형)이다. 이 암은 혀의 바닥에서 시작하는 경우가 많다(아마도 고양이가 그루밍을 하는 동안 발암물질을 핥은 데서 기인하는 것일 수도 있다). 간접흡연에 노출되는 것과도 연관성이 있다.

구강암이 있는 고양이는 침을 흘리고, 입을 부분적으로 벌리고 있거나 밥그릇이나 물그릇 주변에 서성거리면서도 먹거나 마시지 않는 증상을 보이곤 한다.

호산구성 궤양(245쪽 참조)은 보통 윗입술에 생기곤 하지만 아래턱 뒤 마지막 어금니 뒤쪽의 잇몸에도 생긴다.

치료 : 구강의 편평세포암종은 외과적 치료에 좋은 예후를 나타낸다. 조기 발견 시 방사선치료를 하기도 한다. 이것이 완치를 의미하는 것은 아니지만 삶의 질을 높이는 데 도움이 된다.

치아

집에서 사는 고양이의 구강문제의 일부는 먹는 음식과 관련이 크다. 고양이는 거의 통째로 먹을 정도 크기의 작은 먹잇감을 사냥하는 데 맞추어져 있다. 먹잇감의 털과 깃털, 뼈는 아마도 이빨을 닦는 연마제로 작용했을 것이다. 그에 비해 현재의 고양이가 먹는 음식은 치아의 염증은 물론, 치석과 치태 형성에 상대적으로 취약하다.

정기적으로 고양이의 치아를 검사해야 한다. 큰 증상이 나타나기 전까지 많은 구강문제를 모르고 지나치기 쉽다. 고양이는 검진받는 것을 싫어하는데 입 안에 통증이 있을 때는 더욱 그렇다. 가정에서의 훌륭한 구강관리는 건강과 영양 수준을 악화시키는 많은 문제를 사전에 예방할 수 있다(256쪽, 고양이의 구강관리 참조). 치석형성 예방에 도움이 되는 특수 사료도 있다.

유치(젖니)와 영구치

아주 드물게 치아가 하나도 없는 상태로 태어나는 고양이도 있다. 일반적으로 유치는 앞니가 가장 먼저 나는데 보통 생후 2~3주에 난다. 3~4주가 되면 송곳니가 나고, 3~6주에 작은어금니가 난다. 이렇게 이가 나는 순서를 이용해 아주 어린 고양이의 대략적인 연령을 추정할 수 있다.

평균적으로 고양이는 유치가 26개다(양쪽에 각각 위아래로 3개의 앞니, 위아래로 1개의 송곳니, 작은어금니는 위에 3개와 아래에 2개). 새끼 고양이는 어금니가 없다.

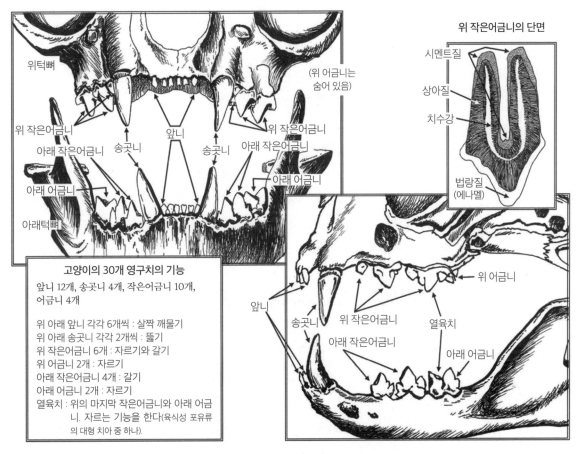

위 작은어금니의 단면

시멘트질
상아질
치수강
법랑질(에나멜)

위턱뼈

(위 어금니는 숨어 있음)

위 작은어금니
아래 작은어금니
송곳니
앞니
송곳니
위 작은어금니
아래 작은어금니
아래 어금니
아래 어금니
아래턱뼈

고양이의 30개 영구치의 기능
앞니 12개, 송곳니 4개, 작은어금니 10개, 어금니 4개

위 아래 앞니 각각 6개씩 : 살짝 깨물기
위 아래 송곳니 각각 2개씩 : 뚫기
위 작은어금니 6개 : 자르기와 갈기
위 어금니 2개 : 자르기
아래 작은어금니 4개 : 갈기
아래 어금니 2개 : 자르기
열육치 : 위의 마지막 작은어금니와 아래 어금니. 자르는 기능을 한다(육식성 포유류의 대형 치아 중 하나).

앞니
송곳니
위 작은어금니
아래 작은어금니
위 어금니
열육치
아래 어금니

고양이 영구치

2~3개월에 걸쳐 이가 나는 동안 고양이는 약간의 통증을 느끼기도 한다. 통증 때문에 가끔 음식을 거부하기도 하는데, 성장과 발달에 지장을 줄 정도는 아니다. 만약 성장에 문제가 있어 보인다면 바로 동물병원을 찾는다.

유치는 서서히 영구치로 교체된다. 생후 3~4개월에 앞니, 4~6개월에 송곳니, 작은어금니, 어금니가 난다. 생후 7개월까지 고양이의 모든 영구치가 완전히 발달한다. 이를 이용해 어느 정도 자란 어린 고양이의 대략적인 나이를 추정한다.

평균적으로 다 자란 고양이는 영구치 30개다(양쪽에 각각 위 아래로 앞니 3개, 위 아래로 송곳니 1개, 작은어금니는 위에 3개와 아래에 2개, 위 아래로 어금니 1개).

치아 끝의 마모 정도를 가지고 동물의 연령을 추정하는 방법은 말이나 다른 가축에서는 상대적으로 믿을 만한 방법이나, 음식을 가는 데 치아를 쓰지 않는 고양이에서는 신뢰도가 낮다. 치아와 잇몸의 일반적인 상태로 고양이의 대략적인 연령을 추정할수 있지만 정확한 것은 아주 어린 고양이에서만 가능하다. 앞서 이야기한 유치가 빠지는 시기와 영구치가 나는 시기를 이용한다.

잔존유치

보통 유치의 뿌리는 영구치가 나면서 재흡수된다. 이 과정에 문제가 생기면 이가두 줄로 나는데 영구치가 치열을 벗어나며 부정교합이 된다. 생후 2~3개월의 어린 고양이 시기부터 영구치가 정상적으로 나고 있는지 주의깊게 관찰해야 한다. 영구치가다 난 이후에도 유치가 남아 있다면 발치한다.

비정상적인 치아 숫자

정상보다 치아 숫자가 적은 고양이가 흔한데 일부 고양이는 태어날 때부터 치아싹(장차 치아가 될 물질)이 없는 경우가 있다. 그러나 건강상에는 문제가 거의 없다.

드물게 치아 숫자가 정상보다 많은 경우가 있는데 이런 경우 치아가 뒤틀리거나 겹쳐 난다. 하나 혹은 몇 개의 치아를 뽑아 치아 사이의 공간을 만들어 주는 게 좋다.

부정교합 malocclusion(incorrect bite)

젊은 고양이의 교합 문제는 대부분 위턱과 아래턱의 성장을 조절하는 유전적 요소의 결과다. 일부 부정교합은 잔존유치로 인해 영구치가 비뚤게 나서 발생하기도 한다. 노묘는 외상이나 감염, 구강종양에 의해 부정교합이 발생할 수 있다.

고양이의 치아 교합 상태는 입을 닫았을 때 위턱 앞니와 아래턱 앞니가 맞닿는 것으로 확인할 수 있다. 앞니와 앞니 끝이 맞닿는 교합을 절단교합(level bite), 위턱 앞니

가 아래턱 앞니를 살짝 덮어 맞닿는 교합을 가위교합
(scissor bite)이라고 한다. 위턱이 아래턱보다 긴 교합을
상악전출교합(overshot bite)이라고 하는데 이 경우 치아
가 전혀 맞닿지 않는다. 하악전출교합(undershot bite)은
반대로 아래턱이 더 긴 경우다. 삐뚤어진 입은 부정교
합 중 가장 문제가 되는데, 한쪽 턱이 반대쪽 턱보다 빨
리 성장하여 입이 뒤틀린다.

부정교합은 음식을 물거나 씹는 것을 방해한다. 또한
어긋난 치열은 입 안의 부드러운 조직을 손상시킨다.

고양이는 개와 비교해 품종에 상관 없이 두상이 유사
한 편이라 부정교합이 훨씬 적은 편이나 페르시안과 같
이 코가 눌린 품종은 교합의 문제가 흔하다.

치료 : 상악전출교합은 그 간격이 성냥머리보다 작으
면 저절로 교정되기도 한다. 잔존유치는 생후 4~5개월
이전에 뽑아야 하는데, 이때까지는 턱뼈가 아직 자라고 있어서 저절로 교합이 교정될
가능성이 있기 때문이다.

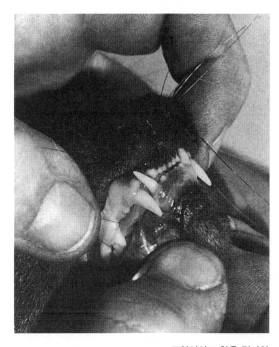

고양이의 교합을 검사하
기 위해 아랫입술을 당긴
상태에서 윗입술을 들어
올린다. 절단교합에서는
앞니의 치아 끝과 끝이
만난다.

고양이 치아흡수성 병변FORLs, Feline Oral Resorptive Lesions

고양이 치아흡수성 병변은 모든 성묘의 28~67%에서 발생한다. 이는 치아 자체의
문제로, 잇몸선 바로 위 치아의 목 부위 법랑질(에나멜, 이의 표면을 덮어 상아질을 보호하
는 단단한 물질)이 살짝 뚫리는 정도부터 치아가 거의 다 소실되는 정도까지 증상이 다
양하다. 어금니와 작은어금니에서 가장 잘 발생하나 모든 치아에서 발생할 수 있다.

일단 법랑질의 바깥층이 소실되면 치아는 조금만 건드려도 매우 큰 통증을 유발할
수 있다. 고양이의 구강을 검사하면 고리 모양과 유사한 병변을 관찰할 수 있다. 치아
손상이 심해지면 고양이는 건드리기만 해도 통증 때문에 '턱을 덜덜' 떨기도 한다. 많
은 고양이가 불편함 때문에 식욕도 보이지 않는다.

치주염부터 바이러스 감염, 신장 질환까지 잠재적인 다양한 원인이 추정된다. 모든
품종에서 발생할 수 있으나 샴, 아비시니안에 많은 편이다. 건조 사료를 먹으면서 생
긴 비틀림이나 고산성 음식에 의한 치아손상도 원인으로 추정된다.

전신마취하에 구강검사와 치료를 받는다. 모든 치아의 상태를 확인하기 위해 엑스
레이검사를 해야 한다.

치료 : 어떤 수의사는 손상된 치아의 법랑질을 대신하기 위해 글래스 아이오노머

(glass ionomer)를 사용하는데, 이는 흔한 치료가 아니며 성공률도 높지 않다. 대부분의 경우 손상된 치아를 뽑는다. 진통제와 항생제 처치도 필요하다.

충치cavity

고양이의 식단은 탄수화물 및 당이 낮아 충치가 흔치 않다. 고양이의 타액은 pH도 알칼리를 띠어 충치의 발생을 최소화한다. 충치로 인한 치아 소실은 드문 편으로, 발생하는 경우도 사람처럼 치아 끝이 아닌 치주염으로 인해 잇몸선을 따라 생긴다.

세균에 의해 진짜 충치가 생길 수도 있다. 고양이의 치아흡수성 병변은 사람의 충치와 증상이 매우 유사하다. 염증에 의한 2차 세균 감염이 일어날 수도 있다.

치료 : 충치가 생긴 치아를 뽑는다.

부러진 이broken teeth

치아가 부서지거나 깨지거나 빠질 수 있다(동물은 주로 다른 동물과 싸운 후에 자주 발생한다). 치아흡수성 병변이 있는 경우에 치아를 지지하는 구조의 손상으로 치아가 부러질 수 있다. 부러진 이는 손상이 심할 경우 치아뿌리의 농양으로 진행될 수 있다. 상아질 위쪽이 부러진 것은 괜찮지만, 통증이나 감염이 있을 수 있으므로 수시로 확인한다.

치료 : 보통 치아를 뽑는다.

치과 전문 동물병원이 늘면서 손상된 치아의 발치 외에도 치아의 기능과 상태를 회복시키는 다양한 치료가 가능해졌다._옮긴이 주

고양이의 구강관리

많은 고양이가 2~3살까지 예방적인 구강관리가 필요하다. 얼마나 자주 치과검사를 받고, 스케일링과 폴리싱(치아연마)을 받을 것인지는 치석의 형성 정도에 따라 다르다. 잘 짜인 구강위생 프로그램은 동물의 건강한 삶을 연장시킨다.

- 고양이의 식단에 최소한의 건조 사료를 첨가한다. 치아관리용 사료가 추천된다(치아관리용이 아닌 일반 건조 사료를 씹을 때 생기는 비틀림이 치아흡수성 병변이 잘 생기는 원인이 될 수도 있다). 건조 사료는 연마제로 작용해 치아를 깨끗하고 날카롭게 유지한다. 많은 고양이가 캔사료를 주식으로 삼아도 잘 지내지만, 각각의 고양이에게 맞는 균형 잡힌 음식 급여에 대해 수의사와 상의하는 게 좋다. 만약 고양이가 다른 건강상의 문제를 가지고 있다면 상태를 고려하여 처방사료를 선택한다.
- 영구치가 나고 양치질을 시작하면 늦었지만 그래도 아직 잇몸 상태가 건강할 때니 정기적인 양치질을 시작한다. 잇몸 질환을 예방하는 것이 치료하는 것보다

훨씬 수월하다. 일주일에 두세 번 양치질을 해 줌으로써 건강한 잇몸을 유지할 수 있다. 그러나 일단 치주 질환이 발생하고 나면 매일매일 양치질을 해야 한다.

• 고양이의 치아보다 더 단단한 물체는 씹지 못하게 한다. CET의 오랄 하이진 츄스(Oral Hygiene Chews) 등의 구강용 기능성 껌들은 고양이에게 안전하다. 캣닙 성분의 특수한 간식이나 그리니스(Greenies)도 고양이의 치아를 깨끗하게 유지하는 데 도움이 된다.

• 고양이가 마시는 물에 섞어 주어 치석과 치태의 형성을 감소시키는 제품도 있다. 그런데 이런 제품을 섞어 주면 물을 마시지 않는 고양이가 있다. 물을 잘 마시지 않는다면 구강용 보조제를 섞지 않는 편이 낫다. 이런 경우 보통 물그릇과 보조제를 섞은 물그릇 두 개를 모두 놓아둔다.

양치질하기

양치질이 필요한 것은 영구치지만 익숙해질 수 있도록 어린 고양이 때부터 양치질을 시작하는 게 좋다.

사람용 치약은 고양이에게 적합하지 않다. 동물용으로 나온 다양한 치약, 젤, 스프레이를 구입한다. 베이킹소다를 주성분으로 하는 치약과 혐기성 세균의 성장을 방해하는 효소 성분이 들어간 치약이 있다. 버박(Virbac), 페트로덱스(Petrodex), 닥터 포스터 앤 스미스(Drs. Foster & Smith), CET에서 나오는 치약이 이런 제품이다. 이 제품들은 고양이가 좋아하는 참치나 닭고기 맛이 난다. 항균 및 항바이러스 효과가 있는 0.1%의 클로르헥시딘이 함유되어 있는 구강 청결제도 있다. 맥시/가드(Maxi/Guard)에는 잇몸 질

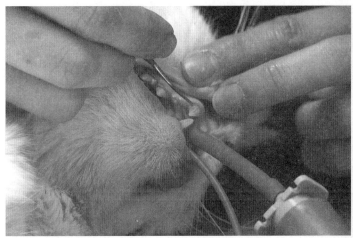

청결한 구강위생은 전문적인 치과 진료의 횟수를 줄여 준다.

고양이가 어릴 때부터 양치질을 해 준다. 일상적인 일이 되면 잘 따른다.

환의 치유를 촉진시키는 아연이 함유되어 있다. 불소 성분 젤도 효과가 있다. 고양이의 잇몸에 문제가 있다면 반드시 수의사와 상의해 적당한 제품을 추천받는다.

고양이가 양치질을 거부할 수 있다. 때문에 차근차근 단계적으로 접근하는 것이 필요하다. 치아 위쪽의 주둥이 부위를 문지르는 것부터 시작하는데, 이는 얼굴을 비비는 고양이들의 자연스런 행동과 비슷하므로 거부감이 적다. 다음에는 입술을 살짝 들어 손가락으로 잇몸을 부드럽게 마사지한다. 여기에 잘 적응했다면 작은 헝겊이나 거즈를 손가락에 싸서 잇몸과 치아를 부드럽게 문질러 준다.

이제 칫솔을 사용해야 할 차례다. 작은 크기의 부드러운 칫솔(동물용 또는 유아용)을 이용한다. 손가락에 끼어 사용하는 동물용 손가락 칫솔을 사용해도 좋다. 칫솔을 사용하는 게 좋겠지만, 사용이 어렵다면 손가락에 거즈를 싼 후 치약을 묻혀 양치질을 한다.

치약을 처음 사용할 때 가장 좋은 방법은 참치캔 국물을 치약에 섞어 사용하는 것이다. 치약을 사용하기 전에 손가락 끝으로 맛을 보여 준다.

입술 안쪽의 치아를 부드럽게 문질러 준다. 가장 중요한 부위는 잇몸과 치아가 맞닿는 잇몸선이다. 칫솔을 앞뒤로, 칫솔모가 잇몸선에 잘 닿도록 잇몸에 평행하게 움직인다. 혀의 표면이 거칠어 혀가 안쪽 치아 사이로 치약을 골고루 묻혀 주므로, 혀 쪽 방향의 안쪽 치아는 닦아 주지 않아도 된다.

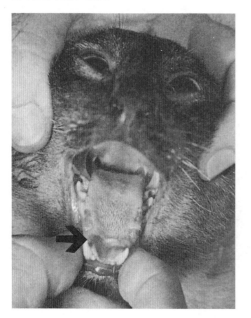

설염이 있는 고양이는 혀의 끝부분이 연하고 윤기가 있어 보인다. 이런 상태는 종종 고양이 상부 호흡기 감염과 관련이 있다.

혀

설염glossitis

설염은 혀의 염증이나 감염이다. 종종 고양이 백혈병이나 면역결핍증 같은 면역결핍성 질환, 바이러스성 호흡기 질환, 신장 질환과 동반하여 나타난다. 털고르기 과정에서 털에 붙은 물질에 의해 혀를 다치기도 한다. 부식성 물질을 핥거나 얼어붙은 금속 표면을 핥아 혀에 화상을 입기도 한다. 혀가 아픈 고양이는 털을 고르지 않아 목 부위의 털이 지저분하고 침을 흘려 젖어 있는 경우도 있다. 혀의 염증 부위는 벗겨지고, 거친 가시가 없어지고, 붉은빛을 띤다. 혀에서 궤양이나 뚫린 상처가 관찰될 수도 있다.

치료 : 하루 두번 0.1% 클로르헥시딘 용액으로 고양이의 입 안을 헹궈 준다. 궤양은 반드시 수의사에게 진찰을 받는다. 필

요한 경우 소작*시킬 수도 있다. 항생제도 처방한다.

통증이 심한 경우 음식을 먹거나 마시는 데 어려움이 있다. 부드러운 캔사료를 물이나 담백한 국물에 섞어 액상으로 급여한다. 물과 음식은 상온으로 데워 주는 것이 좋다.

* **소작** 약물이나 전기를 이용해서 환부를 태우거나 지지는 방법.

혀의 이물

식물의 작은 까끄라기, 가시, 바늘 등이 혀 표면을 찌를 수 있다. 입 안의 이물(262쪽 참조)에서와 유사한 증상을 보인다. 이물에 잘 찔리는 부위는 혀 아래쪽이다. 혀를 들어올려 보면 포도알처럼 부풀어 오르거나 진물이 흘러나오는 모습을 볼 수 있다. 이는 이물질이 한동안 혀에 박혀 있었음을 의미한다.

치료 : 대부분 수의사의 진료가 필요하다. 이물을 제거하는 것은 까다롭고 어려운 일로 고양이가 비협조적인 경우 더욱 그렇다. 이물질이 눈에 보이고 접근이 용이한 경우 집게를 이용해 제거한다. 실이 달린 바늘에 찔린 경우에는 실을 잡아당겨서는 안 된다. 실을 통해 바늘의 위치를 찾아내야 하기 때문이다.

한동안 이물질이 박혀 있던 경우라면 제거가 어려울 수 있으므로 마취를 해야 한다. 이물질을 제거한 후 감염을 막기 위해 일주일 정도 항생제를 처방한다.

혀 주변의 실이나 끈

고양이는 실이나 끈, 리본이라면 무엇이든 좋아해서 물고 잡고 논다. 종종 이런 행동이 문제를 일으키는데 가끔 끈의 한쪽 끝을 삼켰을 때 다른 한쪽 끝이 혀 주변에 감

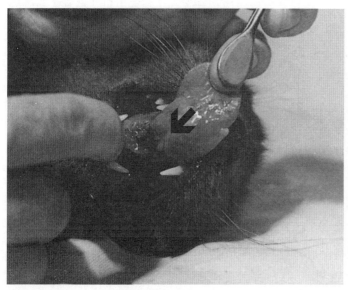

혀 아래쪽이 이물에 찔려 궤양으로 발전한 상처가 보인다.

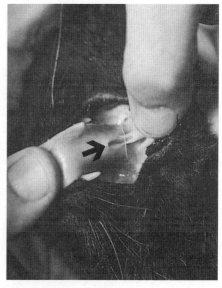

화살표가 가리키는 곳에 감긴 실이 보인다.

기는 경우가 있다. 끈을 삼키면 삼킬수록 혀를 휘감은 끈이 혀 아랫부분을 강하게 조인다. 이 끈이 혀로 가는 혈액공급을 막는 경우 혀의 폐색을 야기한다.

이런 경우 원인을 찾기가 매우 어렵다. 고양이의 입 안을 철저히 검사하기가 어렵고 혀에 감긴 끈 또한 실처럼 가는 경우가 많기 때문이다. 혀에 감긴 부분을 찾아내고 제거하기 위해 세밀하게 검사하는 것이 필수적이다. 어떤 고양이는 구토 증세를 호소하면서 병원을 찾는다.

치료 : 대부분의 경우 진정이나 마취가 필요하므로 동물병원을 방문한다. 끈이 아주 긴 경우 한쪽 끝은 혀에, 다른 한쪽 끝은 장에 있을 것이다. 이런 경우 끈을 제거하기 위해 복강수술을 해야 할 수도 있다.

실이나 끈, 리본이 달린 장난감과 반짇고리를 고양이가 접근할 수 없는 장소에 잘 치워 두는 것이 가장 좋은 예방법이다.

입

입 안에 생기는 단단한 종양은 대부분 암종이므로 주의 깊게 다뤄야 한다. 신속하고 전문적인 관리가 필요하다.

구내염stomatitis

구내염은 입 안에 염증이 생겨 아픈 상태다. 고양이가 침을 흘리며 음식을 먹지 않고, 씹는 데 어려움을 느끼며, 머리를 흔들고, 발로 얼굴을 비비며, 구강검사 시 저항이 심하다면 의심해 볼 수 있다. 입 안이 붉게 변하고, 염증이 있으며, 부어올라 헐어 있다. 잇몸을 문지르면 출혈이 있고, 입냄새도 심하다. 그루밍을 하지 않는 것도 주증상이며, 하품을 하거나 음식을 먹으려 입을 벌릴 때 통증을 호소할 것이다.

괴사성 궤양성 구내염(참호성 구강염)necrotizing ulcerative stomatitis(trench mouth)

세균과 유사한 병원체인 스피로헤타에 의해 발생하는 극심한 통증의 구내염이다. 입냄새가 아주 심한 것이 특징이다. 보통 갈색의 끈적끈적한 화농성 침을 흘리는데 앞발에 묻어 털을 갈색으로 변색시킨다. 잇몸은 선홍색을 나타내고 출혈이 쉽게 일어난다. 참호성 구강염은 치주 질환이 심한 경우, 또는 만성질환이나 영양결핍으로 건강이 악화된 경우 발생한다. 합병증으로 전두동 감염이 발생할 수 있다(240쪽, 부비동염 참조). 당뇨병, 고양이 백혈병 바이러스, FIV에 감염된 경우에도 이 질환에 감수성이 높다.

치료 : 동물병원에서 마취를 한 후 고양이의 입 안 전체를 깨끗하게 만들지의 여부를 결정한다. 충치나 흔들리는 치아를 치료하거나 치석을 제거하는 것 등이 포함된다. 질산은을 이용해 궤양을 소작하는 경우도 있다. 감염은 항생제로 치료한다. 치료 후에는 부드러운 캔사료를 물이나 담백한 국물에 섞어 액상 형태로 급여한다. 집에서 매일 0.1% 클로르헥시딘 용액으로 입 안을 헹구어 주고, 가정 구강관리 프로그램을 병행한다(256쪽, 고양이의 구강관리 참조).

궤양성(바이러스성) 구내염ulcerative(viral) stomatitis

혀끝과 경구개에 궤양을 일으켜 극심한 통증을 유발하는 구내염이다. 타액은 처음에는 맑다가 점차 붉은빛을 띠고 고약한 냄새를 풍긴다. 궤양의 표면에 노란 고름 같은 삼출물이 생긴다. 궤양성 구내염은 고양이 호흡기 질환, 특히 칼리시바이러스와 관련해 발생하는 경우가 가장 흔하다.

치료 : 2차 세균 감염이 없다면 항생제를 처방하지 않는다는 점을 제외하고는 괴사성 궤양성 구내염(260쪽 참조)과 치료법이 동일하다.

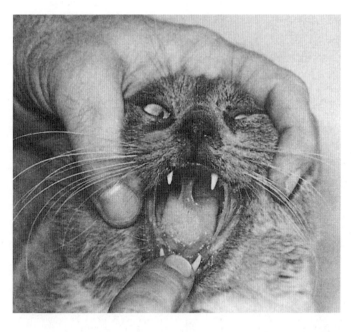

궤양성 구내염에 걸린 고양이. 혀 끝의 윤기 나는 궤양과 끈적끈적한 침이 보인다.

효모성 구내염(아구창)yeast stomatitis(thrush)

흔치 않은 구내염이다. 주로 장기간 광범위 항생제로 치료를 받아 입 안의 정상 세균총이 변형되어 효모가 과잉 생장해서 발생한다. 또한 만성질환에 의한 면역결핍 상태에서도 발생한다. 잇몸과 혀의 점막이 부드럽고 흰 물질로 덮인다. 질병이 진행됨에 따라 통증을 유발하는 궤양이 생긴다.

치료 : 니스타틴과 클로트리마졸로 치료한다. 고용량의 비타민 B 복합체도 도움이된다. 칸디다감염에는 케토코나졸을 사용할 수도 있다. 발병을 유발하는 모든 원인에 대한 근본적인 교정이 필요하다.

입 안의 이물

뼈, 나무조각, 연골, 바늘, 핀, 고슴도치 가시, 낚싯바늘, 식물 가시 등을 포함한 다양한 이물이 입 안에 박힐 수 있다. 이물이 입술, 잇몸, 입천장을 뚫는 경우도 있고, 치아 사이에 끼거나 입천장에 박히는 경우도 있다. 실 조각이 치아나 혀 주변을 둘둘 휘감는 경우도 있다(259쪽 참조).

고양이가 발로 입을 비비거나 바닥에 얼굴을 문지르고, 침을 흘리고, 구역질을 하고, 반복적으로 입술을 핥거나 입을 계속 벌리고 있는 경우 입 안의 이물을 의심해 볼수 있다. 때때로 기운이 없거나 입냄새가 심하고, 음식을 잘 안 먹고, 그루밍을 하지 않는 등의 단순한 증상만 나타나기도 한다.

치료 : 밝은 조명 아래에서 243쪽에 서술한 것처럼 고양이의 입을 부드럽게 벌려 확인한다. 문제의 원인이 보일 것이다. 어떤 이물은 집게로 제거할 수 있지만 어떤 것은 전신마취를 통해 동물병원에서 제거해야 한다.

미늘(낚싯바늘 끝의 갈고리 모양의 작은 바늘)이 박히지 않은 낚싯바늘은 윗부분을 팬치로 두 조각 내어 제거한다. 미늘이 조직에 박힌 경우, 바늘을 밀어넣어 미늘이 완전

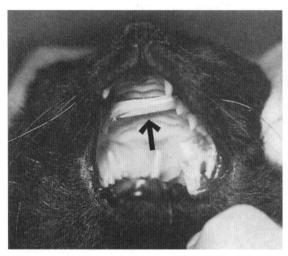

이물이 입천장을 가로질러 박혀 있다.

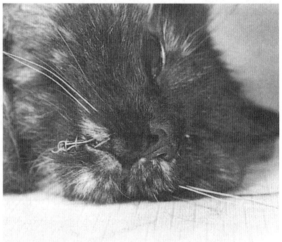

낚싯바늘은 입술에 꽂힌 미늘을 밀어넣은 후 두 조각으로 자른 뒤 제 거한다.

히 통과하도록 한다. 절대 바늘을 잡아당겨서는 안 된다. 때로는 고양이를 잘 보정하여 능숙한 손놀림으로 바늘을 제거하는 것도 가능하지만 고양이가 아주 얌전한 경우를 제외한 대부분의 경우에는 동물병원에서 진정이나 마취 후에야 제거할 수 있다.

하루 또는 그 이상 박혀 있는 이물은 감염 가능성이 높은데 일주일 정도 광범위 항생제로 치료한다.

고슴도치 가시

고슴도치 가시는 고양이의 얼굴, 코, 구강, 발, 피부에 박힐 수 있다. 집에서 가시 제거를 시도할 경우, 고양이 보정용 가방이나 큰 타월 등으로 완벽히 보정해야 한다. 외과용 지혈겸자나 끝이 뾰족한 펜치를 이용해 가시의 장축 방향으로 하나하나 뽑는다. 가시가 부러지면 더욱 깊숙이 박혀 심부의 염증을 유발할 수 있다. 고양이가 불안해하거나 스트레스를 많이 받은 상태라면 동물병원에서 진정시킨 후 처치하는 것이 가장 좋은 방법이다. 이 방법이 고양이도 덜 고통스럽다.

입 안의 가시는 제거가 어려워 전신마취가 필요하다.

목구멍

인두염(따끔거리는 목)pharyngitis(sore throat)

고양이에게는 외부요인 없이 목이 따가운 증상은 흔치 않고, 대부분 바이러스나 구강 감염과 관련이 있다. 인두염의 증상은 고열, 기침, 구역질, 구토, 음식을 삼킬 때 목의 통증, 식욕부진 등이다.

목구멍의 이물도 인두염이나 편도염과 유사한 증상을 보이므로 이런 가능성을 고려하여 신중하게 감별해야 한다.

치료 : 수의사에 의한 기본적인 검사와 치료가 필요하다. 인두염이 있는 고양이에게는 부드러운 캔사료를 물이나 담백한 국물에 섞어 액상 형태로 급여한다. 일주일간 항생제를 투여한다. 진통제가 도움이 되기도 한다.

편도염tonsillitis

편도염도 고양이에게는 흔치 않다. 편도는 림프절과 유사한 조직 덩어리로 사람과 마찬가지로 목구멍 뒤쪽에 있다. 염증이 생겼을 때가 아니면 평상시에는 눈으로 볼 수 없다. 감염이 일어난 편도는 인두염과 유사한 증상을 보이지만 인두염보다 고열이 더 심하고(39.4℃ 이상) 더 아파 보인다. 대부분의 경우 세균 감염이 원인이다.

편도는 일부 종양에 의해서도 커질 수 있으므로 일단 편도염이 의심되면 수의사에게 확진을 받아야 한다.

치료 : 치료는 앞에서 서술한 인두염과 같다. 드물게 만성적으로 염증이 있는 경우 편도를 적출하기도 한다.

목구멍의 이물(질식, 구역질)foreign body in the throat(chocking and gagging)

고양이는(특히 어린 고양이) 실, 금속 조각, 천, 낚싯바늘, 장난감 등 작은 물체를 먹고 삼키려 드는 경우가 있다. 이물이 목구멍의 어느 위치에 있는가에 따라 고양이는 구역질을 하거나 삼키려 애쓰고, 질식 증상을 보일 수 있다.

노력성(힘을 주는) 기침을 하거나 숨을 쉬는 데 곤란을 느끼는 징후가 보이면 이물이 후두로 넘어간 것이다(311쪽, 후두 내 이물 참조).

치료 : 고양이는 흥분했을 때 보정하기가 매우 어렵다. 고양이를 보정하려 씨름하는 것이 이물이 목구멍으로 더욱 깊숙이 들어가는 역효과를 가져올 수 있다. 고양이의 입을 벌리려 하지 말고, 하임리히법(Heimlich maneuver)을 시도해 본다(311쪽 참조). 즉시 효과를 보지 못했다면, 지체하지 말고 고양이를 진정시킨 후 동물병원으로 간다.

그러나 고양이가 실신했다면 즉시 이물을 제거하여 기도를 확보해야 한다. 고양이의 입을 벌리는 것은 의식을 잃은 상태라 어렵지 않을 것이다. 이물 뒤쪽으로 목을 잘 잡은 후 손가락으로 힘을 주어 이물을 끄집어 낸다. 가능한 한 신속하게 제거하고, 제거 후에는 필요한 경우 인공호흡을 실시한다(29쪽 참조).

예방 : 고양이를 주의 깊게 관찰하고, 쉽게 쪼개지는 작은 장난감은 주지 않는다. 닭뼈나 쪼개질 수 있는 긴 뼈도 주지 않는다.

침샘

고양이의 입 안으로 흘러들어가는 침샘은 4개가 있다. 뺨 뒤쪽으로 귀 아래에 있는 귀밑샘만 바깥에서 만질 수 있다. 침샘은 음식을 부드럽게 해 주고 소화를 돕는 염기성 액체를 분비한다.

침 과다분비(침흘림)hypersalivation(drooling)

건강한 고양이는 침을 흘리지 않는다. 그러나 쓴 약을 먹거나 주사를 맞으려 할 때

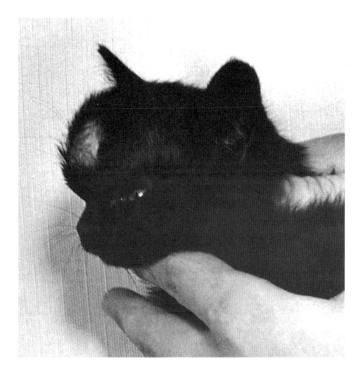

머리에 농양이 있으면 부기가 굉장히 심할 수 있다.

는 감염을 국소화시키기 위해 하루 4차례 15분 동안 따뜻한 생리식염수 찜질을 추천하기도 한다. 농양에는 항생제 치료가 필요하다. 절개하여 배농시킨 후 상처가 안에서부터 밖으로 치료되도록 거즈로 심지를 만들기도 한다. 집에서 거즈를 바꿔 주고 상처를 소독한다. 고양이가 상처 부위를 핥거나 긁으려 하면 엘리자베스 칼라 등을 채운다.

9장
소화기계

소화관은 입에서 시작해 항문에서 끝난다. 입술, 이빨, 혀, 침샘, 입, 인두는 다른 장에서 다루고 있다. 나머지 소화관의 장기는 식도, 위, 십이지장(소장의 첫 번째 부분), 공장과 회장(소장의 마지막 부분), 대장, 직장, 항문이 있으며, 음식물의 소화와 흡수를 돕는 췌장(이자), 담낭, 간 등이 있다. 췌장은 십이지장 옆에 있으며, 췌장의 췌관은 간에서 나오는 담관과 함께 십이지장으로 연결되어 효소를 분비한다.

식도는 근육으로 된 관 모양의 장기로 리드미컬한 수축을 통해 음식을 위로 내려보낸다. 식도는 목을 따라 흉강을 통해 위로 연결된다. 하부 식도는 예리한 각도로 위와 연결되어 있어, 음식물과 액체가 식도로 역류하는 것을 막는다. 또한 식도에는 괄약근이 있어 식도와 위의 연결 부위가 음식을 삼킬 때를 제외하고는 닫혀 있도록 한다.

위는 음식물을 충분히 작은 알갱이로 소화시켜 십이지장과 연결된 유문이라는 괄약근 부위를 통과시킨다. 음식물은 3~4시간 정도 위 내에 머문 뒤, 유문을 통해 십이지장과 그 외 소장으로 이동한다. 췌장과 소장에서 분비되는 소화액은 음식물을 아미노산, 지방산, 탄수화물로 분해시킨다. 이런 소화 대사물질은 장벽을 거쳐 혈류로 흡수된다. 혈류는 장에서부터 간으로 이어지는데, 간은 대사와 관련하여 수많은 기능을 수행한다. 이 과정에서 노폐물도 분리된다.

섬유소와 소화되지 않은 음식은 소장에 남아 결장으로 이동한다. 결장은 수분을 흡수하고 남은 찌꺼기를 변으로 만드는 기능을 한다.

고양이의 복벽은 이완되어 있기 때문에 복부 촉진(손으로 만져서 진찰)을 통해 많은 장기를 촉진하는 것이 가능하다. 일반적으로 촉진을 통해 간이나 비장의 확장 여부를 구별할 수 있으며, 위장관이나 생식기계의 문제를 의미하는 다른 장기의 부종 등도 발견할 수 있다.

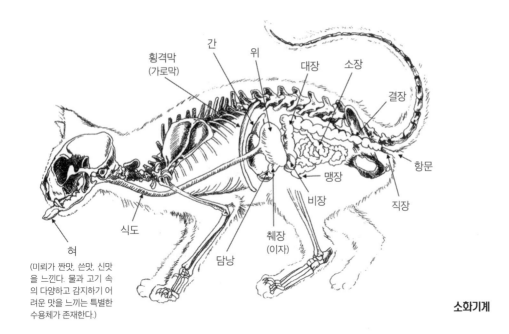

횡격막
(가로막)

간

위

대장

소장

결장

항문

맹장

직장

비장

식도

췌장
(이자)

담낭

혀

(미뢰가 짠맛, 쓴맛, 신맛을 느낀다. 물과 고기 속의 다양하고 감지하기 어려운 맛을 느끼는 특별한 수용체가 존재한다.)

소화기계

고양이의 식단은 전형적으로 대부분 육류로 구성되어 있으므로 초식동물의 식물성 식단이나 잡식동물의 식단에 비해 소화가 용이하다.

내시경

내시경은 몸 안이나 위, 결장과 같이 속이 비어 있는 장기를 보기 위해 사용되는 기구다. 소화관장애를 진단하는 데 있어 매우 효과적이어서 많은 동물병원이 내시경을 도입하고 있다.

고양이를 마취시킨 상태에서 유연성이 있는 내시경을 입 안이나 항문으로 삽입하여 소화관을 검사한다. 강력한 광원을 가진 광섬유를 이용해 장의 내부를 본다. 미세한 장치를 관 안으로 통과시켜 조직생검을 실시하거나 다른 시술을 수행할 수 있다.

위내시경

식도위십이지장 내시경(EGD, esophagogastroduodenoscopy)이라고도 불리는 위내시경을 통해 상부 소화기관을 검사하고 조직생검을 실시한다. 위염, 위-십이지장 궤양, 종양, 이물을 진단하는 가장 좋은 방법이다. 내시경을 입 안으로 삽입하여 식도를 통해 위와 십이지장 내로 진입시킨다. 검사 중에 이물이 발견되는 경우에는 특수한 기구를 이용해 식도와 위 내에서 이물을 제거한다. 크기가 크다면 개복수술을 한다.

대장내시경

대장내시경은 항문을 통해 직장과 결장을 검사한다. 하부 소화기관의 내부를 시각화할 수 있고 조직생검을 실시할 수 있어 대장염과 기타 대장 질환의 진단에 아주 용이하다.

식도

식도는 근육으로 이루어진 관 모양의 장기로, 물과 음식을 위로 밀어낸다. 이런 작용은 음식을 삼키는 행동과 함께 연동운동이라고 불리는 리드미컬한 수축에 의해 가능하다.

식도 질환의 증상으로는 역류, 연하곤란(음식을 삼키기 힘듦), 침흘림, 체중감소 등이 있다.

역류 regurgitation

역류는 상대적으로 큰 힘을 들이지 않고 구역질 없이 소화되지 않은 음식물을 배출하는 증상이다. 식도가 물리적으로 폐쇄되거나 음식을 삼키는 데(연동운동) 문제가 생겨 발생한다. 이런 경우 식도에 음식물이 가득 들어차 수동적으로 음식물이 배출된다.

역류를 구토와 혼동해서는 안 된다. 구토는 먼저 구역질을 하고 위의 수축을 통해 강력하게 배출되는 것이다. 구토물은 시큼한 냄새가 나고, 소화가 된 것처럼 보이며 (최소한 부분적으로라도) 종종 노란색의 담즙이 섞여 있다.

만성적인 역류 증상은 증상이 나타났다 사라짐을 반복하며 점점 더 심해지는 양상을 보이는데 거대식도증, 협착, 종양 등에 의해 식도가 부분적으로 폐쇄되어 발생한다.

역류의 심각한 합병증은 흡인성 폐렴이다. 역류된 음식물이 폐로 들어가면 흡인성 폐렴이 발생한다. 역류된 음식물이 코로 들어가 발생하는 비강 감염도 잠재적으로 발생할 수 있는 심각한 합병증이다.

심한 기침이나 구역질이 역류나 구토로 오인되기도 한다. 각각 다른 장기에서 발생하는 문제므로 잘 구별하는 것이 중요하다.

연하곤란(음식을 삼키기 힘듦) dysphagia(difficult, painful swallowing)

고양이의 식도에 부분적인 폐쇄가 발생하면 음식을 삼키기 힘들어 고통스러워하는데, 반드시 역류 증상이 나타나지는 않는다. 식도에 통증을 느끼는 고양이는 반복적으로 음식을 삼키려 시도하고 천천히 먹는다. 체중감소가 나타나고, 상태가 심해지면 먹지 않게 된다.

입 안이나 치아의 감염, 목구멍의 상처, 편도염도 연하곤란과 연관이 있다. 이런 고양이는 침흘림과 구취를 함께 동반하는 경우가 많다. 때때로 고양이가 부드러운 액상의 음식만 먹고 단단한 건조 사료를 먹지 않는 경우도 있다. 어떤 고양이는 캔사료의 '국물'만 먹고, 건더기는 먹지 않는다.

거대식도증(식도의 확장)megaesophagus(dilated esophagus)

거대식도증은 '식도의 확장'을 의미한다. 음식물이 장기간 식도에 정체되어 있으면 식도는 저장기관이 되어 풍선처럼 부풀어 버린다. 이런 과정을 거대식도증이라고 부르는데 역류, 체중감소, 흡인성 폐렴의 재발 등을 동반한다.

거대식도증에는 두 가지 원인이 있다. 첫 번째 원인은 식도의 수축에 문제가 있어 음식물을 위로 밀어내지 못하는 것으로, 어린 고양이에서 유전적인 장애로 나타나거나 성묘에서 후천적으로 발생한다. 두 번째 원인은 이물이나 식도를 둘러싼 혈관의 비정상적인 발달에 의한 물리적인 폐쇄다.

선천성 거대식도증(congenital megaesophagus)은 유전성 질환으로, 샴고양이 등 어린 고양이에서 발생한다. 어린 고양이가 음식을 삼킬 때 식도가 수축을 하지 못해 위로 음식을 밀어내지 못한다. 이는 하부 식도 신경총의 발달 결함에 의해 발생하는데 식도가 마비된 부위에서 연동운동이 멈춰 버려 음식물이 더 이상 아래로 진행하지 못한다. 시간이 지남에 따라 활력을 잃은 분절 위의 식도가 확장되고 부풀어 오른다. 어린 고양이의 뒷다리를 잡고 들어올리면 목 옆 부위로 돌출된 식도를 확인할 수 있다.

선천성 거대식도증을 가진 고양이는 단단한 음식을 먹기 시작하는 이유기 때 증상이 나타나기 시작한다. 열심히 밥그릇 앞에 다가서지만 몇 입 먹고는 뒤로 물러서는 특징이 있다. 종종 소량의 음식물을 역류시키고 다시 먹으려 든다. 이런 과정을 몇 번 거치며 음식이 죽처럼 부드럽게 되면 위로 이동할 수 있게 된다. 음식물의 반복적인 흡인과정에 의해 흡인성 폐렴이 발생한다.

이는 영구적인 장애로 집중적인 관리가 필요하다. 음식을 먹을 때와 먹고 난 뒤 고양이의 몸을 수직으로 세워 주어 음식물의 이동을 돕는다.

선천성 거대식도증의 또 다른 형태는 흉강에 태아 시기의 동맥이 남아 있는 것이다(동맥궁 기형). 이 동맥은 식도를 압박해 음식을 삼키는 것을 방해한다. 이유기가 된 고양이가 고형 음식물을 먹기 시작하면서 역류 증상이나 연하곤란이 나타난다. 이런 고양이는 영양 상태가 좋지 못하고 성장도 지연된다. 이런 경우 수술로 교정이 가능할 수도 있다.

성묘의 거대식도증(adult-onset megaesophagus)은 나이 든 고양이에서 관찰되는 후천적 장애다. 선천성 거대식도증이 뒤늦게 나타나는 경우도 있고, 식도의 이물, 종양, 협착, 신경계 질환, 자가면역질환, 중금속중독 등에 의해 발생할 수 있다. 정확한 원인을 알 수 없는 발생 사례도 많다.

흉부 엑스레이검사로 식도의 확장, 식도 내 불투명한 물질, 흡인성 폐렴 등을 발견할 수 있다. 바륨 조영제를 먹인 뒤 흉부 엑스레이검사를 실시하여 확진한다.

치료 : 주요 목표는 영양 공급을 유지하고 합병증을 예방하는 것이다. 높은 위치에 식기를 놓고 고양이가 물과 음식을 삼킬 때 중력의 영향을 최대로 받도록 한다. 일부 고양이는 죽과 같은 유동식을 잘 삼키는데, 어떤 고양이는 고형 음식물도 잘 먹는다. 시행착오를 통해 고양이에게 어떤 음식이 가장 적합한지 판단한다. 음식을 다 먹으면 고양이의 몸을 수직으로 세워 음식이 위로 이동하는 것을 돕는다.

이런 노력에도 불구하고 거대식도증이 있는 많은 고양이는 어느 정도의 성장지연을 보이고 흡인성 폐렴에 걸린다. 흡인성 폐렴이 발생하면 항생제를 투여해야 하는데, 세균배양과 항생제 감수성 검사로 적합한 약물을 투여한다. 폐렴의 증상은 기침, 발열, 빠르고 힘든 호흡 등이다(314쪽, 폐렴 참조).

어린 고양이는 회복되는 경우가 드물지만, 나이 든 고양이는 식도의 협착, 종양의 치료나 약물에 반응을 보이기도 한다.

식도의 이물 foreign body in the esophagus

고양이가 갑자기 침울해지고, 침을 흘리며, 음식을 삼키는 것을 고통스러워하거나 역류 증상을 보인다면 식도에 집에서 사용하는 작은 물건이나 뼛조각과 같은 이물이 있는지 의심해 봐야 한다. 며칠 동안 혹은 그 이상 역류나 연하곤란 증상이 있었다면 이물을 배제해서는 안 된다.

식도를 찌를 수 있는 날카로운 이물은 특히 위험하다. 조기 진단이 중요한데, 식도가 천공되면 발열, 가쁜 호흡, 연하곤란, 경직된 자세를 보인다.

보통 목과 흉부의 엑스레이검사로 진단한다. 가스트로그라핀(Gastrografin) 같은 조영제를 섭취시켜 엑스레이검사를 해야 할 수도 있다.

치료 : 식도의 이물은 응급상황이다. 즉시 고양이를 동물병원으로 데려간다. 혹여 육안으로 실이나 바늘이 보이더라도 잡아빼려고 해서는 안 된다. 더 깊이 박힐 수 있으므로 수의사의 처치를 받아야 한다.

위 내시경으로 많은 이물을 제거할 수 있다. 전신마취를 한 후 입 안으로 내시경을 삽입하여 식도로 진입시킨 뒤 이물을 확인하고 특수한 기구로 제거한다. 이물을 제거할 수 없는 경우 위쪽으로 밀어내어 개복수술을 하며 위에서 제거할 수 있다. 내시경으로도 움직이지 않는 이물은 식도절개술이 필요할 수 있다. 식도에 천공이 발생한 경우도 마찬가지다.

식도협착esophageal stricture

식도협착은 식도가 손상을 입은 후 원형의 상처가 남아 발생한다. 식도는 이물, 부식성 액체, 위식도 역류 등에 의해 손상된다. 마취 중 위산이 하부 식도로 역류하며 식도에 손상을 입히는 것도 흔한 원인 중 하나다. 식도협착 증상은 고양이에게 먹인 캡슐이나 알약이 식도를 통과하지 못하고 식도 내에서 용해될 때도 발생할 수 있다. 때문에 고양이에게 약을 먹인 뒤에는 즉시 충분한 양의 물을 먹인다.

식도협착의 주요 증상은 역류다. 바륨 용액을 먹인 후 엑스레이검사를 하거나 식도내시경을 실시하여 진단한다. 협착 부위는 식도를 좁게 만드는 섬유소성 고리 형태로 보인다.

치료 : 초기 협착은 대부분 내시경의 확장기를 이용해 식도벽을 늘려 치료할 수 있다. 확장술 이후 일부 고양이는 정상적으로 음식을 삼킨다. 그렇지 않은 경우, 거대식도증(271쪽 참조)이 발생할 수 있으므로 수술로 협착 부위를 제거하기도 한다. 이런 부위의 수술은 합병증이 발생하기 쉬워서 식도 옆으로 영양 주입관을 부착한 채 장기간의 입원치료가 필요할 수도 있다.

협착이 있는 고양이에게 많은 양의 음식을 주는 것은 식도에 과부하를 일으켜 상태를 악화시킨다. 높은 곳에 둔 식기에 소량의 부드러운 음식을 여러 번에 걸쳐 급여한다.

신생물growth

식도 자체의 종양은 흔치 않으나 생기면 대부분 악성이며 주로 노묘에게 발생한다. 식도 주변의 림프절과 연관 있는 암종(주로 림프육종)은 림프절을 확장시켜 식도를 압박하여 물리적인 폐쇄를 일으킬 수 있다.

치료 : 양성종양(또는 전이되지 않은 악성종양)은 수술로 제거하는 것이 가장 좋은 방법이다.

위

위의 문제는 흔히 구토 증상과 연관이 있다. 구토는 고양이에게 아주 흔하므로 별도의 섹션에서 다루고 있다(277쪽 참조).

급성 위염acute gastritis

급성 위염은 갑작스럽게 발생하는 위벽의 자극이다. 주요 증상은 지속적인 심한 구토다. 주로 자극성 물질이나 독극물을 삼킨 경우 발생한다. 흔히 위의 자극을 유발하는 물질로는 풀, 식물, 털, 뼈, 오염된 음식, 쓰레기 등이 있다. 특히 아스피린, 코르티손, 부타졸리딘, 일부 항생제와 같은 약물도 위에 자극을 일으킨다. 흔히 접하는 독극물은 부동액, 비료, 식물성 독소, 제초제, 쥐약 등이다. 이들 중 하나라도 의심되는 것이 있다면 수의사에게 알려야 한다.

급성 위염이 있는 고양이는 음식을 먹은 직후나 그 이후에 구토를 하고 음식을 거부한다. 식욕이 감소하고, 물그릇 앞에 머리를 늘어뜨린 채 앉아 있다. 급성 장염으로 설사를 동반한 상태가 아니라면 체온은 정상을 유지한다.

지속적인 구토 증상은 장의 폐쇄나 복막염과 같이 치명적인 질환일 수도 있음을 명심한다. 지속적으로 구토를 하는데 원인이 분명하지 않은 경우 반드시 동물병원을 찾아야 한다.

치료 : 비특이적인 급성 구토의 경우, 위를 쉬게 하면서 과도한 위산으로부터 보호해 주면 자연적으로 회복되어 보통 24~48시간 이내에 가라앉는다. 가정에서 하는 구토 처치(279쪽 참조)의 지시사항을 따른다.

만성 위염chronic gastritis

만성 위염이 있는 고양이는 수 일 또는 수 주에 걸쳐 가끔씩 구토를 하는데 항상 그런 것은 아니지만 주로 음식을 먹은 후에 구토를 한다. 이런 고양이는 기운이 없고 피부와 털이 좋지 않으며, 체중도 감소한다. 때때로 구토물에 이물이나 어제 먹은 음식물이 섞여 있는 경우도 있다.

* **위석** 털과 여러 물질이 뒤섞여 단단하게 뭉쳐진 위 속의 이물.

헤어볼을 유발하는 털을 먹거나 위내에 발생하는 위석*이 만성 위염의 흔한 원인이다. 예방법은 헤어볼(144쪽 참조)에서 설명하고 있다. 만성 위염의 다른 원인은 풀과 같은 식물을 자주 먹거나 셀룰로오스, 플라스틱, 종이, 고무, 다른 자극물질, 저급사료, 오염된 음식 등을 먹는 것이다.

고양이에게 아스피린을 정기적으로 투여한 경우에도 위벽을 두껍게 만들고 위장관 출혈을 일으키는 소화성 위궤양을 유발할 수 있다. 때문에 아스피린 및 다른 비스테로이드성 소염제는 수의사의 처방 아래 투여해야 한다.

마지막으로 분명한 이유 없이 간헐적으로 구토를 한다면 간 질환, 신부전, 당뇨병, 편도염, 자궁감염, 췌장염, 갑상선기능항진증, 자극성 장 질환, 심장사상충 감염과 같은 내과적인 문제를 의심해 볼 수 있다. 헬리코박터균(*Helicobacter pylori*)도 만성 위염의 원인일 수 있다(90쪽 참조).

치료 : 근본 원인을 찾아내고 교정할 수 있는지에 따라 치료 여부가 달려 있다. 만성 위염이 있는 고양이는 수의사의 진료를 받아야 한다. 내시경을 이용한 위나 장의 조직생검, 특수한 조영법을 이용한 엑스레이검사나 초음파검사 등의 특수한 진단법이 필요할 수 있다. 질병 감별을 위해 혈액검사도 필요하다. 만성 구토를 보이는 고양이는 구토를 유발하는 특정 질환에 맞도록 만들어진 특별한 맞춤 식단이 필요한 경우가 많다. 파모티딘(famotidine)이 도움이 될 수 있다.

음식 과민증food intolerance

어떤 고양이는 특정 음식이나 사료를 받아들이지 못하는 경우가 있다. 보통 시행착오를 통해 알아차리게 된다. 음식을 먹고 2시간 정도 지나 구토를 한다면 음식 알레르기나 음식 과민증이 원인일 수 있다. 주로 곡물이(특히 밀과 옥수수) 원인이다. 닭고기나 생선과 같은 특정한 단백질원에 대해서도 과민반응을 나타낼 수 있다. 보통 수양성, 점액성, 심한 경우 혈액성 설사를 동반한다(289쪽, 설사 참조).

치료 : 시판되는 사료 중에 곡물이 들어 있지 않은 그레인프리(grain free) 제품이 있다. 수의사는 제한된 단백질원이나 특수 처리된 단백질로 만든 사료를 처방하기도 한다. 이런 제품은 유사품이 많고 체계적인 적용이 중요하므로 반드시 수의사의 처방계획에 따라 급여한다(291쪽, 설사의 **치료** 참조).

멀미motion sickness

많은 어린 고양이가 차, 배, 비행기로 여행할 때 멀미로 고생한다. 침흘림, 입을 벌리는 행동, 메슥거림, 구토 등을 동반하며 안절부절못한다. 멀미는 내이의 미로계가 과잉 자극되어 발생한다.

치료 : 고양이가 멀미로 인해 고통스러워할 것 같다면 수의사에게 디멘히드리네이트(dimenhydrinate) 같은 약물을 처방받을 수 있다. 용량은 수의사의 지시를 따른다. 불행히도 개와 사람에게 멀미를 일으키는 히스타민 수용체는 고양이에게는 중요한 역할을 하지 않아 디멘히드리네이트나 메클리진(meclizine) 등이 도움이 안 되는 경우도

있다. 장거리 여행일 경우 아세프로마진(acepromazine)을 처방하기도 한다.

멀미가 있는 고양이에게는 생강이 도움이 된다. 아로마테라피, 특히 라벤더 향이 도움이 된다.

고양이는 공복으로 여행하는 것이 가장 좋으므로 여행 전에 절식을 시킨다. 차 안을 시원하게 유지하고, 평탄한 도로를 이용하고, 멈추거나 회전하는 것을 최소화한다. 고양이는 대부분 차를 타는 경험을 늘려가면서 멀미를 하지 않게 된다.

복부팽만abdominal distension

몇 가지 문제로 인해 복부가 팽만해지거나 부어오를 수 있다. 과식, 발효된 음식의 섭취, 변비 등에 의해서 어느 정도 배가 부풀어 보인다. 어린 고양이는 기생충 감염에 의해 발생할 수 있다. 쿠싱병, 심부전, 고양이 전염성 복막염에 의해서도 배가 항아리 모양처럼 부풀어 오를 수 있다.

갑자기 배의 통증을 호소하고 배가 부풀어 오른다면 장폐색, 방광폐쇄, 자궁축농증, 복막염과 같은 응급상황일 수 있다(33쪽, 급성 복통과 284쪽, 장폐색 참조).

급성 위확장(고창증)이나 염전(비틀리거나 꼬임)은 개에게 주로 발생하고 고양이에게는 극히 드물다. 그러나 발생하는 경우 응급을 요한다. 위확장이 있는 고양이의 위는 가스와 액체로 가득 차 팽창된다. 염전이 발생하면 확장된 위가 장축으로 꼬이게 된다. 비장은 위 벽에 붙어 있는 까닭에 위와 함께 꼬여 버린다. 갑자기 배가 부풀어 오르고, 쇼크와 같은 증상을 보이며, 복막염이 발생한다. 당장 동물병원으로 데리고 간다.

며칠 또는 몇 주에 걸쳐 배가 부풀어 오르는 경우 배 안에 액체가 축적되는 복수 증상일 가능성이 높다. 고양이 전염성 복막염을 의심해 봐야 한다. 우심부전과 간 질환 등도 또 다른 원인이다. 암고양이는 임신과 상상임신도 배가 불러오는 원인 중 하나다.

치료 : 치료는 원인에 따라 다르므로 수의사의 진료가 필요하다.

위궤양stomach ulcer

위궤양은 고양이에게는 흔치 않다. 보통 약물에 의해 발생하는데, 특히 아스피린과 이부프로펜(ibuprofen), 나프록센(naproxen), 부타졸리딘 같은 NSAID 약물, 스테로이드 제제에 의해 발생하는 경우가 많다. 구토가 가장 흔한 증상으로 구토물에 혈액이 관찰되는데(커피 가루처럼 보이는) 간혹 선혈(fresh blood)이 관찰된다. 체중감소와 빈혈이 동반될 수 있다. 상부 소화기계의 엑스레이검사나 내시경으로 진단한다.

치료 : 치료법은 궤양을 일으킬 수 있는 모든 약물을 중단하는 것이다. 궤양치료에

는 라니티딘(ranitidine), 파모티딘, 시메티딘(cimetidine), 오메프라졸(omeprazole), 수크랄페이트(sucralfate) 등의 약물을 사용한다.

구토

수많은 질병과 불편함이 구토를 유발한다. 구토는 가장 흔하게 접하게 되는 비특이적 증상 중 하나기도 하다.

고양이는 다른 동물보다 쉽게 구토를 하는 편이다. 어떤 고양이는 거의 자발적으로 구토를 하며 때로는 특별한 이유 없이 구토를 한다. 음식을 먹고 난 뒤 곧바로 소화되지 않은 음식물을 토해 내 다시 먹기도 한다. 어미가 음식을 토해 내면 새끼가 소화된 음식을 받아 먹는다.

모든 구토 증상은 뇌의 구토중추가 소화관과 그 외 부위에 무수히 많이 분포해 있는 수용체에 의해 자극을 받아 일어난다. 구토가 필요한 상황을 인지하면 고양이는 불안해하며 관심을 끌거나 안정을 취하려 하고, 침을 흘리거나 반복적으로 되삼키려고 애쓰는 모습을 보인다.

구토가 시작되면 위와 위벽의 근육이 동시에 수축하면서 순식간에 복압이 상승한다. 이와 동시에 하부 식도 괄약근이 이완되며, 위 속의 내용물이 식도를 거쳐 입 밖으로 나온다. 고양이는 구토를 하는 동안 목을 쭉 빼고 구역질을 거칠게 하는 소리를 낸다. 이런 모습을 앞서 설명한 수동적인 역류(식도의 내용물이 수동적으로 배출되는 증상)와 혼동해서는 안 된다.

구토의 원인

구토의 가장 흔한 원인은 털이나 위를 자극하는 풀 같은 이물질을 삼키는 것이다. 대부분의 고양이가 한 번 이상은 이런 경험을 한다. 내부기생충도 위를 자극하는 원인이 될 수 있다. 다른 원인으로는 과식, 너무 급하게 먹기다. 새끼 고양이는 음식을 급하게 먹고 바로 운동을 하다가 구토를 하기 쉬운데 이런 구토는 심각하지 않다. 밥그릇 하나에 여러 마리가 달려들면 급히 먹는 경우가 많은데 고양이를 분산시키거나 조금씩 자주 먹이면 이런 문제를 해결하는 데 도움이 된다(새끼 고양이의 구토에 대한 자세한 내용은 17장 참조).

한두 번 구토를 했지만 구토 전후로 상태가 정상적으로 보이면 심각하지 않은 상태로 판단해 집에서 조치를 취할 수 있다(279쪽, 가정에서 하는 **구토 처치** 참조). 음식을 먹는 것과 관계 없이 구토를 한다면 흔히 전염병, 신장 질환, 간 질환, 중추신경계 이상일 수 있다. 구토와 관계 있는 질병으로는 고양이 범백혈구감소증, 편도염, 인두염, 염증성 장 질환, 자궁의 감염(급성 자궁염) 등이 있는데 다른 증상도 함께 관찰될 수 있다. 어린 고양이가 갑자기 구토를 하고 열이 난다면 범백혈구감소증을 의심할 수 있다.

구토의 또 다른 심각한 원인으로는 독극물이나 약물을 먹은 경우다. 중독에 대해서는 44쪽에 설명되어 있다. 구토의 원인 중 가장 심각한 경우는 복막염이다. 이는 응급 상황이다. 급성 복통(33쪽 참조)에 원인이 설명되어 있다.

고양이가 어떻게 그리고 언제 구토를 하는지 잘 관찰하는 것도 문제의 원인을 찾는 데 도움이 된다. 반복적으로 발생하는지, 만약 그렇다면 산발적인지 아니면 지속적인지 잘 관찰한다. 음식을 먹고 난 뒤 얼마 뒤에 구토를 하는가? 분출성인가? 구토물에 피나 변처럼 보이는 물질, 이물 등이 없는지 검사한다.

지속적인 구토

고양이가 구토를 하고 난 뒤에, 계속 구역질을 하며 거품이 섞인 맑은 액체를 토한다. 이는 오염된 음식, 풀, 헤어볼, 소화가 안 되는 물질을 먹었거나 위벽을 자극하는 전염성 장염과 같은 질병에 의한 경우가 많다. 구토와 함께 설사 증상을 동반한다면 289쪽 설사를 참고한다.

산발적인 구토

가끔씩 며칠 혹은 몇 주에 걸쳐 산발적으로 구토를 한다. 음식물 섭취와는 관련이 없다. 식욕은 좋지 않다. 고양이는 초췌해 보이고 무기력해 보인다. 간이나 신장의 질병, 만성 위염, 자극성 장 질환, 헤어볼, 심한 기생충 감염, 당뇨병 등의 질환을 의심해 볼 수 있다.

위 내의 이물도 또 다른 원인 중 하나다. 노묘는 위나 장의 종양도 의심해 보아야 한다. 수의사에 의한 적절한 검사가 필요하다.

피가 섞인 구토

구토물의 붉은 혈액은 입과 상부 소화기 사이 어딘가에 출혈이 있음을 의미한다. 보통 이물을 먹은 경우 가장 흔히 발생한다. 커피 가루처럼 보이는 물질은 출혈이 되고 시간이 지나 일부가 소화된 혈액으로, 이 역시 입과 상부 소화기 사이에서 출혈이 있었음을 의미한다.

고양이의 구토물에서 혈액이 관찰된다면 심각한 상태일 수 있으므로 당장 수의사의 진료를 받는다.

변 같은 물질이 섞인 구토

모양이나 냄새가 변처럼 보이는 악취 나는 물질을 토해 냈다면 장중첩이나 복막염을 앓고 있을 가능성이 높다. 복부의 둔상이나 관통상도 변 같은 물질을 토하는 원인일 수 있다. 즉시 수의사의 치료를 받는다.

분출성 구토

갑자기 위의 내용물이 배출되는 강력한 구토를 분출성 구토라고 한다. 이는 상부 소화기관이 완전히 폐쇄되었음을 의미한다. 이물, 헤어볼, 종양, 협착 등이 원인일 수 있다. 뇌종양, 뇌염, 혈전증 등 두개 내 압력의 상승을 야기하는 뇌질환이 분출성 구토를 유발할 수 있다.

이물성 구토

헤어볼이 너무 큰 덩어리가 되면 위를 통과하는 게 불가능해진다. 천조각, 뼛조각, 작은 막대, 돌, 작은 생활용품 등은 고양이가 토해 낼 수 있는 이물이다. 자세한 내용은 위장관 이물(283쪽)을 참조한다. 심한 회충감염이 있는 새끼 고양이는 성충을 토해 내기도 한다. 이런 고양이는 **회충**(77쪽 참조) 설명처럼 치료한다.

가정에서 하는 구토 처치

구토의 원인이나 심각성에 대한 의문이 있다면 바로 수의사의 도움을 받는다. 구토를 하는 고양이는 급속히 탈수상태에 빠져 체액과 전해질을 잃는다. 구토와 설사를 함께 동반한다면 탈수가 더욱 빠르게 진행될 것이다. <u>구토 증상이 24시간 이상 지속되면 수의사의 진료를 받아야 한다.</u> 고양이가 탈수에 빠지거나 구토 증상이 재발해도 동물병원을 찾는다.

구토를 제외한 다른 증상을 보이지 않는 건강한 고양이가 구토를 한다면 가정에서 처치한다. 새끼 고양이, 이전에 건강상의 문제가 있던 고양이, 노묘는 탈수상태를 견디기 어려우므로 수의사의 진료를 받아야 한다.

위가 즉각적으로 반응하여 이물을 토해 냈다면, 다음으로 중요한 절차는 최소한 12시간 동안 물과 음식을 중단하고 위가 쉴 수 있게 하는 것이다. 만약 고양이가 갈증을 호소한다면 얼음 조각을 주어 핥게 한다.

12시간 후, 구토가 멈췄으면 목만 축일 정도의 소량의 물을 준다. 소아용 전해질 용액(291쪽, 설사의 치료 참조)을 물에 소량 섞어 주어도 된다.

물을 잘 먹으면 곱게 간 고기로 만든 유동식으로 넘어간다(지방이 적고, 양파 분말이 들어 있지 않은 것). 하루에 4~6번 소량씩 이틀 동안 먹인다. 그다음에는 평상시 식단대로 먹이면 된다.

다음과 같은 상황에서는 물과 음식의 급여를 중단하고 동물병원을 찾는다.

- 몇 시간 동안 물과 음식을 먹지 않았는데도 계속 구토를 한다.
- 물과 음식을 조금씩 먹이려고 할 때 다시 구토를 시작한다.
- 구토와 함께 설사를 동반한다.
- 구토물에 선혈이나 커피 가루처럼 보이는 물질이 섞여 있다.
- 고양이가 기운이 없고 아파하거나 다른 전신성 증상을 나타낸다.

소장과 대장

고양이는 상대적으로 장이 짧다. 영양소의 대부분을 고기에서 섭취하므로 소화에 필요한 장의 면적이 적다. 소장과 대장의 문제는 보통 설사, 변비, 혈변의 세 가지 증상과 관련이 있다. 설사는 가장 흔히 발생하는 문제로 뒤에서 다시 다룬다(289쪽 참조).

염증성 장 질환 IBD, inflammatory bowel disease

고양이에게 만성적인 설사, 간헐적인 구토, 영양흡수불량 증상이 장기간 지속되어 나타나는 체중감소와 빈혈, 영양실조를 유발하는 세 가지의 장 질환이 있다. 이들을 함께 묶어 염증성 장 질환이라고 한다. 어떤 고양이는 증상을 주기적으로 호소하는 반면, 일부 고양이는 끊임없이 불편함을 호소한다.

이 질환들은 모두 음식, 세균, 기생충성 항원에 대한 소화기계의 면역매개성 반응*이다. 면역반응이 통제 불가능한 상태가 되면 수많은 염증 세포가 소화관으로 모여 소화와 흡수를 방해한다. 이런 증후군은 상태를 조절할 수 있는 경우도 있지만, 좀처럼 치료가 되지 않는 경우가 많고 장기간 지속되면서 궤양이나 림프육종과 같은 종양에 이르기도 한다.

기생충, 갑상선기능항진증, 신장 질환과 같은 다른 원인도 우선 감별해야 한다. 혈액검사와 소화관의 초음파, 엑스레이검사가 필요하다.

이 증후군에서 세균의 역할은 아직 명확히 밝혀지지 않았다. 하지만 고양이는 다른

* 면역매개성 반응 몸 안의 면역계가 자신의 세포를 공격하는 상태. 특발성으로 특정한 원인 없이 발생하기도 하고, 감염이나 기생충, 종양, 약물반응 등에 의해 이차적으로 발생하기도 한다.

동물에 비해 소장 내 세균의 수가 더 많다는 점에서 연관이 있을 수 있다. 또한 반드시 육류를 섭취해야만 한다는 사실과 그런 이유로 상대적으로 짧은 장의 길이와도 관계가 있을 수 있다. 일부 과학자는 고양이에게 야생의 음식 형태에 가까운 고단백, 저탄수화물 음식을 먹이면 건강상의 문제를 최소화할 수 있다고 생각한다.

염증성 장 질환 복합증의 각 질병에서는 각각 다른 종류의 염증세포(형질세포, 호산구, 림프구, 대식세포)가 소장이나 대장의 점막에 침윤한다. 췌장염과 장암도 비슷한 증상을 유발한다. 내시경이나 탐색적 개복술로 장벽을 생검하여 확진한다.

치료 : 염증성 장 질환은 치료라기보다 증상을 관리하는 것이 실질적인 목표다. 대부분의 고양이는 평생 동안 치료를 해야 한다. 개별적인 약물은 염증성 장 질환의 세 가지 종류에 따라 다르지만, 세 가지 타입 모두 (다음에 나오는) 림프구-형질세포성 장염에 설명한 바와 같이 식단을 바꿔 주면 어느 정도 부분적으로는 호전된다. 프레드니솔론(prednisolone)과 아자티오프린(azathioprine) 등의 면역억제 약물, 오메가-3 지방산, 항산화제, 유산균 등의 프로바이오틱스를 함께 투여하면 도움이 된다. 메트로니다졸(metronidazole)도 세균의 수를 낮추어 증상 완화에 도움이 된다. 부데소니드(budesonide)는 염증성 장 질환 치료에 사용되는 스테로이드 계열의 새로운 약으로 부작용이 훨씬 적지만 사용에 앞서 아직 더 많은 연구가 필요하다.

부데소니드는 스테로이드 제제로 사람의 염증성 장 질환에 많이 사용되고 있다. 다른 스테로이드 약물에 비해 국소적으로 작용하고, 신속하게 간에서 90% 가까이 대사되어 부작용이 적다는 장점이 있어 개와 고양이에게도 사용이 늘고 있다. 옮긴이 주

림프구-형질세포성 장염lymphocytic-plasmacytic enterocolitis

고양이에게 가장 흔한 염증성 장 질환이다. 소장과 대장을 생검하면 림프구와 형질세포가 주종을 이룬다. 지아르디아 감염, 음식 알레르기, 음식 과민증, 장내 세균의 과잉증식 등과 관련이 있다. 주로 구토가 관찰되나 모든 증례에서 그렇지는 않다.

치료 : 세균의 과잉증식과 지아르디아 감염을 치료하기 위해 항생제(메트로니다졸)를 투여한다. 다른 치료방법이 실패하면 아자티오프린이나 프레드니솔론과 같은 면역억제제를 투여한다. 일반적인 방법으로는 고양이에게 저알레르기 음식이나 집에서 직접 만든 음식(유아식 또는 삶은 닭고기), 수의사로부터 처방받은 사료를 급여한다. 소화가 잘 되고 지방이 낮은 음식이 좋다. 만약 대장염이 발생했다면 식이섬유를 첨가해 줘야 한다. 수의 영양학자의 자문을 얻는다면 더욱 훌륭한 가정식을 만들 수 있을 것이다. 면역계가 이미 예민해진 상태므로 생식은 추천하지 않는다.

호산구성 장염eosinophilic enterocolitis

생검을 하면 위, 소장, 결장에서 호산구가 관찰될 것이다. 혈중 호산구 수치도 상승한다. 일부는 음식 알레르기나 회충, 구충의 조직 이행과 관련이 있는 것으로 생각되

고 있다.

치료 : 프레드니솔론과 같은 고농도 스테로이드를 사용하는데, 증상이 완화됨에 따라 용량을 줄여 나간다. 고양이는 음식 알레르기와 장내 기생충에 대한 검사를 실시해야 하며, 그에 따라 치료해야 한다. 림프구-형질세포성 장염에서 설명한 식이관리가 도움이 된다. IBD의 형태 중 가장 치료하기 어렵고 예후가 불량하다.

육아종성(국한성) 장염granulomatous(regional) enteritis

드물게 발생하는데 사람의 크론병(Crohn's disease)과 유사하다. 주변 지방과 림프절의 염증에 의해 소장의 말단이 비후되고 좁아진다. 결장을 생검해 보면 조직에서 대식세포(감염에 대항해 싸우는 세포)가 관찰된다. 설사변에는 점액과 피가 섞여 있다. 히스토플라스마증과 장결핵을 배제하기 위해 생검한 조직을 특수 염색한다.

치료 : 염증과 반흔조직(흉터 형성)을 감소시키기 위해 코르티코스테로이드와 면역억제제를 사용한다. 메트로니다졸 투약이 도움이 되기도 한다. 협착된 장은 수술해야 할 수도 있다.

급성 전염성 장염acute infectious enteritis

장염은 갑작스런 구토와 설사, 맥박 증가, 고열, 무력감, 침울 증상을 특징으로 하는 감염이다. 구토물이나 설사변에 혈액이 섞여 있을 수 있으며, 탈수도 급격하게 진행된다. 특히 1살 미만 또는 10살 이상의 고양이는 탈수나 쇼크에 매우 취약하다.

고양이 범백혈구감소증을 일으키는 파보바이러스는 고양이에게 전염성 장염을 유발하는 흔한 원인체다. 세균(살모넬라균, 대장균, 캄필로박터균), 원충(콕시듐, 지아르디아, 톡소플라스마), 장내 기생충(회충, 촌충, 구충) 등도 장염을 일으킬 수 있다. 이 질병들에 대해서는 3장에 설명되어 있다.

치료 : 수분과 전해질을 즉각적으로 보충해야 한다. 정맥수액처치가 필요할 수 있다. 원인균에 대한 항생제를 투여하고, 구토와 설사 증상을 조절하기 위한 약물처방도 필요하다.

대장염colitis

대장염은 대장 또는 결장의 염증으로, 보통 염증성 장 질환에 의해 발생하며 때때로 급성 전염성 장염이나 기생충 감염에 의해 발생하기도 한다.

대장염의 증상은 갑자기 배에 힘을 주거나, 배변통, 오랜 시간 변을 보는 자세를 취하는 행동, 장내 가스, 혈액이나 점액이 섞인 소량의 변을 여러 번 보는 것 등이다. 이런 증상은 변비와 구분해야 한다(286쪽 참조). 대장염이 있는 고양이는 일반적으로 변이 부드럽거나 수양성이다. 반면 변비가 있는 고양이는 변이 단단하고 건조하다. 다만 변비가 있는 고양이도 설사처럼 보이는 물똥을 보는 경우가 있다.

항생제가 결장의 정상세균총에 영향을 주어 병원성 세균이 증식하면 위막성 대장염이 발생하기도 한다. 이는 사람에게는 흔하나 고양이에게는 흔치 않다.

치료 : 대장염은 복잡한 질환으로 수의사의 진단과 관리가 필요하다. 만성 변비의 치료(286쪽 참조)에서 설명한 고식이섬유 음식도 도움이 된다.

흡수장애증후군malabsorption syndrome

흡수장애는 특정 질병은 아니지만 소장, 간, 췌장의 다른 질병의 결과로 발생할 수 있다. 흡수장애증후군이 있는 고양이는 음식을 소화하지 못하거나 소장에서 소화된 분해산물을 흡수하지 못한다. 영양분을 흡수하려면 충분한 소화효소와 건강한 장 내벽이 필요하다. 음식을 소화하지 못하거나 흡수하지 못하면 다량의 지방이 섞인 무르고 형태가 없는 변을 본다.

이 증후군은 원인이 다양하다. 간과 췌장의 질환은 소화효소를 생산하거나 분비하는 것을 방해하고, 소장의 염증성 질환은 장 내벽의 영구적인 손상을 일으키기도 한다. 장 림프육종과 같은 악성 세포에 의해 장의 정상 세포가 줄어드는 것은 또 다른 원인일 수 있다.

흡수장애증후군이 있는 고양이는 식욕이 좋음에도 불구하고 마르고 영양 상태가 불량하다. 변에는 다량의 소화되지 않은 지방이 섞여 있어 악취를 풍긴다. 항문 주변의 털은 기름기가 흐른다. 흡수장애의 정확한 원인은 보통 특별한 검사나 장 생검을 통해 진단할 수 있다.

치료 : 기저질환을 치료해야 한다. 췌장 질환이 문제라면, 경구용 췌장 소화효소를 음식에 섞어 보충한다(303쪽, 췌장염 참조).

흡수장애증후군이 있는 고양이는 저지방 식단으로 교체한다. 수의 영양학자의 지시에 따라 삶은 닭고기나 양고기에 보조제를 더한 적절한 가정식으로 바꾸어도 좋다. 동물병원에서 저지방 처방사료를 구입할 수도 있다. 비타민 B 복합제제와 지용성 비타민도 투여해야 한다.

위장관 이물

위장관 이물 중 가장 많은 것은 헤어볼이다. 고양이는 그루밍하는 과정에서 털이 빠져 삼키게 된다. 털은 원통 모양으로 뭉쳐지는데, 울 등의 다른 물질이 털뭉치에 뭉쳐져 위석을 형성하기도 한다. 실제로 위석이 위 밖으로 배출되기 어려울 정도로 커지면 구토를 유발하거나 만성 위염과 유사한 증상을 나타낸다. 대장으로 들어간 털은 변비의 원인이 되기도 한다. 고양이가 털뭉치를 토해 내거나 변에 다량의 털이 섞여 있는 것을 발견했다면 **헤어볼(144쪽)**에서 설명한 바와 같이 대책을 세우고 예방책을 적용한다.

고양이는 가끔 핀이나 바늘, 나무조각, 스타킹, 고무줄, 깃털, 천조각, 장식용 반짝이, 플라스틱, 실 등을 삼킨다. 대부분 문제를 일으키지 않고 장관을 통과하지만 날카로운 물체는 장에 구멍을 낼 위험이 있다. 다행스러운 것은 핀을 삼켰어도 천공은 흔치 않다는 것이다. 천공이 발생하면 복부의 통증을 호소하므로 즉시 동물병원을 찾는다.

고양이가 혼자 실이나 삼키기 쉬운 물체를 가지고 놀지 못하게 한다. 계속 지켜볼 수 없을 때는 치워 둔다.

치료 : 고양이가 날카로운 물체나 장관을 통과하기에 큰 물체를 삼켰다면 구토를 유도하지 말고 동물병원을 찾는다. 고양이 입 속 또는 혀에서 실이 보인다고 잡아당겨서는 안 된다. 실을 잡아당기면 장을 손상시킬 수 있다. 실의 한쪽 끝은 흔히 매듭을 형성하지만 다른 쪽 끝은 음식과 함께 이미 삼켜졌을 수 있다. 실에 걸린 장력이 장벽을 칼처럼 자를 수 있다. 마취가 필요하고 수술을 해야 할 수도 있다.

예방 : 고양이가 찢고 삼킬 수 있는 실, 천조각, 플라스틱 장난감 등을 가지고 놀지 못하게 한다. 낚싯대 장난감 등으로 놀아주는 경우 다 놀고 나면 안전한 곳으로 치운다.

고양이가 접근할 수 있는 곳에는 리본, 작은 장식물, 반짝이 등 삼키기 쉬운 것은 두지 않도록 조심한다. 헐거워 떨어지기 쉬운 부분이 없는지 장난감을 자주 확인한다.

장폐색intestinal obstruction

장관을 통해 장의 내용물이 이동하는 것을 방해하는 모든 문제가 장폐색을 유발할 수 있다. 위장관의 이물이 가장 흔한 원인이고, 다음으로 종양, 소장과 대장의 협착, 복강수술 후의 장유착, 제대(배꼽)와 서혜부(사타구니) 탈장, 장이 겹쳐지는 장중첩 등이 있다. 가끔 변으로 막히거나 종양으로 인해 대장의 폐쇄가 발생하기도 한다. 장관은 부분적 또는 완전한 폐색이 발생할 수 있다.

종양이나 협착에 의한 부분적 또는 간헐적 폐색은 증상이 심했다 나아졌다 하는 양상을 보인다. 체중감소, 간헐적인 구토나 설사 등도 관찰된다. 종양은 노묘에서 발생하기 쉬우며, 대부분 악성이다. 보통 배 안의 덩어리가 만져지는데, 발견되기 이전에 이미 커져 있는 경우가 많다.

완전폐색의 증상으로는 갑작스런 통증, 나아지지 않는 구토, 탈수, 복부팽만 등이 있다. 상부 소장에 폐색이 있는 경우에는 분출성 구토를 보일 수 있다. 하부 소화관에 폐색이 있는 경우 복부팽만과 변 냄새가 나는 갈색의 구토물을 토해 낸다. 완전폐색이 있는 고양이는 직장으로 변이나 가스를 이동시키지 못한다. 일반적으로 하부 소화관의 폐색이 있는 고양이는 상부 장관폐색이 있는 고양이에 비해 증상이 덜 하다.

치료 : 장폐색은 즉시 치료하지 않으면 죽음에 이를 수 있다. 장이 압박되거나 혈액순환이 이루어지지 않으면 매우 응급한 상황에 처하게 된다. 갑작스런 기력저하, 건들기만 해도 아파하고, 배가 딱딱해지고, 쇼크, 탈진 등을 나타낸다. 진찰을 위해 개복해서 폐쇄 부위를 교정하는 것이 필요하다. 중첩이 발생하면 긴급 수술이 필요하며, 괴사된 장분절을 제거하고 정상 장끼리 연결한다. 종종 이런 수술로 인해 합병증이 나타나기도 한다.

장내 가스(방귀)flatulence(passing gas)

가스가 잘 차는 고양이는 보호자를 당황하고 걱정스럽게 만든다. 콩, 콜리플라워, 양배추, 대두와 같이 발효가 잘 되는 음식을 먹거나 다량의 우유를 마신 경우, 밥을 먹으면서 다량의 공기를 삼킨 경우 장내에 가스가 차기 쉽다. 탄수화물과 식이섬유가 많이 들어 있는 음식도 원인이 될 수 있다. 흡수장애를 겪는 경우에도 발생하는데 탄수화물의 불완전한 소화와 관련이 깊다. 고양이의 식욕이 왕성하고 다량의 무른 변을 본다면 **흡수장애증후군**(283쪽)을 참고한다.

치료 : 먼저 흡수장애증후군을 감별하는 것이 중요하다. 고양이의 음식을 소화율이 높으면서도 식이섬유가 적은 음식으로 바꾸고 사람 음식은 주지 않는다. 식이관리로 증상을 개선하는 데 실패했다면 소화기용 처방사료나 음식 알레르기 사료, 식이불내성용 사료로 교체한다. 종종 저탄수화물 사료가 도움이 된다. 고양이가 과체중이 아니라면 자율급여를 통해 과식이나 게걸스럽게 먹는 행동을 완화시킨다. 사람은 시메티콘과 활성탄이 함유된 약물이 도움이 되는데 고양이에게도 사용할 수 있다. 다만 이약은 간이나 신장에 문제가 있는 고양이에게 사용해서는 안 된다.

과체중인 고양이는 장내 가스로 고생하기 더 쉬우므로 체중관리를 하고 운동을 많이 시킨다.

변비constipation

고양이는 대부분 하루 1~2회 변을 본다. 그러나 어떤 고양이는 2~3일에 한 번 보기도 하는데 이들은 변비에 걸리기 쉽다. 변비는 변을 드물게 보면서 소량의 단단하고 건조한 변을 보는 증상이다. 대장에 변이 2~3일간 정체되면 건조해지고 단단해진다. 이로 인해 변을 보는 동안 힘을 주고 통증을 느끼게 된다.

대장염이나 **고양이 하부 요로기계 질환**(FLUTD, 387쪽 참조)이 있을 때에도 힘을 주는 모습이 관찰된다. 변비를 치료하기에 앞서 고양이에게 이런 질병이 있는지 확인한다. 요도의 폐쇄를 간과하는 경우 신장에 손상을 주고 죽음에 이르는 심각한 위험을 초래할 수 있다.

만성 변비chronic constipation

신장 질환이 있는 고양이 등에서 잘 발생하는 탈수 증상도 변비의 주요 원인이다. 고양이가 충분한 양의 물을 마시지 않는 경우라면 더 문제가 된다. 실제로 고양이는 야생 시절 주로 건조한 기후에서 생활했기 때문에 다른 동물에 비해 물을 덜 마신다.

헤어볼도 변을 단단하게 만드는 주요 원인 중 하나로, 특히 장모종에서 문제가 된다. 고양이가 털을 토하거나 변에서 털이 보인다면 의심해 봐야 한다. 헤어볼 예방에 대해서는 헤어볼(144쪽 참조)에 설명되어 있다. 풀, 셀룰로오스, 종이, 천조각 등 소화가 어려운 물질도 변비나 변막힘을 유발한다.

스스로 변을 보지 않으려는 경우도 있다. 많은 고양이는 낯선 환경에서 배변하는 것을 꺼린다. 어떤 고양이는 화장실이 더러우면 변을 보지 않는다. 나이 들고 활동성이 적은 고양이는 장 활동이 감소하고 복벽의 근육도 약해진다. 이런 이유로 변의 정체시간이 길어지고 변을 더 단단하게 만들 수 있다. 비만묘도 변비에 걸리기 쉽다.

때때로 결장의 확장, 장운동 부진, 수축력 부족을 일으키는 **거대결장**(287쪽 참조)이라는 상태로 인해 만성 변비에 걸리기도 한다. 이런 고양이는 평생 동안 변연화제를 투여하고 특수한 음식만 먹고 살아야 할 수도 있다. 수의사의 관리가 필요하다.

만성 변비에 걸린 고양이는 배가 불러 보이고 기운이 없고 음식을 잘 먹지 않는다.

변비와 변막힘은 맹크스처럼 꼬리가 없는 품종에서 발생할 수 있는데, 이들은 척추와 결장의 불완전한 발달장애를 가지고 있기 때문이다. 골반골절 병력이 있는 고양이도 결장의 신경손상이나 골반강의 기계적 협착과 같은 부분적 폐쇄로 인해 변비에 걸린다.

치료 : 만성 또는 재발성 변비가 있는 고양이는 고식이섬유 음식을 먹는 게 도움이 된다. 체중감량용 사료나 헤어볼 방지용 사료에는 식이섬유가 많이 들어 있다. 시판되

는 고식이섬유 처방사료도 있다. 그러나 일부 수의사는 저탄수화물(즉, 저식이섬유) 식단이 변비에 더 도움이 된다고 생각한다. 이들은 수분 섭취를 늘리기 위해 캔사료만 급여하여 탄수화물 함량을 낮추고, 필요한 경우, 쌀겨나 차전자피 분말 1티스푼(1.2g)을 첨가할 것을 추천한다. 가벼운 변비의 경우 변팽창성 완하제가 도움이 된다. 이런 완하제는 장내의 수분을 흡수하여 변을 부드럽게 만들어 보다 자주 변을 보게 만들어 준다. 밀기울(하루 1테이블스푼, 3.6g), 둥근 호박(하루 두번 1티스푼, 5g), 메타무실(식이섬유/하루 1티스푼, 5g을 습식 사료에 섞어) 등이 추천된다. 합성 당인 락툴로오스는 장내로 수분을 끌어들이는 데 도움이 된다. 분말 형태로 섞어 먹이거나 고양이가 먹지 않는 경우 캡슐에 넣어 먹인다. 팽창성 완하제는 특별한 문제가 없으면 계속 먹여도 상관없다.

소아용 글리세린 좌약도 때때로 주기적으로 사용한다.

자극성 완하제는 단순변비에는 효과적이나 반복적으로 사용할 경우 대장 기능을 약화시킬 수 있다. 락사톤(Laxatone) 등의 고양이용 제품도 있다. 락사톤은 특히 헤어볼 문제가 있는 고양이에게 효과가 있다. 이런 제품은 장폐색 가능성이 있는 경우에는 절대 사용해서는 안 된다. 완화제 제품을 사용하기에 앞서 반드시 수의사와 상의한다.

화장실 모래는 적어도 하루에 한 번 치워 주고 자주 갈아 주어, 항상 깨끗하고 상쾌하게 유지한다. 매일매일의 운동도 도움이 된다.

변막힘fecal impaction

변막힘은 만성 변비로 인해 커다랗고 건조한 변 덩어리가 직장을 막고 있는 상태다. 이 덩어리는 너무 단단해서 체외로 배출될 수 없다. 상부 장 부위의 수양성 변이 변덩어리 주변으로 새어나와 항문 주변이 더러워진다. 종종 피가 섞이거나 갈색빛 물똥을 보이므로, 설사로 오인할 수 있다. 변막힘은 수의사가 직장검사를 통해 확진한다.

치료 : 변완하제와 관장을 통해 막힌 변을 제거해야 한다. 고양이를 관장시킨다는 것은 상상 못할 정도로 어려운 일이므로 동물병원에 가야 한다. 탈수가 동반된 심한 변막힘의 경우 관장에 앞서 수액처치가 필요하다.

관장은 모든 변을 제거할 때까지 반복적으로 실시한다. 비눗물이나 플리트(Fleet)를 이용한 관장은 고양이에게 독성의 위험이 있으므로 절대 해서는 안 된다.

변막힘이 너무 심해 관장을 통해 제거하기 어렵다면 수의사가 직접 직장을 통해 변을 제거해야 한다. 이런 경우 마취를 해야 한다.

거대결장megacolon

거대결장은 다량의 변 물질이 쌓여 대장이나 결장벽이 팽창하는 상태로 장의 운동성에도 영향을 미친다. 거대결장은 신경학적인 문제보다는 근육의 문제로 발생한다. 증례의 약 62%는 원인이 알려져 있지 않다.

거대결장의 약 12%를 샴고양이가 차지하며 단모종의 중년의 수컷에게 가장 많이 발생한다. 골반의 문제를 가진 맹크스도 이차적인 거대결장이 발생할 수 있다. 비만도 원인이 된다.

거대결장이 있는 고양이는 침울하고 그루밍도 잘 하지 않는다. 변을 보지 않으며 복부나 직장 부위에 커다란 덩어리가 만져진다.

치료 : 수의사의 치료가 필요하다. 변을 제거하기 위해 마취를 할 수 있고, 반복적인 관장 처치를 하거나 직장을 통해 직접 변을 꺼내야 할 수도 있다. 탈수상태인 경우가 많아 수액처치가 필요하다.

식이섬유를 섞어 주는 등의 장기간에 걸친 식단 교체가 도움이 된다[매끼 호박 통조림 1~3티스푼(5~15g)이나 밀기울 1~3티스푼(1.2~3.6g)]. 소화효율이 높은 처방사료도 도움이 되고, 가끔 변완하제도 도움이 된다. 고양이에 따라 적절한 치료법을 적용한다. 시사프라이드(cisapride, 위장운동 촉진제의 일종)도 일부 고양이의 장 운동성을 높이는 데 도움이 된다.

심각하거나 재발성인 경우, 수술로 손상된 대장 부위를 절제하기도 한다.

변실금 fecal incontinence

척수손상, 특히 꼬리가 차에 깔린 경우 장의 조절 능력을 상실할 수 있는데 방광 조절에도 문제가 있을 수 있다. 천추나 미추골이 분리되면 직장, 방광, 꼬리의 신경이 손상된다. 다친 고양이가 꼬리를 늘어뜨리고 있다면 엑스레이검사로 척추 손상 여부를 확인해야 한다.

배변 조절 기능의 상실은 신경손상 정도에 따라 일시적이거나 영구적일 수 있다(350쪽, 척수손상 참조). 배뇨와 배변 조절 능력의 상실은 매우 심각한 상태로 치료하지 않으면 신부전이 오거나 죽음에 이를 수 있다.

치료 : 일부 고양이는 신경계 기능을 회복하기도 한다. 그때까지 방광의 소변을 짜고, 관장하는 등의 관리가 필요하다. 수의사가 필요한 유지관리 방법에 대해 알려줄 것이다.

설사 *diarrhea*

설사는 무르고, 형태가 없는 변을 보는 것이다. 대부분의 경우 변의 양이 많고 자주 본다. 설사는 질병이 아니라 증상이다. 설사의 주요 원인은 과식으로, 대장이 감당할 수 있는 수준 이상의 부하가 걸려 발생한다.

소장의 음식물이 대장에 도착하는 데 약 8시간이 걸린다. 이 시간 동안 음식물 대부분이 흡수된다. 수분의 80%가 소장에서 흡수되고, 대장은 노폐물을 농축시켜 저장한다. 그리고 마지막으로 형태를 잘 갖춘 변을 배설한다. 정상변은 점액, 혈액, 덜 소화된 음식물이 섞여 있지 않다. 그러나 음식물이 소장을 너무 빨리 통과하게 되면 불완전하게 소화된 채로 액상의 형태로 직장에 도달한다. 이로 인해 무르고 형태가 없는 변을 보게 된다.

장관에 머무르는 시간은 다음과 같은 다양한 자극원에 의해 빨라진다.

- 설치류, 새 등의 죽은 동물
- 쓰레기, 부패한 음식
- 기름진 음식, 국물, 소금, 후추, 지방
- 소화시킬 수 없는 것들(막대, 천, 풀, 종이, 플라스틱)
- 장내 기생충

고양이는 음식에 매우 주의하고 천천히 먹는 습성이 있어서 독성물질을 먹고 설사를 하는 경우는 흔치 않다. 그러나 발을 청소하거나 털을 그루밍하는 과정에서 독성물질을 섭취할 수 있다. 이런 물질은 대부분 위에도 독성이 있어 구토를 유발한다. 고양이에게 설사를 유발할 수 있는 독성물질은 다음과 같다.

- 휘발유, 등유, 기름, 콜타르 유도체
- 세제, 냉매제
- 살충제, 표백제, 변기 세정제
- 야생식물, 관상식물, 버섯
- 건축자재(시멘트, 석회, 페인트, 코크)

일부 성묘는(가끔 새끼 고양이도) 우유와 유제품을 잘 소화시키지 못한다. 유제품에 들어 있는 유당을 소화시키는 데 필요한 락타아제라는 소화효소가 부족하기 때문이다. 흡수되지 못한 유당은 소장에 수분을 정체시키고 장운동을 증가시켜 다량의 변을 만들어 낸다. 사람의 음식이나 고양이 사료에 들어 있는 소고기, 돼지고기, 닭고기, 말고기, 생선, 달걀, 향신료, 옥수수, 밀, 콩 등도 고양이가 소화하기 어려울 수 있다. 단순히 음식을 바꾸는 것만으로도 설사를 할 수 있다. 새끼 고양이의 설사에 대해서는 17장에서 다룬다.

고양이가 흥분하거나 스트레스를 받았을 때도 설사를 할 수 있다.

설사의 원인을 찾기 위해 변의 색깔, 단단하기, 냄새, 배변횟수를 검사한다. 다음은 참고할 만한 사항들이다.

설사의 특징		
	가능성 있는 원인	가능성 있는 위치
색깔		
노란색 또는 연두색	빠른 장 통과	소장
검은색, 암갈색	상부 소화기 출혈	위나 소장
붉은 선혈이나 혈괴	하부 소화기 출혈	대장
옅거나 밝은색	담즙 결핍	간
다량의 회색빛	소화부족이나 흡수부족	소장이나 췌장
단단함		
수양성(물똥)	빠른 장 통과	소장
거품성	세균 감염	소장
기름기(보통 항문 주변 털에 기름기 관찰)	흡수장애	소장, 췌장
부드럽고 양이 많음	과식 또는 저급사료	소장(빠른 장 통과)
매끈하거나 젤리 형태	점액	대장
냄새		
음식이나 발효유 냄새	빠른 장 통과, 소화부족이나 흡수부족(과식을 의미. 특히 새끼 고양이)	소장
역한 악취(산패 냄새)	발효된 불완전한 소화	소장, 췌장
썩은내	장의 감염, 출혈	소장
배변횟수		
한 시간 이내 계속 힘을 주며 소량씩 여러 번 배변	대장염	대장
하루 3~4회 다량의 배변	흡수장애, 염증성 장 질환	소장, 췌장

일주일 또는 그 이상	대장염, 염증성 장 질환, 기생충 감염, 흡수장애증후군과 같은 만성적인 질환	장관 전체
고양이의 상태		
체중감소	소화부족이나 흡수부족	소장, 췌장
체중감소 없고, 정상 식욕	대장의 장애	대장
구토	장염	소장, 드물게 대장

설사의 치료

첫 번째 단계는 근본적인 원인을 찾아 해결하는 것이다. 예를 들어, 고양이가 락타아제 효소 결핍(유당 불내성)이 있다면 유제품을 식단에서 제거해도 성묘는 특별히 영양적인 문제가 없다. 과식에 의한 설사(양이 많고 형태가 없는 변을 여러 번 보는 특징)는 한꺼번에 하루치를 주는 대신 소량의 음식을 하루 세 번 정도로 나눠 주는 것으로 조절할 수 있다. 낯선 곳의 물을 먹고도 설사를 할 수 있다. 여행을 할 때는 집에서 가져간 물이나 생수를 먹인다. 자극성 물질이나 독성물질을 먹었다면 특정한 해독제가 필요할 수 있으므로 원인물질이 무엇인지 찾아본다(44쪽, 중독 참조).

음식 알레르기나 식이불내성으로 인한 설사는 8주 정도 가정식이나 수의사에게 처방받은 저알레르기 사료 급여를 통해 치료할 수 있다. 설사가 사라진 후에는 계속 같은 음식을 먹일 수도 있고, 아니면 증상이 다시 나타나는지를 지켜보면서 음식을 한 가지씩 추가해 나갈 수도 있다. 설사를 유발하는 음식은 식단에서 제외한다.

식이불내성은 설사와 구토를 유발하는 비면역매개성 원인이다. 고양이의 음식에 있는 식이 단백질, 보존제, 향료, 기타 첨가물에 대한 반응이다. 반복하지만, 원인물질을 찾아서 제거하면 문제가 해결된다. 이런 문제에 대한 다양한 처방사료에 대해 수의사와 상의한다.

<u>24시간 이상 지속되는 설사는 심각한 원인에 의한 것일 수 있으니 지체하지 말고 수의사의 진료를 받는다.</u> 설사변을 병원에 가지고 가면 기생충이나 세균 감염 여부를 검사하는 데 도움이 된다. 고양이의 체액 손실이 심해져 탈수상태에 빠지면 쇼크나 허탈에 빠질 수 있다. 피가 섞인 설사나 구토, 고열을 동반한 설사, 중독이 의심되는 경우는 수의사와 상의해야 한다. 만성적인 설사의 원인은 진단이 어려우므로 연구소에 검사를 의뢰하거나 집중적이고 전문적인 모니터링이 필요하다.

심한 체액 손실이 없는 단기간의 설사는 집에서 치료할 수 있다. 24시간 동안 모든 음식을 중단한다. 시간을 정해 아주 소량의 물이나 핥아먹을 얼음을 준다. 고양이의 상

설사가 심한 고양이는 급속히 탈수가 되므로 쇼크와 허탈을 막기 위해서 정맥수액처치를 한다.

태가 회복되기 시작하면 음식을 서서히 주는데, 하루 3~4회 정도로 나누어 소량씩 급여한다. 육류 단백질이 풍부한 음식으로 시작하는 게 좋다. 아기용 이유식, 앞서 음식 알레르기와 식이불내성에서 언급한 소화기용 처방사료도 좋다. 탄수화물이 많은 음식과 고양이 건조 사료는 피한다. 고양이는 탄수화물을 잘 소화시키지 못하며, 고탄수화물 음식은 설사를 연장시킬 수 있다. 고양이가 완전히 회복되면 서서히 평소 먹던 음식으로 전환한다.

수의사의 지시에 따라 로페라미드(loperamida, 설사 증상을 완화시키는 지사제의 일종)를 사용할 수 있다. 그러나 감염성 원인이 의심될 경우 로페라미드를 사용하면 감염체가 체내 밖으로 배출되지 않고 장에 오래 머물 수 있으므로 사용하지 않는다. 로페라미드는 일부 고양이에게 흥분을 일으키는 부작용으로 논란이 있다. 살리실산(salicylate, 아스피린의 원료)이 함유된 설사 약물은 사용하지 않는다.

항문과 직장

항문과 직장 질환의 증상은 배변 시의 통증, 심하게 힘을 주는 모습, 항문을 끌고 다니는 행동, 피가 나오거나, 엉덩이 부위를 반복적으로 핥는 것 등이다. 항문과 직장에 통증이 있는 고양이는 종종 웅크린 자세가 아닌 서 있는 상태로 변을 보려 한다.

항문이나 직장의 출혈은 변에 피가 섞여 있기보다는 변의 바깥쪽에 피가 묻어 있다.

바닥에 항문을 끌고 다니는 행동은 항문이 가렵다는 신호다. 벼룩 물림, 항문의 염증, 항문낭 질환, 회충이나 촌충 감염 등의 원인이 있을 수 있다.

직장항문염proctitis(inflamed anus and rectum)

항문 주변의 피부염증은 흔히 항문 주변의 털에 변이 묻어 발생한다. 고양이가 단단하거나 날카로운 물체가 섞인 변을 보거나 단단하고 건조한 변을 볼 때 항문관 자체에 자극이 발생할 수 있다. 반복적인 설사를 하는 경우(특히 새끼 고양이)에도 항문과 직장에 염증이 발생할 수 있다. 벌레 물림, 내부기생충 등도 또 다른 원인이다.

엉덩이에 힘을 주는 증상은 직장항문염의 가장 흔한 증상이다. 항문을 바닥에 끄는 행동, 엉덩이를 깨물고 핥는 행동도 관찰된다. 고양이 혀의 거친 표면은 궤양이나 심한 불편을 야기해 염증을 더 악화시킬 수 있다.

치료 : 통풍이 잘 되도록 항문 주변의 엉킨 털과 변을 잘라내어 깨끗하게 정리한다. 자극으로 예민해진 항문은 항생제 성분의 연고, 알로에, 히드로코르티손 연고 등을 발라 가라앉힌다. 고양이가 단단하고 건조한 변을 본다면 **변비(286쪽)**를 참조한다. 설사가 원인이라면 **설사(289쪽)**를 참조한다. 고양이에게 적당한 음식을 급여하고, 상태가 회복될 때까지 소량의 음식을 자주 준다.

고양이가 핥지 못하게 쓴맛의 상처 보호제를 동물병원에서 구입한다.

항문탈과 직장탈anal and rectal prolapse

오랫동안 강하게 힘을 주면 고양이 항문 안쪽의 점막이 밀려 나올 수 있다. 부분적인 돌출의 경우 점막만 밀려 나오지만, 완전히 돌출되게 되면 5~8cm 길이의 장분절이 밀려나오기도 한다. 이 두 가지의 차이는 확연하다. 항문 조직의 돌출은 종종 치질로 오인되곤 하는데, 고양이는 치질이 없다.

항문에 힘을 심하게 주게 만드는 원인으로는 전염성 장염, 변 정체, 장시간의 분만, 대장염, 고양이 하부 요로기계 질환 등이 있다. 4개월 미만의 새끼 고양이에게 특히 쉽게 발생하는데 기생충 감염과 관련이 있다. 맹크스도 발생률이 높다.

치료 : 항문에 무리한 힘을 주는 근본 원인을 찾아내고 치료해야 한다. 부분적인 탈출증은 **직장항문염(292쪽 참조)**에서와 같이 치료한다.

완전한 직장탈은 수의사에 의해 원위치로 환납해야 한다. 동물병원에 도착하기 전까지 탈출된 조직이 손상되지 않도록 유지하는 것이 중요하다. 젖은 거즈 등으로 조직을 잘 닦아내고 바셀린을 발라 미끌거리게 만든다. 그리고 항문 안쪽으로 부드럽게 밀어넣는다. 다시 항문 안쪽으로 잘 들어가더라도 반드시 고양이를 동물병원에 데려가야 한다.

수의사는 재발을 막기 위해 탈출된 조직이 튀어나오지 못하도록 치유가 될 때까지 항문 주변을 주머니 모양으로 임시 봉합한다. 수의사는 고양이에게 변연화제를 처방할 것이다. 캔사료와 같이 소화율이 높은 음식을 급여하는 게 좋다.

항문낭의 손상impacted anal sac

고양이는 항문낭을 두 개 가지고 있다. 항문을 중심으로 4시와 8시 방향에 있는데 크기는 완두콩만 하다. 항문낭의 개구부는 꼬리를 들어올리고 항문 아래 부위 피부를 내려당기면 확인된다.

항문낭은 때때로 체취를 분비하는 곳으로 분류되기도 한다. 고양이는 개체 고유의 표시를 위해 영역표시를 하면서 변과 함께 체취를 배출해 냄새를 남긴다.

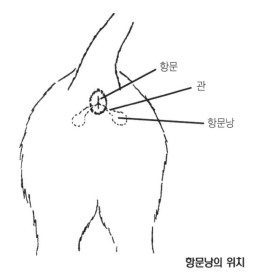

항문
관
항문낭

항문낭의 위치

보통 항문낭은 배변 시 직장의 압력에 의해 자연적으로 비워진다. 항문낭액은 악취를 풍기는 밝은 회색이나 갈색의 액상 물질이다. 때때로 진득하거나, 크림색 또는 노란빛을 띠기도 한다. 특별한 문제가 없으면 항문낭을 짜줄 필요는 없다. 그러나 고약한 냄새를 풍기는 일이 잦아지면(예를 들어, 항문낭의 활동이 왕성한 경우) 항문낭을 짜서 관리하는 편이 좋다.

항문낭이 막히는 경우는 드물다. 그러나 항문낭을 정상적으로 비우는 데 실패하면 막히는 일이 발생한다. 끈적한 분비물이 작은 배출관을 틀어막아 발생하는데 흔히 감염이 발생할 때까지 모르고 지나치는 경우가 많다. 항문낭이 정체되면 감염이나 농양과 같은 문제를 유발한다.

문제가 발생하지 않은 항문낭의 정체는 항문낭을 짜서 해결할 수 있다. 만약 분비물이 나오지 않으면 분비물을 부드럽게 만들기 위해 하루 2번, 따뜻한 습포를 5~10분 정도 항문 부위에 댄다. 습포 적용 후에 항문낭 짜기를 시도한다.

항문낭을 짜는 방법

고양이의 꼬리를 들어올리고 사진처럼 개구부를 확인한다. 항문 주변 4시와 8시 방향에서 완두콩 크기의 덩어리를 느낄 수 있을 것이다. 엄지손가락과 검지손가락으로 낭 주변 피부를 잡고 짠다. 낭이 비워지면 자극적인 냄새가 난다. 젖은 수건으로 분비물을 닦아낸다. 분비물에 피나 고름이 섞여 있으면 항문낭이 감염된 것이니 동물병원을 찾는다.

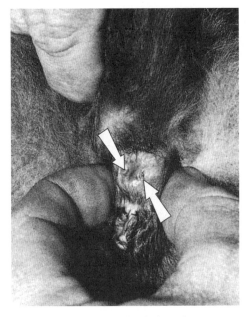

화살표가 가리키는 부분이 항문낭 개구부다.

항문낭염anal sacculitis(anal sac infection)

항문낭 분비물의 정체 상태가 악화되어 발생한다. 감염이 되면 혈액이나 고름이 항문낭 분비물에서 관찰되며, 한쪽 또는 양쪽 항문 옆이 부어오르고, 항문 부위의 통증을 호소하기도 한다. 고양이가 평소보다 항문 주변을 많이 핥을 수 있다. 이런 증상은 항문낭 농양에서도 나타난다.

치료 : 매일 항문낭을 짜서 비워 주어야 한다. 항문낭 개구부를 통해 항생제를 낭안으로 투여하기도 한다. 이는 매우 어려운 과정이어서 수의사만 할 수 있다. 수의사가

관리방법을 보호자에게 알려줄 것이다.

항문낭에 7~10일간 하루 세 번 15분 동안 온습포를 적용하는 것도 감염을 완화시키는 데 도움이 된다. 수의사는 국소용 항생제에 더해 전신 항생제를 처방할 수 있다.

항문낭염은 비만묘나 활동량이 적은 고양이에게 더 잘 발생한다. 체중을 감량하거나 운동량을 늘려 재발을 방지할 수 있다. 물론 일부 고양이는 특별한 식이 변화 없이 잘 지내기도 한다. 항문낭 감염이 자주 재발하는 고양이에게 치아관리를 위한 처방사료가 도움이 되기도 한다. 재발이 잦은 경우 항문낭 제거수술을 해야 할 수도 있다.

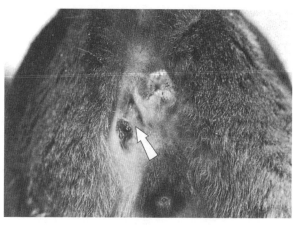

손가락으로 항문부 피부를 쥐어 짜면 항문낭이 비워진다.

항문낭 농양 anal sac abscess

농양은 항문낭의 감염과 부종을 통해 발견할 수 있다. 처음에는 빨갛게 부어오르다가 나중에는 진한 보라색으로 변한다. 농양이 터져서 고름이 흘러나올 때까지 열이 나기도 하며, 평소보다 항문 부위를 자주 핥는다.

치료 : 농양 표면이 부드러워지고 액체가 든 것처럼 느껴지면 배농할 때가 된 것이다. 수의사는 농양을 절개해 고름과 피를 빼낸다. 농양의 빈 공간은 안쪽에서부터 치유된다. 희석한 베타딘 용액과 같은 국소용 소독제를 이용해 10~14일간 하루 두 차례 병변부를 세정하고, 7~10일간 하루 세 차례 15분 동안 항문부에 온습포를 적용한다. 보통 경구용 항생제를 투여하며, 세균배양과 항생제 감수성 검사를 하는 것을 추천한다. 일부는 농양으로 인한 상처가 남아 항문낭이 더 이상 기능하지 않기도 하는데, 대부분의 고양이에게는 별문제가 되지 않는다.

화살표가 가리키는 곳이 농이 흐르는 재발성 항문낭 감염 부위다.

폴립과 암 polyp and cancer

폴립은 직장에 발생하는 포도알처럼 생긴 신생물로 항문으로부터 돌출되어 나온다. 흔치 않으며 수술적으로 제거해야 한다.

항문의 암은 흔치 않은데 살점처럼 보이는 신생물(새로 생긴 이상 조직)에 궤양이 생기거나 출혈을 동반한다. 증상은 오래된 직장항문염과 비슷한데 항문에 힘을 주는 것이 가장 흔한 증상이다. 조직편을 현미경으로 검사하여 진단한다. 항문낭도 때때로 종양으로 발전할 수 있으나 고양이보다 개에게서 훨씬 더 많이 발생한다.

간

간은 단백질과 당의 합성, 혈류 내의 노폐물 제거, 혈액 응고인자의 생산, 많은 약물과 독소의 해독 등의 생명유지를 위한 다양한 대사 기능을 담당한다.

간 질환의 대표적인 증상은 황달로 조직에 담즙이 축적되어 피부와 눈 흰자위가 노랗게 변하고 소변도 갈색으로 변한다. 황달은 면역매개성 적혈구 파괴(용혈)에 의해서도 발생한다. 가끔 이런 색깔의 변화는 귀 안쪽 피부에서 처음 발견되기도 한다.

복수는 복부에 액체가 머무르는 상태다. 복강의 정맥에 압력이 증가하여 발생하는데 간의 단백질 합성이 감소하여 체액이 혈관 밖으로 배출된 결과로 발생할 수 있다. 복수가 있는 고양이는 배가 부풀어 올라 보인다. 고양이 전염성 복막염은 복수의 가장 흔한 원인이다.

자발성 출혈은 간 질환이 진행되었을 때 나타나는 증상이다. 위, 장, 요로에서 출혈이 잘 발생한다. 구강(특히 잇몸)에서 출혈소가 점상으로 관찰되며 피부에서 관찰되기도 한다(특히 사타구니 부위).

간기능이 손상된 고양이는 아프고 기운이 없어 보이며, 식욕이 줄고 체중도 감소한다. 구토나 설사를 하거나, 물을 과도하게 마시거나 복부의 통증을 호소하기도 한다. 간헐적으로 앞이 안 보이듯이 보이거나 두통(고양이는 두통이 심하면 벽에 이마를 대고 있기도 한다), 의식혼미, 발작, 혼수상태 등의 중추신경계와 연관된 증상이 나타나면 중증의 간부전을 의미한다. 이런 증상을 간성 뇌증이라고 한다.

간부전의 원인

간부전(liver failure)의 가장 흔한 원인은 특발성 지방간증(297쪽 참조)이다. 다음으로 흔한 원인은 담관간염(298쪽 참조)이다. 고양이 전염성 복막염이나 톡소플라스마증 등의 전염병도 간에 영향을 끼친다. 간에서 시작되거나 다른 곳에서 간으로 전이된 고양이 백혈병, 암도 간기능 부전의 원인이다.

담석이나 기생충(간흡충)에 의한 담관의 폐쇄는 흔치 않지만 원인이 불명확한 황달일 때에는 고려해 봐야 한다.

간독성이 있는 것으로 알려진 화학물질로는 사염화탄소, 살충제, 독성을 일으킬 만한 양의 구리, 납, 인, 셀레늄, 철 등이 있다.

간에 부작용을 일으키는 약물은 아세트아미노펜, 일부 흡입 마취제, 일부 항생제, 이뇨제, 설파제, 항경련제, 비소계 약물, 디아제팜, 일부 스테로이드 등이다. 권장용량을 초과해 투여하거나 장기 투여했을 때에만 문제를 일으킨다.

간부전의 치료는 어떤 진단이 나오느냐에 따라 달라진다. 정확한 원인을 찾으려면 특별한 검사(담즙산검사, 초음파, CT 검사, 간 생검)를 해야 한다. 회복에 대한 예후는 손상 기간과 손상의 정도, 교정 가능한 문제인지에 따라 다르다. 다행히 간은 재생 능력이 매우 뛰어나므로 적절한 치료를 신속하게 받는다면 대다수의 간 질환은 서서히 치유된다.

지방간증hepatic lipidosis

특이하게 고양이에게만 이 질병이 나타나는데 대사성 간부전의 가장 흔한 원인이기도 하다. 정확한 기전은 알려져 있지 않지만 고양이가 지속적으로 식욕부진을 보이거나 음식섭취가 중단되는 등의 식욕부진 상태에서 나타난다. 간은 지방대사에서 주요한 역할을 한다. 음식을 섭취하지 못하면 지방이 간에 축적된다. 이차적인 영양결핍을 동반하는 전신의 지질 이동(지질 분자가 조직의 저장소로부터 이동)은 질병으로 진행하게 된다.

간은 노랗고 기름져서 비대해진다. 간기능이 악화됨에 따라 간부전 증상(특히 황달)이 나타난다. 침흘림 증상도 흔히 관찰되며 복부촉진과 엑스레이검사, 초음파검사를 통해 비대해진 간을 확인할 수 있다. 보통 2~3주에 걸쳐 식욕부진을 보이는데 며칠간 식욕부진을 보인 경우에도 발생한다.

종종 지방간증은 갑상선기능항진증, 당뇨병, 요로기계 질환, 상부 호흡기 감염과 같은 전신성 질환에 의해 이차적으로 발생한다. 식욕을 떨어뜨리지 않는 질병에서도 발생할 수 있다. 그러나 분명한 일차적인 원인이 없는 경우가 15~50%에 이른다.

지방간증은 성별과 나이에 상관 없이 발생하나 비만인 경우 더 쉽게 걸린다. 흔히 스트레스가 시발점이 되긴 하지만, 식욕부진의 원인은 명확하지 않다(특발성 지방간증). 간 생검과 혈액검사를 통해 확진한다. 심하게 아픈 고양이는 생검을 위한 마취 시 위험이 크므로 생검검사를 뒤로 미루고 치료를 시작하는 게 가장 좋다. 초음파 가이드로 세침흡인검사를 하는 것도 좋은데 응고계 검사(출혈 시 지혈 능력 검사)를 시행한 뒤 실시해야 한다.

치료 : 발병 초기에 집중적인 수액처치와 강제급여가 상태를 교정하는 데 가장 도움이 된다. 초기부터 영양 공급관을 설치하는 등의 공격적인 영양유지요법을 받은 고

양이는 90%의 생존율을 보인다. 이런 조치를 신속하고 공격적으로 실시하지 못할 경우 생존율이 10~15%로 떨어진다.

수의사는 식욕촉진제를 처방하기도 하는데 고양이가 스스로 먹으려는 최소한의 식욕이 남아 있을 경우에만 효과가 있다. 대부분의 경우 위에 튜브를 삽입하거나 복벽을 조금 절개하여 위 내로 영양 공급관을 삽입하는 수술로 특수한 형태의 유동식을 투여하는 영양유지요법이 필요하다. 고양이가 회복되고 스스로 먹기 시작하면 영양유지요법을 중단한다. 영양관을 통해 공급하는 영양 보조물질은 실온 정도로 데워 준다.

수액은 탄수화물이 없는 성분이어야 한다. 이런 상태의 고양이는 아미노산, 카르니틴, 타우린, 아르기닌 등을 포함한 고급 단백질, 과량의 비타민과 영양소를 필요로 한다. 만일 고양이가 신경학적인 증상을 보이는 경우라면 암모니아 생성을 감소시키기 위해 단백질의 양을 줄여야 할 수도 있다. 처음에는 소량씩 자주 급여한다. 인과 칼륨 수치를 모니터해야 한다. 위장관에 궤양 증상이 있는 경우 제산제인 시메티딘(cimetidine)이나 라니티딘(ranitidine)의 투여가 중요하다. 신경학적인 증상이 있는 경우 네오마이신과 메트로니다졸 같은 항생제가 도움이 된다. SAMe는 항산화제로 밀크시슬과 마찬가지로 간 질환에 매우 중요한 역할을 한다. 또 다른 항산화제인 아세틸시스테인도 많은 고양이에게 도움이 된다.

회복에는 2~3개월이 소요되며 가정에서의 관리와 보호자의 헌신적인 노력이 필요하다. 초기 집중치료 후 첫 4일간의 생존율이 아주 중요한데 이때 생존한 고양이의 85%는 회복된다. 췌장염을 동반하는 경우 예후가 좋지 않다.

고양이가 하루나 이틀이라도 음식을 먹지 않는다면 간 질환에 걸리기 쉽다. 이틀 넘게 고양이가 음식 먹기를 거부하면 동물병원을 찾는다.

담관간염cholangiohepatitis

담관간염은 고양이에게 두 번째로 흔한 간 질환으로 간과 담관에 염증이 생기는 것이다. 담즙은 담낭에서 생산되는데 지방을 소화시키고 혈류에서 독소를 제거하는 데 중요하다. 세균이 십이지장에서 담관으로 거꾸로 올라와(담즙이 내려가지 않고) 담낭과 간을 감염시킬 수 있다. 이러한 형태의 간의 감염은 종종 염증성 장 질환이나 췌장염과 관련이 있다.

담관간염에는 원인 및 조직에서 관찰되는 반응 세포형에 따라 세 가지 형태가 있다. 호중구성 담관간염은 일반적으로 세균 감염과 관련이 있다. 림프구성 담관감염은 면역매개성인 경우가 많은데 80%는 염증성 장 질환과 관련이 있고, 50%는 췌장염과 관련이 있다. 세 번째 형태인 만성 담관염은 간흡충과 관련 있는 경우가 많다.

어떤 고양이는 심하게 아프기도 하지만 다수의 고양이는 단순히 식욕부진과 경우에 따라 황달, 간비대를 보이기도 한다. 일부 고양이는 구토, 설사, 침울, 체중감소를 보인다.

혈액검사와 함께, 가능하다면 간의 세침흡인검사나 생검을 통해 진단한다. 흡인한 담즙의 세균배양이나 초음파도 도움이 된다. 갑상선기능항진증 여부도 감별해야 한다.

치료: 수액과 영양유지를 포함한 유지요법이 필요하며 수의사가 영양 공급관을 설치할 수 있다. 세균 감염이 있는 경우 항생제 투여가 중요한데, 3~6개월에 걸쳐 장기간 투여해야 할 수도 있다. SAMe과 비타민 E는 유용한 항산화제로 간의 치유를 도우며, 밀크시슬은 간 보호 효과가 있다. 염증성 장 질환이 있는 고양이는 스테로이드와 같은 면역억제제 투여가 필요하다.

우르소데옥시콜산(우루사)은 허가는 받지 않았으나 고양이 담관간염에 쓰이는 약물로 담즙의 흐름을 향상시키고 항염증 작용에 효과가 있다.

생존율은 50% 정도로, 초기에 진단하고 공격적으로 치료하는 경우 생존율이 높아진다. 이런 치료에는 흔히 영양 공급관을 장착하는 게 포함된다.

간문맥전신단락portosystemic shunt(PSS)

간문맥전신단락(PSS)은 유전적인 해부학적 기형이다. 정상 고양이는 소화된 음식물이 소장을 통해 문맥*이라고 불리는 큰 정맥으로 흡수된다. 정맥을 통해 소화된 물질은 간으로 이동하는데 간은 영양소를 대사하고, 해독시키며, 새로운 물질을 합성한다. 그런데 간문맥전신단락이 있는 고양이는 비정상적인 문맥이 장에서 간을 거치지 않고 곧바로 심장으로 연결된다. 이는 영양소와 노폐물이 간의 대사 및 해독 작용을 거치지 않음을 의미한다. 암모니아 산물이 고양이의 몸에 쌓이면 선회행동,** 헤드프레싱(벽에 대고 머리를 미는 행동), 발작과 같은 다양한 행동학적 이상이 관찰될 수 있다(297쪽, 지방간증 참조). 체중감소, 과도한 침흘림, 구토, 설사를 보이기도 한다.

혈액검사, 엑스레이 특수 조영검사, 초음파검사를 통해 진단한다.

치료: 임시방편으로 약물로 관리한다. 적절히 대사되지 않은 단백질이 가장 문제가 되므로, 저단백 식단이 필요하다. 많은 고양이에게 위궤양이 나타날 수 있는데 음식과 약물로 관리한다.

대부분의 고양이는 수술이 필요하다. 수술의 목표는 혈류의 흐름을 바꿔 혈액이 장에서 간으로 이동하도록 하는 것이다. 이는 비정상 혈관의 혈류량을 줄이고, 간으로 가는 다른 혈관의 혈류량을 늘려 줌으로써 가능하다. 이상적으로는 비정상 혈관을 결찰***해 혈류를 차단하는 것이지만 다른 혈관의 혈압이 너무 높게 상승하는 경우 부

* **문맥** 소화기와 지라에서 나오는 정맥혈을 모아 간으로 운반하는 정맥.

** **선회행동** 뱅글뱅글 도는 행동.

*** **결찰** 혈관이나 조직을 묶어서 물질 이동을 막는 것.

최근에는 고양이의 PSS 수술이 많이 실시되고 있으며 예후도 좋아지고 있다._옮긴이 주

분적인 폐쇄만 가능할 수도 있다.

이 수술은 보통 2차 동물병원에서 실시한다. 아메로이드링(ameroid constrictor)이라는 장치를 이용해서 수술하는데 이 금속링은 안쪽이 탈수화된 단백질로 되어 있어 비정상 혈관에 장착시키면 서서히 안쪽으로 부풀어 좁아지며 혈관을 폐쇄시킨다. 아직까지 고양이에서의 사용은 실험적인 단계다. 성공적으로 수술을 마친 고양이는 종종 정상적인 삶을 살아간다.

췌장

췌장은 두 가지 주요 기능이 있다. 하나는 소화효소를 공급하는 것으로 결핍 시 흡수장애증후군을 유발하며, 다른 하나는 당 대사를 위한 인슐린을 생산하는 것이다.

당뇨병diabetes mellitus(sugar diabetes)

당뇨병은 고양이에게 흔한 질병으로 궁극적으로 모든 장기에 영향을 끼친다. 당뇨병은 400마리에 한 마리꼴로 발생한다. 췌장 베타 세포의 인슐린 생산량이 불충분하거나 인슐린에 대한 세포반응이 불충분하여 발생한다. 인슐린은 직접 혈류로 분비되는데 세포막에 작용해 에너지 대사가 일어나는 세포 내로 당이 들어가도록 한다. 인슐린이 부족하면 신체는 당을 이용할 수 없게 되고, 그 결과 혈당이 상승한다(고혈당증). 당뇨병이 있는 고양이는 과도한 양의 당을 신장을 통해 배설하고, 소변을 자주 본다. 증가한 배뇨에 대한 보상작용으로 많은 양의 물을 비정상적으로 마시게 된다.

췌장염, 갑상선기능항진증, 메게스트롤 등의 약물, 일부 스테로이드 제제 등도 모두 잠재적으로 고양이에서 당뇨를 유발하거나 당뇨와 유사한 증상을 나타나게 할 수 있다. 비만은 당뇨 발생 가능성을 높이며, 버마고양이는 당뇨에 유전적인 취약성이 있다. 수컷은 암컷에 비해 발생 위험이 두 배 높다. 10살이 넘고 체중이 7kg이 넘는 중성화된 수컷에서 발생 위험이 가장 높다.

당뇨란 소변 속에 당이 섞인 것이다. 요당검사가 양성이라면 당뇨병을 의심할 수 있다. 그러나 일부 고양이는 스트레스로 인해 요당과 혈당이 상승할 수 있으므로, 반복적인 검사를 통해 평가한다. 부동액 중독과 같은 신장 세뇨관 기능의 장애가 있어도 혈액과 소변에서 고농도의 당이 관찰된다.

* 대사 섭취한 영양물질을 분해하고 합성하여 생명활동에 쓰는 물질이나 에너지를 생성하고 필요하지 않은 물질을 몸 밖으로 내보내는 작용.

** 케톤ketone 갑작스럽거나 과도한 지방산 파괴로 인한 최종 산물.

당을 대사*할 수 없으므로, 당뇨병이 있는 혈액에서는 케톤**이 만들어진다. 고농도의 케톤은 케톤성 산증이라고 불리는 상태를 초래한다. 숨결에 아세톤 냄새가 느

껴지고(매니큐어 제거제 같은 달콤한 냄새), 빠르고 가쁜 호흡, 당뇨성 혼수 등의 증상이 나타난다.

당뇨병 초기의 고양이는 당을 대사할 수 없는 상태를 보충하기 위해 더 많은 음식을 먹으려 하는데 그러다가 나중엔 영양불량의 영향으로 식욕이 떨어진다. 따라서 당뇨병 초기에는 잦은 배뇨, 다량의 수분 섭취, 높은 식욕에도 불구하고 체중이 감소한다. 검사상 소변에서 당과 케톤이 검출되고 고혈당을 보인다.

당뇨병이 더 진행되면 식욕 감소, 구토, 쇠약, 아세톤 냄새가 나는 호흡, 탈수, 노력성 호흡, 무기력 등의 증상을 보이고, 결국엔 혼수상태에 빠지게 된다. 개와 달리 고양이는 백내장 발생이 드물다. 혈당관리가 잘 안 되는 경우 근육의 약화로 발가락 대신 발뒷꿈치를 바닥에 대고 걷는 듯한 비정상적인 보행자세가 나타난다.

고양이 당뇨에는 세 가지 종류가 있는데, I형 당뇨는 인슐린 의존성으로 췌장의 베타 세포가 인슐린을 부족하게 분비하므로 매일 인슐린 주사를 맞아야만 한다. II형 당뇨는 췌장이 충분한 양의 인슐린을 분비하지만 고양이의 몸이 이를 적절하게 이용하지 못한다. 고양이 당뇨병의 가장 흔한 형태로, 이런 고양이의 일부는 인슐린을 필요로 하기도 하지만 보통 혈당조절을 위한 경구약을 투여하거나 식이조절을 통해 관리한다. 당뇨병에 걸린 고양이의 70%는 적어도 소량의 인슐린 투여가 필요하다.

세 번째는 일과성 당뇨로 알려져 있는데, II형 당뇨에 걸린 고양이가 처음에는 인슐린이 필요했으나 시간이 지나며 다시 인슐린 조절이 가능해져 인슐린 투여를 중단해도 되는 경우다. 특히 고단백, 저탄수화물 식단으로 바꾸면서 좋아지곤 한다.

치료 : 식이관리(302쪽 참조)와 매일 맞는 인슐린 주사를 통해 고양이는 대부분 정상적인 삶을 살 수 있다. 필요한 인슐린의 양은 단순히 체중으로 계산할 수 없고, 개체별로 필요량을 정확히 평가해야 한다. 고양이를 입원시켜 일일 인슐린 요구량을 결정하는 것은 초기 치료 성공 여부에 있어 매우 중요하다. 입원해 있는 동안 시간별로 혈액을 채취해 혈당곡선을 작성하여 고양이가 투여한 인슐린에 어떻게 반응하는지, 그리고 얼마나 많은 양의 인슐린이 필요한지 평가한다. 고양이는 대부분 인슐린 주사를 하루에 1~2회 맞아야 한다. 수의사가 투여하는 방법을 알려줄 것이다. 다행히 투여량이 매우 적고, 주삿바늘도 아주 작고 예리하여 고양이는 대부분 별다른 문제 없이 피하주사를 맞는다.

고양이의 정확한 인슐량 투여용량을 체크하기 위해 동물병원에서 프럭토사민검사*나 정기적인 혈당검사를 실시한다. 가정에서도 소변의 당을 체크하기 위해 색이 변하는 특수검사지를 사용하거나 색이 바뀌는 것으로 소변의 당을 검출하는 특수한 화장실 모래를 사용할 수 있다. 일부 보호자는 고양이의 귀 끝에서 채혈해 가정용 혈당계

* **프럭토사민검사** fructo-samine test 단일시점이 아닌, 이전 2주간에 걸친 '평균치' 당을 평가하는 검사.

로 혈당을 정기적으로 체크하기도 하는데 쉬운 방법은 아니다.

경구용 약물을 투여하는 고양이도 인슐린 주사가 필요할 수 있다. 경구용 약물로는 글리피지드(glypzide, 인슐린 생산을 증가시키지만 구토 등의 부작용으로 선호도가 떨어진다), 아카보즈(acarbose, 장에서의 당 흡수를 차단하는데 앞으로 효과가 기대된다), 트로글리타존(troglitazone), 바나듐(vanadium), 크롬(chromium, 인슐린에 대한 민감성을 향상시킨다) 등이 있다.

인슐린 요구량은 음식에 따라 다양하기 때문에, 고양이가 매일 일정한 양의 열량을 섭취하도록 관리하는 게 중요하다. 일정한 시간에 인슐린 주사와 운동을 하는 것도 중요하다. 고양이는 소량의 인슐린이 필요하므로, 정확한 양을 투여하기 위해 인슐린을 희석해야 한다. 수의사에게 인슐린을 주사하는 자세한 방법에 대해 설명을 듣는다. 많은 고양이가 스스로 혈당을 잘 교정하는 듯 보일 때가 있다. 이 시기에는 인슐린이 필요 없을 수도 있으며, 다시 인슐린이 필요하기까지의 기간도 다양하게 나타난다. 이런 일시적인 비당뇨 상태에서 인슐린이 과잉투여되는 것을 예방하기 위해서는 고양이의 소변을 정기적으로 체크해야 한다.

식이관리 : 과거에는 고양이가 당뇨병에 걸리면 영양소의 흡수를 지연시키고 혈당 수준을 안정시키는 것을 목표로 삼아 식이섬유가 많은 음식을 급여했다. 그러나 최근에는 관련 연구를 통해 이것이 고양이 당뇨병에 이상적인 식단이 아님이 알려지고 있다. 고양이는 주로 탄수화물이 아닌 단백질을 대사시키므로 고단백, 저탄수화물 식단이 보다 효율적으로 대사되고, 당뇨 조절에도 더 도움이 되는 것으로 밝혀졌다. 당뇨병 처방사료는 대부분 이런 관점에서 만들어졌다. 일부 수의사들은 고양이의 식단에 고기를 첨가할 것을 조언하거나 건조 사료 제조에는 탄수화물 원료가 불가피하므로 건조 사료를 먹이지 말라고 조언하기도 한다. 고양이를 위한 특정한 지침은 주치의 수의사와 상의하도록 한다. 당뇨가 있는 비만 고양이가 식이관리만으로도 상태가 좋아져 인슐린이 더 이상 필요하지 않은 경우도 있다.

비만은 인슐린에 대한 조직반응도를 크게 감소시키고 혈당관리를 어렵게 만든다. 따라서 비만인 고양이는 적정 체중이 될 때까지 식이관리를 해야 한다. 체중감소를 위한 처방식을 이용할 수도 있다. 처방식은 당뇨병에 적합할 수도, 그렇지 않을 수도 있으므로 수의사와 상의하여 결정한다.

일일 열량 요구량은 고양이의 체중과 활동성에 따라 결정된다. 이것이 결정되면 급여 중인 음식의 칼로리로 나누어 매일 급여하는 음식의 양을 결정한다. 음식을 먹고 난 뒤 혈당이 높아지는 것을 막기 위해 한 끼에 하루치 음식을 모두 주지 않는다. 하루 동안 소량으로 여러 번에 나누어 준다. 하루에 한 번 인슐린을 주사하는 고양이는

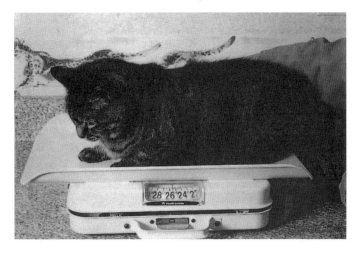

비만은 인슐린에 대한 반응을 크게 줄인다. 가끔 체중감량만으로도 필요한 인슐린의 양이 줄거나 아예 필요 없게 되는 경우도 있다.

주사 시 하루 급여량의 절반을 주고, 인슐린 활성이 가장 높을 때 나머지를 준다(보통 주사 8~12시간 후지만 병원에서 작성한 고양이의 혈당곡선을 참고한다). 하루 두 번 주사하는 고양이는 간단하게 주사할 때마다 절반씩 급여하면 된다. 경구용 약물을 복용하는 고양이는 하루 동안 소량씩 여러 번에 걸쳐 급여한다.

저혈당증(인슐린 과잉)hypoglycemia(insulin overdose)

인슐린이 과다 투여되면 혈당이 정상수치 아래로 떨어지는데 이런 상태를 저혈당증이라고 한다. 만약 고양이가 방향감각을 상실하고 혼미해 보이거나 떠는 증상, 비틀거림, 허탈, 혼수상태, 발작 등이 나타난다면 의심해 본다.

치료 : 고양이가 의식이 있고 삼킬 수 있다면 설탕물(또는 옥수수시럽, 포도당시럽, 꿀)을 먹인다. 고양이가 삼킬 수 없다면 고양이의 뺨 안쪽 점막에 발라서 문지른다. 몇 분 이내로 회복될 것이다. 그다음 즉시 동물병원으로 가서 수의사의 치료를 받는다.

췌장염pancreatitis

췌장염은 췌장의 염증으로, 발생하면 주로 외분비나 소화효소에 영향을 미친다. 급성 또는 만성으로 발생하는데 고양이는 만성형이 흔하다.

췌장염은 외상, 기생충, 각종 감염, 약물반응 등 다양한 원인으로 발생할 수 있으나 증례의 90% 이상은 분명한 원인을 알 수 없다. 샴고양이는 유전적인 취약성을 가지고 있다.

췌장염에 걸린 고양이는 개와 달리 일반적인 초기 증상으로 구토나 복통을 보이지 않는다. 50%의 고양이는 초기 증상으로 무기력, 식욕저하나 식욕절폐, 탈수, 호흡수 증가, 정상보다 낮은 체온 등을 보인다. 많은 고양이에서 지방간증, 담관감염, 염증성 최근에는 혈액을 이용한 fTLI나 fPL 검사의 정확도가 높아지고 있으며, 지역 동물병원에서도 신속한 진단이 가능해져 췌장염 진단에 가장 우선적인 진단법으로 활용되고 있다. 옮긴이 주

장 질환 등이 함께 발병한다. 췌장염에 걸린 고양이 중 35%만 구토를 한다.

췌장염의 진단은 어려움이 많다. 능숙한 검사자라면 초음파검사가 가장 좋은 방법 중 하나다. 혈액을 이용한 검사법인 fTLI(feline trypsinlike immunoreactivity test)와 fPL(feline pancreatic lipase immunoreactivity test)도 모두 도움이 된다. 만약 고양이의 상태가 심각하지 않다면 췌장의 생검이 진단에 도움이 될 수 있으나 심하게 아픈 고양이는 마취에 위험이 따른다. 빈혈이 나타날 수 있으며, 저알부민혈증으로 인해 복강에 체액이 축적될 수 있다.

치료 : 치료는 복잡하다. 췌장염에 걸린 고양이는 광범위한 수액요법과 주의 깊은 전해질 모니터링이 필요하다. 고양이가 구토를 한다면 절식시키는 것이 좋으나 이상적으로는 48시간 이상의 절식은 지방간증(297쪽 참조)을 유발할 수 있어 추천하지 않는다. 수의사는 영양 공급관을 소장으로 삽입하거나 정맥을 통해 특수한 영양성분을 투여하기도 하는데 7~10일 정도 해야 할 수도 있다. 통증관리도 필수다.

도파민은 혈류 개선에 도움이 된다. 구토와 위산분비의 조절도 필요하다. 항생제를 처방하는 경우는 드물다. 다만 만성적인 증례에서는 스테로이드 제제와 메트로니다졸의 투여가 중요할 수 있다.

심각한 급성 췌장염은 급속히 신부전, 폐수종으로 인한 호흡부전, 파종성 혈액내 응고증(DIC), 사망에 이를 수 있다. 이런 증례에서는 혈장투여가 매우 중요하다. 복막투석이 도움이 되기도 한다.

췌장 섬세포 종양pancreatic islet cell tumor

인슐린종(췌장의 베타 세포에 발생하는 종양) 또는 인슐린을 생산하는 세포의 췌장종양은 고양이에게는 극히 드물다. 노령의 중성화된 수컷 샴고양이에게 가장 흔히 발생한다. 이런 고양이는 혈당이 낮고 허약하며 발작을 일으키기도 한다.

치료 : 종양의 외과적인 절제가 이상적인 치료나 악성종양으로 진단된 시점에서는 대부분 이미 전이된 경우가 많다.

10장
호흡기계

고양이의 호흡기계는 코, 목구멍, 후두(성대), 기관(숨통), 폐로 구성되어 있다. 폐는 다시 기관지관(가지처럼 뻗은 기도), 폐포(공기 주머니), 모세혈관으로 구성된다. 공기는 주로 코를 통해 흡입되어 아래쪽의 기관을 통해 기관지와 폐로 이동한다. 세기관지(기관지 끝의 가느다란 기관지)의 끝은 수많은 폐포로 이루어져 있는데, 폐포는 모세혈관이 지나가는 아주 얇은 벽으로 되어 있다. 산소는 폐포로부터 모세혈관을 통해 혈액 속으로 들어간다. 이와 동시에 이산화탄소가 혈액에서 폐포로 이동하여 배출된다. 이 일련의 과정을 기체교환이라고 한다.

폐는 진공의 원리로 작동한다. 갈비뼈와 가슴의 근육이 횡격막과 상호적으로 움직임에 따라 공기가 폐의 안과 밖으로 이동하게 된다.

안정 상태의 고양이는 분당 약 25~30회의 호흡을 한다(사람의 약 2배). 고양이는 들숨(흡기)에 비해 날숨(호기)을 두 배 정도 길게 쉰다.

그르렁거림

고양이의 그르렁거림(purring)은 독특한 현상으로 어떤 기전으로 일어나는지는 아직 정확히 밝혀져 있지 않다. 다만 후두와 횡격막의 반복적인 긴장과 이완에 의한 압력 변화가 기관을 통해 거친 공기의 흐름으로 나타나는 것으로 추정되고 있다. 이 주기적이고 급속한 압력의 변화가 일상적인 호흡에 더해지면 그르렁거림의 특징적인 떨림이 발생한다. 그르렁거림의 다른 가설로 일정한 리듬으로 일어나는 후두와 횡격막 근육의 급속한 수축이라는 견해도 있다.

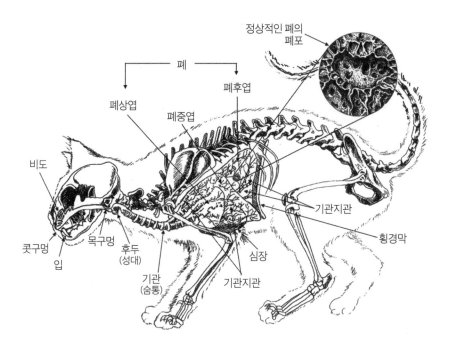

정상적인 폐의
폐포

폐

폐상엽

폐중엽

폐후엽

비도

콧구멍

입

목구멍

후두
(성대)

기관
(숨통)

기관지관

심장

기관지관

횡경막

호흡기계

그르렁거림은 본능적인 행동이다. 생후 이틀째에 그르렁거리는 새끼 고양이도 있다. 사자와 같이 커다란 고양잇과 동물은 잘 그르렁거리지 못하지만 치타는 그르렁거리는 것이 가능하다.

그르렁거림에 대해 흔히 오해하는 것이 기분 좋은 심리 상태를 나타낸다는 것이다. 때로는 맞는 말이기는 하다. 그러나 배가 고프거나 스트레스를 받았을 때, 통증을 느낄 때도 그르렁거릴 수 있다. 죽기 직전에도 그르렁거리는 것으로 알려져 있다. 몇몇 행동학자들은 그르렁거림이 다른 고양이나 위험하지 않은 동물과 주고받는 신호라고 생각하기도 한다.

고양이의 그르렁거림은 25~150Hz의 주파수를 보이는데, 이 주파수는 치유에 효과적인 것으로 여겨지고 있다. 아마도 고양이는 세포 수준에서 스스로 자가치유를 위해 그르렁거리는 것일 수도 있다.

비정상적인 호흡의 징후

고양이의 호흡 동작은 부드럽고 편안해야 한다. 안정 상태에서 빠른 호흡, 거친 호흡, 쌕쌕거림, 기침, 가슴에서 그르렁거리는 소리가 나는 것 등은 모두 비정상이다(다만 정상적인 고양이도 무언가를 집중해서 바라보고 있을 때 잠깐 동안 비정상적인 호흡이 나타날 수 있다). 비정상적인 호흡이 일어날 수 있는 원인에 대해서는 뒤에서 다룬다. 고양이 호흡기 질환의 상당수는 전염성 질환에 의해 발생한다(3장 전염병 참조).

• 빠른 호흡 : 통증, 스트레스, 고열, 지나친 흥분 등에 의해 일어난다. 쇼크, 탈수, 빈혈, 폐 질환, 심장 질환, 혈중의 산성 혹은 독성 물질 축적(당뇨병, 신부전, 중독증) 등도 고려해 볼 수 있다. 안정 시에도 호흡수가 증가하면 수의사의 검사가 필요하다. 정확한 원인을 찾기 위해 엑스레이검사 및 다른 검사를 한다.

• 느린 호흡 : 고양이에게 아주 느린 호흡은 마취제 중독, 뇌염, 혈전이 뇌를 압박하는 경우 관찰된다. 쇼크나 허탈이 발생한 경우라면, 느린 호흡은 극히 안 좋은 상태를 의미한다.

• 헐떡거림 : 헐떡거림은 운동 후에 나타나는 정상적인 과정이다. 이는 고양이가 입, 혀, 폐로부터 뜨거운 공기를 발산시키고 시원한 공기를 받아들이는, 체온을 낮추는 주요한 방법 중 하나다. 고양이는 또한 자신의 털을 핥거나 발 패드를 통해 땀을 흘려 체온을 낮추기도 한다. 빠르게 헐떡거리고, 힘들어하며, 불안함을 보인다면 열사병을 의심해 봐야 한다. 어떤 고양이는 겁을 먹었을 때 입을 벌린 채로 헐떡거리며 숨을 쉬기도 한다.

• 얕은 호흡 : 얕은 호흡은 흉곽의 움직임이 제한된 경우에 관찰된다. 깊은 호흡으로 인한 통증을 최소화하기 위해 보다 빠르게, 그러나 깊지 않게 숨을 쉰다. 늑막염이나 늑골골절에 의한 통증도 얕은 호흡을 유발할 수 있다. 흉강 내의 혈액, 농(고름), 저류액 등도 호흡을 제한하지만, 보통 통증을 유발하지는 않는다. 이를 흉수라고 하는데 고양이에게 호흡을 곤란하게 만드는 가장 흔한 원인이다.

• 잡음을 동반한 호흡 : 잡음을 동반한 호흡은 기도에 폐쇄성 원인이 있는 것을 의미하며, 상부 호흡기 질환의 주요 증상이다. 페르시안과 같이 주둥이가 짧은 품종의 고양이는 호흡을 할 때마다 잡음이 들리곤 한다.

• 크루프성 호흡 : 공기가 좁아진 후두를 통과하며 내는 높고 거친 소리다. 갑자기 이런 증상이 나타난 경우, 대부분은 후두의 이물이나 목구멍의 부종에 의한 것이다.

• 쌕쌕거림 : 고양이가 강하게 숨을 내쉬거나 들이마실 때 나는 휘파람 같은 소리로 기관지관의 협착이나 경련을 의미한다. 심층부의 소리는 청진기로 가장 잘 들을 수 있다. 쌕쌕거림의 원인은 고양이 천식, 폐충, 심장사상충, 기관지관의 종양이나 신생물 등이다.

• 야옹거림(울기) : 쉬지 않고 야옹거리며 우는 고양이는 대부분 통증이 있거나 불편함이 있는 것이다. 불안함의 원인을 찾아내고, 경우에 따라 동물병원을 방문해야 한다. 지나친 울음은 후두염을 유발할 수 있다.

기침

기침(coughing)은 기관지관이 자극원에 반응해 일어나는 반사작용이다. 호흡기 감염에 의해서도 유발될 수 있고, 담배연기나 화학물질 같은 자극원을 흡입하거나 꽃가루나 먼지 같은 이물질에 의해서, 꽉 조인 목줄의 자극이나 기관지관에 자라나는 신생물에 의해서도 유발될 수 있다. 알레르기 반응에 의해 기침을 하기도 한다. 종종 기침의 양상으로 그 위치와 원인을 추정해 볼 수 있다.

- 재채기와 눈의 충혈을 동반한 기침은 고양이 바이러스성 호흡기 질환인 경우가 많다.
- 목을 쭉 펴고 가래를 배출하는 깊은 발작성 기침은 만성 기관지염인 경우가 많다.
- 호흡곤란을 나타내며 쌕쌕거림을 동반한 갑작스런 기침은 고양이 천식인 경우가 많다.
- 체중감소, 무기력, 식욕감소를 동반한 산발적인 기침은 심장사상충, 폐충, 곰팡이성 질환이 원인인 경우가 많다.
- 운동 후에 보이는 경련성 기침은 급성 기관지염인 경우가 많다.
- 심근증을 포함한 몇몇 심장의 문제가 고양이에서 기침을 유발할 수 있다.

기침은 연속적으로 일어나는 반응이다. 기침은 기관지관을 자극하고, 기관지 점막을 마르게 하고, 감염에 대한 저항을 낮추어 더 심한 기침을 하게 만든다.

만성적으로 기침을 하는 고양이를 진단하는 방법에는 흉부 엑스레이검사와 경기관세척(transtracheal washing)이 있다. 기관세척은 고양이를 가볍게 마취시킨 상태에서 멸균된 관을 기관에 삽입하여 실시한다. 여기서 채취한 세포를 현미경으로 검사하여 특정 질환을 진단한다.

기관지내시경은 기관지 질환을 평가하는 가장 훌륭한 방법이다. 광섬유 장치를 기관 안으로 삽입하려면 마취를 해야 한다. 기관지를 직접 볼 수 있으며, 검사를 위한 조직 채취가 가능하고, 기관지 세척을 통해 제거된 가래로 현미경검사와 세균배양, 항생제 감수성 검사를 할 수 있다.

치료 : 고열, 호흡곤란, 눈과 코의 분비물, 기타 다른 심각한 증상을 동반하는 기침은 동물병원에 가서 치료해야 한다. 또한 고양이의 식욕이 줄고 기침을 하는 경우에도 수의사의 검진을 받아야 한다.

근본적인 문제의 원인이 무엇인지를 파악하는 것이 중요하다. 담배연기, 분무형 살충제, 집먼지, 향수와 같은 공기 중의 오염물질도 대기 중에서 제거해야 한다. 헤파(HEPA) 필터는 이런 물질을 제거하는 데 도움이 된다. 코, 목구멍, 폐, 심장의 모든 이상은 치료되어야 한다.

단시간 동안의 가벼운 기침이라면 집에서 조치를 취할 수 있다. 아세트아미노펜(타이레놀), 코데인, 기타 다른 마약류 성분이 들어간 약은 고양이에게 독성이 있으므로 절대 사용해서는 안 된다. 로비투신(Robitussin, 기침시럽)이 안전하고 효과적인 대표 기침약이다. 이 제품에는 구아이페네신(guaifenesin)이라는 거담제가 들어 있는데 이 성분은 기침반응을 억제하진 못하지만 점액 분비를 촉진시켜 기침을 가라앉힌다. 로비투신-DM(Robitussin-DM)에는 덱스트로메트로판

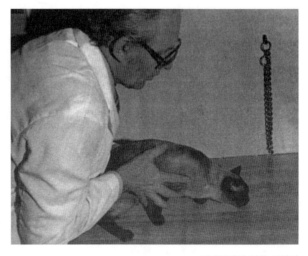

기관지염에 의한 고양이의 기침. 어깨를 늘어뜨린 채로, 머리를 낮추고 목을 쭉 편 모습은 기관지염의 전형적인 자세다.

이라는 기침억제제가 들어 있는데, 이 성분은 고양이에게 안전한 유일한 기침억제제다. 그러나 이 약물들은 고양이에게 사용이 허가되지 않은 것으로 반드시 수의사와 상의하고 사용한다. 어린이용 의약품이라 할지라도 수의사와 상담하기 전에 약을 먹여서는 안 된다.

기침억제제가 기침의 횟수와 심한 정도를 줄일 수는 있지만 원인까지 치료할 수는 없다. 기침약을 과도하게 사용하면 오히려 적절한 진단과 치료를 지연시킨다. 기침억제제(거담제는 제외)는 가래가 나올 때에는 사용해서는 안 된다. 이때 기침은 기도에서 원치 않는 물질을 제거해 청소하는 역할을 하기 때문이다.

후두

후두는 기관 위 목구멍에 있는 짧은 장방형의 상자다. 연골로 되어 있으며 성대를 포함한다. 고양이는 설골에 의해 후두가 두개골 바닥면으로 직접 연결되어 있다. 사자, 호랑이, 표범과 같은 몸집이 큰 고양잇과 동물은 설골의 일부가 연골로 대체되어 있다. 이 때문에 발성기관이 자유롭게 움직이며 특징적인 우렁찬 울음소리를 낼 수 있다. 반대로 작은 고양잇과 동물은 작은 소리로만 울 수 있다.

후두의 윗부분에는 나뭇잎처럼 생긴 후두덮개가 있다. 음식을 삼킬 때는 닫혀 있어 음식이 기관으로 들어가는 것을 방지한다. 후두에 이상이 있는 경우 기침, 크루프성 호

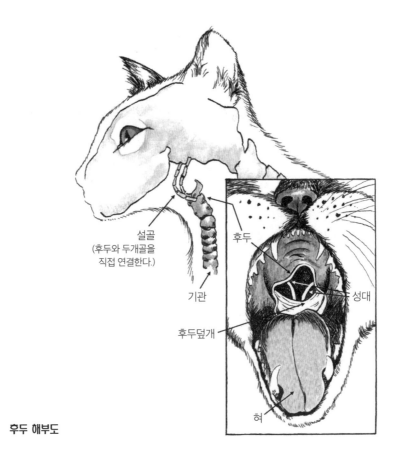

설골
(후두와 두개골을
직접 연결한다.)

기관

후두

성대

후두덮개

혀

후두 해부도

흡, 발성불능 등의 증상이 나타난다. 후두는 신체에서 기침에 가장 민감한 부위다.

후두에는 양성 용종(폴립)이 생기기도 한다(241쪽, 코의 종양, 228쪽, 귀의 폴립 참조).

후두염 laryngitis

후두염은 후두 점막에 생긴 염증이다. 목소리가 쉬거나 나오지 않는 증상을 보인다. 심하게 울거나 만성 기침에 의한 원인이 가장 흔하다. 두 가지 모두 성대의 긴장을 야기한다.

후두염은 목구멍의 감염인 편도염, 기관염, 기관지염, 폐렴, 흡입성 알레르기, 드물게는 목구멍의 종양 등과 관련되어 있을 수 있다. 후두 내막은 섬모로 덮여 있지 않기 때문에 후두 안에 점액이 축적되기 쉽다. 이 점액을 제거하기 위해 목구멍을 과도하게 청소하게 되는데, 이는 후두를 더욱 자극하고 감염에 대한 저항 능력을 감소시킨다.

치료 : 과도한 울음에 의한 후두염은 보통 고양이의 불안요소나 스트레스를 해소하면 나아진다. 만성적인 기침이 원인이라면 동물병원을 찾아 기침의 원인을 찾아 치료한다.

후두 내 이물foreign body in the larynx

건강한 고양이가 갑자기 강렬한 기침, 입을 발로 비비는 행동, 호흡곤란 등을 보이면 후두 내 이물을 의심한다. 후두에 이물이 걸리는 일은 흔치 않은데, 대부분의 작은 음식물 조각이 기침을 통해 배출되기 때문이다.

만약 고양이가 입을 벌리고 숨이 막혀 보이며, 구역질을 하고, 호흡곤란을 나타낸다면 목구멍 안의 이물을 의심할 수 있으므로 응급치료를 받는다(264쪽, 목구멍의 이물 참조).

치료 : 응급상황이다. 만약 고양이가 의식이 있고 호흡이 가능하면, 즉시 가까운 동물병원을 찾는다.

고양이가 쓰러져 호흡이 불가능하면, 고양이의 머리를 몸통보다 아래쪽으로 한 상태로 옆으로 눕힌다. 고양이의 입을 벌리고, 혀를 잡아당긴 후 입 안의 이물을 찾아본다. 이물이 보이면 이물이 걸려 있는 부위 뒤쪽 목을 잡은 다음 충분한 압력을 가해 이물이 밖으로 배출되도록 한다. 손가락을 입 안으로 넣어 가능한 한 신속하게 목에 걸린 이물을 빼낸다. 만약 실패했다면, 하임리히법을 실시한다.

하임리히법

- 한 손은 고양이의 등에, 다른 한 손은 흉골이나 갈비뼈 바로 아래 댄다.
- 그 자세에서 양손으로 위아래로 4회 강한 압박을 준다.
- 손가락을 휘저어 입 안에 이물이 배출되었는지 확인한다.
- **인공호흡**(29쪽 참조)에서 기술된 바와 같이 입에서 코로 2회 숨을 불어넣어 준다.
- 이물질이 배출될 때까지 압박과 인공호흡을 교대로 반복한다.

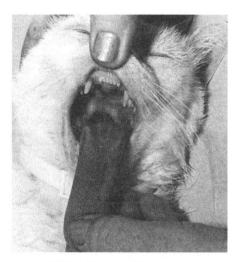

목구멍 뒤쪽을 봐야 하므로 혀를 밖으로 잡아당긴 상태에서, 이물로 인한 폐쇄 여부를 확인한다.

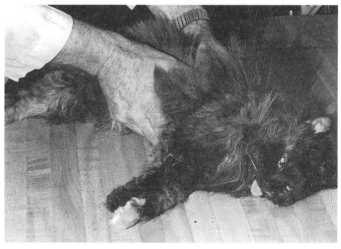

하임리히법. 그림처럼 손을 대고 위아래로 4회 강한 압박을 준다.

기관과 기관지

기관 내 이물foreign object in the trachea

기관이나 기관지관에 가장 걸리기 쉬운 크기의 이물질은 잔디씨나 음식 조각이다. 이런 이물질은 대부분의 경우 기침으로 배출된다. 하지만 기관지관에 고착화되면 심한 자극과 부종을 유발한다.

고양이가 풀밭 등에서 논 뒤에 혹은 구토한 직후 갑작스럽게 기침을 한다면 이물질을 흡인했을 수 있다.

치료 : 수의사에게 진찰을 받는다. 원인불명인 채로 치료시기만 늦출 수 있으므로 기침약을 먹여서는 안 된다. 가끔 흉부 엑스레이로 이물질의 위치를 찾아낼 수 있으며, 기관지내시경으로 이물질을 제거할 수도 있다.

기관지염bronchitis

기관지의 염증을 기관지염이라고 한다. 반복적인 기침이 특징이며 기침이 기관지 내강을 자극하고 감염을 기관에까지 전파시킨다. 기관과 기관지에는 이물이나 병원체의 침입을 막아 주는 방어벽인 점액층이 있다. 털처럼 생긴 섬모에 의해 이물질이 입 쪽으로 이동하는데, 이 점액층은 감염에 대한 주요한 방어기전이다. 한기, 건조한 환경, 탈수와 같이 점액-섬모층의 기능을 방해하는 상태에서는 기관지 감염이 쉽게 발생한다.

급성 기관지염은 상부 호흡기 감염에 의해 가장 흔히 발생한다(95쪽, 고양이 바이러스성 호흡기 질환군 참조). 흔히 2차 감염이 일어나고 지속적인 기침과 만성 기관지염에 이른다. 급성 기관지염의 기침은 거칠고 건조하며, 무리한 활동이나 차갑고 건조한 공기에 의해서도 악화된다. 때문에 따뜻하고 습한 환경을 제공하고 운동을 제한하는 것이 치료에 큰 도움이 된다.

만성 기관지염은 몇 주 동안 지속되는 기관지염이다. 대부분 급성 기관지염으로 시작되는데, 고양이 천식과 관련해 나타나는 경우도 있다. 만성 기관지염이 지속되면 2차 세균 감염이 없는지 확인한다. 만성 기관지염의 기침은 습성이거나 포말성으로 종종 기침 말미에 구역질이나 거품 섞인 침을 배출한다. 이런 행동은 헤어볼에 의한 구토 등과 구분해야 한다.

만성 기관지염은 기관지관을 심각하게 손상시킬 수 있으며, 감염에 의한 점액과 농이 부분적으로 파괴된 기관지 내에 축적될 수 있다. 이런 상태를 기관지확장증이라고 한다. 만성적인 기침은 폐포를 확장하고 파열하는 폐기종을 유발할 수 있다. 이는 비가역적인 손상이긴 하나 대부분 치료를 통해 관리가 가능하다. 이런 이유로 만성 기침은 수의학적인 검사와 전문적인 관리가 필요하다. 진단과정은 앞서 **기침**(308쪽)에서 설명한 것과 유사하다.

치료 : 휴식과 적절한 습도를 유지하는 것이 중요하다. 고양이를 따뜻한 방 안에 격리시키고 가정용 가습기를 이용한다. 기침억제제는 신체의 방어작용을 방해하고 화농성 분비물의 배출을 막으므로 만성 기관지염에 걸린 고양이에게 투여해서는 안 된다. 거담제는 도움이 될 수 있다. 기관지확장제(테오필린 등)는 호흡의 통로를 이완시키고 호흡의 피로도를 감소시킨다. 배출된 가래를 배양하고 항생제 감수성 검사를 실시한다.

스테로이드 성분제제는 기침에 의한 염증반응을 감소시킨다. 그러나 세균성 감염이 있는 경우에는 사용해서는 안 되며, 수의사에 관리 아래 주의 깊게 사용해야 한다.

고양이 천식(고양이 알레르기성 기관지염)feline asthma(feline allergic bronchitis)

천식은 주변 환경의 알레르기 유발물질에 대한 과민반응이다. 이 급성 호흡기 질환은 사람의 기관지 천식과 유사하다. 천식은 약 1%의 고양이에게 나타나는데 샴고양이는 발병 가능성이 조금 더 높다. 천식에 걸린 고양이의 일부는 급성으로 응급상태에 빠져 심각한 호흡곤란을 보인다. 나머지는 기침이나 쌕쌕거림 등의 만성적인 병력을 보인다. 만성적인 기침을 보이는 고양이는 헤어볼로 인한 문제와 구별해야 한다. 어떤 고양이는 특정한 시기에 천식이 악화되는 계절적인 특징을 보인다.

일부 증례에서는 담배연기, 화장실 모래먼지, 다양한 스프레이류, 카펫 탈취제와 같이 흡입된 알레르기 유발물질에 의해 천식이 촉발된다. 심장사상충도 천식을 일으키는 주요 원인 중 하나다. 많은 증례에서 첫 원인은 불분명하다.

급성 증상은 쌕쌕거림과 기침을 동반하는 갑작스런 호흡곤란으로 시작된다. 이는 기관지를 둘러싼 평활근의 갑작스런 수축과 관련이 있는데, 수축의 결과 기관지관이 급격히 좁아진다. 고양이가 숨을 내쉴 때 쌕쌕거리는 소리가 들리며, 보통 그냥 귀로 들어도 들릴 만큼 소리가 크게 들린다.

증상이 심한 경우, 고양이는 입을 벌린 채로 어깨를 늘어뜨리고 몸을 구부리고 앉거나 가슴을 바닥에 대고 누워 호흡하려 애쓴다. 산소결핍으로 인해 점막 색깔도 푸르게 변한다(청색증). 참고로 흉수와 폐수종(324쪽, 심부전 참조)도 증상이 천식과 유사하다.

치료 : 기관지 경련을 완화시키고 호흡을 돕기 위해 바로 수의사의 진료를 받아야

한다. 응급처치로 에피네프린이 필요할 수 있다. 급성인 경우 터부탈린 등의 기관지 확장제와 코르티손이 유효하다. 고양이 스스로 점액을 분비하여 하는 청소기전을 방해할 수 있으므로 항히스타민제와 기침억제제는 사용하지 않는다. 천식에 걸린 고양이는 진정이 필요하고 알레르기를 유발하는 환경으로부터 피하기 위해 입원치료가 필요하다. 산소 케이지를 통한 산소공급도 급성 환자에게 필요할 수 있다.

고양이 천식은 재발이 잦은 만성질환이다. 종종 유지용량의 경구용 코르티코스테로이드 복용만으로도 관리가 가능하다. 약물 의존을 막기 위해 투약은 보통 이틀에 한 번씩 이루어진다. 반응이 좋은 고양이는 점차 투약량을 줄여 나가기도 하지만 어떤 고양이는 투약을 중단하면 증상이 급격하게 악화되어 평생 투약해야 하는 경우도 있다. 만약 천식이 꽃가루와 같이 계절적인 특성이 있다면 1년 중 특정 시기에만 약을 복용하면 된다.

요즘에는 천식에 걸린 많은 고양이들이 에어로캣(Aerokat) 챔버와 같이 특수하게 만들어진 흡입기로 치료를 받는다. 수의사가 처방한 약물은 흡입 마스크를 통해 고양이가 호흡할 때 투여된다. 알부테롤(기관지확장제)과 플루티카손 등의 스테로이드 제제가 가장 흔히 사용되는 흡입용 약물이다. 흡입을 통한 약물 투여는 스테로이드의 부작용을 최소화하고 신속한 증상 경감을 기대할 수 있다.

항생제는 마이코플라스마(mycoplasma) 감염이 함께 발생하지 않는 한 사용하는 경우가 거의 없다.

알레르기 유발물질에 대한 노출을 최소화한다. 집에 헤파 필터가 장착된 공기청정기를 설치하면 도움이 된다.

ㅍ

폐렴pneumonia
폐렴은 폐의 감염으로 바이러스성, 세균성, 곰팡이성, 기생충성, 흡인성 폐렴으로 분류한다.

폐렴은 바이러스성 호흡기 질환에 의해서도 발생할 수 있다. 1차 감염에 의해 면역력이 떨어졌기 때문이다. 이는 2차 세균 감염이 일어나기 좋은 환경이 된다. 폐렴이 잘 발생하는 개체는 어린 고양이, 나이 든 고양이, 영양 상태가 좋지 않거나 면역이 억제된 고양이, 만성 기관지염과 같은 호흡기 질환을 장기간 앓고 있는 고양이다.

구토를 하면서 이물질을 흡인하거나(마취 중에 구토를 하는 경우 등) 약을 먹이는 과정에서 잘못하여 이물을 흡인한 경우도 가끔 폐렴의 원인이 된다. 결핵과 전신 곰팡이 감염이 폐렴을 유발하는 경우는 흔치 않다. 이 질병에 관해서는 3장 전염병에서 다루고 있다.

폐렴의 일반적인 증상은 고열, 빠른 호흡, 근육의 긴장, 기침, 맥박 증가, 폐음의 잡음 등이다. 증상이 심해져 산소 결핍이 발생하면 잇몸 점막이 푸르게 변한다. 진단은 실험실적 검사와 흉부 엑스레이검사를 통해 이루어진다.

치료 : 폐렴은 긴급히 수의사의 진료를 필요로 하는 심각한 질병이다. 동물병원을 찾기까지 시간이 걸린다면, 고양이를 따뜻한 곳으로 옮기고 적절한 습도를 유지한다. 충분한 양의 수분을 섭취시킨다. 폐렴에 걸린 고양이의 기침은 기도를 청소하는 데 도움이 되므로, 기침약은 사용하지 않는다.

폐렴은 보통 원인체에 적합한 항생제 치료에 잘 반응한다. 수의사는 적절한 항생제를 선택해 처방할 것이다. 항생제를 고양이의 폐 내부로 직접 투여하기 위한 최선의 방법으로 네뷸라이저(nebulizer) 치료를 할 수 있으며, 수액 및 산소 치료가 필요하다면 입원치료를 한다.

심각한 호흡기 감염이 있는 고양이는 후각이 떨어져 식욕이 감소한다. 참치 통조림과 같이 냄새가 강한 음식이 식욕을 자극하는 데 도움이 된다. 음식을 데워 주면 향이 강해지므로 살짝 데워 준다.

알레르기성 폐렴allergic pneumonitis

알레르기성 폐렴은 폐에 영향을 끼치는 과민반응이다. 원인은 심장사상충이나 폐충과 같은 기생충 감염 등이다. 어떤 경우는 만성적으로 기침을 하지만 열은 나지 않는 등 아픈 정도의 단계는 매우 다양하다. 엑스레이검사와 기관지 세척으로 진단할 수 있다. 조직과 세척으로 얻은 시료 내에 알레르기 반응과 관계 있는 호산구가 다량 관찰된다.

치료 : 염증을 감소시키기 위해 일반적으로 스테로이드가 사용된다. 근본 원인을 치료하는 것도 중요하다.

흉수pleural effusion

고양이 호흡곤란의 가장 흔한 원인은 흉수*다. 흉수는 폐를 압박하고 폐에 공기가 차는 것을 방해한다. 다른 동물에 비해 고양이에게서 이런 증상이 더욱 심하다. 흉수가 발생하는 대표적인 두 가지 질병은 고양이 전염성 복막염과 고양이 백혈병이다. 다른 원인은 암, 울혈성 심부전, 간 질환 등이다.

* 흉수 폐를 둘러싸고 있는 흉강에 액체가 축적되는 것.

흉부를 관통한 상처에 의한 흉강 감염은 다른 고양이나 동물과 싸우는 과정에서 곧잘 발생한다. 감염은 폐에 농이 차게 만드는데 이런 상태를 축농증 또는 농흉이라고 한다.

흉부 외상에 의해 흉강과 폐로 출혈이 발생할 수 있다. 복부에 가해지는 심한 충격은 횡격막을 파열시켜 복부의 장기가 흉강으로 밀려들어가 폐를 압박하기도 하는데 이것이 '횡격막허니아(diaphragmatic hernia)'다. 이런 고양이는 쇼크가 나타날 수도 있다(31쪽 참조).

원인에 따라 흉수에 의한 급성 혹은 만성의 증상은 점진적으로 나타난다. 호흡곤란은 이런 조건과 상관 없이 모든 고양이가 보이는 증상이다. 고양이는 종종 앞다리를 쭉 펴고 앉거나 서서 가슴을 펴고 머리와 목을 길게 내밀어 호흡하려 애쓴다. 이런 상태에서는 몸을 눕히는 것이 힘들 수 있다. 입을 벌린 채로 숨을 쉬며 입술, 잇몸, 혀가 창백해 보이거나 푸른빛을 띠기도 한다. 푸른 회색빛을 나타내는 상태를 청색증이라고 하는데 혈중 산소의 결핍을 의미한다. 흉수가 차는 원인에 따라 체중감소, 고열, 빈혈, 심장 질환이나 간 질환을 동반한다.

치료 : 흉강에 액체가 빠르게 차면 <u>호흡부전 및 급사를 방지하기 위해 수의사의 응급진료를 받아야 한다.</u> 고인 흉수를 배출하고, 고양이는 추가적인 관리와 검사를 위해 입원해야 한다. 흉강에 배액관을 설치해야 할 수 있고, 보통 항생제 및 진통제 치료를 하며, 수술이 필요한 경우도 있다. 고양이가 안정화될 때까지 산소를 공급해 줘야 한다.

기흉pneumothorax

기흉은 흉강에 외부로부터 유입된 기체가 차서 생명을 위협하는 상태다. 흉강에 기체가 차면 폐의 팽창과 수축을 가능케 하는 음압 상태가 깨진다. 기흉의 가장 흔한 원인은 외상이다.

고양이는 눈에 띄게 숨을 들이마시는 것을 힘들어하고 금세 창백해진다. 기흉이 있는 고양이는 가슴을 바닥에 붙인 채 머리를 올리고 있다.

치료 : 응급상황이므로 가능한 한 빨리 동물병원으로 가야 한다. 만약 흉강으로 뚫린 상처가 분명하다면 압박붕대를 한다. 수술을 해야 할 수 있으며, 환부의 치유에 따른 공기 유입을 막기 위해 흉강에 특수한 단방향 드레인을 설치할 수 있다.

종양tumor

고양이에게 생기는 폐암은 대부분 체내 다른 장기의 1차적인 암에서 전이된 것으로 1차성 폐암은 흔치 않다. 그러나 일상적으로 담배연기에 노출된 고양이는 발병 가능성이 더 높다. 1차성 암종은 발가락이나 꼬리로 전이되기도 한다.

폐암은 흔히 흉수(315쪽 참조)를 동반한다. 많은 고양이가 기침이나 쌕쌕거림과 같은 직접적인 호흡기 증상을 보이는 대신 무기력, 체중감소, 침울함 등을 보인다.

진단은 일반적으로 엑스레이검사를 통해 이루어지는데 세 방향에서 촬영한다. 기관지 세척을 통해 암세포를 확인하기도 한다.

치료 : 종양의 종류에 따라 수술, 방사선요법, 화학요법 등이 추천된다. 예후는 좋지 않다.

폐의 기생충parasite in the lung

여기서 다루는 기생충 외에 심장사상충 역시 폐 질환의 주요 원인이다. 심장사상충에 대해서는 334쪽을 참조한다.

폐충lungworm

폐충은 가늘고 머리카락처럼 생긴 길이 1cm가량의 기생충이다. 여러 종이 있는데 고양는 두 종만 문제가 된다. 가장 흔한 아일루로스트롱길루스 아브스트루수스(*Aelurostrongylus abstrussus*)는 생활사가 복잡하다. 분변으로 배출된 유충이 달팽이류에게 먹히고, 달팽이는 다시 조류, 설치류, 개구리의 먹이가 된다. 이런 중간 숙주를 고양이가 잡아먹으면 폐충의 알이 장에서 부화하고, 성충이 되어 폐로 옮겨와 알을 낳는다. 유충은 기관으로 옮겨가 기침으로 배출되는데 그것을 고양이가 삼켜 분변으로 배출된다.

두 번째로 흔한 폐충인 카필라리아 아이로필라(*Capillaria aerophila*)는 감염된 알이나 중간 숙주를 직접 섭취해 감염된다.

고양이는 대부분 감염에 따른 임상 증상을 보이지 않는다. 일부 고양이는 2차 세균감염에 의한 마른 기침을 지속적으로 한다. 간혹 고열, 체중감소, 쌕쌕거림, 콧물 등으로 나타난다. 다른 호흡기 질환에 의해 이런 증상이 나타나는 것일 수도 있다. 흉부 엑스레이검사는 종종 정상 소견을 나타낸다.

현미경적 검사를 통해 분변이나 가래(*A. abstrussus*의 경우)에서 나선형 또는 쉼표 모양의 유충을 관찰할 수 있다. 카필라리아 아이로필라의 충란은 편충의 충란과 혼동되기 쉽다. 편충 감염으로 생각되는 많은 증례가 폐충의 의한 것일 수 있다.

치료 : 폐충은 구충이 어렵다. 일부 증례에서는 이버멕틴과 펜벤다졸이 효과가 있다. 2차적인 세균성 기관지염이나 폐렴은 항생제로 치료한다. 수의사의 관리가 필요하며, 폐충의 감염 확률을 최소화하기 위해 고양이가 밖에 나가 사냥하는 것을 막는다.

폐흡충lung fluke

고양이에게서 간혹 켈리코트폐흡충(*Paragonimus kellicotti*)이 발견된다. 고양이가 감염되면 기침을 하거나 컨디션이 저하된다. 충란이 기침으로 배출되면 그것을 고양이가 삼켜 분변으로 배출된다. 폐흡충은 게나 가재를 날것으로 먹어서 감염된다.

치료 : 펜벤다졸이나 프라지콴텔로 치료한다.

11장
순환기계

순환기계는 심장, 혈관, 혈액으로 구성된다. 혈액은 체중의 5% 정도를 차지하는데, 체중이 3kg인 고양이의 순환기계 내에는 약 240mL의 혈액이 있다. 수혈 목적으로 혈액을 채취하는 경우 한 번에 60mL만 채혈이 가능하며, 용적의 감소를 보상하기 위해 수액으로 대체해야 한다.

심장

심장은 우심방과 우심실, 좌심방과 좌심실, 네 개의 방으로 만들어진 펌프다. 좌심과 우심은 근육성의 격벽으로 분리되어 있다. 정상적인 심장에서 혈액은 전신순환이나 폐순환을 거치지 않고는 반대쪽으로 이동할 수 없다. 또 4개의 판막이 있어 혈액의 흐름이 한 방향으로만 이루어진다. 판막에 문제가 생기면 혈액이 새어 역류하여 효율적인 심박출이 어려워진다. 심벽 사이 격벽에 구멍이 생겨도 혈액이 새어나가 역류할 수 있다.

혈액은 2개의 커다란 정맥(전대정맥과 후대정맥)을 통해 심장으로 들어가는데 전신에서 모인 산소가 결핍된 혈액을 우심방으로 보낸다. 삼첨판이 우심실 쪽으로 열리면서 혈액은 우심실로 이동한다. 우심실이 가득 차면 삼첨판이 닫혀 우심실이 수축하는 동안 혈액이 우심방으로 역류되지 않도록 한다.

우심실의 혈액은 폐동맥 판막을 통해 폐동맥으로 이동한다. 폐동맥은 작은 혈관으로 분지하여 최종적으로 폐포 주변의 모세혈관으로 이어진다. 산소는 모세혈관 벽을 통해 혈액으로 이동한다. 이와 동시에 대사 작용의 노폐물인 이산화탄소가 혈액에서 폐의 폐포로 이동하는데 고양이가 숨을 내쉴 때 체외로 배출된다.

산소를 함유한 혈액은 폐정맥을 통해 좌심방으로 들어온다. 이첨판이 열리면서 혈액은 좌심실로 이동한다. 좌심실이 가득 차면 이첨판이 닫혀 좌심실이 수축하는 동안 혈액이 좌심방으로 역류되지 않도록 한다.

심장을 떠난 혈액은 대동맥 판막을 통해 대동맥으로 이동한다. 대동맥은 점진적으로 더 작은 동맥으로 분지하여 피부, 근육, 뇌, 내부 장기의 모세혈관에 도달한다. 이곳에서 산소를 내려놓고 이산화탄소를 거두어들인다. 혈액은 다시 점진적으로 더 큰 정맥을 통해 심장으로 돌아오면서 전신순환을 끝낸다.

동맥과 정맥은 적정한 혈압을 유지하기 위해 신경계와 호르몬의 조절을 받으면서 수축되거나 이완된다.

심박은 전기적 충격을 발생시키는 내부 신경계에 의해 조절된다. 외부의 영향에 반응하므로 고양이가 운동을 하거나, 겁을 먹거나, 흥분하거나, 쇼크에 빠지거나, 조직에 다량의 혈류량이 필요한 경우 심장의 박동을 증가시킨다. 심박동은 고정된 유형을 따르는데, 심전도*를 통해 관찰할 수 있다. 심박이 빠르거나 느린 경우가 아니라면 다양한 근섬유 수축의 시퀀스는 일정하다. 이 시퀀스는 박동을 동기화시켜 심실이 동시

* **심전도**ECG/EKG, elec-trocardiogram 심박동과 관련되어 나타나는 전위를 그림으로 기록하는 검사로, 주로 부정맥이나 관상동맥 질환 진단에 쓰인다.

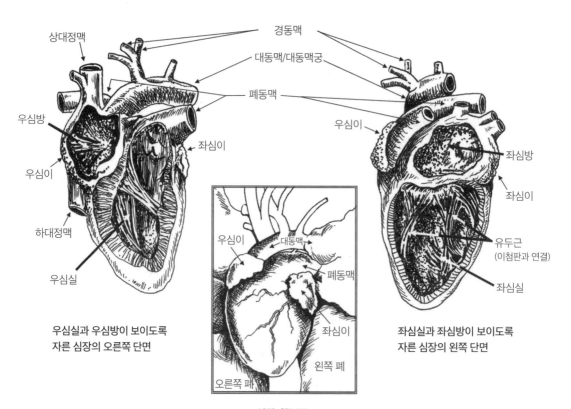

우심실과 우심방이 보이도록
자른 심장의 오른쪽 단면

좌심실과 좌심방이 보이도록
자른 심장의 왼쪽 단면

심장 해부도

에 수축하게 한다.

심박이 아주 느린 경우를 서맥, 심박이 너무 빠른 경우를 빈맥이라고 한다. 심박이 너무 빨라져 정상적인 수축을 방해하는 상태를 세동이라고 한다. 부정맥은 정상적인 심근 수축에 문제가 생겨 심박이 불규칙해지는 상태로 심박출 부족을 야기한다. 고양이에게도 심박조절기를 사용할 수는 있지만 아주 유용한 편은 아니다. 이는 부분적으로 고양이의 작은 체구에 기인하는 것 같다. 부정맥이 있는 고양이 중 일부에서는 2차적으로 유미흉(흉강에 림프액이 모임)이 발생한다.

심장의 평가

고양이의 심장과 혈액순환계가 제대로 작동하고 있는지 평가하는 데 도움이 되는 신체 증상이 있다. 정상 상태가 어떤지 파악하고 있어야 비정상적인 징후가 나타났을 때 신속히 알아차릴 수 있다.

맥박pulse

맥박은 사타구니에 있는 대퇴동맥을 만져 보면 쉽게 확인할 수 있다. 고양이가 네 발로 선 자세나 배를 드러내고 누운 자세에서 사타구니 부위를 촉진한다. 손가락으로 살짝 누른 상태로 맥박을 측정한다. 다른 방법으로는 심장 위를 감싸고 있는 갈비뼈 부위의 맥박을 측정하거나 고양이가 서 있는 상태에서 팔꿈치 바로 뒤 위치에서 심박을 직접 촉진할 수도 있다.

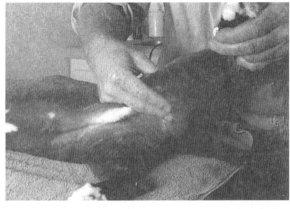

고양이 가랑이 사이의 대퇴동맥 촉진. 손가락으로 지그시 눌러 맥박을 측정한다.

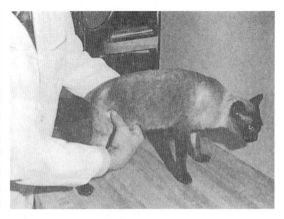

고양이가 서 있는 상태에서의 맥박 촉진.

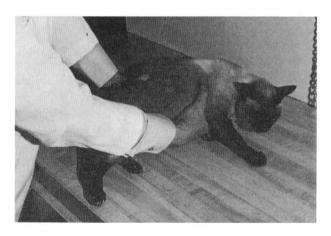

팔꿈치 뒤쪽 부위에서 심박동을 촉진해 맥박을 측정한다.

맥박수는 1분 동안의 박동수로 계산한다. 성묘의 정상 맥박수는 분당 140~240회다. 심박은 강하고, 안정적이며, 규칙적이어야 한다. 맥박수가 증가했다면 흥분, 발열, 빈혈, 혈액손실, 탈수, 쇼크, 감염, 열사병, 심장 질환이나 폐질환을 의심할 수 있다. 반대로 맥박수가 감소했다면 심장 질환 또는 뇌의 압력 변화, 저체온증, 순환장애를 일으키는 중증 질환을 의심할 수 있다. 일정하지 않고 불규칙한 맥박을 부정맥이라고 한다. 심박은 다양한 약물의 영향으로 달라지기도 한다.

심음heart sound

수의사는 청진기로 심장의 소리를 듣는다. 물론 고양이의 가슴에 귀를 직접 갖다대고 들을 수도 있다. 정상적인 심박은 두 개의 소리로 구분된다. '쿵' 하고 소리가 나고 뒤이어 바로 '쾅' 하는 소리를 내는데(LUB-DUB), 이 소리는 함께 뭉쳐 일정하게 '쿵쾅쿵쾅' 하는 소리로 들린다. 심음이 가슴 전체에서 들린다면 심장이 커진 상태일 수 있다. 심하게 마른 고양이에게서 이렇게 들리기도 한다.

심잡음murmur

심잡음은 심장 내의 혈류에 이상이 생기면 발생한다. 고양이 심근증과 선천적인 해부학적 결함 등이 대표적인 심각한 원인이다. 갑상선기능저하증, 빈혈은 물론, 전신성 고혈압도 심잡음을 유발할 수 있다.

모든 심잡음이 심각한 것은 아니다. 심잡음의 일부는 기능적 또는 생리적으로 나타나는 정상범위 이내의 이상으로 질병은 아니다. 수의사는 1등급부터 6등급에 걸쳐 심잡음을 평가하는데, 6등급은 가장 심각한 상태다. 낮은 등급의 심잡음이 있는 고양이는 대다수 정상적인 삶을 영위한다. 심잡음의 원인을 찾으려면 실험실적 검사, 엑스레이검사, 심장초음파검사를 해야 한다.

진전음(떨림)thrill

진전음은 심장 위쪽으로 진동이 느껴지는 듯한 이상음이다. 이는 혈류의 폐쇄를 의미하는데, 예를 들어 판막이 좁아지거나 두 심방 사이의 근육성 벽에 구멍이 생긴 경우 등이다. 심장이 커져 있거나 질병에 걸린 상태일 때도 흉벽 위로 진동이 감지될 수 있다. 진전음은 심각한 심장 상태를 의미한다.

혈액순환

고양이의 잇몸과 혀를 검사하여 순환되는 혈액량이 충분한지 빈혈 상태인지를 평가한다. 진한 분홍색 잇몸은 정상적인 적혈구량을 의미하고, 회색이나 푸른빛은 혈액의 산소결핍을 의미한다(청색증). 청색증은 심부전이나 폐부전이 있는 경우에도 관찰된다. 잇몸이 창백한 분홍색이거나 흰색이라면 빈혈이다. 밝은 적색은 청산가리 중독이나 일산화탄소 중독을 의미하기도 한다.

순환 혈액량은 손가락으로 잇몸 점막을 꾹 눌러 하얗게 된 잇몸이 다시 붉어지는 시간을 측정해 평가할 수 있다. 이것을 모세혈관재충만시간이라고 한다. 정상적인 상태에서 반응시간은 1초 이내다. 2초 이상 걸린다면 순환량이 부족함을 의미하고, 3초 이상 점막이 창백한 채로 남아 있다면 쇼크 상태로 판단할 수 있다.

혈액형

고양이는 A, B, AB의 세 가지 혈액형이 있다. A형은 전체 고양이의 95%로 가장 흔하다. 샴고양이와 동양 품종(oriental breed)은 대부분 A형이다. AB형은 버마고양이, 브리티시쇼트헤어, 스코티시폴드, 소말리, 스핑크스 등 특정 품종에서만 아주 드물게 관찰된다. B형은 일부 한정된 지역과 특정 품종에서 관찰된다. 예를 들어, 북아메리카 북서부 지역 고양이의 약 6%, 데본렉스의 약 41%, 브리티시쇼트헤어의 약 36%가 B형이다.

동양 품종은 대부분 A형이다. 일부 한국 토종 고양이는 외래 품종의 혈통이 섞였을 가능성이 있다. 일반적으로 A형 항원은 B형 항원에 우성으로 작용해 모두 A형이 되어야 하는데 AB형이 나오는 것은 A, B형 항원 이외의 다른 혈액형 결정인자가 존재하는 것으로 추측된다._옮긴이 주

품종별 혈액형 비율

대부분 A형	샴, 버마, 통키니즈, 아메리칸쇼트헤어, 오리엔탈쇼트헤어, 코리안쇼트헤어(한국 토종 고양이)
1~10%가 B형	메인쿤, 노르웨이숲
10~25%가 B형	아비시니안, 버마, 히말라얀, 재패니즈밥테일, 페르시안, 스코티시폴드, 소말리, 스핑크스
25% 이상이 B형	브리티시쇼트헤어, 데본렉스, 코니시렉스

출처 : www.pandecat.com/x/blood_type_incompatibility.htm(Reviewed by Urs Giger, PhD, Dr.Med.Vet., Ms, FVH, Chief of Section of Medical Genetics, University of Pennsylvania).
Reprinted with permission from Vella & McGonagle, Breeding Pedigree Cats, 2nd ed, 2006.

사람과 마찬가지로 고양이도 수혈을 받기에 앞서 혈액형검사를 실시해야 한다. 고양이가 다른 혈액형의 혈액을 수혈받는 경우 거부반응을 일으켜 생명을 위협할 수 있다. 거부반응은 다른 혈액형의 혈액을 수혈받는 경험이 처음인 성묘에게서도 발생할 수 있다. 때문에 모든 공혈묘는 혈액형검사를 해야 한다.

혈액형검사는 번식시킬 때도 필요하다. A형 항체에 한 번도 노출된 적이 없더라도, B형인 고양이는 생후 3개월이 지나면 A형에 대한 항체를 형성한다. 때문에 B형 암컷이 A형 수컷과 교배를 해서 A형으로 태어난 새끼 고양이는 어미의 젖을 통해 A형 항체에 노출되어 **신생묘 적혈구용혈증**(473쪽 참조)에 걸릴 수 있다. 신생묘 적혈구용혈증의 증상을 발견했을 때는 이미 새끼 고양이를 살리기에 늦은 때다.

번식을 시키는 고양이는 반드시 혈액형검사를 실시해야 한다(암컷과 수컷 모두). 혈액형검사는 동물병원에서 혈액형 키트로 검사하거나 실험실에 의뢰하여 유전학적 검사로 검사할 수 있다. 어미 고양이와 다른 혈액형을 가지고 태어난 고양이는 모유수유를 해서는 안 된다. B형 암컷과 A형 수컷을 교배시킬 경우, 모든 새끼가 A형일 것이라고 가정하고 모두 모유를 먹어서는 안 된다. 이런 이유로 새끼 고양이를 돌보는 일에는 많은 준비와 헌신이 필요하다.

심부전heart failure

심부전은 심장이 신체의 각 장기로 충분한 혈액을 순환시키지 못하는 상태로 심장의 근육이 약화되거나 손상되어 발생한다. 심부전이 발생하면 간, 신장, 폐, 그 외 다른 장기가 산소 결핍의 영향을 받아 전신 문제로 발전한다. 심장 상태가 악화되기 시작하면서 나타나는 증상으로 심장의 좌우측 중 어느 쪽에 문제가 있는지 추측 가능한 경우도 있다.

심부전이 있는 고양이는 최대한 스트레스를 피해야 한다. 의학적으로 매우 약한 상태기 때문이다. 특히 심장 질환이 있는 고양이는 겉으로는 멀쩡해 보이기 쉽다. 이들은 조용히 눕고, 에너지를 아끼며, 심장에 가해질 부담을 최소화하려 든다. 증상이 명확히 나타났을 때는 이미 심하게 아픈 상태다.

좌심부전left-sided heart failure
좌심실에 문제가 생기면 폐순환 쪽의 압력이 증가한다. 그로 인해 폐에 울혈이 생기고 폐포에 체액이 축적된다(폐수종). 폐수종 말기의 고양이는 충분한 양의 산소를 공급받지 못해 매우 짧게 호흡하며, 핏빛의 거품이 섞인 기침을 한다. 폐수종은 운동이나 심한 흥분, 심장에 무리를 주는 일에 의해 쉽게 발생한다. 체액이 폐 주변의 흉강에 축적되어 폐를 압박하여 호흡을 더 어렵게 만들기도 한다. 이를 흉수라고 하는데 고양이에게 호흡곤란을 유발하는 주요 원인이다(315쪽 참조).

좌심부전의 초기 증상은 운동 후의 피로감과 빠른 호흡이다. 그러나 활동량이 적은 고양이에게서는 명확히 관찰하기가 어렵다. 상태가 심해지면 고양이는 노력성 호흡을 하며, 더 많은 산소를 흡입하기 위해 앞다리를 벌리고 머리를 쭉 빼고 앉아 있는 전형적인 자세를 취한다. 맥박은 빨라지고, 약하며, 불규칙하다. 가슴에서 심잡음이나 진전음이 관찰될 수 있다. 부정맥으로 인해 실신 증상을 보일 수 있는데, 발작으로 오인되기도 한다.

우심부전right-sided heart failure

우심부전은 좌심부전에 비해 드문 편이다. 우심실에 문제가 생기면 전신순환 쪽 정맥에 압력이 증가한다. 이로 인해 체액순환에 문제가 생기고 심부전이 발생한다. 복부 피부 아래로 체액이 축적되거나 다리의 부종 등이 관찰된다.

복강에 체액이 축적되면 배가 항아리처럼 부풀어 오르는데 이를 복수라고 한다. 복수는 림프육종이나 고양이 습성 전염성 복막염에서도 관찰된다. 염분과 수분의 정체로 인한 신장 혈류량의 감소로 인해 체액 저류가 더 악화된다.

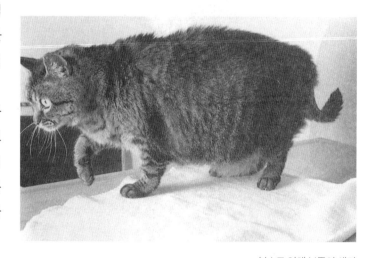

복수로 인해 부종이 생기고 배가 항아리처럼 부풀어 오른다.

심혈관 질환

출생 시 나타나는 선천성 심장결손이 전체 심혈관 질환의 약 15%를 차지하며, 판막성 심장질환과 심장사상충도 심혈관 질환의 일부를 차지한다. 선천성 심장결손은 보통 생후 10개월경 심부전으로 나타난다.

심근증은 고양이 심장 질환의 주요 원인이다. 어리거나 중간 연령의 고양이에게 발생하는데, 간혹 나이를 먹었어도 증상이 명확히 드러나지 않는 경우가 있다.

사람의 관상동맥 질환같이 혈중 콜레스테롤이 상승하여 나타나는 심혈관계의 문제는 고양이에게는 거의 발생하지 않는다.

선천성 심장결손congenital heart defect

선천성 심장결손은 고양이에게는 흔치 않다. 전체 고양이의 0.2~1%에서 발생한다. 가장 많이 발생하는 선천적 문제는 심장 판막이나 심장을 구분하는 중격의 결함과 관련이 있다.

중격결손(septal defect)은 순환을 거치지 않고 혈액이 심장의 한쪽에서 다른 쪽으로 이동하게 만든다. 그 결과 산소가 부족한 혈액과 산소가 풍부한 혈액이 뒤섞인다. 고양이에게 가장 흔한 심장결손은 심실중격결손과 팔로사징(tetralogy of Fallot)*이다. 팔로사징이 있는 고양이는 심실 사이에 구멍이 있고, 폐동맥 입구도 협착되어 있다. 샴, 버마, 토종 고양이에게 가장 흔하게 발생한다. 심실중격결손은 심장의 두 방(심실들) 사이에 구멍이 있는 것을 말한다.

선천성 심장결손이 있는 고양이는 쉽게 창백해지고, 운동 능력이 제한되며, 대부분 심부전으로 진행된다. 결손의 형태와 위치에 따라 증상의 심각도도 달라진다. 동시에 한 개 이상의 결손이 발생하기도 한다. 무증상인 고양이의 경우 검진과정에서 심잡음을 통해 결손이 우연히 발견되기도 한다. 그러나 대개 심부전 증상이 나타나서 발견된다.

심장결손은 신체검사, 심전도검사, 흉부 엑스레이검사, 심장 초음파(도플러 기술을 이용하여 혈류의 흐름을 확인할 수 있다)를 통해 진단할 수 있다.

치료 : 선천성 심장결손이 있는 고양이는 대부분 생후 1년 이내에 사망한다. 일부 증례에서는 조기 발견하는 경우 외과적인 치료를 기대할 수 있다. 증상이 경미한 고양이는 저염식단, 이뇨제, 심장 기능을 조절하는 약물을 통해 내과적으로 관리되기도 한다.

심근증cardiomyopathy

심근증은 심장근육의 질병으로 특정한 질병이 아니라 심장근육이 어떤 이상에 의해 영향을 받아 생긴 결과를 일컫는다. 질병의 진행이 어떻게 심벽에 영향을 미치느냐에 따라 심근증의 유형이 달라진다. 심근이 비후(두꺼워짐)되는지(비대성 심근증과 제한성 심근증), 신장(길어짐)되는지(확장성 심근증)에 따라 다른데 유형에 관계 없이 심장의 기능은 심각하게 악화된다. 적절히 치료하려면 정확한 진단을 통해 어떤 유형의 심근증인지를 알아야 한다.

* **팔로사징** 폐동맥협착, 심실중격결손, 대동맥 우방전위, 우심실비대의 네 가지 결함이 함께 발생하는 선천성 심장병.

비대성 심근증HCM, hypertrophic cardiomyopathy

비대성 심근증(HCM)은 고양이 심장 질환의 가장 흔한 원인이며 실내 고양이가 자연사하는 가장 흔한 원인이다. 비대성 심근증에 걸린 고양이의 심벽은 두껍다. 근육이 증가한 것이 아니라 단지 근섬유가 섬유소성 결합조직(반흔조직)으로 대체된 것이므로 심박출 능력이 향상되지 않는다. 오히려 비후된 심벽은 탄력이 감소하고 심방의 크기를 축소시켜 실질적으로는 심장 기능을 약화시킨다.

심근증에 걸린 고양이는 전형적으로 머리와 목을 쭉 빼고 호흡하려고 애쓴다.

비대성 심근증의 조기 증상은 모호하고 명확하지 않은데, 보통 심박수 증가와 심잡음이 주요 증상이다. 식욕감소, 체중감소, 호흡수 증가가 관찰되기도 한다. 고양이는 보통 자신의 신체적 한계를 스스로 인지하고 활동을 제한하기 때문에 식욕과 활력의 감소나 운동내성의 저하 등을 모르고 지나치기 쉽다. 심잡음을 들을 수 있다면 좋겠지만 울혈성 심부전 증상이 나타나기 전에 심장병을 알아차리기란 쉽지 않다. 급사하는 것이 처음이자 유일한 증상일 수 있다.

고양이가 심혈관 질환의 증상으로 기침을 하는 것은 흔치 않다. 만성적인 기침은 오히려 기관지염이나 천식이 원인인 경우가 많다. 그러나 좌심실이 기능을 상실하여 폐수종과 흉수가 발생하면 기침이 관찰될 수도 있다.

고양이 대동맥 혈전색전증(330쪽 참조)에서 설명한 바와 같이 동맥의 혈전이 나타난다면 심근증을 가장 먼저 의심해 볼 수 있다.

비대성 심근증은 흉부 엑스레이검사, 심전도, 심장초음파, 갑상선기능검사로 진단한다. 특히 도플러 기술을 이용한 심초음파는 훌륭한 진단법이다.

비대성 심근증은 1~5살의 고양이에게 많이 발생한다. 그러나 생후 3개월의 새끼 고양이나 10살 이상의 노묘에게서도 발생한다. 메인쿤, 랙돌, 브리티시쇼트헤어, 아메리칸쇼트헤어, 데본렉스 품종은 가족성 유전을 보인다. 특히 메인쿤 수컷은 2살 즈음, 암컷은 3살 즈음에 증상이 많이 나타난다. 랙돌은 보통 1살 즈음에 나타난다.

메인쿤과 랙돌의 비대성 심근증의 발병과 관련한 유전적 변이가 밝혀졌는데, 이 유전적 결함은 심근에 있는 미오신 결합단백질 C(myosin Binding Protein C)와 관련이 있다. 다만 특정한 결함은 두 품종에서 서로 다르다.

메인쿤의 25~33%가 상염색체 우성을 갖는 결손 유전자 한 쌍을 가지고 있다. 암수

최근에는 심장병 조기 진단검사로 pro-BNP 검사가 많이 이용되고 있다. 심근에 가해지는 부하를 측정할 수 있는 바이오마커를 이용하는 것으로 로컬 병원에서 검사가 가능하다. 옮긴이 주

모두에게 영향을 줄 수 있으며 하나의 유전자만으로도 질병에 걸릴 수 있다. 워싱턴 주립대학 수의과대학 수의심장유전자연구소는 면봉으로 채취한 볼 안쪽 점막세포와 혈액검사를 통해 이런 결함을 검사했다. 지금까지 검사한 메인쿤의 약 4~5%가 결손 유전자 두 쌍을 가진 동질접합체였다. 이 연구소는 랙돌을 상대로도 검사를 진행했는데, 아직까지 보고서와 통계가 정리되지 않은 상태다.

최근에는 국내에서도 유전자검사업체를 통해 이런 유전 질환 여부를 검사할 수 있다._옮긴이 주

이 검사는 메인쿤과 랙돌에게서 이런 형질을 없앨 수 있는 훌륭한 방법이다. 그러나 다른 유전자도 이 질병의 발생과 관련될 수 있으므로, 이 검사만으로 모든 게 해결되는 것은 아니다. 때문에 번식을 준비하는 고양이라면 이 검사를 실시하고, 조기에 발견하기 위해 매년 심장초음파검사를 하는 것이 좋다.

치료: 비대성 심근증에 걸린 고양이는 심장의 부담을 줄여 주고 심장효율을 증가시키는 약물을 투여해야 한다. 사람의 심장 질환에 쓰이는 대부분의 약물이 소동물에게도 유사한 목적으로 사용된다. 어떤 약물을 사용하는가는 질병의 단계, 부정맥과 같은 합병증의 발생 여부에 따라 다르다. 이뇨제, 칼슘 채널 차단제, 베타 차단제, ACE 길항제 등의 약물을 사용한다. 이런 약물은 대부분 고양이에게 사용이 허가되지 않았으므로, 반드시 수의사의 지시 아래 사용해야 한다. 사람의 심장약을 고양이에게 주어서는 절대 안 된다! 저염분 처방식을 추천한다.

고양이의 활동을 제한하는 것도 심장의 부담을 줄이는 데 도움이 된다. 수의사는

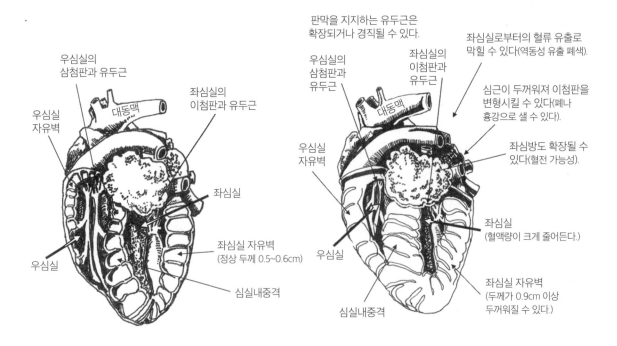

정상적인 고양이 심장

고양이 비대성 심근증 심장
(비정상적으로 두꺼워진 심장 근육은 좌심방에서 특징적으로 관찰된다.)

일정기간 케이지 내에서 휴식하라고 처방하기도 한다. 이런 방법은 종종 고양이의 삶을 더 길고, 더 편안하고, 더 활동적으로 만든다.

확장성 심근증DCM, dilated cardiomyopathy

확장성 심근증(DCM)은 심근이 탄력을 잃고 늘어지면서 발생한다. 심장의 각 방에 과량의 혈액이 들어옴에 따라 심실벽이 더 얇아지고 심방이 확장된다. 확장성 심근증의 원인 중 하나는 타우린 결핍이다. 타우린은 동물의 조직에 고농도로 함유된 필수 아미노산이다. 개 사료나 곡물 위주의 고양이 사료를 급여하는 경우 타우린 결핍이 발생한다. 대부분의 시판용 고양이 사료에는 타우린이 첨가되어 있지만 개 사료에는 타우린이 첨가되어 있지 않아 개 사료를 먹는 고양이는 확장성 심근증이 발생할 위험이 높다.

또 다른 원인은 심근염(myocarditis)이다. 이는 심장 근육의 염증이다. 사람은 바이러스와 면역매개성 질환이 심근염의 원인으로 지목되지만 고양이는 이런 원인이 흔치 않다.

확장성 심근증은 종종 급속도로 진행되어 2~3일 만에 심장 기능에 문제를 일으킬 수 있다. 가장 흔한 증상은 휴식할 때도 노력성 호흡을 하는 것이다. 보통 머리와 목을 쭉 내밀고 팔꿈치를 바깥 방향으로 벌리고 앉아 호흡하려고 애쓴다. 발과 귀가 차갑고 체온이 정상 아래로 떨어지는 것도 혈액순환이 좋지 않은 증거다. 심잡음도 흔하다. 흔히 맥박은 빠르고 약하며, 불규칙적이거나 느려질 수 있다. 식욕감소, 급격한 체중감소, 쇠약, 기절, 비명을 지르는 것도 흔히 동반되는 증상이다. 혈전이 뒷다리로 가는 혈관을 막는 것이 첫 증상으로 나타날 수도 있다(330쪽, 고양이 대동맥 혈전색전증 참조). 확장성 심근증을 진단하는 가장 좋은 방법은 심장초음파 검사다.

치료 : 확장성 심근증은 타우린 결핍을 교정하고 체액의 정체를 조절하는 것으로 치료한다. 체액 정체는 푸로세마이드(furosemide) 같은 이뇨제로 가장 잘 관리된다. 타우린 결핍성 심근증이 있는 고양이는 보조제를 투여하고 첫주만 잘 살아남는다면 생존율이 높다. 그러나 심근이 치유되기까지는 4~6개월이 걸린다.

혈전 형성을 예방하기 위해 혈전 방지제를 투여해야 할 수도 있다. 수의사는 딜티아젬(diltiazem)과 같은 칼슘 채널 차단제나 프로프라놀롤(propranolol)과 같은 베타 차단제를 처방하기도 한다. 그러나 이런 약물은 고양이에게 사용이 승인되지 않았다. 에날라프릴(enalapril)과 같은 ACE 길항제도 치료 약물에 포함할 수 있다.

미네랄과 나트륨을 제한하는 처방식도 추천한다. 갑상선기능항진증이 있는 경우 치료를 위해 항갑상선 약물을 사용할 수도 있다.

항상 급사할 가능성이 있다.

제한성 심근증restrictive cardiomyopathy

제한성 심근증은 심벽이 비후되지는 않았지만 심근의 전체적인 탄력성이 소실되어 심장의 혈액 박출 능력이 감소했을 때 발생한다. 반흔 조직이나 근육의 염증이 이런 변화와 관련 있다. 심박동의 이상이나 심잡음이 들릴 수 있다. 이런 상태의 고양이는 좌심방이 매우 확장되어 있으며 혈전이나 울혈성 심부전이 발생할 가능성이 높다. 이런 유형의 심근증과 미분류 심근증의 원인은 정확히 알려져 있지 않다.

치료 : 치료는 비대성 심근증과 유사하며(327쪽 참조) 예후는 일반적으로 좋지 않다.

부정맥유발성 우심실 심근증arrhythmogenic right ventricular cardiomyopathy

새롭게 밝혀진 심근증 유형으로 원인은 아직 알려지지 않았다. 우심실의 진행성 위축, 심벽의 지방 침착, 심실성 빈맥(심박이 빨라짐)이 특징이다.

치료 : 심부전에 사용하는 기본적인 약물과 함께 항부정맥 약물도 도움이 된다.

미분류 심근증

일부 심근 질환은 위의 유형에 딱 맞아떨어지지 않고, 두 가지 이상의 유형이 동시에 나타나기도 한다. 이런 경우 미분류 심근증이라고 한다.

치료 : 치료는 비대성 심근증과 유사하다(327쪽 참조).

고양이 대동맥 혈전색전증feline aortic thromboembolism

혈전이 좌심으로부터 전신순환으로 혈류가 이동하는 과정에서 분지된 동맥에 걸려 혈류를 막아 동맥의 폐색을 유발하는 것이 혈전증이다.

혈전이 가장 흔히 발생하는 부위는 배대동맥이 뒷다리의 주요 동맥으로 분지하는 지점이다. 체내의 다른 동맥에서도 발생할 수 있는데, 특히 신장에서 많이 발생한다. 뒷다리의 문제는 후지(뒷다리)마비, 근육부종, 사타구니 맥박의 소실, 청색증으로 인한 푸른 발톱색 등에 근거해 진단한다. 신장동맥이 막히면 급성 신부전이 발생할 수 있으며, 뇌 동맥이 막히면 발작 증상이 발생할 수 있다. 혈전이 있는 고양이는 아주 극심한 통증을 호소하기도 한다.

심근증이 있는 고양이의 절반에서 심장의 혈전이 형성되고, 이로 인해 동맥의 혈전색전증이 발생한다. 혈전색전증은 심장 질환의 첫 증상으로 나타나기도 하는데, 고양이의 뒷다리에 갑자기 힘이 빠지는 증상이 관찰된다면 의심할 수 있다. 다리가 차갑지 않은지, 피부가 푸르고 창백하지 않은지, 사타구니의 맥박이 약하거나 사라지지 않는지 확인한다. 한쪽 다리가 다른 쪽에 비해 더 심하게 막힐 수 있다. 더 차갑고 맥박이 약할수록 상태가 더 심하다. 혈전증 부위를 찾아내는 데는 초음파검사가 유용하다.

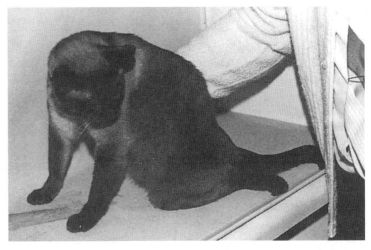

갑작스런 후지마비는 동맥성 혈전색전증이나 추간판파열일 가능성이 높다.

치료 : 치료는 폐쇄 정도에 따라 다르다. 수의사는 혈전을 용해하기 위한 약물을 처방할 것이다. 헤파린(heparin)이 가장 효과적인 약물이며, 아스피린을 사용하기도 한다. 프라그민(fragmin)은 저분자량 헤파린으로 기존의 헤파린보다 크기는 작지만 더 효과적이다. 클로피도그렐(clopidogrel)도 혈전색전증의 재발 방지 목적으로 많이 사용한다. 수술적인 방법은 성공률이 높지 않다.

이런 고양이는 거의 모두 심장 질환을 앓고 있기 때문에 관리가 어렵다. 손상된 근육이 혈중으로 칼륨을 배출하므로 칼륨 수치를 주의 깊게 모니터해야 한다. 혈전이 신장동맥에 걸려 있는 경우 급성 신부전으로 진행될 수 있으므로 신장 기능도 잘 관찰해야 한다.

초기 혈전증에서 회복한 고양이도 재발 가능성이 있다. 근육과 관절 기능을 재건하고 치유하는 데에는 물리치료가 도움이 된다. 일부 고양이는 혈전폐색 부위 주변의 혈관이 우회하여 발달해 영양분을 공급하고 독소를 제거하기도 하는데 이런 경우는 소수에 불과하다.

후천성 판막 질환acquired valvular disease

고양이의 후천적인 심장판막 질환은 드문 편으로 주로 혈액을 통한 감염으로 발생한다. 심장판막에 자리잡은 세균은 피브린(fibrin, 혈액응고와 관계 있는 단백질)과 찌꺼기가 들어간 감염물질 덩어리를 만들어 판막을 손상시킨다. 판막 기능이 손상되면 심부전이 발생한다.

피부농양, 구강감염, 기타 혈류로 침투 가능한 감염을 치료하면 효과적으로 예방할 수 있다.

치료 : 고양이 대동맥 혈전색전증(330쪽 참조)에서 설명한 바와 같이 심부전을 치료한다. 수술적인 교정은 드물다.

빈혈anemia

빈혈은 혈류 중에 적혈구가 결핍된 상태로, 적혈구는 조직으로 산소를 운반한다. 때문에 빈혈의 증상은 혈액과 조직의 산소결핍으로 이어진다. 성묘의 경우 1mL의 혈액 중 적혈구의 수가 50,000개 미만이거나, 부피로 따져 전체 혈액 중 적혈구의 비율이 25% 미만인 경우 빈혈로 판단할 수 있다. 새끼 고양이는 정상치 비율이 조금 더 낮다. 일단 빈혈이 확인되면 다른 검사를 통해 원인을 찾아내야 한다.

빈혈의 원인

빈혈은 혈액손실이나 적혈구 생산 부족에 의해 발생한다. 간혹 신체가 적혈구를 신속히 생산함에도 불구하고 손실된 양을 빨리 채우지 못하기도 한다. 골수에서 혈액손실에 반응하여 새로운 적혈구를 생산하기까지는 3~5일 걸린다.

혈액손실

외상과 큰 출혈은 급속한 혈액손실을 불러온다. 쇼크가 뒤따를 수도 있다(31쪽, 쇼크참조). 쇼크 치료를 위해 출혈을 통제하고 체액과 적혈구를 보충하기 위해 정맥을 통한 전해질 용액 투여와 수혈을 지시한다.

구충이나 콕시듐 감염, 종양, 궤양에 의한 위장관 출혈에 의해서도 빈혈이 발생한다.

벼룩과 이 같은 외부기생충에 의해서도 엄청난 양의 혈액손실이 발생할 수 있다.

고양이 적혈구의 평균수명은 66~78일이다. 미성숙 적혈구가 혈류 중에서 수명을 채우지 못하고 파괴되기도 하는데 이를 용혈이라고 한다. 용혈은 자가면역성 용혈성 빈혈, 독성 약물, 전염성 미생물 등에 의해 생길 수 있다. 부적합한 혈액형의 수혈도 용혈의 한 원인이다.

혈액 생산 부족

고양이 빈혈의 80%는 혈액 생산량이 부족해서 발생한다. 적혈구는 철분, 미량원소, 비타민, 필수 지방산 등으로 만들어지므로 이런 재료가 부족하면 충분한 양이 만들어지지 않는다.

빈혈의 원인은 철분 결핍이다. 그러나 철분이나 다른 필수 영양소가 부족한 식단이 원인인 경우는 일부고, 대부분은 만성적인 혈액손실이 원인이다. 손실된 혈액 1mL에는 철이 0.5mg 들어 있다.

수많은 질병과 독성물질이 골수에서의 적혈구 생산을 방해한다. 고양이 백혈병, 고양이 전염성 복막염, 일부 암, 클로람페니콜과 같은 약물, 요독증이 있는 신부전, 다양한 화학물질과 독극물 등이 이에 포함된다. 신부전은 골수에서 적혈구 생산을 자극하는 호르몬인 에리스로포이에틴 결핍을 일으킨다. 사실 거의 모든 만성질환은 골수를 압박하고 빈혈에 이를 수 있다.

피루브산키나아제(pyruvate kinase) 결핍은 빈혈을 유발하는 유전적 효소 결핍이다. 아비시니안과 소말리 품종에서 관찰된다. 혈액검사를 통해 진단할 수 있으나 보인자까지 가려낼 수 있는 유전학적 검사방법은 아직까지 없다. 스테로이드 제제를 이용해 치료하며 때때로 비장을 적출하기도 한다.

감염성 빈혈infectious anemia

고양이의 빈혈을 유발하는 감염체로는 두 가지가 있다. 사이토준(*Cytauxzoon felis*)은 흔하지 않은데 진드기를 통해 전염된다. 붉은스라소니와 플로리다흑표범이 주로 보유 숙주다. 주로 시골이나 수목지대에 사는 고양이에게 발생한다. 감염된 고양이는 침울하고, 먹지 않으며, 열이 오른다. 황달이 나타나기도 한다. 사이토준은 집고양이들에게 치명적이어서 빠르게 죽음에 이르기도 한다. 표준화된 치료법은 없지만 조기에 발견할 경우 가능한 치료법으로 이미도캅(imidocarb)과 디미나진(diminazene) 투여가 추천된다.

보다 흔히 발생하는 감염은 마이코플라스마 하이모필루스(*Mycoplasma haemophilus*)에 의한 것이다(예전에는 *Heamobartonella felis*라고 부름). 변형으로는 마이코플라스마 하이모미누툼(*Mycoplasma heamominutum*)이 있다. 이 주혈 기생충은 주로 벼룩이나 진드기에 물려서 감염된다. 고양이끼리의 교상을 통해 전파되기도 하며 감염된 어미 고양이의 자궁 내에서 혹은 수유 과정을 통해 감염되기도 한다. 적혈구는 기생충에 대한 고양이의 자체 면역반응에 의해 파괴된다. 마이코플라스마 하이모필루스는 고양이 백혈병 바이러스와 함께 골수암의 원인이기도 하다.

이런 유형의 감염성 빈혈에 걸린 고양이는 보통 허약하며 열이 난다. 어떤 고양이는 무기질 영양소를 보충하려는 목적으로 먼지나 화장실 모래를 먹기도 한다. 치료하지 않으면 치사율이 30%에 이른다.

일부 고양이는 항생제를 이용해 치료된 후에도 보균자로 남는다.

빈혈의 증상

빈혈의 증상은 만성질환에 가려 잘 드러나지 않는 경우가 많다. 일반적으로 빈혈이 있는 고양이는 식욕부진, 체중감소, 수면량 증가, 전신적인 허약함 등을 나타낸다. 잇몸 점막과 혀가 창백하다. 빈혈이 심한 고양이는 맥박과 호흡이 빨라지는데, 이런 증상은 심장 질환에서도 나타날 수 있어 두 가지 질환을 감별하는 데 혼동을 줄 수 있다.

빈혈은 혈액검사로 적혈구의 수를 측정하고 도말검사로 적혈구 세포의 수와 형태를 관찰하여 진단한다. 주혈 기생충은 도말검사로도 발견되지만, 간혹 중합효소연쇄반응검사(PCR)가 필요할 수 있다. 골수검사도 빈혈의 원인을 찾아내는 데 유용하다.

치료 : 합병증이 없는 영양성 빈혈은 손실된 영양소를 보충하고, 영양학적으로 완벽한 음식을 제공하면 회복된다.

철결핍성 빈혈은 만성적인 혈액손실 상태에 대한 경고다. 분변검사를 통해 기생충이나 충란이 없는지 또는 분변에 출혈 흔적이 없는지 검사한다. 외부기생충 치료에 대해서도 수의사와 상의한다(3장 참조).

감염성 빈혈은 독시사이클린과 엔로플록사신과 같은 항생제에 잘 반응한다. 적혈구 파괴를 막기 위해 프레드니솔론(prednisolone) 투여가 필요할 수 있다.

빈혈이 심각한 고양이에게는 수혈을 해야 한다.

심장사상충heartworm

심장사상충 감염증은 심장의 우심방에 사는 기생충으로 인해 이름 붙여진 질병으로, 개는 흔하나 고양이는 상대적으로 덜 흔하다. 개는 완벽한 숙주 역할을 하지만 고양이는 우발성 숙주기 때문이다.

심장사상충의 생활사

이 기생충(*Dirofilaria immitis*)의 생활사를 아는 것은 질병을 예방하고 치료하는 데 중요하다. 모기의 입 부위에 있는 전염성 있는 L_3 단계의 유충이 모기에 물린 고양이의 피부를 통해 들어오면서 감염이 시작된다. 유충은 피부 아래로 파고들어 두 차례의 탈피 과정을 거쳐 작고 미성숙한 성충으로 발달한다. 고양이가 모기에 물리고 1~12일 후에 첫 번째 탈피(L_3에서 L_4로)가 일어나고 유충은 L_4 상태로 50~68일간 지내다가 탈피해 L_5 단계가 된다(미성숙 성충).

미성숙 성충은 말초혈관으로 들어가 우심실과 폐동맥으로 이동한다. 일부 고양이

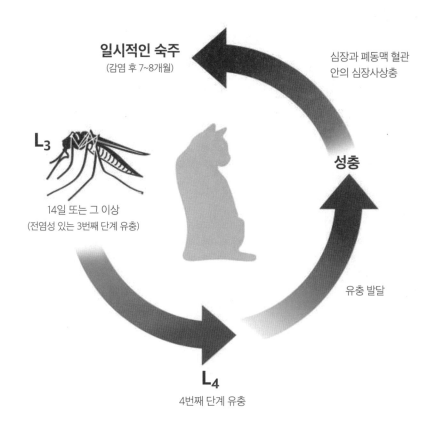

일시적인 숙주
(감염 후 7~8개월)

심장과 폐동맥 혈관
안의 심장사상충

L₃

14일 또는 그 이상
(전염성 있는 3번째 단계 유충)

성충

유충 발달

L₄
4번째 단계 유충

심장사상충의 생활사

에서는 유충이 잘못하여 체강과 중추신경계로 이동하기도 한다. 유충은 고양이의 몸에 들어오고 약 6개월이 지나면 성숙하여 완전한 성충이 된다. 성충은 10~30cm가량 자라며 수명은 2~3년 정도다.

개에서는 성숙한 성충이 번식을 통해 혈류 중의 미세사상충(microfilaria)이라고 불리는 유충의 수를 증가시킨다. 고양이에서는 이런 경우가 매우 드물다. 고양이의 면역체계가 미세사상충을 제거하기 때문일 수도 있고, 감염된 성충의 수가 너무 적거나 같은 성별의 성충에 감염되어 실질적인 번식이 어렵기 때문일 수도 있다.

심장사상충 감염증heartworm disease

고양이의 심장은 크기가 작아 1~2마리의 감염으로도 심장에 심각한 문제가 생기거나 급사할 수 있다. 심장사상충 감염의 증상은 운동을 하면 심해지는 기침, 무기력, 체중감소, 피모 상태 악화, 피가 섞인 가래 등이다. 때문에 고양이 천식이나 알레르기성 기관지염으로 오인되기 쉽다. 심장사상충에 대한 고양이 폐동맥 반응은 개보다 훨씬 더 심각하게 나타난다.

감염 단계가 지나고 2~3년 뒤에 성충이 죽기 시작할 때까지 고양이의 상태는 비교적 양호해 보일 수 있다. 노력성 호흡과 가벼운 만성 호흡기 증상이 한동안 지속되기도 한다. 심잡음을 동반한 울혈성 심부전, 식욕과 활력의 감소, 간헐적인 구토 등의 증상은 모두 감염 말기에 나타난다. 급사하거나 원인불명으로 사망한 뒤 부검을 통해 원인을 알게 되기도 한다.

일반적으로 심장사상충 항원이나 항체를 확인하는 혈액검사로 진단하는데 치료를 시작하기에 앞서 두 가지 검사를 모두 하는 게 좋다. 흉부 엑스레이검사와 심초음파검사는 고양이 심장사상충 진단에 도움이 된다.

치료 : 치료가 복잡하고 잠재적인 위험성도 크다. 고양이가 대체적으로 건강한 편이라면 심장사상충의 수명이 다할 때까지 모니터하는 것이 가장 좋다. 호흡기나 심장에 증상이 나타나는 경우 의학적인 도움이 필요하다. 심장사상충에 대한 반응을 감소시키는 데 코르티코스테로이드 제제가 도움이 될 수 있다. 시험적인 치료로 이버멕틴을 투여할 수도 있으나 잠재적인 위험성이 높다. 흔하지 않지만 수술을 통해 물리적으로 심장사상충을 제거하기도 한다.

예방 : 심장사상충은 모기를 통해 전염된다. 늪지 연안 지역이나 하구 지역은 모기가 살기에 가장 이상적인 환경이다. 기온이 높은 지역은 1년 중 상당 기간 모기가 활동하며, 물이 고인 곳 주변은 모두 모기의 서식지가 될 수 있다. 이론상으로는 모기에 절대 물리지 않도록 하는 것이 최선의 예방책이다. 모기의 활동 영역은 400m 정도에 이르므로 고양이 주변에 모기약을 뿌리는 것은 효과가 제한적이다. 모기가 활동하는 늦은 오후와 저녁에는 외출을 제한하는 것이 도움이 된다.

모기는 차양이나 창문, 열린 문을 통해 들어오거나 다른 동물을 통해서도 들어올 수 있으므로 집고양이도 감염될 수 있다. 이버멕틴, 셀라멕틴(selamectin), 밀베마이신 옥심(milbemycin oxime) 등의 예방약이 있으며, 모두 심장사상충에 더해 일부 장내 기생충 예방에 효과가 있다. 고양이의 심장사상충 예방에 앞서 심장사상충 검사가 추천된다(항원검사와 항체검사 모두 실시하는 것을 추천). 이론상으로는 모기가 활동하지 않는 겨울에는 심장사상충 예방이 필요하지 않으나 최근에는 많은 수의사들이 일년 내내 예방할 것을 추천하고 있다.

12장
신경계

　고양이의 중추신경계는 대뇌, 소뇌, 중뇌(뇌줄기를 포함), 척수로 구성된다.

　뇌의 가장 커다란 부분인 대뇌는 두 개의 반구로 나누어져 있다. 대뇌는 학습, 기억, 사고, 판단 기능을 관장한다. 고양이의 자발적인 행동은 모두 여기에서 시작된다. 대뇌에 영향을 주는 질병은 고양이의 성격과 학습행동의 변화라는 특징을 보인다. 생활을 잘 하던 고양이가 소변을 화장실 밖에 본다거나 예민해지거나 공격적으로 변하거나 강박적으로 돌아다니거나, 선회행동(빙빙돌기), 시력을 잃은 것처럼 보이는 증상 등을 보일 수 있다. 발작 증상은 흔히 대뇌의 질병과 관련이 있다.

　고양이의 소뇌는 잘 발달되어 있다. 소뇌도 두 개의 엽으로 나누어진다. 주요 기능은 조정 기능과 균형 기능을 유지하는 뇌의 운동신경로를 통합하는 것이다. 소뇌를 다치거나 질병이 발생하면 신체 운동을 잘 조절하지 못하여 떨림, 미끄러짐, 넘어짐, 다리를 비정상적으로 뻗는 행동 등이 나타난다.

　중뇌와 뇌줄기는 호흡, 심장박동, 혈압, 그 외 생명에 필수적인 활동을 조절하는 중추다. 뇌의 기저부는 배고픔, 분노, 갈증, 호르몬 활동, 체온조절과 같은 반응의 중추다. 중뇌와 뇌줄기 가까이로는 시상하부와 뇌하수체가 연결되어 있다.

　12쌍의 신경을 뇌신경이라 부르는데 중뇌로부터 곧장 두개골의 구멍을 통해 빠져나와 머리와 목에 분포한다. 뇌신경 가운데, 특히 중요한 신경으로는 눈으로 가는 시신경, 귀로 가는 청신경, 후각 기관으로 가는 후신경이 있다.

　척수는 척추골에 있는 척수관을 통해 분포된다. 척수에서는 신경뿌리가 퍼져나가는데 이들은 서로 결합하여 운동 자극을 근육에 전달하고 피부나 심부 구조에서 감각 자극을 받아들이는 말초신경을 형성한다.

　뇌와 신경의 질병을 평가할 때 고양이의 병력은 매우 중요한 단서다. 수의사는 고

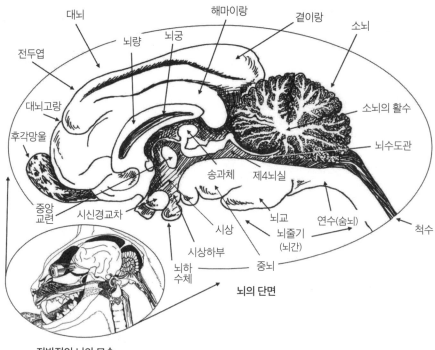

대뇌 해마이랑 겉이랑 소뇌

뇌량 뇌궁

전두엽

대뇌고랑 소뇌의 활수

후각망울 뇌수도관

송과체 제4뇌실

중앙 시신경교차 뇌교 연수(숨뇌) 척수
교련

시상 뇌줄기
(뇌간)

시상하부 중뇌

뇌하 뇌의 단면
수체

고양이 뇌의 단면   전반적인 뇌의 모습

양이가 사고를 당했거나 머리에 충격이 가해진 일이 있는지 물을 것이다. 최근에 독극물을 먹었는지, 어떤 약물을 먹지 않았는지, 다른 아픈 고양이에게 노출되지 않았는지, 신경 증상을 언제 처음 목격했는지, 증상이 서서히 혹은 급격하게 악화되었는지 등도 물을 것이다. 이들은 모두 원인을 찾는 데 고려해야 하는 중요한 사항이다.

신경학적 이상을 더 정밀하게 평가하기 위해 특수한 검사가 필요하다. 신경학적 신체검사는 어느 신경이 문제와 연관되었는지 파악하는 데 도움이 된다. 엑스레이검사, 뇌파검사(EEG, electrocephalography), CT 검사, MRI 검사, 뇌척수액(CSF)검사 등이 필요할 수 있으며, 대사장애를 찾아내기 위해 생화학검사를 포함한 혈액검사가 필요할 수 있다. DNA 검사로 대사질환과 같은 신경학적 문제의 원인을 찾아내기도 한다.

머리의 손상

교통사고를 당한 고양이의 40%가 머리에 손상을 입는다. 턱이 부러지는 것부터 시작해 두개골에 심각한 손상을 입기도 한다. 높은 곳에서 떨어지거나 두개골에 강한 충격을 받는 것도 머리를 다치는 원인이다.

두개골절skull fracture

뇌는 뼈 안에 들어 있으며 동시에 액체층으로 둘러싸여 튼튼한 인대로 두개골과 연결되어 있다. 때문에 두개골에 강한 충격이 생기면 뇌에도 손상을 준다. 두개골에 골절을 일으키는 정도의 강한 충격은 뇌의 혈관을 파열시켜 종종 뇌출혈을 일으킨다.

두개골절은 선상, 방추선상, 음폭 파인 형태로 발생할 수 있으며, 뼈가 밖으로 튀어나오거나 피부 밑으로 골절이 생기기도 한다. 두개골 기저부의 골절은 종종 귀, 안와(눈 주변의 뼈), 비강, 부비동으로 이어져 뇌의 감염을 일으키는 원인이 되기도 한다.

뇌손상brain injury

일반적으로 두개골의 강한 충격은 심각한 뇌손상을 일으킨다. 두개골절이 없는 경우에도 심각한 손상을 입을 수 있다. 뇌손상은 뇌의 손상 정도에 따라 다음과 같은 단계로 분류된다.

- **멍(타박상).** 가벼운 손상으로는 의식을 잃지 않는다. 머리에 충격을 받은 후 고양이는 멍한 상태로 휘청거리거나 방향을 잡지 못한다. 이런 상태는 서서히 사라진다.
- **뇌진탕.** 뇌진탕은 고양이가 쓰러지거나 잠깐 동안 의식을 잃는 상태다. 의식이 돌아오면 타박상과 같은 상태를 보인다.
- **뇌부종.** 심각한 뇌손상을 받으면 뇌가 부어오르거나 파열된 혈관에서 혈전이 형성될 수 있다. 이는 두개골 내 압력을 증가시킨다. 뇌가 부어오르는 것을 뜻하는 뇌부종이 발생하면 의식 상태가 떨어지며 종종 혼수상태에 빠지기도 한다. 뇌는 뼈인 두개골에 싸여 있기 때문에 뇌의 부종은 뇌줄기에 압력을 가하게 된다. 소뇌가 두개골 기저부의 척수구멍을 통해 밀려 내려옴에 따라 중뇌의 생명중추가 찌그러지며 압박을 받게 된다. 이런 상태가 갑자기 발생하면 순식간에 죽음에 이른다.
- **혈전.** 뇌의 혈전은 국소적인 압박성 증상을 유발하는데 보통 초기에는 생명중추를 압박하지 않는다. 의식 상태가 떨어지며, 종종 한쪽 동공이 커진 상태로 눈에 빛을 비추어도 동공이 수축하지 않는다. 몸 한쪽 방향이 마비되거나 쇠약해질 수 있다. 사람의 뇌졸중과 유사하다.

뇌의 산소가 결핍되었을 때도 죽음에 이르거나 뇌의 특정 부위에 손상이 발생한다. 5분 동안 산소 순환이 완전히 중단되면 대뇌피질(의식과 관련한 많은 일을 조절하는 뇌의 부위)의 세포는 불가역적인 손상을 입는다. 질식, 익사, 심정지 시에 발생할 수 있다.

두개골 내 압력상승의 신호

고양이가 머리에 충격을 받았다면 뇌부종이나 혈전 형성의 징후를 잘 관찰해야 한다. 이는 머리를 다친 뒤 24시간 이내에 언제든 나타날 수 있다.

<u>가장 중요한 것은 고양이의 의식 상태를 관찰하는 것이다.</u> 명료(alret) 단계는 의식이 또렷한 정상적인 상태로 고양이가 당장 위험에 빠지지는 않는다. 혼미(stuporous) 단계는 의식이 혼미하나 외부 자극에는 반응을 보이는 상태다. 반혼수(semicoma) 단계는 의식이 거의 없이 외부의 강한 자극에 대해서만 미약하게 반응을 보이는 상태다. 혼수(coma) 단계의 고양이는 의식을 완전히 잃고 자극에 아무런 반응도 보이지 않는다.

고양이는 신체적 또는 정서적 스트레스로 인한 극도의 흥분 상태가 끝나고 나면 잠들려는 경향이 있다. 첫 24시간 동안은 2시간마다 깨워 의식 상태를 확인한다. 또한 다음과 같은 증상을 보이지 않는지 살펴본다.

• **뇌에 약한 압박이 가해지는 경우.** 의식이 혼미한 상태로 휘청거린다. 호흡 상태는 정상이다. 동공은 작아진 상태로, 눈에 빛을 비추면 수축한다.

• **뇌에 중간 정도의 압박이 가해지는 경우.** 몸을 기댄 채 일어나지 못한다. 호흡이 빠르고 얕다. 일반적으로 기운이 없으며, 눈의 움직임과 동공 상태는 정상이다.

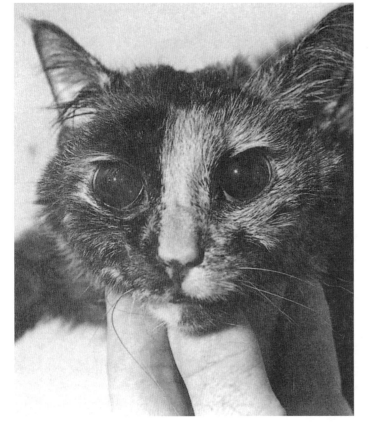

뇌에 심각한 압력이 가해지면 동공이 커진다. 이 고양이는 매우 심한 뇌손상을 입었다.

• **뇌에 심한 압박이 강해지는 경우.** 의식이 없다. 네 다리가 뻣뻣해졌다가 축 늘어진다. 호흡은 헐떡이거나 불규칙적이다. 동공이 커지고 빛에 반응을 보이지 않는다. 심박동이 느려지며, 눈의 움직임은 미약하거나 없다.

가까이에서 수시로 관찰하는 것이 중요하다. 특히 두개골 내 압력이 상승하는 징후가 관찰된다면 <u>지체하지 말고 수의사를 찾아야 한다.</u> 한 시간 이내에 조기 치료할 경우 예후가 매우 좋다. 치료가 몇 시간 동안 지체되면 비가역적인 뇌손상을 방지할 수 있는 기회를 놓친다.

뇌손상을 입은 고양이는 상태에 변화가 생기면 즉시 치료해야 하기 때문에 대부분 적어도 24시간 내내 간호가 가능한 응급병원에서 입원치료를 해야 한다.

뇌손상의 치료

뇌손상의 치료에 앞서 쇼크 치료를 먼저 한다(31쪽 참조). 의식이 없다면 목이 일직선이 되도록 고개를 쭉 펴고 혀를 밖으로 빼내어 기도를 확보한다.

심각한 뇌손상을 입었다면 고양이는 살아 있는 징후를 거의 보이지 않을 것이다. 맥박과 호흡이 없고, 동공이 확장되고 눈이 물렁해진다(외상에 따른 눈의 비정상적인 압력 변화). 급사의 원인이 뇌손상인지 아니면 내부출혈에 의한 쇼크 상태인지 구분하는 것은 일반적으로 불가능하다. 맥박이 없다면 즉시 심폐소생술을 실시한다(31쪽, 심폐소생술 참조).

다음 지시사항에 따라 고양이를 사고현장에서 동물병원으로 옮긴다.

1. 상처(65쪽 참조)에서 설명한 바와 같이 출혈을 관리한다.

2. 척수손상(350쪽 참조)에서 설명한 바와 같이 편평한 들것에 고양이를 눕힌다.

3. 가능하다면 모든 골절 부위를 고정한다(34쪽, 골절 참조). 따뜻한 담요로 고양이를 감싼다.

4. 기본적인 신경학적 검사내용을 기록한다(의식 상태 정도, 다리의 운동성, 동공의 크기).

5. 머리를 엉덩이보다 위쪽으로 향하게 하여 고양이를 응급동물병원으로 이송한다. 이렇게 하면 두개골 내 압력을 떨어뜨리는 데 도움이 된다.

뇌부종이라면 스테로이드 제제, 산소, 이뇨제(만니톨) 등을 이용해 뇌의 부종을 줄인다. 심하게 움푹 들어가거나 구멍이 생긴 두개골절의 경우 수술을 통해 뼛조각을 제거하거나 세정하기도 하며, 뇌의 압력을 완화시키기 위해 들어간 뼈를 들어올리거나 골편을 대체해야 하는 경우도 있다. 감염 방지를 위해 항생제도 필요하다. 합병증이 없는 두개골절은 이상이 있는지만 관찰한다.

뇌의 외상에 대한 예후는 손상의 정도와 즉각적인 치료가 성공적이었느냐에 달려 있다. 양측 동공이 고정된 채 확장되어 있다면 일반적으로 비가역적인 손상을 의미한다. 24시간 이상 혼수상태가 지속된다면 예후는 나쁘다. 그러나 첫 일주일 동안 서서히 상태가 나아진다면 예후는 양호한다.

뇌손상에서 회복한 고양이는 영구적인 행동 변화, 사경(머리를 기울임), 시력상실, 부분마비, 신체 조절 능력의 결여, 발작 등을 보일 수 있다. 이런 경우 일부는 물리치료를 통해 개선되기도 한다.

중추신경계central nervous system

중추신경계 장애는 고양이의 1% 미만에서 나타난다. 가장 흔한 원인은 뇌의 외상이며, 약물중독, 독극물, 뇌혈관성 질환, 뇌염 등이다. 드물게 종양, 비타민 결핍, 선천성 기형에 의해 발생하기도 한다.

뇌염encephalitis

뇌염은 감염에 의한 뇌의 염증이다. 감염원의 파괴작용과 이차적인 뇌부종에 의해 증상이 나타난다. 증상으로는 고열, 행동이나 성격적인 변화(특히 공격적으로), 신체 조절 능력의 상실, 불안정한 걸음걸이, 의식혼미, 발작, 혼수상태 등이 있다.

뇌염을 일으키는 바이러스는 고양이 전염성 복막염, 범백혈구감소증, 고양이 백혈병, 광견병, 가성 광견병 등이다. 이에 대해서는 3장에서 설명하고 있다.

범백혈구감소증은 갓 태어난 새끼 고양이에서 소뇌형성부전(뇌의 조절중추인 소뇌의 발달 결핍)을 유발한다. 이런 새끼 고양이는 자궁 내에서 모체로부터 감염되거나 출생 직후 감염된다. 신체 조절 능력의 결여와 진전 증상(떠는 증상)을 보이곤 한다. 다행스럽게도 진행성은 아니어서 일부 새끼 고양이는 몸이 불편하지만 잘 살아가기도 한다.

세균도 뇌염을 일으킨다. 세균은 대부분 혈류를 통해 뇌로 들어가거나 감염된 부비동, 비강, 눈, 머리와 목의 농양이 직접적으로 퍼져 들어간다. 원충성 병원체인 **톡소플라스마증(84쪽 참조)**이나 곰팡이에 의한 감염(크립토코쿠스증)도 드물기는 하지만 뇌염의 원인이 된다.

육아종성 뇌수막염(GME, granulomatous meningoencephalitis)은 아직까지 원인이 알려지지 않은 염증성 질환으로 고양이에게는 흔치 않다. 염증반응과 관련된 세포가 중추신경계(뇌와 척수)에 축적되어 신경세포의 정상적인 기능을 방해한다. 국소형은 뇌의 하나 혹은 두 개의 부위를 공격하고, 파종형은 중추신경계 전체로 퍼져나간다. 안구형은 주로 눈의 신경에 영향을 미친다. 증상은 염증이 발생한 부위에 따라 다양한 목의 통증, 뻣뻣한 자세, 고열이 나타난다. 불완전마비(기능이 상실되지 않고 약화된 수준의 경도 마비)와 마비 증상이 1~2개월에 걸쳐 서서히 진행된다.

치료 : 일차적인 원인을 목표로 치료한다. 뇌부종을 완화시키기 위해 스테로이드 제제를 사용한다. 육아종성 뇌수막염에 걸린 고양이에게는 단기간의 증상 완화를 목적으로 방사선요법을 실시하기도 한다. 세균 감염에는 항생제를 사용한다. 뇌염에 걸린 고양이는 초기에는 대부분 입원치료를 해야 한다.

대뇌출혈(뇌졸중)cerebral hemorrhage(stroke)

고양이의 뇌졸중은 뇌혈관이 파열되어 뇌 내부에 출혈이 생겨 발생한다. 사람과 같은 뇌졸중은 고양이에게는 흔치 않은데, 고혈압(386쪽 참조)은 뇌졸중을 유발할 수 있고 뇌에 유사한 손상을 줄 수 있다. 대부분의 경우 대뇌출혈의 초기 원인은 명확히 찾아내기 어렵다. 그러나 뇌졸중이 오기 전, 상부 호흡기 감염이나 고열을 동반하는 질병을 최근에 앓았던 경우가 많다.

흔히 얼굴과 다리근육의 경련, 마비, 신체 조절 능력 상실, 시력상실 등의 증상이 갑자기 나타난다. 보통 몸의 한쪽 방향만 영향을 받는다. 다른 증상으로는 행동적인 변화, 서성거림과 선회행동, 발작 등이 있다. 뇌졸중의 진단은 기존의 병력과 신체검사를 통해 내려진다. 그러나 확진은 대부분 2차 진료기관의 특수한 검사를 통해 이루어진다.

치료 : 유일한 치료법은 고양이가 자신의 기능 이상에 익숙해질 때까지 상태를 잘 유지하도록 관리해 주는 것이다.

뇌종양brain tumor

고양이에게 뇌종양은 드물다. 중추신경계에 가장 흔하게 생기는 종양은 림프육종으로, 종종 몸의 다른 부위의 종양에서 전이되어 발생한다. 뇌종양은 뇌와 척수 주변의 공간에 생긴다. 종양이 자라남에 따라 증상이 서서히 나타나는 점을 제외하고는 앞서 설명한 뇌졸중과 증상이 유사하다.

한쪽 동공만 커진 것은 뇌종양이나 뇌의 혈전에 의한 것일 가능성이 크다.

수막종(뇌를 둘러싸고 있는 막에서 발생하는 종양)은 고양이에서 가장 흔한 뇌의 암종으로, 나이 든 고양이와 수컷의 위험성이 약간 더 높다. 행동적인 변화, 목소리의 변화, 시력저하, 선회행동 등의 불완전마비 증상을 보인다. 이 암종을 진단하려면 MRI나 CT 촬영을 해야 한다.

치료 : 수술이 이상적인 치료법으로, 숙련된 전문가가 시술해야 한다. 수술 후 출혈이 큰 위험요소인데 출혈이 없는 고양이는 보통 잘 회복한다.

영양학적 이상nutritional disorder

영양학적 이상도 때때로 중추신경계에 영향을 끼친다.

저혈당증은 혈당이 낮아진 상태다. 발작, 의식저하, 혼수상태를 야기할 수 있다. 간혹 장시간 한기에 노출되어 발생하기도 한다. 당뇨병에 걸린 고양이에게 인슐린을 과다 투여하는 것도 흔한 원인이다. 자세한 사항은 **당뇨병**(300쪽)을 참조한다.

저칼슘혈증은 혈중 칼슘수치가 낮아지는 것으로, 저혈당증과 매우 유사한 증상을 나타낸다. 이에 대해서는 **자간증**(453쪽 참조)에서 설명하고 있다.

티아민 결핍은 고양이가 정기적으로 음식을 먹지 못하거나 다량의 날 생선이 포함된 불균형한 음식을 먹었을 경우 발생한다. 날 생선은 티아민(비타민 B₁)을 파괴하는 효소를 가지고 있다. 뇌증상은 **전정기관 이상**(349쪽 참조)에서 설명한 것과 유사하며, 흔히 발작 증상을 동반한다. 몸을 들어 일으키면 종종 턱을 가슴을 향해 떨어뜨리고 목을 굽히고 있다.

티아민 주사와 균형 잡힌 음식을 급여하면 회복된다. 그러나 혼수상태에 빠지기 전에 치료해야 회복률이 높다.

유전성 대사질환inherited metabolic disease

중추신경계의 퇴행성 변화를 야기하는 유전적 이상 질환이 있다. 각각의 질환마다 신경세포의 대사활동을 위한 특정 효소가 결여되어 있다. 이런 질병은 아주 드물지만 브리더들은 이런 고양이들을 잘 인지하고 번식시키지 말아야 한다.

대사성 신경계 질환은 상염색체의 열성 형질에 따라 유전된다. 샴고양이와 다양한 잡종 쇼트헤어가 가장 잘 걸린다. 수컷과 암컷 부모 모두 유전자를 가지고 있으면 각각의 새끼 고양이에게 전달된다. 신경계 증상을 보이지 않는 한배 새끼도 보인자일 수 있다. 따라서 고양이 가족이나 혈통 중에 한 마리라도 이런 질병이 발견되면 특수한 효소검사나 DNA 검사를 통해 형질전달자를 찾아내야 혈통에서 유전형질을 제거할 수 있다.

증상은 이유기나 그 직후에 처음 나타난다. 근육 떨림, 신체 조절 능력 상실 등의 증상을 보인다. 새끼 고양이의 걸음걸이가 흔들거리거나 불안정해 보일 것이다. 질병이 진행됨에 따라 쇠약, 뒷다리의 마비, 시력상실, 발작과 같은 말기 증상이 나타난다.

여기서 열거한 질환은 대부분 대사작용에 관여하는 효소의 결손 또는 결여로 인해 대사산물이 축적되어 발생한다. 이런 상태는 특수한 혈액검사나 DNA 검사를 통해 확인할 수 있다. 대부분 치료법이 없다. 때문에 번식 시에 전달자 역할을 하는 고양이를 제외시키는 게 최선이다.

- GM1(강글리오시드증, gangliosidosis). 동양 품종에서 관찰된다. 각막혼탁과 운동실조와 같은 소뇌의 증상 등이 포함된다.
- GM2(가족성 흑내장성 백치, familial amaurotic idiocy). 잡종 고양이나 코랫(korat)고

양이에서 관찰된다. 진행성 운동실조와 머리 떨림, 행동학적·시각적 결손 등의 증상을 보인다.

- **니이만-픽병(스핑고미엘린증, sphingomyelinosis).** 샴고양이의 상염색체 열성유전. 소뇌 증상과 간과 비장의 비대에 따른 복부팽만을 보인다. 질병의 정확한 아형에 따라 결손은 다양하다.

- **만노사이드축적증(mannosidosis).** 잡종 고양이, 페르시안 자묘에서 관찰된다. 소뇌 활동과 행동적인 이상, 시력결손, 뼈의 이상 등을 보인다. 펜실베이니아 대학의 펜젠(PennGen)에서 DNA 검사가 가능하다.

- **4형 글리코겐축적증(glycogenolysis type IV).** 노르웨이숲고양이의 상염색체 열성유전. 고열, 걸음걸이 이상, 근육위축, 발작 등의 증상을 보인다.

- **1형 점액다당류증(mucopolysaccharidosis type I).** 잡종 고양이에서 관찰된다. 납작한 얼굴, 파행, 각막혼탁, 뼈의 기형 등의 증상을 보인다. 9개월 이후에는 임상 증상이 추가로 진행되지 않는다. 펜실베이니아 대학의 펜젠에서 DNA 검사가 가능하다.

- **6형 점액다당류증(mucopolysaccharidosis type VI).** 샴고양이에서 관찰된다. 납작한 얼굴, 뼈의 기형, 뒷다리의 불완전마비, 드물게 발작 등의 증상을 보인다. 펜실베이니아 대학의 펜젠에서 DNA 검사가 가능하다.

- **지방갈색소증(ceroid lipofuscinosis).** 샴고양이에서 관찰되며, 상염색체 열성유전으로 추정된다. 시력결손, 운동실조, 발작 등의 증상을 보인다.

- **유전성 과유미지립혈증(hereditary hyperchylomicronemia, 고지질혈증).** 상염색체 열성 유전. 생후 약 8개월부터 운동실조와 같은 가벼운 신경 증상을 보이기 시작한다. 저지방 식단이 도움이 된다.

- **해면상 변성(spongiform degeneration).** 이집션 마우(Egyptian maus) 고양이나 버

최근에는 국내에서도 4형 글리코겐축적증 검사가 가능해졌다. 고양이의 경우 검사항목이 제한적이어서 4형 글리코겐축적증, 다낭성 신장 질환, 비대성 심근증, 피루베이트키나아제 결핍증, 진행성 망막위축증, 스코티시폴드 골연골 이형성증 정도의 검사만 가능하다._옮긴이 주

대사성 신경계 질환이 있는 새끼 고양이가 다리를 넓게 벌린 채 흔들거리며 걷고 있다.

새끼 고양이가 균형을 잡기 위해 머리를 사용하고 있다.

마고양이에서 관찰된다. 운동실조, 측정과대증(다리를 과도하게 멀리 뻗음), 떨림, 행동 이상 등의 증상을 보인다. 생존율은 낮다.

유전성 대사질환은 자궁 내에서 고양이 범백혈구감소증 바이러스에 노출되어 발생하는 소뇌형성저하증(477쪽, 신생묘 고양이 범백혈구감소증 참조)과 구분해야 한다. 또한 드물게 다른 선천적인 기형이 발생할 수도 있다. 코랫고양이에서 발생하는 소뇌증은 발작과 행동장애를 일으킨다. 수두증(hydrocephalus)은 뇌척수액이 순환되지 않아 두개골 윗부분이 확장되는 질환이다.

발작

발작(seizure)은 갑작스럽고 통제 불가능한 신경활동의 방출로, 다음의 증상이 하나 혹은 여러 개 나타난다. 씹는 행동, 입에 거품을 무는 모습, 허탈(몸이 축 늘어짐), 다리의 경련, 대소변을 흘리는 등의 증상을 보인다. 의식 상태에도 영향을 주는데 시간이 지나면서 서서히 정상으로 돌아온다.

어떤 발작은 비정형적으로 나타나는데 경련 증상이 아닌, 갑자기 화를 내거나 신경질을 부리는 등 낯설고 부적절한 행동으로 발현되기도 한다. 고양이가 스스로를 핥거나 깨물거나 주인이나 다른 고양이를 할퀴거나 물기도 한다. 이를 정신운동성 발작(psychomotor seizure)이라고 한다.

고양이가 발작하는 가장 일반적인 원인은 급성 중독이다. 교통사고가 난 경우 머리를 부딪친 뒤 발작이 오기도 하는데, 대부분 사고 몇 주가 지난 뒤 뇌에 반흔 조직이 생겨 발생한다. 뇌졸중, 대사성 질병, 간질도 발작의 원인이다.

발작을 일으키는 흔한 중독원은 스트리키닌(strychnine), 부동액(에틸렌글리콜), 납, 살충제(염소화 탄화수소류, 유기인제 화합물), 쥐약(44쪽, 중독 참조) 등이다. 유기인제 화합물은 침흘림과 근육을 씰룩거리는 증상을 보인 뒤 발작이 오는 특징이 있다. 때문에 살충제(스프레이, 소독제 등)에 노출된 이력이 있는지의 여부가 진단에 중요하다(54쪽, 살충제 참조).

혈액 내 독소물질이 축적되는 신부전과 간부전도 발작과 혼수상태를 일으킬 수 있다.

뇌전증(간질)은 뇌가 원인이 되어 발생하는 재발성 발작이다. 외상과 같은 외부요인에 의해서 발생하기도 하고(후천성 간질), 뇌의 신경화학물질이 결손되어 발생하기도 한다(특발성 간질). 특발성 간질은 항상 대칭성으로 나타나는데 고양이는 개에 비해 흔하지 않다.

발작이 유사한 형태로 반복된다면 간질 진단이 필요하다. 이를 위해 수의사는 발작이 오기 전, 발작하는 동안, 발작 후의 고양이 행동에 대해 상세한 설명을 요청할 것이다.

기면증-허탈발작은 고양이가 갑자기 쓰러져 잠들거나 바닥으로 쓰러지는, 보기 드문 상태를 말한다. 이런 고양이는 하루에 1~12번 정도 유사한 증상을 보이는데 지속시간은 수 초에서 20분 정도다. 고양이를 쓰다듬거나 큰 소리를 내면 고양이가 깨어난다. 깨어난 뒤의 상태는 멀쩡하다.

실제로는 발작이 아니지만, 발작처럼 보이는 경우가 수없이 많다. 예를 들면 벌에 쏘였을 때에도 쇼크나 허탈이 발생할 수 있다. 진행된 심장이나 폐 질환과 관련된 기절 증상도 발작처럼 보일 수 있다.

발작을 일으킨 고양이는 동물병원에 가서 혈액검사, 신경학적 검사, 가능하다면 MRI나 CT 검사 등 검사를 철저히 받아야 한다.

치료: 고양이가 일반적인 발작 증상을 보인다면 담요로 몸을 감싸고 발작이 가라앉을 때까지 곁에서 기다린다. 고양이 입 안으로 손가락을 끼워넣거나 이빨 사이에 재갈을 물리려 시도해서는 안 된다. 손가락을 넣으려다 심하게 물릴 수 있다. 고양이는 발작 중에 혀가 말려들어가지 않으므로 무리하지 않는다. 발작이 끝나면 고양이를 동물병원에 데려가서 발작의 원인이 무엇인지 찾는다.

5분이 넘도록 지속되는 발작(간질지속증)은 아주 위험하다. 이런 상태의 고양이는 영구적인 뇌손상을 막기 위해 발작을 중지시켜야 한다. 수의사는 지속되는 경련을 멈추기 위해 디아제팜을 투여한다.

재발성 발작은 종종 약물로 조절 가능하다. 특발적 간질은 치료방법이 없지만 대개의 경우 약물로 발작을 조절할 수 있다. 후천성 간질이나 다른 원인에 의한 발작은 유발원인을 찾아 치료해야 한다.

브롬화칼륨, 페노바비탈, 디아제팜과 같이 사람과 개에서 발작의 치료를 위해 사용하는 약물을 고양이 발작 치료에 동일하게 사용한다. 그러나 고양이에게 사용하기에는 약물의 독성이 너무 강하므로 수의사의 철저한 감독이 필요하다. 브롬화칼륨은 투여받은 고양이의 35%에서 호흡기 문제가 관찰되었다. 약물독성 부작용을 막기 위해 혈액검사를 정기적으로 해야 한다. 발작을 목격할 때마다 달력에 표시하면 발작의 특징을 파악하는 데 도움이 된다.

혼수상태

혼수상태는 의식이 억제된 상태다. 어지러운 상태에서 시작하여 의식이 혼미해지고, 이후 의식을 완전히 잃게 된다. 머리에 큰 충격을 입은 경우에는 이런 점진적인 진행과정 없이 바로 혼수상태에 빠질 수 있다. 원인에 상관 없이 혼수상태는 생명을 위협할 수 있다.

혼수상태는 산소결핍, 뇌부종, 뇌종양, 뇌염, 중독, 죽음 등과 관련이 있다. 발작을 일으키는 원인이 혼수상태의 원인이 될 수 있는데, 뇌에 가해지는 신경의 흥분 정도에 따라 다르다.

혼수상태를 일으키는 또 다른 원인은 한기에 오래 노출되거나 저체온증이 있을 때이다. 이런 경우 고양이의 체온은 준정상(정상 또는 약간 낮은)을 나타낸다. 서서히 몸을 따뜻하게 해 주고 정맥 내로 포도당을 투여해 치료한다. 인슐린 과다투여에 의한 혼수상태는 **당뇨병**(300쪽 참조)에서 다루고 있다.

뇌의 외상이나 말기 신장 질환, 간 질환에 의해서도 혼수상태에 빠질 수 있는데 이런 경우 질병의 상태가 매우 심각함을 의미한다. 고열이나 뇌졸중에 의해 혼수상태에 빠지는 것도 매우 위험한 상태다. 영구적인 뇌손상을 막기 위해 체온을 낮추도록 노력해야 한다(43쪽, 열사병 참조).

분명한 이유 없이 고양이가 혼수상태에 빠졌다면 중독 가능성이 높다. 혼수상태를 야기하는 흔한 독성물질로는 에틸렌글리콜(부동액), 바르비투르염, 테레빈유, 등유, 비소, 청산가리(시안화물), 디니트로페놀, 헥사클로로펜, 암페타민, 납 등이 있다. 밀폐된 공간에 장시간 방치된 경우라면 일산화탄소 중독이 발생할 수 있다. 자세한 내용은 1장을 참고한다.

고양이가 혼수상태에 빠졌을 때 가장 중요한 것은 의식 상태 수준을 관찰하는 것이다. 이런 상태의 고양이는 몸을 일으킬 수 없다.

치료 : 우선 고양이의 생사 여부와 의식 상태 수준을 확인한다(340쪽, 두개골 내 압력상승의 신호 참조). 의식이 없는 고양이는 호흡 시 입 안의 침을 흡인하거나 혀가 말려들어가 질식사할 수 있다. 혀를 밖으로 빼내고 손가락으로 기도를 깨끗하게 유지한다. 고양이의 뒷다리를 잡고 들어올려 머리를 옆으로 하여 탁자에 눕힌다.

고양이가 살아 있다면 담요로 싸서

즉시 동물병원으로 향한다. 살아 있는 징후를 보이지 않는다면 심폐소생술(CPR)을 실시한다(31쪽 참조). 고양이는 심각한 상태에서도 생존능력이 매우 강하므로(고양이의 생명이 9개라는 말이 있는 이유) 수의사가 사망 판정을 내리기 전까지 포기하지 말고 심폐소생술을 계속한다.

전정기관 이상

전정기관 이상(vestibular disorder)은 고양이에게 흔하다. 미로라고 불리기도 하는 전정기관은 세 개의 반고리관과 타원주머니, 기타 주머니 구조로 이루어진 복잡한 감각기관이다. 전정기관은 중력과 회전운동에 의한 자극을 받아들이며 몸의 균형감각과 방향감각에 중요한 역할을 한다. 전정기관에 염증이 생기면 미로염(내이염)이 된다.

미로염에 걸린 고양이는 균형을 잡는 데 문제가 생긴다. 고양이는 휘청거리고, 뱅글뱅글 돌고, 쓰러지고, 바닥을 구르며 중심을 잡지 못한다. 몸을 지지하기 위해 벽에 기대거나 걸을 때 몸을 바닥에 구부려 걷는다. 종종 눈알이 빠르게 떨리는 증상(안구진탕)을 보이며, 보통 머리가 한쪽으로 기운다. 몸을 들어올리거나 회전시키면 심하게 어지러워한다. 구토나 청각상실 증상을 보이기도 한다.

미로염의 일반적인 원인은 내이염이다. 뇌졸중, 뇌종양, 머리의 외상, 뇌의 감염, 약물중독(특히 아미노글리코사이드 계열 항생제), 티아민 결핍 등도 원인이 될 수 있다.

선천성 전정계 결함은 동양 품종에서 자주 관찰된다. 사경 증상, 선회행동, 구르는 행동 등이 관찰된다. 이런 증상을 보이는 새끼 샴고양이는 귀가 멀어 있는 경우도 있다. 치료법은 없다.

특발성 전정계증후군은 고양이 미로염의 가장 흔한 원인이다. 갑자기 발생하며 원인은 분명치 않다. 사경, 안구진탕 등의 증상을 보이며 보행에 문제를 보이기도 한다. 미국 북동부 지역에서 7~8월에 증례가 증가하는 것으로 보아 환경적 요인에 영향을 받는 것으로 추측된다.

치료 : 특발성 전정계증후군의 경우 2~3일 내에 정상으로 회복되기 시작한다. 대부분의 경우 3주 이내에 완전히 낫는데 간혹 사경 증상이 영구적으로 나타나는 경우도 있다. 회복기 동안에는 보존적 치료가 필요하다.

척수

척수(spiral cord)의 손상이나 질병은 다양한 신경학적 증상을 유발한다. 척수에 손상을 입으면 목이나 허리의 통증, 하나 혹은 그 이상의 다리가 약화되거나 마비, 비틀거림, 부조화스러운 보행, 감각상실, 요실금 및 변실금 등의 증상이 나타난다.

다리가 약해지거나 마비를 일으켜 척수 문제로 오인되는 다른 원인으로는 동맥혈전증, 신경손상, 골절 등이 있다. 동맥혈전증은 사타구니 맥박을 확인함으로써 구분할 수 있다.

뒷다리가 마비되었다면 척수손상이나 동맥혈전색전증을 의심해 본다.

골반골절도 흔히 척추손상으로 오인된다. 두 경우 모두 고양이가 뒷다리를 사용하지 못하며, 주변부를 건드리면 통증을 호소한다. 이는 엑스레이검사로 감별 가능하다. 방광의 파열 여부를 확인하는 것이 매우 중요하다. 골반골절은 완전히 회복된 후에도 외견상 불편이 남을 수 있다.

급성 복통(복막염, 하부 요로기계 이상, 신장이나 간의 감염 등)도 특징적으로 허리를 구부린 자세를 취하므로 척수의 문제로 오인될 수 있다. 급성 복통인 경우 복벽을 압박하면 심한 통증을 호소한다(33쪽, 급성 복통 참조).

척수손상 spinal cord injury

외상성 척수손상은 보통 교통사고, 낙상, 학대행위를 통해 발생한다. 집 밖을 돌아다니는 고양이는 날씨가 추워지면 따뜻한 자동차 라디에이터 옆에 몸을 웅크리고 있는 경우가 많은데, 이 상태에서 차가 출발하면 팬의 날개에 고양이가 끼어 다칠 수 있다.

자동차가 꼬리를 밟아 넘거나, 천추와 요추, 미추 척추골이 끊어지거나, 방광과 직장, 꼬리로 가는 신경이 손상되곤 한다. 주요 증상은 꼬리의 마비(밧줄처럼 축 늘어진 꼬리)와 똥, 오줌을 조절하지 못하는 것이다. 항문은 괄약근이 완전히 이완되어 열려 있다. 방광도 마비되어 크게 부풀어 있다. 사고 직후 빨리 발견해 치료하지 않으면 신경 기능이 회복된 이후에도 후유증으로 방광마비가 남을 수 있다. 때문에 고양이의 꼬리가 축 늘어져 있다면 반드시 동물병원을 찾아 엑스레이검사로 천추부(엉치뼈) 손상을 확인해야 한다. 이런 고양이는 대부분 입원하여 치료해야 하며, 방광을 손으로 비워 주고 배뇨와 배변을 조절하는 신경을 회복시키기 위한 치료를 시작한다.

치료 : <u>모든 척수손상은 수의사의 즉각적인 치료가 필요하다.</u> 척수에 외상을 입은 고양이는 척수손상에 앞서 이미 생명을 위협할 정도의 상처를 입었을 수 있다. 의식이 없거나 일어서지 못하는 고양이는 모두 척수손상을 의심해야 하며, 척추를 보호하기 위해 극도의 주의를 기울여야 한다.

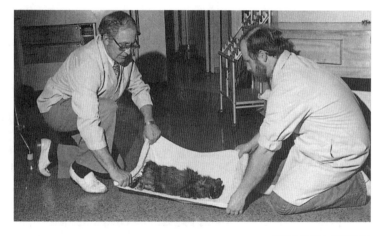

병원으로 이송 전에 척추를 보호하기 위해서 담요나 수건으로 고양이를 들어올려 판자 같은 편평한 곳으로 옮긴다.

사고 현장에서는 합판이나 판지같이 단단하고 편평한 표면으로 고양이를 최대한 조심스럽게 옮긴 후 가장 가까운 동물병원으로 옮긴다. 합판이나 판지가 없는 경우 담요나 커다란 수건을 이용해 옮기는 것도 좋은 방법이다.

동물병원에서는 척수의 부종이 악화되는 것을 막기 위한 코르티코스테로이드와 이뇨제를 투여해 치료한다. 척수의 가벼운 타박상은 며칠 내로 회복된다. 그러나 척수를 심하게 다친 경우 신경재생이 불가능하여 영구적인 마비가 올 수 있다.

추간판탈출protruding disc

추간판(디스크)탈출은 노묘에게 흔하다. 개는 마비나 근력약화 등의 증상을 보이는데 고양이는 그런 경우는 드물고 통증만 유발한다. 대부분 외상에 의해 발생하는데 나이를 먹을수록 디스크가 손상될 확률이 높으며 디스크파열은 15살 이상의 노묘에게 흔하다.

치료 : 통증 완화요법이나 심한 경우 수술적 치료를 선택한다.

척추염spondylitis

척추염이라고도 부르는 척추관절염은 척추뼈에 칼슘 돌기가 생기는 상태다. 돌기는 척수와 척수신경뿌리에 압력을 가해 때때로 통증을 유발하고 드물게는 다리를 쇠약하게 만든다. 이런 변화는 노묘에게서 흔히 관찰되며 보통 임상적인 문제를 유발하지 않는다.

치료 : 화장실 높이를 낮추어 드나들기 쉽게 해 주는 등의 기본적인 관절염 관리가 도움이 된다(367쪽 참조). 진통제도 도움이 된다.

메인쿤의 척추근육위축증spinal muscular atrophy in maine coon

메인쿤에게 발생하는 유전적 결함으로, 몸과 다리의 골격근을 조절하는 척수신경이 죽는 질환이다. 생후 3~4개월경에 확인 가능하다. 새끼 고양이가 몸 뒤쪽으로 흔들거리며 움직이고, 5~6개월이 되어도 뛰어오르지 못한다. 근육량도 줄어든다. 통증을 호소하지 않고 비교적 정상 고양이처럼 생활한다. 치료법은 없다.

상염색체 열성 형질에 의한 것으로 미시간 대학의 비교유전의학연구소에서 개발한 DNA 검사를 통해 교배 전에 감염 여부를 미리 확인할 수 있다.

척수의 감염spinal cord infection

척수의 감염은 흔하지 않다. 대부분 교상이나 열상 같은 관통상으로 생긴 척수 주변의 농양이 원인이다.

수막염(meningitis)은 척수강과 뇌의 막에 발생한 감염으로, 드물게는 혈액원성 세균에 의해 발생한다. 척수의 감염은 뇌척수액검사를 통해 세포와 세균을 직접 확인하여 진단한다. 수막염에 걸린 고양이는 고열과 혈액검사상 변화가 나타난다.

치료 : 치료법은 원인에 따라 다르며 항생제를 장기간 투여해야 할 수도 있다.

척수의 종양tumor of the spinal cord

고양이의 척수에 가장 흔하게 발생하는 종양은 림프육종이다. 종양이 커져 척수를 압박하면 신경에 손상을 주어 근력약화나 마비 같은 증상을 유발한다. 진단을 위해 척수조영검사라는 특수한 엑스레이검사가 필요할 수 있다(조영제를 척수 주변으로 투여해 종양의 모습을 확인한다). MRI와 CT 검사도 매우 유용하다.

치료 : 화학요법이 도움이 될 수 있다. 드물지만 경계가 명확한 종양은 수술적으로 제거한다.

이분척추증spina bifida

이분척추증은 허리 아래쪽의 뼈가 제대로 만들어지지 못해 생기는 발달상의 결함이다. 이런 척수는 척추뼈에 의해 보호되지 못해서 외부에 노출되어 쉽게 손상되거나 감염된다. 맹크스고양이나 꼬리 없이 태어나는 고양이에게 흔하다. 배뇨 및 배변 조절 기능 약화가 주증상이다. 뒷다리가 약해지고 토끼가 뛰는 듯한 특이한 걸음걸이를 보인다.

치료 : 유지관리 외에는 특별한 치료법이 없다.

신경의 손상 및 질병

말초신경 중 하나가 손상되면 그 신경과 연결된 부위의 감각과 운동 기능도 상실된다. 보통 신경이 늘어나거나 찢어지는 경우가 많다. 신경초종*과 신경섬유종 등이 발생할 수 있으나 흔하지는 않다. 당뇨병에 걸린 고양이도 신경이 약화될 수 있다.

상완신경과 요골신경의 손상은 앞다리와 관계가 있다. 보통 교통사고로 발생하는데 다친 다리를 절뚝거린다. 부분마비의 경우 종종 서 있을 수는 있으나 걸으면 비틀거린다. 완전마비인 경우 다리를 절단하는 것이 최선의 방법일 수 있다.

자극적인 약물을 신경 주변 조직에 주사하는 것도 일시적인 마비를 일으키는 또 다른 원인이다. 이런 일이 흔하지는 않지만 최근에 주사를 맞았다면 가능성을 염두에 둔다.

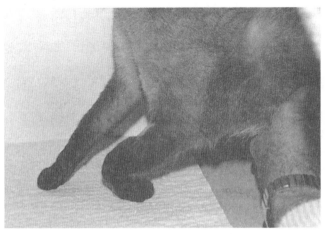

* **신경초종**Schwannomas 신경을 둘러싸고 있는 신경초에 발생하는 종양.

꼬리의 마비paralysis of the tail

꼬리의 마비는 고양이가 몸을 피하는 순간 자동차가 꼬리를 밟고 지나가거나 방을 드나들다 꼬리가 문에 끼어 발생한다. 일상생활에서 종종 접하게 되는 사고로 350쪽에도 설명되어 있다. 6주가 지나도 운동성과 감각이 돌아오지 않는다면 마비된 꼬리가 더러워지거나 또다시 문 등에 끼일 수 있으므로 고양이의 불편을 덜어주기 위해 꼬리의 절단을 고려한다.

치료 : 신경 기능이 회복될 가능성이 있다면, 찢어진 신경은 외과적인 복구를 시도한다. 드물게 늘어난 신경이 정상으로 돌아오기도 한다(자주 일어나는 일은 아니다. 보통은

신경손상에 의한 앞다리의 마비.

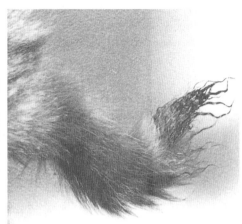

마비되어 감각이 없는 꼬리를 스스로 물어뜯은 모습. 꼬리를 절단하는 치료가 필요하다.

돌아오지 않는다). 3주 이내에 회복되기 시작하여 6개월간 계속 치료를 받아야 할 수도 있다. 회복되지 않는다면 축 늘어진 '죽은' 꼬리를 절단하는 것이 이로울 수 있다.

호너 증후군Horner's syndrome

호너 증후군은 신경학적 이상 상태로 보통 외상이나 중이염, 내이염에 의해 발생한다. 한쪽 눈의 3안검이 돌출되고 동공이 작아진다. 위 눈꺼풀이 축 처지고 안구도 움푹 들어가 보인다.

치료 : 보통 염증 치료를 받고 시간이 지나면 나아진다.

특발성 안면마비idiopathic facial paralysis

얼굴 부위의 신경이상이다. 장모종의 집고양이에게 흔히 관찰되며, 양측성 또는 단측성으로 발생한다. 고양이는 눈을 깜빡거리지 못하고, 귀와 입술이 한쪽으로 늘어지고, 침을 흘리기도 한다.

치료 : 인공눈물로 증상을 관리한다. 일부 고양이는 시간이 지나면 증상이 개선된다.

고양이 감각과민증후군feline hyperesthesia syndrome

이런 증상은 보통 1~4살의 고양이에게 처음 나타난다. 고양이는 갑자기 피부를 움찔거리거나 꼬리가 움직이는 모습을 보이거나, 마치 피부가 극도로 민감해진 것처럼 자신을 만지는 것을 싫어한다. 동공이 확장되어 있는 경우가 많다. 이것이 실제 신경학적 문제인지 아니면 행동학적 문제인지는 분명치 않다. 샴, 버마, 히말라얀, 아비시니안 고양이에서 더 흔히 관찰된다.

치료 : 항경련제, 스테로이드, 행동교정 약물 등으로 치료한다. 행동학적 원인이 문제일 경우 행동교정 프로그램이 도움이 된다.

만성 염증성 탈수초화 다발성 신경병증chronic inflammatory demyelinating polyneuropathy

노묘에서(보통 6살 이상) 관찰되는 자가면역 질환으로, 뒷다리가 약해지고 부자연스러운 보행을 보이는 것으로 시작된다. 만성질환으로 주기적으로 재발한다.

치료 : 고양이는 대부분 스테로이드 치료에 잘 반응한다. 재발되거나 스테로이드로 관리되지 않는 고양이는 면역억제 약물 투여를 고려한다.

13장
근골격계

고양이의 골격은 244개의 뼈로 구성되어 있다. 사람보다 약 40개가 더 많다. 고양이 꼬리의 척추뼈가 19~28개에 이르기 때문이다. 뼈의 숫자는 고양이의 꼬리 길이에 따라 달라진다. 재패니즈밥테일과 맹크스고양이, 그 외 꼬리가 짧거나 없는 고양이는 척추뼈의 수가 더 적다.

뼈의 바깥쪽은 골피질로 되어 있어 뼈를 단단하게 만든다. 영양학적 결핍으로 인해 골피질의 무기질이 손실되면 골절이 더 쉽게 발생한다. 뼈의 안쪽을 골수강이라고 하는데 혈액세포의 생산에 중요한 역할을 담당한다.

뼈는 인대라고 부르는 결합조직에 의해 지지된다. 두 개의 뼈가 만나는 부위를 관절이라고 하며, 일부 관절에는 두 뼈의 표면 사이에 완충 역할을 하는 연골(반달연골)이 덧붙여져 있다. 연골은 강하고 탄력이 있지만, 관절에 무리가 가거나 외상을 입으면 손상될 수 있다. 일단 연골이 손상되면 상태가 악화되어 석회화되고 결국 이물처럼 작용해 관절 표면을 자극한다.

각 관절은 인대, 힘줄(근육을 뼈에 부착시킴), 관절 주변을 감싸는 단단한 섬유성 주머니에 의해 자세를 유지한다. 이들로 인해 안정적인 견고함을 얻는다. 헐거워진 인대나 늘어난 관절낭으로 인해 관절이 느슨해지면 관절면 표면에서 미끄러짐이 발생해 연골이 손상되고 나중에는 관절염으로 진행된다.

고양이는 그들의 엄청난 유연성의 상당 부분을 가동성이 대단히 높은 척추에서 얻는다. 고양이의 척추는 다른 동물에 비해 덜 촘촘하게 연결되어 있고, 각 척추뼈 사이에 쿠션 역할을 하는 추간판도 특별히 두껍고 탄력 있다. 각각의 척추뼈 사이의 가동 범위는 작지만, 이들이 함께 움직일 때는 척추 전체의 유연성이 상당해진다. 이는 고양이가 몸을 구부리고, 비틀고, 회전시킴에 있어 상체와 하체가 독립적으로 움직일 수 있음을 의미한다. 또한 척추를 자유롭게 압착시키거나 펼 수 있어 좁은 공간에서 몸을 웅크리거나 넓은 간격으로의 도약을 용이하게 한다.

사람과 고양이의 골격은 명칭도 유사하고 일반적으로 많이 비슷하다. 그러나 뼈의 각도, 길이, 위치에 상당한 차이가 있다. 고양이의 비절은 사람의 발뒤꿈치에 해당한다. 사람은 발바닥으로 걸어다니는 반면, 고양이는 발끝으로 걷는다. 고양이의 쇄골은 아주 작으며, 일부 고양이는 아예 없는 경우도 있다. 쇄골이 있더라도 몸체의 골격에 부착되어 있지 않다. 이런 구조는 고양이의 흉곽을 좁게 만들어 다리와 발이 함께 모

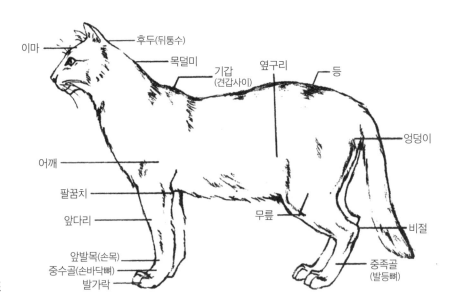

형태적 해부도

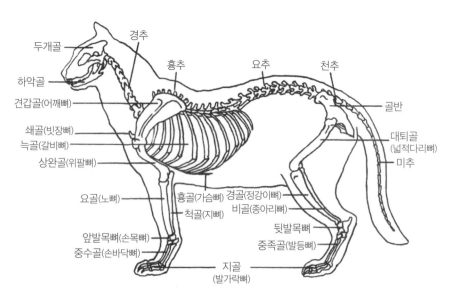

골격의 해부도

아지도록 만들어 주므로 속도와 유연성, 좁은 공간을 통과할 수 있는 능력을 부여한다. 또한 착지할 때 앞다리의 충격을 보다 효율적으로 흡수할 수 있도록 한다.

수의사, 브리더, 캣쇼 심사위원은 고양이의 전반적인 신체 구조와 구성요소를 특정한 용어를 사용해 묘사한다. 형태는 다양한 각도, 모양, 고양이 몸의 각 부위가 얼마나 조화를 잘 이루는지, 품종의 기준에 적합한지를 평가한다. 순종의 기준은 각각의 품종에 따라 그 형태가 기술되어 있다. 아메리칸쇼트헤어, 페르시안, 브리티시쇼트헤어, 메인쿤의 경우는 강인하고 둥글둥글한 골격이 전형적인 반면에, 샴고양이와 같은 동양 품종은 유연하고 매끈한, 가느다란 골격이 전형적이다. 아비시니안과 같은 품종은 두 가지 특징을 모두 가지고 있다. 이런 기준은 머리의 모양, 털의 길이, 색깔, 무늬, 전체적인 균형, 품종의 성격 등도 정의한다.

또 다른 용어인 견실함은 동물의 신체적인 속성을 평가하기 위해 사용한다. 근골격계의 경우, 견실함이란 고양이의 모든 뼈와 관절이 적합하게 배열되어 있고 효율적으로 기능함을 의미한다.

발톱갈이

치타를 제외한 모든 고양잇과 동물은 발톱을 숨길 수 있다. 고양이는 보행 시에 발톱이 안쪽으로 들어가 사물에 걸리지 않는다. 이런 특징은 고양이가 조용히 움직일 수 있는 이유 중 하나다. 고양이의 발톱은 사람의 손톱처럼 자라긴 하지만 정기적으로 발톱 바깥 부분이 벗겨져서 아래쪽의 날카로운 발톱만 남는다. 고양이는 종종 사물을 위아래로 긁는 행동을 통해 무뎌진 발톱을 갈기도 한다. 이런 행동은 척추를 펴고 냄새를 남기는 데도 도움이 된다.

스크래치(scratch, 발톱으로 긁는 행동)는 고양이에게는 자연스럽고 필요한 행동이다. 고양이에게 스크래치를 못하게 하는 건 불가능하므로, 고양이가 충분히 긁을 수 있는 대상을 제공하고 그 위에서만 긁도록 가르친다. 새끼 고양이 때부터 적절하게 스크래치를 하도록 교육하는 게 중요하다. 고양이는 곧 어디에서는 해도 되고 어디에서는 해서는 안 되는지 알게 된다.

스크래치 기둥은 고양이가 몸을 펴고 기대어 긁을 수 있을 정도로 충분히 높고 튼튼해야 한다(시중에 판매하는 많은 스크래치 기둥은 높이가 너무 낮다). 기둥은 다양한 소재로 만들어지고[보통 사이잘(sisal, 용설란과에 속하는 식물로 이 잎으로 로프 등을 만든다)이 감긴 걸 가장 좋아하고 카펫 재질을 가장 덜 좋아한다], 수평과 수직 형태의 제품이 있고, 스크래치 표면에 캣닙을 문질러 놓기도 한다.

스크래치 행동으로 인한 문제는 대부분 앞다리 발톱에 의해 발생한다. 쉽게 교육시키고 개선할 수 있는데도 많은 고양이가 스크래치 행동으로 죽거나 버림받는다.

발톱을 일주일마다 깎아 주는 것만으로도 원치 않는 곳에 고양이가 손상을 입히는 것을 막을 수 있다. 또 고양이는 대부분 발톱 깎는 것을 잘 참는다. 새끼 고양이 때부터 시작하여, 고양이가 익숙해지도록 한 발씩, 아니면 발가락 하나씩이라도 깎아 주며 습관을 들인다. 서서히 한쪽 발에서 두 발로, 네 발로 늘려나간다. 발톱을 깎은 후에는 간식을 주거나 함께 즐겁게 놀아준다. 스크래치로 인한 손상을 막기 위해 발톱 위에 덧씌우는 부드러운 재질의 커버형 제품도 있는데, 이는 일시적이며 주기적으로 교체해야 한다. 수의사나 미용숍에 문의한다.

발톱제거술은 이름과 달리 단순히 고양이의 발톱만 제거하는 것이 아니라 고양이의 마지막 발가락뼈와 발톱을 함께 제거하는 것이다. 사람으로 치면 마지막 손가락 마디를 잘라내는 것과 같다. 때때로 레이저 수술을 이용하기도 한다. 뒷발은 긁는 일보다는 걷고, 뛰고, 균형을 잡는 데 쓰이므로, 대부분 앞발의 발톱만 제거한다.

힘줄절제술은 발톱을 세우는 힘줄을 자르는 방법인데 추천하지 않는다. 이 방법은 계속 자라는 발톱을 자연적으로 닳게 할 수 없으므로 발톱이 발 패드 안으로 파고들어 통증이나 감염을 유발할 수 있다.

발톱제거술은 수술 후 통증관리가 매우 중요하며, 가벼운 출혈부터 뼛조각이 남는 문제, 지속적인 통증 등의 수술 합병증이 발생할 수 있다.

발에 붕대를 단단히 감아 줘야 한다. 수의사는 녹는 봉합사로 피부를 봉합하기도 한다. 하루나 이틀 후 붕대를 제거하고 퇴원한다. 며칠 동안 발이 따가울 수 있으므로, 상처에 모래가 들어가는 것을 막기 위해 잘게 자른 신문지 등으로 화장실 모래를 대체한다. 대부분 상처가 잘 아문다.

고양이의 발톱을 제거해야 하는가에 대해서는 논쟁이 많으며, 일부 지역에서는 이를 법으로 금지하고 있다. 발톱제거가 행동학적인 문제를 야기하는지에 대한 과학적인 연구는 없으나, 많은 행동학자는 문제가 발생할 가능성이 높다고 믿는다. 행동학적 문제로는 무는 행동, 예민함, 방어적인 행동 등이 있다.

실외에서 살거나 밖에 나가는 고양이는 절대 발톱을 제거해서는 안 된다. 이들의 발톱은 높은 곳을 기어 오르고, 자신을 방어하며, 위험을 피하는 데 필수적이다. 실내에서 생활하는 고양이도 발톱은 뛰어오를 때 균형을 잡거나, 사물을 잡고 조작하는 데 이용된다.

그러나 가족 중에 가벼운 스크래치도 문제가 될 만큼 면역력이 떨어진 사람이 있다면 발톱제거술을 추천한다. 그 외 고양이를 위해 발톱을 제거해야 하는 의학적인 이유는 없다. 미국 고양이수의사회는 수의사가 발톱제거술에 앞서 스크래치 행동과 대체방법 등에 대해 폭넓게 안내해야 하며, 절대로 일상적으로 시술해서는 안 된다고 충고한다.

만약 발톱제거술을 불가피하게 실시해야 한다면 최소한 생후 3개월 이후에 실시하는 게 좋으며, 많은 수의사는 4~5개월 이전에 수술할 것을 추천한다. 새끼 고양이는 나이 든 고양이에 비해 발톱 없이 생활하는 방법을 빠르게 습득하기 때문이다. 체중이 많이 나가는 고양이는 수술 후 회복 과정에서 어려움을 겪을 수 있다.

이상적으로 이런 수술을 할 필요가 없도록 고양이에게 스크래치 기둥을 사용하는 법을 가르친다(487쪽 참조).

절뚝거림(파행)

절뚝거림은 다리의 통증이나 쇠약과 관련이 있다. 뼈나 관절의 질병에서 가장 흔히 나타나는 증상일 뿐만 아니라, 근육이나 신경의 손상에 의해서도 나타날 수 있다.

원인 찾기

절뚝거리는 모습과 관련된 병력, 환경을 고려한다. 저절로 다리를 절게 되었나? 아니면 부상을 입었나? 어느 쪽 다리를 저나? 고양이는 흔히 아픈 다리를 들고 있거나 그 다리에 체중을 싣지 않으려는 모습을 보이곤 하는데 특히 최근에 다쳤다면 더욱 그렇다. 보통 아프거나 약해진 다리로는 걸음을 짧게 내딛는다. 만성적인 파행이 있는 경우, 고양이는 눈에 띄게 절뚝거리는 증상 없이 단순히 짧은 걸음으로 걷는 경우도 있다. 하나 이상의 다리를 다쳤을 때도 그럴 수 있다. 이런 고양이는 뛰어오르는 걸 주저하기도 한다.

어느 쪽 다리가 아픈지를 알았다면 정확히 아픈 부위가 어딘지, 원인이 무엇인지 찾아야 한다. 얌전한 고양이도 고통을 느끼면 할퀴거나 물 수 있으므로 부드럽고 주의 깊게 진행한다. 먼저 발을 검사하고 발가락 사이를 살펴본다. 파행의 원인 중 상당수는 염좌, 발 패드 손상, 발톱 부러짐, 찔린 상처 등과 같이 발을 다치는 경우다. 발가락부터 다리까지 주의 깊게 살펴본다. 아주 살짝 눌러보았을 때 아파하는 부위를 찾는다. 부은 곳을 발견할 수도 있다.

다음으로 발가락부터 어깨, 골반에 이르기까지 모든 관절을 굽히고 펴 보면서 모두

편하게 움직이는지, 저항감이 있는지 확인한다. 저항감이 관찰된다면 관절에 통증이 있음을 의미하는데 고양이는 만지지 못하게 다리를 뺄 것이다. 만약 특별한 이상을 발견하기 어렵다면 반대쪽 다리를 만져서 비교하는 것도 도움이 된다.

통증이 있는 부위를 찾아냈다면 다음 단계는 통증의 원인을 찾는 것이다. 다음 사항을 참고한다.

- **감염**에 의한 경우 빨갛게 발적되어 열감이 있고 만지면 아파한다. 보통 피부의 열상이나 교상과 관련이 있다. 분비물이 관찰될 수 있는데 처음에는 혈액성으로 시작하여 시간이 지나며 화농성이 된다. 파행은 서서히 악화되며, 농양이 생기기도 한다. 몸에서 열이 날 수 있으며, 농양 부위나 상처 부위를 핥는 경우가 많다. 물린 상처에 감염이 발생하는 경우가 가장 흔하다.

- **염좌(접질림)**는 갑자기 관절, 인대, 힘줄, 근육의 손상으로 발생하며, 종종 부종을 동반하고 간혹 멍이 들기도 한다. 서서히 회복되는데 보통은 다치고 난 뒤에도 부분적으로는 다리를 사용한다. 통증은 경미하며 열도 나지 않는다. 파행은 며칠에서 몇 주까지 지속될 수 있다.

- **골절과 탈구**는 심각한 통증을 유발하며 다리에 체중을 싣는 것이 불가능하다. 외형상 어느 정도 변형되어 보일 수 있으며, 아픈 부위를 움직여 보면 꺼끌거리는 소리가 난다. 주변 조직은 부어오르고 출혈로 변색된다.

- **척수손상과 말초신경손상**(12장 참조)은 하나 혹은 그 이상의 다리를 쇠약하게 만들거나 마비를 유발하는데 대부분의 경우 통증을 전달하는 신경도 손상되어 통증을 느끼지는 않는다.

- **유전성 정형외과 질환**은 보통 서서히 나타난다. 딱히 파행의 원인을 설명하기 어려운 경우가 많다. 만약 있다 해도 가벼운 부종이 관찰되는 정도다. 파행이 지속되고 시간이 지남에 따라 더 악화된다.

- **퇴행성 관절 질환**은 관절염 또는 골관절염이라도 부르는데 노묘가 파행을 보이는 가장 흔한 원인이다. 앉았다 일어날 때 증상이 더 심해지고, 조금씩 움직임에 따라 상태가 나아진다.

- **대사성 축적증**(344쪽 참조)도 뼈나 근육의 결함을 유발할 수 있다.

- **골암**은 단단한 종괴나 부종의 형태로 관찰되는 데 염증을 동반하기도 한다(518쪽 참조). 골종양에 가해지는 압력 정도에 따라 통증은 다양하다. 성묘에게 원인불명의 파행이 관찰된다면 골종양의 진단을 고려해야 한다.

진단방법

골절이나 탈구와 같은 변위를 진단하기 위해 뼈와 관절의 엑스레이검사가 이용된다. 이는 조직의 부종과 뼈의 신생물을 구분하는 데 도움이 된다. 유의할 것은 기존의 엑스레이검사로 다양한 증례의 파행 원인을 찾기에는 한계가 있다.

핵의학 섬광조영술(nuclear scintigraphy)이라고도 불리는 뼈스캔검사는 방사성 동위원소를 체내로 주입해 엑스레이 장치로 뼈와 주변 조직 모습을 구현하는 영상기술이다. 특히 골종양을 진단하고, 그 전이 정도를 평가하는 데 유용하다. 뼈스캔검사는 비용과 방사성 동위원소 사용을 제한함으로써 전문 의료센터와 수의과대학에서만 실시되고 있다.

CT 검사, MRI 검사가 힘줄, 인대, 근육 손상을 확인하는 데 특히 도움이 된다. 그러나 검사상의 불편함과 비용으로 유용성에 한계가 있다.

관절 활액은 점성을 가진 관절의 윤활물질로 히알루론산(hyaluronic acid)을 함유하고 있다. 멸균 주사기와 주사침을 이용해 활액을 채취하여 분석하면 관절 부종의 원인을 찾아내는 데 도움이 된다. 정상적인 활액은 맑고 옅은 노란색을 띤다. 활액 내의 혈액은 최근의 관절손상을 의미하고, 고름은 관절의 감염을 의미한다(패혈성 관절염).

아직 한국에서는 핵의학 섬광조영술을 받을 수 없다._옮긴이 주

근육, 뼈, 관절의 손상

골절 시 응급처치에 대해서는 **골절**(34쪽 참조)에서 설명하고 있다. 골절(또는 골절이 의심되는 경우)은 항상 응급상황으로 즉시 수의사의 진료를 받아야만 한다.

염좌 sprain

염좌는 인대가 갑자기 늘어나거나 파열되어 발생하는 관절의 손상이다. 관절 부위의 통증, 부종, 일시적인 파행 등의 증상이 나타난다. 고양이가 한쪽 다리에 체중을 싣지 않으려 한다면 골절 또는 탈구 여부를 판단하기 위해 수의사의 진료를 받아야 한다. 4일 안에 증상이 호전되지 않는 경우에도 마찬가지로 수의사를 찾아야 한다. 엑스레이검사가 필요하다.

치료 : 주된 치료는 다친 부위를 쉬게 하는 것이다. 냉찜질은 통증과 부종을 경감시키는 데 도움이 된다. 조각 얼음을 비닐에 넣어 다친 관절 부위에 대고 손으로 잡고 있거나 탄력붕대로 고정시킨다. 냉장 배송용 아이스팩을 사용해도 된다. 부상 후 첫 3시간 동안은 한 시간에 15분씩 냉찜질을 한다. 너무 오래할 경우 조직손상이 발생할

수 있다.

수의사는 안전한 진통제나 소염제를 처방할 것이다. 고양이에게 아세트아미노펜 (타이레놀)이나 이부프로펜 등의 일반의약품 진통제를 투여해서는 절대 안 된다.

힘줄손상 tendon injury

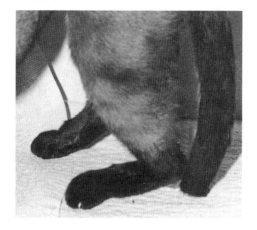

아킬레스건을 다친 고양이. 발가락 대신 뒷꿈치로 걷는다.

힘줄은 부분적으로 혹은 완전히 파열될 수 있다. 힘줄에 자극이 있거나 염증이 발생한 것을 건염이라고 한다. 혹사당하거나 긴장되어 있는 힘줄이 갑자기 뒤틀려 손상을 입게 되는데, 앞발과 뒷발에 있는 힘줄이 가장 다치기 쉽다. 건염의 증상으로는 일시적인 파행, 관절을 펴거나 굽힐 때의 통증, 힘줄 부위를 만졌을 때의 통증 등이 있다.

갑자기 무리하게 뒷발목을 펼 때 뒷발목에 붙어 있는 아킬레스건이 파열될 수 있다. 힘줄의 손상은 주로 교통사고를 당하거나 고양이끼리 싸울 때 흔히 발생한다.

치료 : 늘어난 힘줄은 염좌와 같은 방법으로 치료한다(361쪽 참조). 힘줄파열은 응급상황으로 즉시 수의사의 진료를 받아야 한다. 수술을 실시한 뒤, 진통제는 물론 부목을 대야 할 수 있으며, 이후 물리치료도 해야 한다.

근육의 손상 및 타박상 muscle strain and contusion

갑작스럽게 근육이 늘어나거나 장시간 근육을 사용하는 경우, 근육에 충격을 입는 경우 멍이 들거나 근육이 찢어질 수 있다. 파행, 근육의 경직, 다친 부위의 통증, 출혈에 의한 피부변색 등이 관찰된다. 근육을 다쳐 사용하지 않으면 24~48시간 뒤에 곧바로 서서히 근육량이 감소하는 근육 위축이 시작된다.

치료 : 휴식과 냉찜질이 추천된다(361쪽, 염좌 참조). 마사지가 도움이 되며, 물리치료는 치유에 도움이 된다. 수의사와 상의한다.

탈구(관절의 변위) luxation(dislocated joint)

큰 힘에 의해 관절이 파열되고 뼈의 위치가 어긋난다. 보통 낙상, 다른 동물과의 싸움, 교통사고에 의해 발생한다. 고양이는 쇼크 상태에 빠지거나, 내부 장기가 손상되어 출혈이 발생할 수 있다. 갑자기 통증을 호소하고 다리에 힘을 싣지 못하는 경우도 있다. 다른 쪽 다리와 비교해 보면 눈에 띄게 다리가 짧아진 것처럼 보인다.

고양이는 고관절의 변위가 가장 흔하다. 엉덩이를 움직일 때 통증을 호소하거나,

꺼끌거리는 느낌, 다리가 2.5cm 정도 짧아지는 등의 증상이 나타난다. 고관절 다음으로 슬개골, 발꿈치, 턱뼈에서 쉽게 발생한다. 슬개골탈구는 데본렉스에서 흔한데 이 품종은 유전적인 소인이 있다. 메인쿤에게서도 관찰된다.

치료 : 골절 여부를 확인하고 관절을 제 위치로 되돌리기 위해 수의학적인 검사가 필요하다. 관절의 탈구는 생명을 위협하는 문제가 아니므로 다른 손상에 대한 치료가 우선이다. 관절을 제자리로 되돌리기 위해 마취나 진정이 필요할 수 있으며, 손상된 조직이 치유될 때까지 부목을 단기간 착용하게 될

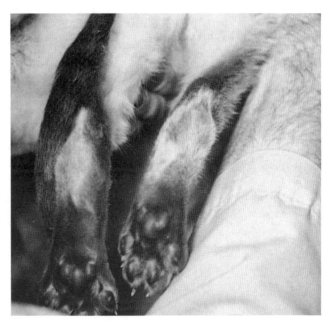

이 고양이는 고관절탈구로 탈구된 오른쪽 다리가 왼쪽 다리보다 짧다.

수도 있다. 장기간 관절이 탈구된 경우 정상으로 되돌리기 위해 수술이 필요한 경우가 있고, 상태가 심하면 관절의 일부분을 제거하기도 한다. 예를 들어 일부 고관절탈구의 경우에는 대퇴골두를 제거한다.

십자인대 파열(무릎인대의 파열)ruptured cruciate(torn knee ligament)

무릎은 관절 내부 중앙부를 가로지르는 2개의 인대에 의해 고정된다. 그리고 관절이 맞닿는 뼈 사이에는 반달연골이 있다. 교통사고나 높은 곳에서 떨어지면 무릎의 인대와 반달연골이 파열될 수 있다. 관절의 부종, 무릎을 펴거나 굽힐 때의 통증, 관절이 헐거워지는 증상 등을 나타낸다. 반달연골손상의 증상인 관절에서 딸깍거리는 소리가 들릴 수 있다.

치료 : 심하게 손상된 무릎관절을 수술로 즉시 교정하는 것이 최선의 치료법이다. 반달연골에 국한된 경미한 손상은 3~5주간 케이지에 가두어 활동을 제한해 자연치유를 시도해 볼 수 있다. 그러나 파행이 계속된다면 수술을 고려한다. TTouch,* 침술치료, 마사지, 물리치료, 수중치료 등도 파열된 십자인대 치유에 도움이 된다.

무릎관절은 외상을 입으면 퇴행성 관절염으로 진행된다. 관절 주변에 반흔 조직이 생겨 통증과 뻣뻣함을 유발하는 것이다. 이런 문제는 수술로 관절을 치료한 경우에 상대적으로 덜 발생한다. 연골 보호 성분의 보조제도 관절염의 발생을 지연시키는 데 도움이 된다(368쪽 참조).

* TTouchTellington Touch 마사지를 통해 세포 치유력을 높여 주는 물리치료 방법.

골수염(뼈의 감염)osteomyelitis(bone infection)

고양이는 개에 비해 골 감염이 흔하다. 고양이는 물며 싸우다가 구멍이 나는 상처를 입고, 결국 뼈에까지 영향을 미치는 감염이 잘 발생하기 때문이다. 골 감염의 다른 원인으로는 개방골절과 뼈수술 과정에서의 감염 등이 있다.

골수염의 증상은 파행, 발열, 통증, 부종, 뼈에서 피부로 연결된 공간을 통한 삼출물 등이다. 엑스레이검사와 골 생검을 통해 진단한다.

치료 : 뼈의 감염은 치료가 어렵다. 세균배양은 적절한 항생제를 선택하는 데 도움이 된다. 일부 증례에서는 괴사된 뼈와 주변 조직을 제거하여 외과적으로 세정하고, 배액을 충분히 시켜야 한다. 치료에 시간이 오래 걸린다.

유전성 정형외과 질환

선천성 골결손은 고양이에서 가끔 발생하긴 하지만 신체적인 장애를 유발하는 경우는 드물다. 꼬리가 없거나 구부러진 경우, 발가락 수가 많은 경우, 파열족* 등이 이에 해당된다. 귀가 접힌 두 마리의 스코티시폴드를 교배시키는 경우에도 뼈의 기형이 발생할 수 있다(217쪽, 귀의 구조, 344쪽 대사성 신경계 질환 참조).

*파열족cleft foot 발가락 사이가 비정상적으로 깊게 파였거나 벌어진 상태.

다지증(polydactyly)은 발가락 숫자가 정상보다 많은 것을 의미하는 용어다. 고양이는 보통 앞발에는 발가락이 5개, 뒷발에는 발가락이 4개 있다. 일반적으로 여분의 발가락은 앞발에 있는 경우가 많으나, 앞발과 뒷발 모두에서 관찰할 수도 있다. 이는 유전적 형질에 의해 나타나는데, 여분의 발가락은 발톱이 닳지 않고 발 패드 주변으로 파고들어 종종 문제를 일으킨다. 정기적으로 발톱을 깎아 주면 이런 문제를 예방할 수 있다.

실제로는 소수의 자손만이 영향을 받음에도 불구하고, 이런 뼈와 관절 질환은 유전적인 토대에 바탕을 두고 있다. 만일 수의사의 꼼꼼한 검사를 통해 고양이에게 이런 소인이 발견되었다면 교배하지 않는다.

고관절이형성증(고관절형성장애)hip dysplasia

고관절이형성증은 고관절이 비정상적으로 발달해서 생기는 장애다. 고관절이형성증은 여러 유전적 형질에 의해 복합적으로 발생한다. 정상적인 고관절은 구형 구조와 구멍의 홈이 딱 들어맞는 구조로, 대퇴골 머리가 구형 구조에 해당하고 골반의 관골구가 홈에 해당한다. 이형성증을 가진 고관절은 관골구가 얕아지거나 대퇴골 머리가 정상적으로 발달하지 않아 관절이 느슨하게 맞는다. 근육의 발달 속도가 골격의 발달 속도를 따라가지 못하게 되면 관절이 불안정해진다. 관절의 근육과 결합 조직에 체중을 지탱할 수 있는 한계치 이상의 부하가 걸리면 관절은 더 느슨해지고 불안정해진다. 이로 인해 대퇴골 머리가 관골구에 밀착되지 못하면, 뼈와 관절에 퇴행성 변화가 발생하고 잠재적으로 통증과 비정상적인 움직임을 유발한다.

고양이는 비교적 체구가 작은 편이라 고관절이형성증이 있는 고양이는 대다수가 통증이나 보행상의 문제를 호소하지 않는다. 증상이 나타나는 고양이는 뻣뻣한 걸음걸이를 보이거나 종종 뛰어오르거나 기어오르는 것을 주저하는 모습을 보인다. 이런 걸음걸이는 가끔 구르는 것처럼 보이기도 한다. 일부 고양이는 슬개골탈구가 함께 발생하기도 한다(366쪽 참조).

고관절이형성증의 진단은 종종 수의사의 주의 깊은 촉진으로부터 시작되나 확진을 위해서는 엑스레이검사가 필요하다. 동물정형학재단(OFA, Orthopedic Foundation for Animal)과 펜실베이니아 대학 고관절 향상 프로그램(PennHIP, University of Pennsylvania Hip Improvement Program)에서 개를 위해 만든 표준 고관절 평가법을 고양이에게 적용할 수 있다. 수의학 전문의는 엑스레이검사를 통해 관절의 변화, 비정상적인 구조, 관절의 이완 여부 등을 검사한다. OFA로 엑스레이검사를 의뢰하여 평가받을 수 있으며, 2살 이상의 고양이는 고관절이형성증이 없음을 인증받을 수도 있다. pennHIP은 관절의 이완도를 검사하는데 이완도가 클수록 나중에 관절의 변화가 발생할 확률이 높다. 결과에 따라 고양이는 이완지수(DI, distraction index)를 부여받는다.

개와 마찬가지로 고양이의 고관절이형성증은 성별로는 수컷에서, 품종으로는 페르시안과 메인쿤같이 체구가 크고 뼈가 큰 품종에서 흔히 발생한다. 메인쿤 브리더들이 OFA에 접수한 엑스레이 중 약 23%에서 고관절이형성증이 나타났다. 이 고양이는 대부분 증상이 경미하였으나 번식에서 배제되었다. 고관절이형성증은 혼합 품종이나 소형 품종에서 모두 발생할 수 있다.

치료 : 고관절이형성증이 있는 고양이는 대부분 체중을 조절하고 적절한 운동으로 관절을 튼튼하게 지지하는 근육을 발달시키고 유지한다면 무난하게 생활할 수 있다. 글루코사민이나 콘드로이틴 성분의 관절 보호 보조제가 도움이 된다(368쪽, 관절 보호제 참조). 관절 보호제를 구입할 때는 고양이용인지 확인한다.

파행을 보이는 고양이는 진통제와 소염제 투여가 도움이 된다. 다만 고양이에게 어떤 종류의 보조제나 약물을 투여하든 항상 수의사의 지시를 따른다.

드물게 고관절이형성증이 심한 고양이는 대퇴골 머리를 제거하는 수술이 필요할 수 있다. 극단적으로 들릴 수 있지만 남아 있는 근육과 뼈가 관절의 역할을 대신하므

1 정상적인 고양이의 고관절 엑스레이 사진.

2 탈구되지는 않았지만 심한 고관절이형성증이 있는 고양이 엑스레이 사진. 대퇴골 머리와 관골구의 위치가 정상에서 많이 벗어나 있다.

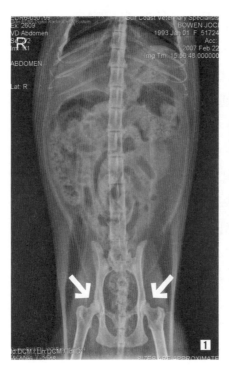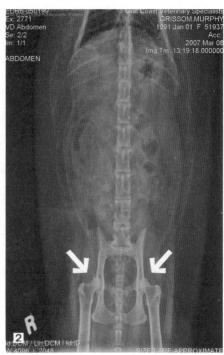

로 일반적으로 통증이 사라지고 정상적인 활동이 가능해진다.

슬개골탈구patella luxation(slipping kneecap)

슬개골은 뒷다리 무릎 앞쪽을 보호하는 작은 뼈다. 슬개골은 인대로 고정되어 활차구라 불리는 대퇴골의 홈으로 미끄러져 들어간다. 만약 이 홈이 너무 얕은 경우, 무릎을 구부리면 슬개골이 밖으로 빠져나오게 된다. 슬개골이 무릎관절 안쪽으로 빠져나온 경우를 내측탈구라고 부르고, 바깥쪽으로 빠져나온 경우를 외측탈구라고 부른다.

고양이는 내측탈구가 훨씬 더 흔하다. 슬개골이 느슨해지거나 미끄러지는 고양이는 종종 걷다가 깡총거리는 모습을 보인다. 파행의 정도는 탈구 정도에 따라 다양하다.

슬개골 문제는 세심한 신체검사를 통해 발견할 수 있다. 탈구의 진단은 슬개골을 활차구 홈 밖으로 밀어서 진단하는데 이런 조작은 경험이 풍부한 수의사에 의해 이루어져야 한다.

슬개골탈구는 보통 유전적 발달장애인 경우가 많고, 드물지만 외상에 의해 후천적으로 발생하기도 한다. 펜실베이니아 대학에서 실시한 연구에 따르면 슬개골탈구가 있는 고양이는 고관절이형성증의 발생 위험이 3배 이상 높을 정도로 두 질환은 연관이 있는 것으로 보인다.

치료 : 증상이 경미한 고양이는 체중 조절만으로도 좋아진다. 무릎관절을 단단하게

만들어 정상적인 운동을 가능하게 해 주는 다양한 정형외과적 수술도 있다. 슬개골 탈구를 치료하지 않고 방치하는 경우, 시간이 지남에 따라 무릎관절에 관절염이 발생한다.

관절염

관절염(arthritis)은 하나 혹은 그 이상의 관절에서 발생할 수 있다. 대부분의 경우 과도한 부하가 걸리거나, 변위되거나, 골절된 관절에서 발생한다. 관절이 완벽하게 들어맞지 않아 반복적으로 닳거나 손상되어 발생할 수도 있다. 손상 후 몇 개월이나 몇 년 뒤에 관절 주변의 뼈에 돌출부가 발생해 통증을 유발하고 행동에 제한이 생기기도 한다. 관절강에 노폐물이 쌓여 발생한 관절염으로 염증이 발생할 수도 있다. 또 일부 관절염은 면역매개성 관절 질환이나 관절 감염과 관계가 있다. 칼리시바이러스(100쪽 참조)도 일시적으로 염증성 파행을 유발할 수 있는데 대부분 저절로 회복된다. 이런 고양이 중 일부는 호흡기 증상도 함께 보인다.

골관절염(퇴행성 관절염)osteoarthritis(degenerative joint disease)
퇴행성 관절염 또는 퇴행성 관절 질환이라고 부르는 골관절염은 고양이에게 가장 흔한 관절염이다. 다만 개에 비해서는 덜 흔하고 증상도 상대적으로 경미하다. 퇴행성 관절 질환이 있는 고양이는 관절면을 덮고 있는 연골이 닳아 뼈의 표면이 거칠어져 관절이 손상을 입는다. 심한 압박을 받거나 탈구된 경우, 골절이 되었던 관절에서도 골관절염이 발생한다. 관절손상에 대해 조기 관리를 적절히 해 주면 파행과 같은 문제는 감소한다.

골관절염은 중년 시기부터 시작되지만 일반적으로 증상은 한참 뒤에 나타난다. 주로 다리가 뻣뻣해지거나 파행 증상을 호소하는데 파행은 자다 일어났을 때 더 악화되고 시간이 지남에 따라 완화된다. 아픈 관절 주변의 부종이나 다리 근육의 위축이 나타날 수 있다. 뛰어오르거나 도약하는 것을 꺼리기도 한다. 종종 다리의 불편함으로 인해 예민해지거나 행동상의 변화를 보이기도 한다. 차갑고 습한 환경은 통증과 근육 경직을 악화시킨다.

골관절염은 관절 엑스레이검사를 통해 인대와 관절낭이 부착된 뼈 주변의 염증을 확인하여 진단한다. 다양한 정도의 관절강의 감소 소견과 관절 주변 뼈 밀도의 증가가 관찰된다.

골관절염의 치료

골관절염은 완치가 불가능하다. 그러나 치료를 통해 고양이의 삶을 개선하는 것은 가능하다. 체중 조절은 관절의 부담을 덜어 준다. 고양이가 잠자고 쉬는 공간을 따뜻하게 해 주는 것도 도움이 된다. 관절염이 있는 고양이가 침대, 소파, 창턱과 같이 좋아하는 장소에 올라가기 쉽게 계단을 만들어 준다. 마사지, TTouch, 물리치료 등도 도움이 되고, 침술치료도 도움이 된다. 수영을 좋아한다면 수중 치료도 도움이 된다.

글루코사민-콘드로이틴 제품과 같은 관절 보호 보조제는 많은 고양이에서 관절 연골을 복구하고 추가적인 손상을 막는 데 효과가 있다. 심각한 증례에서는 통증을 경감시키고 기능을 향상시키기 위해서 진통제와 코르티코스테로이드 제제가 처방되기도 한다.

물리치료

무리하지 않은 운동은 근육량을 유지시키고 관절의 유연성을 보존하는 데 도움이 된다. 그러나 과도한 운동은 역효과를 낳는다. 관절염이 있는 고양이는 절대로 뒷다리로 서게 해서는 안 된다. 적절한 운동 프로그램(체중감량 포함)을 짜주는 수의 물리치료사도 있다.

과체중인 고양이는 비만(513쪽 참조)에서 설명한 바와 같이 체중을 감량시킨다. 체중증가는 골관절염 치료에 심각한 문제가 된다.

약물치료

통증과 염증 치료에는 다양한 약물이 사용된다. 약물은 반드시 수의사의 감독하에 사용해야 한다. 불행히도 이런 약물의 상당수는 개의 관절염 치료를 목적으로 개발되었기 때문에 고양이에게 위험하거나 독성을 유발할 수 있다. 사람용 약물도 마찬가지다. 특히 타이레놀(아세트아미노펜)은 절대 투약해서는 안 된다. 다행히 고양이는 통증이나 파행이 심한 경우가 흔치 않고, 심각한 장애를 유발하는 경우도 드물다.

관절 보호제

관절 보호제는 연골의 추가적인 파괴를 막아 골관절염의 진행을 늦춘다. 연골의 파괴는 골관절염 발생의 첫 번째 단계다. 때문에 관절 보호제는 초기에 사용할 때 가장 효과가 좋다.

관절 보호제는 건강기능식품(영양제와 약물의 중간)이다. 건강기능식품은 임상적인 연구자료가 부족하지만 효능에 대한 근거가 확립되어 의학적인 가치가 있는 것으로 여겨진다. 약물과 달리 건강기능식품은 승인 절차를 거치지도 않고, 정부의 규제를 받지도 않는다. 사람은 다양한 연구가 진행되었지만 개나 고양이의 연구는 제한적이다. 그러나 경험적인 연구에 따르면 관절 보호제는 관절염이 있는 고양이에게 의학적인 가치가 있다. 이 장에서 언급하는 많은 영양 보조제는 임상연구가 아닌 이런 경험적인 정보에 기초하고 있으며, 아직까지는 안전하고 효과적으로 보인다.

관절염 치료에 사용되는 건강기능식품은 대부분 글루코사민, PSGAG(polysulfated glycosaminoglycans), 콘드로이틴 황산 등으로 관절 연골의 생성 및 복구와 관련 있다고 알려진 성분을 함유하고 있다. 경구로 투여하며, 일부는 간식처럼 먹이기도 한다. 고양이는 소형 동물이므로 고양이를 위해 특별히 만들어진 관절 제품을 선택하는 것이 중요하다.

관절 보호제와 보조제

보조제	용도	부작용
초록입홍합 (*Perna cannaliculus*)	연골 보호 및 복구	최소
해삼, 대구껍질	연골 보호 및 복구	최소
콘드로이틴 황산	연골 보호 및 복구, 손상 예방, 통증관리	최소
글루코사민	연골 보호 및 복구	최소
MSM(methylsulfonylmethane)	유황 보조제, 통증관리	최소
PSGAG(polysulfated glycosaminoglycan) 주사로 투여	연골 보호 및 복구	최소(고양이에게 승인되진 않았으나 안전하게 사용되고 있음)
오메가-3 지방산	항염증 작용	최소
비타민 C와 비타민 E	항산화제	최소(과량투여는 독성 유발)
유향(boswellia)	항염증 작용이 있는 허브	최소
유카(yucca)	항염증 작용이 있는 허브로, 스테로이드 사포닌을 함유	최소

척추염spondylitis

척추염은 척추의 추체에 관절염이 발생한 것이다. 척추에 관절염이 생기면 뼈에 돌기가 생겨 신경을 압박한다.

세균이나 곰팡이가 척추뼈로 침입할 수 있으며, 척추뼈 사이의 추간판(디스크)으로도 침입할 수 있다. 강아지풀 같은 작은 풀 까끄라기가 많은 지역에 살거나 밖으로 외출하는 고양이에게 이런 문제가 흔하게 발생하는데, 피부를 통해 까끄라기가 침투될 수 있다. 드물긴 하나 과도한 양의 비타민 A를 섭취하는 경우에도 척추염이 발생할 수 있다.

고양이는 발열, 등의 통증, 체중감소 증상을 보이며 활력이 떨어진다. 대다수는 평상시와 달리 뛰어오르거나 달리는 데 어려움을 호소한다. 엑스레이검사, 혈액배양, 뇌척수액검사를 통해 진단한다.

치료 : 보통 장기간의 항생제나 항곰팡이 약물치료가 필요하다.

고양이 진행성 다발성 관절염feline progressive polyarthritis

고양이 진행성 다발성 관절염(고양이 만성 진행성 다발성 관절염이라고도 부름)은 다수의 관절에서 발생하는 염증이다. 이는 면역매개성 질환으로 고양이 백혈병과 고양이 세포융합 바이러스 감염과 관련되었을 가능성이 있다. 중성화 여부와 관계 없이 수컷에서 발생한다.

보통 1살 반에서 5살 사이에 시작된다. 발의 뼈는 물론 앞발목관절과 뒷꿈치 부위에서 가장 많이 발생한다. 두 가지 형태가 있는데 경미한 경우는 관절 주변에 새로운 뼈가 형성되어 관절의 가동성을 감소시키고 통증을 유발한다. 심각한 경우는 연골이 닳아 없어지며 뼈가 민감해져 극심한 통증을 유발하고, 관절에 열과 부종을 동반한다. 초기에는 다리를 옮겨다니면서 증상이 나타난다. 일반적으로 엑스레이검사로 진단하지만 관절활액검사가 필요할 수도 있다.

치료 : 면역반응에 의한 염증을 감소시키기 위해 프레드니솔론과 같은 코르티코스테로이드 제제를 사용한다. 약물을 투여해도 진행은 계속된다. 일부 고양이는 시클로포스파미드 같은 강력한 면역 조절제가 필요할 수 있다. 결국에는 많은 고양이가 극심한 통증으로 인해 안락사에 처해진다.

패혈성 관절염septic arthritis

패혈성 관절염은 관절의 감염과 관련이 있다. 관절을 뚫고 들어가는 교상으로 인해 깊숙한 부위의 세균 감염이 발생하는 경우가 많다. 고양이는 개에 비해 더 잘 발생한다.

치료 : 골수염(364쪽 참조)에서와 비슷하게 치료한다. 관절 세척도 치유를 촉진하는 데 도움이 된다. 장기간의 항생제 투여가 필요하며 관절액을 배양하면 가장 효과적인 항생제를 처방할 수 있다.

대사성 뼈 질환

부갑상선장애 parathyroid disorder

부갑상선은 목에 있는 갑상선 옆에 위치한 4개의 작은 샘 조직이다. 부갑상선이 분비하는 호르몬 PTH(parathyroid hormone, 부갑상선호르몬)는 뼈의 대사와 혈중 칼슘 농도 조절에 필수적인 역할을 한다. 혈중 칼슘 농도가 낮아지면 부갑상선은 더 많은 PTH를 분비하여 뼈로부터 칼슘을 흡수하여 혈중 칼슘 농도를 올린다. 혈중 인 농도가 높아도 PTH의 분비를 자극할 수 있다. 이와 같이 낮은 칼슘 농도나 높은 인 농도는 혈중 PTH의 과잉분비를 유발한다. 이를 방치하면 뼈는 탈미네랄화(무기질이 빠져나가게)되고 얇아지며 종종 엑스레이상에 낭성변화(뼈에 작은 구멍이 생김)를 보이기도 한다. 가벼운 충격에도 골절이 발생할 수 있다.

비정상적인 부갑상선 대사는 여러 질환과 관계가 있다.

부갑상선기능저하증 hypoparathyroidism

부갑상선호르몬의 수치가 낮은 것은 거의 갑상선기능항진증(531쪽 참조) 수술로 인해 부갑상선을 함께 제거하는 경우에 발생한다. 이렇게 되면 혈중 칼슘 농도가 낮고 근진전 증상(근육 떨림)을 보이기도 한다.

치료 : 경구용 또는 정맥용 칼슘 보조제를 투여한다. 많은 고양이가 시간이 지남에 따라 약물 투여에 의해 상태가 호전되지만 수술 직후에는 상태가 위중할 수 있다.

원발성 부갑상선기능항진증 primary hyperparathyroidism

과도한 호르몬을 분비하는 부갑상선 종양에 의해 드물게 발생한다. 보통 양성 선종이며, 나이 든 고양이에게 관찰된다.

치료 : 종양이 발생한 부갑상선을 수술로 제거하는 것이 유일한 치료방법이다.

신성 속발성 부갑상선기능항진증 renal secondary hyperparathyroidism

만성 신장 질환의 결과로 인이 축적되어 발생한다. 혈중 인 농도가 높아지면 부갑상선을 자극해 과도한 양의 PTH를 분비한다. 영양 속발성 부갑상선기능항진증(372쪽 참조)에서와 같이 뼈에 영향을 끼친다. 하지만 신부전의 주요 증상이다.

치료 : 신부전(381쪽 참조)에서 설명한 바와 같이 신장 질환을 교정하는 쪽으로 치료가 이루어진다.

영양 속발성 부갑상선기능항진증nutritional secondary hyperparathyroidism

이 영양성 뼈 질환은 주로 심장, 간, 신장과 같은 내장기관 성분의 고기를 먹어 발생한다. 이런 음식에는 인이 너무 많고, 칼슘과 비타민 D는 너무 적다(비타민 D는 소장에서 칼슘을 흡수하는 데 필요하다).

새끼 고양이는 성장과 발달을 위해 다량의 칼슘을 필요로 하므로 특히 위험하다. 성묘의 칼슘, 인 영양 요구량은 496쪽에 있다. 새끼 고양이가 고기만 먹고 자란다면 과량의 인을 섭취하고 칼슘은 충분치 않을 것이다. 이런 결과로 부갑상선의 과잉활동이 일어나게 된다.

증상은 새끼 고양이가 약 4주간 고기 성분이 많은 음식을 먹은 뒤에 나타난다. 고양이는 잘 움직이지 않고, 걸음걸이가 부자연스럽고 뒷다리의 파행이 관찰된다. 종종 앞다리가 구부러지기도 한다. 뼈가 얇아져 골절이 쉽게 발생할 수 있는데 종종 다발성으로 발생하며 급속히 회복되어 모르고 지나치기도 한다. 고기 성분의 음식은 충분한 칼로리를 제공하므로 대사성 뼈 질환에도 불구하고 외견상으로는 영양 상태가 양호하고 건강한 피모를 가진 경우가 많다.

골다공증(osteoporosis)은 방금 설명한 질환이 성묘에서 나타나는 형태다. 다른 영양소 섭취는 부실한 반면 다량의 고기를 먹는 노묘에게 발생한다. 골다공증을 유발할 수 있는 다른 식이적 원인은 채식식단, 개 사료 급여, 사람 음식 위주의 식단 등이다.

성묘의 경우 칼슘 요구량은 새끼 고양이보다 낮고, 뼛속에 더 많은 칼슘을 보유하고 있으며, 뼈의 탈미네랄화도 더 오래(5~13개월) 걸린다. 탈미네랄화의 첫 번째 증상은 치근이 노출되며 턱뼈가 얇아지는 것이다. 느슨해진 치아는 나중에 빠진다.

치료 : 식이적인 교정이 필요하다. 성장기의 새끼 고양이와 성묘 모두의 영양 요구량을 만족시킬 수 있는 식단에 대해서는 18장에서 다룬다. 특정 결핍 증상으로 수의사가 처방하는 경우가 아니라면 칼슘과 비타민 D 보조제는 급여하지 않는다. 영양제 과잉투여는 결핍증만큼이나 위험할 수 있다(374쪽 참조).

영양 속발성 부갑상선기능항진증이 있는 새끼 고양이는 식단을 조절하는 동안 골절을 예방하기 위해 조용한 곳에 격리시킨다. 뼈의 기형은 영구적으로 남을 수 있으므로 조기에 발견하고 치료하는 것이 중요하다.

심한 치주 질환이 있거나 불균형한 식단이 고착화된 노묘는 수의사의 진찰을 받아야 하며 영양 보조제 급여를 고려한다.

영양장애

골연화증(구루병)osteomalacia(ricket)

구루병은 비타민 D 결핍에 의해 발생한다. 비타민 D는 장에서 칼슘과 인의 흡수를 활성화시키기 때문에 결핍될 수 있다. 고양이는 비타민 D의 일일 요구량이 매우 적어 (50~100IU) 발병이 드물다. 때문에 구루병으로 분류되는 증례는 대다수가 아마도 영양 속발성 부갑상선기능항진증에 기인한 것으로 보인다.

임상 증상으로는 갈비뼈와 흉골 연골이 만나는 관절 부위의 특징적인 확장 소견이다. 심한 경우 새끼 고양이는 다리가 활처럼 휘고 다른 성장기형이 발생할 수 있으며, 성묘는 골절이 발생하는 경우가 흔하다.

치료 : 영양 속발성 부갑상선기능항진증(372쪽 참조)에서와 동일하다.

황색지방증pansteatitis

이 질환은 비타민 E 결핍에 의해 발생한다. 고양이에서 가장 중요한 비타민 결핍질환 중 하나다. 젊은 고양이 혹은 과체중의 고양이에게 가장 많이 발생하는데, 과도한 양의 불포화지방산(특히 참치의 어두운색 고기 부분에 많다)을 섭취한 고양이에게 발생한다. 지방산은 비타민 E를 산화시키고 파괴한다. 참치맛 고양이 사료와 달리, 사람용 참치캔에는 비타민 E가 보충되어 있지 않다. 때문에 사람용 참치를 주식으로 먹는 고양이는 위험성이 크다.

석유를 원료로 한 헤어볼 보조제도 장에서의 비타민 E 흡수를 방해한다. 때문에 헤어볼 보조제는 식전과 식후 한 시간 정도 간격을 두고 투여한다. 때문에 이런 제품의 다수는 추가적인 비타민 성분을 보충하고 있다.

비타민 E 결핍증은 지방에 황색 색소 침착을 유발한다. 색소는 이물질처럼 작용해 염증을 일으킨다. 고양이는 열이 나고 먹거나 움직이지 않으며, 건드리면 통증을 호소한다. 주요 증상은 염증으로 인한 소화장애와 복부 지방의 변성이다. 황색지방증은 진단이 어려우나 음식 급여 이력을 상담하여 추정한다. 지방 생검검사로 확진한다.

치료 : 매일 적정량의 비타민 E 급여를 통해 좋아진다. 염증반응을 감소시키기 위해 코르티코스테로이드 제제를 투여할 수 있다. 완전히 회복되는 데 1~4주 정도 걸린다. 황색지방증은 영양학적으로 완벽한 음식을 급여하고 생선으로 만든 제품은 가끔씩 주는 것으로 예방할 수 있다.

비타민 과잉투여vitamin overdose

성장하는 새끼 고양이는 비타민과 미네랄 보조제가 굳이 필요하지 않다. 시판되는 고품질 사료는 사료를 주식으로 하는 고양이가 정상적인 성장을 할 수 있는 요구량의 비타민과 미네랄을 함유하고 있다. 성장과 발달을 위한 필요량을 넘어서는 비타민과 미네랄은 피모관리나 성장에 도움이 되지 않는다.

칼슘, 인, 비타민 D를 정상적인 이용량 이상 투여하면 되려 성장과 발달을 방해한다. 비타민 D 과잉은 뼈의 생성을 불균질하게 만든다. 칼슘 과잉도 폐, 심장, 혈관에 침착되어 조직의 탄력성을 저하시킨다.

고농도의 비타민 A는 관절이나 주변부에 뼈돌기를 유발할 수 있는데, 특히 목과 척추에 많이 생긴다. 이런 돌기는 관절운동의 유연성을 감소시키고 통증을 유발한다. 관절의 부종, 파행, 목과 허리의 통증, 피부 접촉 시 과민반응 등의 증상이 나타난다. 고농도의 비타민 A를 함유한 음식(간과 유제품)이 이런 문제를 유발한다. 식이교정을 하고 비타민 A 보조제를 중단하여 치료한다. 그러나 일단 뼈돌기가 형성되면 증상은 사라지지 않는다.

비타민과 미네랄 보조제는 임신 말기와 수유 중 암컷 고양이에게 가장 유용하며, 그 이후에는 항상 도움이 되는 것은 아니다. 식습관이 좋지 않은 고양이는 식이적 결핍 증상이 나타날 수 있으므로 어느 정도는 도움이 된다. 비타민 과잉투여와 관련한 합병증을 피하기 위해 모든 영양 보조제의 급여는 수의사의 처방을 따라야 한다.

근육의 질환

선천성 근육강직증myotonia congenita

운동을 멈춘 뒤에도 계속적으로 근육이 수축되는 유전적 결함이다. 새끼 고양이가 움직이기 시작할 때 처음으로 발견할 수 있는데 휴식 후에 더 심해진다. 걸음걸이가 매우 뻣뻣하고 다리가 과도하게 신장되어 고양이가 넘어지기도 한다. 종종 카펫 위를 걸으며 발톱이 걸리기도 한다. 비정상적인 울음소리를 내며 모든 활동이 근육의 비대증을 유발한다.

치료 : 근막을 안정화시키는 약물이 도움이 될 수 있으나 아직 시험 단계다.

버마고양이의 저칼륨성 근육병hypokalemic myopathy of Burmese cat

상염색체 열성 유전 결함으로 어린 버마고양이에게 나타난다. 증상은 보통 생후

3~4주에 관찰된다. 이런 고양이는 마비나 쇠약 증상을 보인 적이 있으며, 고개를 아래로 숙이려는 경향이 있다.

치료 : 식단에 칼륨을 보충하여 증상을 교정할 수 있다. 칼륨의 보충은 고양이가 칼륨대사를 스스로 조절할 수 있을 때까지 연장될 수 있다.

데본렉스의 유전성 근육병devon rex hereditary myopathy

또 다른 상염색체 열성 유전 결함으로, 어린 데본렉스에게서 관찰된다. 새끼 고양이는 생후 4~7주에 매우 낮은 운동내성을 나타내며 걷거나 배변을 볼 때에도 머리와 목을 아래로 숙인 자세를 취한다. 보통 거대식도증(연하장애와 관련된 식도의 확장)도 함께 나타난다.

치료 : 치료법이 없다. 대부분 생활을 잘 하지 못하며 수명도 짧다.

특정한 종류의 저칼륨성 근육병은 버마고양이에게 발생한다.

고양이 저칼륨성 다발성 근육병feline hypokalemic polymyopathy

혈중 칼륨 수치가 낮아 근육 전반이 쇠약해지는 병이다. 식단에 함유된 칼륨의 양이 너무 적거나 배뇨를 통한 다량의 칼륨 손실이 원인일 수 있다. 혈청 칼륨 농도가 낮은 고양이는 기운이 없고, 머리를 아래로 숙이며, 걸음걸이가 뻣뻣하고, 근육에 통증을 느낀다. 보통 식욕도 감소한다.

치료 : 음식이나 정맥주사를 통해 칼륨을 보충한다. 조기에 발견하는 경우 대부분 완전히 회복된다.

14장
비뇨기계

비뇨기계는 신장, 요관(수뇨관), 방광, 요도로 구성되며 수고양이의 경우 전립선도 포함된다. 신장은 한쌍으로 이루어져 있고, 마지막 갈비뼈 바로 아래 척추 쪽에 있다. 신장 옆에는 부신이라는 작은 기관이 붙어 있다. 각 신장에 있는 신우는 소변을 모아 요관으로 보내는 깔때기 역할을 한다. 요관은 골반을 지나 방광으로 연결된다. 방광에 모인 소변은 요도를 통해 방광목에서 몸 밖으로 배출된다. 요도 개구부는 수컷은 음경의 끝에, 암컷은 음부 주름 사이에 있다. 수컷의 요도는 정액의 통로로도 이용되는데 암컷의 요도보다 훨씬 좁다.

신장의 주요 기능은 체액, 전해질, 산염기 평형을 조절하고 대사산물을 배출하는 것이다. 이런 과정은 신장의 기본적인 기능 단위인 수백만 개의 네프론(nephron)을 통

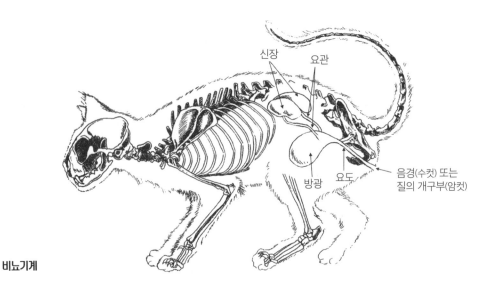

신장   요관

방광   요도

음경(수컷) 또는
질의 개구부(암컷)

해 이루어진다. 네프론은 사구체라고 불리는 구형의 얽힌 혈관으로 구성되는데, 사구체는 혈장의 노폐물을 걸러내고 세뇨관으로 이동시켜 수분과 전해질을 재흡수한다. 이렇게 농축된 액상의 노폐물이 바로 오줌이다. 네프론이나 세뇨관이 손상되면 신부전이 발생한다.

정상적인 오줌은 투명한 노란색인데 노폐물의 농축 정도, 적혈구와 같은 세포의 존재 여부, 전반적인 수화 상태, 다양한 약물, 음식, 질병 등에 의해 색깔이 달라진다.

배뇨는 중추신경계에 의해 조절되며, 배뇨 시기를 고양이 스스로 결정할 수 있다. 이는 성공적인 화장실 훈련의 기초가 된다. 일단 소변을 보기로 결정하고 나면 의식적으로 조절하는 것이 아니라 복잡한 척수반사 작용에 의해 방광을 비우는 행동을 한다.

요로기계 질환

요로기계 질환은 대부분 정상적인 배뇨에 문제가 생기는 것이다. 화장실을 잘 사용하던 고양이가 갑자기 배변을 가리지 못한다면 반드시 수의사의 진료를 받아야 하는 이유기도 하다. 다음과 같은 증상을 참고한다.

• **과도한 배뇨(다뇨)**. 정상적인 양의 소변을 자주 보는 것은 신장의 문제를 의미한다. 고양이는 보상적으로 많은 양의 수분을 섭취하고 다량의 소변을 볼 것이다. 때문에 음수량이 늘어난 것을 먼저 발견할 수 있다. 당뇨병과 갑상선기능항진증도 과도한 다음 다뇨 증상을 유발하는 원인이다.

• **소변을 보지 않음(무뇨)**. 소변을 전혀 보지 못하는 상태다. 고양이가 소변을 볼 수 없으면 치명적인 독소가 몸속에 축적되어 요로폐쇄가 일어나거나 심각한 신부전에 이를 수 있다.

• **고통스런 배뇨(배뇨곤란)**. 소변을 보는 동안 오랫동안 배뇨 자세를 취하거나 힘을 주는 등 어려움을 겪는 상태다. 여러 차례의 배뇨 시도에도 불구하고 실패하거나 점액, 혈액 찌꺼기, 혈뇨 등을 배출하기도 한다. 비정상적으로 많은 시간을 생식기 주변을 핥는 데 할애하기도 한다. 하복부의 통증이나 부종이 관찰된다면 방광이 비정상적으로 부푼 상태일 수 있다. 고양이는 때때로 화장실이 아닌 곳에 배뇨 실수를 하기도 한다. 욕조나 세면대 등이 흔히 실수하는 장소다.

• **피가 섞인 오줌(혈뇨)**. 배뇨 시 통증을 느끼며 소변의 첫 부분에서 혈액이 관찰되는 경우 요도나 방광의 문제일 수 있고, 배뇨 시 통증이 없는 균일한 혈액성 소변은 신장 질환일 수 있다.

• **요실금.** 자발적으로 배뇨를 통제할 수 없거나 소변을 가리지 못하는 특징이 있다. 고양이는 소변을 자주 보며 오줌을 뚝뚝 흘리거나 평상시와 다른 장소에 소변을 본다. 증상이 겹치기도 하고 동시에 한 가지 이상의 원인이 있을 수도 있으므로 정확한 진단을 내리기가 쉽지 않다. 생리적인 요실금과 행동학적인 배뇨장애를 구분해야 한다. 이는 수의사에 의해 이루어지며, 행동학자가 참여한다면 더욱 도움이 된다.

소변의 채취와 검사

요로기계 질환을 진단하는 데 있어 실험실적 검사는 상당한 도움이 된다. 일반적인 검사로는 요분석, 혈액화학검사, 전혈구검사 등이 있다(564쪽 부록 C 참조). 검사를 하려면 고양이의 소변 샘플이 있어야 한다. 집에서 소변을 채취하는 방법은 다음과 같다.

- 화장실을 꼼꼼히 닦아 말린 뒤 화학적 영향이 없는 재질로 화장실을 채운다. 스티로폼, 수족관용 자갈(소변이 흡수되거나 섞여서는 안 된다), 동물병원에서 구할 수 있는 No-Sorb라는 특수한 모래 등이 있다.
- 고양이가 배출한 소변을 깨끗한 밀폐형 플라스틱 혹은 유리 재질의 용기에 담는다. 용기는 소변을 담기 전에 깨끗하게 닦아서 말린다.
- 필요한 경우, 샘플은 밀폐 상태로 냉장고에 보관한다. 소변 샘플은 두 시간 이내에 동물병원에 가지고 간다. 시간이 지나면 소변의 결정검사 결과가 부정확해질 수 있다.

한 마리 이상의 고양이를 기른다면 질환이 있는 고양이를 별도의 화장실과 함께 격리시켜야 할 수도 있다.

수의사로부터 소변검사 용지를 받아 집에서 pH 검사를 해야 한다면 지시사항을 정확히 따른다.

다양한 건강 상태를 확인하는 데 쓰이는 진단용 모래도 있다. 소변의 pH 변화에 따라 색이 변하거나 소변의 요당을 알려주거나 혈뇨 여부에 대한 정보를 제공한다.

고양이에게서 채취한 소변 샘플은 멸균 상태가 아니므로 배양에는 적합하지 않다. 멸균 상태의 소변은 수의사만 채취할 수 있다. 수의사는 멸균된 카테터를 고양이의 방광에 삽입해 소변을 채취하거나 멸균 상태에서 복벽을 통해 소변을 채취한다(방광천자).

소변배양, 초음파검사, 복부방사선검사와 같은 추가적인 검사를 해야 할 수도 있다. 신우조영술은 정맥을 통해 혈류 내로 조영제를 투여하여 엑스레이로 검사하는 방법으로, 조영제가 신장을 통해 배설되므로 요로 전반을 직접 확인할 수 있다. 방광조영술은 요도 카테터를 이용해 방광 안으로 조영제(양성 방광조영)나 공기(음성 방광조영)를 주입해 엑스레이검사를 하는 방법이다. 경우에 따라 CT 검사, 탐색적 개복술, 조직생검과 같은 선별적인 검사가 필요할 수 있다.

신장

신장 질환의 많은 증상은 다른 요로기계 질환과 유사하지만, 약간의 차이가 있다. 신장 질환이 있는 고양이는 다음의 증상이 나타날 수 있다.

- 음수량과 소변량의 증가(다음증 및 다뇨증)
- 화장실 밖에 소변 보기
- 소변량의 감소 또는 무뇨증
- 혈뇨
- 구토
- 메슥거림에 의한 식욕저하
- 체중감소
- 등 아래쪽의 통증
- 웅크리고 앉아 있거나 뻣뻣한 자세로 걷기
- 거친 피모(그루밍 감소로 인한 영향도 있음)
- 입 안의 궤양 및 침흘림
- 고혈압(망막손상과 관련이 있을 수 있음)
- 빈혈

신우신염pyelonephritis

신우신염은 신장과 신우(집뇨체계)의 세균 감염이다. 일반적으로 방광 감염이 역행하는데 때때로 혈액을 매개로 발생하기도 한다.

급성 신우신염은 발열, 구토, 신장 부위(등 아래쪽)의 통증으로 시작된다. 뻣뻣한 걸음걸이와 등을 구부린 자세가 특징적이다. 고양이는 흔히 혈뇨를 본다.

만성 신우신염은 잠복성 질환으로, 급성 감염의 증상을 나타내는 경우도 있고 그렇지 않은 경우도 있다. 질병이 장기간 지속되면 체중감소와 신부전 증상이 나타난다. 신장의 비가역적 변화가 일어나기 전에 진단되는 경우(정기 건강검진 시 발견되는 경우) 치료를 통해 합병증을 예방하거나 진행속도를 늦출 수 있다.

치료 : 고양이의 소변을 배양한다. 수의사는 세균배양 및 항생제 감수성 검사 결과를 바탕으로 항생제를 선택한다. 만성 신우신염은 최소 6주간의 치료를 받아야 하며, 동시에 식이요법이 필요하다. 대부분의 경우 수액처치가 필요한데, 동물병원에서 정맥수액을 맞거나 집에서 피하주사를 투여하는 방법이 있다. 신부전(381쪽 참조)을 참고한다.

신장염 및 신장증nephritis and nephrosis

신장염과 신장증은 신장에 반흔(흉터)을 형성하거나 신부전으로 발전할 수 있는 질환이다. 이런 질환을 갖고 있는 고양이는 혈압이 올라가거나 혈전이 생기기 쉽다. 정확한 진단을 위해 복부초음파검사와 신장생검이 필요할 수 있다.

신장염(nephritis)은 원인과 관계 없이 모든 신장의 염증을 말한다. 만성 간질성 신염이 가장 흔한데 하나의 질병에 의해서라기보다는 독성물질, 약물, 독소, 바이러스 등 다양한 원인이 복합적으로 작용한 결과다. 신장은 반복적인 손상에 의해 크기가 작아지고 흉터가 남는다.

사구체신염(glomerulonephritis)은 신장의 여과 기전에 영향을 미치는 염증성 질환이다. 고양이의 면역 기능과 관계가 있는데 고양이 백혈병, 고양이 전염성 복막염, 고양이 진행성 다발성 관절염, 특정 종류의 감염이나 암과 관련이 있을 수 있다. 약 4살 내외의 고양이에게서 많이 발생한다.

아밀로이드증(amyloidosis)은 아밀로이드(섬유성 단백질)라고 불리는 물질이 고양이의 신장과 다른 장기에 침착되는 희귀질환이다. 이 질환은 유전적인 요인이나 특정 암과 대사장애 등에 의해 발생할 수 있다. 또한 아밀로이드증의 유형에 따라 소변에서 다량의 단백질이 검출될 수도 있고, 전혀 검출되지 않을 수도 있다. 치료는 일반적인 신부전 치료와 고혈압을 교정하는 것을 목표로 한다. 혈전 형성을 예방하기 위해 저용량의 아스피린을 처방한다. 아비시니안은 유전적 소인을 가지고 있다.

신장증(nephrosis)은 네프론이 파괴되어 신장세포가 기능을 상실하는 질병이다. 신장증후군이 있는 고양이는 신장의 여과과정에서 다량의 단백질이 걸러지지 못하고 소변으로 빠져나가 배출된다. 이로 인해 혈청 단백질 농도가 비정상적으로 낮아진다. 혈청 단백질은 체액이 혈류에서 조직으로 빠져나가지 못하도록 삼투압을 유지하는 역할을 한다. 낮아진 혈청 단백질로 인해 체액이 다리의 피하나(부종) 복강 안에(복수) 축적된다. 이런 증상은 우심부전의 증상과 유사한데(325쪽 참조), 두 질병은 실험실적 검사를 통해 감별할 수 있다. 결석 등으로 인한 요관폐쇄로 인해 발생하는 수신증은 소변을 신장으로 역류시켜 구조적으로 신장을 파괴한다.

치료 : 신장염과 신장증은 일반적으로 고양이가 신부전 증상을 나타내기 전까지는

알아차리기 어렵다. 스테로이드 제제와 특별한 처방식이 일시적으로 도움이 될 수 있다(382쪽, 신부전의 치료 참조).

신부전(요독증)kidney failure(uremia)

신부전은 신장이 혈액으로부터 대사산물을 제거하는 기능을 수행할 수 없는 상태를 말한다. 독성 산물이 쌓이면 요독증 중독 증상이 나타난다. 신부전은 급성으로 발생하기도 하고, 몇 주에서 몇 달에 걸쳐 서서히 발생하기도 한다. 만성 신부전은 죽음에 이를 수 있다.

급성 신부전(acute kidney failure)의 원인은 다음과 같다.
- 하부 요로의 폐쇄 : 고양이 하부 요로기계 질환(387쪽 참조)이나 선천성 방광 결함
- 복부의 외상 : 특히 골반골절과 방광 또는 요도의 파열을 동반한 경우
- 쇼크 : 급작스런 혈액의 손실 또는 급격한 탈수로 인한 경우
- 동맥혈전증(동맥이 혈괴로 인해 막힘) : 특히 양쪽 신장동맥이 폐쇄되는 경우
- 심부전 : 지속적으로 혈압이 낮고 신장으로 가는 혈류가 감소하는 경우
- 중독 : 특히 부동액이나 백합을 먹은 경우

만성 신부전(chronic kidney failure)의 원인은 다음과 같다.
- 신장염과 신장증 : 일반적으로 사구체가 아닌 세뇨관의 기능부전으로 인해 발생
- 전염성 질환 : 특히 고양이 전염성 복막염이나 고양이 백혈병
- 비스테로이드성 소염제(NSAID) : 특히 저혈압 시 사용한 경우(마취 등)
- 다양한 독소 : 장기간 혹은 고용량으로 투여 시 신장에 독성을 나타내는 항생제(폴리믹신 B, 겐타마이신, 암포테리신 B, 카나마이신 등), 중금속(수은, 납, 탈륨 등)
- 노화 : 노묘는 대부분 어느 정도의 신장기능부전을 가지고 있다.
- 갑상선기능항진증 : 만성 신부전과 갑상선기능항진증은 둘 다 노령성 질환이기 때문에 종종 동반하여 나타난다. 갑상선기능항진증 치료를 하는 과정에서 숨어 있던 만성 신부전을 발견하기도 한다.

신장 질환을 앓는 고양이는 네프론이 70%가량 파괴되기 전까지는 요독증 증상을 보이지 않는다. 때문에 증상이 없더라도 이미 상당한 정도의 손상이 진행되었을 수 있다. 신부전의 정도는 실험실 검사결과와 특정 지표의 진행 추이를 살펴보아 결정한다.

신부전의 첫 번째 증상 중 하나는 배뇨 횟수의 증가다. 고양이가 소변을 자주 보기 때문에 고양이의 신장이 제대로 활동하고 있다고 생각하기 쉬우나 실제로는 신장이

더 이상 수분을 효율적으로 보존할 수 없다는 것을 의미한다. 고양이는 하루에도 몇 번씩 화장실을 들락거려, 화장실이 더 빨리 더러워지기 때문에 화장실 밖에 소변을 보는 경우도 있다. 소변량의 증가는 보상작용에 의한 음수량 증가를 유발하여 고양이는 평상시보다 물을 더 많이 마실 것이다. 또한 소변이 농축되지 않아 묽기 때문에 방광과 신장은 세균 감염에 훨씬 더 취약해진다.

신장 기능이 계속 악화되면 고양이의 혈류와 조직 내에 암모니아, 질소, 산 및 다른 노폐물 등이 정체되기 시작한다(요독성 중독). 혈액화학검사를 통해 이런 대사산물의 정확한 수치를 확인할 수 있다. 신부전 말기의 고양이는 정상보다 적은 소변을 보거나 아예 소변을 보지 못하게 되며 상태가 급격히 악화된다.

요독증의 증상은 무기력, 활력부진, 식욕 및 체중 감소, 건조한 털, 혀 표면의 갈색 반점, 잇몸과 혀의 궤양 등이다. 숨쉴 때 암모니아 냄새가 나기도 한다. 구토, 설사, 빈혈, 위장관계 출혈 등이 일어날 수 있으며 결국 의식을 잃고 사망한다.

신부전을 진단하려면 다양한 검사가 필요하다. 초음파검사와 함께 엑스레이검사(일반/조영)가 중요하다. 혈액검사, 특히 혈중 독성 산물의 수치를 확인할 수 있는 혈액화학검사를 실시해야 한다. 많은 고양이가 BUN(혈액요소질소), 크레아티닌, 인 수치가 증가한다. 만성 신부전을 앓고 있는 고양이는 빈혈도 관찰된다.

요 분석을 통해 신장이 여전히 소변을 여과하고 농축시키는지 알아본다. 요침사검사*로 신부전의 원인을 추정할 수 있다. ERD-헬스스크린(ERD-HealthScreen)은 소변에 들어 있는 알부민 단백질(미세알부민뇨)을 조기에 탐지하는 검사법이다.** 신부전을 조기에 찾아내 치료하면 진행속도를 늦출 수 있다. 그러나 치은염과 같은 많은 염증 질환 상태에서도 미세알부민뇨가 나타날 수 있다.

치료 : 신부전에 걸린 고양이의 상태는 여러 요인에 의해 영향을 받는다. 수의사는 특별한 여러 검사를 통해 신장의 잠재적인 회생 가능성을 확인하고 정확히 진단할 것이다. 신장의 조직생검은 신장 문제의 정확한 원인을 찾아내는 데 필요할 수 있다.

급성 신부전은 네프론의 영구적 손상이 일어나기 전에 내재적 원인을 교정하는 경우 회복될 수 있다. 손상이 심한 경우 신장이 치유될 수 있는 기회를 주기 위해 혈액투석(보통 투석이라 부름)을 해야 한다. 투석은 급성 신부전, 중독증 치료를 위해 사용되는 경우가 가장 흔하고, 신장이식(384쪽 참조) 연구 과정에서도 이용된다. 투석은 치료비가 고가인 관계로 몇몇 2차 진료 기관에서만 가능하다. 투석기간 외에도 광범위한 내과적 치료가 필요하다.

만성 신부전은 대부분 신장에 비가역적인 손상이 장기간 지속된 고양이에게 발생한다. 하지만 이런 고양이도 적절한 치료가 이루어지는 경우, 수개월에서 수년 동안

* **요침사검사** 현미경을 이용해 소변 속에 가라앉은 세포나 물질을 확인하는 검사.

** 최근에는 신장 질환의 조기 진단을 위한 검사로 기존 크레아티닌 수치가 신장의 기능이 75% 손상되었을 때 상승하는 것과 달리 30~40%만 손상되어도 탐지가 가능한 SDMA 검사와 미세단백뇨를 측정하는 UPC 검사(Urine protein to creatinine ratio)가 널리 활용되고 있다._옮긴이 주

삶을 영위할 수 있다. 늘어난 소변량을 보상할 수 있도록 수분을 충분히 섭취시키는 것이 매우 중요하다. 항상 신선하고 깨끗한 물을 공급해야 한다. 많은 고양이가 체액 보충을 필요로 하는데, 동물병원에서 정맥으로 수액을 맞거나 집에서 피하수액으로 공급한다.

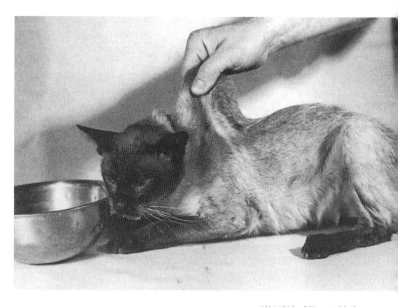

신부전이 있는 고양이는 심한 탈수로 인해 손으로 잡아당겨서 늘어난 피부가 제자리로 돌아가지 않는다.

요독증을 나타내는 고양이는 고급 단백질이 함유된 음식을 급여해야 하며, 신장을 통해서 배설되는 인산과 질소의 양을 최소화시키기 위해 전체 단백질의 총량을 낮춰야 한다. 동물병원에서 이런 처방식을 구입할 수 있다. 습식 사료가 수분 공급에 용이하므로 건조 사료보다 도움이 될 수 있다. 또한 수의사에게 적합한 홈메이드 식단에 대한 조언을 얻을 수도 있다.

수산화알루미늄 성분의 인 흡착제를 투여하는 경우라도 식단에서 인을 제한하는 것이 중요하다. 베토퀴놀(Vetoquinol)사의 이파키틴(Epakitin) 같은 제품은 맛이 좋은 분말형 인 흡착제. 그러나 이런 제품은 말기 신부전에는 금기인 칼슘을 함유하고 있으므로 주의한다.

요독증을 나타내는 고양이는 소변을 통해 다량의 비타민 B가 손실되므로, 비타민 B 보조제를 투여해 보충해 주어야 한다. 산염기 불균형을 교정하기 위해 중탄산염 정제가 처방되기도 한다. 칼륨의 보충도 필요할 수 있다. 신장은 비타민 D의 생산에도 중요한 역할을 하므로, 만성 신부전이 있는 고양이에게 칼시트리올(calcitriol)을 첨가해 주면 도움이 된다. 적합한 용량을 위해 수의사는 특별한 칼시트리올 제품을 추천하기도 한다.

구토 증상은 신장의 상태가 안정될 때까지 파모티딘, 라니티딘, 오메프라졸 등의 약물로 조절한다. 에리스로포이에틴(erythropoietin)은 오랜 신부전으로 인한 빈혈에 도움이 될 수 있다. 주로 사람 재조합형 에리스로포이에틴이 사용되는데 면역작용에 의해 적혈구가 파괴되거나 시간이 지나면서 다시 빈혈을 일으키기도 한다. 고양이를 위한 대체 약물*의 연구가 계속되고 있다.

고양이가 고혈압을 동반한다면 혈압을 낮추기 위한 치료도 필요하다(386쪽 참조).

요독증이 발생한 고양이는 쇠약해지며, 탈수상태에 빠지고, 충분한 물을 마시지 못하게 되면서 갑작스럽게 신체의 보상기전이 중단될 수 있다. 이런 상태를 요독증 위기(uremic crisis)라고 하는데 이런 고양이는 입원하여 적절한 정맥 수액 처치 및 전해질 공급을 통해 재수화시켜야 한다.

* 최근에는 빈혈 치료를 위해 에리스로포이에틴에 비해 항원반응이 더 적고 투여 횟수가 적은 다베포에틴(darbepoetin)을 선호한다. 옮긴이 주

가벼운 운동은 요독증을 나타내는 고양이에게 도움이 되지만 무리한 운동은 피한다.

신장이식kidney transplant

신부전 말기의 고양이에게 고려해 볼 만한 또 다른 방법은 신장이식이다. 고양이의 신장이식은 몇몇 전문기관에서만 시술되지만 최근에는 시술이 확대되고 있다. 사람 이식 환자처럼 이식 후 거부반응을 예방하기 위해 약물을 투여해야 한다. 이런 약물은 매우 고가며 부작용을 최소화하기 위해 용량을 신중하게 조절해야 한다. 또한 최근에는 고양이에게 이런 약물을 투여했을 때 당뇨병의 발생 위험이 높은 것으로 보고되고 있다.

미국의 경우, 현재 신장 기증묘를 찾는 방법은 보호소 고양이의 조직적합성 검사를 실시하는 것이다. 결과가 일치하면 보호소 기증묘의 신장을 기증받는다. 사람과 마찬가지로 고양이도 한 개의 건강한 신장으로 살아갈 수 있다. 이후 신장 기증묘는 남은 생애 동안 잘 돌보겠다고 동의한 수혜묘의 가정으로 입양된다.

종양tumor

신장 종양은 고양이에게는 흔치 않다. 림프육종이 가장 흔하며, 신장에 림프육종이 발병한 고양이의 약 절반은 고양이 백혈병 바이러스 양성 소견을 보인다. 때문에 신장에 신생물이나 종괴가 발생하면 내재질환으로 고양이 백혈병을 염두에 두어야 한다. 복부에 림프종이 발생한 고양이의 약 45%가 신장에 병변이 있으며, 그중 다수가 양측성으로 발생한다.

치료 : 백혈병 바이러스에 양성을 나타낸다면 예후가 좋지 않다. 신장에 림프육종이 있는 고양이는 화학요법을 시도해 볼 수 있으나 양쪽 신장에 모두 발병한 경우라면 예후가 나쁘다.

선천적 결함

낭포성 신장(다음에 나오는 385쪽, 다낭성 신장 질환 참조), 위치이상, 발달부전 등 선천적으로 신장의 기형을 가지고 태어나는 고양이도 있다. 이런 결함은 종종 생식기계의 기형과 함께 발생하며, 심한 경우 신생묘에게 죽음을 야기한다. 잘 살아남는 경우, 어느 정도 성장해 타고난 신장의 결함이 기능에 문제를 일으키기 전까지는 증상이 나타나지 않는다.

요로에 선천적인 폐쇄가 있는 경우 신장에 부종이나 감염이 발생할 수 있다. 특수한 검사를 통하지 않고는 이것이 선천적인 것인지 후천적인 것인지 구분하기 어렵다. 원인에 따라 치료방법도 달라지므로 전반적인 수의학 검사를 하는 것이 바람직하다.

치료 : 고양이의 한쪽 신장이 원활하게 기능한다면 손상된 신장을 수술로 적출할 수 있다.

다낭성 신장 질환PKD, polycystic kidney disease

다낭성 신장 질환(PKD)은 페르시안과 히말라얀 같은 페르시안 계열 또는 페르시안과 혈통이 섞인 고양이에게 발생하는 유전질환이다. 이런 혈통의 고양이 중 37%가 PKD 유전자를 보유하고 있다. 이 유전자는 우성 상염색체기 때문에 수컷과 암컷 모두에게 유전될 수 있으며, 하나의 유전자만 존재해도 발병할 수 있다. 고양이가 신부전의 임상 증상이 나타나는 시기는 정확히 예측하기 어렵다.

PKD를 가지고 있는 고양이의 신장 조직이 여러 개의 낭포로 대체되면서 신장의 크기도 커지는데 이 낭포들은 아무런 기능도 하지 못한다. PKD는 고양이가 나이를 먹으면서 함께 진행되는 경우가 많아, 대부분의 고양이가 7살 이전까지는 신부전 증상을 보이지 않는다. 엑스레이상으로 비대해진 신장이 탐지될 수 있으며, 경험 많은 시술자라면 초음파검사를 통해 생후 10개월의 새끼에게서도 약 90% 이상 진단할 수 있다. 드물게 생후 8주 된 새끼에게서 낭포가 탐지되기도 한다.

아주 어린 고양이라면 유전자검사를 받아볼 수 있다. 검사방법은 면봉으로 입 안을 긁어 세포를 채취하는 것이다. 유전자검사는 번식에 이용되는 모든 고양이에게 추천하며, 이 질병이 있는 고양이는 번식시켜서는 안 된다.

치료 : 치료방법은 신부전에서 이야기한 바와 같다(381쪽 참조).

신장결석과 요관결석

최근에는 신장결석으로 인해 이차적으로 발생하는 요관결석에 의한 요로폐색, 신부전으로 병원을 찾는 환자가 많다. 신장결석은 신장 안에 위치해 있을 때는 크기가 작은 경우 부분적인 염증을 유발하는 것을 제외하면 큰 문제가 되지 않는다. 하지만 결석이 신장과 방광을 연결하는 길고 가느다란 요관으로 들어가 걸리게 되면 큰 문제가 된다. 부분적 또는 완전한 요로폐색을 일으켜 신우를 확장시키고, 신장의 기능을 저하시켜 수신증(신장의 신우와 신배가 비정상적으로 확장되어 물이 차는 질환)과 급성 및 만성 신부전을 유발한다. 신속히 치료하지 않으면 위급한 상황에 처할 수 있다. 초음파 검사와 엑스레이 검사로 진단이 가능하다.

부분적인 폐색의 경우 수액 처치와 요관확장제로 결석의 이동을 유도한다. 실패할 경우 외과적인 치료가 필요하다.

예전에는 수신증이 발생한 신장을 적출하거나 요관의 결석 제거를 위해 요관을 직접 절개하는 요관절개술, 요관을 넓혀 주는 요관스텐트장착술 등이 주로 이루어졌으나 수술 부위가 협착되거나 소변이 누출되는 합병증이 문제가 되었다. 최근에는 피하요관우회술(SUB, Subcutaneous ureteral bypass)이 많이 시술되고 있다. 이는 신장과 방광에 인공 튜브를 직접 삽입해 요관을 대체하는 방법으로 수술이 상대적으로 간단하고 지속적인 관리가 가능한 장점이 있다. 다만 정기적으로 튜브를 세척하는 등의 사후 관리가 중요하다._옮긴이 주

고혈압high blood pressure

고양이의 고혈압은 보통 이차적인 문제다. 고혈압의 가장 흔한 원인은 만성 신부전이다. 다양한 연구에 따르면 신부전을 앓고 있는 고양이의 20~61%가 고혈압이다. 두 번째로 흔한 원인은 갑상선기능항진증(531쪽 참조)으로, 갑상선기능항진증을 앓고 있는 고양이의 87%가 고혈압을 가지고 있다.

고양이의 정상혈압은 약 124mmHg지만 노묘는 보통 이보다 혈압이 높다. 하지만 혈압이 150 이상을 넘어서는 경우라면 신중하게 검토해야 한다(고양이의 동맥은 매우 작기 때문에 수축기 혈압을 활용하여 측정한다).

혈압이 높은 고양이는 눈, 신장, 심장, 신경계에 손상을 입을 수 있다. 이 장기들은 혈류 공급이 적절하게 이루어지지 못하면 지장을 받을 수 있기 때문이다. 어떤 고양이는 망막에 손상이 생기거나 갑자기 시력을 잃으면서 처음으로 고혈압 진단을 받기도 한다. 심잡음을 동반하는 심장비대가 관찰되기도 한다.

신부전과 고혈압은 서로 악영향을 미쳐 신부전의 진행속도를 가속화시킨다. 운동실조나 발작과 같은 신경 증상도 고혈압에 의해 이차적으로 발생할 수 있다.

고혈압은 앞다리나 꼬리 기저부에 작은 커프를 감아 혈압을 측정하여 진단한다. 맥박을 확인하기 위해 부가적으로 초음파 탐지자를 사용하기도 한다.

치료 : 에날라프릴 같은 ACE 억제제와 암로디핀 등의 칼슘 채널 차단제를 사용해 치료한다(두 가지 모두 사람에게도 쓰는 약물이다). 급성 고혈압인 경우 혈압을 빨리 떨어뜨리는 니트로프루시드나트륨(sodium nitroprusside) 치료가 필요할 수 있다. 이런 경

우 혈압이 너무 떨어져 뇌로 가는 혈류량이 부족해질 수 있으므로 주의 깊게 모니터 링해야 한다. 고혈압이 있는 고양이는 정기적인 검사를 통해 약물치료가 원활히 이루 어지고 있는지 평가한다. 일단 고혈압이 조절되면 손상된 시력이 저절로 개선되는 경 우도 있다.

고양이 하부 요로기계 질환
FLUTD, feline lower urinary tract disease

고양이 비뇨기증후군(FUS, feline urologic syndrome)이라고도 부르는 고양이 하부 요 로기계 질환은 고양이의 하부 요로기계에 영향을 미치는 가장 흔한 이상이다. 하부 요로기계에는 방광, 방광 괄약근, 요도가 포함되는데 이 기관 중 하나라도 문제가 생 기면 고양이 하부 요로기계 질환이 발생할 수 있다. 방광의 염증을 뜻하는 방광염도 이런 증상에 흔히 사용되는 용어긴 하나, 방광염은 방광에 문제를 가지고 있는 경우 로 그 의미를 한정시켜야 한다.

하부 요로기계의 문제는 모든 고양이에게 발생하는 것은 아니지만 많은 고양이 보 호자들이 상당히 걱정하는 주요한 건강상의 문제다. 고양이 하부 요로기계 질환의 재 발률이 50~70%에 이르는 것도 그런 이유 중 하나다. 고양이 하부 요로기계 질환은 모든 연령에서 발생할 수 있으나 주로 1살 이상에서 많이 발생한다. 성별에 관계없이 발생하지만, 해부학적으로 요로의 폐쇄가 수컷에서 더 일어나기 쉽다. 활동량이 적어 배뇨 횟수가 적고, 물리적으로 배뇨가 방해받을 수 있는 비만 고양이에게 더욱 흔히 발생한다.

고양이 하부 요로기계 질환의 증상은 오랫동안 쪼그려 앉아 배뇨 자세를 취하는 행 동, 화장실을 자주 들락거리면서 때때로 소변을 보지 못하는 경우, 빈뇨, 혈뇨, 엉뚱한 곳에 소변을 보는 행동(화장실을 통증과 연관지어 생각해서 화장실에 가지 않음), 생식기 를 지나치게 핥는 행동, 소변을 보며 소리내어 우는 행동 등이다.

고양이 하부 요로기계 질환은 고양이 요로기계 증상의 거의 대부분이 나타난다(배 뇨곤란, 혈뇨, 무뇨). 고양이 하부 요로기계 질환의 증상은 방광이나 요도의 감염을 의 심하게 만든다. 그러나 연구에 따르면 대부분의 증례에서 적어도 질병 초기에는 세균 감염이 관찰되지 않았다. 때문에 수의사는 고양이의 요로기계 증상과 관련한 세균 감 염의 연관성을 재고해야 한다. 다음은 이와 관련해 고려해야 하는 사항이다.

- 고양이 요도의 말단부에는 정상세균총이 있다. 때문에 방광이 무균 상태라 하

더라도 자연배뇨를 통해 요를 배양하면 세균이 자라난다. 요도 카테터나 방광 천자를 통한 소변배양이 보다 정확하다.

- 고양이의 정상 요도와 방광점막은 유해한 세균을 파괴하는 항체와 면역물질을 함유하고 있다. 방광을 비우는 과정은 하부 비뇨기계를 씻어내고 통로를 깨끗하게 유지하는 역할을 한다.
- 요관과 방광 접합부의 판막은 감염된 소변이 신장 쪽으로 역류하는 것을 방지한다.
- 고양이의 농축된 소변에는 산, 요소 외에도 대다수 세균의 생존을 방해하는 물질이 들어 있다. 희석뇨에서는 세균 성장이 상대적으로 더 용이할 수 있다. 그러나 너무 심한 농축뇨는 침전물로 인해 오히려 고양이 하부 요로기계 질환이 발생하기 쉽다.
- 고양이 하부 요로기계 질환의 증상은 좋아졌다 나빠졌다를 반복한다. 때문에 항생제 치료에 반응을 보이는 듯하지만, 때론 항생제 치료 없이도 증상이 사라진다.

국소면역이나 정상적인 방광 기능이 파괴되면 유해 병균의 침입이 용이해져 요로기계의 감염이 발생할 수 있다. 이런 면역력 약화를 야기하는 원인은 다음과 같다.

- 반복적인 요로폐쇄 : 요도에 상처를 입히고, 나아가 방광 입구의 폐쇄를 유발한다.
- 반복적인 요도 카테터 삽관 : 요도점막을 손상시키고 방광 내의 세균 감염을 유발할 수 있다.
- 방광의 종양이나 신생물, 요도의 협착 : 배뇨에 의한 요로세정 효과를 반감시키고, 세균 번식이 가능한 잔뇨를 남겨놓는다.
- 이전의 요로기계 감염 : 조직을 손상시키고 국소 저항력을 떨어뜨린다. 요로 감염이 있었던 고양이는 재발되기 쉽다.
- 암컷 고양이 : 암컷은 요도가 짧고 넓어 수컷에 비해 질이나 분변 오염에 의한 상행성 요로 감염이 쉽게 발생한다.

요약하면 고양이의 하부 요로기계 질환이 반드시 감염을 의미하는 것은 아니다. 감염은 고양이의 정상적인 방어기전이 손상을 입고 세균의 침입이 가능한 상태가 선행되어야 한다. 일단 감염이 발생하면 재발이 흔하다. 일부 요로 감염은 많이 사용하는 항생제에 내성이 있을 수 있으므로, 소변배양과 항생제 감수성 검사가 필수다. 반복적인 재발을 막기 위해 초기에 문제를 정확히 바로잡는 것이 중요하다.

고양이 하부 요로기계 질환의 원인

고양이가 고양이 하부 요로기계 질환에 걸리는 원인은 다양하다. 모든 경우를 설명하긴 어렵지만 알려진 바는 다음과 같다.

- 고양이 하부 요로기계 질환은 진흙이나 모래알처럼 보이는 물질이 요도를 막아 발생하는데 이 물질은 주로 소금알갱이 크기의 스트루바이트(magnesium ammonium phosphate)와 점액질로 이루어져 있다. 스트루바이트가 요도 찌꺼기의 대부분을 차지하긴 하나, 다른 종류의 결정이 발견되기도 한다. 점액질, 혈액, 백혈구가 주성분을 이루는 경우도 있다.

- 고양이 하부 요로기계 질환은 요로결석(결정 혹은 결석)과 관련이 있을 수 있다(394쪽 참조). 요로결석의 종류는 고양이의 식단과 소변 pH 등에 따라 다양하다. 가장 흔한 두 가지 결석은 스트루바이트와 칼슘옥살레이트(옥살산칼슘)다. 고양이에서 요로결석의 형성에 영향을 주는 요인으로는 함께 발생한 세균 감염, 지저분한 화장실로 인한 배뇨 횟수 감소, 신체활동 감소, 수분 섭취량 감소, 건조 사료 단독 급여 등이다.

- 고양이의 소변은 정상적으로 약산성을 띤다. 소변이 알칼리화되는 데는 음식의 종류와 요로의 세균 감염 여부가 영향을 줄 수 있다. 산성뇨는 세균을 억제하는 특성이 있다. 그러나 산성뇨를 보는 고양이도 고양이 하부 요로기계 질환이 발생할 수 있는데, 이런 경우 칼슘옥살레이트 요로결석이 있을 수도 있다. 요도에 결석이 걸린 경우 요로폐쇄가 일어나 생명을 위협할 수 있다.

- 세균성 방광염(392쪽 참조)과 요도염(요도의 염증)은 오랫동안 고양이 하부 요로기계 질환의 근본 원인으로 생각되어 왔다. 최근 연구에 따르면 대부분의 증례가 세균과 관련이 없으며, 적어도 초기에는 더욱 그렇다. 그러나 세균성 방광염은 매우 중요한 재발 원인일 수 있다. 또한 감염으로 인해 요로폐쇄 가능성이 높아질 수 있음을 명심해야 한다. 항생제 내성으로 인해 감염이 재발할 수 있으므로 치료에 앞서 소변배양을 해야 한다.

- 식단과 수분 섭취도 관련이 있는 것으로 생각된다. 건조 사료를 먹는 고양이는 음식에 수분이 상대적으로 적으며 변을 통해 더 많은 수분이 손실된다. 추측하건대 건조 사료는 소변을 더욱 농축시키고, 그 결과 더 많은 침전물이 생길 수 있다. 건조 사료만 먹는 고양이는 소변을 자주 보지 않기 때문에 요로로부터 침전물과 세균을 효과적으로 씻어내기가 어렵다.

- 스트레스도 무균성(세균배양 결과가 음성) 발병의 원인이다. 집 안에서의 정서적 혹은 신체적 변화와 관련하여 배뇨곤란의 증상이 더 심해지기도 한다.

요약하자면 어떤 가설도 고양이 하부 요로기계 질환의 모든 증례를 설명하진 못한다. 수분 섭취의 감소, 마그네슘이나 칼슘과 같은 결정전구물질을 다량 함유한 식단, 소변의 pH는 물론 아직까지 알려지지 않은 요인에 의해서도 발생할 수 있다. 세균 감염이 확인된다면 증상이 재발되는 중요한 원인이 될 수 있다.

요도폐쇄urethral obstruction

요도폐쇄는 처음 발생한 고양이 하부 요로기계 질환에서, 혹은 이후에 재발된 경우에도 발생할 수 있다. 요도가 부분적으로 또는 완전히 폐쇄되면 아랫배가 팽만해지고 만졌을 때 통증을 호소한다. 고양이는 소변을 보기 위해 오랜 시간 애를 쓰지만 소변은 전혀 나오지 않는다.

암고양이의 요도는 지름이 넓어 결정이나 찌꺼기가 배출되기 쉬운 구조므로 수고양이처럼 폐쇄가 흔히 발생하지는 않는다. 하지만 암고양이도 요도결석에 의한 요로폐쇄가 발생할 수 있다.

상부 요로기계의 압력이 증가하면 신장은 소변을 만들어 내지 못하고, 노폐물이 혈액에 축적되면 요독증(독성 요소의 축적)이 발생한다. 고양이는 식욕을 잃고, 잘 움직이지 않으며, 구토 증상을 보이기 시작한다. 조치를 빨리 취하지 않으면 비가역적인 신장손상이 발생해 죽음에 이를 수 있다. 때문에 <u>가능한 한 빨리 폐쇄 증상을 완화시키는 것이 생명과 직결된다.</u> 고양이는 몸이 아프면 숨는 경우가 종종 있음을 명심한다. 때문에 고양이 하부 요로기계 질환 증상을 보이는 고양이는 외출을 시켜서는 안 된다.

치료 : 요도가 막힌 고양이는 즉시 수의사의 진료를 받아야 한다. 요도폐쇄는 생명을 위협할 수 있는 응급상황이다. 요도가 막힌 수고양이는 종종 음경이 돌출되기도 하는데 엄지와 검지로 음경을 잡고 돌리듯이 마사지를 하면 막혀 있는 찌꺼기가 으깨어져 배출시키는 데 도움이 된다. 하지만 이렇게 찌꺼기가 일부 배출되었더라도 수의사의 진료가 필요하고 가능하면 입원치료를 추천한다.

찌꺼기가 제거되어 고양이가 소변을 볼 수 있게 되더라도 반드시 동물병원을 방문하여 필요한 치료를 받아야 한다. 배출된 찌꺼기나 결정을 분석하면 정확한 치료계획을 세우는 데 도움이 된다.

폐쇄 증상을 완화시키기 위해 수의사는 우선 방광천자*를 통해 방광을 비워 압력을

* 방광천자 가는 바늘을 통해 복벽을 통과하여 방광에서 직접 소변을 채취하는 방법.

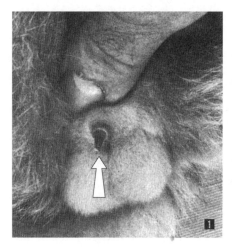
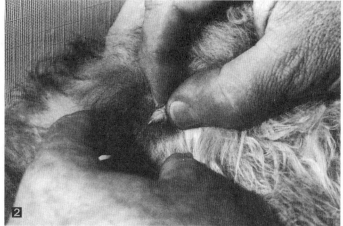

1 요도폐쇄가 발생한 고양이 음경 끝에 점액 찌꺼기가 보인다.

2 엄지와 검지로 음경을 잡고 돌려주듯 마사지하면 찌꺼기가 배출되어 통로가 깨끗해질 수도 있다. 찌꺼기가 일부 배출되었더라도 수의사의 진료가 필요하다.

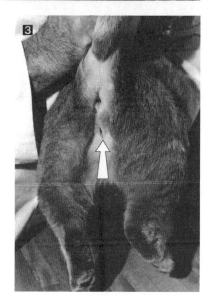

3 요도를 넓히기 위해 회음부 요도성형술을 실시해 음경 전체를 제거했다. 수술 후 고양이는 배뇨를 조절할 수 있다.

감소시킨다. 일단 방광의 소변을 비우고 나면, 신장이 다시 기능을 시작하고 진정에 앞서 정맥수액으로 상태를 안정시킬 수 있는 시간을 벌 수 있다. 폐쇄된 요도를 뚫으려면 진정이나 마취가 반드시 필요하다. 수의사는 폐쇄된 요로를 뚫기 위해 얇고 부드러운 고무 재질이나 폴리에틸렌 카테터를 요도를 통해 방광으로 삽입할 것이다. 정맥수액은 지속적으로 수분을 공급하고 소변량을 증가시킨다. 방광의 감염을 예방하거나 치료하기 위해 항생제를 처방한다. 폐쇄가 해결된 후에도 고양이는 대부분 신장이 정상적으로 기능하고 소변을 정상적으로 볼 수 있을 때까지 며칠간은 정맥수액이나 피하수액이 필요하다.

동물병원에서 퇴원한 후에는 소변에서 발견된 결정의 종류에 따라 특수한 처방식을 급여해야 한다. 특히 스트루바이트 결정이 있는 고양이는 방광 내에 남아 있는 스트루바이트 결정이나 결석을 용해시키는 사료를 급여한다. 처방식은 마그네슘 함량이 낮고 소변의 산도를 정상적으로 유지하는 데도 도움이 된다. 남아 있는 결정과 결석을 완전히 용해하고 싶다면 처방식을 최소 1~2개월간 급여해야 한다. 그러나 이런 사료는 염도가 높아 재발이 심한 경우가 아니라면 일반적인 사료로는 적합하지 않다 (393쪽, 고양이 하부 요로기계 질환의 예방 참조). 처방식만 급여하는 것이 중요하다. 생선, 조개류, 치즈, 비타민-미네랄 제제, 사람 음식 등을 주어서는 안 된다. 이런 음식은 과량의 마그네슘을 함유하고 있으며, 소변을 알칼리로 만들 수 있다.

수의사는 고양이 소변의 pH를 체크하고, 현미경을 통한 스트루바이트 결정검사를 위해 집에서 소변을 받아올 것을 요청하기도 한다(378쪽, 소변의 채취와 검사 참조).

처방식은 칼슘옥살레이트와 같은 비스트루바이트 결정이나 결석의 재발을 예방하는 데도 어느 정도 도움이 된다.

만약 요도의 폐쇄를 해결할 수 없다면 확인된 결석의 종류와 관계 없이 수술이 고양이를 위한 최선의 선택일 수 있다. 수의사와 보호자의 상의가 필요하다. 수고양이의 경우 음경의 일부를 제거하여 요도의 입구를 넓혀 주는 수술을 실시하는데, 이를 회음부 요도성형술이라고 한다. 수술 후에 고양이는 배뇨를 조절하고 화장실을 사용할 수 있으나, 짧고 넓어진 요도로 인해 방광은 세균 감염에 취약해질 수 있다. 수술을 하면 작은 결석과 요도 찌꺼기는 폐쇄 없이 소변을 통해 잘 배출될 것이다.

방광염cystitis

방광염은 방광의 염증으로 고양이 하부 요로기계 질환과도 관계가 있다. 결석(요로결석), 종양, 세균 감염, 또는 특발성으로 염증이 발생할 수 있다. 방광염에 걸린 고양이는 소변을 조금씩 자주 본다는 점을 제외하고는 요로폐쇄가 있는 고양이와 유사하게 화장실을 자주 들락거리며 소변 보려는 자세를 취한다.

고양이의 특발성 방광염은 사람의 간질성 방광염과 비슷하다. 고양이는 자주 소변을 보고, 거의 소변에 혈액이 관찰된다. 세균이나 요로결석, 결정 등은 거의 관찰되지 않는다. 정확한 진단은 방광내시경(내시경으로 방광 상태를 직접 확인)이나 방광 생검을 통해 가능하다. 스트레스가 주요 원인으로 여겨지는데 스트레스로 인해 상태가 악화된다는 점에서 사람의 간질성 방광염과 매우 유사하다.

감염 여부를 감별한 뒤 감염이 되었다면 적합한 항생제를 선택하기 위하여 소변배양과 항생제 감수성 검사를 실시한다. 초음파검사와 엑스레이검사(조영제를 사용할 수도 있다)는 몇몇 질환을 확인하기 위해 필요하다. 특발성 방광염은 다른 원인이 배제되었을 때에만 진단을 내릴 수 있다.

치료 : 방광염이 있는 고양이 중 일부는 소변 정체로 인해 결석이나 요도 찌꺼기 등이 형성될 수 있다. 이런 고양이는 **결석**(394쪽 참조)이나 **요도폐쇄**(390쪽 참조)에 대한 치료를 받아야 한다.

대부분의 고양이는 특별히 치료를 하지 않아도 증상이 호전된다. 스트레스를 줄여 주면 치유가 빨라지거나 재발 가능성이 줄어든다. 고양이가 스트레스를 받는 원인에 대해 고양이 행동전문가의 도움을 받는 것도 좋다. 펠리웨이(feliway) 같은 항불안 호르몬 제품은 고양이를 안정시켜 주는 데 도움이 된다. 때때로 아미트리프틸린

(amitriptyline) 같은 항불안 약물을 처방하기도 한다.

글루코사민과 콘드로이틴 보조제가 방광의 점막을 보호함으로써 재발을 막는 데 도움이 된다는 연구도 있다. 건조 사료 대신 습식 사료를 급여하면 소변을 자주 보게 만들어 세균이나 결정이 방광 밖으로 배출될 수 있으므로 재발방지에 도움이 된다. 소변의 pH를 중성에 가깝게 만들어 주는 처방식을 먹이는 것도 좋은 방법이다. 진통제 등의 통증관리는 고양이를 한결 편안하게 만들어 준다.

고양이 하부 요로기계 질환의 예방

많은 고양이가 평소 식단으로 다시 돌아가면서 고양이 하부 요로기계 질환의 재발을 경험한다. 재발을 막기 위해 수의사는 6~9개월간 처방식을 급여할 것을 추천한다. 수의사는 증상이 사라지고 소변에 더 이상 결정이 발견되지 않음을 확인한 뒤 예방식으로 교체하도록 권할 것이다. 약 10일에 걸쳐 기존의 음식에 조금씩 양을 늘려가며 새로운 음식을 섞어 급여하는 방법으로 음식을 교체한다.

6~9개월 동안 증상도 없고 소변에서 결정도 발견되지 않았다면 수의사는 마그네슘을 약간 제한하는 식단이나 고양이의 상태에 따라 소변을 산이나 알칼리로 만들어 주는 처방식을 섞어 먹이도록 할 것이다. 노묘는 지나친 산성 식단은 좋지 않다. 크랜베리 보조제를 첨가해 주는 것도 방광을 장기적으로 건강하게 관리하기에 좋은 방법이다.

6개월마다 고양이의 소변을 검사해야 한다. 고양이에게 유지 식단을 급여하는 동안 새로운 증상이 발생하면 수의사는 다시 처방식 급여를 추천할 것이다.

소변 내 과도한 침전물이나 감염을 최소화할 수 있는 몇 가지 방법이 있다.

- 화장실을 깨끗하게 유지한다. 최소한 하루 2번 청소하고 모래에서 냄새가 나면 교체한다. 어떤 고양이는 지저분한 화장실 사용을 거부한다. 이는 자발적인 소변의 정체를 야기한다.
- 항상 깨끗하고 신선한 물을 마실 수 있는 환경을 만들어 수분 섭취량을 늘린다. 습식 사료를 먹이면 더 많은 수분을 줄 수 있다. 작은 분수나 수도꼭지에서 물이 똑똑 떨어지게 해 주는 것도 물을 더 많이 마시게 하는 데 도움이 된다.
- 비만을 예방한다. 18장에서 설명한 것처럼 음식 섭취를 제한하여 정상체중을 유지한다. 고양이와 함께 규칙적으로 놀아주면서 운동을 시킨다.
- 가능한 한 스트레스를 최소화한다.
- 방광 내벽을 보호하는 물질로 생각되는 글루코사민 보조제가 재발 방지에 도움이 된다.

- 간혹 고양이가 처방식을 먹지 않을 수 있다. 수의사에게 다른 음식이나 보조제, 직접 만드는 자연식 레시피 등을 추천받는다.

위의 방법으로도 예방이 되지 않고 고양이 하부 요로기계 질환이 반복적으로 재발하는 고양이는 총체적인 수의학적 검사를 통해 결석이나 요로의 다른 이상을 찾아내야 한다.

고양이 하부 요로기계 질환을 예방하기 위해 모든 고양이가 처방식을 먹어야 하는지 의문이 들 수 있다. 먹는 것과 상관 없이, 99%의 고양이는 고양이 하부 요로기계 질환에 걸리지 않는다는 점을 고려하면 음식 이외의 요인이 이 질환에 중요한 역할을 하는 것으로 생각된다. 때문에 모든 고양이가 일부 영양요소가 크게 제한된 처방식을 먹는 것은 적당하지 않다. 고양이의 상태에 따라 수의사와 식단에 대해 충분히 상의한다. 습식 사료를 먹는 것은 고양이 하부 요로기계 질환의 예방과 다른 많은 이유에서 바람직하다.

고양이 사료 제조사는 대부분 제품의 마그네슘 함량을 낮추고 요 산성화제인 L-메티오닌을 첨가하는데, 이 성분은 스트루바이트 결석이나 결정으로 인한 고양이 하부 요로기계 질환을 예방하는 데 도움이 된다. 고양이의 비뇨기계 문제에 있어 대부분의 식이적인 내용은 스트루바이트와 관련이 많지만, 많은 고양이가 칼슘옥살레이트 결석으로도 고생하므로 다른 치료계획이 필요할 수 있다.

결석(방광결석)uroliths(bladder stone)

고양이의 방광결석은 대부분 고양이 하부 요로기계 질환과 같은 증상을 유발한다. 요도를 틀어막는 작은 결정이나 결정형성물질이 마찬가지로 방광에서 결석을 형성한다. 결석은 지속적으로 감염이 있는 방광이나 부분적인 폐쇄가 발생한 방광에서 더 쉽게 만들어진다. 결석은 방광벽을 자극하고, 감염을 지속시키며, 고양이 하부 요로기계 질환의 증상을 일으킨다. 방광결석이 있는 고양이라도 소변검사 시 결정이 발견되지 않을 수 있다. 일부 고양이는 증상이 전혀 나타나지 않기도 한다.

가장 흔히 발생하는 결석은 스트루바이트(magnesium phosphate)와 칼슘옥살레이트(calcium oxalate)이며 이외에 다른 종류의 결석도 있다. 스트루바이트 결석 형성에 있어 가장 중요한 요인 두 가지는 소변의 높은 마그네슘 농도와 pH 6.8 이상의 알칼리뇨다. 칼슘옥살레이트 결석 형성의 주요 요인은 산성뇨, 마그네슘 함량이 낮은 식단 등이다.

암고양이는 스트루바이트 결석이 생기기 쉬운데, 특히 1~2살의 고양이에게 발생률이 높다. 그러나 생후 1개월 미만의 갓 태어난 새끼 고양이나 20살 이상의 노묘에게서도 스트루바이트 결석이 발견될 수 있다. 칼슘옥살레이트 결석은 수고양이에게서보다 빈번히 발생하는데, 특히 10~15살의 중성화된 고양이에게 많이 발생한다.

고양이 결석에 대한 일반사항	
스트루바이트	칼슘옥살레이트
암컷	중성화된 수컷
1~2살	10~15살
	페르시안, 히말라얀, 버마고양이
알칼리뇨	산성뇨
전체 요로결석의 약 50%	전체 요로결석의 약 39%
전체 요도 플러그의 85% 이상	전체 요도 플러그의 15% 이하

칼 오스본 박사에 의해 설립된 미네소타 수의과대학 부설 미네소타 결석 센터는 고양이의 요로결석 연구로 유명하다. 이 센터는 고양이로부터 제거한 결석을 분석하고 연구한다. 1981년부터 2002년까지의 통계를 보면 스트루바이트 결석은 98%에서 33%까지 감소하였다. 이는 소변을 산성으로 만드는 고양이 사료 성분의 변화에 기인한 결과로 보인다.

반면 칼슘옥살레이트 결석은 2%에서 55%로 증가하였다. 2002년 이후 몇 년 동안 연구소가 의뢰받는 결석의 총량에서 두 종류의 결석이 차지하는 비율은 비슷한 수준이 되었다. 최근에는 스트루바이트 결석이 다시 증가하는 추세다.

요도 플러그의 내용물은 스트루바이트가 85% 이상에 이를 만큼 꾸준히 압도적인 비율을 차지하고 있다. 요로결석과 요도 플러그의 구성물이 일치하지 않는 이유에 대해서는 아직 알려진 바가 없다.

치료 : 스트루바이트 결석은 고양이 하부 요로기계 질환(387쪽 참조)에서 설명한 방법과 같이 조치하면 보통 1~3개월 내에 용해된다. 결석의 용해 상태를 검사하기 위해 정기적으로 복부 엑스레이검사를 실시한다. 세균 감염은 **방광염**(392쪽 참조)에서 설명한 바와 같이 치료한다.

용해되지 않는 결석은 수술을 통해 제거한다. 칼슘옥살레이트 결석은 거의 수술로 제거해야 한다. 치료 후에도 고양이 하부 요로기계 질환의 예방(393쪽 참조)에서 설명한 바와 같이 관리해야 한다. 식이관리는 결석의 종류에 따라 다양하다. 적합한 치료

결석 성분분석은 국내 모든 동물병원에서 간편하게 의뢰할 수 있다. 보통 국내 검사기관을 통해 검사가 실시되며 일주일 이내로 결과를 받아볼 수 있다. 미네소타 결석 센터로도 검사 의뢰를 할 수 있다._옮긴이 주

방향을 설정하기 위하여 연구소로 결석 성분분석을 의뢰한다. 미네소타 결석 센터는 추천할 만한 연구소다.

요실금urinary incontinence

요실금은 자발적인 조절 능력의 상실로 소변을 가리지 못하는 비정상적인 배뇨 행동이다. **부적절한 배뇨**(400쪽 참조)에서 다룬 배변 실수나 심리적인 요인과는 구분해야 한다.

요실금의 원인 중 하나는 이소성 요관인데, 이는 발달상의 기형으로 요관이 정상적인 위치에 있지 않고 방광목 너무 가까이에 연결되어 있거나 요관에 직접 연결되어 괄약근 조절에 문제가 생긴다. 이소성 요관은 선천성 결함으로 요실금 증상이 보통 1살 이전에 관찰된다. 수술을 통해 요관을 정상 위치에 가깝게 이동시키거나 문제 있는 쪽의 신장과 요관을 제거한다. 고양이는 정상적인 한쪽 신장만으로도 생활할 수 있다.

고양이 하부 요로기계 질환에 의한 요실금은 처음에는 갑작스럽게 배뇨 충동을 느끼며 화장실이 아닌 다른 장소에 배뇨하고, 적은 양의 소변을 자주 본다. 이런 증상은 갑작스럽게 발생하고, 배뇨 시 통증을 유발하지만 고양이는 여전히 어느 정도 배뇨 행동의 조절이 가능하다. 그러나 요로폐쇄가 자꾸 재발하면, 반복적으로 과도하게 팽만해진 방광이 정상적으로 수축하고 비우는 능력을 상실하게 된다. 무력해진 방광으로 인해 소변을 계속 뚝뚝 흘린다. 척수손상도 방광마비, 방광의 과다팽창, 이후 발생하는 요실금의 흔한 원인인데, 특히 천추-요추 부위나 차에 꼬리가 밟혀 미추골이 손상된 경우 자주 발생한다. 척수 질환과 뇌질환으로도 방광과 장의 조절 능력을 상실할 수 있다. 맹크스는 때때로 꼬리가 없어지는 유전자와 관련하여 척수의 결손으로 인해 요실금이 발생하기도 한다. 드물게 발생하는 자율신경실조증의 증상 중 하나로 종종 요실금이 나타난다. 이런 요실금은 주 질환이 치료되면 함께 좋아지기도 한다.

노묘는 배뇨 조절 능력을 부분적으로 또는 완전히 상실하기도 하는데, 특히 잠잘 때 증상이 심하다. 고양이 백혈병에 걸린 고양이도 때때로 요실금 증상을 보인다.

치료 : 근본 원인을 찾아내고 교정이 가능할 경우, 요실금 치료에 들어간다. 일부 증례에서는 방광근육에 작용하는 약물이 도움이 된다.

부신

부신은 신장 바로 옆에 있는 작은 내분비기관으로 호르몬 등의 물질을 혈류로 분비하여 다양한 대사 기능을 조절한다.

부신피질기능항진증(쿠싱병)hyperadrenocorticism(Cushing's disease)

이 질환은 부신에서 코르티솔을 너무 많이 분비할 때 발생한다. 보통 암종의 결과로 생기는데, 이중 약 80%가 부신이 필요 이상의 코르티솔을 분비하도록 신호를 보내는 뇌하수체의 암종에 의해 발생하고, 약 20%는 부신 그 자체에 발생한 암종에 의해 발생한다.

주로 중년이나 노령의 고양이에게 발병하며, 암컷에게 흔하다. 음수량과 배뇨량이 증가하는 것이 첫 번째 증상이며 소변이 묽어진다. 약 75%의 고양이에서 당뇨병이 함께 발생하며, 고양이의 배가 항아리처럼 부풀고 털이 거칠어지며 피부도 쉽게 손상된다.

진단은 초음파상으로 부신종양을 확인할 수도 있으나 주로 혈액검사를 통해 이루어진다.

치료 : 부신과 뇌하수체의 종양은 모두 수술로 치료할 수 있으나 숙련된 외과의에 의해 행해져야 한다. 양측 부신에 모두 종양이 생겨 둘 다 제거해야 하는 경우 평생 동안 부신의 호르몬 분비를 대체할 수 있는 보조약물을 투여해야 한다. 글루코코르티코이드(glucocorticoid)와 미네랄로코르티코이드(mineralocorticoid)가 이런 약물이다. 비수술적 방법으로는 트릴로스탄(trilostane)과 미토탄(mitotane) 등을 통한 약물요법을 사용한다. 이 약물들은 부신의 코르티솔 분비량에 영향을 미친다.

부신피질기능저하증(애디슨병)hypoadrenocorticism(Addison's disease)

이 질환은 부신의 호르몬 분비량이 충분하지 않을 때 발생하는데 고양이에게는 아주 드물다. 애디슨병에 걸린 고양이는 활력이 없고, 체중이 감소하며, 갑자기 허탈상태에 빠진다.

혈액검사를 통해 진단하며, 어떤 고양이는 소변이 묽고 칼륨 수치가 증가하여 신부전으로 오인되기도 한다. 실험실 검사로 이 두 가지 질환을 감별할 수 있다.

치료 : 부신피질기능저하증에 걸린 고양이는 평생 동안 글루코코르티코이드와 미네랄로코르티코이드 약물을 투여해야 한다.

고알도스테론증hyperaldosteronism

진단을 받는 고양이가 점점 늘고 있는 질환이다. 대부분 부신의 편측성 암종과 관계가 있다. 이런 암종은 주로 고양이의 체내 나트륨과 칼륨의 평형을 조절하는 호르몬인 알도스테론(aldosterone)을 분비하는 세포로 이루어져 있다. 알도스테론 수치가 지나치게 높아지면 혈중 칼륨 수치가 낮아져 쇠약해지거나 고개를 숙이고 있는 모습이 자주 눈에 띄고, 음수량과 배뇨량이 증가하는 증상이 나타난다. 고혈압을 동반하기도 하며, 망막손상으로 인해 시력에 문제가 생기기도 한다.

치료 : 편측성일 경우 외과적인 치료를 선택할 수 있다. 일부 고양이는 암로디핀(amlodipine) 단독 투여나 암로디핀과 칼륨 보조제로 또는 다른 약물요법으로 관리하기도 한다.

크롬친화성 세포종pheochromocytomas

부신은 에피네프린(epinephrine)도 분비하는데 이는 심박수나 혈압에 영향을 준다. 때때로 부신에 에피네프린 분비성 종양이 발생하는데 이 종양은 아주 공격적이고 예후도 극도로 불량하다.

치료 : 가능하다면 경험 많은 외과의사가 종양을 제거해야 한다. 심박수와 혈압을 관리하기 위한 약물요법이 필요하다.

화장실 문제

배변훈련

일반적으로 퍼져 있는 믿음과는 달리 어미 고양이는 새끼 고양이에게 화장실 이용 방법을 가르치지 않는다. 새끼 고양이는 생후 약 4주가 되면 어미가 배변을 처리하는 모습을 보지 않았어도 바닥을 파고 배변을 보고 덮는 행동을 하기 시작한다. 이런 자연적인 본능을 화장실 배변훈련에 이용할 수 있다. 고양이를 데려오자마자 배변훈련을 시작한다.

새끼 고양이는 금방 성장하므로 되도록이면 커다란 화장실을 구입한다. 하지만 적어도 화장실의 한 부분은 새끼 고양이가 쉽게 드나들 수 있는 것이어야 한다. 그리고 화장실을 고양이가 쉽게 접근할 수 있는 곳에 둔다(이는 행동반경이 제한적인 노묘에게도 중요한 고려사항이다). 분주하고 시끄러운 곳은 피하고, 고양이가 혼자 조용히 있을 수 있는 곳을 선택한다. 불가피하게 화장실의 위치를 바꾸어야 한다면 서서히 조금씩 옮긴다.

새끼 고양이가 이전 집에서 배변훈련이 잘 되었다면 같은 종류의 화장실과 모래를 사용한다. 새끼 고양이가 실외에서 생활했다면 익숙한 일반 흙과 모래를 섞어서 화장실에 넣어준다. 서서히 실내 화장실용 모래로 교체해 나가다가 완전히 교체한다. 이는 성묘의 화장실 모래를 바꿀 때도 사용하는 방법이다.

낮잠을 자고 난 후, 식사 후, 놀이 후, 그리고 고양이가 배변을 보려 할 때마다 화장실에 데려간다. 배변 실수를 하면 고양이를 들어올려 화장실 안에 넣어준다. 화장실에 데려가기 <u>직전에는</u> 혼내서는 안 된다. 이를 화장실과 연관시켜 생각하게 되면 이후 화장실 사용에 부정적인 인식을 심어줄 수 있다.

혼을 낼 목적으로 고양이의 코에 배변을 들이대는 등의 행동은 절대 해서는 안 된다. 고양이는 자신이 왜 혼나는지 모르므로 오히려 혼나지 않기 위해 안 보이는 장소에(소파 밑 등) 숨어서 용변을 볼 것이다.

아직 배변을 확실하게 가리지 못한다면 냄새로 확인할 수 있도록 화장실을 치울 때 소량의 소변이나 변을 남긴다. 배변훈련이 잘 되면(하루 이틀 만에 끝나기도 한다) 정기적으로 화장실을 치운다. 하루에 한두 번 변을 치우고, 표면을 건조시키기 위해 모래를 잘 섞는다. 응고형 모래를 사용한다면 소변도 함께 치운다. 응고형이 아닌 모래도 매주 또는 더 자주 치운다. 청소를 한 이후에도 냄새가 약간이라도 나면 모래를 치운다. 새 모래를 넣기 전에는 화장실을 깨끗이 씻어 말린다.

새끼 고양이용 모래

화장실 모래의 선택은 고양이에 있어 아주 중요하다. 이상적인 것은 먼지가 최소로 날리고, 향이 없고, 흡수력이 좋고, 버리기 수월한 것이다. 고양이가 모래를 파는 행동을 하면서 먼지를 들이마시면 호흡기 질환을 유발할 수 있기 때문에 먼지의 양은 심각한 고려사항이다. 특히 밀폐형 화장실을 사용하는 경우 더욱 문제가 된다(참고로 많은 고양이가 밀폐형 화장실을 좋아하지 않는다).

향이 나는 모래가 사람에게는 좋게 느껴질지 모르지만 향은 고양이로 하여금 부담스러워 배변을 보지 않고 참거나 다른 곳에 보도록 만들 수 있다. 화장실 주변에 펠리웨이(feliway)와 같은 고양이 페로몬을 뿌리는 것은 괜찮다.

매일매일 소변과 대변을 쉽게 제거할 수 있어 응고형 모래를 선호된다. 고양이가 발을 청소하며 모래를 먹게 되는 경우에 대한 우려가 있긴 하지만 아직까지 모래를 먹고 문제가 된 경우는 알려지지 않았다(화장실 모래를 수시로 다량 먹은 개가 탈수로 고생한 경우는 있다).

수술 뒤 회복 중이거나 봉합을 한 고양이라면 응고형보다 옥수수, 밀, 소나무, 재활용 신문 펄프 등으로 만든 모래가 더 적합하다. 이런 재질은 관리가 용이하고 쉽게 씻어낼 수 있다.

진단용 모래도 있다. 소변의 pH에 따라 색이 변하거나, 당뇨가 있는 고양이의 요당을 확인하거나, 고양이 하부 요로기계 질환 등에 의한 혈뇨를 감지할 수 있는 모래도 있다.

고양이가 쉽게 접근할 수 있도록 비교적 조용한 장소에 화장실을 만들어 주는 것이 중요하다. 적어도 하루에 한 번은 화장실 모래를 치워야 하며, 일주일에 한 번은 화장실을 철저히 청소한다. 가능하면 고양이 한 마리당 한 개의 화장실을 만들고, 여분의 화장실이 있으면 더 좋다. 각각의 화장실을 같은 공간에 두어서는 안 된다.

부적절한 배뇨

부적절한 배뇨는 고양이 보호자가 가장 많이 호소하는 행동장애다. 성별에 관계 없이 모두가 동일한 문제를 나타낸다. 여러 질병이 원인일 수 있으므로 행동학적 원인을 의심하기에 앞서 수의학적 원인을 찾는 것이 중요하다.

부적절한 배뇨는 두 개의 개별행동으로 나눌 수 있다. 하나는 소변 마킹(스프레이 포함)이고, 다른 하나는 정기적으로 화장실 주변에 소변을 보는 것이다. 수컷과 암컷 모두 쪼그려 앉은 자세로 편평한 바닥에 소변을 본다.

스프레이는 선 자세에서 보는데, 꼬리를 곧게 세운 상태에서 전형적으로 떠는 듯한 행동을 취하며 수평 방향으로 벽이나 가구에 소변을 뿌린다. 주로 수컷이 스프레이 행동을 더욱 많이 하지만 암컷과 수컷 모두 스프레이를 할 수 있다. 발정기의 암컷은 쪼그려 앉은 자세에서 소변 마킹을 하기도 한다. 스프레이를 하는 고양이는 정상적으로 화장실을 사용하여 배변을 하고 대부분 소변도 함께 본다.

소변 마킹과 스프레이

소변 마킹은 영역표시 목적으로 하는데, 이는 뺨과 꼬리의 페로몬을 돌출된 물체에 문지르는 행동과 관계가 있다. 겁을 먹거나 스트레스를 받았을 때에도 마킹을 할 수 있다. 마킹은 발정이 왔다는 것을 알리는 방법으로도 사용되며, 중성화하지 않은 고양이에서는 아주 흔하게 관찰된다. 이런 종류의 마킹은 교미기간에 증가하는데, 특히 구애기간에 더욱 심해진다.

그 외에도 소변 마킹이나 스프레이를 유발하는 다양한 상황이 있다. 집 안에 있는 고양이가 창문을 통해 다른 고양이가 접근하거나 마당에 들어오는 것을 본다면 스프레이와 관련된 방어적 행동을 취할 수 있다. 문앞으로 달려가거나 창문에서 위협적인 소리를 내는 행동, '침입자'를 뚫어지게 주시하는 등의 위협행동을 한다. 새로운 고양이를 집에 데려오는 일은 원래 있던 고양이의 스프레이를 유발할 수 있다. 새로 온 고양이의 스프레이 또한 유발한다. 좁은 공간에서 여러 마리의 고양이가 생활하는 경우에도 스프레이 욕구가 증가한다. 일상생활에서 일어나는 어떤 문제나 위협도 고양이의 스프레이를 유발할 수 있다.

치료 : 중성화수술을 하지 않은 고양이는 중성화수술을 시킨다. 80~90%는 효과가 있다. 스프레이 행동이 나타나기 전에(통상적으로 생후 6개월 이전) 중성화수술을 해 주면, 특히 수컷의 경우 예방 효과가 크다. 중성화수술을 하지 않은 수고양이는 수술시켜 줄 때까지 스프레이 행동이 사라지지 않을 것이다.

중성화 이후에도 스프레이나 소변 마킹을 계속한다면 종종 환경의 변화나 행동교정이 효과적일 수 있다. 환경변화법은 소변 마킹과 스프레이를 유발하는 특정 상황을 제거하는 경우에 효과적이다. 예를 들어, 집 안의 고양이와 집 밖의 고양이 사이의 경쟁의식이 원인이라면 집 밖의 고양이를 멀리 쫓거나 집 안의 고양이가 집 밖의 고양이를 볼 수 없도록 조치함으로써 스프레이를 감소시킨다. 간단하게 밖이 보이는 방의 문을 닫거나 블라인드나 커튼, 차양 등을 이용해 시야를 가린다. 움직임을 감지해 작동하는 스프링쿨러도 집 주변을 어슬렁대는 고양이를 쫓는 데 도움이 된다.

갈등을 최소화하기 위해 경쟁을 줄이고, 고양이를 분리하거나 집 안의 고양이 수를 줄이면 도움이 된다. 고양이의 수를 줄이는 게 어려운 경우 공간이 여러 개 있는 캣타워 등 독립된 활동영역을 늘린다.

특정한 장소 몇 곳에 스프레이를 한다면 그 주위에 기피용 제품을 뿌려 접근을 막는다. 천주머니에 좀약, 오렌지 껍질, 소독용 알코올 등을 넣어 기피제로 사용할 수 있다. 스프레이를 주로 하는 곳에 카펫을 뒤집어 놓는 것도 도움이 된다.

펠리웨이는 시판되는 합성 페로몬으로 고양이의 뺨에서 분비되는 냄새와 비슷하여 고양이의 스트레스를 완화시켜 주고, 뿌린 장소에 스프레이를 하지 못하게 하는 데 도움이 된다.

최근에는 다양한 고양이 행동교정용 약물이 적용되고 있는데, 특히 배변 관련 제품이 다양하다. **행동학적 장애를 치료하는 약물**(553쪽 참조)에 설명되어 있다.

화장실 밖에서의 배뇨

다음은 고양이가 화장실을 사용하지 않는 이유다.

- 화장실의 종류, 모래, 위치를 싫어한다.

- 고양이가 선호하는 바닥 재질이나 화장실 위치가 따로 있다.
- 부적절한 배뇨 행동으로 표출되는 행동학적 문제나 과도한 스트레스가 있다.
- 여러 마리의 고양이를 키운다면 고양이가 배변을 보거나 화장실에 다가갈 때 괴롭힘이나 위협을 받는 상황일 수 있다.
- 고양이가 화장실 사용에 대해 안 좋은 기억을 갖고 있다.
- 고양이가 의학적 문제에 따른 후유증으로 화장실 사용을 기피한다.
- 화장실이 고양이가 물리적으로 드나들기 어렵거나 다가가기 어려운 위치에 있다(특히 새끼 고양이와 노묘).
- 고양이가 화장실의 위치를 잊어버렸다(특히 새끼 고양이와 노묘).

한 번 화장실 밖에 배변을 한 고양이는 다음에도 같은 행동을 하기 쉽다. 사람들은 흔히 고양이가 소변과 대변 냄새를 맡고 그 자리에 돌아와 다시 배변을 한다고 생각한다. 하지만 이러한 생각은 청소가 불량한 화장실의 사용을 꺼리고 화장실 주변에서 밥을 먹거나 노는 것을 싫어하는 고양이의 습성을 생각하면 선뜻 이해가 되지 않는다. 고양이가 같은 장소에 일관되게 배변을 하는 것은 다른 이유 때문일 가능성이 높다.

보통 일상적으로 화장실을 사용하는 고양이는 발로 모래를 파서 소변과 대변을 덮지만 항상 그렇지는 않다. 모래를 파는 행동은 단순히 배설물을 덮는 것이 아니다. 모래를 파는 발의 움직임과 발에 와닿는 모래의 느낌은 촉각 운동감각을 제공하는데, 이는 고양이를 기분 좋게 하고 실제 배변 행위와도 연관이 있다. 때문에 고양이는 좋아하는 재질의 모래를 파면서 좋은 느낌을 받으며, 느낌이 좋지 않은 모래는 파기 싫어한다. 실제 많은 연구에서 모래나 진흙 같은 거친 모래는 고양이에게 만족감이 덜하며, 미세한 입자의 굳는 모래를 더 선호한다는 결과가 나왔다.

배변 시 특정 물질에 대한 고양이의 선호도는 후천적으로 습득되는 것으로 보이는데 이는 어릴 때의 사용 경험과 관련이 깊다. 실외에서 생활하는 고양이는 푸석푸석한 흙, 나뭇잎, 다양한 물질을 이용해 파고, 긁으며, 배변을 보고, 배설물을 덮는다. 실내에서 생활하는 고양이는 상대적으로 선택의 폭이 좁은데, 화장실 모래를 파거나 카펫이나 화분, 빨랫감이 든 바구니 등을 파헤치곤 한다. 배변을 하기 전후에 화장실 밖에서 발로 파고 긁는 행동을 하는 고양이는 새로운 물질에 대한 호감을 갖는 것일 수 있고 거기에 배변을 보기 시작할 수 있다. 이럴 때는 비닐로 표면을 덮어두거나, 화장실 위치를 옮기거나, 배변 탈취 효과가 있는 세정제로 카펫을 청소한다.

화장실 밖에 배변을 보는 고양이는 모래가 더럽거나 화장실 덮개 때문인 경우도 많다. 화장실 덮개는 불쾌한 냄새가 날아가 사라지는 것을 막고, 고양이의 정상적인 배변 자세와 모래를 파는 행동을 방해한다. 카펫을 선호하는 고양이라면 화장실을 청소하고 덮개를 제거한 뒤에도 계속 카펫에 배변을 할 수 있다.

배변을 보는 도중 커다란 소리에 놀라거나 다른 고양이에게 쫓기거나 위협을 받은 고양이는 보다 편안하고 사적인 장소를 찾고 싶을 것이다. 배뇨훈련 시기에 소변 실수를 했을 때 혼을 내고 즉시 화장실에 데려다 놓는 행동도 화장실 사용을 꺼리게 만든다.

고양이 하부 요로기계 질환과 같은 요로기계에 문제가 있는 고양이는 배뇨 시 통증을 경험하고 그것을 화장실과 연관시키곤 한다. 상태가 완전히 회복된 이후에도 화장실 사용을 꺼린다.

화장실에 대해 가벼운 거부감을 보이는 경우 모래를 파거나 배변을 덮고 파묻는 행동을 하지 않으며 모래와의 신체적 접촉을 피하기 위해 화장실 구석에 서 있거나 배변 후 재빨리 밖으로 나오는 등의 행동을 보인다. 화장실과 모래에 대한 거부감을 보이긴 하지만 계속 드문드문 화장실을 사용한다. 드물게 화장실에 대한 거부감이 아주 심한 고양이도 있는데 그래도 화장실은 사용한다.

고양이는 특별한 장소와 특별한 행동을 연관시킨다. 잠을 자고, 일광욕을 하고, 먹고, 털을 고르고, 배변을 볼 때 선호하는 특정 장소가 있다. 화장실이 있는 장소를 특별한 장소로 인식하고 꾸준히 사용하기도 한다. 때문에 화장실의 위치를 옮기면 고양이는 이전에 화장실이 있던 장소에 배변을 볼 수도 있다.

스트레스도 부적절한 배뇨를 유발할 수 있다. 고양이는 골이 나거나 화가 난다고 화장실 밖에 배변을 하지는 않는다. 이런 감정은 고양이에게 흔하지 않다. 고양이는 사람에게 '보복하기 위해' 엉뚱한 곳에 배변을 보지 않는다. 배변 실수를 하는 경우는 흔히 집 안에 변화가 있거나 주인이 휴가로 집을 비우는 것 등과 관련이 있지만 이는 스트레스로 인한 결과물이지 복수를 위한 행동은 아니다. 스트레스 단독으로도 고양이의 pH를 변화시켜 불편함을 유발하고 고양이 하부 요로기계 질환에 이르는 경우를 보고한 연구도 있다. 고양이는 주인의 옷이나 침대에 소변을 보고 편안함을 느낄 수도 있다. 이를 통해 자신의 냄새와 주인의 냄새를 뒤섞어 놓는다.

치료 : 한 가지 이유로 인해 문제가 시작되고, 또 다른 이유가 현재의 배변 문제를 지속하게 만들 수 있다는 점을 염두에 두고 왜 고양이가 화장실을 사용하지 않는지 알아내야 한다.

화장실 자체를 싫어하는 경우 **배변훈련**(398쪽 참조)에서 설명한 것처럼 화장실 청소를 보다 자주 한다. 첨가제가 없는 무향 모래를 사용하고, 입자가 고운 응고형 모래로 교체한다. 화장실 덮개를 제거하고, 만약 고양이가 모래를 흩뿌린다면 더 크거나 옆면이 높은 화장실을 사용한다. 야생 환경의 고양이라면 처음에는 일반 흙을 사용하다가 서서히 화장실용 모래로 교체해 주어야 한다.

화장실이 놓인 장소를 싫어하는 경우 화장실 숫자를 늘리고 고양이가 배변 실수를 하는 장소에도 화장실을 놓는다. 그리고 나중에 사용하지 않는 화장실은 하나씩 치운다. 탈출로가 있는 장소에 화장실을 놓아 배변을 보는 동안 다른 고양이가 슬며시 접근해 공격할 수 없도록 한다. 고양이가 배변 중에 놀랄 수 있는 자극원이 있는 장소는 피한다. 세탁실에 화장실을 놓아둔 경우 세탁기가 갑자기 작동하며 고양이를 놀래키는 경우가 종종 있다.

화장실이 놓인 장소와 관련된 문제를 해결하기에 앞서 다시 한 번 모래나 화장실 자체에 대한 거부감은 아닌지 확인한다. 그런 문제가 아니라면 일단 고양이가 배변을 보는 장소로 화장실을 옮긴다. 효과가 있다면 곧바로 화장실을 원래 위치로 옮기지 말고, 여러 날에 걸쳐 매일 몇 센티미터씩 조금씩 이동시켜 더 편리한 장소로 화장실을 옮긴다.

고양이가 배변을 보는 장소에 카펫이 깔려 있다면 치우거나 아무것도 없는 자리라면 카펫을 깔아보거나, 표면이 딱딱한 재질로 덮어두는 것도 가능한 방법이다. 배변을 보는 곳에서 음식을 주거나 놀이를 함으로써 새로운 장소로 인식하도록 한다.

스트레스와 관련된 문제라면 고양이가 혼자 있는 시간을 줄인다. 보호자가 없는 동안 고양이와 함께 놀아 주고 쓰다듬어 줄 수 있는 캣시터도 도움이 된다. 고양이와 놀아주는 시간을 늘리고 고양이 식구를 새로 들이는 것도 고려해 볼 수 있다. 고양이가 나오거나 동물이 나오는 영상을 틀어서 고양이의 관심을 유발하는 것도 좋다. 보호자가 책 읽는 소리를 녹음하여 하루 종일 틀어 주는 것도 고양이 스트레스 완화에 도움이 된다.

최근에는 고양이를 위한 다양한 행동교정약물이 사용되고 있는데 특히 배변 문제와 관련된 것이 많다. **행동학적 장애를 치료하는 약물**(553쪽)에서 설명하고 있다.

현재 상황을 해결하는 데 동물행동 전문가와 상담하는 것도 큰 도움이 된다.

15장
성과 번식

가정에서 기르는 반려묘의 대다수는 혈통서가 없다. 혈통이 정확히 등록되지 않은 선조나 부모로부터 태어난 고양이를 사람들은 잡종 또는 토종 고양이라고 부른다. 이들은 아주 좋은 반려동물이다.

암고양이는 거의 일 년 내내 주기적으로 발정이 오는데, 이 시기에는 심하게 울면서 이상한 행동을 보이고 집앞이나 마당에 강렬한 냄새의 소변을 뿌리고 다니며, 중성화수술을 하지 않은 수고양이를 유혹한다. 이런 식으로 의도하거나 의도하지 않은 새끼가 하나 둘 늘어가면 보호자는 아마 미쳐 버릴지도 모른다. 그래서 대부분 중성화수술을 선택한다.

반면 특정 품종의 번식은 고양이의 건강과 유전을 이해하는 데 도움을 준다. 번식은 고도의 전문성을 갖춘 번식 프로그램을 기본으로 섬세한 주의, 큰 인내심을 요구한다.

모든 번식 프로그램의 목적은 품종의 필수적인 자질과 명확히 구분되는 품종의 특성을 보존하는 것은 물론, 건강하고 성품이 좋은 고양이의 번식이다. 따라서 기본적으로 품종에 대한 철저한 이해가 요구된다. 혈통에 대한 연구와 교미를 하는 두 개체의 관계를 파악하는 데 혈통서가 도움이 되지만 고양이의 자질을 증명하는 것은 아니다.

대회에서의 수상 여부는 어느 정도의 자질을 보장한다. 그러나 수상 횟수가 많다고 최고인 것은 아니다. 고양이의 유전학에 대한 정보를 알고, 성공적인 프로그램을 통한 선별적인 번식을 통해 자손을 배출하는 전문 브리더가 중요하다.

어떤 품종의 고양이든 선조의 수많은 성공적인 번식을 통해 태어난 개체므로 좋은 자질을 갖춘 자손을 출산할 유전적 가능성은 충분하다. 브리더는 고양이의 건강, 최소한 3세대의 모든 고양이에 대한 정보를 포함한 지식과 경험을 갖추어야 한다. 최고의 새끼 고양이를 선별할 수 있는 판단력과 경험이 필요하고, 품종 개선의 가능성이 없는 고양이는 프로그램에서 제외하는 과감함도 필요하다. 또한 브리더는 분양 후 10년이 지났어도 입양을 한 사람이 고양이를 키우지 못하는 상황에 처하면 다시 데려다가 키울 수 있는 책임감과 제반 여건을 갖춰야 한다.

고양이의 유전학

고양이는 염색체를 38개 가지고 있는데 각각의 염색체에는 약 25,000개의 유전자가 있다. 이로 인해 엄청난 수의 조합이 가능하다. 실질적으로는 소수의 몇몇 유전자만이 품종 다양성을 만드는 신체적 특징의 발현에 관여한다. 대부분의 유전자는 고양이의 생리적인 측면에서 원활한 신체 기능을 하는 데 관여한다.

유전은 셀 수 없이 많은 유전자의 무작위 조합이다. 유전적 속성을 결정 짓는 최소한의 유전자 조합은 쌍으로 존재하는데 이를 대립 유전자라고 한다. 이 유전자는 부모 각각으로부터 하나씩 받는데, 유전자가 대립 유전자를 형성하려 결합할 때 우성인 유전자의 특성이 발현되고 다른 유전자는 열성이 된다. 예를 들어 검은 털의 우성 유전자와 푸른 털의 열성 유전자를 가진 고양이는 검은 털을 가진다. 열성 유전자도 특성을 나타낼 수 있는데 이는 열성 유전자끼리 짝을 이룰 때만 가능하다. 두 개의 푸른 털 열성 유전자가 짝을 이룰 경우 푸른 털이 나온다. 대립 유전자의 유전자가 서로 동일한 것을 신체적 특성의 동형접합이라 하고 다른 것을 이형접합이라고 한다.

날씬한 버마고양이처럼 몸의 구조와 조성은 다양한 유전자 간의 복합적인 상호작용의 결과다.

두 개 이상의 대립 유전자의 결합효과로 여러 특성이 발현된다. 고양이의 눈 색깔이 다양한 것도 이러한 예라 할 수 있다. 주황색, 노랑색, 옅은 갈색, 푸른색 눈은 부가적인 유전자에 의해 결정된다. 그러나 샴과 흰색 품종에서 눈 색깔은 단일 유전자에 의해 결정된다. 몸의 구조나 조성은 또 다른 다중 유전의 영향을 받는다. 다양한 조합의 여러 유전자가 관여하여 뼈의 성장, 근육의 발달, 지방침착 등의 비율이 달라진다.

우성 유전자와 열성 유전자dominant and recessive gene

수고양이와 암고양이 모두 새끼 고양이의 유전에 동일한 영향을 미친다. 모든 새끼 고양이는 부모와 동일한 대립 유전자를 가지고 동일한 신체적 특성을 나타내므로, 그것이 우성이건 열성이건 유전자가 어떻게 분류되었는가는 중요치 않다. 이런 점을 계획하는 것이 번식 프로그램의 비법이다.

바람직한 특성과 그렇지 않는 특성(또는 중간적인 특성)이 우성 유전자와 열성 유전자 모두에 의해 나타날 수 있다. 흰색 털의 유전자가 유해한 영향을 미치는 우성 유전자가 될 수 있다. 이 유전자는 한쪽 혹은 양쪽 귀의 난청을 유발할 가능성이 높다. 난청은 파란 눈의 흰 털 고양이에게 흔하지만 주황색 눈의 흰 털 고양이에게도 발생할 수 있다. 그러나 파란 눈의 흰 털 고양이가 모두 난청을 보이는 것은 아니다. 여기에는 귀 안의 색소세포의 유무가 중요한 역할을 한다(229쪽, 난청 참조).

전형적인 단모종의 겉털 길이는 약 5cm다. 반면 비단결같이 풍부한 모량을 자랑하는 장모종은 길이가 두 배 정도다. 이런 차이는 모공 속 털의 생장기간을 연장하는 열성 유전자에 의해 발생하는데 그 결과로 휴지기로 들어서기 전까지 털이 계속 자란다. 이런 장모종의 동형 열성 털의 특성은 여러 세대에 걸친 선별교배를 통해 페르시안과 같은 장모종에서 더욱 풍부하고 부드러운 털로 발달했다.

'흰색 털 파란 눈 고양이'의 난청은 우성 유전자인 W 유전자로 인해 발생하는데, 색소세포인 멜라노사이트가 결핍되어 청신경 발달이 제대로 이루어지지 않는다. 반면 같은 흰색 털이라도 열성 유전자에 의한 알비노의 경우에는 청력에 영향을 주지 않는다. 옮긴이 주

유전적 돌연변이genetic mutation

수많은 품종과 토종 고양이의 다양성은 내외부적인 유전적 돌연변이 과정을 통해 발달했다. 유전적 돌연변이는 백만 분의 일의 확률로 발생할 만큼 드문데 돌연변이 발생 후에는 다른 유전자와 동일한 유전법칙을 따른다. 항상 그런 것은 아니지만 대부분 열성이다.

브리더에게 가장 중요한 유전적 돌연변이는 독특한 털색과 형태를 만드는 것이다. 여기에는 12개의 유전자만 관여하지만 다양한 조합을 통해 수많은 품종에서 다양한 형태로 나타난다. 또한 털의 길이와 질감은 브리더에게 중요한 사항이다. 적어도 5개 이상의 털 결정 돌연변이 유전자가 관여하는 것으로 알려져 있다.

몇몇 브리더는 단일 돌연변이에 의한 신체적 특징에 주목한다. 맹크스 품종이 한 예인데, 하나의 우성 유전자가 꼬리를 짧게 만들거나 아예 없도록 만든다. 꼬리가 없는 고양이는 유전적 돌연변이에 의해 다른 고양이에서도 발생할 수 있다. 맹크스 품종은 이러한 돌연변이를 자발적으로 발달시켰다.

스코티시폴드는 또 다른 예다. 돌연변이 단일 유전자에 의해 귀 끝이 앞쪽으로 접히는 특징적인 모습이 발현된다. 그러나 귀를 접히게 만드는 유전자가 동형접합인 경우 근골격계에 심각한 기형이 발생할 수 있다.

페르시안처럼 길고, 부드러운 털은 열성 유전자의 결과물이다.

건강상의 문제 가려내기

 번식을 준비하는 고양이의 건강상 문제점을 사전에 가려내는 기술은 개에 비해 상대적으로 뒤처져 있었으나 최근에는 많이 개선되고 있다. 심장 질환, 고관절이형성증, 신장 질환이 있는 고양이를 가려내는 법은 고양이 브리더의 새로운 목표가 되었다. 가장 이상적인 방법은 DNA 검사다. 고양이가 결함 없이 정상인지, 결함을 유전시킬 수 있는지, 이미 질병을 가지고 있는지 여부를 알려준다. 이런 검사법이 모든 질병에 적용 가능한 것은 아니다. 고관절이형성증과 같이 여러 유전자가 관여하고 환경적인 영향을 받는 질병도 많기 때문이다. 고관절이형성증의 경우 엑스레이검사로 고관절의 상태를 평가하고 향후 발생할 문제를 예측할 수 있다. 보다 복잡한 문제로는, 한 품종에서 특정한 문제를 일으키는 유전자와 다른 품종에서 같은 문제를 일으키는 유전자가 서로 일치하지 않는 경우도 있다. 때문에 유전적 검사는 각 품종에 대해 특화되어야 한다. 혈통 있는 고양이 브리더의 노력에 의해 많은 발전이 이루어지고 있다.

 다음은 증명서를 발급하고 통상적으로 인정되는 기관들이다.

건강 문제의 선별검사

항목	검사방법	검사기관
고관절이형성증	엑스레이검사	OFA, PennHIP
주관절이형성증	엑스레이검사	OFA
슬개골탈구	촉진	OFA
심장기형	청진, 초음파검사	OFA
	메인쿤과 랙돌의 DNA 검사	Veterinary Cardiac Genetic Laboratory, Washington State University
다낭성 신장 질환	DNA 검사	VetGen
대사결함	DNA 검사	PennGen
척수근육위축	메인쿤의 DNA 검사	Laboratory of Comparative Medical Genetics, Michigan State University

품종별 선별검사

OFA	
아메리칸쇼트헤어	심장기형
벵갈	심장기형, 슬개골탈구
브리티시쇼트헤어	고관절이형성증
메인쿤	고관절이형성증, 심장기형, 주관절이형성증, 슬개골탈구
페르시안	심장기형, 고관절이형성증
랙돌	심장기형
샴	고관절이형성증
소말리	주관절이형성증, 고관절이형성증
스핑크스	심장기형
터키시앙고라	심장기형
VetGen	
페르시안, 페르시안계	다낭성 신장 질환
PennGen	
노르웨이숲	글리코겐저장병 IV형(glycogenolysis type IV)
페르시안, DSH	만노스축적증(mannosidosis)
샴, DSH	뮤코다당증 VI(mucopolysaccharidosis VI)
DSH	뮤코다당증 VII(mucopolysaccharidosis VII)
아비시니안, 소말리, DSH	피루브산염키나아제(pyruvate kinase) 결핍증
Veterinary Cardiac Genetic Laboratory, Washington State University	
메인쿤, 랙돌	심장기형
Laboratory of Comparative Medical Genetics, Michigan State University	
메인쿤	척수근육위축

* OFA: Orthopedic Foundation for Animals(동물정형학재단)
* DSH: Domestic Shorthair(토종 고양이)

국내에서도 유전자검사 실험실들이 많이 늘어나 지역 동물병원을 통해 간편하게 검사를 의뢰할 수 있게 되었다._옮긴이 주

고양이의 품종과 품종의 혈액형 다양성 정도에 따라 혈액형검사를 추천할 수 있다. 부적합한 혈액형은 신생묘의 적혈구를 파괴할 수 있기 때문이다(473쪽, 신생묘 적혈구용혈증 참조). 혈액형검사는 혈액이나 DNA 검사로 실시할 수 있다.

암고양이

만약 특정 품종의 고양이를 번식시키고자 한다면 그 품종의 암컷 새끼 고양이를 입양한다. 수고양이를 관리하는 것은 상당히 전문적이고도 축적된 경험이 필요하기 때문에 번식 목적으로 수고양이를 입양하는 것은 추천하지 않는다. 또한 훗날 짝을 맺어줄 생각으로 새끼 고양이 암수 한쌍을 입양하는 것도 마찬가지로 현명한 방법이 아니다.

암고양이를 번식시키기로 결심하기에 앞서 건강하고 사회성이 좋은 고양이로 키우는 데 필요한 노력과 비용에 대해 잘 생각해 봐야 한다. 이는 짧지 않은 시간을 써야 하는 동시에 돈도 많이 필요하다. 특정 품종의 새끼 고양이임에도 불구하고 잘 입양되지 않는 경우도 있다. 좋은 입양처를 찾기 위해 홍보하는 데에도 노력과 비용이 들어간다.

번식하기 전에 건강상의 문제를 감별하기 위한 유전적 선별검사도 고려사항이다. 고양이 품종의 자격기준에 맞지 않으면 중성화수술을 한다. 또한 이미 집이 고양이로 가득한 상황이라면 번식을 시켜서는 안 된다. 지나치게 많은 고양이는 심각한 문제가 된다. 번식시킨 고양이가 보호소에 가거나 스트레스로 죽는 상황을 만들어서는 안 된다. 새끼를 낳고 기르는 일에는 많은 책임이 따른다. 브리더(혹은 개인이라도)는 번식해 놓은 새끼 고양이에 대한 막중한 책임이 있고, 또한 몇 년 후에라도 고양이가 파양될 경우 다시 데려와 책임지고 떠맡을 여유가 있어야 한다.

고양이의 정서적이나 행동적인 '만족감'과 '안정감'을 위해 새끼를 낳아야 하는 것은 아니다. 중성화수술을 한 암고양이도 가족의 반려동물로 만족스럽고 행복한 삶을 산다. 첫 발정이 오기 전에 중성화수술을 하면 이후에 유선종양이 발생할 확률을 감소시키고, 자궁의 감염이나 종양을 예방할 수 있다. 수고양이가 주변을 어슬렁거리며 울어대거나 스프레이를 하는 것도 막을 수 있다. 발정기 때 겪게 되는 극단적인 행동도 피할 수 있다(끊임없이 울거나 교미자세를 취하거나 소변 실수를 하는 행동 등).

고양이는 일반적으로 다 자란 크기의 75~80% 정도 성장하면 첫 발정이 오는데 보통 체중이 최소 2.25kg을 넘는 시기다. 햇볕에 노출되는 정도가 호르몬 주기를 자극하는 데 중요한 요소가 된다. 첫 발정이 왔더라도 아직 신체적으로 미성숙한 상태므로 번식을 시켜서는 안 된다. 장모종은 단모종에 비해 발정이 늦게 오는 편인데 18개월이 되어서야 오는 경우도 있다.

최소 생후 12~18개월 이후, 두 번째 발정이 오고 새끼를 갖는 것이 안전하다. 이 시기에는 신체적으로나 정서적으로나 새끼를 양육할 만큼 성숙한다.

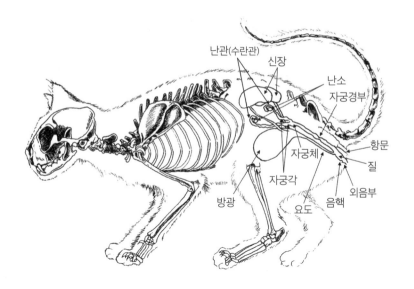

난관(수란관) 신장 난소 자궁경부 자궁체 항문 질 자궁각 외음부 방광 요도 음핵

중성화수술을 하지 않은 암고양이의 비뇨생식기계

얼마나 새끼를 자주 낳을 것인가는 한배 새끼의 수, 전반적인 건강 및 영양 상태, 관리 정도에 따라 다르다. 고양이는 평균적으로 한배에 4~6마리의 새끼를 낳는데, 임신과 출산은 몸에 엄청난 부담을 주는 일이다. 고양이는 일 년에 세 번까지 새끼를 낳을 수 있다. 체중이 많이 나가거나 영양결핍인 경우, 과도하게 많은 번식이나 비위생적인 환경에서 생활하는 암고양이는 임신에 적합하지 않다. 이런 고양이는 정기적으로 발정이 오지 않거나 임신이 안 되는 경우도 많으며, 분만에도 어려움을 겪거나 출산 후 새끼를 돌보는 데 문제가 있을 수 있다.

교배 전 확인사항

고양이의 임신을 결정했다면 수의사에게 검진을 받는다. 질 개구부의 크기나 모양 등을 검사해 교미에 문제가 없는지 확인한다. 치주염과 구강 감염이 있는지도 확인한다. 어미 고양이의 구강 내 세균은 탯줄을 끊을 때 갓 태어난 새끼 고양이에게 전파될 수 있다. 이는 새끼 고양이의 배꼽 감염 원인 중 하나다.

3년 이내에 예방접종이 되어 있지 않다면 교배 전에 고양이 범백혈구감소증, 고양이 바이러스성 비기관염, 고양이 칼리시바이러스 감염증에 대한 추가 예방접종을 한다. 광견병 예방접종도 하는 것이 좋다. 만약 고양이 백혈병 바이러스, 고양이 면역결핍증 바이러스 검사가 되어 있지 않다면(가능하다면 고양이 코로나바이러스까지) 반드시 이 전염병들에 대한 검사를 실시한다. 이런 전염성 질환의 검사 및 예방접종에 대해서는 3장에서 다루고 있다.

분변검사는 장내 기생충 유무를 알려준다. 기생충이 발견되었다면 교배 전에 완전히 박멸할 수 있도록 치료한다. 기생충 감염이 심한 어미 고양이는 새끼 고양이에게 기생충을 전달하고, 장 유충 이주(77쪽)와 같은 인수공통 감염을 유발할 수 있다. 품종에 따른 건강상의 유전적 검사 및 선별검사도 교배 전에 실시한다.

수고양이 고르기

교배에 앞서 좋은 수고양이를 고른다. 브리더의 입장에서 좋은 신랑감은 캣쇼 수상 경력이 있는 고양이일 것이다. 하지만 쇼 수상 기록보다 중요한 것은 수고양이의 신체적 특징이다. 만약 암고양이가 가진 결점을 수고양이도 가지고 있다면, 결점을 두 배로 강화시키는 일이 된다. 또 많은 새끼 고양이가 가정에 입양되어 평생을 살게 되므로 건강 상태와 성격 모두 중요하다.

암고양이의 장단점과 혈통을 잘 파악하고 상의하는 게 좋다. 이런 정보는 상대를 고르는 데 중요하다. 암고양이가 뛰어난 자질을 갖췄다면 교배를 통해 장점을 강화시키는 것도 고려할 수 있다. 혈통상의 결함은 피해야 한다.

수고양이

수고양이가 성성숙에 이르러 정자를 생산하기 시작하는 시기는 6~18개월로 다양하나 일반적으로는 9개월경이다. 두 달 뒤 정자가 정관에 모여 완전한 성성숙에 이른다.

대개 수고양이는 1살이 될 때까지(이상적으로 생후 18개월) 교배를 하지 않는 게 좋다. 쇼에 나갈 예정이라면 2년 정도 지나야 한다. 건강상의 유전적 문제를 교배 전에 알 수 있어야 한다. 수고양이도 고양이 전염성 복막염, 고양이 백혈병 바이러스, 고양이 면역결핍증 바이러스 검사를 실시한다. 수고양이의 성격 또한 중요하다.

활동적인 수고양이는 1년 내내 심한 냄새가 나는 소변을 자신의 주변에 뿌리고 다닌다. 때문에 보통 수고양이는 제한된 공간에서 살게 된다. 수고양이는 규칙적인 운동, 일상적인 건강 체크, 균형잡힌 식단 등을 통해 최상의 몸 상태를 유지한다. 암고양이에서 기술한 바와 같이 모든 검사와 예방접종이 완료되어야 한다(411쪽, 교배 전 확인 사항 참조).

수고양이는 3일 동안 연속으로 또는 한 주에 세 차례 교배할 수 있다. 첫 교배 시에는 출산 경험이 있는 암고양이와 교배시킨다. 교미 경험이 없는 암수 고양이 간의 교배는 어렵고 좌절감을 느끼게 할 수 있다.

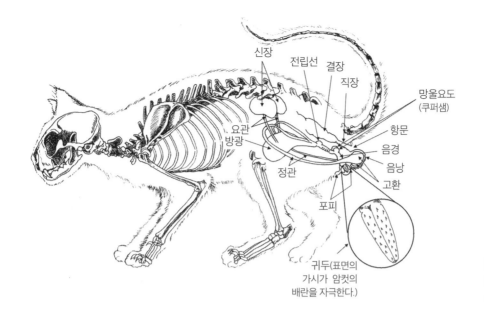

신장
전립선 결장
직장
망울요도
(쿠퍼샘)
요관
방광
항문
음경
정관
음낭
고환
포피
귀두(표면의
가시가 암컷의
배란을 자극한다.)

중성화수술을 하지 않은 수고양이의 비뇨생식기계

수고양이가 기형, 구조적 결함, 나쁜 품성, 건강상의 문제 등이 있다면 중성화수술을 한다.

발정주기

암고양이의 첫 발정시기는 매우 다양하다. 샴고양이는 5개월 만에 발정이 오기도 하고, 페르시안과 같은 장모종은 10개월이 넘어도 성성숙에 이르지 못하는 경우도 있다.

고양이는 계절적인 영향을 받는 다발정 동물이다. 교미를 하지 못하면 일 년 내내 발정주기가 반복되며 발정주기는 계절의 영향을 받는다. 고양이의 짝짓기 시기는 낮의 길이, 주변 온도, 다른 고양이의 존재 유무 등 다양한 요소의 영향을 받아 결정된다.

낮의 길이가 12시간이고 다른 조건이 최상이라면 호르몬계가 왕성하게 활동하여 암고양이의 발정이 시작된다. 북반구에서는 3월에서 9월, 남반구에서는 10월에서 다음해 3월경에 해당한다.

암고양이는 짝짓기 시기 동안 여러 차례에 걸쳐 발정을 되풀이하는데 규칙적이지는 않다. 흔히 이른 봄에는 연속적으로 발정이 왔다가(평균 발정간격은 14~21일) 늦봄이 되면서 발정 간격이 길어진다. 암고양이마다 자신만의 주기를 가지고 있다.

고양이는 주로 유도배란*을 하므로 교미를 할 때까지 또는 낮의 길이가 변화될 때까지 계속 발정이 일어난다. 비정상적인 발정주기에 대해서는 불임(420쪽 참조)에서 다룬다.

* 유도배란 교미를 통해 배란이 일어남.

발정주기의 각 단계

고양이의 발정주기는 4단계로 이루어진다. 한 주기가 다음 주기와 겹치기도 한다. 또한 고양이마다 각 단계의 길이도 차이가 있다. 때문에 언제 임신 확률이 가장 높은지를 결정하기가 쉽지 않다. 수의사에 의한 전문적인 질 세포검사*는 수정에 적합한 최적의 교배시기를 예측하는 데 도움이 된다(418쪽, 교미 거부 참조). 발정주기는 다음의 4단계를 거친다.

* 질 세포검사 질점막 세포를 도말하여 현미경으로 관찰하는 검사.

발정 전기

발정의 시작 단계로 하루 이틀 간 지속된다. 외음부가 약간 커지고 축축해지는 것을 관찰할 수 있는데 겉으로는 분명하게 드러나지 않는다. 고양이의 식욕과 불안감이 증가하며 낮은 소리로 울며 사람에게 평소보다 친근한 모습을 보인다.

이때부터 수고양이를 유혹하기 시작하는데 막상 교미는 거부한다. 집 안 여기저기에 소변을 보기도 한다. 발정 전기에는 구애 과정을 통한 수컷의 행동이 호르몬 분비를 자극하고 완전한 발정에 이르게 한다. 수컷과 함께 생활하는 야생 고양이 집단을 관찰한 결과, 야생 고양이의 임신율이 구애행동이 미미한 고양이 번식장에 비해 더 높게 나타난다.

고양이가 임신하는 것을 원치 않는다면 발정 전기의 징후가 나타났을 때 조치를 취해야 한다(431쪽, 원하지 않는 임신 참조).

발정기

두 번째 단계는 수컷을 받아들이는 시기다. 발정이 왔다고 말하는 시기로 4~6일간 지속된다. 암고양이는 보다 큰 소리로 자주 야옹거리며 시끄럽게 거의 끊임없이 운다. 행동상으로 분명한 변화가 관찰된다. 사람에게 훨씬 친근하게 굴며, 다리 사이를 왔다 갔다하고, 사람에게 몸을 비비며, 엉덩이를 흔들고, 바닥에 누워 몸을 비빈다. 누워 있는 고양이를 집어들면 팔을 잡거나 깨무는 경우도 있다.

교배시기에 다다를수록 울음소리는 더욱 심해지는데 고통을 호소하는 것처럼 들릴 정도다. 이 울음소리는 주변의 수고양이를 유혹한다.

급격한 행동 변화를 보이는 고양이의 첫 발정을 보고 '미쳤다'고 생각하는 사람도 있다. 많은 사람들이 이 시기에 중성화수술을 결심한다.

암고양이가 수고양이를 받아들일 준비가 되었는지 확인하기 위해, 목덜미를 잡은 채 손으로 엉덩이 쪽을 두드려 본다. 발정이 맞다면 엉덩이를 치켜들고 꼬리를 옆으로 제긴 뒤, 뒷다리를 이용해 몸을 위아래로 들썩거릴 것이다.

발정이 온 암고양이의
특징적인 자세.

발정기는 보통 4~10일간 지속되는데 교미를 하지 못한 일부 고양이는 더 길어지기
도 한다. 이런 현상은 샴고양이와 그 비슷한 품종에서 가장 흔한데 에스트로겐의 농
도가 높기 때문으로 보인다. 이상적이라면 배란이 유도되어야 한다(416쪽, 배란 참조).

발정 간기

세 번째 단계인 발정 간기는 7~14일간 지속된다. 이 시기에는 암고양이가 교미하
길 거부하고 수고양이가 교미를 시도하면 공격적인 반응을 보인다.

발정 간기에 일어나는 일들은 발정기 때 어떤 일이 일어났느냐에 따라 다르다. 교
미를 하지 못했다면 7~14일간의 발정 간기를 거쳐 다시 발정 전기부터 새로운 발정
주기를 시작한다. 만약 교미를 통해 배란이 유도되었으나 임신하지 못했다면 약 36일
동안 지속되는 상상임신 시기에 접어들고(430쪽, 상상임신 참조), 임신했다면 약 63일
내에 새끼를 낳는다.

무발정기

발정주기의 네 번째 단계인 생식기계의 휴식기다. 북반구에서는 11월에서 다음해
1월까지 90일 정도다. 더 이상 발정이 오지 않는 노묘에서도 무발정기 상태가 유지된다.

발정주기 동안의 호르몬 변화

발정 전기는 시상하부로부터 뇌하수체가 난포자극호르몬(FSH, 난소가 난포를 생산
해 에스트로겐을 분비하도록 한다)을 분비하도록 신호를 보내면서 시작된다.

교미 시 수컷의 생식기에 의한 신체적 자극은 암고양이의 뇌하수체에 또 다른 신호
로 받아들여져 황체형성호르몬(LH, 난소가 배란을 하도록 자극한다)이 분비된다.

배란 전에 난포는 여성 호르몬인 에스트로겐을 생산하여 배란 및 암고양이의 생식
기가 교미와 수정에 적합하도록 준비한다. 에스트로겐으로 인해 발정기의 고양이는

신체와 행동상에 변화가 나타난다.

배란 후에는 난포가 황체가 되어 임신 호르몬인 프로게스테론을 생산한다. 프로게스테론의 중요한 기능은 자궁내막이 착상을 하고 배아를 유지할 수 있도록 준비하는 것이다. 임신 후 50일 이전에 난소를 제거하거나 난소에서 프로게스테론이 부족하게 분비되는 경우 유산이 된다(424쪽, 유산 참조).

배란ovulation

고양이는 주로 유도배란을 한다. 이는 다른 포유류와 달리 스스로 배란을 하지 않는다는 뜻이다. 대신 암고양이는 교미 시 수컷 생식기의 가시 형태 돌출물에 의해 질이 자극을 받아(보다 정확히 말하면 교미를 포함한 다양한 행동에 의해) 배란이 유도된다. 발정 첫 3일 동안 세 차례 교미하면 90%의 임신율을 보인다는 연구가 있다.

흔치는 않지만 스스로 배란을 하는 고양이도 있다. 아마도 수컷 냄새에 자극을 받았거나 교미는 못했지만 비슷한 행동을 한 경우일 것이다. 이런 경우 상상임신이 일어날 수 있다.

배란은 시간이 다양하지만 보통 교미 후 24~30시간 뒤 일어난다. 어떤 고양이는 교미 후 12시간 만에 배란이 일어나기도 한다. 대부분의 경우 난소에서 난자가 4개 배출되는데 이 역시 고양이에 따라 다양하다. 한배에 18마리를 출산했다는 기록도 있다. 배란 후에는 성적인 관심이 없어지고 교미를 거부한다.

인공적으로 암고양이의 생식기를 자극하여 배란을 유도하는 것도 가능하다. 이는 교미행동을 자극하고 36일 동안 지속되는 상상임신을 유발한다. 발정을 끝내도록 만드는 방법의 하나로도 사용된다(431쪽, 출산 제한 참조). 이 방법이 필요하다면 수의사에게 문의한다.

번식 능력이 있는 수고양이의 돌출된 음경에서 특징적인 가시 모양의 돌기를 볼 수 있다.

수정fertilization

수정은 난소에서 자궁으로 연결되는 난관(나팔관)에서 일어난다. 수정란은 교미 후 14일경 자궁벽으로 이동한다. 각각의 난소마다 한 개의 정자만 수정되므로 여러 마리의 수컷과 교미를 나눈 암고양이는 각각 다른 아버지를 가진 새끼를 낳을 수 있다. 이런 현상을 중복임신(superfecundity)이라고 한다.

교미

암고양이의 발정 징후가 확실하면 수고양이를 만나게 한다. 암고양이가 주변 환경에 익숙해지도록 해야 하는데 드물지만 장거리 이동은 심리적인 스트레스로 작용해 발정이 끝나 버리기도 한다.

정상적인 교미

고양이들을 인사시키는 방법은 환경에 따라 다르다. 이상적인 방법은 암고양이가 들어가 있는 케이지를 수고양이가 들어가 있는 케이지 옆에 두는 것이다. 먼저 암고양이 케이지의 문을 열어 주변 환경을 탐색할 수 있도록 한다. 암고양이가 수고양이에게 관심을 보이기 시작하면 문을 열어 인사를 나눌 수 있게 한다.

시기가 맞다면 수컷이 접근해 코를 킁킁거리고, 얼굴을 핥고, 생식기 주변을 검사하도록 암고양이가 허락할 것이다. 이런 인사 의식과 전희는 성적 흥분이 일어나도록 돕는다. 대부분의 경우 성숙한 암고양이는 성적으로 자극받아 교미를 받아들이는 특징적인 자세를 취하는데, 몸을 웅크리고 앉아 엉덩이를 위로 치켜든 채로 꼬리를 옆으로 젖힌다.

교미를 하는 동안 경험 많은 브리더가 곁에서 지켜보는 것이 중요하다. 교미 경험이 있는 고양이라 하더라도 구애행위와 교미행위에서 폭력적인 성향을 보이는 경우가 있기 때문이다. 어떤 고양이는 사람이 나타나면 교미를 거부하므로 보이지 않는 곳에서 지켜보다가 문제가 생기면 곧바로 다가가 돕는다.

만약 암고양이가 충분한 성적 자극을 받지 못하였거나 발정이 제대로 오지 않아 교미를 할 수 없는 상황이면 수컷에게 으르렁거리며 물려고 할 것이다. 교미를 못하게 하면 수컷이 공격적으로 변할 수 있다. 이런 경우 두 마리를 분리시킨다. 나쁜 경험은 이후 교배에 좋지 않은 영향을 끼칠 수 있다. 이런 상황에서 고양이를 안으려 하면 물리거나 할퀼 수 있으므로, 보호장갑이나 담요, 수건 등을 이용한다. 고양이가 몸을 비비거나 털고르기를 다 마친 뒤에 안는 것이 좋다.

암컷이 교미 자세를 취하면 수컷이 다가가 앞발로 암컷의 옆구리를 잡고 올라탄다. 그리고 암컷의 목을 이빨로 물고 뒷다리를 위아래로 움직인다. 몇 번의 시도만으로 음경이 삽입되고 5~15초 이내에 사정에 이른다. 사정의 순간 수컷은 낮게 으르렁거리고 암컷은 날카로운 비명을 내지른다. 이 순간 후 고양이는 대부분 순식간에 서로에게서 떨어진다. 암고양이는 몸을 돌려 이빨이나 발톱으로 수컷을 공격하여 수컷이 물러나게 만든다. 사정의 마지막에 나타나는 암고양이의 공격적인 행동은 수컷의 음

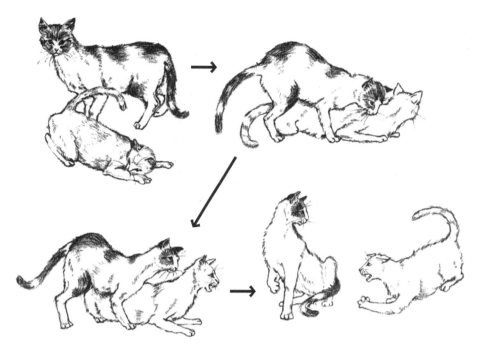

교미의 순간
수컷이 암컷에 올라타고 목덜미를 문다. 사정의 순간 암컷은 비명을 지른다. 몸이 떨어지면, 암컷은 발톱을 세운다.

경을 빼는 과정에서 일어난다. 수컷의 음경에 있는 가시 모양의 수많은 돌기는 암컷의 질을 자극해 강렬한 통증을 남긴다. 이 자극은 24시간 후 배란을 유도하는 데 필수적이다(416쪽, 배란 참조).

첫 교미 후 연속으로 교미할 수도 있다. 보통 수 분 이내 두 번째 교미가 이루어진다. 그다음 교미는 시간 간격이 좀 더 길어진다. 보통 첫 번째 교배만으로 배란이 일어나지 않기 때문에 자유롭게 교미할 수 있도록 3일 동안 하루에 1~2시간씩 한 공간에 둔다. 대부분 배란과 임신을 위해 2~3차례의 교미가 필요하다는 데 동의한다(길고양이 사이에서는 구애와 교미 행동이 며칠에 걸쳐 여러 차례 반복될 수 있다). 교미 후 암고양이는 몸을 구르고 털을 고르는데 특히 생식기 주변을 신경써서 정리한다.

교미가 끝나면 암고양이를 분리된 공간으로 옮겨야 하는데, 몸을 구르거나 털고르기를 하는 동안에는 옮기지 않는다. 이런 행동을 방해하면 심하게 할퀴거나 무는 등 상처를 입힐 수 있다. 수컷의 음경이 포피 안으로 잘 들어갔는지도 확인한다(426쪽, 감돈포경 참조).

교미 거부

고양이가 교미를 거부하는 이유는 대부분 발정시기가 적절하지 않아서다(보통 발정 전기에 일어난다). 교미를 너무 일찍 하면 암고양이는 으르렁거리며 수컷을 물려고 한다. 발정 전기라면 정상적인 행동이다. 암고양이를 수고양이에게 너무 일찍 보내면 스트레스로 인해 발정이 그냥 지나갈 수도 있다. 이런 경우 대부분 하루 이틀 뒤 다시 발정이 오지만 기간이 더 길어지기도 한다.

암고양이가 발정기임에도 교미를 거부하는 경우가 있는데 대부분 호감의 문제다. 가정에서만 자란 암컷은 다른 고양이와의 사회적 접촉 경험이 부족해서 교미를 싫어할 수 있다. 어떤 고양이는 소심한 수컷을 좋아하지 않으며, 특정한 품종이나 털 색깔을 선호하기도 한다.

수컷의 성적 적극성은 보통 암컷의 번식시기에 따라 변화한다. 수고양이는 영역을 지키며 소변을 보는 것으로 영역표시를 한다. 낯선 환경에서의 수컷은 덜 지배적인 모습을 보이고, 성적인 관심은 감소하는 대신 상대적으로 새로운 영역을 조사하는 데 관심이 쏠린다. 점잖고 친근한 수고양이는 지배적인 암컷과 교미하는데 성적 적극성이 부족할 수 있다. 흔치 않지만 수컷의 성욕이 낮은 경우 발기부전이나 호르몬 결핍일 수 있다. 호르몬에 의한 것이든 과식에 의한 것이든 비만은 성욕 감소에 영향을 줄 수 있으며, 물리적으로도 교미에 방해가 된다. 이에 관해서는 **수컷의 생식기계 질환** (425쪽 참조)에서 자세히 다루고 있다.

몸길이의 차이가 커서 생식기의 위치가 잘 맞지 않아 교미에 실패하기도 한다. 보통 수컷의 몸길이는 암컷보다 짧다. 몸길이 차이가 심하면 수컷은 암컷의 목덜미를 물고 있는 채로 자신의 생식기를 암컷의 생식기 옆에 위치시킬 수 없다. 종종 경험 없는 수컷이 목덜미 대신 너무 뒤쪽을 물어 교미를 시도하다 실패하기도 한다. 구강 질환이나 입 안에 상처가 있는 경우에도 마찬가지로 암컷의 목덜미를 단단히 잡기 힘들다.

만약 수컷이 교미 자세를 취하는 암컷과 교미하려 하지 않는다면 수컷의 생식기를 검사한다. 질 내로 삽입하려면 음경의 포피가 완전히 벗겨져야 한다. 생식기의 가시 부분에 털이 엉키거나 뒤덮인 경우도 음경 돌출에 영향을 준다(426쪽, 감돈포경 참조).

치료 : 암컷이 수컷을 받아들이지 않는 경우 24시간 동안 다시 교미를 시도하지 않는다. 그 이후에 성공적으로 교미를 할 수도 있다. 계속 교미에 실패한다면 호르몬 문제거나 호감의 문제일 가능성이 높다. 호르몬적인 문제는 **암컷의 번식장애**(422쪽 참조)에서 다루고 있다.

질 세포검사로 발정기가 정상적인지 판단한다. 암고양이가 발정 중인 경우 질벽세포를 채취하는 과정을 통해 배란이 유도될 수 있다. 검사결과상 발정기로 판단되어 교미에 적합하다면 바로 교미시킨다. 암컷이 여전히 교미를 기피한다면, 호감의 문제일 수 있다. 인공수정(430쪽 참조)을 할 것인지 임신계획을 포기할 것인지 결정한다. 인공수정을 하는 경우도 발정기에 맞추어 실시해야 한다. 이때에도 질 세포검사가 필수적이다.

불임infertility

암고양이가 교미를 성공적으로 마쳤으나 임신에 실패했다면 암컷이나 수컷 또는 둘 다에게 문제가 있을 수 있다.

수컷의 번식장애

수정률을 감소시키는 대표적인 원인은 수컷의 경우 지나치게 많은 교미 횟수다. 대부분의 건장한 수고양이는 한 주에 3회 정도 교미하고, 이후 최소 일주일 정도 휴식을 취해야 한다. 정기적으로 교미를 하는 경우 고단백의 균형잡힌 식단을 제공해야 한다.

충분한 휴식을 가진 수컷임에도 암컷이 임신에 실패했다면 단 한 번만 교미를 했거나 정자의 수가 적은 것이 원인일 수 있다. 정자의 수는 유전적인 영향을 받는데 어떤 수고양이들은 유난히 많은 수의 건강한 새끼를 수태시키기도 한다. 하지만 불임이 아니라면 수정에 관계하는 정자의 수는 충분하므로 실제 새끼의 수는 암컷이 배란한 난자 수의 결과다. 한동안 교미를 하지 않았던 수컷도 정자 수가 적을 수 있다. 때문에 첫 번째 교미 48시간 후 두 번째 교미에서는 정액의 질이 훨씬 좋아지는 경우가 많다. 수고양이는 정기적으로 교미를 시켜 주는 게 좋은데, 너무 오랫동안 교미를 하지 않으면 수컷의 생식기에 정체된 노쇠한 정자로 인해 수정 능력이 떨어질 수 있다. 수컷의 정자 수가 적은 것이 확인되었다면 교미를 일주일에 두 번 이상 시키는 것이 좋다.

수컷의 고환이 음낭의 정상적인 위치로 내려오지 못해도 정자의 수가 감소하거나 아예 없을 수 있다(426쪽, 잠복고환 참조). 잠복고환(cryptorchidism)은 유전적인 문제로 번식시켜서는 안 된다. 고양이가 나이를 먹음에 따라(8살 정도) 정자의 수와 질도 감소하여 수정 능력이 떨어진다. 이런 경우 새끼 수가 적어질 수 있으나 새끼의 자질에는 영향을 미치지 않는다. 12살 이후에는 정자 생산이 안 되어 고환이 위축되는 경우가 흔하다.

체온이 상승한 상태가 장기간 지속되면 정자 생산이 감소한다. 고열을 동반하는 중증 질환에서 회복한 수고양이는 정상적인 정자 수에 다다르기까지 수개월이 걸릴 수 있다. 어떤 고양이는 여름에 수정 능력이 떨어지는데 날씨가 더울 때 특히 심하다. 비타민 A의 과잉이나 결핍에 의해서도 불임이 될 수 있다. 결핍이 있는 경우 체중감소, 탈모, 야맹증 등의 증상이 나타난다. 비타민 A 과잉은 다량의 간을 날것으로 먹은 고양이에게 발생한다. 고양이 백혈병도 불임과 관련이 있다갑상선기능저하증은 활력과 성욕을 떨어뜨리는 질환으로, 정자 수도 감소시킨다. 갑상선 보조제 투여를 통해 관리할 수 있다. 고양이가 자연적으로 갑상선기능저하증이 발생하는 경우는 흔치 않다.

번식력이 감소하는 다른 원인은 비좁은 사육 공간, 권태감, 부적절한 식단, 운동 부족 등이다. 이런 요소는 스트레스와 관계가 있으며 번식력이 약한 개체에게는 상당한 영향을 미칠 수 있다.

유전적 이상이나 염색체 이상도 흔치 않은 불임의 원인이다. 수컷 삼색얼룩고양이(드문 털색깔)는 거의 모두 불임이다. 다른 염색체 이상은 진단이 어렵다. 수컷 생식기계 질환으로 인한 불임은 425쪽에서 다룬다.

치료 : 정액검사를 통해 정자의 수와 질을 평가할 수 있다. 인공수정(430쪽 참조)에 기술된 바와 같이 정액 샘플을 준비한다. 무정자증은 선천적이거나 후천적일 수 있는데, 약간의 정자라도 관찰된다면 종종 근본 원인을 치료하는 것으로 생식 능력이 향상되기도 한다.

발기부전impotence

수컷 고양이의 발기부전 또는 성욕 부족은 대부분 행동학적인 요인에 의해 발생한다(418쪽, 교미 거부 참조).

수컷의 성적 욕망은 고환에서 생산되는 테스토스테론(testosterone)의 영향을 받는다. 드물게 고환이 호르몬을 분비하지 못해 발기부전이 발생하기도 한다. 수컷 태아는 출산 직전 혹은 직후에 테스토스테론이 급격히 증가하는데 이것이 뇌를 조절해 웅성화*시킨다. 그러나 만약 테스토스테론에 의한 자극이 일어나지 않으면 수컷 태아는 암컷의 특징을 발달시키고 수컷의 호르몬 대신 암컷의 호르몬(에스트로겐)에 반응하게 된다.

혈중 테스토스테론 농도 검사를 통해 발기부전이 테스토스테론 결핍에 의한 것인지 확인할 수 있다. 정액검사는 고환의 성적 발달 및 정자 생산 여부를 확인하는 데만 유용하다. 정자를 만드는 세포와 테스토스테론을 분비하는 세포는 동일하지 않으므로 번식력이 있는 수컷도 발기부전을 겪을 수 있으며, 반대로 불임인 수컷도 암컷에게 적극적인 반응을 보이며 교미할 수 있다.

치료 : 행동적인 원인이 아닌 호르몬적인 문제가 원인인 발기부전의 경우 교배 전에 테스토스테론을 투여하면 증상이 호전될 수 있다. 불행히도 수컷의 성욕을 활성화시키는 용량은 정자 생산을 억압하므로 신중하게 사용해야 한다.

일부 수컷에게는 캣닙이 성적 적극성을 증가시키는 데 효과가 있다. 생식적인 행동

* **웅성화**masculinize 수컷이 암컷과 구분되는 특징을 갖게 되는 발생 또는 발달 과정_옮긴이 주

은 어느 정도 유전적인 영향을 받으므로, 뛰어난 자질을 갖춘 경우가 아니라면 성욕이 낮은 수컷은 번식시키지 않는다.

암컷의 번식장애
비정상적인 발정주기

암고양이의 발정주기는 아주 다양하다. 일반적으로 각각의 고양이가 자신만의 고유한 주기를 갖는다. 나이를 먹음에 따라 주기가 불규칙적으로 변하고 몇몇은 더 이상 배란을 하지 않게 된다. 암고양이의 발정주기에 좋지 않은 영향을 끼치는 다른 요소로는 부적절한 식단, 환경적인 스트레스, 건강 악화 등이 있다.

■ 무발정anestrus

짝짓기 계절이 와도 무발정 상태가 지속된다면 다음 중 하나를 고려해 본다.

• **광자극 부족.** 낮의 길이는 발정주기를 시작하게 만든다. 하루 중 낮이 12시간보다 짧으면 종종 발정주기를 개시하는 데 부족할 수 있다. 광자극 부족은 실내에서 생활하는 고양이에게 더 흔하다.

• **조용한 발정.** 발정이 잘 안 온다고 생각되는 고양이의 다수가 실제로는 정상적으로 발정이 왔는데 겉으로 발정의 특징을 보이지 않는 경우다. 예를 들어, 고양이 집단에서 서열이 낮은 고양이는 집단에서 쫓겨나지 않기 위해 발정행동을 드러내지 않을 수 있다. 발정이 조용히 오는 고양이는 질 세포검사와 혈중 에스트로겐 농도 검사를 통해 확인할 수 있다.

• **갑상선기능저하증.** 흔하지 않은 원인으로, 갑상선호르몬 결핍의 다른 증상이 나타날 수도 있고 나타나지 않을 수도 있다. 혈액검사로 진단하며, 갑상선호르몬 투여를 통해 치료한다. 갑상선기능저하증은 건강상의 문제므로 많은 수의사는 번식시키지 않을 것을 추천한다.

• **무난소증.** 이전에 난소자궁적출술을 받았을 가능성이 있다. 흔치 않지만 에스트로겐 결핍도 난소 발생장애의 원인이 되는데, 이런 경우 성성숙이 일어나지 않는다. 외음부와 질이 발달하지 못하고 작은 채 남는다. 낮은 에스트로겐 농도로 인해 발정이 오지 않는다.

■ 난포낭종cystic ovarian follicle

난소에서 에스트로겐이 지나치게 많이 분비되어 발생한다. 규칙적으로 발정이 오지만 교미를 하지 못한 경우 몇 번의 발정기를 거치고 나면 난소에 낭종이 생긴다. 이

낭종은 에스트로겐을 비정상적으로 많이 생산하여 배란을 억제하고, 낭성 자궁내막 증식증을 유발하여 착상을 방해한다. 이런 고양이는 끊임없이 발정이 오거나 발정기가 장기간 지속된다. 성격이 예민해져 다른 고양이와 싸움이 나기 쉽고(암컷과 수컷 모두에게) 교미도 거부한다. 반대로 교미를 너무 자주 하는데도 임신은 되지 않는다.

난소낭종(ovarian cyst)은 초음파로 진단이 가능하다. 배란유도와 호르몬 교정을 통해 치료한다. 상태가 나아지지 않을 경우, 난소 또는 낭종을 제거하여 치료한다. 새끼를 낳고자 한다면 낭종만 제거하여 치료할 수 있는데 아주 정교한 수술이 필요하다. 나중에 임신하는 것도 가능하다. 번식시키지 않을 거라면 자궁과 난소를 모두 제거하는 것이 좋다(432쪽, 난소자궁적출술 참조). 이런 문제는 유전될 수 있으므로 뛰어난 자질을 갖춘 경우가 아니라면 중성화수술을 시킨다.

프로게스테론이 함유된 약물(일부 피부 질환 치료에 사용되는)을 투여해도 낭종성 난소와 동일한 영향을 나타낼 수 있다.

■ 비정상적인 발정주기의 치료

하루 14시간 이상 빛에 노출되거나 또 다른 암고양이가 발정이 온 경우, 발정이 올 수 있다. 발정주기가 비슷하게 변하는 현상은 캐터리에서 흔히 관찰된다. 사회화와 전희 과정에서 수컷에게의 노출 여부가 발정을 개시하는 데 중요하게 작용한다.

발정이 오지 않는 경우 4~5일간 난포자극호르몬(FSH) 투여로 잘 치료되기도 한다. 난포가 발달하고 암고양이에게 발정이 와서 수컷과 교미를 하였다면 보통 배란이 일어난다. 유도발정 기간 동안 몇 차례 교배시켜야 한다. 교미 후 배란 가능성을 확인하기 위해 때때로 인간 융모성 성선자극호르몬(HCG)을 이용하기도 한다.

또 다른 치료법은 원인을 찾아내야 가능하다. 신체검사, 질 세포검사, 호르몬 검사, 경우에 따라 탐색적 개복술을 포함한 완벽한 검사가 이루어져야 한다. 고양이 불임의 모든 증례에서 고양이 백혈병 바이러스 검사는 필수적이다. 불임은 유전될 수 있으며, 암고양이가 임신에 문제가 있다면 중성화수술을 시킨다.

배란 실패

배란에 실패하는 일반적인 원인은 교배를 너무 늦게 하는 경우다. 일반적으로 암고양이는 발정기의 중간 이전에 교배시켜야 하는데 이 기간은 발정 후 약 4일까지의 시기다. 단 한 번의 교미로 충분한 경우는 드물기 때문에 배란을 유도하기 위해 발정 적기에 몇 차례 교미를 하는 것도 중요하다.

배란은 혈중 프로게스테론 농도가 상승하여 일어난다. 개용 검사 세트를 이용해도 검사가 가능하다. 이 검사는 발정기 7일 후부터 40일째까지 양성 여부를 확인할 수 있다. 수치가 상승하지 않으면 배란이 일어나지 않은 것이다.

고양이 스스로 배란을 해서 상상임신을 하기도 한다.

유산 fetal loss

만약 암고양이가 임신을 하고 새끼를 낳지 않았다면 유산이 되거나 태아 흡수가 된 것이다.

유산은 수정란이 자궁벽에 착상하기 전에도 발생하는데 자궁내막의 상태가 좋지 않거나 수정란에 결함이 있는 경우 발생한다. 초기 유산은 고양이 백혈병 바이러스, 면역결핍증 바이러스, 범백혈구감소증, 톡소플라스마 감염증 등과도 관련이 깊다. 낭성 자궁내막증식*도 초기 유산이나 임신율 저하의 원인이 된다.

* 자궁내막증식endome-trial hyperplasia 자궁의 내막이 과잉 성장하는 상태.

타우린과 구리 결핍도 유산과 저체중 출산의 원인이 된다. 프로게스테론 농도가 낮아도 태아 흡수나 유산이 일어날 수 있다. 다양한 약물도 배아의 발달장애를 일으키고 유산을 일으킨다.

유산의 징후는 질의 출혈과 조직이 배출되는 것이다. 고양이가 자신의 몸을 깨끗하게 유지하는 깔끔한 성격이라면 이런 징후를 발견하지 못할 수 있다. 때문에 유산이 일어나도 즉시 알아채지 못한다.

태아 흡수는 임신 후 7주 이내에 일어난다. 발달 중이던 태아는 모체의 몸으로 흡수되어 더 이상 복부에서 느껴지지 않는다. 가끔, 옅은 분홍빛을 띠는 질 분비물이 관찰되기도 한다.

자궁 내 태아의 죽음은 프로게스테론 결핍에 의해 일어날 수 있다. 임신 기간의 전반부는 난소에서 만들어지는 프로게스테론에 의해 자궁의 환경이 적절히 유지된다. 임신 40일경부터는 이런 기능이 태반에 의해 이루어진다. 그러나 이 과정에 문제가 생기면 임신 유지를 위한 프로게스테론이 부족해진다. 태반의 기능 결핍은 뒤이은 임신에서도 발생하는 경향이 있으며, 반복적인 유산을 일으키곤 한다. 이런 문제가 있는 암고양이는 중성화수술을 시킨다.

고양이 백혈병 바이러스는 습관성 유산의 원인으로 알려져 있다. 전체 수고양이가 감염되고, 캐터리에서 번식 실패가 일어났다면 감염이 발생했다는 신호일 것이다. 대부분의 수고양이 보호자는 암고양이가 백혈병에 걸리지 않았다는 증명서가 없다면 교배시키지 않는다.

코로나바이러스는 반복되는 유산, 태아 흡수, 사산, 허약한 새끼 등을 포함한 생식기 전반의 문제의 원인이 된다. 고양이 비기관염, 고양이 면역결핍증 바이러스, 고양이 칼리시바이러스, 고양이 범백혈구감소증, 클라미디아 감염증 등도 불임의 원인이 된다.

산발적인 유산의 원인으로는 정서적인 영향, 지나친 운동(높은 곳에서 뛰어내리는 행동 등), 복부에의 충격, 부적절한 음식 급여, 출산 전의 관리 소홀 등이 있다. 임신한 고양이에게 필요한 관리와 음식 급여는 16장에서 다루고 있다.

치료 : 유산은 전반적인 검사를 필요로 한다. 암고양이는 백혈병 바이러스, 면역결핍증 바이러스, 가능하다면 코로나바이러스(비록 그 결과가 정확하지 않지만) 감염 여부를 검사해야 한다. 암컷의 생식기계 질환과 관계 있는 습관성 유산의 다른 원인도 검사해야 한다. 프로게스테론이 부족한 암고양이는 다음 번 임신 시에는 태반 프로게스테론으로의 이행 한 주 전부터 장기 지속성 프로게스테론을 매주 주사하여 치료한다. 그러나 유산이 유전적인 영향일 수 있으므로 굳이 번식시키지 않는다.

수컷의 생식기계 질환

교배에 실패하거나 불임을 일으키는 수컷의 생식기계 질환이 있다. 번식에 문제가 없더라도 이런 질환은 고양이의 건강을 위해 치료해야 한다.

건강상의 이유로 음경을 검사해야 한다면 꼬리를 들어올려 항문 아래의 회음부를 노출시키는 게 가장 좋은 방법이다. 고양이의 음경은 뒤쪽을 향하고 있다. 음경을 둘러싸고 있는 포피를 뒤로 당기면 쉽게 노출된다. 엄지와 검지로 포피를 잡고 뒤쪽(고양이 머리 방향)으로 밀어내면 음경 끝이 돌출된다.

완전히 성숙한 수고양이는 가시처럼 생긴 돌기가 아래쪽으로 비스듬하게 나 있다. 사정 후 수고양이가 음경을 빼내려 하면 이 돌기가 암컷의 질을 강렬하게 자극한다. 이 과정에서 암고양이의 배란을 유도하는 호르몬 분비를 개시한다. 그러나 어리거나 중성화수술을 한 고양이의 음경 표면은 가시가 없이 매끄럽다.

귀두포피염(포피와 음경 끝의 감염)balanoposthitis

교미 중에 털이 귀두의 돌기에 걸리면 포피와 음경 끝부분에 자극을 준다. 빈번한 교미도 음경과 포피를 자극한다. 작은 찌꺼기가 포피 안쪽으로 들어갈 수도 있고, 이런 자극은 포피의 감염과 농양을 일으킨다. 이는 교미를 고통스럽거나 불가능하게 만든다. 이런 문제는 고양이에게 흔치 않다.

치료 : 우선 포피 주변의 털을 짧게 깎는다. 음경 끝을 노출시키기 위해 포피를 뒤로 잡아당긴다. 희석한 과산화수소수나 베타딘액으로 세정한 뒤 항생연고를 바른다.

그런 다음 포피를 원래 위치로 복귀시킨다. 이 과정을 분비물과 염증이 사라질 때까지 반복한다. 항생제나 진정 상태에서 외과적 세정이 필요할 수 있다. 귀두포피염에 걸린 고양이는 감염이 나을 때까지 교배시켜서는 안 된다. 교미를 통해 암컷이 감염될 수 있다.

포경(포피의 협착)phimosis

포경 상태에서는 포피의 입구가 너무 작아 음경이 밖으로 나올 수 없다. 소변도 작은 방울 형태로 배출될 것이다. 일부는 감염에 의해 발생하고 나머지는 출생 시 결함에 의한 것이다.

치료 : 포피의 감염에 의한 경우 치료하면 포경이 교정된다. 계속 교정이 되지 않으면 수술이 필요하다. 출생 시의 결함인 경우, 유전적인 소인이 있으므로 번식시키지 않는다.

감돈포경paraphimosis

감돈포경 상태에서는 음경이 포피 안으로 다시 들어가지 않는다. 포피 주변의 긴 털이 끼어 음경이 안으로 밀려들어가지 못한다. 교미 시에 암컷의 털이 귀두의 돌출된 가시에 엉키는 경우에도 음경이 제자리로 들어가지 못하고 교미도 방해한다.

감돈포경은 교미 전에 포피 주변의 긴 털을 짧게 잘라서 예방한다. 수고양이는 보통 교미 후 자신의 생식기를 핥아 털 등의 이물질을 제거한다. 엉킨 털이 계속 남아

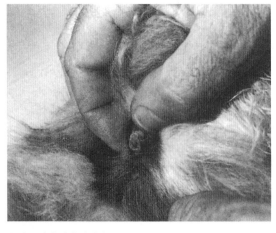

음경 주변에 털이 감기면 포피 안으로 음경이 들어가지 않을 수 있다.

있으면 제거해야 한다. 교미 후에는 음경이 포피 안으로 잘 들어가는지 확인한다.

치료 : 영구적인 손상을 예방하기 위해 음경을 가능한 한 빨리 원위치로 복귀시킨다. 포피를 뒤쪽으로 젖혀 감긴 털을 제거한다. 음경 표면에 미네랄 오일이나 올리브 오일 같은 윤활제를 바른다. 음경 끝을 한 손으로 부드럽게 당기고 다른 손으로는 포피를 앞쪽으로 덮는다. 잘 되지 않으면 수의사의 도움을 받는다. 대부분의 경우 **귀두포피염**(425쪽 참조)에서와 같이 하루 두 번 정도 포피를 소독액으로 세정한다.

잠복고환(하강하지 않은 고환)cryptorchidism

새끼 고양이의 고환은 출생 시 음낭으로 하강한다. 보통 생후 6주 때에 촉진되는데,

고환이 정상위치로 내려오지 않는 경우를 잠복고환이라고 한다. 한쪽 고환만 잠복인 경우 번식이 가능할 수 있으나 양쪽 모두 잠복고환인 경우에는 불임이 된다.

고환은 양쪽이 비슷한 크기여야 하며 만졌을 때 약간 단단해야 한다. 고환의 크기는 정자를 생산하는 조직과 관계 있으므로 성숙한 수컷의 고환이 말랑말랑하거나 작다면 정자에 결함이 있을 수 있다. 한쪽 고환만 잠복고환이어서 번식 능력을 가지고 있더라도 유전적 면을 고려하여 번식시키지 않는다.

고환형성부전은 고환의 성적 발달이 이루어지지 않은 것으로 양쪽 고환이 모두 발달하지 않은 경우 불임이 되고 성적 행동도 나타나지 않는다.

치료 : 잠복고환인 고양이는 중성화수술을 시킨다. 고환을 찾아 제거하기 위해 복강수술이 필요할 수 있다.

고환염orchitis

고환염의 가장 흔한 원인은 음낭을 물려 감염되는 것이다. 관통상, 동상, 화학물질이나 고온에 의한 화상, 고양이 전염성 복막염, 방광, 요도, 포피 등의 감염에 의해서도 발생할 수 있다.

고환염의 증상은 고환의 부종과 통증이다. 고환이 크게 부어오르고 단단해지며 만지면 통증을 느낀다. 고양이는 배를 웅크린 채로 네 다리를 쭉 펴고 서는 자세를 취하곤 한다. 나중에는 고환이 쪼그라들어 작고 단단하게 변한다.

치료 : 물린 상처나 관통상은 대부분 감염되기 쉬우므로 겉으로 가벼워 보여도 수의사의 진료를 받아야 한다.

암컷의 생식기계 질환

질의 감염vaginal infection

고양이에게 질의 염증이나 감염이 생기는 것은 드문 일이다. 질염이 있으면 외음부를 핥거나 질검사 시 불편해하는 모습을 보인다. 질 분비물은 있을 수도 있고 없을 수도 있다. 수고양이는 때때로 암고양이가 발정 중이라고 생각해 질염이 있는 암고양이에게 끌리기도 한다.

질의 세균 감염은 방광이나 자궁으로 전파될 수 있다. 질염을 진단하고 원인을 찾아내기 위해 수의사의 검사가 필수적이다.

치료 : 세균배양 및 감수성 검사를 바탕으로 적절한 항생제로 치료한다. 질염에 걸

린 암고양이는 감염이 완전히 치료될 때까지 교배시켜서는 안 된다.

자궁의 감염uterine infection

고양이의 자궁 감염은 낭성 자궁내막증식증으로부터 시작한다. 이 질병은 자궁 내 환경을 변화시켜 자궁내막염이나 자궁축농증과 같은 2차 세균 감염이 일어나기 쉽게 만든다.

낭성 자궁내막증식증cystic endometrial hyperplasia

이 상태의 고양이는 자궁내벽의 세포조직인 자궁내막이 두꺼워지고 방울 모양의 낭포가 형성된다. 이런 변화는 발정기 동안 난포에서 생산되는 에스트로겐에 의한 자극이 길어져 발생한다(415쪽, 발정주기 동안의 호르몬 변화 참조).

몇 차례의 주기적인 발정기를 거치며 수컷과의 교미나 인공적인 배란유도에 의해 배란이 일어나지 않을 경우 발병 가능성이 높아진다. 이런 이유로 출산 경험이 없는 5살 이상의 고양이에게 흔하다. 낭성 자궁내막증식증은 스스로 배란을 하고 상상임신 상태가 되는 고양이와도 관계가 있다.

일부 고양이에서 혈액성 질 분비물이 관찰되기도 하지만 합병증이 동반되어 나타나지 않으면 낭성 자궁내막증식증은 증상이 거의 나타나지 않는다.

치료 : 임신은 낭성 자궁내막증식증 발생을 예방한다. 더 이상 번식시키지 않을 것이라면 중성화수술이 치료방법이다. 약물을 이용해 발정을 억제할 수도 있다(431쪽, 출산 제한 참조).

자궁내막염endometritis

대부분 낭성 자궁내막증식증에 뒤이어 발생한다. 세균 감염은 자궁내벽에 한정된다. 작은 농양이 생기면서, 자궁내막에 염증이 생기고 감염이 발생한다. 자궁내막염은 급성 혹은 만성 형태로 진행된다.

급성 자궁내막염에 걸린 고양이는 기운이 없고, 식욕이 저하되며, 고열, 혈액성 또는 화농성 질 분비물이 관찰된다. 감염이 심한 경우 생명을 위협할 수 있다. 새끼를 낳는다고 해도 잘 돌보지 않을 것이다.

만성 자궁내막염에 걸린 고양이는 종종 아주 건강해 보이며, 정상적인 발정주기를 가지고 교미도 성공적으로 하는 것처럼 보인다. 그러나 만성적 감염에 의해 수정란의 착상과 성장에 부적합한 환경이 되어, 임신에 실패하거나 유산한다. 적정한 시기에 교미를 하였음에도 연거푸 임신에 실패하거나 임신이 되었어도 건강한 새끼를 낳지 못한다면 만성 자궁내막염을 의심한다.

치료 : 가장 좋은 치료방법은 난소자궁적출술인데, 암고양이의 혈통을 잇고 싶다면 가능성은 낮지만 치료를 시도해 볼 수 있다. 급성 자궁내막염의 질 분비물을 배양하고 감수성 검사를 바탕으로 항생제를 처방한다. 3~4주간 치료를 계속해야 한다. 만성 자궁내막염은 자궁경부에서 분비물을 채취하고 배양해야 하므로 진단이 어렵다. 자궁 생검이 필요할 수도 있다. 항생제 감수성 검사를 바탕으로 항생제를 처방한다.

자궁축농증pyometra

자궁내막염과 마찬가지로 자궁축농증도 세균 감염이 일어난 낭성 자궁내막증식증으로부터 발생한다. 자궁축농증은 자궁내막염에 비해 자궁벽의 염증은 심하지 않지만 자궁 내강에 훨씬 많은 양의 고름이 찬다. 자궁축농증이 발생하는 또 다른 요인은 프로게스테론에 의한 영향이다. 낭성 자궁내막증식증이 있는 고양이는 연이어 배란을 하고 황체 낭종을 형성하는데, 이 낭종은 고농도의 프로게스테론을 분비한다. 때문에 자궁축농증으로 진행되기 쉽다(415쪽, 발정주기 동안의 호르몬 변화 참조).

자궁축농증은 5살 이상의 고양이에게(평균 7~8년) 가장 많이 발생하는 생명을 위협하는 감염이다. 발정이 끝나고 4~6주 후 증상이 나타난다. 자궁축농증에 걸린 고양이는 음식을 거부하고 멍한 상태를 보이며, 체중이 줄고, 열이 나며(체온은 정상을 나타내기도 한다), 평소에 비해 많은 양의 물을 마시고, 소변을 자주 본다. 보통 배가 눈에 띄게 부풀어 오르고 단단해진다. 임신을 했거나 고양이 전염성 복막염(습성) 가능성도 있지만 발정이 끝난 뒤에 복부가 팽만해지고 일련의 증상을 나타낸다면 자궁축농증일 가능성이 높다.

확장된 자궁은 보통 복부 촉진으로 검사할 수 있다. 임상 증상이 없이 복부만 팽만한 경우 보통 엑스레이검사와 초음파검사를 통해 확장된 자궁을 확인하고 임신과 자궁축농증을 구분한다.

자궁축농증은 개방형과 폐쇄형 두 가지 유형이 있다. 개방형의 경우 자궁경관이 열려 있어 다량의 고름이 유백색, 분홍색, 갈색의 형태로 흘러나온다. 폐쇄형은 아주 소량의 질 분비물만 관찰되는데, 자궁 안에 고름이 축적되어 보다 심한 독성 증상을 일으켜 구토, 고열, 급격한 탈수 등을 동반한다.

자궁축농증과 유사한 질병은 출산 후 고양이에게 발생하는 급성 자궁염이다(450쪽 참조).

치료 : 응급상황이다. 즉시 동물병원에 간다. 치료방법은 난소자궁적출술이다. 고양이가 패혈증 상태에 빠지기 전에 신속히 수술하는 것이 안전하다.

인공수정artificial insemination

인공수정은 수컷으로부터 채취한 정액을 인공적으로 암컷의 생식기에 주입하는 기술이다. 인공수정 방법은 현재 표준화가 잘 되어 있는데, 자연교배에서 다루는 고려사항이 여기에도 모두 적용된다. 예를 들어 고양이 면역결핍증 바이러스는 정액으로도 전염될 수 있다.

성공적인 임신을 위해 장비 선택, 정액 채취, 암컷에게 정액 주입 등 엄격한 절차가 중요하다. 이런 이유로 수의사의 감독 아래 시행되어야 한다. 소수의 수의사만이 고양이 인공수정 경험을 가지고 있으므로 산과 전문 수의사의 도움이 필요할 수 있다. 숙련된 전문가에 의해 시술되었다면 임신율은 75% 정도다. 인공수정은 자연교배가 어렵거나 불가능한 경우 시행한다. 보통 행동학적 문제, 해부학적 문제, 전염병에 대한 우려 등으로 시술된다.

암고양이의 행동을 보고 발정과 임신에 적합한 시기를 결정한다. 행동상으로 성적인 징후를 보이지 않으면 발정의 단계를 확인하기 위해 질 세포검사를 실시한다.

정액은 인공질을 사용해 채취한다. 많은 수고양이가 이 기구를 사용하는 데 잘 훈련되어 있다. 수컷을 자극하려면 발정기의 암고양이가 필요하다. 전신마취 후 전기 사정기를 사용해 채취할 수도 있다.

일단 채취된 정액은 특수한 영양액에 희석하여 암컷의 질에 주입한다. 암컷은 정액 주입에 의해 곧바로 배란이 일어날 수 있도록 호르몬상으로 준비가 되어 있어야 한다. 인공수정으로 최선의 결과를 얻으려면 24시간에 걸쳐 3~4차례 정액을 주입해야 한다. 추가로 외과적인 방법을 통해 자궁 내로 직접 정액을 주입하면 결과가 더 좋다.

인공수정 후에는 암고양이의 발정이 끝날 때까지 격리시킨다. 암컷이 다른 수컷과 교미하면 뒤섞인 혈통의 새끼가 태어날 수 있다. DNA 검사로 혈통을 확인할 수 있으나 비용이 많이 든다.

냉동정액을 이용할 수도 있다. 그러나 임신율은 신선한 정액을 사용하는 것만큼 높지 않다. 수정란이식을 통한 최신 번식기술도 아직까지는 성공률이 낮다.

상상임신pseudocyesis

난자가 배란되었으나 수정이 되지 않으면 상상임신이 되는데 배란 후 난소의 황체에서 생산되는 프로게스테론에 의해 발생한다(415쪽, 발정주기 동안의 호르몬 변화 참조).

상상임신을 보이는 암고양이가 진짜 임신 증상을 보이는 경우는 드물다. 때때로 식욕이 증가하고, 체중이 늘며, 보금자리를 꾸미는 행동 등을 나타내기도 하지만 젖이 나오는 경우는 드물다. 상상임신은 유산이나 태아 재흡수가 일어난 임신과 쉽게 혼동되곤 한다(424쪽, 유산 참조).

치료 : 특별한 치료는 필요하지 않다. 임상 증상은 발정 후 35~40일경 사라진다.

상상임신을 보이는 암고양이는 또다시 상상임신을 할 가능성이 높다. 유전적인 경우가 많으므로 교배가 꼭 필요하지 않다면 중성화수술을 시키는 것이 가장 좋은 방법이다. 수술은 상상임신이 끝난 뒤에 하는 것이 좋다.

원하지 않는 임신

원하지 않는 임신을 방지하기 위한 최선의 방법은 중성화수술이다. 발정이 온 암고양이는 울음소리와 소변 속의 페로몬으로 먼 거리에 있는 수고양이까지 불러모을 수 있다. 암고양이가 잠깐이라도 집을 나갔다 왔다면 원치 않는 임신을 했을 수 있다. 고양이가 발정 중이라면 집 안에만 두고, 보호자의 시야를 벗어나지 않도록 한다. 발정 전기의 징후를 보이기 시작하여 10~14일간 계속되는 발정기 내내 격리시켜야 한다.

만약 교미했다면 그냥 임신이 진행되도록 놔두는 게 최선의 방법이다. 그러나 보호자가 새끼를 키울 만한 시간과 공간이 없다면 다른 대안을 생각해 봐야 한다.

한 가지 방법은 중성화를 시키는 것이다. 임신 기간의 첫 한 달은 암컷에게 특별한 위험이 없이 중성화수술을 실시할 수 있다. 그러나 임신 후기에는 수술이 까다롭다.

출산 제한

암컷의 출산 제한

임신을 방지하는 최선의 방법은 중성화다. 난관결찰*은 중성화수술과 거의 같은 수준의 위험도를 가지며 단지 비용만 조금 더 싸다. 하지만 난관결찰 시술 후에도 여전히 발정이 오고 수컷을 유혹하는 등의 행동이 계속된다. 또한 난소자궁적출술을 통해 얻을 수 있는 건강상의 이점도 없다. 때문에 대부분의 수의사는 임신을 막기 위한 방법으로 난소자궁적출술을 추천한다.

만약 번식 능력을 유지해야 하는 이유가 있다면 인공적인 배란유도나 약물요법 등

* **난관결찰**tubal ligation 난관을 묶어 수정을 차단하는 시술.

을 통해 임신을 연기시키는 방법도 있다.

난소자궁적출술(중성화수술)ovariohysterectomy(spaying)

중성화수술은 자궁, 난관, 난소를 제거하는 것이다. 중성화수술은 암고양이가 발정이 오는 것을 예방하고, 난소낭종, 상상임신, 자궁 감염, 불규칙한 발정 등을 예방한다. 발정기간에 더 이상 가둬 놓지 않아도 된다. 유선종양의 발병률도 낮춘다.

심리적이나 행동학적인 이유로 수술할 필요는 없다. 수술을 한다고 고양이의 기본적인 성격이 바뀌지 않는다. 발정 시기의 까탈스러움이 완화되는 정도다. 사냥 본능에도 영향을 주지 않는다. 발정과 관계된 배뇨 행위나 야생적인 행동만 줄어든다. 중성화수술을 한 암고양이는 뛰어난 반려동물이 된다. 자신의 인간 가족에게만 모든 애정을 집중하기 때문이다.

첫 발정이 오기 전에 중성화수술을 하면 유선종양 발생률이 90% 감소한다. 자궁의 종양과 감염도 사전에 예방할 수 있다.

중성화수술이 고양이를 살찌거나 게으르게 만들지는 않는다. 암고양이에게 중성화수술이 대사를 느리게 한다는 연구가 있긴 하지만, 비만은 운동 부족과 영양과잉이 원인이다. 보통 암고양이가 중성화를 하는 시기가 성묘가 되는 시기와 맞아떨어지는 경우가 많은데, 이때부터는 필요로 하는 음식의 양이 적어진다. 만약 고칼로리의 새끼 고양이용 사료를 계속 급여한다면 체중이 늘고, 그 원인이 중성화수술로 오인되기 쉽다.

암고양이를 중성화시키기 가장 좋은 시기는 첫 발정이 오기 전인 5~7개월령이다. 이 시기에는 수술이 용이하고 합병증이 일어날 가능성도 낮다. 많은 수의사와 유기동물 보호소는 유기동물의 수를 조절하기 위한 노력으로 7주밖에 안 된 새끼 고양이를 중성화시키기도 하는데 성장판의 폐쇄가 조금 지연되어 키가 조금 더 클 수 있다는 것을 빼면 아직까지 특별한 건강상의 문제는 없다. 이른 시기에 중성화수술을 시키는 것에 따른 장기적인 행동학적 영향은 아직까지 알려진 바 없다.

수술 일정을 예약할 때, 수술 전날 저녁부터 모든 음식을 먹이지 말아야 한다(새끼 고양이는 수술 전 3~4시간만 굶기기도 한다). 수술은 전신마취로 하는데 위가 차 있으면 구토를 유발하거나 마취 유도과정에서 음식물이 폐로 넘어갈 수 있다. 수의사에게 수술 전후의 주의사항을 확인한다. 수술 후 통증에 대한 적절한 진통제 처방도 잘 확인한다.

인공적인 배란유도

인공적으로 질을 자극해 발정을 끝내도록 만들 수도 있다. 그 이유에 대해서는 앞서 발정주기 동안의 호르몬 변화(415쪽 참조)에서 소개했다. 배란은 보통 7~14일 정도인 발정 간격을 30~40일까지 연장시킨다. 이 방법은 몇 주 동안 교배를 미루기 위해 사용할 수 있는 가장 좋은 방법이다.

보조자가 고양이의 목덜미를 움켜진 상태에서 꼬리를 들어올리고 끝이 몽톡한 막대나 면봉을 질 안으로 1.3cm가량 집어넣고 부드럽게 돌린다. 암고양이가 소리를 지르거나 몸을 바닥에 비비는 행동같이 실제 교미에서 관찰되는 행동을 보여야 한다. 이런 행동이 관찰되지 않는다면 인공적인 자극이 실패한 것이므로 다시 실시한다. 하지만 반복적인 자극으로 인해 질에 손상을 줄 수 있으므로 수의사를 통해 실시한다.

인공적인 배란유도에 성공했다면 3~4일 내로 암고양이의 발정이 끝날 것이다. 발정이 완전히 끝나기 전까지는 밖에 나가지 못하게 한다. 이 기간 수컷과 교미를 하면 임신할 수 있다. 대부분의 경우 난소가 프로게스테론의 생산을 멈추는 약 44일 안에 다시 발정이 온다.

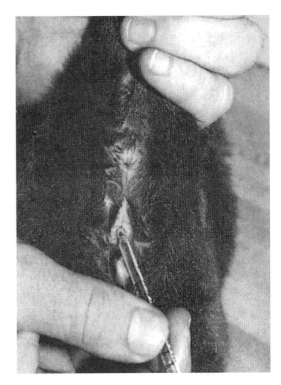

질 자극을 통한 인공적인 배란유도는 발정을 끝내는 방법 중 하나다.

임신방지 약물

장기 지속형 프로게스테론인 초산메게스트롤은 발정 억제 효과가 있는 약물로 매일 투여해 발정을 막는다. 미국에서 고양이에게 사용이 허가되지 않은 약물로 수의사의 감독하에 처방받아야 한다. 부작용이 심하게 나타날 수 있으며 자궁축농증, 유선증식증, 유선종양, 당뇨병, 부신활동 억제 등을 유발할 수 있다.

미볼레론(cheque drop)은 치명적인 간질환 유발 가능성이 있어 <u>고양이에게 사용해서는 안 된다.</u>

초산델마디논(DMA, delmadinone acetate)은 발정 방지에 있어 안전성과 효능이 입증되었다. 하지만 약물을 구하기가 어렵다. 일주일에 한 번 먹이거나 6개월에 한 번 피하주사를 맞는다.

동물병원에서 구입할 수 있는 엽록소 정제는 발정기 암컷의 냄새를 감추는 데는 효과적이지만 임신을 방지할 수는 없다.

고양이에게 사용할 수 있는 피임 백신이 현재 개발 중이다. 이 백신은 고양이의 황체형성호르몬을 차단하여 배란이 일어나지 않도록 막는다. 연구에 따르면 접종 후 약 500일이 지나야 다시 발정이 온다.

고나존(Gonazon, azagly-nafarelin)은 유럽에서 개에 대한 사용이 승인되었다. 이 약물은 약 1년 동안 효과가 지속되고 피임을 되돌릴 수 있으며 주사나 이식물을 통해 투여된다. 연어과 물고기의 GNRH*로 만드는데 장차 고양이에게도 사용이 가능할 것이다.

수컷의 출산 제한

원치 않는 임신을 예방하는 최선의 방법은 수컷을 중성화시키는 것이다. 번식력을 없애는 수술법은 두 가지로 고환적출술과 정관절제술이 있다. 수컷만 중성화시키는 것은 좋은 산아 관리방법이 아니다. 또 다른 수컷이 번식을 위해 발정기의 암컷 주변을 맴돌기 때문이다.

고환적출술(중성화수술)orchidectomy(neutering)

중성화수술은 양측 고환을 모두 제거하는 수술이다. 많이 아프지 않고 절개와 같은 외과적 조작이 적은 가벼운 수술로 대부분의 경우 당일 퇴원이 가능하다.

중성화수술을 한다고 수컷의 성격이 바뀌지 않는다. 다만 으르렁거리거나 공격적인 행동, 성적인 충동을 감소시키거나 없애 주는 것뿐이다. 사냥 본능은 전혀 변하지 않는다. 종종 보다 친근한 성격으로 변하기도 하며 사람을 더 좋아하게 되기도 한다. 중성화수술을 한 수컷은 거리를 배회하거나 고양이끼리 싸움을 하는 일도 훨씬 드물다. 불쾌한 오줌 냄새를 남기는 스프레이도 사라진다.

대부분의 수의사는 수고양이의 중성화수술 적기를 생후 6~7개월이라고 생각한다. 이 시기에는 성장이 충분히 이루어져 골조직이 영향을 받지 않으며, 성적인 행동이 나타났다 하더라도 오래된 것이 아니라 쉽게 교정된다. 6개월령 이전, 정확히 말해 2차 성징이 나타나기 전에 중성화수술을 하는 경우 음경이 작은 채로 남을 수 있다.

많은 수의사와 보호소는 무절제한 번식을 막기 위해 생후 7주밖에 안 된 새끼 고양이를 중성화시키기도 한다. 조기에 중성화수술을 해서 나타나는 증상은 뼈 성장판 폐쇄의 지연으로 인해 몸길이가 약간 길어지고 음경이 밖으로 나오지 않는 것 정도다. 이 시기에 중성화를 시킨다고 비뇨기계 문제의 발병 가능성이 높아지는 것은 아니며 실제적인 요도의 지름은 거의 같다. 이른 시기에 중성화수술을 시키는 것에 의한 장기적인 행동학적 영향은 아직까지 없는 것으로 알려져 있다. 암컷과의 교미 경험을 가진 성숙한 수컷은 중성화 이후에도 성적 충동은 남을 수 있는데 흔하지는 않다.

수술 전 주의사항은 암컷의 중성화수술에서와 같다(432쪽 참조).

뉴테르솔(Neutersol)은 직접 고환으로 주사하는 글루콘산 아연 제제로 수술이 아닌

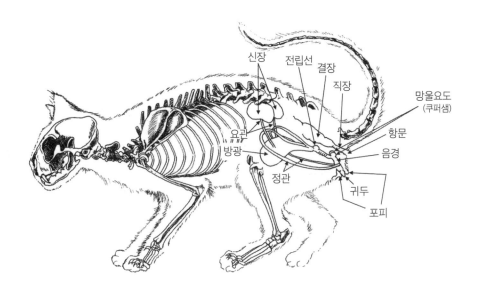

고환적출술(중성화수술)을 한 수컷의 비뇨기계
음경의 가시는 중성화수술 후 테스토스테론 분비
가 감소하며 서서히 없어진다. 어릴 때 중성화수
술을 하면 가시 같은 돌기가 생기지 않는다.

약물을 이용해 번식 능력을 없애는 시술이다. 고양이에게는 정식으로 승인받지 못한
(off-label) 약물이지만 사용되고 있다. 그러나 현재 이 제품은 생산상의 문제로 인해
유통이 불확실하다. 뉴테르솔은 정자 생산을 막을 뿐 테스토스테론 생산을 완전히 차
단하지는 못한다. 때문에 행동적인 문제는 계속될 수 있다.

정관절제술vasectomy

양측 정관절제술은 생식 능력만 없애고 싶을 때 선택하는 방법이다. 이 수술은 좌
우측 정관의 한 부분을 제거한다. 정관은 정자를 고환에서 요도로 운반한다. 정관을
제거한 수고양이는 암컷과 교미를 할 수는 있으나, 임신시키는 것은 불가능하다.

정관절제술은 고환의 호르몬 기능을 방해하지 않으며 수고양이의 성적 욕구나 영
역적인 공격성에도 영향을 주지 않는다. 스프레이 행위를 감소시키지도 않는다.

암고양이를 기르는 많은 브리더가 정관을 절제한 수고양이를 함께 기른다. 암컷과
의 교미를 통해 임신의 위험 없이 발정을 끝낼 수 있기 때문이다. 이유는 인공적인 배
란유도에서 이야기한 바와 같다(432쪽 참조).

뉴테르솔은 2003년 개
에게 승인된 약물로 이후
제우테린(Zeuterin)으로
이름이 바뀌었다[미국 이
외 지역에서는 에스테릴솔
(Esterilsol)이란 이름으로
판매]. 고양이에서는 사
용이 승인되지 않았고,
수년간 생산이 중단되는
등 안정성 논란이 있다.
국내에는 출시되지 않았
다._옮긴이 주

16장
임신과 출산

임신기는 수정부터 출산까지의 기간이다. 성공적으로 교미한 날로부터 평균 65일이 된다. 새끼는 정상적으로는 63~69일 사이에 태어난다. 샴고양이는 71일까지 임신기간이 길어지기도 한다. 반면 새끼가 60일 이전에 태어날 경우 너무 미성숙해서 생존하기 어렵다.

고양이의 자궁은 가운데가 연결된 두 개의 자궁각으로 이루어져 있다. 자궁경부는 질로 연결되는 산도가 된다. 발달된 태아는 태반에 둘러싸여 자궁각 안에서 성장한다.

임신의 확인

사람과 마찬가지로 초기에 고양이의 임신을 확인할 수 있는 방법은 없다. 임신 첫 몇 주 동안은 체중이 약간 증가하는 것을 제외하고는 특별한 징후가 관찰되지 않는다. 경험 많은 시술자의 경우 임신 15일경에 복부 초음파를 통해 임신을 확인할 수 있는 경우가 있다. 그러나 생존 여부를 알려주는 태아의 심음은 임신 20일경에나 감지할 수 있다.

고양이의 자궁은 양쪽이 뿔처럼 생긴 Y자 형태다. 새끼는 자궁각에서 성장하고 발달한다. 임신 20일경의 태아는 복부 촉진상 껍질을 벗기지 않은 땅콩 정도의 크기로 느껴질 수 있다. 암고양이의 복부 촉진은 풍부한 경험과 섬세함이 필요하므로 반드시 수의사에 의해 이루어져야 한다. 복강 안에는 덩어리처럼 느껴지는 다른 장기도 다수 존재하며 지나친 자극은 태아와 태반에 손상을 주어 유산을 유발할 수도 있으므로 주의한다.

임신한 고양이는 때때로 입덧을 하기도 한다. 보통 임신 3~4주경에 증상이 나타나는데 호르몬의 변화와 함께 자궁이 신장되고 이완되어 발생한다. 고양이는 기운이 없어 보이며, 음식을 먹지 않거나 수시로 구토를 하기도 한다. 입덧은 며칠 정도만 지속되므로 주의 깊게 관찰하지 않으면 모르고 지나치는 경우가 많다. 이틀 이상 물과 음식을 먹지 않으면 동물병원에 가서 진료를 받는다.

위트니스(Witness)사의 임신진단 키트는 개의 릴렉신(relaxin) 호르몬을 측정하는 제품인데, 고양이도 임신 30일 이후에는 임신 여부를 확인하는 데 사용할 수 있다.

35일경에는 젖꼭지가 붉게 변하고 커지며, 배가 나오기 시작한다. 태아는 액체로 채워진 주머니 속에 위치해 더 이상 촉진으로 감지할 수 없다. 출산이 임박해 옴에 따라 유선이 발달하고 젖꼭지에서 젖이 나오기도 한다. 많은 암고양이가 정상적인 발정 후에도 유선이 발달하는 경우가 있으므로, 이것만으로 임신을 진단해서는 안 된다.

초기에 임신을 정확히 확인하려면 초음파검사가 유용하다. 하지만 엑스레이검사처럼 새끼의 숫자를 정확하게 확인할 수는 없다. 초음파검사를 통해 심장박동을 보고 새끼의 생존 여부를 확인할 수 있다. 43일 이후에는 엑스레이검사로 태아의 골구조를 볼 수 있다. 엑스레이검사로는 초음파검사와 마찬가지로 임신과 상상임신, 자궁축농증을 구별할 수 있다. 하지만 임신 초기에는 사용을 피한다.

49일경에 새끼는 소시지 같은 형태가 되고, 머리도 독립된 구조로 느껴질 정도로 커진다. 임신 말기에는 배가 배 모양으로 둥글게 부르고 출산 전 2주 동안은 태동(태

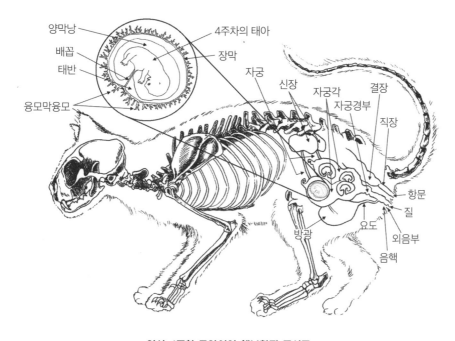

임신 4주차 고양이의 해부학적 모식도

아의 움직임)도 쉽게 느낄 수 있다.

임신기의 관리 및 음식급여

임신한 고양이라고 딱히 특별한 관리가 필요한 건 아니다. 활동을 제한할 필요는 없지만 밖에 나가지 못하도록 해야 한다. 체중이 늘어나고 근육이 약해지는 것을 막기 위해 가벼운 운동은 도움이 된다. 임신 말기에는 자궁의 무게가 증가하여 중력의 중심이 변하여 균형을 잡는 데 영향을 미치므로 높은 곳에 오르는 것은 위험하다. 고양이가 높은 곳에 올라가거나 뛰어내리는 것, 아이나 다른 동물과 신나게 노는 것을 좋아한다면 이런 행동을 제한해야 한다.

임신 첫 4주 동안은 평상시 먹이던 양질의 음식을 주면 된다(고양이의 영양관리에 관한 자세한 내용은 18장 참조). 입맛을 까다롭게 만들지 않기 위해 간식이나 사람 음식은 주지 않는다. 고양이가 건강하게 임신을 유지하려면 균형 잡히고 영양가 높은 음식을 먹는 게 중요하다. 비타민과 미네랄이 든 영양제는 반드시 필요한 건 아니며, 어떤 경우 오히려 해가 될 수 있다. 그러나 임신 초기 이후나 급성질환에서 회복한 경우에는 도움이 된다. 이에 대해 수의사와 의논한다.

임신 중기를 넘어서면 단백질 요구량이 증가하기 시작한다. 때문에 서서히 영양가가 풍부한 양질의 새끼 고양이용 사료로 교체해서 출산 때까지 유지한다. 임신한 고양이에게 풍부한 영양은 중요하지만 비만은 주의해야 한다. 비만인 고양이는 뚱뚱한 새끼를 낳기 쉽고, 이는 분만을 어렵게 만든다. 출산 1~2주 전에는 배가 불러옴에 따라 평상시의 음식량을 먹는 데 어려움을 느껴 식욕이 감소할 수 있다. 조금씩 여러 번 나눠 먹이는 게 도움이 된다.

출산 전 확인사항

교배 전에 준비해야 할 사항에 대해서는 교배 전 확인사항(411쪽 참조)에서 소개했다. 출산 전에도 확인할 것들이 있다. 교배 후 2~3주쯤 동물병원을 방문해서 필요한 것을 확인한다. 이 시기에는 수의사의 판단에 따라 몇 가지 검사를 받는다. 수의사가 식단의 교체나 영양 보조제 등을 추천할 수 있다. 혹시라도 장내 기생충이 있는 경우 치료해야 한다.

임신을 했다면 예방접종, 대부분의 약물, 구충제 등은 추천하지 않는다. 벼룩약이나 살충제, 구충제, 호르몬제와 항생제도 포함된다. 특히 촌충 구제약은 독성이 매우 강하다. 프라지콴텔은 임신한 고양이에서도 사용할 수 있는 촌충 치료제다. 레볼루션은 임신묘와 수유묘에게 사용이 가능한 벼룩 구제약으로 허가받았다. 임신한 고양이에게는 생독백신(예를 들어, 고양이 범백혈구감소증과 고양이 호흡기 바이러스)을 접종해서는 안 된다. 임신한 고양이에게 쓰는 모든 약물과 영양제는 수의사의 확인을 받아야 한다.

출산 예정일 일주일 전에 다시 동물병원을 방문한다. 수의사는 정상분만 과정과 잠재적인 위험 징후에 대해 말해 주고, 갓 태어난 새끼를 돌보는 방법을 알려줄 것이다. 이용 가능한 24시간 동물병원도 확인해 놓는다.

출산 준비

고양이는 자신이 편안함을 느끼는 집 안에서 출산하는 것이 좋다. 고양이는 낯선 사람과 환경에 쉽게 불안함을 느껴서 분만을 지연시키거나 방해한다. 분만을 하고 새끼를 돌보기 위한 최적의 장소는 출산 상자다. 출산 상자는 따뜻하고 습하지 않고, 주변으로부터 방해받지 않는 장소에 둔다. 너무 밝은 장소는 좋지 않으며, 시끄럽지 않은 곳이어야 한다.

튼튼한 골판지나 상자로 적당한 출산 상자를 쉽게 만들 수 있다. 어미 고양이가 움직일 수 있을 정도로 넉넉하게 만들어야 하는데 가로 60cm, 세로 50cm, 높이 50cm 정도의 직사각형 상자면 충분하다. 청소하기 쉽고, 새끼를 관찰할 수 있도록 위쪽이 열리는 형태로 만든다. 한쪽에는 어미의 가슴 높이에 문을 만들어서 뛰어오르지 않고도 드나들 수 있도록 한다.

나무를 이용해 보다 튼튼하게 만들 수도 있다. 나무상자는 상자 중간에 선반을 설치할 수 있는 장점이 있다(5cm×5cm 정도 크기). 새끼 고양이는 본능적으로 선반 아래로 기어들어 가는데, 난간은 새끼가 어미 고양이에게 깔리는 것을 방지한다. 나무상자는 무독성의 세척이 가능한 페인트로 칠해야 청소가 쉽고 감염을 예방할 수 있다. 리빙박스 같은 커다란 플라스틱 보관함으로 대체할 수도 있다. 어미 고양이가 쉽게 드나들 수 있는지 확인한다. 한쪽 면을 낮게 잘라 주어도 된다. 시판되는 출산 상자도 있다.

수분을 흡수할 수 있게 상자 바닥에 신문지를 여러 장 깔아 준다. 잉크가 묻지 않은 신문지가 가장 좋다. 지역 신문사에 부탁해서 인쇄 전의 신문용지를 구할 수 있으면 좋다. 신문지를 깔아 주면 어미 고양이가 바닥을 파거나 긁는, 보금자리를 꾸미는 본능적인 행동을 한다. 건초나 톱밥과 같은 거친 소재는 적합하지 않다. 이런 물질은 새끼 고양이가 흡입하여 콧구멍이 막힐 수 있다. 인조양털 담요도 적당하며 청소도 용이하다. 일반 타월 재질이 아닌 촘촘한 재질의 수건이 좋다.

차갑고, 축축하며, 더러운 환경은 새끼 고양이가 조기에 사망하는 원인이 된다. 출산 후 첫 7일 동안 새끼가 있는 방은 바람이 들어오지 않고, 온도를 29℃ 정도로 유지해야 한다. 이후 3~4주 동안에는 27℃ 정도로 유지한다. 그리고 온도를 서서히 21℃ 정도로 낮춘다. 이상적인 습도는 55~65%다. 상자 안에 온도계를 놓아 항상 온도를 체크한다. 250W 적외선 램프를 이용해 보온을 해 주면 좋다. 상자의 한쪽은 열기가 직접적으로 닿지 않도록 하여, 어미 고양이가 시원한 곳에서 쉴 수 있도록 한다. 그러면 열기를 느끼는 새끼도 기어서 열을 피할 수 있다.

새끼 고양이는 너무 더우면 상자를 가로질러 몸을 피했다가 젖을 빨기 위해 뜨거운 곳으로 다시 돌아올 것이다. 그러므로 어미와 새끼가 함께 있는데 방해되지 않도록 보온장비를 설치한다.

다음은 출산에 필요한 준비물이다.

- 어미 고양이가 출산하는 동안 새끼 고양이를 넣어둘 수 있는 분리된 작은 상자
- 따뜻한 물병, 보온 전등 등 상자 안을 따뜻하게 해 줄 수 있는 것
- 멸균 장갑
- 코와 입 안의 분비물을 흡입할 수 있는 안약병이나 작은 주사기
- 배꼽을 묶을 수 있는 치실이나 명주실
- 가위
- 탯줄에 출혈이 있을 때 사용할 동맥용 포셉(forcep, 누르거나 고정할 때 사용하는 집게 모양의 의료용 기구)이나 지혈겸자
- 배꼽을 소독할 소독약
- 깨끗한 타월
- 충분한 양의 신문지(인쇄되지 않은 것이 가장 좋다)
- 새끼 고양이의 체중을 잴 저울

출산이 임박한 징후

출산을 하기 일주일 전이 되면 고양이가 털을 고르는 시간이 더 늘어나는 데 특히 배와 생식기 부분을 특별히 관리한다. 장모종이라면 젖꼭지 주변의 털을 깨끗하게 잘라서 새끼가 젖을 빨기 편하게 한다. 젖꼭지나 피부가 다치지 않게 아주 조심해야 한

다. 새끼가 젖을 빨 때 이빨에 긁히지 않도록 털을 젖꼭지 주변에 조금 남겨둔다.

고양이는 안절부절못하며 예민한 상태로 새끼를 낳을 장소를 찾기 시작한다. 옷장, 서랍장, 침대 할 것 없이 온 집 안을 샅샅이 뒤지며 보금자리를 꾸밀 장소를 찾을 것이다.

이때가 준비한 출산 상자를 고양이에게 소개할 절호의 시기다. 그 안에서 고양이가 잘 수 있도록 유도한다. 출산 경험이 있는 고양이는 어려움 없이 상자에 잘 적응한다. 그러나 고양이가 다른 곳에서 새끼를 낳기로 결정했다면 분만하자마자 어미와 새끼를 상자 안으로 데려다 놓는다. 아예 고양이가 좋아하는 장소로 상자를 가져다놓는 것도 좋다.

출산

임신 61일째가 되면 매일 아침마다 고양이의 직장 체온을 측정하는 것이 좋다. 출산을 하기 12~24시간 전에는 체온이 38.6℃에서 37.5℃로 정상수준 또는 조금 더 낮게 떨어진다. 1.1℃ 넘게 떨어지는 경우는 흔치 않으며, 있더라도 알아채기가 쉽지 않다. 때문에 고양이의 체온이 정상이라는 이유로 출산이 임박하지 않았다고 판단해서는 안 된다. 일부 고양이는 출산 직전 '점액전(젤리 같은 덩어리)'을 배출한다.

진통과 분만

진통의 첫 번째 단계에서는 자궁경관이 이완되고 산도가 열린다. 두 번째 단계에서는 새끼가 나오고, 세 번째 단계에서는 태반이 배출된다. 이 출산과정은 보통 어려움 없이 이루어져 사람의 도움이 필요한 경우가 거의 없다.

첫 번째 단계. 12시간 또는 그 이상 지속된다. 헐떡거리면서 주기적으로 그르렁거리는데 분만이 다가올수록 점점 심해진다. 어떤 고양이는 걸어다니기도 하고, 구토를 하는 경우도 있다. 고양이는 눈에 띄게 흥분한 모습이며, 바닥을 긁거나 머리를 뒤쪽으로 돌리며, 변을 보듯이 힘을 주거나 크게 울부짖기도 한다. 자궁이 수축함에 따라 복부 근육에 힘을 주고 새끼를 낳는 데 온 힘을 모은다.

초산인 고양이는 극도로 불안해져 주인을 찾거나 불쌍하게 울기도 한다. 고양이를 출산 상자로 데려가 고양이 옆에 앉아 있는다. 고양이가 편안히 느낄 수 있도록 부드럽게 이야기하며 쓰다듬는다. 그러나 많은 고양이가 보호자가 곁에 있는 것을 필요치 않거나 좋아하지 않으며 오히려 방해된다고 느끼면 공격적인 반응을 보인다.

두 번째 단계. 진짜 진통이 오기 시작하는데, 한쪽 자궁각이 수축하며 새끼를 아래쪽으로 밀어낸다. 출산 순서는 일반적으로 양쪽 자궁각이 교대로 이루어지지만 항상 그런 것은 아니다. 자궁경부는 가해지는 압력에 의해 확장된다. 자궁경부가 완전히 확장되면 새끼는 질로 밀려들어간다. 출산에 앞서 태아를 싸고 있던 양수가 터진다. 노란색 또는 황토색 액체가 흘러나온다. 양수가 터지면 30분 이내에 분만이 이루어져야 한다.

새끼 고양이는 대부분 앞다리와 코가 먼저 나오는 '다이빙 자세'로 태어난다. 일단 머리가 나오고 나면 몸의 나머지 부분은 쉽게 나온다. 어미 고양이는 본능적으로 새끼를 핥고 자신의 거친 혀로 태막을 터뜨리고 탯줄을 끊는다. 다음으로 코와 입을 깨끗이 하기 위해 새끼의 얼굴을 열심히 핥는다. 새끼가 헐떡거리면서 폐가 부풀어 오르고 호흡이 시작된다.

이런 정상적인 모성 행동은 어미와 새끼 사이의 유대관계를 형성하는 데 있어 매우 중요하므로 방해해서는 안 된다. 자신이 낳은 새끼므로 새끼를 돌보는 방법도 배워야만 한다. 새끼를 거칠게 다루는 것처럼 보일 수도 있는데 호흡과 혈액순환을 자극하려는 것일 뿐이다. 하지만 만약 어미 고양이의 뱃속에 다른 새끼가 남아 있고, 양막을 제거하는 데 실패했다면 보호자가 개입하여 태막을 벗겨 주고 새끼가 숨을 쉴 수 있도록 도와야 한다(447쪽, 새끼의 호흡 도와주기 참조).

세 번째 단계. 새끼를 낳은 직후 태반이 배출되는 시기다. 어미 고양이는 태반 전체 혹은 일부를 먹을 것이다. 이는 본능적인 행동으로 포식자를 끌어들이지 않기 위해

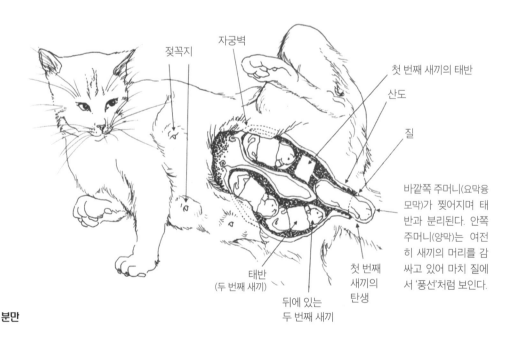

젖꼭지

자궁벽

첫 번째 새끼의 태반

산도

질

바깥쪽 주머니(요막융모막)가 찢어지며 태반과 분리된다. 안쪽 주머니(양막)는 여전히 새끼의 머리를 감싸고 있어 마치 질에서 '풍선'처럼 보인다.

태반
(두 번째 새끼)

뒤에 있는
두 번째 새끼

첫 번째
새끼의
탄생

분만

출산의 흔적을 없애는 데서 유래한 것으로 추정된다. 때문에 꼭 태반을 먹어야 하는 것은 아니다. 많은 수의사가 태반을 한 개만 먹게 하도록 추천한다. 태반을 여러 개 먹을 경우 설사를 유발할 수 있다. 배출된 태반의 수를 세고 새끼의 수와 일치하는지 확인한다. 잔존태반은 산후에 심각한 감염을 유발할 수 있다(450쪽, 급성 산후 자궁염 참조).

탯줄을 배꼽에서 너무 짧게 자를 경우 출혈이 있을 수 있다. 탯줄을 포셉 등으로 집고 주변을 실로 묶는다.* 탯줄을 자른 부위는 요오드나 다른 적당한 소독약으로 소독한다.

새끼를 낳고 나면, 어미 고양이는 몸을 웅크린 채로 다리를 이용해 새끼를 젖꼭지 주변으로 끌어당긴다. 새끼가 젖을 빠는 자극은 옥시토신의 분비를 촉진시켜 자궁의 수축을 촉진한다. 또한 모든 종류의 중요한 모체 항체가 풍부하게 들어 있는 초유**의 분비에도 도움이 된다.

대부분의 경우 새끼들은 15~30분 간격으로 태어나는데 고양이에 따라 약간의 차이가 있을 수 있다. 출산은 대부분 2~6시간 이내에 완전히 끝나지만 간혹 새끼를 낳고 진통 없이 편안히 있고 새끼들을 돌보다가 12~24시간 뒤 다시 진통이 와서 나머지 새끼를 분만하는 경우도 있다. 이런 일도 있을 수 있음을 기억해 둔다. 진통이 지연

* 배꼽에서 1.5cm 정도 떨어지게 자르는 게 좋다.

** 초유 어미의 첫 번째 젖.

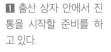
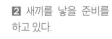
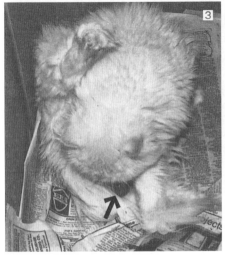
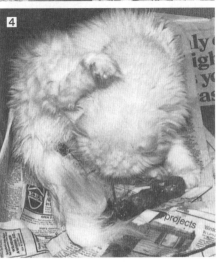

1 출산 상자 안에서 진통을 시작할 준비를 하고 있다.

2 새끼를 낳을 준비를 하고 있다.

3 사진 아래쪽을 보면 새끼를 싸고 있는 주머니가 생식기 밖으로 부풀어 나온 것이 보인다.

4 어미 고양이가 태막을 제거하고 탯줄을 끊고 있다.

되는 비정상적인 원인에 대해서는 뒤에서 다룬다.

정상분만의 보조

정상적으로 출산이 시작되면 사람은 개입하지 않고 그대로 두는 게 가장 좋다. 그러나 간혹 커다란 새끼가 질 입구에 끼는 경우가 있다. 힘을 주어 수축하는 순간에는 머리나 몸의 일부가 보이다가 힘주는 것을 멈추면 안쪽으로 쏙 들어간다. 이런 경우 윤활젤 등으로 산도를 부드럽게 해 주면 도움이 된다. 고양이가 15분 이내에 새끼를 낳지 못할 경우 다음의 과정을 따른다.

1. 수축 시 질 입구에서 새끼 몸의 한 부분이 관찰되면 엄지와 검지를 항문 바로 아래 회음부의 양쪽 끝에 대고 부드럽게 눌러 잡아 새끼가 다시 안으로 들어가지 못하도록 한다.
2. 산도 안에 있는 새끼를 잡고, 새끼 머리를 덮고 있는 외음부를 뒤로 밀어낸다. 일단 이렇게 하면 외음부에 새끼가 걸려 새끼를 보다 안정적으로 잡을 수 있다.
3. 깨끗한 천을 이용해 새끼의 목덜미나 등쪽 피부를 움켜잡고 새끼를 뺀다. 피부를 잡고 세게 당기는 것은 괜찮지만 다리나 머리를 세게 잡아당기면 안 된다. 산도는 보통 한 방향으로 넓혀지는 구조므로 중간에 걸린 듯한 느낌이 있으면 부드럽게 회전시켜 방향을 바꾸어 잡아당긴다.

위 과정이 잘 이뤄지지 않으면 고양이 조산술을 참조해 진행한다(446쪽 참조).

난산(분만곤란)dystocia(difficult labor)

어미 고양이는 최고 24시간까지 스스로 분만을 연장하고 지연시킬 수 있다. 집고양이도 분만 도중 자신과 새끼를 위협하는 대상을 피해 둥지를 신속히 옮기는 것과 같은 야생의 본성이 있다. 때문에 지나친 간섭이나 낯선 사람이나 동물, 위협요소 등이 있으면 스스로 분만을 중단하기도 한다.

심리적인 원인 없이 분만이 길어지거나 어려움이 있다면 기계적인 폐쇄(산도의 크기에 비해 새끼의 크기가 너무 클 때)나 자궁이 힘을 너무 많이 써 더 이상 수축을 할 수 없는 자궁무력증 상태를 의심해야 한다. 이 두 가지는 종종 함께 동반되는데 피로가 원인인 경우도 있다.

난산은 건강하고 관리가 잘 된 고양이에게서는 흔치 않다. 새끼의 수가 적어 새끼의 몸집이 크거나 어미 고양이의 나이가 많은 경우, 어미 고양이가 살이 많이 찐 경우에 난산 가능성이 더욱 높아진다. 페르시안처럼 머리가 크고 납작한 얼굴을 가진 고양이에게 흔하며, 보통 첫 번째 새끼나 마지막 새끼에게 흔히 발생한다.

머리가 크고 둥근 페르시안 품종은 난산 가능성이 더 높다.

기계적인 폐쇄 mechanical blockage

기계적인 폐쇄의 가장 흔한 원인 두 가지는 새끼의 몸집이 큰 경우와 새끼가 산도에서 위치를 잘못 잡고 있는 경우다. 새끼는 대부분 코와 앞발을 아래로(다이빙 자세)해서 등과 자궁이 나란한 방향으로 산도에 진입한다. 새끼가 거꾸로 자리를 잡은 경우 꼬리와 엉덩이, 뒷다리가 먼저 나온다. 이 경우 약 20%는 뒷발이 먼저 나오는데 문제가 되는 일은 드물다. 그러나 꼬리나 엉덩이가 먼저 나오는 경우(역위)는 문제가 되는데 첫 번째 새끼인 경우 더욱 그렇다. 분만에 지장을 주는 또 다른 태위로는 머리가 앞쪽이나 옆쪽으로 구부러진 경우다(편위된 머리).

골반골절 병력이 있는 고양이는 난산의 위험이 높다. 임신 전 엑스레이검사로 좁아진 골반강을 확인할 수 있다. 때문에 골반골절이 있었던 고양이는 번식시켜서는 안 된다. 만약 사고로 임신했다면 제왕절개를 준비한다.

자궁무력증 uterine inertia

자궁무력증은 분만을 비효율적으로 만드는 주요 원인이다. 자궁근이 피로해지면 자궁은 더 이상 강력하고 효율적인 수축을 할 수 없게 된다. 작은 자궁 안에 큰 새끼가 들었거나 새끼의 수가 많을 때, 자궁의 염전(꼬임), 양막수종* 등의 문제도 자궁의 피로를 유발할 수 있다.

옥시토신(뇌하수체에서 생산)이나 칼슘이 부족해도 일차성 자궁무력증이 발생한다. 이런 경우 옥시토신과 칼슘을 투여하면 강력한 자궁수축을 일으킨다. 그러나 기계적인 폐쇄가 있는 경우 옥시토신은 자궁을 파열시킬 수 있으므로, 옥시토신과 칼슘의 사용은 수의사의 판단에 의해서만 사용되어야 한다.

분만 시간이 길어지고 산도에 새끼가 보이지 않으면 엑스레이검사를 통해 새끼의 위치와 크기를 확인하는 것이 최선의 방법이다.

* **양막수종** 양수가 과도하게 많아짐.

동물병원을 찾아야 하는 경우

아무런 도움 없이 마음을 졸이며 문제가 해결되길 기다리느니 수의사에게 연락하는 것이 현명한 방법이다. 수의사라면 너무 쉽게 해결할 수 있는 문제를 그냥 방치해 새끼 또는 어미까지 생명을 잃는 위급상황이 종종 일어난다.

다음에 해당한다면 수의사를 찾는다.

- 새끼를 낳지 못한 채로 60분 이상 진통하는 경우
- 새끼가 산도에 보이는 채로 10분 이상 진통하는 경우
- 새끼를 낳는 동안 혹은 그 이후에 10분이 지나도 선혈이 계속 관찰되는 경우
- 모체 내 감염이 의심되는 경우(직장 체온이 40℃ 이상 오르거나 36℃ 아래로 떨어지며 갑작스럽게 기력을 잃음)
- 진통을 멈추고 안절부절못하며 불안감, 피로감을 보이는 경우. 새끼는 약 15분에서 2시간 간격을 두고 나온다. 분만 간격이 3시간 이상이 되면 문제가 있다. 그러나 분만 간격이 늘어나더라도 어미 고양이가 불편해 보이지 않고 편안하게 휴식을 취하며 새끼들에게 젖을 먹이는 경우는 예외로 한다.

노란 액체(양수)를 배출하는 것은 새끼를 감싸고 있던 주머니(양막)가 터졌다는 의미다. 양수가 터지면 새끼는 30분 내로 나와야 한다. 암녹색의 질 분비물은 태반이 자궁벽에서 분리되었음을 의미한다. 태반 분리 후 몇 분 내로 첫 번째 새끼가 나온다. 새끼가 나온 뒤에 암녹색의 분비물이 나온다고 걱정할 필요는 없다. 간혹 새끼를 다 낳은 뒤에 나오지 않는 경우도 있다.

고양이 조산술 feline obstetric

수의사로부터 도움을 신속히 받을 수 없는 상황이고 비정상적인 태위로 인해 분만이 진행되지 않는다면 보호자의 손과 손가락이 상당히 작다는 가정 아래 다음 조치를 시도해 볼 수 있다. 주의하지 않으면 어미에게 손상을 입히고 새끼를 죽게 할 수도 있다. 물리거나 할퀴지 않도록 어미 고양이를 부드럽게 보정한다.

1. 어미 고양이의 생식기 주변을 비누와 물로 깨끗이 닦는다. 멸균 수술 장갑을 끼고 베타딘 용액, 바셀린 등으로 손가락을 매끄럽게 만든다. 손가락을 질 안쪽으로 넣기 전, 항문에 묻은 변으로 인해 장갑이 오염되지 않도록 주의한다.
2. 한 손으로 어미의 골반 앞쪽의 복부를 잡고 새끼를 촉진한다. 새끼가 산도 쪽으로 향하도록 위치를 잡는다. 다른 손으로는 손가락을 질 안으로 밀어넣어 새끼의

머리, 꼬리, 다리 등을 느낀다. 만약 새끼의 목이 꺾여 있어 골반강을 정상적으로 통과하기 어려워 보인다면 새끼의 입 쪽으로 손가락을 넣어 머리 방향을 부드럽게 돌린 뒤 산도 쪽으로 방향을 잡는다. 이제 항문 바로 아래 회음부에 압력을 가한다. 어미가 힘을 주었을 때 새끼가 정상적인 태위를 잡도록 유도하고, 머리가 다시 뒤쪽으로 미끄러지는 것을 막아 준다.

3. 새끼의 위치가 역위(엉덩이가 먼저)인 경우 앞에 서술한 바와 같이 골반강 출구 부위에서 새끼를 잡는다. 질 속에 넣은 손가락으로 다리를 하나씩 걸고 좁은 산도를 지나 외음부에 다리가 보일 때까지 잡아당긴다.

4. 어미 고양이가 몸집이 큰 새끼를 정상적으로 분만하지 못하는 경우에는 어깨가 산도에 걸려 문제가 된다. 외음부로 돌출되어 나온 머리가 보일 것이다. 새끼의 몸통을 따라 장갑을 낀 손가락을 넣으면 어깨와 앞다리가 느껴질 것이다. 새끼를 한쪽 방향으로 회전시킨 뒤, 다시 반대방향으로 회전시키면 다리가 앞으로 나올 것이다. 다리에 손가락을 걸어 잡아당긴다.

5. 새끼가 산도 아랫부분으로 내려갔다면 지체하지 말고 빨리 분만해야 한다. 어미가 강하게 힘을 줄 수 있도록 자극하기 위해 질 입구를 부드럽게 넓혀 준다. 힘을 줌에 따라 새끼가 질 입구에서 들어갔다 나왔다 하면 **정상분만의 보조(444쪽 참조)**에서 기술한 바와 같이 깨끗한 천이나 거즈로 새끼를 잡고 잡아당긴다. 시간이 매우 중요한데 역위인 경우 더욱 그렇다. 장시간 지연되면 최악의 경우 다른 새끼들까지 모두 생명을 잃을 수 있으므로 새끼가 다치거나 생명을 잃게 되는 것을 감수하고 신속히 새끼를 잡아 꺼내는 것이 최선일 수 있다.

6. 때때로 남아 있는 태반에 의한 산도가 막히기도 한다. 손가락에 태반을 걸고 깨끗한 천으로 잡는다. 질 밖으로 완전히 나올 때까지 천천히 잡아당긴다.

자궁이 피로감으로 수축을 멈추면 유도분만이 어려워져 제왕절개를 해야 한다. 너무 오래 기다리다 새끼가 죽을 수도 있으므로 일찌감치 제왕절개를 결정하는 것이 현명한 판단일 수 있다.

새끼의 호흡 도와주기

분만 시 새끼를 둘러싸고 있는 양막은 30초 내로 제거해서 숨을 쉴 수 있도록 해 줘야 한다. 어미가 스스로 하지 못하는 경우 보호자가 양막을 찢어 머리에서 아래쪽 방향으로 제거한다. 흡입기나 작은 주사기를 이용해 입과 코의 분비물을 제거한다. 부드러운 수건으로 새끼를 문지른다.

분비물을 제거하는 또 다른 방법은 머리를 잘 지탱한 상태로 새끼를 손 안에 안전하게 쥐고 활 모양처럼 위에서 아래로 부드럽게 털어내듯 흔든다. 이 방법은 콧구멍 속의 액체를 배출시킨다. 새끼를 어미에게 데리고 가 핥고, 청소하고, 안을 수 있게 한다.

난산인 경우, 새끼들이 너무 약하고 기운이 없어 스스로 호흡하지 못할 수 있다. 새끼의 가슴 부위를 양옆으로 그리고 앞에서 뒤쪽으로 부드럽게 쥐어짜듯 해 준다. 새끼가 여전히 호흡을 하지 않는다면 가슴이 부풀어 오르는 것이 보일 때까지 새끼의 코에 대고 부드럽게 숨을 불어넣는다. 새끼의 폐를 터뜨릴 수 있으므로 너무 강하게 숨을 불어넣으면 안 된다. 새끼의 입을 막지 않는다면 이런 부작용을 예방하는 데 도움이 된다. 새끼의 코에 숨을 불 때 숨을 내쉴 수 있도록 코에서 입을 뗀 채 불어야 한다. 새끼가 수월하게 호흡할 때까지 이를 수차례 반복한다(31쪽, 심폐소생술 참조).

제왕절개

제왕절개(cesarean section)는 약물이나 조산술로 해결할 수 없는 모든 종류의 난산에서 선택할 수 있는 방법이다. 수술 여부는 수의사가 판단한다. 어미 고양이의 상태, 진통시간, 엑스레이검사 결과, 산도와 비교한 새끼의 크기, 옥시토신에 대한 반응 실패, 건조한 산도 등 여러 가지 사항을 고려하여 결정한다.

수술은 전신마취를 하여 이루어진다. 젊고 건강한 고양이에게는 위험이 크지 않다. 그러나 진통시간이 심하게 길었거나 독성반응이 나타나는 경우, 태아가 유산되어 부패가 시작된 경우, 자궁이 파열된 경우에는 위험성이 커진다.

일반적으로 수술 후 3시간 이내에 어미 고양이는 깨어나 안정을 찾고, 새끼를 돌볼 수 있다. 제왕절개를 했던 고양이는 다음 번 출산 시 또는 제왕절개를 하게 되는 경우도 있고 자연분만을 하는 경우도 있다. 이는 처음 제왕절개를 했던 이유에 따라 달라진다.

출산 후 어미 고양이 관리

출산 12~24시간 후에 수의사에게 출산 후 검사를 요청한다. 복부 촉진을 통해 뱃속에 남아 있는 새끼나 태반은 없는지 확인한다. 많은 수의사가 자궁을 비우는 것을 돕기 위해 옥시토신 주사를 처방한다. 이는 출산 후 감염 가능성을 낮춘다.

수의사는 어미 고양이 모유의 색깔, 농도, 품질을 확인할 것이다. 끈적끈적하고 노란빛을 띠거나 변색된 모유는 감염되었을 가능성이 있다. 출산 후 일주일 동안은 적어도 하루에 한 번 체온을 측정한다. 체온이 39.4℃ 이상이라면 문제가 있을 수 있다 (잔존태반, 자궁이나 유방의 감염).

출산 후 일주일에서 열흘 정도, 경우에 따라 3주간 지속되는 붉거나 짙은 녹색의 생식기 분비물(오로)은 정상이다. 그러나 역한 냄새가 나고, 갈색빛을 띠는 화농성 분비물은 비정상적인 것으로 잔존태반이나 자궁 감염이 의심된다(450쪽, 급성 산후 자궁염 참조). 감염이 발생한 고양이는 종종 기운이 없어 보이고 열이 오르며, 빈혈로 인해 창백해 보인다. 질 분비물에 피가 섞여 고름처럼 보이거나 3주 이상 지속된다면 반드시 수의사의 진료를 받는다.

수유를 하는 어미 고양이는 실내에 머물러야 한다. 이 시기에도 발정이 올 수 있다. 만약 교미를 하면 또다시 임신할 수 있다. 연이은 출산은 어미 고양이에게 신체적으로 큰 무리가 따르므로 이 시기에 교미를 시켜서는 안 된다.

수유기 동안의 음식 급여

수유 중인 어미 고양이는 새끼 고양의 수에 따라 임신 전에 비하여 2~3배 이상의 칼로리가 필요하다. 필요한 칼로리를 제대로 섭취하지 못하면 새끼를 건강히 키우기 위한 모유를 충분히 만들어 낼 수 없다.

어미 고양이에게 새끼 고양이를 위한 고품질의 성장기용 사료를 급여한다. 성장기용 사료는 수유를 위한 모든 필수 영양소를 함유하고 있다. 수유 중인 어미 고양이를 위한 일일 칼로리 요구량과 추천 급여량은 18장(507쪽 참조)에 나와 있다. 여기에서는 사료 선택 등에 필요한 일반적인 정보만 다룬다.

수유 중인 고양이는 원하는 만큼 먹도록 한다. 4마리 이상의 새끼를 먹이는 어미 고양이는 많이 먹어도 체중이 늘 가능성이 낮다. 캔도 하루에 3~4회 주어야 한다. 출산 후 2~4주경이 영양이 가장 많이 필요한 때다. 2~3주경의 수유 중인 고양이는 평소 먹던 양의 3배 정도 먹어야 한다.

만약 고품질의 성장기용 사료를 급여하고 있다면 비타민이나 미네랄 보조제는 따로 필요 없다. 영양제 과잉 급여가 오히려 위험할 수 있다. 따라서 어미 고양이가 새끼 고양이용 사료를 거부하거나 기존에 영양학적 결핍이나 만성질환이 있었던 경우가 아니라면 먹이지 않는 게 좋다. 자세한 사항은 수의사와 상담한다.

출산 후의 문제

산후 출혈postpartum hemorrhage

순산한 고양이의 질 출혈은 흔하지 않으며 보통 기계적인 폐쇄로 인한 난산과 관련하여 질의 열상(찢어짐)이 일어나 생긴다. 잔존한 태아나 태반도 원인이 될 수 있다. 때때로 자궁이 정상 상태로 돌아오지 못하는 경우도 있다. 이런 문제는 대부분 수의사의 산후검사를 통해 확인할 수 있다.

과도한 혈액손실은 쇼크나 죽음으로 이어질 수 있다. 선홍색 또는 응고된 피가 10분 혹은 그 이상 지속된다면 즉시 동물병원을 찾아야 한다. 선홍색 피와 출산 후 얼마간 (긴 경우 3주까지) 정상적으로 배출되는 붉거나 검푸른 분비물(오로)을 혼동해서는 안 된다. 구분이 잘 되지 않는다면 수의사의 의견을 구한다.

고양이 잇몸의 색깔을 검사해 볼 수도 있는데, 잇몸을 누른 뒤 얼마나 빨리 원래 색으로 돌아오는지를 체크한다(모세혈관재충만시간). 보통 2초 이내다. 시간이 길어지면 혈액손실로 인한 빈혈을 의미한다.

치료 : 정확한 원인에 따라 수술이나 약물치료가 필요할 수 있다.

급성 산후 자궁염acute postpartum metritis

급성 산후 자궁염은 분만과정 혹은 그 직후에 산도를 이루는 자궁내막에 발생하는 세균 감염이다. 출산 장소가 불결한 경우에도 발생한다. 태반은 세균 생장에 이상적인 환경을 제공하므로, 새끼를 낳을 때마다 출산 분비물을 청소하고 출산 상자에 깔개를 갈아 준다.

급성 산후 자궁염은 태반의 일부가 자궁 내에 남아 있는 경우에도 쉽게 발생할 수 있다. 분만 시 항상 새끼의 수와 배출된 태반의 수를 확인한다. 종종 사산되어 미라화된 태아에 의해서도 발생한다. 난산 과정에서 비위생적인 손가락 조작에 의한 산도의 오염도 한 원인이다. **질의 감염**(427쪽 참조)에 의한 경우는 흔치 않으나 질 감염 진단을 받자마자 치료받는 것이 가장 좋으며 적어도 발정이 오기 전, 적어도 출산 전에 미리 치료한다.

급성 산후 자궁염에 걸린 고양이는 기운이 없고, 고개를 잘 들지 못하며, 음식도 먹지 않고, 체온이 39.4℃에서 40.5℃까지 상승한다. 보금자리를 정돈하지 않고 새끼도 잘 돌보지 않는 경우가 많다. 새끼들은 지저분하고, 심하게 울며, 돌연사하기도 한다. 이는 어미 고양이가 아프다는 첫 번째 신호다.

끈적끈적한 암적색 또는 녹색의 토마토 케첩 같은 분비물이 출산 후 2~7일에 걸처 관찰된다. 이를 출산 후 12~24시간 후에 보이는 정상적인 녹색 분비물이나 오로(산후 3주까지 분비되며 서서히 양이 줄어드는 혈액성 분비물)와 혼동해서는 안 된다. 정상적인 분비물이라면 고열, 과도한 갈증, 구토와 설사 같은 중독 증상 등을 동반하지 않는다.

급성 산후 자궁염은 대부분 산후검사를 통해 예방할 수 있다. 수의사는 보통 옥시토신을 투여해 자궁을 비운다. 난산이었거나 분만 중 산도가 오염되었을 가능성이 있다면 예방 차원에서도 항생제 처치가 바람직하다.

급성 자궁내막염과 자궁축농증은 급성 산후 자궁염과 유사한 자궁 질환이다. 암컷의 생식기계 질환(427쪽 참조)에서 다루고 있다.

치료 : 급성 산후 자궁염은 생명을 위협하는 질환이다. 바로 수의사를 찾아 고양이의 생명을 구해야 한다. 어미 고양이가 심하게 아픈 경우 새끼와 떨어뜨려 인공포유나 유모 고양이를 통해 양육한다(465쪽, 인공포유 참조). 어미 고양이가 중독상태를 보인다면 모유 또한 유독할 수 있다.

유선염mastitis

고양이는 유선을 네 쌍 가지고 있으며 유방을 8개 가지고 있다. 수유 중인 고양이의 유선을 매일 검사한다. 유선의 발적, 경결감(단단한 느낌), 비정상적인 분비물 등이 있는지 살핀다. 유방에서 나오는 모유는 일반적인 우유처럼 보일 것이다.

유즙정체(젖뭉침)galactosis(caked breasts)

임신 말기와 수유기 때 유선에 모유가 저장되는 것은 정상이다. 그러나 젖이 고여 뭉치면 유방에 통증을 유발하고 열이 나게 된다. 감염은 아니어서 어미 고양이가 아파 보이지는 않는다. 그러나 어미 고양이가 불편해하거나 가슴을 자꾸 핥는다면 치료가 필요하다.

치료 : 하루 두 번 따뜻한 온찜질을 하고, 뭉쳐서 굳어 있는 젖을 배출시키기 위해 유선을 마사지한다. 수의사는 부종을 완화시키기 위해 이뇨제를 처방하거나, 섭취하는 음식량을 줄이도록 지시하기도 한다. 이유기(481쪽 참조)에서 다루겠지만 새끼가 없어지면 모유 분비도 자

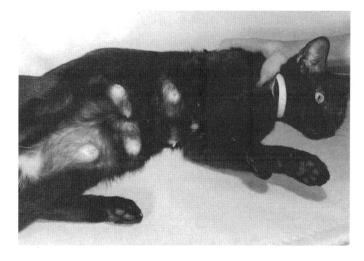
진하게 응고된 젖이 과도하게 쌓여 젖뭉침이 발생했다.

연스레 사라진다.

젖뭉침이 심하거나 장기간 지속되면 감염이 발생해 급성 유선염으로 발전할 수 있다. 이런 경우 아목시실린(amoxicillin) 같은 항생제 치료가 필요하다. 새끼 고양이가 아직 젖을 먹고 있는 중이라면 수의사와 상의하여 항생제 투여 여부를 결정한다.

급성 패혈성 유선염acute septic mastitis

급성 유선염은 하나 혹은 여러 개의 유선의 감염으로 긁힌 상처나 뚫린 상처 등을 통해 세균이 유방으로 침투해 발생한다. 산후 24시간부터 6주 사이에 발생한다. 일부 고양이의 경우 **급성 산후 자궁염**(450쪽 참조)에 의해 혈액으로 전파되기도 한다. 감염된 유선에서 나오는 모유는 독성이 있고 세균을 포함하고 있어 종종 새끼에게 패혈증과 돌연사를 일으킨다. 때문에 모든 증례에서 질과 유방의 감염 신호인 화농성 분비물 여부를 검사해야 한다.

급성 패혈성 유선염에 걸린 고양이는 음식을 먹지 않고, 기운이 없고, 고열이 난다(이는 농양이 형성되었음을 의미한다). 새끼들에게도 관심이 없다.

급성 패혈성 유선염에 걸린 고양이의 유선은 부어오르고, 통증이 심하며, 보통 붉거나 푸른색을 띤다. 젖은 핏빛이 돌거나, 진득하고 끈적끈적하며, 노란색을 띤다. 일부에서는 외형상 젖은 정상처럼 보이지만, 산도검사를 해보면 이상소견을 보인다. 젖의 산도검사는 리트머스지를 이용하는데 정상적인 고양이는 pH가 6.0~6.5 정도다. 만약 pH가 7.0이라면 급성 패혈성 유선염을 의심할 수 있다.

새끼 고양이가 생후 2~3주가 되면 발톱을 잘 깎아 주는 것만으로도 급성 유선염을 일부 예방할 수 있다. 장모종은 새끼가 젖을 쉽게 빨 수 있도록 유선 주변의 털을 잘라 주는 게 도움이 되지만, 유선 주변의 털은 젖꼭지를 보호하는 역할도 하므로 엉킨 경우가 아니라면 너무 짧게 자르지 않는다.

치료 : 유선염이 의심되면 당장 새끼들을 다른 곳으로 옮기고 수의사를 찾는다. 이 질병은 반드시 수의사의 치료를 받아야 한다. 젖을 세균 배양하고 감수성 검사 결과에 따라 적절한 항생제를 처방한다. 매일 3~4회 부드럽게 유선을 마사지하고 온찜질을 한다.

한 개의 유선만 감염되었다면 감염된 젖꼭지를 반창고 등으로 막고 새끼들이 다른 유선의 젖을 먹도록 한다. 여러 유선이 감염되었거나 독성 소견을 보인다면 **인공포유**(465쪽 참조)에서처럼 인공포유나 유모 고양이를 통해 양육한다. 새끼가 생후 3주가 넘었다면 이유식을 먹여도 된다. 모유를 떼는 방법은 **이유기**(481쪽 참조)에서 설명하고 있다.

감염된 유방의 젖이 정상 형태를 띠게 되면 산도검사를 실시하고 pH 7.0 미만인 것을 확인한 뒤 다시 새끼에게 수유한다.

무유증(젖량 부족)agalactia(inadequate milk supply)

갓 태어난 새끼 고양이가 젖을 빠는 행동은 옥시토신 분비를 촉진시키는 모유 분비의 중요한 자극원이다. 새끼 고양이가 24시간 동안 젖을 빨지 않으면 젖의 분비가 멈추기 시작한다.

출산 경험이 있는 어미 고양이는 새끼를 낳자마자 바로 젖을 빨도록 독려할 것이다. 그러나 예민하거나, 기분이 좋지 않거나, 불안하거나, 겁먹은 고양이라면 이러한 정상적인 모성 행동을 보이지 않는다. 부드러운 목소리로 고양이를 안정시킨다. 어미 고양이를 옆으로 눕힌 뒤 새끼를 젖꼭지로 데려간다. 고양이 스스로 새끼를 받아들일 때까지 이 과정을 계속한다.

변형된 유두는 젖을 빠는 데 어려움이 있다. 모든 젖꼭지가 잘 뚫려 있고, 완전한 모양을 갖추고, 돌출되어 있는지 검사한다. 함몰유두는 젖 분비를 자극하는 마사지를 통해 개선되기도 한다. 젖을 잘 빠는 새끼에게 빨도록 한다.

때때로 어미 고양이의 모유 분비가 모든 새끼를 먹이기에 부족할 수 있다. 초산인 경우나 새끼의 수가 많은 경우에서 흔하며, 드물게 제왕절개를 한 경우에도 발생한다. 수유 중인 어미 고양이에게 충분한 영양을 공급해 주는 것이 가장 중요하다. 모유량 부족의 가장 흔한 원인은 어미 고양이의 영양부족이다. 특히 수유 요구량이 급증하는 출산 후 2주경에 흔한데 이런 원인은 해결 가능하다(449쪽, 수유기 동안의 음식 급여 참조). 새끼의 수가 많거나 어미 고양이가 체질적으로 충분한 젖을 생산하지 못하는 경우 보조적으로 새끼 고양이용 분유를 급여할 필요가 있다(465쪽, 인공포유 참조).

자간증(유열)eclampsia(milk fever)

자간증은 혈중 칼슘 농도가 낮아져 생기는 근육의 경련이다. 보통 산후 며칠에서 몇 주 사이에 발생하여 유열(milk fever)이라고도 하는데 수유로 인한 지속적인 체내 칼슘의 손실 때문에 발생한다. 드물게 임신 말기에 나타나기도 한다. 새끼 수가 많은 경우 더 잘 발생하고, 고양이에 비해 개에게서 더 흔하다.

자간증의 첫 번째 징후는 무기력, 불안, 빠른 호흡, 창백한 점막 등이다. 어미 고양이는 흔히 새끼를 내버려두고 왔다갔다하기 시작한다. 걸음걸이가 뻣뻣해지고, 중심을 못 잡으며, 경련을 한다. 안면근육이 수축하여 치아를 드러내고 찡그린 표정을 짓는 것처럼 보인다. 상태가 심해지면 옆으로 쓰러져 경련을 하며 다리를 차는 듯한 발작 행동을 보이며 침을 심하게 흘린다. 심박수도 증가한다.

체온은 종종 41℃까지 오르며 이로 인해 더욱 헐떡거리고, 혈액의 pH가 높아지며, 혈중 칼슘 농도는 더욱 낮아진다. 12시간 이내에 치료를 받지 않으면 어미 고양이는 생명을 잃는다.

치료 : 자간증은 응급 질환이므로 즉시 동물병원을 찾는다. 정맥으로 글루콘산 칼슘을 투여하는 것이 확실한 치료방법이다. 칼슘을 주사하는 동안 수의사는 고양이의 심박수와 심박동을 주의 깊게 주시해야 한다.

직장의 온도가 40℃를 넘어서면 **열사병**(43쪽 참조)에서와 같이 처치한다.

24시간 동안 새끼를 어미 고양이로부터 떨어뜨려 놓고 분유를 급여한다. 생후 3주 이상이면 이유식을 먹일 수도 있다. 새끼 고양이는 어미 고양이가 완전히 회복된 뒤에 다시 합사시킨다. 하루 2~3회 정도만 수유하고, 수유 시간도 30분을 넘기지 않는다. 특별한 이상이 관찰되지 않으면 48시간에 걸쳐 이런 제한을 서서히 완화시킨다. 계속 수유를 해야만 하는 어미 고양이는 칼슘, 인, 비타민 D가 들어 있는 영양제를 급여해야 한다. 적절한 복용량은 수의사에게 문의한다.

어떤 고양이는 유열이 잘 발생한다. 만약 이전에 유열을 경험했다면 수의사와 상담하여 출산 후 칼슘을 공급하거나 중성화시킬 것을 고려한다.

새끼를 돌보지 않거나 해치는 어미 고양이

어미와 새끼의 관계는 출산 직후부터 형성된다. 어미 고양이는 특별한 냄새를 통해 새끼를 인식한다. 새끼를 핥고, 청소해 주고, 젖을 먹이는 과정이 진행되는 동안 어미 고양이는 생애 첫 몇 주간 앞으로 새끼 고양이와 지속될 특별한 관계를 구축하게 된다. 제왕절개로 새끼를 낳은 경우 이런 관계는 상대적으로 약해진다. 하지만 자연분만으로 새끼를 낳다가 수술을 한 경우나 마취에서 깨어났을 때 새끼들이 젖을 빨고 있을 경우에는 오히려 더 강하게 형성될 수 있다.

초산인 고양이는 처음 몇 시간 동안은 꿈틀거리는 새끼에게 적응하는 데 어려움을 겪을 수 있다. 그러나 곁에서 조금만 도와주면 새끼에게 젖을 먹이거나 새끼가 다치지 않게 다가서는 법 등을 배울 수 있다. 지나치게 사람을 따르고 의존적인 고양이의 경우 새끼를 무시하거나 해치는 경우도 있다.

주변이 시끄럽거나 아이들 또는 낯선 사람이 새끼를 너무 자주 만지는 경우 스트레스를 받아 어미 고양이의 정상적인 모성 행동이 영향을 받을 수 있다. 첫 몇 주는 낯선 사람과 접촉하지 않도록 하는 게 중요한데, 특히 고양이가 예민하거나 사람에게 친근한 편이 아니라면 더욱 주의한다. 다른 동물도 마찬가지다.

때때로 출산 후 24시간 동안 젖이 나오지 않을 수 있는데 이때 새끼를 거부할 수 있다. 모유 분비는 옥시토신으로 촉진시킬 수 있다. 일단 젖이 나오기 시작하면 대부분의 경우 새끼를 받아들인다.

자간증, 유선염, 자궁 감염과 같이 어미 고양이를 아프게 하는 질환, 모성 행동에 방해가 되는 출산 후의 문제도 원인이 된다. 감염의 심각한 정도에 따라 새끼를 어미와 떨어뜨려야 할 수도 있고 분유를 먹여 양육해야 할 수도 있다.

아프거나 체질적으로 약해 체온이 정상 이하로 떨어진 허약한 새끼는 버려질 수 있다. 구개열과 같은 심각한 기형이 있는 새끼도 버려지는데 이는 자연적으로 도태시키는 과정이라 할 수 있다.

새끼가 생후 4일 정도 되면 어미 고양이는 종종 보금자리를 옮기려는 모습을 보인다. 이는 야생에서의 본능에 기인한다. 포식자로부터 새끼를 보호하기 위해 안전한 곳으로 이동해야 하기 때문이다. 어미 고양이가 새로 선택한 장소가 적당해 보이지 않으면 다시 출산 상자로 데리고 가서 잠시 동안 함께 있어 준다. 고양이가 심리적으로 안정을 느낄 때까지 부드럽게 이야기를 하며 쓰다듬는다. 순간적으로 새끼를 세게 물어 다치게 할 수 있으므로 어미 고양이가 새끼를 물어 옮길 때는 흥분하거나 놀라지 않도록 주의한다. 출산 2주 전부터 출산 상자를 만들어서 그곳에서 자도록 하면 보금자리를 옮기는 행동을 막는 데 도움이 된다.

카니발리즘(cannibalism)은 어미가 새끼를 잡아먹는 비정상적인 형태의 모성 행동으로 주로 처음 태어난 새끼를 먹는다. 가끔 고양이에서도 발생하는데 주로 번식장에서 관찰된다.

어미 고양이가 출산과정에서 사산한 새끼를 먹는 것은 흔하다. 태반을 먹는 과정에서 우발적으로 새끼를 먹기도 한다. 어미가 탯줄을 끊다가 새끼를 해치는 경우도 있는데 배꼽탈장이 심한 새끼에서 특히 흔하다. 일부 카니발리즘은 체질적으로 약하거나 기형인 새끼를 의도적으로 죽이는 행동으로 보이며, 또는 어미 고양이가 생존을 위협받거나 두려움, 분노, 밀집사육 등으로 인해 공격성이 증가하여 나타나는 행동으로도 보인다.

치료 : 어미 고양이의 두려움을 최소화시키고 안정을 찾을 수 있도록 산만한 곳을 피해 조용한 곳에 보금자리를 만든다. 진짜로 공격성을 보이는 것인지 아니면 약한 새끼에 대한 자연도태적인 행동인지 구별해야 한다.

첫 번째 새끼를 잡아 먹었다면 새끼를 낳을 때마다 새끼를 어미에게서 떼어 출산 상자 주변의 따뜻한 장소에 모아둔다. 어미 고양이가 모든 출산과정을 마칠 때까지 옆 상자 안에 격리시킨다. 만약 어미 고양이가 계속 공격적인 모습을 보인다면 보호자가 분유를 먹이거나 유모 고양이를 통해 새끼를 양육해야 한다(465쪽, 인공포유 참조). 가능하다면 출산 후 첫 24시간 동안 분비되는 초유는 면역적인 측면에서 중요하므로 꼭 챙겨 먹인다.

모성 행동은 부분적으로 유전적인 특성이 있다. 새끼를 잘 돌보지 않거나 공격성을 보이는 어미 고양이는 다시 번식시키지 말고, 자손도 중성화시킨다.

고양이 복제

반려동물의 복제는 뉴스에서는 극적으로 들릴지 모르겠지만 현실에서는 많은 이유로 실현되기 어렵다. 현재 복제비용은 미화 32,000달러(약 3500만 원) 수준이다. 세포는 기증한 고양이로부터 채취한 난자세포에서 핵을 채취하여 제거한 뒤 다른 고양이의 난자에 주입한다. 이 배아를 대리모 고양이의 자궁에 이식한다.

복제와 관련해 많은 사실이 밝혀지고 있는데 예를 들어 처음으로 복제한 고양이는 어미의 칼리코(calico, 흰 바탕에 검정과 갈색의 얼룩무늬) 털색을 이어받지 못했다. 이는 암컷 고양이가 유효한 X염색체를 하나만 가지고 있기 때문인데 칼리코색이 나오려면 다양한 유전자의 상호작용이 필요하다. 다양한 유전자의 상호작용은 건강상의 측면에서도 왜 복제된 동물의 노화가 급속히 진행되는지, 또 왜 각인 유전체에서 복제세포의 과잉 발달과 같은 문제가 발생하는지 설명한다.

건강 외적인 문제도 있다. 모든 동물의 발달에는 환경과 외부 영향이 부분적으로 관여하므로 복제된 동물이 원래의 동물과 동일할 수 없다. 가장 왕성한 활동을 하는 동물복제 기업도 현재 재정적인 어려움에 처해 있고, 몇몇 연구소만 복제 관련 업무를 하고 있는 상황이다.

17장
새끼 고양이

출산 후 4주까지 건강한 새끼 고양이는 평온한 모습으로 많은 시간 동안 잠을 자고, 먹을 때만 깨어 있다. 새끼 고양이는 깨어 있는 상태에서 순식간에 REM 수면*으로 빠져들기도 한다. 신생묘는 젖을 빠는 데 오랜 시간을 사용하는데 길게는 한 번에 45분 동안 하루 8시간에 걸쳐 젖을 먹는다. 새끼 고양이는 대부분 냄새로 위치를 빠르게 찾고, 특정한 젖꼭지를 선호한다. 빨지 않는 유선은 3일 안에 젖의 분비가 중단된다.

훌륭한 어미는 본능적으로 보금자리를 지키며 새끼를 청결히 관리한다. 모든 새끼의 배와 항문을 핥아서 배변반사를 자극한다. 빨기반사**는 생후 1~2일에 나타나며 생후 20일 무렵에 사라지기 시작한다.

새끼 고양이는 눈이 감긴 채 태어나고, 생후 8일경부터 눈을 뜨기 시작하여 14일경이면 완전히 뜬다. 단모종 고양이는 장모종 고양이보다 더 빨리 눈을 뜬다. 모든 새끼 고양이의 눈 색깔은 파란 눈으로 본래 눈 색깔은 생후 3주까지 나타나지 않는다. 생후 9~12주 무렵 품종 기준에 적합한 눈 색깔을 갖게 된다. 일단 눈을 뜨고 나면 볼 수는 있으나 망막이 완전히 성숙하려면 생후 5주 정도는 되어야 한다.

외이도는 출생 시에는 막혀 있으나 생후 5~8일이 되면 열리기 시작하여 14일이 되면 완전히 열린다. 작고 아래로 접힌 귀는 생후 3주가 되면 선다.

새끼 고양이의 성별은 시간이 지날수록 구분이 더 명확해지지만 출생 직후에도 확인할 수 있다(459쪽, 성별 구분 참조).

새끼 고양이는 이가 없이 태어난다. 유치는 생후 2주 때부터 잇몸에서 올라오기 시작하여 8주가 되면 모든 유치(젖니)가 난다. 때문에 생후 11일부터는 날카로운 이빨에 의해 어미의 유선 부위에 상처가 생기지 않는지 확인해야 한다.

조금 지나면 새끼 고양이는 걸어 다니고 그릇에 담긴 음식을 먹기 시작한다. 새끼

* REM 수면 안구가 급격하게 움직이며 꿈을 꾸는 얕은 수면 단계.

** 빨기반사 얼굴이나 입술에 무엇이든 닿으면 자동적으로 빨려고 하는 반사적 행동으로 신생묘에게 나타난다.

고양이는 생후 25일 정도면 시야와 소리에 적응하게 된다. 보통 18일 무렵이면 기어다니기 시작해서 21일 정도 되면 일어서서 정상적인 보행에 가깝게 걷는다. 잘 걸을 수 있도록 바닥은 미끄럽지 않게 만들어 준다. 생후 4주가 되면 새끼 고양이는 서로를 쫓아다니며 장난치고 논다. 5주가 되면 사냥감에 몰래 다가가 덮치는 듯한 행동을 완벽히 익히고 그루밍도 시작한다. 생후 3개월 무렵이 되면 척수와 신경학적 반사의 민감도가 성묘 수준에 이른다.

생후 4주가 되면 스스로 배변을 한다(이전까지는 어미가 항문 주변을 핥아 배뇨와 배변을 유도한다). 이때가 되면 별도의 배변 공간을 선호한다. 생후 5~6주가 되면 화장실을 사용하기 시작하는데 처음 접한 화장실 모래의 재질을 평생에 걸쳐 선호하는 경향이 있다.

새끼 고양이는 어미와 형제로부터 정체성과 관계 형성을 배운다. 이런 동종 간의 상호작용은 새끼 고양이가 고양이로서 자아를 확립하는데 필요하다. 어린 시절에 상호작용을 제대로 경험하지 못하면 나중에 공격성, 겁이 많고 숫기 없음, 섭식장애, 행동학적 문제 등을 보일 수 있다. 사람이 대신 키운 고양이나 형제가 없는 고양이는 이런 사회화 과정이 결여될 수 있다.

어미 고양이는 대부분 모르는 사람이 계속 어린 새끼를 만지거나 친밀하지 않거나 불편하게 느끼는 동물이 새끼 주변에 접근하는 것을 불안해한다. 생후 6주 이후에는 모르는 사람과의 사회적 상호작용이 시작되는데 이때 새롭고 위협적이지 않은 상황에 노출된다면 행복하고 잘 적응하는 고양이로 성장할 수 있다. 중요한 사회화는 생후 3~9주 사이에 일어나므로 늦어도 7주 이전에 사람의 손길을 접하는 게 좋다. 매일 체중을 재는 것도 사람에 대한 노출을 익숙하게 만드는 안전하고 간편한 방법이다.

1 생후 8일경 눈을 뜨기 시작한다.

2 새끼 고양이는 생후 18일경이 되면 기어다니기 시작한다. 접힌 귀는 생후 3주 무렵이 되면 선다.

성별 구분

새끼 고양이의 성별은 출생 직후 확인할 수 있다. 새끼 고양이의 생식기는 성묘에 비해 구분하기 까다롭지만 주의를 기울여 확인한다면 어렵지 않다.

새끼 고양이의 꼬리를 들어올려 항문을 노출시킨다. 암컷과 수컷 모두 두 개의 구멍이 보인다. 꼬리 바로 아래에 위치한 첫 번째 구멍은 항문이다.

암컷은 항문 바로 아래 세로로 길쭉한 구멍이 보이는데 바로 외음부다. 암컷 성묘의 항문과 외음부 사이의 간격은 1.3cm 정도인데 새끼 고양이는 훨씬 더 짧다.

수컷은 음경 개구부가 뒤쪽을 향하고 있다. 음경은 항문 아래 약 1.3cm 부위에 있는 동그란 작은 구멍 속에 숨어 있다. 그리고 이 두 개의 구멍 사이에 어두운 색으로 살짝 튀어나온 음낭이 있다. 고환은 생후 6주 이전에는 잘 만져지지 않는다. 수컷 성묘나 중성화된 수컷은 항문과 음경 개구부 사이가 2.5cm 이상 떨어져 있다.

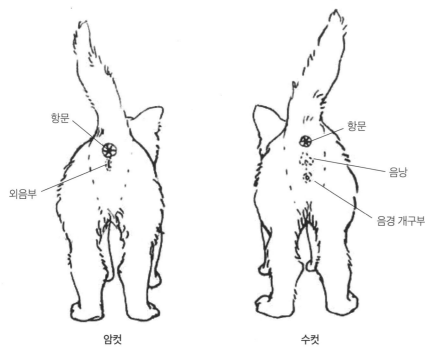

항문
외음부
암컷

항문
음낭
음경 개구부
수컷

암컷은 항문 아래에 세로 모양의 외음부가 있다. 수컷은 항문 아래에 음낭이 있고 그 아래에 음경 개구부가 있다.

새끼 고양이의 관리

갓 태어난 새끼 고양이는 환경적인 스트레스에 적응하는 능력이 매우 낮다. 이들에게 특별히 필요한 사항에 관심을 갖고 적절히 관리한다면 많은 새끼 고양이의 죽음을 막을 수 있다. 가까이서 지켜봐야 할 중요사항 두 가지는 체온과 체중이다. 새끼 고양이의 외양, 호흡수, 울음소리, 일반적인 행동 등 전반적인 건강 상태와 활력에 관한 유용한 정보를 제공한다.

전반적인 외양과 활력

건강한 새끼 고양이는 토실토실하고 튼튼하다. 힘있게 젖을 빨며, 입과 혀는 촉촉하다. 입 안에 손가락을 넣으면 강하고 격렬하게 빨아댄다. 귀찮게 하면 온기를 위해 옆에 있는 어미나 형제들 품속으로 파고든다.

생후 첫 48시간 동안 새끼 고양이는 머리를 웅크리고 잠을 잔다. 잠을 자는 동안 움찔거리기도 하고, 발로 차기도 하며, 낑낑거리기도 한다. 이를 활성수면(REM 수면)이라고 부르는데 정상적인 모습이다. 이런 행동은 이 시기의 새끼 고양이가 유일하게 할 수 있는 운동으로 근육을 발달시킨다. 생후 2~3일 후에는 배꼽이 말라붙어 떨어진다.

새끼 고양이의 피부는 따뜻하고 분홍빛을 띠는데 살짝 꼬집으면 탄력 있게 반응한다. 손으로 들어올리면 힘있게 몸을 펴거나 꿈틀거린다. 어미에게서 떼어놓으면 다시 어미 품을 찾아 기어간다.

반면 아픈 새끼 고양이는 확연히 다른 모습을 보인다. 기운이 없고, 몸은 차갑고, 행주처럼 늘어져 있다. 젖을 빠는 일에도 별로 관심이 없고 쉽게 지친다.

건강한 새끼 고양이는 좀처럼 울지 않는다. 새끼 고양이가 운다는 것은 춥거나 배고프거나 아프거나 통증이 있음을 의미한다. 고양이의 몸이 쇠약하고 차가워질수록 울음소리는 더 가냘프다. 아픈 새끼 고양이는 생명을 유지시켜 주는 어미와 형제들의 온기로부터 떨어져서 도움을 찾아 주변을 기어다니다가 잠든다. 육아 상자가 너무 더운 경우에도 새끼 고양이가 형제들로부터 떨어져 기어나온다. 이런 경우 모습은 건강해 보인다.

아픈 새끼 고양이는 사력을 다해 천천히 움직인다. 고개는 옆으로 늘어져 있고, 사지는 쭉 벌려 있다. 서글프게 야옹거리는 울음소리가 20분 또는 그 이상 계속되기도 한다. 이런 새끼 고양이는 종종 어미로부터 버림받기도 한다. 어미는 새끼가 살아남지 못할 거라 예감하고 아픈 새끼를 돌보는 데 기력을 소비하는 대신 품 밖으로 쫓는다. 생존이 어려운 선천적인 문제를 가지고 있는 경우가 아닌 경우 치료를 받고 체온을 정상 상태로 회복시키면 다시 어미 품으로 되돌려 보내는 것이 가능할 수도 있다(461쪽, 차가워진 새끼 고양이의 체온 올리기 참조).

체온

새끼 고양이가 태어났을 때의 체온은 어미의 체온과 같다. 출생 직후 곧바로 새끼 고양이의 체온은 몇 도 떨어지는데 그 정도는 주변의 온도에 따라 다르다. 몸이 완전히 마르고 어미의 품 안에 있으면 30분 이내로 체온이 올라가기 시작하여 약 35~37℃에 이른다. 3주가 지나면 체온은 35.5~37.8℃ 사이를 유지한다.

보금자리에 있는 건강한 새끼 고양이는 실온보다 10~20℃ 높게 체온을 유지하는 게 가능하다. 그러나 어미와 30분간 떨어져 있었고 실내온도가 21℃(권장 실내온도보다 많이 낮은 온도)라면 새끼 고양이의 체온은 떨어진다. 급속히 몸이 차가워지고 대사 활동도 심각하게 감소한다.

새끼 고양이는 대부분 피하지방이 거의 없다. 열을 보존하기 위해 혈관을 수축시키는 능력도 없다. 더 많은 활력을 얻기 위해 심박동이 증가한다. 이런 활력은 영양섭취를 통해 얻는데 예비분이 거의 없으므로 어떤 이유에서든 자주 먹지 못하는 새끼 고양이는 체온이 떨어지기 쉽다.

어린 새끼 고양이에게 가장 큰 위험을 하나만 꼽으라면 바로 '추위'다. 처음 몇 주간은 육아 상자의 온도와 주변 환경의 온도를 29.4~32.2℃ 정도로 유지해야 한다. 그 다음에는 매주 몇 도씩 온도를 낮추다가 생후 6주 무렵에는 21℃에 맞춘다(새끼 고양이는 여전히 어미 고양이, 형제, 담요, 육아 상자에 설치한 열기구 등으로부터 온기를 얻고 있다는 것이 전제다). 육아 상자 바닥에 온도계를 놓아 지속적으로 온도를 측정한다. 습도는 55~65%로 유지한다. 새끼 고양이에게 적합한 육아 상자에 대해서는 **출산 준비**(439쪽 참조)에서 설명했다.

차가워진 새끼 고양이의 체온 올리기

자신의 월령에 맞는 정상체온 이하로 떨어진 새끼 고양이는 이미 몸이 차가워진 상태여서 서서히 온기를 제공해야 한다. 핫팩 같은 가온 패드를 이용해 열을 급속하게 가하게 되면 피부의 혈관을 확장시켜 열손실을 빠르게 하고, 훨씬 더 많은 산소와 열량을 소모하게 된다.

가장 좋은 방법은 스웨터나 재킷 안쪽 등 사람의 피부 가까이에 새끼 고양이를 품어 온기를 천천히 전달하는 것이다. 새끼 고양이의 체온이 34.4℃ 이하로 떨어지고 몸이 약한 상태라면 체온을 높이는 데 2~3시간가량 걸릴 것이다. 체온을 높이고 난 뒤에는 **집에서 만든 인큐베이터**(466쪽 참조)에 넣어 분유를 먹여 길러야 한다.

체온이 떨어진 새끼 고양이는 급속히 저혈당 상태에 빠진다. 절대로 차가운 분유를 먹이거나 체온이 떨어진 새끼 고양이가 젖을 빨게 해서는 안 된다. 체온이 떨어지면 위와 소장이 활동을 멈춰 분유를 소화할 수 없다. 새끼 고양이는 배에 가스가 차고 구토를 할지도 모른다. 체온이 떨어진 새끼 고양이에게는 따뜻한 5~10% 포도당 용액이나 페디아라이트 용액(전해질 보충액)을 먹인다(약국에서 구입할 수 있다). 한 시간에 한 번 체중 28g당 1cc를 먹이고 고양이의 몸이 따뜻해지고 꿈틀거릴 때까지 서서히 온기를 제공한다. 이 용액을 구할 수 없다면 꿀물을 이용하거나 물 30mL에 설탕 1티스푼(8g)을 섞은 용액으로 대체할 수 있다.

모유수유와 면역

생후 첫 36시간 동안 어미 고양이는 비타민, 미네랄, 단백질이 풍부한 특별한 모유인 초유를 생산한다. 초유에는 전염성 질환을 방어하는 항체와 면역물질(주로 IgG, immunoglobulin G, 면역 글로불린 G)도 들어 있다.

새끼 고양이는 출산 전 어미의 태반을 통해 일시 면역에 필요한 혈청 항체의 약 25%를 받는다. 이는 어미 고양이의 건강 상태가 좋고 튼튼한 면역력을 가졌을 때 가능하다.

이전에는 새끼 고양이가 생후 24시간 이내에 초유를 섭취해야 한다는 주장이 오랫동안 정설처럼 여겨져 왔다. 그러나 현재는 생후 첫 24시간 이내에 먹는 '모든' 고양이의 젖(실제 어미가 아닌 유모가 되어 주는 다른 고양이 젖을 포함한다)은 감염에 대항하는 방어력을 어느 정도 제공하는 것으로 알려져 있다. 만일 생후 첫 24시간 이내에 젖을 먹지 못했다면 건강하고 백신 접종이 잘 된 성묘의 혈청(혈액에서 응고한 혈병을 제거한 맑은 액체)을 피하에 소량 주사하는 것도 고려해 볼 수 있다(새끼 고양이 체중 454g당 1mL가 적정용량이다). 이는 약 6주간 면역력을 제공할 것이다.

체중 증가의 중요성

건강한 새끼 고양이는 출생 시 체중이 약 110~125g 정도고, 생후 2주 때 두 배가 되어야 한다. 출생 시 체중이 90g 이하인 경우 조기 사망 위험이 높다. 5주가 되면 약 454g이 되어야 하며, 10주가 되면 907g은 되어야 한다. 새끼 고양이의 체중은 g 단위의 미세 저울을 이용해 측정하는데 생후 첫 2주간은 하루 1~2회 측정하고 이후엔 한 달까지는 3일에 한 번 측정한다. 체중이 꾸준히 증가하는 것은 새끼 고양이가 잘 자란다는 것이고, 반대로 체중이 늘지 않는다는 것은 문제가 될 수 있다. 이상적으로 모유를 잘 먹는 건강한 새끼 고양이는 체중이 매일 7~10g씩 증가한다.

여러 마리의 새끼가 모두 체중이 늘지 않는다면 모유 부족 등 어미 고양이의 문제일 수 있다(453쪽 참조). 어미 고양이가 충분한 열량을 공급받지 못하면 새끼를 먹일 모유가 부족해진다. 수유묘는 일반 성묘보다 2~3배 많은 음식을 먹어야 한다. 또한 수유에 적합한 균형 잡힌 음식이어야 한다(449쪽, 수유기 동안의 음식 급여 참조). 모유의 양과 질이 가장 중요하다. 모유의 부족은 새끼 고양이가 생명을 잃는 흔한 원인이다. 새끼들의 숫자와 유전적 영향도 중요하지만 대부분 열량과 필수 영양소 부족이 주요 원인이다. 어미 고양이의 다른 문제로는 모유이상(독성)과 급성 산후 자궁염이 있다(16장 참조).

건강한 새끼 고양이는 격렬하게 젖을 빨고 젖꼭지를 차지하려고 경쟁한다.

보충 수유

첫 일주일 동안 체중이 꾸준히 느는 새끼 고양이는 위험하지 않다. 체중이 줄어드는 새끼 고양이 중 생후 첫 48시간 이내에 출생 시 체중의 10%를 초과하지 않는 범위 내로 감소했다가 다시 체중이 늘기 시작했다면 면밀히 관찰해야 한다. 48시간 이내 10% 이상 감소하였고, 72시간이 지나도 다시 체중이 늘지 않는다면 생존이 어려울 수 있으므로 즉시 보충 수유에 들어간다(465쪽, 인공포유 참조).

출생 시의 체중이 동배 형제들의 25% 미만이라면 생존 가능성은 낮다. 이런 새끼 고양이는 집에서 만든 인큐베이터(466쪽 참조)에 넣어 인공포유를 실시한다. 질병이나 선천적인 결함에 의한 합병증이 없는 경우 많은 미성숙 고양이를 살릴 수 있다. 구개열과 항문폐쇄증 같은 결함이 없는지 확인한다.

탈수dehydration

신생묘의 신장 기능은 성장 후 기능의 25% 수준이다. 미성숙한 신장은 소변을 농축할 수 없어 새끼 고양이는 다량의 희석뇨를 본다. 새끼 고양이는 수유를 중단하면 급속히 탈수에 빠진다. 때문에 새끼 고양이가 기운이 없고, 체중이 줄고, 체온이 떨어지고, 젖을 빨 기력이 없다면 탈수가 아닌지 고려한다. 이러한 강제적인 신장의 수분 손실은 충분한 모유 섭취, 인공포유, 충분한 수분을 함유한 분유 급여를 통해 해결할 수 있다. 설사를 하면 갑자기 체중이 줄어드는 것도 탈수되어 체액량이 부족해지기 때문이다.

탈수의 증상은 입 안이 마르고, 혀와 구강점막이 밝은 분홍색을 띠고, 근육의 탄력이 감소하고, 기력이 없어지는 것이다. 탈수상태에서는 피부를 잡아당기면 탄력 있게 원상복구되지 않고 주름이 느리게 펴진다.

탈수는 **흔한 급여상의 문제**(471쪽 참조)에서 이야기할 설사에 대한 내용과 같이 치료한다. 체액 대체액을 경구로 혹은 피하주사로 투여할 때는 고양이의 체온이 떨어지지 않도록 따뜻하게 데워 주는 것을 잊지 않는다.

신생묘 조기사망증후군 fading kitten syndrome

신생묘는 생후 첫 2주까지가 가장 위험하다. 이 기간 동안 자궁 내에서 발생한 질병, 분만 시 입은 손상 등이 문제를 나타내기 시작한다. 생명을 잃는 경우는 일부가 사전 준비 부족에 의해 일어난다. 특히 새끼 고양이가 생활하는 공간의 온기가 부족한 경우, 어미가 예방접종을 받지 않은 경우, 어미에게 충분한 칼로리와 타우린을 포함한 필수 영양소를 공급하는 데 실패한 경우가 많다.

미숙묘는 출생 시 체중이 적고, 근육과 피하지방이 부족하므로 명확한 한계가 있다. 이런 새끼 고양이는 숨을 깊이 쉴 수 없고, 효율적으로 젖을 빨지 못하며, 체온을 유지하지 못한다. 출생 시 몸무게가 동배 형제들의 25% 미만일 수도 있다. 이런 고양이는 형제들에 밀려나 모유량이 가장 적은 젖꼭지만 빨게 된다.

추위, 배고픔, 탈수 등이 있으면 새끼 고양이는 순환장애로 인해 쇼크와 유사한 상태에 빠져 체온, 심박동, 호흡이 떨어진다. 체온이 34.4℃ 이하로 떨어지면 생체 기능이 더 억압된다. 기어다니거나 중심을 잡으려는 능력(정위반사)을 서서히 상실하고 옆으로 쓰러져 눕는다. 나중에는 순환장애가 뇌에도 영향을 미쳐 지속적인 근육의 떨림이나 경련, 혼수상태로 진행되며, 1분 가까이 무호흡 증상을 동반하기도 한다. 이런 상태는 회복이 불가능하다.

출생 시 체중이 평균 이하로 태어나게 되는 주된 원인은 자궁 내에서 성장과 발달을 위한 영양이 부족한 경우다. 모든 새끼들의 체구가 작다면 어미 고양이의 영양 상태 불량이 원인일 가능성이 높다. 기생충 감염, 저급한 식단, 부족한 양의 음식은 영양 결핍을 일으킨다. 한 마리 혹은 두 마리의 새끼가 기준 이하의 체중이라면 태반기능부전(placental insufficiency)이 원인일 수 있는데, 밀집사육이나 자궁벽의 태반 위치가 좋지 않아 발생할 수 있다. 이런 새끼 고양이는 일수에 비해 발달 상태가 미성숙하다. 만약 살아남는다면 어미와 분리시켜 인공포유시킨다.

어미 고양이가 톡소플라스마증, 고양이 백혈병, 고양이 범백혈구감소증, 고양이 전염성 복막염에 감염되었다면 어미 뱃속에서 새끼들에게 전염될 수 있다. 감염된 새끼 고양이는 출생 시 작고 허약하다. 며칠 내로 쇠약해져 죽는다.

어미의 보살핌도 새끼의 생존에 결정적인 역할을 한다. 처음 새끼를 낳은 초보 어미 고양이나 비만한 어미 고양이의 새끼들은 경험이 많고 잘 관리된 어미 고양이의 새끼에 비해 사망률이 높다. 카니발리즘과 어미가 새끼를 외면하는 것도 때때로 새끼가 죽는 원인이다.

선천적인 결함도 치명적일 수 있다. 종종 구순열과도 관련이 있는 구개열은 효과적으로 젖을 빨지 못하게 만든다. 배꼽의 탈장이 큰 경우 복강 장기가 튀어나올 수 있다. 심장의 결함으로 순환부전에 이를 수 있다. 원인이 명확하지 않지만 가끔 발생하는 식도폐쇄증, 유문부협착, 항문폐쇄증, 눈과 골격계에 발생한 기형 등의 발달장애도 죽음에 이르게 한다(478쪽, 선천성 결함 참조).

신생묘가 잘 자라지 못하고 죽음에 이르는 다른 원인에 대해서는 새끼 고양이의 질병(473쪽 참조)에서 설명하고 있다.

인공포유

어미 고양이는 자궁이나 유선의 감염, 모유의 변질, 자간증, 모유량 부족, 행동학적인 이유 등으로 새끼를 돌보기 어려울 수 있다. 또는 어미가 없는 새끼인 경우 인공포유를 실시한다.

어미가 있고 새끼들이 젖을 빨 수 있다면 인공포유 여부는 전반적인 외양과 생명력, 출생 시 체중, 한배 형제들과 비교한 성장속도 등을 고려해 결정한다. 일반적으로 새끼 고양이의 상태가 의심스러워 보인다면 문제가 심해지기 전에 조기에 인공포유를 시작하는 게 더 좋다. 새끼의 전반적인 상태와 포유에의 반응 등을 고려하여 하루 2~3회 급여하고 어미 곁에 함께 둔다. 약한 새끼가 건강해질 때까지 며칠 동안은 다른 한배 새끼들은 어미와 떨어뜨려 기른다.

새끼 수가 적거나 막 젖을 뗀 어미 고양이를 찾을 수 있다면 가장 이상적이다. 모성본능이 강하고 좋은 암고양이가 사람보다 훨씬 더 좋은 어미가 되어 준다. 새끼에게 영양을 공급하고 청결을 제공하는 것 외에도 행동 및 사회적 자극을 줄 수 있기 때문이다. 유모 고양이를 구하지 못하더라도 어미 없는 새끼 고양이는 다른 성묘들과 지내는 것이 행동학적으로 좋다(단, 성묘들이 새끼 고양이에게 공격적이지 않아야 한다).

고양이에게 인공포유를 해야 한다면 일일 총 영양 요구량을 계산하고(468쪽, 분유량 계산하기 참조), 새끼 고양이는 하루 4~6회에 걸쳐 수유가 필요함을 참고해 급여한다. 작고 약한 새끼는 최소한 하루 6회 이상 급여해야 한다. 가능하면 24시간에 걸쳐 일정한 간격으로 급여한다.

인공포유를 하면 뒤처진 새끼가 보통 2~3일이면 정상 상태로 돌아오므로 그 동안 건강한 새끼들을 분유로 키우거나 부분적 모유수유를 한다._옮긴이 주 정확한 기록을 남기는 것이 항상 중요한데 특히 인공포유를 하는 경우에는 필수사항이다. 인공포유를 하는 경우 출생 시 체중을 측정하고 4일간은 8시간마다, 다음 2주간은 매일 그리고 1개월령이 될 때까지는 3일마다 체중을 측정한다.

가장 중요한 세 가지는 올바른 환경을 제공하고, 분유를 올바르게 먹이고, 올바르게 관리하는 것이다. 젖병은 철저히 세척하고 끓여서 사용한다. 방문객은 수유 공간에 들어오지 못하게 한다. 새끼 고양이와 접촉하는 모든 사람은 항상 미리 손을 닦아야 한다(특히 다른 고양이를 만진 경우 청결에 더욱 신경을 쓴다). 고양이 바이러스성 상부 호흡기 감염은 최근 감염된 고양이를 만진 사람을 통해 새끼 고양이에게 전염될 수 있다.

가능하다면 새끼 고양이는 출생 후 첫 이틀 동안 모유를 먹인다. 불가능하다면 생후 첫 24시간 젖을 먹일 유모 고양이를 찾아본다. 이것도 불가능하다면 건강한 고양이로부터 채취한 혈청을 새끼 고양이에게 피하주사로 투여하는 방법을 고려한다. 이런 노력으로 약 6주 동안은 어느 정도 면역적인 방어력을 획득할 수 있다.

집에서 만든 인큐베이터

막 태어난 고양이에게 찬 공기는 심각한 위험요소므로 인큐베이터에 넣거나 고양이를 따뜻하게 해 줄 수 있는 다른 조치가 필요하다. 종이 박스에 칸막이를 만들어 주면 몇 분 내로 새끼 고양이들이 각자 따로 들어가 있을 만한 만족스런 인큐베이터가 된다. 이 작은 우리는 특히 어미 고양이가 없는 새끼들의 경우 서로의 귀, 꼬리, 생식기를 빠는 것을 방지할 수 있어 중요하다. 이렇게 빠는 행동은 생후 첫 3주 동안 관찰되므로, 그 이후에는 새끼들을 함께 두어 정상적인 사회화와 행동학적 유형을 학습하게 한다.

추울 때 몸을 따뜻하게 해 줄 어미나 다른 형제들이 곁에 없으므로, 인큐베이터의 온도가 매우 중요하다. 인큐베이터의 온도는 방 안의 온도와 같아야 하며(461쪽, 체온 참조) 외풍이 없어야 한다. 인큐베이터 바닥은 폭신한 깔개를 깔아 단열시킨다. 가동 중인 난방기로 적절한 실내온도를 유지할 수 없는 경우 온도조절기가 달린 고정식 히터를 함께 사용한다(너무 어린 시기에는 밝은빛이 안 좋을 수 있으므로 열만 나오는 것을 사용한다). 필요한 경우 새끼 고양이가 시원한 곳으로 몸을 피할 수 있게끔 설치한다.

온열 패드는 고정식 난방기에 비해 안전성이 떨어진다. 온열 패드에 장시간 노출 시 탈수에 빠지고 화상을 입을 수 있다. 사용한다면 상자의 절반 정도에만 바닥을 두껍게 깔아 새끼 고양이가 적절히 이동할 수 있도록 한다.

바닥에는 기저귀 천을 깔아 용변을 보면 갈아 준다. 이는 새끼 고양이의 변 상태를 체크하여 과식 여부나 감염 증상을 조기에 발견하는 데도 큰 도움이 된다.

인큐베이터 표면의 온도를 측정하기 위해 온도계를 설치한다. 생후 첫주에는

26.6~32.2℃ 사이를 유지한다. 둘째 주에는 26.6~29.4℃ 정도로 낮추고, 이후에는 서서히 낮춰 넷째 주 마지막 무렵에는 23.9℃까지 낮춘다. 차가운 외풍을 피하고 일정한 온도를 유지한다.

습도는 약 55%를 유지한다. 피부가 건조해지거나 탈수에 빠지는 것을 막는 데 도움이 된다.

배변elimination

새끼 고양이를 따뜻한 물에 적신 천으로 닦아 준다. 항문 부위와 배 피부를 잘 닦아야 한다. 깔개는 소변에 피부가 짓무르는 것을 막기 위해 자주 갈아 준다. 피부가 짓무른 경우 베이비파우더를 바르면 도움이 된다. 염증이 생겼으면 국소용 항생제 성분 연고를 바른다.

첫 3주 동안은 식사 후 배변 자극을 위해 새끼 고양이의 항문과 생식기 부위를 부드럽게 마사지해 준다. 마치 어미가 핥아 주는 행동처럼 비슷하게 한다. 이 시기의 새끼 고양이는 스스로 용변을 볼 수 없으므로 배변 자극은 생명 유지를 위해 중요하며, 그렇지 않으면 살아남기 어렵다. 따뜻한 물에 적신 솜이나 휴지도 좋다. 배를 부드럽게 문질러 줘야 할 수도 있다. 새끼 고양이의 몸을 말린 뒤 부드럽게 마사지해 준다.

분유 먹이기

시중에 새끼 고양이용으로 시판되는 분유는 어미의 모유와 성분 조성이 거의 비슷하므로 가장 적합하다. 이런 분유는 동물병원이나 펫숍에서 구입할 수 있다.

다양한 동물의 모유 성분은 다음의 표와 같다. 보는 바와 같이 사람이 마시는 우유(소 모유)는 새끼 고양이를 키우는 데 적합하지 않다. 개의 경우 역시 우유가 모유를 대신할 수 없다.

모유 및 분유의 성분

	고형분(%)	100cc당 칼로리	단백질(%)	지방(%)	탄수화물(%)
고양이 모유	18	90	42	25	26
사람이 마시는 우유(소 모유)	12	70	25	35	38
개 모유	24	150	33	33	16
고양이 분유	18	100	42	25	26

고양이 분유는 미리 희석된 액상이나 분말 제품 형태로 구입할 수 있다. 분말형은 물을 섞어 타 먹인다. 남은 분유는 냉장보관 한다(냉동해서는 안 된다). 분유 타기나 급여 요령은 제품에 따라 다르므로 제조사의 지시를 따른다. 분유는 항상 데워 먹인다 (뜨거워서도 안 된다).

시판되는 분유가 모유에 가장 가까운 제품이긴 하나 긴급한 경우 임시 방편으로 집에서 만들어 먹일 수도 있다. 잘 섞어서 따뜻하게 먹인다. 사용하지 않은 것은 냉장고에 보관한다.

응급용 분유 만들기 1 (100cc당 120칼로리)	응급용 분유 만들기 2 (100cc당 100칼로리)
우유 237mL 달걀 노른자 2개 식물성 오일 1티스푼(5mL) 소아용 액상 비타민 1방울	끓인 물 1 : (20% 고형분으로 만든) 무가당 연유 5 분유 947mL당 골분(bone meal) 1티스푼(2.3g)

분유량 계산하기

새끼 고양이에게 얼마나 많은 양의 분유를 먹여야 할지 결정하는 가장 좋은 방법은 체중을 측정하고 칼로리 요구량을 기록한 표를 이용하는 것이다. 다음의 표는 체중과 일령에 따른 일일 영양 요구량이다.

새끼 고양이의 분유 급여량

연령 (주)	주령 평균 체중(g)	일일 칼로리 요구량	일일 분유 급여량(cc)*	일일 응급 분유 급여량(cc)	일일 추천 급여 횟수
1	113	24	32	48	6
2	198	44	56	77	4
3	283	77	80	90	3
4	368	107	104	104	3

* 시판 분유의 조성은 거의 비슷하지만 정확한 양은 제품에 따라 다를 수 있다. 제품 표시사항을 꼼꼼하게 읽는다.

한 번에 먹이는 분유량을 계산하려면 측정한 새끼 고양이의 체중을 기준으로 하루에 얼마를 먹여야 할지를 보고, 이를 급여 횟수로 나눈다. 예를 들어, 113g의 고양이는 생후 첫주에 하루 32cc의 분유를 먹어야 한다. 하루 급여 횟수인 6으로 나누면 한 번에 먹이는 양은 5~6cc 정도가 된다. 그러나 모든 추천 급여량은 지침일 뿐임을 기억해야 한다. 고양이에 따라 급여량을 조절한다.

작고 약하게 태어난 새끼 고양이는 종종 탈수가 되고 체온도 떨어진다(463쪽, 탈수 참조). 분유를 먹이기 전에, 탈수가 교정되고 몸이 따뜻해질 때까지 1~2시간마다 4cc의 따뜻한 포도당 용액(5~10% 포도당)이나 페디아라이트 용액을 먹여 수분을 보충한다. 그다음에 4시간마다 계산된 분유량을 먹인다. 생후 몇 주가 지나 체구가 커진 새끼 고양이는 하루 3회 정도 급여로 관리가 가능하다. 그러나 고양이가 1회분으로 계산된 양을 한번에 다 먹지 않은 경우 급여 횟수를 늘려 일일 추천 칼로리를 모두 섭취할 수 있도록 한다.

충분히 먹은 새끼 고양이는 배가 통통하게 느껴지는데 그렇다고 거북할 정도로 팽팽해지거나 부풀어 오르지는 않는다. 입술 주변에 거품이 맺힐 수 있는데 특히 젖병을 이용할 경우 잘 생긴다. 설사를 유발할 수 있으므로 과다급여는 피한다.

새끼 고양이가 심하게 울지 않게 되고, 체중이 늘고, 몸이 튼실해지고, 하루 4~5회 밝은 갈색의 변을 본다면 고양이의 영양적인 요구량을 어느 정도 만족시키고 있는 것이다. 앞의 표를 참고하면서 급여량을 서서히 늘려 나간다.

생후 3주가 되면 새끼 고양이는 대부분 접시 위의 우유를 핥아먹는 법을 배운다. 4주가 되면 분유에 사료를 섞어 주어도 된다. 단단한 음식을 먹기 시작하는 이유기도 이때부터 시작된다(481쪽, 이유기 참조).

분유 먹이는 방법

특수한 젖병이나 위관을 통해 새끼 고양이에게 분유를 먹일 수 있다. 어느 것을 사용하든 분유가 폐로 들어가지 않도록 새끼 고양이의 몸을 수직으로 유지하는 것이 중요하다. 항상 차갑지 않게, 따뜻하게 데운 분유를 먹인다.

젖병을 이용한 수유

젖병은 빨려는 욕구를 충족시키는 데는 도움이 되는데 새끼 고양이가 강한 힘으로 젖병을 빨 수 있어야 가능하다. 시판되는 새끼 고양이용 젖병을 사용하는 경우 소독한 바늘로 젖꼭지의 구멍을 넓혀 주어야 한다. 젖병을 거꾸로 들었을 때 천천히 한 방울씩 떨어지는 정도가 적당하다. 이렇게 하지 않으면 고양이는 젖병을 몇 분 빨다 지쳐 버려 충분한 영양을 섭취할 수 없다. 반면 젖꼭지의 구멍이 너무 커도 분유가 빨리 나와 새끼 고양이가 질식하거나 분유가 기도로 들어가 폐렴을 유발할 수 있으니 주의

한다.

젖병으로 수유하는 올바른 자세는 고양이를 수직 방향으로 세워 위와 가슴을 받쳐 잡는 것이다. 신생아처럼 등을 아래로 눕혀 안으면 분유가 기도로 흘러 들어갈 수 있으니 주의한다. 손가락 끝으로 고양이의 입을 벌려 젖꼭지를 밀어넣고 젖병을 45도로 유지한다. 젖병의 각도를 잘 유지해 위 내로 공기가 들어가지 않도록 한다. 빠는 행동을 자극하기 위해 젖병을 살짝 뒤로 당겨 주면 좋다. 새끼 고양이가 분유를 충분히 먹었다면 입 주변에서 분유가 거품처럼 맺히는 모습을 볼 수 있다. 천천히 흘려서 먹이면 5분 이상의 시간이 걸린다.

튜브를 이용한 수유

튜브(위관)를 이용한 수유는 분유를 먹이는 데 2분 정도 소요되며 삼키는 공기의 양도 적다. 또한 새끼 고양이가 먹는 양을 정확히 측정하는 데도 용이하다. 너무 어리거나 약해 젖병을 빨 수 없는 경우에만 사용한다. 너무 많이 급여하거나 너무 빨리 투여하면 역류해 분유가 기도로 들어갈 수 있다. 새끼 고양이의 체중을 잘 체크하고, 분유량을 정확히 계산하고, 천천히 급여해야 이런 문제를 피할 수 있다. 튜브로 급여하는 새끼 고양이는 다른 한배 형제들을 피해 인큐베이터의 구분된 공간에 놓는다.

튜브를 이용한 수유는 어렵지 않아 몇 분 내에 익힐 수 있다. 처음에는 숙련된 사람으로부터 교육을 받는 것이 좋다. 부드러운 재질의 고무 카테터(작은 새끼 고양이는 5프린치,* 큰 새끼 고양이는 8~10프린치 사이즈를 사용한다), 10~20cc 크기의 플라스틱 주사기, 고양이의 체중을 측정하고 모니터할 수 있는 저울이 필요하다. 동물병원에서 구입한다.

새끼 고양이의 위는 마지막 갈비뼈가 있는 부위에 있다. 새끼 고양이의 입에서 마지막 갈비뼈까지의 길이를 측정하고 테이프 조각으로 튜브에 표시해 둔다. 주사기에 연결한 튜브를 통해 분유를 빨아들인 뒤 공기를 세심하게 빼낸다. 뜨거운 물에 담가 분유를 체온에 가깝게 데운 뒤 손목에 떨어뜨려 온도를 체크한다.

새끼 고양이의 가슴과 위를 수평으로 하여 일으켜 잡는다. 튜브 끝에 분유를 묻혀 촉촉하게 만든 뒤 고양이가 빨도록 한다. 지그시 힘을 가하면 고양이는 튜브를 삼키기 시작할 것이다. 테이프를 표시한 부분까지 통과시킨다. <u>튜브를 통해 고양이의 위 내로 분유를 천천히 투여한다.</u> 급여가 끝나면 튜브를 부드럽게 제거한 후 새끼 고양이를 수직 자세로 잡아서 트림을 유도한다. 항문과 생식기를 마사지하여 배변도 유도한다.

생후 14일 정도가 지나면 새끼 고양이의 기도는 대부분 작은 튜브가 충분히 들어갈 정도로 커진다. 튜브가 식도가 아닌 기도로 들어가면 기침을 하거나 숨을 쉬기 어려

* **프린치**French 의료용 카테터 튜브의 굵기 단위다. 1French는1/3mm다.

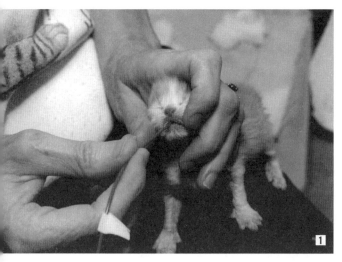
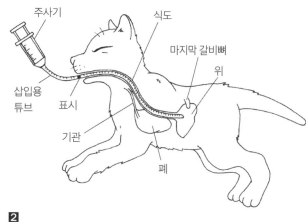

주사기

식도

마지막 갈비뼈

위

삽입용 튜브

표시

기관

폐

워할 것이다. 튜브를 더 큰 크기로 교체하고(8~10프린치) 새끼 고양이가 젖병을 빨 수 있을 정도로 튼튼해질 때까지 계속한다.

1 튜브를 이용한 수유는 너무 어리거나 약해 젖병을 빨 수 없는 새끼 고양이에게 가장 좋은 방법이다.

2 튜브를 혀 위쪽으로 천천히 밀어넣어 목구멍을 지나도록 하고, 튜브 위에 표시된 부위에 이를 때까지 밀어넣는다.

흔한 급여상의 문제

가장 흔히 발생하는 문제 두 가지는 급여과다와 급여부족이다. 급여과다는 설사를 유발하고, 급여부족은 탈수를 유발하며 체중도 늘지 않는다. 체중이 하루에 10g씩 꾸준히 늘고 정상변(단단한 밝은 갈색변)을 본다면 적정량을 먹이고 있다는 표시다. 대부분은 적게 먹이는 것보다 많이 먹여서 문제가 된다. 가장 좋은 방법은 변 상태를 체크하는 것이다. 새끼 고양이가 하루 4번 먹는다면 하루 4~5번 변을 보거나 먹자마자 변을 볼 것이다.

급여과다overfeeding

급여량이 필요 이상으로 많을 때 나타나는 첫 번째 증상은 무른 변이다. 무르고 노란 변은 가벼운 급여과다를 의미한다. 1/3 정도 물을 섞어 분유의 농도를 낮추고, 변이 정상으로 돌아오면 서서히 원래 농도로 맞춰 나간다.

급여과다가 더 심해지면 음식물이 장을 급속하게 이동하게 되고 변도 녹색빛을 띤다. 녹색빛은 담즙이 제대로 소화되지 않았음을 의미한다. 분유의 1/2을 물이나 페디아라이트 용액으로 희석해 분유의 농도를 낮춘다. 카올린(kaolin)과 펙틴(pectin) 현탁액 2~3방울을 분유에 첨가해도 된다. 살리실산염이 들어 있지 않은 것을 확인한다! 변의 형태가 잡힐 때까지 4시간마다 급여한다. 상태가 회복되면 서서히 원래 농도로 돌아간다.

급여과다를 모르고 지나칠 경우 소화효소를 고갈시키고 회색빛 설사를 유발한다. 분유가 거의 소화가 되지 않아 변은 응고된 우유처럼 보인다. 이 상태가 되면 새끼 고양이는 영양소를 섭취하지 못하고 급격히 탈수에 빠진다. 응급상황이면 임시방편으로 분유를 중단하고 젖병이나 위관 튜브를 이용해 매시간 체중 57g당 1cc의 소아용 균형 전해질 용액을 투여한다. 이런 상태에서는 물보다 페디아라이트 같은 소아용 균형 전해질 용액을 급여하는 것이 더 좋고, 약국에서 구입할 수 있다. 수의사의 진료를 받기 전까지 3시간마다 체중 28g당 카올린과 펙틴 현탁액 3방울을 첨가한다(역시 살리실산염이 들어 있지 않은 제품임을 확인한다). 체온을 유지시켜 주는 등의 다른 조치도 필요하다. 수의사는 추가로 전해질 용액을 피하주사로 투여할 수 있다. 회색빛의 설사변을 보는 새끼 고양이는 신생아 감염 가능성이 높다. 락토바실루스 복합체(유산균)도 장의 세균총을 정상화시키는 데 도움이 된다.

급여부족underfeeding

급여량이 부족한 새끼 고양이는 끊임없이 울고, 기력이 없고, 흔히 동배 새끼들의 몸을 어미의 젖으로 오인해 빨려고 시도하며, 다음 수유 시까지 체중이 거의 늘지 않고, 몸도 차가워진다. 충분한 양의 분유를 먹지 못한 새끼 고양이는 급속히 탈수상태에 빠진다. 수유 과정을 잘 검토해 보고 인큐베이터의 온도를 체크한다.

변비constipation

어떤 새끼 고양이는 다른 고양이에 비해 상대적으로 장의 운동성이 떨어지는 경우가 있다. 변이 너무 단단하거나 배변에 어려움을 겪지 않는다면 걱정할 일은 아니다. 일반적으로 새끼 고양이가 분유나 모유가 아닌 단단한 음식을 이틀 이상 먹었을 때 발생한다. 새끼 고양이의 배는 단단한 느낌으로 부풀어 보인다. 새끼 고양이가 변비라면 너무 어리지 않은 경우 안약병을 이용해 따뜻한 물로 관장한다(수유 후에 매번 안약통 2~3통가량의 양). 물 대신 미네랄 오일 1~3cc 정도를 관장액으로 사용할 수도 있다. 마그네시아 유제(Milk of Magnesia)를 먹여도 된다(체중 28g당 3방울).

인공포유를 하는 새끼 고양이는 수유 후에 솜을 따뜻한 물에 적셔서 항문과 생식기를 부드럽게 마사지하는 배변반사를 해야 한다는 사실을 잊지 않는다. 일단 단단한 음식을 먹게 될 즈음이면 새끼 고양이는 대부분 스스로 배변을 볼 수 있다. 변을 전혀 보지 못하는 고양이는 항문폐쇄증과 같은 선천적인 기형일 수 있다.

새끼 고양이의 질병

새끼 고양이 사망증후군kitten mortality complex

새끼 고양이 사망증후군은 한때 전염성 복막염 바이러스를 유발하는 바이러스에 의해 발생하는 것으로 추정된 적도 있지만, 그보다는 생후 첫 일주일 동안 어린 새끼 고양이에게서 발병하는 여러 치명적인 질병의 연속으로 보는 것이 더 적합하다. 어떤 새끼 고양이들은 출산 시의 저체중과 뱃속에서의 성장과 발달에 문제가 있어 생존이 어려울 것으로 예측된다.

생후 2주 동안 새끼 고양이는 패혈증, 배꼽 감염, 독성 모유증후군, 적혈구용혈증, 전염성 복막염, 범백혈구감소증 등의 신생아 질환에 걸릴 위험이 있다. 이런 질병은 신생묘의 사망을 유발하기는 하지만 통계학적으로 출생 시 저체중, 출산 시 외상, 수유부족에 의한 사망비율보다는 낮다.

생후 3~6주 고양이는 기생충(내외부 기생충 모두), 저혈당, 설사, 탈수 등이 가장 큰 위험이 된다. 5~12주부터는 감염에 가장 취약해지는 시기로 특히 바이러스성 폐렴이 위험하다. 아직 능동면역(예방접종)을 획득하지 못한 상태에서 수동면역(모유)의 효력이 떨어짐에 따라 더 취약해진다.

신생묘 빈혈

신생묘 적혈구용혈증neonatal isoerythrolysis

용혈성 빈혈*이라고도 부르는 신생묘 적혈구용혈증은 새끼 고양이 빈혈의 가장 흔한 원인이다. 순종 고양이에게 가장 흔하며 브리티시쇼트헤어, 엑조틱, 렉스 품종에서 더 흔하다. 엄마의 혈액형이 B형이고 아빠의 혈액형이 A형인 경우 발생한다(323쪽, 혈액형 참조). A형 혈액에 한 번도 노출되지 않았다 하더라도 모든 B형 고양이는 생후 3~4개월이 되면 A형 혈액에 대한 항체를 가지게 된다. 그리고 B형 암컷이 A형 수컷과 교배할 경우 A형으로 태어나는 새끼 고양이는 어미로부터 수유를 하는 과정에서 모유 속의 A형 항체에 노출되고 신생묘 적혈구용혈증에 걸리게 된다.

새끼 고양이는 자신의 적혈구를 파괴하는 항체가 함유된 초유를 섭취한 직후 발병하는데 몇 시간에서 며칠 내로 증상이 나타난다. 새끼 고양이는 쇠약해지고 황달 증상을 보이며 헤모글로빈이 들어 있는 암적색의 소변을 본다. 24시간 이내에 사망하거나 며칠 내로 '서서히 죽어 간다'. 일부 새끼 고양이는 꼬리 끝부분의 조직이 괴사하는 정도의 증상만 보인다. 보호자가 신생묘 적혈구용혈증을 인지할 즈음이면 이미 너무 늦었을 것이다.

* **용혈성 빈혈** 어떤 원인에 의해 순환 혈액 중 적혈구가 파괴되어 발생하는 빈혈.

치료 : 신생묘 적혈구용혈증이 의심되면 모유수유를 중단한다. 새끼 고양이는 수혈이 필요할 수 있는데, 어미 고양이는 자신의 피에 대해서 항체반응을 나타내지 않으므로 어미의 피를 수혈한다(그러나 항 A형 항체를 제거하기 위한 혈액 세척과정을 거쳐야 한다). 많은 새끼 고양이가 이런 노력에도 불구하고 살아남지 못하는 반면, 어떤 새끼 고양이는 일시적으로 문제를 일으키지만 회복되기도 한다. 이후 낳는 새끼들은 어미의 초유를 먹여서는 안 된다. 교배 전에 혈액형검사나 DNA 검사로 혈액형을 확인하면 이런 문제를 사전에 예방할 수 있다.

철 결핍성 빈혈iron deficiency anemia

철 결핍성 빈혈은 빈혈 상태인 어미 고양이의 새끼에게 문제가 된다. 모유의 철 성분이 부족해 발생하는데 새끼 고양이 빈혈의 일반적인 원인은 아니다. 내부기생충도 위장관의 만성 출혈을 일으켜 철 결핍성 빈혈을 유발할 수 있다. 신생묘보다는 조금 더 자란 고양이나 성묘에게 더 흔하게 나타난다. 벼룩 같은 외부기생충이 어린 새끼의 피를 빨아먹어 치명적인 빈혈을 유발하기도 한다. 철 결핍성 빈혈이 있는 새끼 고양이는 체구가 작고, 쉽게 지치고, 점막이 창백하다. 수의사의 진료를 받아 빈혈의 원인을 찾아야 한다.

치료 : 철 결핍성 빈혈은 조기에 발견하는 게 중요하다. 어미 고양이와 새끼 고양이에게 철분 보조제와 비타민을 투여해 쉽게 치료할 수 있다.

고양이 포르피린증feline porphyria

고양이 포르피린증은 새끼 고양이 빈혈의 흔치 않은 원인이다. 적혈구 형성의 결함으로 치아가 갈색으로 변색되고 소변이 적갈색으로 변하는 증상으로 알 수 있다.

치료 : 유전적 결함으로 치료법이 없다.

독성 모유증후군toxic milk syndrome

어미의 젖이 새끼에게 독성을 나타낼 수 있다. 가장 흔한 원인은 급성 패혈성 유선염(452쪽 참조), 유방 감염, 농양 등이다. 급성 산후 자궁염(450쪽 참조)도 모유의 독성을 유발할 수 있다. 제대로 관리하지 않은 분유도 세균에 감염되어 문제를 일으키는 경우가 있다.

독성 모유증후군은 보통 생후 1~2주의 새끼 고양이에서 문제가 되는데, 문제에 노출된 새끼들은 허약하고 쉴 새 없이 울어댄다. 특히 설사를 하고 배에 가스가 차는 증상이 흔하게 발견된다. 계속된 설사로 인해 항문도 붉게 붓는 경우가 많다. 이 증후군의 합병증 중 하나가 아래에 소개된 새끼 고양이 패혈증이다.

치료 : 새끼 고양이가 모유를 먹지 못하게 하고 **흔한 급여상의 문제**(471쪽 참조)에서 설명한 바와 같이 설사와 탈수를 치료한다. 체온이 떨어진 새끼 고양이는 몸을 따뜻하게 해 주고 인큐베이터에 넣어 인공포유를 실시한다. 어미와 새끼 고양이 모두 수의사의 진료가 필요하다. 수의사의 지시가 있을 때까지 모유를 먹여서는 안 된다.

배꼽 감염umbilical infection

배꼽은 감염되기 쉬운 부위로 주로 탯줄을 복벽에 너무 가깝게 잘랐을 때 발생한다. 탯줄은 보통 생후 2~3일 후 말라붙어 떨어지는데 너무 짧게 자르면 분리되어 말라 떨어질 탯줄이 없어 배꼽에 감염이 발생한다. 어미에게 구강 감염이 있는 경우 탯줄을 물어 끊는 과정에서 감염될 수 있으며, 새끼들이 있는 상자가 배설물 등으로 불결할 경우에도 발생한다.

감염된 배꼽은 붉게 부어오르는데 고름이 흐르거나 농양이 생기기도 한다. 배꼽은 간과 직접 연결되므로 가벼운 배꼽 감염도 위험하다. 치료하지 않으면 새끼 고양이 패혈증으로 진행되기 쉽다.

치료 : 탯줄을 너무 짧게 잘랐다면 잘 소독하고 온찜질을 한다. 항생제 성분의 연고를 발라준다. 상태를 악화시키고 감염 가능성이 있으므로 어미가 배꼽 부위를 계속 핥지 않는지 지켜본다. 피부의 감염이나 농양을 발견하면 즉시 동물병원을 찾아 항생제 주사를 맞아야 한다. 다른 동배 형제들에게도 같은 감염이 발생할 수 있다. 요오드 소독액으로 탯줄을 자른 부위를 자주 소독하면 합병증 발병을 낮출 수 있다.

새끼 고양이 패혈증kitten septicemia

새끼 고양이의 혈행성 감염은 세균에 의해 발생한다. 이 세균은 급속히 전파되고 주로 호흡기관과 복부에 증상이 나타난다. 보통 생후 2주 미만의 새끼 고양이에서 발생한다. 감염은 보통 농양이 발생한 배꼽 부위에서 시작되는데, 다른 부위에서 감염이 발생할 수도 있다. 감염된 모유의 세균도 장관 벽을 통해 혈류로 침투한다.

처음에는 울고, 배변을 보려 힘을 주고, 배가 불룩해지는 증상을 보인다. 독성 모유 증후군의 증상과 유사하다. 처음에는 단순한 변비로 오인되기 쉬운데 상태가 진행됨에 따라 복부가 팽만해지며 암적색 또는 핏빛으로 변하는 복막염*의 증상이 나타난다. 젖을 빨지 않거나 체온저하, 쇠약, 탈수, 체중감소 등의 증상을 보일 수 있다. 많은 새끼 고양이들이 생후 3~7일 내에 기력을 잃고 죽음에 이른다.

치료 : 패혈증은 수의사의 진료를 받아야 한다. 신속히 원인을 찾지 못하면 동배 형

* **복막염**peritonitis 복막 또는 복강의 감염이나 염증.

제 모두가 위험할 수 있다. 아픈 새끼 고양이는 **새끼 고양이의 관리**(459쪽 참조)에서 설명한 대로 탈수, 설사, 한기를 치료해야 한다. 항생제 주사를 투여해 공격적으로 치료해야 하며 따로 다른 곳으로 옮겨 인공포육한다.

바이러스성 폐렴viral pneumonia

바이러스성 폐렴은 생후 2주 이상의 새끼 고양이에서 사망을 유발하는 호흡기 질환의 주요 원인이다. 고양이 바이러스성 호흡기 질환군(95쪽 참조)을 유발하는 허피스바이러스와 칼리시바이러스에 의해 발생한다. 질병의 심각한 정도는 고양이마다 다른데 전체적으로 치사율이 50%에 이른다.

6주 이상의 새끼 고양이에서 감염확률이 높아지는데, 어미가 임신 전에 예방접종을 제대로 하지 않은 경우 새끼에게 초유를 통해 보호 항체를 전달해 주지 못하기 때문이다.

잠복기는 1~6일 정도며 바이러스의 종류에 상관 없이 임상 증상은 유사하다. 새끼 고양이가 갑자기 젖을 빨지 않거나 서글프게 울거나 급속히 쇠약해진다. 때때로 특별한 원인 없이 죽은 채 발견되기도 한다. 조금 큰 새끼 고양이는 재채기, 코막힘, 눈곱, 기침, 발열 등의 증상을 보일 수 있다. 혀와 입천장의 궤양, 결막염(각막궤양을 동반할 수도 있다)이 발생하기도 한다.

치료 : 수의사의 진료가 필요하다. 쇠약해지고 탈수에 빠진 새끼 고양이는 정맥수액을 투여해야 한다. 코가 막히거나 구강궤양이 있는 새끼 고양이는 젖을 빨 수 없으므로 튜브를 통해 급여한다. 점막이 건조해지는 것을 방지하는 데 가습기가 도움이 된다. 눈곱은 미지근한 물을 묻힌 솜으로 부드럽게 닦아내거나 정기적으로 인공눈물을 넣어준다. **신생묘 결막염**(477쪽 참조)에서 설명한 대로 약을 투여한다. 항바이러스 점안액은 허피스바이러스로 인한 각막궤양에 도움이 된다.

바이러스성 호흡기 질환의 예방에 대해서는 고양이 바이러스성 호흡기 질환군(95쪽 참조)에서 다루고 있다.

신생묘 전염성 복막염neonatal feline infectious peritonitis

어미 고양이의 전염성 복막염 바이러스는 신생아 돌연사와 조기 사망의 원인 중 하나다. 새끼 수가 줄어들거나(1~2마리), 반복된 유산, 태아흡수, 사산, 기형아 등도 이 바이러스로 인해 발생하는 것으로 보인다.

새끼 고양이는 전염성 복막염의 증상으로 출산 시 저체중, 쇠약, 젖을 잘 못 빠는 모습 등을 보인다. 일부 경우에는 새끼 고양이가 건강해 보이기도 하지만 다시 허약해지고, 체중이 감소하고, 젖을 빨지 못하고, 며칠 내로 죽음에 이른다. 갑자기 호흡이 곤란해지고, 창백해지고, 순환장애로 몇 시간 내에 죽기도 한다.

특히 캐터리에서 문제가 되는데, 자칫 모든 새끼를 잃을 수도 있다. 예방법에 대해서는 고양이 전염성 복막염(102쪽 참조)에서 다루고 있다. 치료는 유지요법을 실시하며 새끼 고양이의 관리(459쪽 참조)를 참조한다. 예후는 나쁘다.

신생묘 고양이 범백혈구감소증neonatal feline panleukopenia

고양이 범백혈구감소증(101쪽 참조) 바이러스는 출산 전 혹은 출산 직후에도 전염될 수 있다. 전염성 복막염처럼 신생묘 조기 사망과 번식학적 문제를 유발할 수 있다.

감염에서 회복한 새끼 고양이는 소뇌형성부전이라고 불리는 뇌손상이 발생하기도 한다. 이런 고양이는 경련, 부자연스러운 걸음걸이, 움직일 때 거리감각을 잘 조절하지 못하는 증상이 나타난다. 이런 문제는 생후 2~4주에 확인된다. 유지요법 외에는 치료방법이 없다.

이 새끼 고양이는 고양이 범백혈구감소증에서 회복되었지만 소뇌형성부전이 발생했다. 부자연스러운 보행과 움직이는 데 불편해하는 증상을 보인다.

신생묘 피부 감염skin infection of the newborn

생후 1~2주 된 새끼 고양이의 피부에 발진, 물집, 딱지 등이 생길 수 있다. 보통 복부에 생기는데 때때로 이런 상처에 고름이 관찰된다. 새끼 고양이 박스의 위생이 안 좋거나 2차 세균 감염으로 발생한다.

치료 : 새끼 고양이 박스에 있는 음식, 배설물, 찌꺼기 등을 신속히 청소한다. 과산화수소수 용액이나 클로르헥시딘 용액으로 상처를 소독하고 비누로 씻겨낸다. 항생제 성분의 연고 또는 알로에 연고를 바른다. 감염이 심한 새끼 고양이는 경구용 또는 주사용 항생제를 투여해야 할 수 있다.

신생묘 결막염neonatal conjunctivitis

신생묘의 눈은 생후 10~12일까지는 완전히 떠지지 않는다. 눈을 뜨기 전 혈류를 통해 세균이나 다른 감염원이 침투하거나 눈 주변에 상처가 나면 눈꺼풀 뒤쪽의 닫힌 공간에 감염이 발생한다. 닫힌 눈꺼풀은 돌출되고, 일부분이 열린 눈은 건조하며 눈곱으로 뒤덮인다. 새끼 고양이의 눈에서 관찰되는 눈곱은 모두 정상이 아니다.

새끼 고양이가 신생묘 결막염에 걸렸다면 눈꺼풀을 열어 농을 제거하고 감염을 치료한다.

고양이 허피스바이러스와 클라미디아 감염은 신생묘 전염성 결막염을 유발할 수 있다. 이는 출생 시 또는 그 직후에 어미로부터 새끼 고양이에게 전염된 것이다. 신생아 결막염은 보통 한배 새끼 여러 마리에게 발생한다.

치료 : 농을 배출하기 위해 수의사는 눈꺼풀을 열고 치료한다. 그렇지 않으면 안구 앞쪽에 영구적인 손상이 남을 수 있다. 눈꺼풀이 열리면 다량의 농이 배출된다. 붕산 성분의 안세정제나 멸균된 안세정액으로 눈을 세척한다. 눈꺼풀에 눈곱이 덕지덕지 들러붙는 것을 방지하기 위해 하루에도 여러 차례 부드럽게 닦아낸다.

그리고 수의사에게 처방받은 항생제 성분의 안약을 투여한다. 허피스바이러스 감염이 의심된다면 수의사는 항바이러스 약물을 처방할 수 있다. 클라미디아 감염을 예방하는 예방접종이 있기는 하나 증상의 심각한 정도를 완화시키는 것이지 질병을 완벽하게 예방하진 못한다.

선천성 결함congenital defect

새끼 고양이의 선천적인 신체적 결함은 흔치 않다. 탈장, 구개열, 구순열(언청이), 항문폐쇄증, 다지증,* 수두증(큰 머리), 꼬리 기형(꼬리가 없거나 구부러짐), 잠복고환, 사시, 안검내번, 발달장애로 인한 안 질환 등은 출생 시 겉으로 확연히 드러나는 문제다.

다른 결함은 진단을 위해 특수한 검사가 필요하다. 비뇨생식기관의 기형(신장과 자

* **다지증** 발가락 수가 많은 것.

궁 등), 유문협착증, 수컷 삼색 고양이의 불임, 일부 파란 눈의 흰 털 고양이에서의 청력소실, 소뇌형성부전 등이 해당된다.

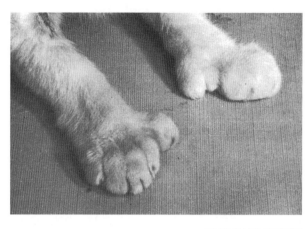

파란 눈의 흰 털 고양이의 청력소실이나 수컷 삼색 고양이의 불임 등과 같은 출생 시 결함은 유전적일 수 있다. 또는 임신 상태에서 성장과 발달에 영향을 미치는 어떤 원인에 의해 발생하기도 한다. 두 가지 경우 모두 출생 시 존재하는 문제므로 선천성으로 구분한다. 성장 중인 태아의 기형은 엑스레이 촬영, 바이러스 감염(고양이 전염성 복막염과 범백혈구감소증), 생독백신, 일부 살충제, 일부 항생제 등에 의해서도 발생할 수 있다.

링웜 치료에 사용했던 항곰팡이 약물인 그리세오풀빈(griseofulvin)은 수두증, 척수결손, 안구손상, 구개열, 항문폐쇄증, 합지증* 등의 심각한 선천성 결함과 관련이 있는 것으로 밝혀졌다. 이 약물은 임신한 고양이에게 절대 사용해서는 안 된다. 특히 링웜 감염이 흔하고 치료 중인 고양이가 많은 캐터리에서 명심해야 한다.

여기서는 치료 가능한 선천성 결함에 대해 설명한다.

다지증은 흔한 선천성 결함이긴 하지만 일반적으로 건강상의 문제를 야기하지 않는다. 보통 앞발에서 많이 발견된다.

* **합지증** 발가락들이 붙어 버림.

탈장hernia

탈장은 정상적이면 발달과정에서 막혀야 하는 복벽의 구멍을 통해 장 내용물이 돌출되는 질환이다. 돌출부를 눌러 복강 안으로 다시 들어가는 경우를 환납 가능하다고 표현하는데, 환납이 불가능한 경우 탈장 부위가 감돈**될 수 있다. 감돈탈장은 조직으로의 혈액 공급을 막아 피가 안 통하게 만든다. 때문에 복부 중앙이나 서혜부(사타구니) 탈장부에 통증이 있고 단단하게 부어오르면 감돈탈장 가능성을 염두에 둬야 한다. 이는 응급상황으로 수의사의 치료가 필요하다.

** **감돈** 빠져나오지 못하고 갇힘.

탈장은 유전성이다. 대부분의 경우 복강 개구부의 폐쇄가 지연되는 유전적 소인에 의해 발생한다. 가끔 탯줄을 복벽 너무 가까이에서 짧게 잘라 배꼽탈장이 발생하기도 한다.

배꼽탈장이 가장 흔하다. 보통 생후 2주 때 확인할 수 있다. 일반적으로 점점 작아져 생후 6개월 이전에 사라진다.

서혜부탈장은 흔치 않다. 사타구니 부위에 돌

배꼽탈장부를 확인하기 위해 털을 짧게 자른 새끼 고양이.

출부가 관찰되는데 보통 암컷에게 발생한다. 성숙하거나 임신하기 전까지는 잘 보이지 않을 수 있다. 임신 상태의 자궁이나 질병 상태의 자궁이 탈장 부위로 감돈된다.

치료 : 배꼽탈장이 시간이 지나도 저절로 없어지지 않는 경우 수술적으로 교정한다. 수술은 간단하여 당일 퇴원이 가능하다. 만약 고양이가 암컷이고 중성화수술을 계획하고 있다면 보통 중성화수술과 함께 실시한다.

서혜부탈장은 수술로 교정해야 한다.

구개열cleft palate

비강과 구강 부위의 선천성 결손으로 흔히 구순열(harelip)과 연관되어 있다. 입천장뼈의 성장과 융합부전으로 발생하는데 이로 인해 구강에서 비강으로 구멍이 뚫린다. 이런 경우 새끼 고양이가 젖을 빠는 게 불가능하다. 영양관 급여에 따라 생존이 좌우된다. 안면부 외상에 의해 입천장뼈의 골절이 발생한 성묘에서도 유사한 상황이 발생한다.

구순열은 구개열 증상이 없이도 발생할 수 있다. 윗입술의 비정상적인 발달로 인해 발생하는데 주로 미용적으로 문제가 된다.

치료 : 구개열과 구순열은 성형수술을 통해 교정할 수 있다. 전문의의 수술이 필요하며 수술 후에도 오랜 기간 동안 관리해야 한다. 감염과 같은 합병증 위험이 상당히 높다.

유문협착증pyloric stenosis

선천성 유문협착증은 위의 배출부에 있는 고리 모양의 근육이 두꺼워져 발생한다. 유문부가 좁아지면 음식이 위에서 아래로 내려가지 못한다. 이런 기형은 보통 유전적 영향이 의심되는 개체에서 발생한다(샴고양이에게 흔하다).

보통 음식을 먹은 뒤 몇 시간 후 담즙이 섞이지 않고 부분적으로 소화된 음식을 토하는 것이 특징이다. 단단한 음식을 먹기 전인 이유기까지는 구토 증상이 관찰되지 않을 수 있다. 상부 소화기의 방사선검사나 초음파검사를 통해 전형적인 기형 형태를 확인해 확진한다.

치료 : 비후된 근육 고리를 분리하여 음식이 통과할 수 있게 해 주는 수술을 실시하거나 식이관리를 통해 치료한다. 수의사가 적당한 치료방법을 제안할 것이다.

식도이완불능증achalasia

식도 하부의 괄약근이 이완되지 못해 음식이 위장으로 들어가지 못하는 상태로 소화되지 않은 음식물의 역류가 특징이다. 자세한 내용은 **식도(270쪽 참조)**를 참조한다.

항문폐쇄증imperforate anus

드물게 발달과정에서 항문의 개구부 형성부전으로 발생하는 선천성 결함이다. 회음부를 검사하여 항문이 아예 없는지 아니면 피부로 덮인 것인지 확인한다.

치료 : 일부는 수술로 치료할 수 있다.

이유기weaning

이유기를 시작할 최적의 시기는 새끼의 수, 어미의 신체 상태, 모유의 양 등 몇 가지 요인에 의해 결정된다. 만약 새끼의 수가 적고 어미가 모유를 먹이려 한다면 출산 후 6~10주까지 수유가 가능하고, 간혹 다음 새끼를 출산할 때까지 수유를 지속하기도 한다. 일반적으로 새끼 고양이들은 생후 25일경이면 이유를 시작할 수 있다. 어미의 건강 상태가 좋은 경우 딱딱한 음식을 먹기 시작한 후에도 계속 수유를 하기도 한다.

새끼들의 성장요건을 충족시키는 양질의 새끼 고양이용 사료를 선택한다. 생후 3~4주의 새끼 고양이에게 적합한 제품인지 꼼꼼히 확인한다. 일일 칼로리 및 영양 요구량은 새끼 고양이의 급여(508쪽 참조)에서 설명하고 있다.

새끼 고양이의 식욕을 자극하기 위해 식사 시간 2시간 전부터 어미와 격리시킨다. 밥을 먹고 난 뒤에는 다시 젖을 먹도록 해도 괜찮다. 사회화를 돕고 행동학적 문제를 피하기 위해 생후 6주까지는 새끼들이 함께 밥을 먹도록 하는 것이 좋다.

건조 사료를 먹이기 위해 사료와 물 또는 분유를 1 : 3의 비율로 섞어 죽 정도로 불려 준다. 실온 또는 미지근한 정도로 만들어 얕은 접시에 준다. 불린 사료를 손가락에 묻혀 새끼 고양이가 핥아먹도록 한다. 이렇게 하루 3~4회 급여한다. 몇 주에 걸쳐 서서히 불린 정도를 약하게 해서 완전한 건조 사료를 먹게 한다. 보통 7~8주면 건조 사료 급여가 가능하다.

캔 사료를 먹이는 경우 캔 내용물과 물 또는 분유를 2 : 1의 비율로 섞어 앞서 말한 건조 사료 급여방법과 동일한 방법으로 급여한다.

음식을 너무 많이 먹으면 설사를 할 수 있다. 음식 양이 과도해서일 수도 있고, 장의 불내성(거부반응)일 수도 있다. 이런 경우 정상 변을 볼 때까지 일시적으로 급여 횟수를 줄이거나 모유수유를 지속한다.

새끼 고양이는 수분 요구량이 많아 수분을 충분히 섭취하지 못할 경우 급속히 탈수

상태에 빠진다(이유를 하기 전에는 모유를 통해 충분한 수분을 섭취한다). 따라서 항상 깨끗하고 신선한 물을 충분히 마실 수 있도록 해 주는 게 매우 중요하다. 혹여 고양이가 물그릇 안으로 들어가 물에 젖으면 몸이 차가워질 수 있으니 이를 방지할 수 있는 이상적인 환경을 만든다.

영양적으로 균형잡힌 양질의 사료를 먹이고 있다면 비타민과 미네랄 보조제는 딱히 필요하지 않다.

새끼 고양이들이 이유를 시작하면 어미의 모유량도 감소한다. 따라서 이유를 시작하면 어미 고양이의 칼로리 섭취량도 줄여야 한다. 젖을 말리는 과정이기도 하다. 만약 어미의 모유 분비를 빨리 중지시키고 싶다면 24시간 동안 물과 음식 급여를 완전히 중단한다. 이틀째는 평소 급여량의 1/4을 급여하고, 사흘째는 1/2을, 나흘째는 3/4을 급여한다. 그 이후에는 평소 급여량으로 복귀한다.

생후 10~14주가 되면 새끼 고양이들은 모유를 통한 면역력을 잃고 호흡기관과 소화기관이 감염에 취약해진다. 스스로 면역력을 형성할 수 있도록 이 시기 이전에 예방접종을 실시하는 것이 좋다. 새끼 고양이는 아프면 식욕이 현저히 감소하는데 체중도 잘 늘지 않는다(정상의 경우 보통 매주 170g 이상 증가). 그 결과 몸이 약해지고 건강 상태도 악화되며 질병에 대한 저항성도 악화된다. 이런 고양이는 특별한 관리가 필요하다. 영양을 충분히 섭취할 수 있도록 최선을 다해 노력해야 한다. 새끼 고양이 시기의 적절한 예방접종을 통해 대부분의 질병을 예방할 수 있다(3장 참조). 면역력을 높여주는 프로바이오틱(유산균)도 도움이 된다.

이유 기간이 완전히 끝난 새끼 고양이의 건강식단에 대해서는 18장에서 설명하고 있다.

건강한 새끼 고양이 고르기

새끼 고양이를 입양하기 가장 좋은 시기는 생후 12주 무렵이다. 이 시기에는 사회화도 이루어져 있고 자립심도 발달하기 시작한다. 새끼 고양이는 보호소, 동물보호단체, 동물병원 등을 통해 입양한다. 순종 고양이를 원한다면 경험 많은 브리더를 통해 입양한다.

고양이를 집에 데려오기 전에 현재 음식의 급여 내용과 예방접종 기록 등도 받는다. 갑작스런 식이 변화는 소화기관에 문제를 유발할 수 있으므로 처음에는 기존의 급여 내용을 따르는 게 좋다. 첫 번째 접종은 생후 8~10주에 하는 것이 좋다.

브리더를 통한다면 혈통서를 발급받는다. 캣쇼에 참가하거나 번식을 시킬 예정이라면 혈통서가 필요하다.

건강한 새끼 고양이인지 확인할 것

캐터리의 품종묘든 보호소에서 입양했든 건강한 새끼 고양이는 동일한 특징을 보인다. 먼저 얼굴을 검사한다. 코는 차갑고 축축해야 하고, 눈은 맑고 선명해야 한다. 콧물이나 눈곱은 호흡기 감염과 관련이 있을 수 있다. 3안검이 돌출되었다면 만성적인 안 질환이나 건강 상태가 좋지 않음을 의미할 수 있다.

눈은 곧게 정면을 향해야 한다. 사시는 좋지 않다. 사시 증상은 샴고양이에게 흔하다. 파란 눈을 가진 흰 털의 고양이는 선천적으로 청력을 잃었을 가능성이 높다(파란 눈의 흰 털 고양이가 모두 그런 것은 아니다).

귀는 깨끗하고 좋은 냄새가 나야 한다. 이도 내의 눅눅한 암갈색 분비물은 귀진드기 감염일 수 있다. 귀진드기에 감염되었다고 반드시 문제가 있는 고양이는 아니지만 고양이가 양육된 환경을 짐작할 수 있다.

배만 불룩하게 나왔다면 영양 상태가 안 좋거나 기생충 감염을 의심할 수 있다. 배꼽이 볼록 튀어나온 것은 대부분 배꼽탈장으로 발생한다. 항문과 생식기 주변의 피부는 깨끗하고 건강한 모습을 보여야 한다. 빨갛게 되거나 분비물이나 탈모가 관찰된다면 감염, 만성 설사, 기생충 감염을 의심할 수 있다.

털은 뽀송뽀송하고 윤기가 나며, 엉키지 않아야 한다. 좀먹은 것처럼 털이 빠진 병변은 링웜과 개선충 감염의 전형적인 특징이다.

다음으로 고양이의 골격과 운동 상태를 평가한다. 다리는 곧게 뻗고, 형태도 잘 자리잡아야 하며, 발과 발가락은 잘 구부러져야 한다. 뛰어오르거나 덮치는 행동에 문제가 없어야 한다. 절뚝이거나 휘청거리는 행동, 균형을 잘 잡지 못하는 행동은 정상이 아니다.

생후 10주 정도의 새끼 고양이는 900g 정도가 된다. 심하게 마른 저체중의 새끼 고양이는 바람직하지 않다. 물론 살이 찐 경우도 좋지 않다.

성격과 기질

고양이를 가족으로 맞을 때 가장 중요한 고려사항은 성격과 기질이다. 새끼 고양이는 생후 10~12주까지 어미 고양이, 형제들과 함께 생활하면서 어미로부터 다른 고양이, 사람과 관계 맺는 법을 배운다. 일단 사회화 방법이 자리를 잡고 나면 쉽게 바뀌지 않는다.

현재 국내의 순종 입양 환경은 대부분 펫숍을 통한 분양인데 펫숍의 고양이는 '고양이 공장'을 통해 공급된다. 고양이 생산 판매에 관한 법규가 미약하고 그마저도 지키지 않는 무허가업자가 대부분이다. 유기묘 입양이나 책임 있는 전문 브리더를 통해 입양하는 것이 바람직하지만 국내 상황이 아직 그에 미치지 못한다. 부모묘에 대한 올바른 관리와 유전적 소인의 최소화, 입양 전후의 체계적인 건강관리가 건강한 고양이로 성장하는 데 이점이 되는데 그런 환경이 만들어지지 못한 것이 현실이다. 윤리적인 반려동물 입양 환경이 절실하다. 옮긴이 주

생후 4주 무렵의 새끼 고양이가 형제들과 상호작용을 하고 있다. 어미와 형제들로부터 너무 일찍 떨어진 새끼 고양이는 사회적인 기술을 습득하는 데 어려움을 겪는다.

유전적인 면도 고양이의 기질에 영향을 미친다. 이런 이유로, 어미의 기질과 어미가 낯선 사람을 대하는 모습을 잘 관찰함으로써 새끼 고양이의 성격과 기질에 대한 정보를 얻을 수 있다.

사회화가 잘 된 고양이는 관심받고 싶어한다. 안아 올리면 편해 보이고, 건드리면 갸르릉거린다. 고양이가 사람 주변을 따라다니지 않는지 살핀다. 리본을 흔들거나 종이를 구겨 던졌을 때 고양이가 놀고 싶어 하는지 관찰한다. 박수를 치거나 발을 굴러 깜짝 놀라게 한 뒤 고양이의 모습을 관찰한다.

형제들과 제대로 상호작용을 하지 못하고 소극적인 모습을 보이는 예민한 고양이는 소심하거나 건강 상태가 좋지 않을 수 있다. 부끄러움이 많은 새끼 고양이는 아이가 있는 집에서는 잘 지내기 어려울지 모르지만 초반에 인내심을 갖고 기꺼이 기다려 줄 수 있는 성인과는 좋은 가족이 될 수 있다.

좋은 건강 상태와 좋은 기질은 종종 밀접한 관련이 있다. 아마도 최종 결정을 내릴 때는 자신감이 넘치고 눈빛이 밝은 튼튼한 개체를 선택하는 게 현명할 것이다.

새끼 고양이 다루기

새끼 고양이는 매일 빗질을 해 주고, 매주 발톱을 잘라 준다. 어릴 때는 일상적인 기초관리를 쉽게 받아들이므로 습관으로 확립할 수 있다. 빗질을 하거나 고양이를 다루는 과정은 사회화에도 많은 도움이 된다. 어린 시기에 털관리에 익숙해지지 않은 고양이를 빗질하는 것은 어렵다.

매일매일 고양이를 다루는 과정에서 눈, 귀, 이, 피부 등의 문제를 체크할 수 있다. 벼룩이나 다른 기생충 등도 수의사의 관리 아래 치료하고 예방한다. 영구치가 제대로 잘 나고 있는지도 검사한다. **고양이의 구강관리**(256쪽 참조)에서 설명한 것처럼 구강관리를 시작할 시기다.

훈련

고양이와 개가 다르다는 사실을 이해해야 한다. 보호자가 고양이의 특정한 행동양식을 이해하고 있다면 고양이도 매우 빠르게 학습할 것이다. 고양이는 사회적인 그룹 속에서 살긴 하지만 개처럼 철저한 서열사회를 이루지는 않는다. 강력한 권위자를 따르는 것은 고양이의 방식이 아니다. 따라서 고양이가 주인의 말을 잘 듣게 만든다는 훈련 전략은 그다지 성공적이지 못할 것이다.

엄하게 혼내면 많은 고양이는 하악질을 하며 방어적인 자세를 취한다. 고양이를 때리는 행동은 신뢰를 깨뜨리고 보호자를 피하게 만들 뿐 아무런 교육 효과도 없다. 고양이는 처벌에 대해 행동과 상황을 연관짓기보다 처벌한 사람만을 연관짓는 경향이 강하다. 고양이는 자신을 혼낸 보호자가 주변에 없다는 것을 알아차리면 다시 하고 싶은 대로 행동한다.

물론 이것이 고양이의 행동을 결코 교정할 수 없다는 뜻은 아니다. 잘못된 행동의 교정은 생활을 통해 가르치는 것이 좋다. 예를 들어 고양이가 평소 주방 조리대로 뛰어오르는 경우 버블랩(에어캡)을 깔아놓으면 고양이는 대부분 불쾌한 기억으로 인해 다시 뛰어오르지 않을 것이다. 이는 행동교정을 위한 좋은 교육의 예시다.

만약 고양이가 보호자가 원치 않는 행동을 하는 순간을 포착할 수 있다면 소리를 내어 깜짝 놀라게 하거나 스프레이 등을 뿌리는 것(고양이에게 직접 뿌리지 않는다)도 교정에 도움이 된다. 스스로 불쾌한 상황에 대해 학습하고 행동을 교정하는 것이 중요하다. 불쾌함과 보호자를 연관짓지 않도록 말을 하거나 끼어들지 않는다. 사건이 발생한 이후에 교육시키려 하는 것도 아무 소용이 없다. 고양이는 이전 행동과 연관지어 생각하지 않는다. 단지 혼을 내는 대상(보호자)하고만 연관지을 뿐이다.

클리커 훈련도 매우 효과적이다. 많은 자료를 참고할 수 있을 것이다(568쪽, 부록 D 참조).

고양이는 일반적으로 자신에게 편리하거나 재밌거나 필요하지 않으면 명령에 반응하지 않는다. 칭찬을 하거나 간식을 주는 방법이 고양이의 관심을 끌기에는 더 적절한 훈련법이다. 고양이는 클리커 훈련에도 잘 반응한다. 그러나 많은 행동학적 문제는 그 원인을 근본적으로 해결하는 것이 가장 효과적이다. 예를 들어 고양이가 집 안의 화초를 뜯어먹는다면 화초를 접근할 수 없는 장소로 옮기는 것이 문제의 해결법이다.

다 자란 고양이를 훈련시키는 것보다 새끼 고양이를 훈련시키는 것이 훨씬 쉽다. 만약 새끼 고양이의 보호자가 집을 비우는 시간이 많다면 화장실, 장난감, 스크래치 기둥, 안락한 잠자리, 윈도 해먹 등으로 고양이의 방을 꾸민다. 이런 방법으로 음식을 찾아 먹거나 화초를 물어뜯는 등의 나쁜 습관을 막을 수 있다. 다른 방법으로는 고양이를 집에 혼자 둘 때 대형견용 케이지를 잠깐 이용할 수 있다(몇 시간 정도). 물과 음식, 화장실, 장남감, 푹신한 잠자리 등으로 케이지 안을 안락하게 만들어 준다.

인내심, 꾸준한 칭찬, 애정, 일관된 보상을 보여 줄 때 좋은 결과를 얻을 수 있다.

부르면 오게 하기

불렀을 때 고양이를 오도록 가르치는 것은 어렵지 않다. 고양이는 자신에게 이익이 되는 명령에는 잘 반응하므로 맛있는 간식이나 놀이, 애정으로 보상하며 고양이의 협조를 이끌어 낸다. 식사시간에 고양이의 이름을 부른 뒤 "이리 와." 하고 말한다. 고양이가 다가와서 쓰다듬어 달라고 몸을 부빌 때까지 반복한다. 반복을 통해 고양이는 자신의 이름과 "이리 와."란 말, 즐거운 경험을 연관시키게 될 것이다.

불러도 오지 않는 고양이는 종종 주변에 장난감을 던져서 오도록 유도할 수 있다. 고양이가 부름에 응할 때마다 반드시 보상해야 한다. 때때로 안거나 놀아 주는 것도 좋은 보상이 된다(당연히 고양이가 안거나 놀아 주는 것을 좋아한다는 것이 전제다). 고양이가 좋아하지 않는 것을 억지로 시키며 복종시키려 하지 않는다. <u>고양이가 싫어하는 것을 하기 위해 절대로 고양이를 불러서는 안 된다.</u> 이런 경험은 고양이에게 부르면 가지 말아야 한다고 가르친다. 예를 들어 목욕을 시키기 위해 고양이를 불러서는 안 된다!

행동학적 문제

고양이의 행동은 유전적인 면과 어린 시절 사회화의 영향을 크게 받지만 기질이나 성향과도 관계가 있다. 고양이를 처음 집에 데려왔을 때 타고난 성격이 보호자의 기대에 잘 부합할 수도 있고 그렇지 않을 수도 있다. 고양이가 기대와 다르다고 해서 이를 행동학적 문제라고 오인하지 않는 것이 중요하다. 고양이와 보호자 모두 적응을 위한 힘든 시기를 보내야 한다. 어떤 품종은 특정한 성격과 행동을 나타내는 경향이 있다. 고양이를 입양하기에 앞서 이런 특성을 잘 봐야 한다. 예를 들어 샴고양이는 '수다스럽다'고 알려져 있다. 만일 조용한 고양이를 원한다면 이 품종은 피하는 게 좋다.

기어오르고, 긁고, 야옹거리는 정상적이고 자연스러운 고양이의 행동은 행동학적 문제가 아니다. 모든 고양이가 하는 행동을 못하도록 막을 수는 없다. 핵심은 이런 행동을 수용 가능한 수준으로 조절하는 방법을 찾는 것이다.

고양이의 바람직하지 못한 습관을 바꾸려면 수용 불가능한 행동을 수용 가능한 행동으로 옮기는 대체활동이 필요하다. 수용 불가능한 행동은 종종 무료함에서 비롯됨을 기억한다. 고양이는 재미있는 것을 좋아하고 장난치는 것도 좋아하므로 그들을 즐겁게 만들 적절한 장난감이나 활동을 해야 한다. 견고하고 잘 찢어지지 않는 장난감을 고른다. 삼키지 못할 정도의 크기여야 한다. 실내묘는 특히 에너지를 소비할 탈출구가 필요하다.

고양이는 습관의 피조물이다. 그들은 자신의 일상이 침해당하거나 변화되는 것을 싫어한다. 생활 패턴이 바뀌거나 사냥과 놀이 같은 정상적인 행동을 할 수 없는 환경에서 쉽게 스트레스를 받는다. 분리, 환경변화, 밀집사육 등으로 유발되는 스트레스 상태의 고양이는 소변 실수를 하기도 한다. 그런데 보호자는 이런 행동을 때때로 악의적 또는 질투로 인한 행동으로 오인하기도 한다.

또한 고양이의 행동은 건강 상태, 연령, 성별을 반영한다. 어떤 경우에는 부적절한 행동이 신체적인 질병으로 인해 발생하기도 한다. 예를 들어 고양이 하부 요로기계 질환에 걸린 고양이는 화장실 밖에 소변을 본다. 부적절한 배뇨에 대해서는 400쪽에서 설명하고 있다.

긁기(스크래치)scratching

고양이는 긁어야만 한다. 고양이는 일상적인 그루밍 과정의 하나로 발톱을 다듬는다. 이런 과정을 통해 고양이 발톱의 바깥층이 닳아 벗겨지며 안쪽의 새 발톱이 노출된다. 또 발톱을 가는 행동은 척추를 펴 주는 훌륭한 스트레칭 효과도 있다. 긁는 행동은 영역을 표시하는 목적으로도 이용되므로 스크래치 기둥의 위치도 중요하다.

실내장식이나 가구가 손상되는 것을 막기 위한 가장 좋은 방법은 고양이가 좋아하는 장소에 긁기 좋은 스크래처를 설치하는 것이다. 스크래치 기둥은 구입하거나 집에서 만들면 된다. 어떻게 하든 몇 가지 염두에 두어야 할 사항이 있다. 우선, 기둥은 고양이가 온몸을 지탱하고 발톱을 긁을 수 있을 정도로 높이가 적당해야 한다. 시판되는 많은 스크래치 기둥은 높이가 낮아 고양이의 흥미를 끌기 어렵다. 바닥이 넓고 무거워야 고양이가 기대도 흔들리거나 뒤집어지지 않는다. 기둥을 구입하는 경우 안정적으로 고정되는지 테스트한다.

고양이는 다양한 종류의 거친 표면을 긁는 것을 좋아한다. 사이잘(sisal) 로프를 감아 줘도 좋고 카펫 뒷면, 거친 표면의 나뭇가지 등도 흥미를 끌 수 있다. 어떤 고양이는 수직은 물론 수평 방향으로 발톱을 가는 것도 좋아하므로, 다양한 재질과 각도로 만들어 주면 더 좋다. 여러 단으로 된 캣타워는 이런 목적에 잘 부합한다.

고양이가 집에 왔을 때 스크래치 기둥이 미리 준비되어 있어야 한다. 볕이 드는 창가나 거실 입구 주변과 같이 고양이가 많은 시간을 보낼 만한 장소에 설치한다. 고양이는 구석에 숨어 있는 스크래치 기둥은 좀처럼 사용하지 않는다. 고양이가 기둥을 사용하도록 유도하려면 기둥 옆에서 고양이와 놀아주며 흥미를 끌고, 고양이가 기둥을 건드릴 때마다 칭찬한다. 잠자고 일어나 몸을 펴는 고양이의 습성을 이용할 수도 있는데, 낮잠을 자고 난 직후 장난감이나 간식을 이용해 고양이가 기둥을 이용하도록 유도한다. 고양이의 관심을 끌기 위해 기둥에 캣닙을 묻히거나, 막대형 간식 조각을 사이잘 로프 사이 틈새에 끼워 둘 수도 있다.

고양이의 발톱을 매주 깎아 주면 원치 않는 스크래치를 최소화하는 데 도움이 되는데 고양이는 대부분 발톱깎기를 잘 참는다. 한 번에 한쪽 발 또는 발가락 하나부터 시작하여 발톱깎기에 익숙해지도록 만든다. 발 한쪽에서 시작해 서서히 두 발, 네 발로 익숙하게 한다. 발톱을 다 깎고 나면 간식을 주거나 즐겁게 놀아준다. 발톱 위에 덧붙여 씌우는 부드러운 재질의 발톱 커버도 있다. 이는 일시적인 방법이므로 주기적으로 교체해야 한다. 수의사에게 문의하면 사용법을 안내해 줄 것이다.

고양이가 긁는 것을 막는 가장 좋은 방법은 긁으려는 표면을 고양이가 싫어하는 무언가로 덮어 주는 것이다. 샤워 커튼이나 카펫 재질의 깔개, 자동차 매트(돌출된 부분을 위로 해서) 같은 것들이다. 양면 테이프를 사용할 수도 있으며, 이런 목적으로 만들어진 스티키 포(Sticky Paw)라는 제품도 있다(약간의 접착성이 있으나 가구에 손상을 주지는 않는다). 덮개를 씌운 가구 옆에 스크래치 기둥을 놓아 고양이가 사용하도록 유도한다. 스크래치 기둥을 사용할 때마다 칭찬한다. 이렇게 새로운 습관을 들이면 가구의 덮개를 벗겨 놓아도 된다.

화초를 먹는 행동

야생의 고양이는 소량의 식물을 먹는데 집 밖으로 놀러 나가는 집고양이도 같은 행동을 한다. 고양이가 식물을 먹는 것은 자연스럽고 정상적인 행동이다. 특히 실내묘는 먹고 싶은 식물을 찾지 못하면 화초에 눈을 돌리는데 화초 중에는 독성이 있는 것이 많다(58쪽, 독성이 있는 실내식물 참조).

가장 좋은 방법은 위험한 화초는 모두 집 안에서 치우거나 접근할 수 없는 곳에 두는 것이다. 그리고 화분에 고양이가 좋아하는 식물을 심은 뒤 고양이가 접근하기 쉬운 곳에 놓아둔다. 잔디, 캣그라스(보통 귀리풀), 파슬리, 토끼풀 등을 고려할 수 있다(길가에 있는 풀은 독성물질과 매연에 노출되었으니 뽑아 오지 않는다). 잘게 썬 양상추를 잘 먹는 고양이도 있다.

고양이는 화분의 흙을 파헤치기도 하는데 이는 땅을 파고 배설물을 파묻는 자연스러운 본능이다. 화초의 흙 부위를 돌이나 알루미늄 포일, 양면 테이프(또는 화분용으로 제작된 스티키 포) 등으로 덮어 고양이의 접근을 막는다.

에너지를 분출하는 행동

고양이는 사냥, 먹이를 집으로 가져오는 행동, 식물을 먹는 행동, 먹이를 덮치는 행동 등의 본능적인 욕구가 있다. 에너지를 소모하지 못할 경우 고양이는 이런 행동에 몰두하게 되는데 보호자에게는 큰 골칫거리다. 이런 행동에 대한 해결책은 주변 환경을 잘 관리하여 고양이가 문제를 일으키지 않도록 하는 것이다. 고양이에게 일상적인 자극을 주고 흥미를 줄 수 있는 놀이의 양을 늘린다.

강박적인 그루밍

신경성 피부염 또는 신경성 탈모로 알려진 이 문제는 스트레스를 비정상적으로 받은 고양이에게 일어나는 에너지 변위 현상이다. 샴고양이, 버마고양이, 히말라얀, 아비시니안에게 흔하다. 병원에 입원하거나 무료한 경우, 스트레스를 받은 경우, 자유가 억압된 경우, 장시간 지루한 상태에 방치된 고양이에게서 발생한다.

이것을 행동학적 문제로 생각하기에 앞서 수의학적인 이상 여부를 확인한다. 고양이는 통증이 있거나 피부병 또는 외부기생충이 있는 경우에도 그 부위를 심하게 핥을 수 있다. 강박적인 그루밍 증상으로 동물병원에 내원하는 고양이의 상당수가 실제로는 알레르기성 피부염이나 다른 피부 질환이 원인인 경우가 많다는 것에 주목한다.

강박적인 그루밍의 대표적인 증상은 등과 배쪽의 털이 얇아지는 것이다. 대부분의 경우 피부의 염증 소견은 관찰되지 않으며 핥는 증상은 복부와 옆구리, 다리로도 확대된다. 직접 보지 못했다면 핥아서 그렇다고 단정짓기 어렵다.

탈모의 다른 원인과 그 부위의 통증 여부를 배제한 뒤에 진단을 내릴 수 있다. 고양이의 스트레스를 줄여 주고, 일상을 보다 활동적이고 다양하게 바꿔 주는 것이 가장 좋은 치료법이다. 이런 행동을 완화시키는 약물도 있다(553쪽, 행동학적 장애를 치료하는 약물 참조). 그러나 이런 약물은 행동 및 환경 교정요법과 함께 적용해야 한다.

먹이를 집으로 가져오기

사냥 본능은 고양이의 강한 본능으로 특히 암컷에서 강하다. 먹을 것이 부족하지

고양이는 타고난 사냥꾼이라 먹이를(곤충도 포함) 쫓고 사냥하는 것을 막을 수 없다. 고양이가 애정의 증표로 먹이를 사람 앞에 가져다 놓는 것을 받아들여야 한다.

않아 허기지지 않은 고양이도 사냥을 한다. 먹이를 먹지 않았다면 고양이는 죽거나 거의 죽기 직전의 먹이를 사람 앞에 가져다 놓을 것이다. 이는 새끼에게 사냥하는 법을 가르치는 암컷의 타고난 역할과 관계가 있다(저항할 수 없는 먹이를 가져와 새끼들에게 죽이는 법을 가르친다). 때로는 단순히 보호자에게 주는 선물인 경우도 있다. 사람은 이를 고양이의 의도대로 아주 애정어린 표현으로 받아들여야만 한다.

고양이는 육식동물이므로 사냥하지 못하게 할 수 있는 방법은 없다. 물론 고양이 목에 방울을 달아놓는다면 고양이가 쥐나 새를 잡는 게 어려울 것이다. 그러나 이게 항상 효과를 보는 것은 아니다. 실제로 고양이는 대부분 방울을 울리지 않고 뒤를 쫓는 방법을 습득한다. 고양이가 사냥을 하거나 작은 동물을 죽이는 것을 원치 않는다면 고양이를 집 밖으로 나가지 못하게 해야 한다. 대신에 고양이는 사람이 준 장난감을 잡고 '죽이는' 법을 배울 것이다. 사람이 함께 움직여 가며 놀아준 장난감이면 더 좋다. 어떤 실내묘(특히 암컷)는 먹이를 가져다주듯이 장난감을 보호자 앞에 가져다 놓기도 한다.

먹이를 덮치는 놀이

손목이나 발목을 깨물거나 가상의 물체를 공격하는 등 에너지를 분출한다. 공격성과는 다르다. 해결책은 고양이와 좀더 상호적인 놀이를 하는 것이다(최소한 하루 2번 10분 이상). 고양이가 먹이를 덮치려 몸을 웅크리고 있을 때 장난감을 방 반대쪽으로 던져주는 것도 주의를 분산시키는 데 좋다. 소리를 지르거나 고양이를 쫓는 행동은 놀이를 더욱 재미있게 해 줄 뿐이다. 이런 행동을 멈추게 하는 가장 좋은 방법은 무관심해지는 것이다.

이렇게 에너지가 넘치는 고양이는 종종 놀이 친구로 다른 고양이가 오는 걸 반기기도 한다. 평정을 되찾는 법도 배운다. 이는 활동적인 고양이를 지치게 하는 훌륭한 방법이다!

분리불안separation anxiety

분리불안은 개에게 잘 알려진 행동학적 문제긴 하지만 고양이에게도 발생할 수 있다. 고아가 된 경우나 젖을 일찍 뗀 것과도 관련이 있다. 고양이는 다양한 방식으로 분리불안을 표현한다. 화장실 밖에 소변을 보기도 하고, 종종 보호자의 냄새가 나는 물건에 소변을 보기도 한다. 파괴적인 모습을 보이거나 화초를 파내거나 물건을 뒤엎거나 음식을 훔쳐먹거나 가구와 벽을 발톱으로 긁기도 한다. 그루밍을 심하게 하거나 몇 시간 동안 울거나 공격적으로 변하기도 한다. 어떤 고양이는 특정한 사람에게 딱 달라붙어서 독점하려는 모습을 보이기도 한다.

행동학적 및 환경적 교정방법의 일환으로 감정을 숨긴 채 나가고 들어오는 것이 중요하다. 놀거리를 주는 것도 중요하다. 고양이에게 자극을 줄 수 있는 환경이 필요하고 고양이의 활동량을 늘려 줘야 한다. 행동교정에 쓰이는 약물도 도움이 될 수 있다 (553쪽, 행동학적 장애를 치료하는 약물 참조). 그러나 이런 약물은 행동 및 환경 교정요법과 함께 적용해야 한다.

야행성 활동nocturnal activity

고양이는 '한밤의 대소동'이라는 표현을 떠오르게 하는 데 딱이다. 고양이는 야행성 동물로 낮 동안에는 대부분 16시간 이상씩 잠을 잔다. 특히 집 안이 조용하다면 저녁이 되면서 슬슬 일상을 시작할 것이다. 밤시간대의 고양이의 활동으로는 울기, 집 안을 뛰어다니기, 같이 놀고 싶은 사람에게 달려들기(그 사람은 자려고 하지만) 등이 있다.

여기에 행동학적 교정의 열쇠가 있다. 고양이의 타고난 활동주기는 사냥하기, 죽이기, 먹기, 그루밍하기, 낮잠 자기다. 이 주기를 조정하여 고양이가 밤에 잠을 자도록 만들 수 있다. 고양이가 자율 급식을 하는 경우라면 초저녁에 음식을 치워서 잠자리 전에 음식을 먹을 수 있게 준비한다. 저녁에 고양이와 함께 놀아 주고, 서서히 놀이를 끝낸다. 그리고 야생에서 먹이를 죽이고 잠시 쉬는 것처럼 '냉정을 찾는' 시간을 갖는다. 그런 다음 고양이에게 음식을 준다. 그리고 그루밍을 하고 긴 잠을 자도록 한다.

아침에 일어나 바로 음식을 주거나 밤 사이 간식을 주어서도 안 된다. 고양이가 요구한다고 보호자가 '자다가 일어나' 반응해서는 안 된다. 한 번만 반응해도 그런 행동을 더욱 강화시킨다.

공격행동aggression

고양이의 공격행동은 보통 방어적이며 자기 보호와 연관이 깊다. 이는 공격하기 위한 행동이 아니다(일부 고양이는 공격적일 수도 있지만 흔치는 않다). 궁지에 몰려 겁먹은 고양이는 거의 항상 공격적인 행동을 취한다.

사회화 시기 동안 새끼 고양이는 사람과 관계를 맺고 신뢰하는 법을 배운다. 이 신뢰는 야생에서 자란 고양이에게 보이는 자연스러운 두려움과 회피행동을 극복하기에 충분히 강력하다. 생후 3~9주 정도에 일어나는 중요한 사회화를 놓친 고양이는 잘 적응하지 못하고 낯선 사람을 마주할 때면 항상 약간의 두려움을 보일 수 있다.

설명할 수 없는 공격행동을 보이는 증례의 다수는 환경적인 스트레스, 고조된 두려움에 기인한다. 스트레스를 받은 고양이는 갑자기 자신의 두려움과는 아무 상관도 없는 주변의 다른 고양이나 사람을 공격한다. 막 싸우던 고양이를 떼어내 한 사람이 잡고 있는 상황에서, 다른 사람이 가까이 다가오면 할퀴거나 물기도 한다. 이를 전위적 공격행동이라고 한다.

어떤 고양이는 배나 꼬리 주변, 등쪽을 만졌을 때 갑자기 고개를 돌려 할퀴거나 무는데 이런 고양이는 만지는 것을 '싫어하는' 것이다. 어떤 고양이는 만지는 것을 좋아하고, 어떤 고양이는 싫어한다(354쪽, 고양이 감각과민증후군 참조). 잠깐 만지는 것은 허용하지만 그 이상은 싫어하는 경우도 있다. 고양이는 명백한 공격행동에 앞서 거의 귀가 뒤로 젖혀지거나 꼬리를 탁탁치거나 피부를 씰룩거리거나 수염이 앞쪽으로 향하거나 목소리를 높이는 등 상대방에게 행동을 멈추라는 신호를 미리 보낸다.

갑상선에 문제가 있는 고양이도 종종 공격적이 되곤 한다. 배고픔과 육체적 스트레스도 짜증스러운 행동을 유발한다. 통증도 공격성을 유발할 수 있다. 고관절이형성증이 있는 고양이는 엉덩이 주변을 만지면 공격할 수 있다. 특히 행동의 변화와 함께 공격성이 나타나는 경우라면 반드시 전체적인 신체검사와 혈액검사를 실시한다.

호루라기를 불거나 에어스프레이를 분사하는 방법, 작고 부드러운 물체를 고양이 시야 쪽으로 던져 깜짝 놀라게 하는 것으로도 공격적인 행동을 멈출 수 있다.

사회화가 잘 안 된 고양이는 겁먹는 상황을 피하고 두려움의 원인을 마주하지 않도록 한다. 이런 고양이는 종종 '한 사람이 키우는' 고양이인 경우가 많다. 훌륭한 반려동물이지만 낯선 사람이(특히 아이들) 주변에 있을 경우 주의 깊게 지켜봐야 한다.

만지지도 못하게 하는 겁먹은 고양이는 안정을 찾을 때까지 혼자 두어야 한다. 스트레스를 주고 두려움을 일으킬 수 있는 모든 자극을 최소화한다. 한 가지 방법은 고양이에게 음식을 주는 것이다. 고양이가 먹고 있을 때 옆에 앉아 부드럽게 이야기한다. 그러면 쓰다듬어 달라고 다가올 것이다. 그러나 고양이가 너무 겁에 질려 보호자

낯선 환경에서 궁지에 몰린 겁먹은 고양이는 하악질을 하며 방어적인 공격 행동을 보인다.

곁에서 음식을 먹지 않는다면 음식을 먹을 동안 자리를 비켜 준다. 먹지 않으면 심각한 건강상의 문제를 일으킬 수도 있다.

쓰다듬거나 만지는 것을 좋아하는 고양이는 개체로서 존중해 주고 그에 따라 치료해야 한다. 쉽게 흥분할 수 있으므로 공격적인 놀이를 칭찬해서는 안 된다. 성격에 관계 없이 어떤 고양이와도 절대로 손이나 신체 부위를 장난감처럼 사용해 놀아주어서는 안 된다. 고양이는 손이 어떤 때는 놀잇감이 되고 어떤 때는 놀잇감이 안 되는지를 이해하지 못한다.

공격행동의 경우 유능한 고양이 행동전문가의 조언을 구하는 것도 중요하다. 공격행동의 정확한 형태를 알아낸다면 행동학자가 교정 프로그램을 처방하는 데 도움이 된다. 공격적인 행동의 원인을 찾았다면 언제 어떻게 시작되었는지, 그런 행동이 일어난 환경, 보통 어떻게 공격하는지를 정리한다. 진짜 공격행동과 장난으로 덮치는 행동을 구별해야 한다(490쪽 참조).

진짜 공격행동을 교정하려면 행동교정 약물이 필요할 수도 있고, 수의행동 전문가와의 상담이 필요할 수도 있다(553쪽, 행동학적 장애를 치료하는 약물 참조). 약물을 사용할 때는 행동 및 환경 교정요법이 병행되어야 한다.

18장
영양

* 미뢰taste bud 주로 혀에 분포하며 미각 세포를 갖고 있다.

고양이의 미각은 사람에 비해 덜 발달되었다. 사람에게는 미뢰*가 9,000개 정도 있지만 고양이는 겨우 473개다. 버섯 모양의 특별한 미뢰는 혀의 끝과 옆 부분에, 컵 모양의 미뢰는 혀 뒤쪽에 있다.

고양이는 신맛, 쓴맛, 짠맛의 기본적인 맛을 느끼지만, 최근 연구에 따르면 단맛은 전혀 느끼지 못하는 것으로 알려졌다. 엄밀히 말하면 육식동물인 고양이는 단맛을 느낄 필요가 없다.

거칠고 가시 같은 고양이의 혀는 미세한 가시로 뒤덮여 있다. 고양이는 이런 혀를 이용해 먹잇감의 깃털이나 털을 제거하고 뼈에서 고기를 발라낸다. 그루밍을 할 때도 사용된다. 고양이는 물을 마실 때 혀를 숟가락 모양으로 만들어서 3/4 정도를 삼킨다.

고양이는 부족한 미각을 뛰어난 후각으로 보완한다. 실제로 두 감각이 뇌의 활동 영역에 동시에 전달된다. 입맛이 없는 고양이에게 음식을 데워 주면 풍미가 높아지는 이유기도 하다. 반대로 냉장고에서 바로 꺼낸 음식은 흥미를 끌지 못한다. 고양이의 오랜 조상은 따뜻한 상태의 신선한 먹이를 사냥해서 먹었기 때문이다.

기초 영양 요구량

고양이는 철저한 육식동물이다. 야생생활에서는 오직 고기만 먹고 살아갔음을 의미한다. 이상적인 자연의 먹잇감인 쥐는 단백질 40%, 지방 50%, 탄수화물 3%로 이루어져 있다. 실제로 고양이는 개에 비해 2~3배 이상의 훨씬 많은 단백질이 필요하다.

고양이에게 개 사료를 절대 먹여서는 안 된다! 이런 음식은 여러 면에서 영양적으로 부족하다.

고양이는 타고난 식성과 특정 단백질의 결핍으로 인해 탄수화물보다는 단백질과 지방을 에너지원으로 사용하는 다소 독특한 대사과정에 적응했다. 고양이는 식단의 단백질량이 제한되더라도 우선 사용할 수 있는 단백질부터 소비할 것이다. 이런 이유로 잘 먹지 않는 아픈 고양이는 급속하게 단백질 결핍에 빠진다. 성묘의 식단에는 최소 26% 이상의 단백질이 함유되어야 하며, 지방도 충분해야 한다. 지방은 에너지원으로 사용되는 동시에 건강한 신경계와 피부, 여러 대사작용을 위해서 필요하다. 이상적인 고양이 식단은 지방이 최소한 9% 이상 함유되어야 한다.

고양이는 탄수화물 소화를 돕는 아밀라아제가 많이 부족하다. 다량의 탄수화물은 혈당을 상승시키는 것은 물론 단백질 소화효율을 떨어뜨린다.

고양이의 기본 영양 요구량은 아래 표와 같다. 이 표에 적힌 최소 요구량은 말 그대로 보통의 고양이가 건강을 유지하기 위해 필요한 최소한의 양이다. 충분 섭취량은 고양이가 건강한 상태를 유지하기 위해 필요한 양이다. 추천 허용량은 충분한 영양소 섭취를 위해 제시되는 양이다. 안전 허용치는 초과해서는 안 되는 양이다(이 양을 초과하면 문제를 유발할 수 있다). 모든 항목의 영양소에 대한 값이 정립되어 있지 않아 비어 있는 부분도 있다.

이 표에는 대사 에너지(ME, metabolizable energy)도 표시되어 있다. 음식의 대사 에너지는 소화와 흡수에 필요한 에너지를 뺀 고양이가 순수하게 사용할 수 있는 에너지의 양이다. 음식의 어떤 부분은 소화되지 않는 경우도 있으므로 에너지 손실이 발생한다면 그 값을 뺀다. 그래서 이 양이 고양이가 음식을 먹은 후 이용할 수 있는 '총' 에너지가 된다.

성묘의 건강유지를 위한 영양 요구량

영양소(건조 사료 1kg당 함유량[1])	최소 요구량	충분 섭취량	추천 허용량	안전 허용치
조단백질	160		200	
아미노산				
아르기닌(g)[2]		7.7	7.7	
히스티딘(g)		2.6	2.6	
아이소류신(g)		4.3	4.3	
메티오닌(g)[3]	1.35		1.7	

영양소(건조 사료 1kg당 함유량)	최소 요구량	충분 섭취량	추천 허용량	안전 허용치
메티오닌 & 시스틴(g)	2.7		3.4	
류신(g)		10.2	10.2	
라이신(g)	2.7		3.4	
페닐알라닌(g)		4.0	4.0	
페닐알라닌 & 타이로신(g)[4]		15.3	15.3	
트레오닌(g)		5.2	5.2	
트립토판(g)		1.3	1.3	
발린(g)		5.1	5.1	
타우린(g)[5]	0.32		0.40	
총 지방(g)		90	90	330

지방산

리놀레산(g)		5.5	5.5	55
알파리놀렌산(g)				
아라키돈산(g)		0.02	0.06	2
EPA & DHA(g)[6]		0.1	0.1	

미네랄

칼슘(g)	1.6		2.9	
인(g)	1.4		2.6	
마그네슘(mg)	200		400	
나트륨(mg)	650		680	> 15
칼륨(g)		5.2	5.2	
염소(mg)		960	960	
철(mg)[7]		80	80	
구리(mg)[7]		5.0	5.0	
아연(mg)		74	74	> 600
망간(mg)		4.8	4.8	
셀레늄(µg)		300	300	
요오드(µg)	1,300		1,400	

영양소(건조 사료 1kg당 함유량)	최소 요구량	충분 섭취량	추천 허용량	안전 허용치
비타민				
비타민 A(μg 레티놀)[8]		800	1,000	100,000[8]
콜레칼시페롤(μg)[9](비타민 B$_3$)		5.6	7	750
비타민 E(알파토코페롤)(mg)		30	38	
비타민 K(메나디온)(mg)[10]		1.0	1.0	
티아민(mg)(비타민 B$_1$)		4.4	5.6	
리보플라빈(mg)(비타민 B$_2$)		3.2	4.0	
피리독신(mg)(비타민 B$_6$)	2.0		2.5	
니아신(mg)(비타민 B군)		32	40	
판토텐산(mg)(비타민 B-코엔자임 A)	4.6		5.75	
코발라민(μg)(비타민 B$_{12}$)		18	22.5	
엽산(μg)(비타민 B)	600		750	
비오틴(μg)[11](비타민 B군)		60	75	
콜린(mg)	2,040		2,550	

출처 : *National Research Council's Nutrient Requirements for Cats*, Reprinted with permissioim from the National Academie Press, Copyright 2007, National Academy of Science.

1 건조 성분 1kg당 해당하는 값은 음식 1kg당 4,000칼로리 대사 에너지의 식이 에너지 밀도로 계산되었다. 1kg 당 에너지 밀도가 4,000칼로리 대사 에너지가 아닌 경우, 각 영양소의 건조 성분 1kg당 값을 계산하고, 사료 의 에너지 밀도(kg당 칼로리 대사 에너지)를 영양소로 곱한 뒤 4,000으로 나눈다.

2 아르기닌은 추천 허용량이 200g을 초과하는 양에 대해서는 매 g당 0.02g을 더해야 한다.

3 메티오닌은 메티오닌과 시스틴을 합한 요구량 총합의 절반 정도로 추정한다.

4 검은 털색을 극대화하려면 페닐알라닌과 동일한 양 또는 더 많은 양의 타이로신이 필요하다.

5 소화효율이 높은 음식의 타우린 추천 허용량은 kg당 0.4g이다. 반면 건조사료와 캔사료의 허용량은 각각 kg 당 1.0g, 1.7g이다.

6 DHA(docosahexaenoic acid)만 해당된다. EPA는 정보가 없다. EPA는 함유된 것을 추천하지만 EPA와 DHA를 합한 전체 양에서 20%를 초과해서는 안 된다.

7 일부 산화철과 산화구리는 생체 이용률이 낮아 사용해서는 안 된다.

8 비타민 A의 1IU는 0.3μg의 모든 트랜스 레티놀 또는 1μg 레티놀= 3,333IU의 비타민 A로 계산한다. 안전 상 한값은 μg 레티놀로 표현한다.

9 1μg 콜레칼시페롤 = 40IU 비타민 D$_3$로 환산한다.

10 고양이의 대사 요구량 자료는 있으나 자연식(생선 기반의 식단은 제외)을 급여하는 경우의 식이 요구량에 대 한 자료는 없다. 대부분의 경우 장내세균총에 의해 비타민 K가 충분히 합성된다. 비타민 K 허용량은 상업적 으로는 활성 비타민 K에 알킬화가 필요한 메나디온(menadione) 전구체의 양으로 표현된다.

11 날달걀 흰자가 포함되지 않은 보통의 식단에는 장에서 미생물이 합성한 충분한 비오틴(biotin)이 들어 있다. 항생제가 들어 있는 식단이라면 영양 보조제가 필요할 수 있다.

아미노산

고양이의 식단이 완벽해지려면 최소한 20가지 이상의 아미노산이 필요하다. 아미노산은 단백질의 구성요소다. 충분한 양의 아미노산이 적절한 비율로 들어 있어야 한다. 많은 아미노산은 고양이 체내에서 합성된다. 그 외의 것은 필수 아미노산으로 반드시 음식에 들어 있어야 한다.

고양이는 11가지의 필수 아미노산이 필요하다(히스티딘, 아이소류신, 아르기닌, 메티오닌, 페닐알라민, 트레오닌, 트립토판, 발린, 류신, 라이신, 타우린). 일부 포유류는 다른 아미노산을 타우린으로 전환시키기도 하지만 고양이는 할 수 없다. 타우린의 양이 불충분하면 고양이를 실명에 이르게 만드는 망막변성을 유발하거나 심각한 **심근증**(326쪽 참조)을 유발할 수 있다. 타우린 결핍은 불임, 사산, 조기 사망 등의 번식 관련 문제를 유발할 수 있다. 타우린은 특정 해산물에서 고농도로 발견되며 내장 고기에도 들어 있다. 고양이 사료는 건조 성분 중 적어도 0.02%의 타우린을 함유해야 한다(504쪽 건조 중량 참조).

아르기닌은 요소 대사에 다량 사용된다. 아르기닌이 부족하면 고양이는 혈중 암모니아 농도가 높아져 경련, 떨림, 침흘림, 구토, 종종 죽음에 이르는 혼수상태에 빠지는 등 신경학적 증상을 나타낸다. 지방간증에 걸린 고양이도 아르기닌 보조제가 필요하다.

고양이는 메티오닌과 시스테인도 다량 필요하다. 이 아미노산은 포도당으로 전환되어 에너지를 내는 데 쓰인다. 시스테인은 털의 성장에 중요하며, 소변에 분비되어 냄새를 남기는 데 중요한 역할을 하는 펠리닌 생산에도 쓰인다.

타이로신은 경우에 따라 필수 아미노산이 된다. 고양이는 대부분 스스로 충분한 양을 만들어 내지만, 일부 고양이는 음식으로 보충해 줘야 한다. 타이로신은 멜라닌의 생산에도 중요하다. 결핍증은 주로 검은색 고양이에서 발생해 털에 적갈색 얼룩이 생긴다.

카르니틴도 경우에 따라 필수 아미노산이 되는데 고양이의 신장에서 합성된다(개나 사람은 간에서 합성). 체중 감량에 중요하며, 지방간증 치료에도 사용된다.

비타민과 미네랄

고양이는 효율적으로 트립토판을 니아신으로 전환하지 못하며, 추가로 피리독신(B_6)과 코발라민(B_{12})이 필요할 수 있다. 특히 투병 중이거나 잘 먹지 못할 때 필요하다.

고양이는 베타카로틴을 레티놀(비타민 A의 활성 형태)로 전환하지 못하므로 비타민 A를 음식물을 통해 섭취해야 한다. 육류를 통해 공급된다. 비타민 D(칼시트리올)도 스스로 합성할 수 없는 필수 영양소다(사람은 햇빛에 노출되면 피부를 통해 비타민 D를 합성할 수 있다). 이런 비타민을 수의사와 상담 없이 투여하면 과량 투여되어 독성을 일으키는 경우가 흔하므로 주의한다.

칼슘 결핍은 고양이에게 가장 흔한 영양학적 장애다. 영양적으로 균형잡힌 식단을 섭취하는 경우에는 발생하지 않는다. 육류만 먹이거나 수유로 인해 비축량을 다 소모해 버린 경우에 발생하기 쉽다(453쪽 자간증 참조).

인은 뼈와 신장의 이상을 예방하기 위해 칼슘과 함께 적절한 균형을 유지해야 하는 또 다른 미네랄이다. 성묘의 이상적인 비율은 칼슘과 인이 1.2 : 1 정도다. 식단 내 비율은 칼슘 0.9%, 인 0.8%가량이다. 이 비율은 연령에 따라 다르다. 성장하는 새끼 고양이의 식단 내 적정량은 칼슘 약 1.8%, 인 1.6% 정도다. 고양이에서 인 결핍은 드문 편이며, 인 수치가 높아졌다면 신장 질환과 관련이 있을 수 있다.

상업용 사료

고양이 사료는 수백만 달러의 시장을 가진 경제적으로 중요한 산업이다. 따라서 고양이 사료 제조사는 추가적인 영양 보조제가 필요 없고 영양과 기호성이 뛰어난 사료를 만들기 위해 많은 연구를 하고 있다.

고양이의 전반적인 상태(피모, 체중, 활동수준 등)에 관한 모든 것이 음식의 영향을 받는다. 만일 이들 중 하나라도 최상의 상태에 미치지 못하면 음식의 문제가 원인일 수 있다. 변의 상태를 관찰해 보면 사료의 품질을 평가하는 데 도움이 된다. 저급 단백질은 고양이의 장에서 이용되지 못하고 그냥 통과되어 변이 물러지거나 설사를 하는 경우가 많다. 변량이 아주 많은 경우는 식이섬유가 과도하게 들어 있거나 신체 활용도가 낮은 성분이 들어 있음을 의미한다.

상업용 사료 포장에는 고양이의 체중에 따른 적정 급여량이 표시되어 있는데 종종 제조사의 권장 급여량이 실제 고양이의 적정 급여량보다 많다. 처음에는 추천 급여량을 따르고, 고양이의 체중을 체크하여 적절히 조절한다. 체중이 줄어든다면 급여량을 늘리고, 체중이 늘거나 밥그릇에 사료를 남기면 급여량을 줄인다. 모든 고양이는 몸의 크기, 건강 상태, 연령, 활동 정도에 따라 필요한 급여량이 다르다.

사료의 형태

고양이 사료는 건조 사료, 반건조 사료, 습식 사료 세 가지 형태다. 정확한 비교를 위해서는 모두 건조 중량을 기준으로 비교해야 한다(504쪽 참조). 수분을 모두 제외한 상태에서 제품을 비교해 보면 대부분의 습식 사료(캔)가 건조 사료나 반건조 사료보다 중요한 단백질을 더 많이 함유하고 있음을 알 수 있다. 제품을 비교하는 또 다른 방법은 에너지 성분(열량)을 비교하는 것이다. 역시 수분을 모두 제외한 상태에서 제품을 비교하면 건조 사료는 습식 사료에 비해 열량이 훨씬 높은 것을 알 수 있는데, 이는 건조 사료와 동일한 열량을 얻으려면 3~4배 많은 습식 사료를 먹여야 한다는 뜻이다.

고양이 사료의 가치는 형태뿐만 아니라, 사용된 성분의 품질과도 관련이 깊다. 건조 사료와 습식 사료 모두 고품질과 저품질 제품이 있고, 각각 장점과 단점이 있다.

건조 사료

모든 건조 사료는 알갱이를 만들기 위한 탄수화물 성분이 들어 있다. 흔히 밀, 옥수수, 쌀 등의 곡물을 사용한다. 곡물이 들어 있지 않은 제품도 있는데 대신 감자 같은 탄수화물원을 이용한다. 건조 사료는 공정상 65.5℃에서 제조되는데 녹말을 분해시켜 소화율을 높인다. 고온의 공정을 통해 멸균 과정을 거치고 수분도 대부분 제거한다.

건조 사료는 가격이 가장 저렴하다. 또한 고양이가 바로 먹지 않아도 나중에 먹도록 놓아둘 수 있다. 이는 고양이에게 자연스러운 급여방법이기는 하나 비만을 유발할 수 있다.

건조 사료는 치아 연마 효과가 있어 이빨을 깨끗하고 날카롭게 유지하는 데 도움이 된다. 그러나 딱딱한 사료를 씹을 때 가해지는 힘인 전단력(shearing force)은 고양이 치아흡수성 병변(255쪽 참조) 발생에 영향을 줄 수 있다.

건조 사료의 단점은 다른 사료보다 맛이 떨어진다는 점이다. 그러나 고양이는 대부분 건조 사료를 잘 먹는다. 건조 사료는 보통 탄수화물을 20~50% 함유하고 있으며, 그만큼 동물성 성분은 적다. 일부 사료의 단백질 성분은 고양이에게 적합하지 않은 경우도 있다. 때문에 포장의 표시사항을 꼼꼼하게 확인해야 한다.

건조 사료의 잠재적인 단점은 높은 탄수화물 함량이 당뇨병 발생 위험을 높일 수 있다는 점이다. 또 낮은 수분 함량으로 인하여 고양이 하부 요로기계 질환 발생 위험을 높인다. 고양이는 사막에서 기원한 동물로 원래 물을 잘 마시지 않고 3~5%가량의 탈수가 발생할 때까지 안 마시고 버티곤 한다. 건조 사료만 먹는 고양이는 습식 사료를 먹는 고양이의 수분 섭취량을 따라갈 수 없다. 때문에 건조 사료만 먹는 고양이라면 더 많은 양의 물을 먹도록 독려해야 한다.

건조 사료는 시간이 지나며 영양가가 떨어지는 경향이 있으므로 유통기한이 지나거나 6개월 이상 보관한 것은 먹이지 말아야 한다.

반건조 사료

반건조 사료는 사람들의 눈에는 훨씬 맛있어 보이지만 단점이 있다. 이런 사료는 보통 인공색소와 보존제를 사용한다. 또한 설탕 함량도 높다(고양이에겐 필요도 없고 심지어 맛도 느끼지 못한다).

습식 사료

습식 사료는 조리된 고기에 영양 보조성분을 첨가한 만족스런 음식처럼 생각된다. 그러나 진실은 저렴한 습식 사료는 건조 사료 정도의 고기만 들어 있는 경우가 많다. 모든 습식 사료가 완벽하고 균형잡힌 음식은 아니다. 좋은 습식 사료를 고르기 위해 건조 성분상의 영양 표시사항을 꼼꼼히 확인해야 한다.

습식 사료는 더 많은 수분을 함유하고 있는데 이는 고양이의 식단에 있어 중요하다. 고급 브랜드 제품은 탄수화물이 아주 소량 들어 있거나 아예 들어 있지 않다. 대신 더 많은 지방이 들어 있어 더 많은 에너지를 공급한다. 맛이 좋아 입맛이 까다롭고 활기 넘치는 고양이에게 적합하다. 그러나 습식 사료는 치석관리에 도움이 되지 않는다.

자율급식을 하기에도 적합하지 않다. 한 번 개봉하고 나면 얼마 지나지 않아 불쾌한 냄새가 나기 시작하는데 고양이는 이런 냄새에 민감하다. 습식 사료는 개봉 후 20분 이상 놓아두어서는 안 된다. 개봉한 습식 사료는 잘 밀봉하여 냉장고에 보관한다. 급여 시에는 실온 정도로 데워 준다.

원터치 방식의 캔으로 된 습식 사료를 먹는 고양이는 갑상선기능항진증에 걸릴 위험이 5배 더 높다. 원터치 캔에 들어 있는 비스페놀, 디글리시딜 에테르 등의 물질이 문제가 될 수 있다. 식단의 50%를 습식 사료 캔으로 하는 고양이는 갑상선기능항진증 발병 위험이 3.5% 높다.

고양이 사료의 등급

상업용 고양이 사료는 이코노미 사료, 브랜드 사료, 프리미엄 사료로 분류할 수 있다. 이코노미 사료가 가장 저렴하고, 프리미엄 사료가 가장 비싸다. 일반적으로 사료의 품질은 가격에 비례한다. 프리미엄 사료에는 고급 단백질이 들어 있고 첨가제의 양이 적다. 프리미엄 사료는 상대적으로 더 적은 양을 먹게 되므로 실제 이코노미 사료와 비교해 크게 비싼 건 아니다. 그리고 영양밀도가 높아 변의 양도 적다.

흔히 하는 오해가 건조 사료의 단백질원은 주로 곡물이고, 습식 사료는 육류라는 생각이다. 실제 습식 사료가 주로 육류 단백질을 사용하는 것은 맞지만 육류와 곡류가 다양하게 들어가 있는 경우도 있다. 비육류성 단백질은 원가가 저렴하지만 성분으

간식용 캔을 주식용 캔(습식 사료)으로 오인해 급여하는 경우가 있다. 간식용 캔은 기호성만 생각한 식품으로 균형잡힌 영양식을 기대하기 어렵다. 게다가 국내에서 유통되는 간식용 캔은 낮은 품질의 저가 제품이 많아 그다지 추천하지 않는다. 예전에 비해 최근에는 젊은 연령의 고양이에게 신장 문제가 늘어나거나 다묘 가정에서 유전적 관련성이 없는 고양이들이 비슷한 양상으로 간이나 신장의 문제를 호소하는 경우가 많다. 이는 품질이 낮은 간식 캔의 급여가 한 원인이라는데 많은 수의사가 공감하고 있다._옮긴이 주

로서는 그다지 추천하지 않는다. 때문에 사료 가격은 단백질 원료의 품질을 나타내는 척도가 되곤 한다. 더 비싼 사료에는 더 많은 양의 고기가 들어 있다.

사료 회사가 때때로 기호성을 높이기 위해서 첨가하는 성분이 영양적 가치를 손상시킬 수도 있다. 특히 간식은 보통 참치, 새우, 닭고기, 간, 신장과 같이 한 가지 특정 육류 성분만 들어 있는 경우가 많다. 이 성분들은 매우 맛있고 단백질과 지방의 함량도 높지만 단일 원료 단백질은 영양적으로 적합하지 않다. 때문에 보통 이런 식품에는 영양적인 균형을 맞추기 위해 다른 성분을 첨가한다.

이코노미 사료

이코노미 사료는 브랜드 이름도 따로 없다. 판매상점의 이름을 붙이는 경우가 많으며 법적으로 규정하는 영양 요구량에 부합하는 성분표시를 하고는 있지만 대부분 영양적으로 균형잡힌 사료라 말하기 어렵다.

이코노미 사료는 저렴한 원료를 사용해 생산하므로 값이 가장 싸다. 게다가 생산 시점에 사용된 원료에 따라 성분도 그때그때 다르다. 검사에 따르면 이코노미 사료의 대다수가 소화가 어려운 섬유소를 첨가해 소화율이 낮은 것으로 나타났다.

브랜드 사료

브랜드 사료는 대형 사료 회사에서 만든 제품이다. 이들은 대부분 대형 마트와 슈퍼마켓에서 판매된다. 이런 회사들은 제품을 시험하고 광고하는 데 엄청난 시간과 노력을 쏟아붓는다. 따라서 낮은 생산원가를 유지하려면 프리미엄 사료만큼 많은 양의 고기를 사용할 수 없다. 건조 사료의 경우 종종 성분표시에 곡물 원료가 첫 번째로 표시되기도 한다. 첫 번째 성분이 육류라도 그다음 성분은 모두 곡물 원료일 것이다.

프리미엄 사료

프리미엄 사료는 동물병원, 펫숍, 온라인 등에서 구입할 수 있다. 일반적으로 소화율이 높고 영양적으로 이용률이 매우 높은 원료를 사용한다. 브랜드 사료와 달리 프리미엄 사료는 고정된 제조법에 의해 생산된다. 사용되는 원료도 효용성이나 시장가격에 의해 변동되지 않는다. 이런 사료의 제조사는 AAFCO[*] 연구(504쪽 참조)에 따른 사항들을 준수한다.

이 제품들은 고품질의 원료를 함유하여 소화가 쉽고 급여량도 적다. 때문에 가격이 더 비싸긴 하나 급여량을 생각하면 브랜드 사료와 비용적으로 큰 차이가 나지 않는다.

[*] AAFCO The Association of American Feed Control Officials 미국사료관리협회. 동물사료의 생산, 표시, 판매 기준을 제시하는 비영리단체.

포장지의 라벨 읽기

사료를 선택할 때 단백질, 지방, 비타민, 미네랄의 일일 요구량을 만족하는지 확인하는 것이 중요하다. 식품의약안전청(FDA)에서는 사료 라벨에 대한 기준을 제시하고 있는데, 모든 사료회사는 사료에 들어 있는 원료목록을 표기해야 한다. 원료는 들어간 양에 따라 순서대로 기재되는데, 가장 많이 들어간 성분을 맨 앞에 적고, 가장 적게 들어간 성분을 가장 나중에 적는다. 그러나 포장지에 적힌 내용만으로는 그 제품의 정확한 영양 성분을 확인하기 어렵다. 영양소의 양은 건조 중량으로 환산해야 하고(504쪽 참조), 또한 성분의 품질도 표시되어 있지 않다.

명칭에 대한 규칙

성분목록은 사료의 품질에 대한 대략적인 정보만 제공한다. 예를 들어 고양이 사료의 단백질은 육류, 가금육, 생선, 부산물 등 고기 원료의 분말, 콩 분말, 옥수수와 밀, 쌀 등의 곡물에서 얻는다. 이런 다양한 단백질원의 품질과 소화율은 모두 다르다. 성분목록에 단순히 소고기나 다른 단백질이 언급되어 있다고 품질을 보증할 수 있는 것도 아니다. 겨우 3%가량이 들어 있는 경우도 있다.

제품 이름에 '소고기', '닭고기', '양고기', '생선' 등의 단어를 사용하려면 건조 성분의 95%는 명칭의 원료를 사용해야 한다. 예를 들어 사료의 이름이 '고양이를 위한 소고기'라면 적어도 이 제품 원료의 95%는 소고기여야 한다. 여기에는 제조과정에 첨가된 수분이나 '양념(condiment)'은 포함되지 않고, 수분을 포함했더라도 70%는 소고기여야 한다. 성분목록의 순서는 들어간 중량에 따르므로 소고기가 맨 앞에 와야 한다. 제품의 이름에 두 가지가 섞여 있다면 두 가지를 합친 성분이 전체 중량의 95% 이상이어야 한다.

만일 제품 이름이 '고양이를 위한 소고기 만찬'이라도 최소 25% 이상의 소고기가 들어 있어야 한다(제조과정에서 첨가된 수분은 제외). 디너(dinner), 플래터(platter), 앙트레(entree), 너겟(nuggets), 포뮬러(formula) 등의 단어도 같은 기준이 적용된다. 예를 들어 제품 중 25%가 소고기 성분이면 성분 목록에는 3, 4번째 순서일 것이다.

제품의 이름에 '위드(with)'라는 단어가 들어 있으면 제품 중 3%만(제조과정에서 첨가된 수분은 제외) 들어가도 사용할 수 있다. 때문에 제품명이 '소고기가 들어간 고양이 사료'라면 소고기가 겨우 3%만 들어 있을 수 있다. '맛(flavor)'이라는 표현은 함유량 기준이 없으나 맛을 느낄 수 있을 정도의 충분한 양은 들어가야 한다.

최소 함유량

동물 사료 라벨에는 조단백질, 조지방의 최소 함유량(%)과 식이섬유와 수분의 최대 함유량(%)이 기재되어야 한다. 일부 제조업체는 다른 영양소의 최소 함유량을 함께 표시하기도 한다. 종종 고양이 사료에도 미네랄의 최대 함유량이 적혀 있다. 고양이 사료는 보통 타우린과 마그네슘 함량도 표시하는 경우가 많다.

조단백, 조지방이란 용어는 제품의 일정 성분 함량을 평가하는 방법의 하나일 뿐, 영양소 그 자체의 품질을 뜻하는 것은 아니다. 때문에 이런 내용은 그 성분의 소화율에 대해서는 아무런 정보도 제공하지 못한다.

기재된 함량은 '급여할 때'를 기준으로 작성된 것으로 캔이나 사료 봉투에 들어 있는 양을 의미한다. 비슷한 수분을 함유한 두 제품을 비교할 때는 크게 상관 없지만 건조 사료와 습식 사료의 함량을 분석하여 비교할 때는 수분량을 고려해야 한다. 습식 사료는 수분을 보통 75~78% 함유하는 반면, 건조 사료는 10~12%를 함유한다.

건조 중량dry matter basis

습식 사료와 건조 사료 제품의 영양적 수준을 의미 있게 비교하려면 두 제품 모두 건조 중량으로 환산해야 한다. 건조 중량의 함량은 100%에서 포장에 표시된 수분 함량을 뺀 것이다. 건조 사료에 10%의 수분이 들어 있다면 건조 중량은 90%가 된다 (100에서 10을 뺀 것).

영양소 함유량을 건조 중량으로 환산하려면 함유량 퍼센트를 건조 중량 퍼센트로 나눈 뒤 100을 곱한다. 예를 들어 어떤 습식 사료의 75%가 수분이라면 건조 중량은 25%가 된다. 8%의 조단백이 함유되어 있다면 8을 25로 나눈다. 그러면 0.32가 된다. 여기에 100을 곱하면 32%의 건조 단백질이 들어 있는 것이다.

완벽하고 균형잡힌complete and balanced

사료의 품질에 관한 중요한 정보는 포장의 라벨에 적힌 내용이다. 이는 AAFCO(미국사료관리협회)의 기준을 만족해야 한다.

AAFCO의 기준을 만족시키는 방법으로는 두 가지가 있다. 제조업체는 어떤 것을 따랐는지 포장에 표시해야 한다. 하나는 AAFCO에서 고양이의 건강과 활력을 유지하기 위해 필요하다고 이론적으로 계산한 영양소의 기준을 따르는 방법이다. 다른 하나는 고양이가 실제로 그 제품을 먹고 건강하게 잘 생활한다는 것을 급여실험을 통해 증명하는 방법이다.

이론적으로 계산된 양을 따르는 방법은 현재의 지식으로는 모든 고양이의 영양적 요구량을 만족시킬 수 없다는 한계가 있다. 게다가 고양이가 특정 사료의 모든 영양소를 소화하고 흡수할 수 있다는 보장도 없다. 급여실험은 제품이 실제로 어떻게 작용하고 결과를 나타내는지를 볼 수 있어서 보다 좋은 방법이다. 하지만 제조업체가 겨우 6개월 동안 소수의 고양이만을 대상으로 실험을 실시한다는 한계가 있다.

또한 포장 라벨에 '완벽하고 균형잡힌(complete and balanced)'이라고 쓰여 있는지 찾아본다. 만약 적혀 있지 않다면 그 제품은 적합한 제품이 아닐 수 있으므로 다른 제품을 선택한다. 만약 새끼 고양이의 성장을 위한 사료라면(임신묘와 수유묘에게도 급여할 수 있다) 포장에 성장기용, 새끼 고양이용, 1년 미만의 고양이용이라고 적혀 있어야 한다. 포장에 이런 표시를 하려면 AAFCO에서 각 연령대에 따라 정한 기준에 부합해야 한다. '모든 연령용'이라고 쓰여진 사료는 나이 든 고양이는 물론 성장하는 새끼 고양이에게도 충분한 영양을 공급할 수 있는 여분의 단백질과 열량을 함유해야 한다.

처방식(질병관리를 위한 사료)

건강상에 문제가 있는 고양이에게 도움이 되는 처방식의 발전은 매우 급진전하고 있다. 처방식은 수의사의 처방을 통해 구입이 가능하다. 이 사료는 알레르기와 신장질환, 당뇨병, 결석 등 특정 질병의 관리에 이상적인 조건을 맞춰 제조한다. 정상 고양이에게는 문제를 유발할 수도 있으므로, 수의사의 처방 없이 임의로 급여해서는 안 된다.

생식

생식은 최근 들어 크게 유행하고 있는데 주로 생고기에 고기가 붙은 뼈, 채소, 보조제 등을 섞어 준다. 이런 음식을 먹이는 것과 관련해 많은 논쟁이 있다. 우선 정확한 영양균형을 맞추기가 쉽지 않다. 또 생고기는 고양이는 물론 사람에게도 전염될 수 있는 살모넬라균 같은 세균성 질환 감염 예방을 위해 매우 신중히 다뤄야 한다. 보관과 해동도 주의해야 하며, 철저한 위생관리가 필수적이다. 기생충도 심각한 문제가 된다. 근육 부위(살코기)만 먹는 것은 영양학적으로 충분하지 않으므로 내장고기도 함께 먹여야 한다.

뼈를 먹이는 경우 뼈가 쪼개질 수 있으므로 주의해야 한다. 고양이는 대부분 시판되는 고기가 붙은 뼈는 잘 먹지 못한다(야생에서 고양이가 먹는 것은 쥐와 아주 작은 새다). 그러나 뼈가 빠진 식단은 영양적으로 불완전하다.

일반적인 고양이 보호자는 생식을 완벽하게 또 안전하게 만들어 줄 시간적 여유나 영양학적 지식이 부족하다. 생식을 먹이고 싶다면 수의 영양학자의 상담을 받는 것이 좋다. 집에서 고양이를 위한 가정식을 만들어 주고 싶은 경우도 마찬가지로 전문가와의 상담을 추천한다. 수의 영양학자로부터 균형잡힌 식단에 대한 정보를 얻을 수 있다.

고양이의 음식 급여

음식 선호

많은 보호자들은, 고양이는 천성적으로 다양한 음식을 주면 균형잡힌 음식을 골고루 먹고, 배가 부르면 그만 먹을 것이라고 생각한다. 그러나 사실과 다르다. 많은 고양이가 입맛을 끌지 못하는 음식을 먹는 것보다는 굶는 쪽을 택한다. 그리고 무료함이나 식탐 때문에 위험할 정도로 살이 찌는 지경에 이르기도 한다.

일반적으로 고양이는 익힌 것이든 날것이든 고기를 좋아한다. 차갑거나 뜨거운 것보다는 체온과 비슷한 정도의 음식을 더 좋아한다. 야생에서는 생쥐가 고양이의 주요 먹이가 된다. 그러나 고기만으로 이루어진 식단은 불완전하다. 고기만 먹인다면 점점 더 고기만 먹으려 하고 다른 것은 먹지 않게 된다. 이런 고양이는 칼슘결핍증(calcium deficiency)에 걸린다.

한 가지 종류의 음식(간, 참치 등)만 먹는 경우 중독될 수 있다. 단일 원료 음식은 영양적으로 불균형하기 때문에 먹여서는 안 된다. 그러나 영양적으로 충분하다면 고양이가 특정한 제품만 먹으려고 한다고 해도 문제가 되지 않는다. 이런 걱정은 고양이가 영양적으로 불완전한 음식만 먹으려 할 때에만 해당된다. 특히 캔사료나 맛있는 간식 등은 중독되기 쉽다. 부득이한 경우 최소한 같은 브랜드의 다양한 맛이라도 먹여야 한다.

음식 선호의 또 다른 유형은 이미 완전한 식단인데 간식용 간, 신장, 우유, 달걀, 닭고기 등 맛있는 것들을 너무 많이 주어 발생한다. 고양이는 맛있는 것만 먹으려 하고 원래 음식은 먹지 않으려 할 것이다. 점점 더 많은 양의 간식을 먹게 되고, 결국 불균형한 식단이 되어 버린다.

많은 고양이가 간을 좋아한다. 그러나 간에 들어 있는 고농도의 비타민 A는 비타민

A 중독을 일으킬 수 있어 많은 양을 먹여서는 안 된다. 날생선과 날달걀도 너무 많이 줘서는 안 된다. 둘 다 항비타민 성분이 들어 있어 비타민에 결합하거나 비타민 대사를 방해하여 치명적인 결핍증을 유발할 수 있다.

많은 고양이가 우유를 좋아한다. 어느 정도 양을 먹어야 설사를 하는지는 개체에 따라 차이가 크다. 일부 성묘는 유제품 소화에 필요한 락타아제가 부족하다. 또 오염 가능성이 있어 우유는 2시간 이상 놓아두면 안 된다(캔사료도 마찬가지다).

성묘의 급여

고양이에게 필요한 음식의 실제 양은 대사율과 활동량에 의해 좌우되므로 같은 체중의 고양이라도 다르다. 사료 포장지에 표기되어 있는 급여량은 일반적인 권장량일 뿐이다. 실제 급여량은 각 고양이에 맞게 조정되어야 한다. 중성화수술을 한 고양이는 중성화가 되지 않은 고양이에 비해 대사율이 훨씬 낮다.

일반적으로 활동량이 많은 성묘는 하루에 1kg당 60~80칼로리가 필요한데, 어떤 고양이는 하루에 55칼로리만으로도 잘 지낸다. 활동량이 적은 고양이는 하루에 40칼로리 정도 필요하다. 활동량이 많은 고양이라고 해도 중성화수술을 한 고양이는 적은 칼로리로도 생활할 수 있다.

임신을 하거나 수유 중인 고양이는 훨씬 많은 양이 필요한데 임신 말기에는 하루에 1kg당 약 100칼로리가 필요하고, 수유 중이라면 많게는 310칼로리까지 필요할 수도 있다.

최소 급여량 또한 고양이에 따라 다르다. 따라서 고양이를 객관적으로 잘 관찰해서 음식의 영양밀도는 물론 활동 수준, 대사율 등을 고려하여 급여량을 정확하게 결정한다.

정상적인 신체를 유지하기 위한 음식 요구량은 고양이에 따라 범위가 매우 넓으며, 이상적인 신체 상태를 유지하기 위해 필요한 것은 급여해야 한다. 갈비뼈는 겉으로는 보이지 않지만 쉽게 만져져야 하며, 배는 어느 정도 나와 있으나 불룩하게 늘어져서는 안 된다. 나이 들고 앉아만 있는 고양이는 사료 포장지의 권장 급여량보다 적게 급여해야 하며, 반면에 활동적인 고양이는 급여량을 더 늘려야 한다. 임신이나 수유처럼 활동량과는 관련이 없지만 급여량을 늘려야 하는 상태도 고려한다.

영양적으로 완벽한 고양이 사료를 몇 개 고른 뒤 며칠에 걸쳐 하나씩 먹여 본다. 어떤 것을 가장 잘 먹는지 주목한다. 고양이가 먹을 만한 사료 두세 가지를 알아놓으면 나중에 다양한 것을 먹이고 싶거나 식욕을 자극하고 싶어 사료를 교체할 때 도움이 된다. 혹시라도 사료가 리콜되어 교체가 필요할 때도 좋다.

고양이가 활동적이고 이상적인 몸 상태를 유지하고 있다면 항상 건조 사료를 채워

체형, 활동 수준, 털, 대사율 등 여러 요소에 의해 고양이의 음식 급여량이 달라진다. 이 유연하고 활동적인 아비시니안은 앉아만 있는 뚱뚱한 고양이보다 더 많은 칼로리가 필요하다.

놓고 음식을 자유롭게 먹도록 할 수 있다(캔은 매일 2번 같은 시간에 주는데 20분 뒤 남은 것은 치운다). 그러나 고양이가 살이 찌는 것 같으면 자유롭게 먹도록 두어서는 안 된다. 건조 사료도 하루 2~3회 정도 10~15분 동안만 먹도록 하고 치운다. 고양이의 건강 유지를 위해 필요한 칼로리를 결정하는 데에는 507쪽에서 설명한 내용이 중요하다.

시간을 정해 음식을 먹이는 것은 장점이 있다. 고양이가 얼마만큼의 양을 먹는지 그리고 아예 먹지 않는지도 알 수 있다. 규칙적인 식사는 고양이에게 하루 중 기다리는 일상이 되기도 한다. 약을 먹일 때에도 음식에 알약을 숨겨 보다 쉽게 투여할 수 있다. 당뇨병 같은 건강에 문제가 있는 고양이는 시간에 맞춰 음식을 먹여야 한다. 여러 마리를 기르는 경우 규칙적인 식사는 소심한 고양이가 욕심 많은 고양이에게 음식을 뺏기는 것을 막을 수 있다(당연히 고양이 각자 밥그릇에 따로 주어야 한다).

밥그릇은 항상 청결하게 유지하고, 언제든 신선한 물을 마실 수 있도록 해야 한다.

새끼 고양이의 급여

처음 태어났을 때 새끼 고양이는 기본적으로 먹고 잠만 자며 성장한다. 출생하고 생후 약 7주까지 새끼 고양이는 113g에서 907g까지 성장한다. 평균적으로 하루 14g씩 성장함을 의미한다. 이 놀라운 성장에는 어미의 모유가 연료가 된다.

그 이후에는 새끼 고양이용 사료가 연료 역할을 한다. 새끼 고양이에게 특별한 성장 식단이 필요한 이유는 간단하다. 고양이는 생후 9개월이 되면 기본적으로 성장을 마치고 성성숙도 끝난다. 이는 사람으로 치면 13살 정도의 연령에 해당한다. 이렇게 빠르게 성장하려면 당연히 많은 양의 영양소가 필요하다.

생후 10주의 고양이는 성묘에 비해 단백질이 2배 이상 필요하고 0.45kg당 칼로리 요구량도 50% 더 늘어난다. 12주의 에너지 필요량은 성묘의 3배에 이른다. 6개월이 되면 성장률은 느려지지만 여전히 성묘에 비해 영양이 25% 더 필요하다. 고단백, 고열량의 식단이 중요하다. 어린 시절 건강하지 않은 고양이는 평생을 건강이나 발달상의 문제로 고생하기 쉽다. 따라서 새끼 고양이의 성장을 뒷받침해 줄 수 있는 영양적으로 완벽한 식단이 중요하다.

새끼 고양이의 몸은 심근을 포함한 근육을 발달시키는 데 단백질을 사용한다. 단백질은 또한 순환 기능과 털의 건강에도 중요한 역할을 한다. 왕성한 활력을 보이는 새끼 고양이의 급속한 성장은 많은 양의 열량을 필요로 하는데 이는 지방으로부터 얻는다(지방은 열량을 내는 가장 농축된 원료다). 비타민과 미네랄 역시 중요한데, 특히 비타민 A는 성장과 대사에 중요하다. 물도 세포와 피부의 건강에 있어서 매우 중요하다.

고양이를 입양했다면 이전에 고양이의 급여내용을 물어본다. 식단의 갑작스런 변화는 소화불량을 유발할 수 있으므로 적어도 며칠간은 이를 따른다.

사료 포장의 라벨도 일일 급여량에 대한 정보를 제공한다. 유용하긴 하지만 모든 고양이에게 적용되지는 않는다. 일반적으로 새끼 고양이는 먹고 싶어 하는 만큼 급여해야 한다. 열량을 소비하고 영양소를 흡수하는 일이 급속하게 이루어지므로 급여과다가 되는 경우는 드물다.

새끼 고양이는 자율급여를 할 수도 있고(한배 새끼들을 급여하는 데 편리하다), 시간을 정해 급여할 수도 있다. 위가 작아 한번에 소화시킬 수 있는 양에 한계가 있으므로 적어도 하루 세 번 이상에 걸쳐 먹인다. 캔사료를 주는 경우 7개월까지는 하루 세 번 주어야 한다. 소량의 건조 사료를 간식용으로 남겨 준다. 최근에는 중성화수술을 조기에 실시하는 경우도 많은데, 중성화수술을 한 고양이는 대사율이 적어도 25% 이상 감소한다. 때문에 6개월 이전에 중성화수술을 한 새끼 고양이에게는 기준 급여량이 적절하지 않을 수 있다. 고양이를 위한 정확한 급여량에 대해서는 수의사에게 확인한다.

빠르게 성장하는 활력이 넘치는 새끼 고양이는 성묘보다 훨씬 더 많은 단백질과 지방을 함유한 식단이 필요하다.

새끼 고양이는 생후 8~10개월에 이를 때까지 한 달에 약 450g씩 체중이 증가한다. 1살까지는 성장기용 사료를 먹이는 게 좋다. 6개월부터는 성장이 느려지고 9개월에 거의 끝난다. 그러나 1살이 될 때까지는 아직 완전한 성묘가 된 게 아니다. 그리고 일부 고양이는 특히 메인쿤과 랙돌 같은 체구가 큰 품종은 1년 반에서 2년까지도 뼈와 근육이 계속 성장하기도 한다.

보통 6개월이 되기 전에 음식 선호가 나타날 수 있다. 그러므로 조기에 영양적으로 균형잡힌 음식에 익숙하게 만드는 게 중요하다. 영양적으로 만족스런 다른 형태의 제품(건조 사료나 습식 사료) 2~3개를 골라 바꿔 가며 급여한다.

영양적으로 균형잡힌 식단을 먹이는 경우 비타민과 미네랄 보조제는 따로 필요하지 않다. 경우에 따라서는 오히려 해로울 수도 있다. 고양이가 잘 먹지 않고 영양제를 먹여야겠다는 생각이 든다면 수의사와 상의한다.

노묘의 급여

<u>비만을 예방하는 것은 나이 든 고양이의 수명을 연장시키기 위해 할 수 있는 가장 중요한 방법이다.</u> 노묘는 활동량이 적고, 필요한 열량도 젊은 고양이에 비해 30%가량 적다. 고양이의 식단을 잘 조절하지 못하면 급여량 과다로 체중이 는다.

캔사료를 주는 경우 하루 급여량을 2~3회 분량으로 동일하게 나누어 일정한 간격을 두고 먹인다. 캔사료는 한 번 개봉하면 냉장고에 보관해야 하는데, 많은 노묘가 먹기 전에 살짝 데워 주면 더 잘 먹는다. 체중이 적게 나가는 고양이는 하루에 3~4회 급여하면 좋다.

열량 계산

노묘는 일반적으로 저칼로리 식단을 급여해야 한다. 너무 뚱뚱하거나 마르지 않은 노묘라면 일반적으로 하루에 체중 1kg당 약 45칼로리가 필요하다(가끔 더 적게 필요할 수도 있다). 이것은 일반적인 지침으로, 정확한 양은 고양이에 따라 다르다. 건강 상태에 따라 칼로리 요구량도 늘어나거나 줄어들 수 있다.

노묘에게 성묘의 유지량에 맞춰 음식을 똑같이 급여하면 살이 찐다. 그러나 성묘용 사료를 먹으면서도 특별한 문제 없이 잘 지낸다면 일부러 노묘용 사료로 교체할 필요는 없다. 그냥 현재 주는 양보다 조금 덜 주면 된다. 실제 노묘에게 주는 급여량은 고양이의 활동 수준, 건강 상태, 대사 상태에 따라 결정된다. 사료 포장의 라벨을 통해 사료의 열량과 추천 급여량을 확인할 수 있다. 고양이의 체중을 잰 뒤 일일 칼로리 요구량을 계산하고 사료의 칼로리를 계산하여 급여량을 결정한다. 몸무게가 이상적인 체중에 비해 많거나 적음에 따라 또는 고양이가 활동적인지 비활동적인지에 따라 양을 조정한다. 정상적인 열량 조절 프로그램을 따랐는데 체중이 빠진다면 건강상의 문제일 수 있으므로 수의사의 검진을 받는다.

고양이가 과체중이라면 비만(513쪽 참조)에서 설명한 것처럼 체중감량 식단을 적용한다. 체중감량을 시작하기에 앞서 수의사와 상담해 비만을 유발하는 원인이 있는지, 열량을 줄여도 안전한지 여부를 확인한다. 수의사는 식단에 대한 조언을 할 것이다.

노묘는 서서히 체중을 줄여야 하는데 일주일에 1.5% 이상의 감량은 좋지 않다. 추가되는 칼로리는 식단을 불균형하게 만드므로 식사시간 사이에 간식을 주지 않는 것이 중요하다. 간식을 준다면 일일 식사량을 고려해서 준다.

노묘에게 음식을 줄 때는 하루 급여량을 조금씩, 여러 번에 나눠 주는 것이 좋다. 건강상의 문제로 지켜야 하는 급여 스케줄이 있는 경우, 변동사항이 조금이라도 생기면 수의사와 상의한다.

노묘는 식이적인 변화에 더욱 민감하다. 심지어 물의 변화에도 민감하다. 음식을 꼭 바꾸어야 하는 경우라면 서서히 교체한다(513쪽, 사료 교체 참조).

단백질 요구량

노묘는 먹는 양이 적기 때문에 필요한 영양소를 제대로 공급받기 위해서 소화가 잘되는 음식을 먹이는 것이 중요하다. 단백질의 질이 특히 중요한데, 다양한 고양이 사료의 영양적인 가치와 품질을 평가하는 방법에 대한 정보는 499쪽에 잘 나와 있다. 단백질이 고급 품질인지를 확인하기 위해서 사료 포장에 적힌 고기 원료를 찾아본다.

단백질이 중요하긴 하지만 육류가 너무 많이 들어 있으면 간과 신장에서 배설되는 질소의 양도 증가한다. 노묘는 신장 기능이 떨어질 수 있다. 배설할 수 있는 능력을 초과하는 양의 단백질은 혈중요소질소(BUN, blood urea nitrogen) 수치를 상승시켜 고양이에게 요독증*이나 신부전을 유발할 수 있다. 이미 균형이 잘 잡힌 식단에 일일 필요량의 10%를 초과하는 육류를 급여하는 경우에도 이런 문제가 발생할 수 있다.

인(인산)도 신부전의 진행속도를 가속화시킬 수 있다. 때문에 신부전이 있는 고양이는 특별한 처방식을 추천한다.

나이를 먹으면 미각과 후각이 약해지기 때문에 식욕을 자극하는 음식의 맛이 더욱 중요해진다. 체중 유지에 필요한 충분한 양의 음식을 먹지 못할 경우 영양보충이 필요하다. 노묘의 소화기관에 적합한 고품질의 영양제를 소량의 닭가슴살, 흰살생선, 삶은 달걀, 갈아서 익힌 소고기 등에 섞어 먹인다. 고양이에게 락토오스 불내성 같은 문제가 없다면 저지방 플레인 요구르트나 코티지 치즈도 좋다. 이런 식단으로도 체중

* 요독증uremia 신장 기능이 저하되어 몸속의 노폐물이 소변으로 배출되지 못하고 쌓이는 상태.

유지가 힘들다면 기호성을 높이고 추가로 열량을 공급하기 위해 소량의 지방을 첨가한다. 플레인 올리브유나 식물성 오일, 생선유 등이 좋은 지방 보조제가 된다. 고양이의 식단에 어떤 보조제든 첨가하기에 앞서 항상 수의사와 상의한다.

비타민과 미네랄

나이를 먹음에 따라 장관을 통해 비타민을 흡수하는 능력이 감소하므로 노묘는 더 많은 비타민과 미네랄이 필요하다. 특히 신장 기능이 감소한 고양이는 소변을 통해 비타민 B가 손실된다. 칼슘과 인이 정확한 비율(1.2 : 1)을 이루면 뼈의 연화를 예방한다. 노묘를 위한 고품질의 사료는 비타민 B군과 균형잡힌 미네랄이 들어 있다. 이미 이런 제품을 먹이고 있다면 추가로 비타민이나 미네랄을 먹일 필요는 없다. 그러나 고양이가 먹는 데 문제가 있다면 수의사와 보조제 급여에 대해 상의한다.

고양이 하부 요로기계 질환으로 고생하는 고양이에게는 낮은 마그네슘 함량도 중요한 고려사항이다(건조 중량 0.1% 미만). 그러나 모든 고양이가 저마그네슘 식단이 필요한 것은 아니다.

항산화제는 활성 산소에 의한 세포손상을 늦추거나 방지한다. 활성 산소는 정상 조직과 손상된 조직의 산화과정에 의해 생긴다. 활성 산소는 전자를 잃어버린 상태의 분자로 단백질이나 DNA 조각으로부터 전자를 '뺏어와' 세포를 손상시킨다. 항산화제는 활성 산소에 그 작용을 중화시키는 분자를 건네는데 이 과정에서 항산화제의 효과는 끝나므로 반복적으로 보충해야 한다.

활성 산소의 축적으로 노화과정이 가속화된다는 증거가 있다. 또한 활성 산소는 골관절염과 같은 퇴행성 질환을 유발하기도 한다. 확실한 근거는 아직 부족하지만 많은

크림을 핥고 있는 그림 속의 고양이와 달리 모든 고양이가 유제품을 먹을 수 있는 건 아니다. 락토오스 불내성이 있는 경우 가장 흔히 보이는 증상은 설사다.

수의사가 노묘에게 항산화제가 큰 도움이 된다고 믿는다. 가장 흔히 쓰이는 항산화제는 비타민 E, 비타민 C, 코엔자임 Q 등이다. 수의사에게 적당한 항산화제를 처방받아 안전하게 급여한다.

특별한 처방식

처방식은 심장 질환, 신장 질환, 위장관 질환, 비만 등의 문제가 있는 고양이에게 필요하다. 수의사에게 처방받는다.

사료 교체

건강상의 문제로 고양이의 식단을 조절해야 하거나 사료를 교체해야 할 수 있다. 이것이 고양이가 다른 음식에 익숙해지도록 미리 만들어야 하는 이유기도 하다. 새로운 음식 먹기를 거부한다면 서서히 바꿔 나간다.

익숙해질 때까지 처음 먹던 음식 80%에 새로운 음식을 20%가량 섞는다. 새 음식에 익숙해지면 서서히 새로운 음식의 양을 늘리고 예전 음식은 줄여 나간다. 이 과정은 몇 주가 걸리기도 한다.

고양이가 새로운 음식을 먹지 않을 때 배가 고프면 먹을 것이라고 단정지어서는 안 된다. 일부 고양이는 먹기 싫은 음식을 먹느니 굶는 게 낫다고 생각하는 경우도 있다.

비만obesity

급여량이 많으면 비만이 된다. 고양이에게 비만은 큰 문제로 전체 고양이의 40%가량이 비만에 속한다. 만약 고양이가 과체중이라 생각된다면 수의사에게 문의하여 고양이의 몸길이와 골격에 맞는 이상적인 체중에 대한 조언을 얻는다. 보온을 위해 갈비뼈 위로 도톰한 피하지방층이 어느 정도 필요하지만 너무 두꺼워서는 안 된다. 갈비뼈가 겉으로 드러나지는 않지만 쉽게 만져지는 정도가 적당하다. 덧붙여 갈비뼈 뒤로 허리 부위가 살짝 잘록한 정도가 좋다. 갈비뼈가 만져지지 않고 허리 라인이 구분되지 않는다면 피하지방이 너무 많은 것이다. 체중이 적당한 고양이들도 아랫배 부위에 조그만 '처진 뱃살'을 가지고 있는데 전반적인 신체 상태가 좋고 날씬하다면 크게 문제가 되지 않는다.

비만은 2형 당뇨병 발병률을 4배 증가시키고 관절염, 모질저하, 지방간증 발생과도 관계가 있다.

고양이의 식습관을 바꾸는 과정에서 음식 선호가 나타날 수 있다. 많은 고양이가 탄수화물을 직접 지방으로 전환시킨다는 것을 기억해야 한다. 때문에 단백질과 지방 함량이 높고, 탄수화물 함량이 낮은 식단이 도움이 된다. 급여 상태를 잘 검토해 보고 다음을 따른다.

- 칼로리 제한 식단으로 급여한다. 최근의 연구는 고단백, 저탄수화물 식단이 효과가 있고 심지어 저칼로리, 고식이섬유 식단보다 훨씬 효과적이라고 보고하고 있다. 또한 고단백 식단은 고양이의 이상적인 자연식에 가장 가깝다.
- 규칙적으로 식사량을 계산하여 하루 2~3회에 나누어 급여한다. 밥을 다 먹은 다음에는 다음 식사시간까지 기다려야 한다.
- 맛있는 음식, 사람 음식, 간식 등을 주지 않는다. 식사시간 이외에 보상이나 간식으로 이용할 수 있게 평소 먹는 사료를 조금 챙겨둔다.
- 고양이가 다른 곳에서 음식을 먹지 않는지 잘 지켜본다.
- 매주 고양이의 체중을 기록한다. 매주 약 1%의 체중을 감량해야 한다. 급속한 체중감소는 지방간증을 유발할 수 있다.
- 매일 운동을 시키고 사람과 동료애를 나눠야 한다. 실내묘는 더 많은 운동량이 필요하다. 장난감, 놀이, 음식을 먹기 위해 고양이를 움직이게 만드는 것이 좋다(밥그릇의 위치를 이동시키거나 간식을 넣어 운동시키는 장난감 등).

고양이를 너무 뚱뚱하게 놓아둬서는 안 된다.

- L-카르니틴과 같은 영양 보조제도 고양이의 체중감소에 도움이 된다. 수의사와 상의하여 하루 250~500mg 정도 급여한다.

일반적인 급여 실수

많이 하는 실수가 개 사료를 먹이는 것이다. 절대로 고양이에게 개 사료를 먹여서는 안 된다! 고양이는 개에 비해 두 배 이상의 단백질과 비타민 B가 필요하다. 고양이는 개와 달리 특정 식이 전구물질*을 필수 아미노산과 수용성 비타민으로 전환시키지 못한다. 장기간 개 사료를 먹은 고양이는 타우린 결핍, 비타민 A 결핍(야맹증), 니아신 결핍, 망막변성, 그 외 심각하거나 치명적인 질병에 걸릴 수 있다.

또 다른 실수 중 하나는 비타민 A와 비타민 D, 칼슘과 인을 과다 급여하는 것이다. 비타민을 직접 먹이거나 비타민이 고농도로 들어 있는 음식을 먹여 발생한다(생간, 생선기름 등). 과도한 비타민 A는 불임과 탈모를 유발한다. 과도한 칼슘, 인, 비타민 D도 뼈와 신장의 대사성 장애를 일으킨다.

날생선은 고양이에게 먹여서는 안 된다. 날생선에는 비타민 B_1(티아민)을 파괴하는 효소가 들어 있다. 이 비타민이 부족해지면 뇌손상을 유발할 수 있다. 생선은 비타민 E가 부족하며, 날생선을 먹으면 전염병에 감염될 위험이 있다.

> * **전구물질** 화합물을 합성할 때 필요한 재료가 되는 물질.

고양이의 음식 급여를 위한 지침

- 개 사료를 고양이에게 주지 않는다. 고양이가 필요로 하는 필수 영양소가 결핍된다.
- 일반 사료가 아닌 특별식이나 사람 음식 등도 일주일에 한두 번은 줄 수 있지만 반드시 정해진 식사시간이 끝나고 난 뒤에 준다. 익힌 고기(간과 신장 같은 내장고기 포함), 코티지 치즈, 익힌 채소, 익힌 생선, 우유, 요구르트 등은 기호성이 높아 고양이가 좋아한다. 고양이가 락토오스 불내성(보통 설사)을 보인다면 소량만 먹이고 가급적 유제품 급여는 피한다.
- 육류만 급여하지 않는다.
- 간식은 고양이가 하루에 먹는 총 음식의 20%를 초과해서는 안 된다.
- 비타민 결핍과 전염병 위험이 있으므로 조리하지 않은 고기와 날생선은 주지 않는다.
- 고양이가 균형잡힌 음식을 먹고 있다면 비타민과 미네랄 보조제는 필요하지 않다.

- 고양이는 식습관이 매우 섬세하다. 밥그릇의 위치, 주변의 소음, 다른 동물의 유무, 어떤 위협이나 주위의 산만함 등은 먹으려는 욕구에 좋지 않은 영향을 준다. 비행기를 탔던 고양이는 일주일 내내 음식을 먹지 않기도 한다(이런 경우 위험할 수 있다).
- 고양이는 실온 정도의 음식을 좋아한다.
- 많은 고양이는 밥그릇을 화장실 주위에 놓으면 잘 먹지 않으려 한다.
- 물은 고양이에게 아주 중요한 영양소다. 항상 신선한 물을 충분히 먹을 수 있도록 한다. 캔사료는 다른 음식에 비해 수분 섭취에 도움이 된다.

19장
종양과 암

종양은 모든 종류의 혹, 덩어리, 종기, 부종 등으로 농양부터 암까지 모두 포함한다. 실제로 혹이 생긴 것은 신생물이라고 한다. 양성 신생물은 천천히 자라고, 막으로 싸여 있으며, 주변 조직을 침습하거나 파괴하지 않으며, 다른 부위로 전이되지도 않는다. 일반적으로 생명을 위협하지는 않지만 암이라 부르는 경우도 있다. 종종 종양을 수술로 제거해 치료한다.

악성 신생물은 흔히 암(세포형에 따라 암종, 림프종, 육종이라고도 부른다)이라고 한다. 암은 급속히 커지는 경향이 있으며, 보통 막에 싸여 있지도 않고, 주변 조직을 침습하고 파괴한다. 신체 표면에 생긴 경우 궤양과 출혈이 발생하는 경우가 많다. 또 암은 혈류나 림프계를 통해 다른 부위의 신체 장기로 퍼지기도 한다(전이).

고양이의 암

고양이는 개와 가축에 비해 암 발생률이 높다. 고양이에게서 암은 대부분 중년 이상 나이의 개체에서 발생한다. 다만 림프종은 예외적으로 젊은 고양이에게 가장 많이 발생한다. 피부종양이나 유선종양을 제외한 다른 종류의 암은 대부분 외견상으로는 드러나지 않는다. 종종 검사나 촉진을 통해 신생물을 발견하기도 한다.

고양이의 높은 암 발생률은 백혈병 바이러스와 면역결핍증 바이러스의 감염과 어느 정도 관련이 있는 것으로 보인다. 주요 발병 부위는 림프절(림프종), 순환하는 혈액세포(백혈병)지만 고양이 몸의 모든 장기나 조직에 발생할 수 있다. 아마도 고양이 내부 장기에 발생하는 암의 절반은 백혈병 바이러스와 관계 있는 것으로 보이며, 대다수는 림프종이다. 이외에도 빈혈, 고양이 전염성 복막염, 사구체신염, 척수암, 톡스플라스마 감염 등의 중증 질환과도 관계가 있다. 고양이 백혈병 바이러스와 관련된 면역의 억압 수준은 의심의 여지 없이 이런 중증 질환의 발병률을 높이는 데 일조한다.

고양이는 피부종양의 발병이 흔하지만 대다수는 악성이 아니다. 그러나 피부암의 발생률은 전체 고양이 암의 25%를 차지할 정도로 높다. 피부암 다음은 유방암으로 17% 정도를 차지한다.

암은 세포가 장기 특이적인 고유 성질을 잃어버리고 변이되어 급격히 분열하고 조직을 생장시키는 상태다. 예를 들어 고양이 신장의 암조직을 생검하여 현미경검사를 했더니 정상 신장조직과 아주 약간만 비슷한 것을 확인할 수 있었다. 이 신장의 종괴는 신장조직처럼 기능하지 못하고, 소변을 만들어 내도록 돕지도 못한다. 암을 치료하지 않고 방치하면 지속적으로 몸의 다른 부위로 전이되는 동시에 신장도 암조직으로 대체된다. 시간이 지남에 따라 여러 문제가 발생하고, 고양이는 죽음에 이르게 된다.

암은 단계나 병기를 악성 정도에 따라 나눈다. 낮은 단계의 암은 국소 부위에서 계속 자라나 크기가 커지고 나중에는 다른 장기로 전이된다. 높은 단계의 암은 주요 암종의 크기가 아주 작거나 겨우 찾아낼 수 있는 정도임에도 조기에 전이된다.

구강의 신생물은 전체 고양이 암의 10% 가까이 차지하는데 거의 모두 악성이다(편평세포암종). 침을 흘리고, 음식을 먹기 어려워하고, 혀나 잇몸의 덩어리나 궤양 형태의 신생물이 생기는 증상을 보인다. 구강암은 이물이 박히거나 혀에 감긴 실로 인해 생긴 감염성 종괴와 구분해야 한다.

소화기와 암컷의 생식기에도 암이 발생한다. 이런 암은 발견되기 전에 이미 크게 자라나 보통 종괴가 촉진되거나 소화관을 폐쇄하는 증상을 보인다. 이런 암은 내부 장기의 이상 증상을 의심해 봄으로써 조기 발견할 수 있다. 고양이가 먹거나 소화시키는 데 어려움을 호소하거나 특별한 이유 없이 변비, 혈변과 같은 장의 이상을 보이는 경우 암 가능성을 고려한다. 암컷 생식기의 암은 거의 증상이 없다. 질 분비물과 출혈이 있는지 잘 살펴본다.

원발성 폐암(폐에서 시작된 암)은 고양이에게는 드물다. 사실상 고양이의 모든 원발성 폐암은 2차 흡연(간접흡연)과 관계가 있다. 그러나 폐는 전이가 잘 일어나는 부위기도 하고, 간도 이런 점에서 비슷하다.

골암도 고양이에게는 흔하지 않다(전체 암의 3%). 가장 먼저 나타나는 증상은 다리의 부종이나 특별히 다친 일이 없는데 다리를 저는 것이다. 부종 부위를 눌러보면 다양한 정도의 통증을 호소한다. 골암은 조기에 폐로 전이된다.

골수는 골수증식성 장애라고 부르는 질병군과 관련되었을 수 있다. 골수가 적혈구나 백혈구를 생산하지 못하거나 지나치게 많은 양을 생산하는 것이다. 이런 질환은 드물며 발견하기도 쉽지 않다. 골수 생체검사를 통해 진단할 수 있으며 고양이 백혈병 바이러스 감염과 연관되었을 수 있다.

내부 장기에 발생하는 일반적인 종양의 임상 증상은 각 장기를 다루는 장에서 자세히 설명하고 있다.

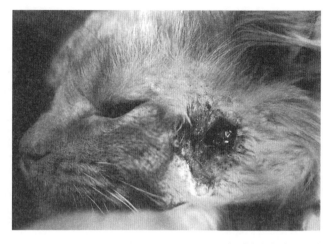

이 궤양성 종양은 농양이거나 신생물일 것이다.

고양이 암에 관한 몇 가지 사실

- 10살 이상 고양이의 32%는 암과 관련된 문제로 죽는다.
- 고양이 암의 25%는 피부암이고, 그중 50~65%는 악성이다.
- 암컷 고양이 100,000마리당 25마리 정도가 유방암에 걸린다. 모든 고양이 암의 17%는 유선과 관련이 있다.
- 고양이 림프종은 100,000마리당 200마리에서 발생하는데 고양이 백혈병 바이러스 양성인 고양이가 60%를 차지할 만큼 고위험군이다.
- 구강의 종양은 전체의 약 10%를 차지한다.
- 백신접종과 관련된 육종은 1,000~10,000마리당 한 마리에서 발생한다.

이런 사실을 살펴보면 52%, 즉 모든 고양이 암의 절반 이상이 피부, 유선, 구강과 같이 외견상 발견 가능한 부위에서 발생함을 알 수 있다. 집에서 검사를 자주 한다면 암을 조기에 진단하는 데 도움이 된다.

무엇이 암을 유발할까?

암은 유전적인 요소와 환경적인 요소의 영향을 모두 받는다. 염색체의 특정 위치에서 발현되는 일부 유전자는 정상세포를 암세포로 변하게 만든다. 또 다른 유전자는 이 지점에서의 암 유전자를 억제한다. 또 다른 유전자는 암세포를 억제하는 유전자를 방해한다. 일생 동안 일부 유전자는 나이를 먹음에 따라 변화한다. 암은 다양한 요소로부터 영향을 받는데, 많은 유전자와 염색체가 유전적·환경적으로 영향을 받아 광범위하고 예측 불가능한 상호작용을 일으켜 발생한다. 고양이가 오래 살면 살수록 암에 걸릴 확률도 높아진다.

발암물질은 노출 기간과 강도에 따라 암 발생률을 높이는 환경적인 영향인자다. 발암물질은 조직세포에 접근해 유전자와 염색체를 변화시키고, 세포 성장과 조직의 복구를 조절하는 정상적인 관리체계를 무너뜨린다. 예를 들어 사람에게 영향을 끼치는 발암물질로는 자외선(피부암), 방사선(갑상선암), 핵방사선(백혈병), 화학물질(아닐린 염료는 방광암을 유발), 담배와 콜타르(폐암과 피부암), 바이러스(AIDS 환자의 육종), 기생충(방광암) 등이 있다.

고양이 백혈병 바이러스는 여러 종류의 암을 유발한다. 간접 흡연도 고양이의 원발성 폐암 발생률을 높인다. 일부 살충제는 개에게 방광암 발생을 높인다. 일부 백신에 들어 있는 항원 보강제는 섬유육종 발생과 관련 있는 것으로 알려져 있다.

가끔 이전에 생긴 조직의 손상이나 충격이 암의 원인이 되기도 한다. 외상은 양성부종을 유발할 수 있는데 드물게 암의 원인이 된다. 간혹 유선에 상처를 입어 진찰하는 과정에서 유선종양을 우연히 발견하기도 한다.

사마귀와 유두종 같은 일부 양성종양은 원인이 명확한 바이러스에 의해 발생한다. 반면에 지방종과 같은 양성종양은 발생 이유가 명확하지 않다.

암의 진단

명확하게 암이 의심되는 고양이에게 가장 먼저 해야 할 것은 고양이 백혈병 바이러스와 고양이 면역결핍증 바이러스 검사다. 면역을 억압하는 바이러스와 관련이 있는 암은 치료에 좋은 반응을 보일 수 있다. 일부 종양에서는 혈액검사상 칼슘 수치 상승이 관찰될 수 있다. 소변검사를 통해 단백질 유출을 확인할 수도 있다. 이런 검사들은 비교적 간편하고 마취도 필요하지 않으며 대부분의 동물병원에서 검사가 가능하다.

그다음 단계는 엑스레이검사다. 엑스레이검사로 뼈의 변화나 암의 전이 여부를 확인할 수 있다. 초음파검사도 연부 조직 신생물을 확인하는 데 도움이 된다. MRI(자기공명영상)와 CT(컴퓨터단층촬영) 검사는 대형병원에서 검사할 수 있는 영상진단법이다.

세침흡인검사나 생검으로 종양 분석을 위한 시료를 채취한다. 이런 검사는 암을 확인할 수 있을 뿐만 아니라 진행 단계 및 예후를 평가하는 데도 도움이 된다. 일단 암의 종류를 확인하고 나면 치료계획을 세울 수 있다. 향후 유전자 표지*를 이용해 암을 유발하는 유전자를 알아낼 수 있을 거라는 기대도 있다.

암 진단이 이루어지는 과정은 다음과 같다. 암컷 고양이의 가슴에 덩어리가 만져진

*유전자 표지genetic marker 유전적 해석에 지표가 되는 특정 DNA 영역 또는 유전자.

다고 가정해 보자. 덩어리가 단단하므로 아마도 신생물일 것이며, 악성일 수도 양성일 수도 있다. 종괴의 생검을 실시하기로 결정한다. 수술을 통해, 종괴나 종괴의 한 부위를 채취하여 수의병리학자(현미경으로 조직을 검사하여 진단하는 고도로 숙련된 수의사)에게 보낸다. 수의병리학자는 종양이 암이라고 알려주고, 악성 정도에 관한 추가적인 정보를 제공한다. 수의병리학자의 보고서는 가장 적합한 치료법을 결정하는 데 도움이 된다. 이 보고서는 이런 종류의 암에 대한 정보, 예후, 치료에 앞서 필요한 추가 검사 등의 내용도 포함하고 있다.

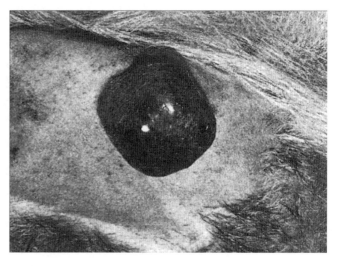

생검을 통해서만 피부종양이 양성인지 아닌지를 판별할 수 있다.

종양과 암의 치료

현재 이용 가능한 암 치료방법에 대해서는 523쪽 표에 요약되어 있다. 모든 치료방법의 효과는 조기 진단 여부에 달려 있다. 초기 단계의 암은 말기의 암보다 치료율이 높다. 이는 모든 암에 해당된다.

전이가 되지 않았다면 가장 최선의 방법은 외과적으로 암을 제거하는 것이다. 재발을 막기 위해 주변의 정상조직까지 제거해야 한다. 처음에 종양을 제거할 때 주변 정상조직을 충분히 잘라내는 것이 암을 관리하는 데 가장 중요한 요소가 될 수 있다. 불완전하게 잘라내 암이 국소적으로 재발되는 경우 종종 치료 기회를 놓치게 된다. 이것이 외과의가 '깔끔한 수술'을 강조하는 이유다. 절제 부위 가장자리에서 암세포가 발견되지 않아야 한다.

국소 림프절에만 전이된 암은 종양과 함께 전이된 림프절을 잘라냄으로써 치료할 수 있다. 심지어 암이 넓게 퍼진 경우에도 출혈이나 감염이 발생한 종괴 혹은 물리적으로 정상 기능을 방해하는 커다란 종양을 한 개 제거하는 것으로도 증상을 경감시키거나 일시적으로 삶의 질을 향상시킬 수 있다.

전기소작법과 냉동수술법은 체표의 종양을 제거할 수 있는 기법이다. 전기소작법은 전기를 이용하여 종양을 태워 버리는 것이고, 냉동수술법은 종양을 얼려 제거하는 국내에서도 방사선요법을 받을 수 있다. 치료비가 고가고 경험이 축적되지 않은 면도 있으나 일부 대안이 없는 증례에서 좋은 결과가 보고 되고 있다._옮긴이 주

것이다. 이런 방법은 수술을 대신해 선택할 수 있는 방법으로 양성종양에 적합하다. 레이저나 고열요법을 이용한 최신기술을 사용하기도 한다.

방사선요법은 일부 체표 종양과 심부에 위치해 외과적으로 제거할 수 없는 종양 관리에 유용한데, 치료도 가능할 수 있다. 방사선요법의 단점은 특수한 장비가 필요하므로 종합병원에서만 시술이 가능하다는 점이다. 방사선요법은 통증 경감 목적으로도 사용할 수 있다(특히 골육종과 같이 통증이 아주 심한 암).

화학요법은 일정한 처방 간격을 두고 항암제를 투여하는 방법이다. 이런 약물은 철저하게 관리를 해도 주요한 부작용이 뒤따른다. 그러나 일부 넓게 퍼진 암을 관리하는 데 유용하다. 새로운 화학요법의 발달로 부작용이 감소하고 성공률도 높아지고 있다. 사람의 화학요법은 치료를 목표로 실시되지만, 고양이는 질병을 조절하고 증상을 완화시킬 목적으로 사용된다. 일반적으로 저용량으로 사용하며, 많은 고양이가 사람처럼 심각한 부작용을 겪지 않는다.

광역동요법은 특정한 파장에 민감도를 가진 특수한 화학요법제를 이용한다. 이 물질을 유인물질과 함께 암세포로 주입한다. 그리고 적외선 파장의 레이저를 이용한 빛을 암 부위에 조사한다.

호르몬요법은 일부 종양의 관리에 좋은 효과를 보인다.

면역요법은 두 종류의 물질을 이용한다. 하나는 인터페론과 같이 면역계 전체에 작용하는 일반적인 면역 자극제를 이용하는 것이고, 다른 하나는 특수한 암백신(암에 대항하는 면역작용을 자극하기 위해 고양이 자신의 암세포를 이용해 만든 백신)을 이용하는 것이다.

수술 이후 방사선요법이나 화학요법을 실시하는 병용요법은 종종 수술 단독 요법보다 더 좋은 효과를 보인다. 병용치료 시에는 특정 암에 대해 효과적으로 알려진 요법만 고려하는 게 좋다.

항암작용이 있는 치료 보조제가 많이 유통되고 있다. 타히보, 마에다케어, 베타글루칸, 후코이단 등의 제품은 항암효과에 관한 논문이 보고되고 있다. 항암작용 이외에도 암 환자의 식욕이나 활력개선 효과 등을 기대할 수 있어 수의사와 상담 후 복용을 고려할 수 있다._옮긴이 주

최근에는 통증관리와 영양관리도 암치료에 있어 중요하게 부각되고 있다. 영양학적으로 암에 걸린 세포는 탄수화물에서 잘 생장하고 지방에서는 잘 생장하지 못한다. 아미노산인 아르기닌을 첨가해 주면 도움이 되듯, 오메가-3 지방산을 식단에 첨가하면 도움이 된다. 이런 연구는 주로 개를 대상으로 이루어져 있으나, 고양이에게도 적용 가능하다. 추가로 항산화제를 사용하는 문제도 논의되고 있다. 일부 수의사는 항산화제가 절대적으로 도움이 된다고 보는 반면, 다른 이들은 과량의 항산화제는 화학요법 약물의 작용을 방해한다고 본다.

암의 치료

수술	수술로 암을 완벽히 제거하거나 작게 만들면 화학요법과 방사선요법을 보다 효과적으로 적용할 수 있다. 마취, 출혈, 수술 후 통증 등의 위험이 있다. 일부 암은 조기에 치료하면 치료 가능하다.
화학요법	화학요법은 약물을 이용해 정상세포에 최소한의 손상을 주면서 암세포를 죽인다. 메스꺼움, 면역력 저하, 출혈 등의 부작용이 있다. 고양이는 일반적으로 심한 탈모와 같은 부작용은 없다. 모든 암에 화학요법을 적용할 수 있는 것은 아니다.
방사선요법	방사선요법은 특수하게 조정된 엑스레이를 이용해 정상세포에 최소한의 손상을 주면서 암세포를 죽인다. 조직 붕괴, 면역력 저하, 정상세포 손상 등의 부작용이 있다. 마취가 필요하며, 종합병원에서만 시술이 가능하다. 모든 암에 방사선요법을 적용할 수 있는 것은 아니며 암의 위치에 따라 시술이 불가능할 수도 있다.
냉동요법	냉동요법은 암에 걸린 조직을 얼려서 제거한다. 목표는 주변 정상조직의 손상을 최소화하며 암을 파괴하는 것이다. 모든 암에 냉동요법을 적용할 수 있는 것은 아니며, 암의 위치에 따라 시술이 불가능할 수도 있다.
고열요법	고열요법은 열이나 방사선을 이용하여 고온으로 암에 걸린 조직을 파괴한다. 목표는 주변 정상조직의 손상을 최소화하며 암을 파괴하는 것이다. 종합병원에서만 시술이 가능하다. 모든 암에 고열요법을 적용할 수 있는 것은 아니며, 암의 위치에 따라 시술이 불가능할 수도 있다.
식이요법	식이요법은 암을 관리하는 데 도움이 되는 것으로 밝혀져 있다. 식단의 목표는 단당류를 제한하고 탄수화물과 같은 복합당과 소화율이 높은 단백질을 적당량 포함하고, 특정 형태의 지방을 포함시키는 것이다. 이 식이지침은 암세포는 '굶기고' 정상세포를 건강하게 유지하도록 한다.
면역요법	면역요법은 면역반응을 이용해 암세포와 싸운다. 이 방법은 인터페론과 같은 비특정 면역 조절자를 이용하거나 개체의 암에 대해 특별히 제조한 백신을 이용한다. 아직 실험적인 단계지만 매우 좋은 결과를 보이고 있다.

치료법 찾기

고양이가 암에 걸린다면 암을 전문적으로 다루는 큰 병원에 가서 진료를 받는 게 좋다. 대부분의 수의과대학과 종합병원에는 수의종양 전문의가 있다. 수의사는 치료를 제안하고, 반려묘의 주치의와 화학요법 처방에 대해 논의한다.

대부분의 종합병원은 연구사업도 수행하고 있어 임상실험을 위해 특정 질환에 걸린 환자를 찾기도 한다. 암 연구에 참여함으로써 비용적으로 도움을 받을 수 있으며, 가장 최신기술을 접할 기회를 얻을 수도 있다. 훗날 다른 고양이의 암치료에 도움이 될 수 있다.

일반적인 체표면의 종양

고양이에게 있어 체표면의 종양은 흔하다. 종종 외형만으로는 양성인지 악성인지 판단하는 게 불가능하고, 유일하게 확진할 수 있는 방법은 채취한 조직이나 세포를 수의병리학자가 현미경으로 검사하여 진단하는 조직생검이다.

작은 종양은 시료 전체를 병리학자에게 보내는 게 가장 좋다. 지름이 2.5cm 이상으로 큰 종양이라면 수의사는 세침흡인을 통해 종양의 조직 일부를 채취할 수 있다. 세침흡인검사는 종양 내로 주사기에 연결된 주사침을 삽입한 다음 주사기를 당겨 세포를 채취하는 방법이다. 대체적인 방법으로 수의사는 절단침을 이용해 중심부 시료를 채취할 수도 있다. 육종이 의심되거나 병리학자의 진단이 요구되는 종양은 절개가 필요한 수술적인 조직생검을 선호한다.

표피낭종(피지낭종)epidermal inclusion cyst(sebaceous cyst)

머리 옆에 생긴 피지낭종.

표피낭종은 피지낭종이라고도 불리는 양성종양으로 피부 아래 선조직에서 발생하며 몸 어디에서든 발생할 수 있다. 개처럼 흔하진 않지만, 고양이에게도 흔한 체표종양이다.

피지낭종은 치즈처럼 보이는 피지로 이루어진 덩어리를 두꺼운 막이 둘러싼 형태로 대략 2~3cm 이상 커지기도 한다. 감염되면 내용물이 흘러나오기 쉬우며 이런 과정을 통해 때때로 저절로 치료가 되기도 한다.

치료 : 낭종은 대부분 제거해야 한다. 종종 전기소작법이나 냉동수술법으로 제거한다. 최소한 진정이나 국소마취가 필요하며 대부분은 전신마취를 해야 한다.

사마귀와 유두종wart and papilloma

사람과 달리 고양이에게는 흔치 않다. 노령 고양이의 피부에 발생한다. 줄기 모양으로 자라기도 하고, 피부에 껌 조각이 달라붙은 것처럼 보이기도 한다.

치료 : 자극을 유발하거나 출혈이 발생하면 제거한다. 일반적으로 건강을 위협하진 않는다.

지방종lipoma

지방종은 성숙한 지방세포로 이루어진 종양으로 섬유성 막으로 싸여서 체내 피하지방과 분리되어 있다. 둥글고 부드러우며, 모양이 매끈하고, 굳기는 지방과 비슷하다. 지방종은 서서히 자라 지름이 몇 센티미터에 이르기도 한다. 고양이에게는 흔치 않으며 통증도 없다.

치료 : 미용상의 이유 혹은 악성종양과의 감별을 위해 수술로 제거한다.

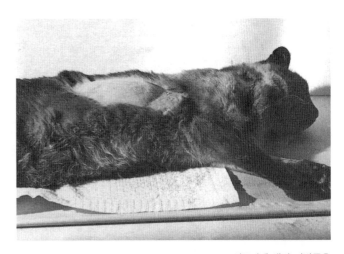

옆구리에 생긴 지방종을 확인하기 위해 털을 민 모습.

혈종hematoma

혈종은 피하에 피가 축적된 것으로 외상이나 타박상에 의해 발생한다. 혈종이 발생한 부위는 붓고 통증이 조금 있으며 보통 붉거나 보랏빛으로 변색된다.

치료 : 작은 혈종은 저절로 없어진다. 큰 혈종은 절개하여 배액해야 할 수도 있다. 이개혈종(귓바퀴에 가해진 반복적인 자극에 의해 안쪽으로 혈액이 축적되어 귀가 부풀어 오르는 이른바 '만두귀')의 경우 특별한 관리가 필요하다(222쪽, 귓바퀴 부종 참조).

멍울tender knot

작은 뭉침은 주사를 맞은 부위에 생길 수 있는데 예방접종을 맞은 새끼 고양이에게 며칠간 관찰되기도 한다. 대부분 특별한 치료가 필요 없다. 만약 주사를 맞은 부위가 단단한 상태로 지속되거나 심해지면 즉시 수의사의 진료를 받는다. 백신접종에 의한 고양이 육종일 수 있다(532쪽 참조).

피부 아래가 붓고 통증이 있다면 농양일 수 있다. 보통 누르면 옆으로 움직이기도 하며 만졌을 때 따뜻한 느낌이 든다. 농양에 대해서는 180쪽에서 다루고 있다.

일반적인 피부종양

여러 형태의 피부종양이 발생할 수 있는데 암과 양성종양을 구분하는 것이 중요하다. 암이 의심되는 신생물은 눈에 띄게 커지거나 출혈을 동반하는 피부의 궤양, 잘 낫지 않는 상처 같은 특징이 있다. 그러나 겉으로 보이는 외양만으로는 판단할 수 없다. 진단을 위해 외과적인 절제나 조직생검이 필요하다. 다음은 고양이에게 가장 흔히 발생하는 악성 피부종양이다.

바닥세포암종basal cell carcinoma

고양이에게 가장 흔한 피부암이다. 노묘에서 서서히 자라는 경향이 있는데 주로 머리 부위에 한 개의 신생물이 자라난다. 바닥세포암종은 피부 바로 아래 작은 결절의 형태로 생기는데 종종 주변에 여러 개가 생겨 단단한 판 형태의 덩어리처럼 느껴진다. 등이나 가슴 위쪽에 발생하기도 한다. 바닥세포종은 국소적으로 크기가 커져 직접적으로 번져 나간다. 일반적으로 전이되지는 않는다.

샴과 장모종 고양이에게 흔히 발생하며 드물게 악성종양으로 변한다. 주로 페르시안고양이에게 발생하므로 페르시안고양이의 머리에 혹이 관찰된다면 당장 검사를 받는다.

치료 : 외과적으로 넓게 절제하여 재발을 막는다.

편평세포암종squamous cell carcinoma

표피암이라고도 부르는 종양이다. 콜리플라워 모양을 하거나 단단하고 편평한, 회색빛 궤양의 형태다. 잘 낫지 않고, 크기는 다양하다. 이 암종은 신체의 개구부 주변과 피부자극을 만성적으로 받은 부위에 발생하는 경향이 있다. 지속적으로 핥아 주변 털이 빠질 것이다.

무통성 궤양(181쪽, 호산구성 육아종 복합체 참조)을 앓는 고양이의 윗입술과 아랫입술에서도 독특한 형태의 편평세포암종이 발생할 수 있다. 흰 털 고양이의 경우 자외선에 노출되는 귀끝과 코에서도 발생할 수 있다.

구강 편평세포암종은 노묘에서 많이 발생하는데 주로 혀 아래쪽에 많이 생긴다. 그루밍을 하는 동안 고양이가 입 주변 조직에 생긴 암종을 핥아 없애기도 한다. 고양이는 이가 흔들리거나, 밥그릇 앞에 다가가기는 하지만 정작 물과 음식을 먹지는 않는 모습을 보인다. 침흘림과 구취도 흔하다. 이 암은 간접 흡연, 일부는 캔사료의 급여나 벼룩 구제용 목걸이의 사용 등과도 관련이 있다.

치료 : 편평세포암종은 조기에 발견해 치료하는 것이 중요하다. 이 종양은 다른 장기로의 전이가 가능하다. 치료는 수술적인 방법과 방사선요법, 화학요법 등을 결합하여 실시한다.

비만세포종mast cell tumor

비만세포종은 하나 혹은 여러 개가 발생하는데 크기가 보통 2.5cm 이하다. 종양을 덮고 있는 피부에 궤양이 발생하기도 한다. 뒷다리, 음낭, 하복부 등에 발생하며 약 1/3은 악성이다. 종양이 급속히 자라나고 크기가 2.5cm 이상이라면 악성일 가능성이 더 높다. 악성 비만세포종은 다른 장기로 전이될 수 있다.

고양이 비만세포종이 잘 발생하는 또 다른 부위는 비장이다. 비장의 종대가 촉진되며 구토 등의 증상을 호소한다. 이런 경우 수술을 추천한다.

치료 : 종양의 크기를 일시적으로 줄이기 위해 코르티손을 투여할 수 있다. 수술을 통해 광범위하게 절제하는 치료를 추천한다. 샴고양이는 특히 이 암에 걸리기 쉽다.

흑색종melanoma

흑색종은 악성종양으로 이름처럼 종양에서 갈색이나 검은색 색소가 관찰된다. 색소 유전자가 결핍되어 있는 일부 흑색종은 무색소성 흑색종이라고 부른다.

어떤 흑색종은 이전에 있던 점에서 발생한다. 점이 커지거나 퍼지는 경우, 피부 표면에서 융기되는 경우, 출혈이 발생하는 경우 흑색종을 의심할 수 있다. 흑색종은 피부 어디서든 발생하며 입에서도 발생할 수 있다.

치료 : 의심되는 피부의 모든 점을 제거한다. 흑색종은 종종 초기에도 광범위하게 전이된다.

포도막흑색종uveal melanoma

이 종양은 노묘의 눈에서 천천히 자라나는 악성종양으로, 고양이의 눈에서 가장 많이 발생하는 종양이다. 눈에 있는 색소가 변화하고 발적이나 통증이 있을 수 있다. 보통 한쪽 눈에만 발생한다. 간혹 주황색 털을 가진 노묘는 홍채의 색소가 변하기 쉬운데, 이는 병적인 변화는 아니다. 수의사에게 눈 검진을 받는다.

초음파검사, MRI 검사, CT 검사 등은 암종이 눈 주변으로 전이되는 것을 진단하는 데 도움이 된다.

치료 : 가장 좋은 방법은 초기에 발견하여 전이되기 전에 안구를 적출하는 것이다. 그러나 발견되기 전에 전이된 경우가 대부분이다. 예후는 좋지 않으나 화학요법과 방사선요법으로 삶의 질을 향상시키고 연장시킬 수 있다. 페르시안종은 이 암에 걸리기 쉽다.

유선의 부종 및 종양

고양이는 정상적으로 네 쌍의 유선을 가지고 있다. 위쪽 두 쌍의 유선은 공통의 림프관을 가지고 있어 액와(겨드랑이) 림프절로 연결된다. 아래쪽 두 쌍의 유선도 공통의 림프관을 가지고 있어 서혜(사타구니) 림프절로 연결된다. 유선에 감염이나 종양이 발생하면 해당 림프절이 확장될 수 있다.

유선증식mammary hyperplasia

젊은 고양이에게 가장 흔히 관찰되는데 중성화수술을 하지 않은 고양이가 첫 발정이 오고 1~2주가 지나면 하나 혹은 그 이상의 유선이 커질 수 있다. 유선증식 또는 유선비대라고 부르는 이 상태는 프로게스테론의 농도가 높아져 발생한다(415쪽, **발정주기 동안의 호르몬 변화 참조**). 임신한 고양이도 임신 첫 2주 동안 유선증식을 경험하기도 한다. 임신한 고양이는 유선증식과 유선염, 유선종양을 구분해야 한다. 이런 증상은 다른 질병을 치료하기 위해 프로게스테론을 투여한 이미 중성화한 암컷이나 수컷 고양이에게 발생할 수 있는데 치료 후 2~6주경에 나타난다.

유선확장에 의한 통증은 있을 수도, 없을 수도 있다. 심한 경우 유선의 크기가 급격히 커지면서 검붉은색으로 변색, 열감, 통증, 유선 피부의 궤양 등이 나타난다. 뒷다리가 부을 수도 있다.

유선증식의 심각한 합병증 중 하나는 유선의 정맥에 혈액이 응고되어 혈전이 발생하는 것으로 흔치는 않다. 응고 과정은 점점 중심부로 확장되는데 혈전이 폐로 이동하면 고양이는 폐 혈전색전증으로 급사할 수 있다. 2차 감염은 패혈성 쇼크로 이어질 수 있다.

수유묘의 유선이 부풀어 오르고 통증을 나타내는 증상에 대해서는 **출산 후의 문제**(451쪽 참조)에서 다루고 있다.

치료 : 유선증식의 가장 좋은 치료법은 중성화수술이다. 임신이나 프로게스테론 치료에 의한 경우라면 분만을 하거나 프로게스테론 치료를 중단하면 나아진다. 임신하지 않았고 첫 발정을 경험하지 않았는데 유선의 부종이나 확장이 있는 경우, 혹은 프로게스테론의 공급이 중단된 이후에도 증상이 사라지지 않는 경우에는 조직생검을 하는 것이 바람직하다.

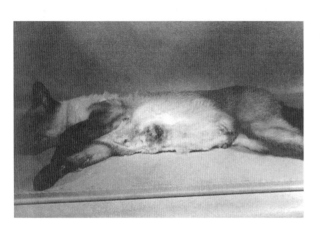

새로운 약물인 어글레프리스톤(aglepristone)은 프로게스테론 차단제로 호르몬 자극을 감소시킨다. 실험을 통해 좋은 결과를 얻었으나 아직 승인을 받지 못했다. 향후 사용이 가능할 수 있다.

심각한 유선증식으로 피부에 궤양이 발생한 고양이. 고농도의 프로게스테론으로 인해 유선이 부어올랐다.

유선종양breast tumor

유선종양은 중성화수술을 하지 않은 고양이에게 자주 발생하는데 80%가 악성이고 (선암종) 나머지는 양성 선종이다. 유선종양은 세 번째로 많이 발생하는 암으로 대부분의 환자는 6살 이상의 중성화수술을 하지 않은 암컷 고양이다. 삼색 고양이만큼 샴 고양이도 유선종양 발생률이 높다. 유선종양은 중성화수술을 한 고양이에게는 흔치 않으며 특히 첫 발정이 오기 전에 수술한 경우에는 더 드물다. 조기 중성화수술은 유선종양 발병률을 7배가량 낮춘다.

고양이 유선종양은 급속히 진행되는 종양으로 치료 후에도 국소적으로 재발률이 높다. 광범위하게 전파되는 경향이 있어 국소 림프절은 물론 폐에도 전이된다. 전형적인 증상은 유선에 통증이 없는 단단한 결절상의 종괴가 생기는 것으로 첫 번째와 네 번째 유선에서 가장 많이 생긴다. 종양이 진행됨에 따라 피부궤양도 발생한다. 근치수술*에 앞서 폐의 전이를 확인하기 위해 흉부 엑스레이검사를 한다.

프로게스테론 치료도 암을 포함한 유선종양의 발생률을 높일 수 있다. 피부나 행동학적 문제를 치료하기 위한 목적의 프로게스테론 사용을 자제한다.

치료 : 모든 유선종양은 외과적으로 절제해 치료할 수 있다. 모든 암조직을 확실히 제거하기 위해 광범위한 절제를 통해 근본적 치료를 시도한다. 수술 후에도 국소적인 재발을 조기에 발견하기 위한 밀착관리가 추천된다. 화학요법으로 삶의 질을 향상시킬 수도 있다. 2차 감염이 흔하므로 대부분의 고양이는 수술 후 항생제 처치가 필요하다. 수술의 성공 여부는 수술 당시의 종양의 단계에 좌우된다. 조기에 발견하여 치료할 경우 결과가 좋다. 예후는 수술 당시 종양의 크기와 밀접한 관련이 있는데 크기가 작을수록 예후가 더 좋다. 때문에 중성화수술을 하지 않은 고양이는 3~4살이 되면 집에서 적어도 한 달에 한 번 유선검사를 한다. 의심스러운 유선의 부종이나 단단한 혹이 관찰되면 수의사와 상의한다.

* **근치수술** 완치를 위한 근본적인 수술.

1 급속히 자라나는 다결절성 종양은 고양이 유선종양의 전형적인 특징이다.

2 궤양형 유선종양의 형태.

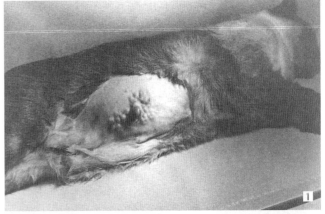

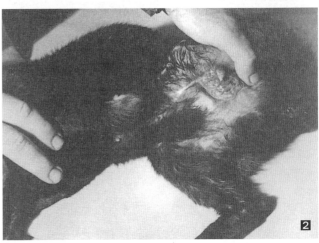

고양이 백혈병 바이러스 feline leukemia virus

고양이 백혈병 바이러스는 레트로바이러스(retrovirus)로 자신의 유전물질을 복사해 감염된 세포 내로 침투시키는 효소를 분비한다. 암은 아니지만, 직접적으로는 건강상의 문제를 다양하게 일으키며 간접적으로는 면역력을 저하시킨다. 또한 고양이 암의 가장 대표적인 원인이다. 고양이 백혈병 바이러스는 급성 비림프구성 백혈병과 급성 림프구성 백혈병, 이 두 종의 혈액암(백혈병)과 직접적으로 관련이 있다(105쪽, 고양이 백혈병 바이러스 참조).

고양이 백혈병 바이러스 검사상 양성을 나타내거나 고양이 백혈병 바이러스에 노출된 고양이가 전부 병에 걸리는 것은 아니다. 하지만 양성을 나타내는 고양이는 격리시키는 것이 좋고 노출 가능성이 있는 고양이는 모두 예방접종을 해야 한다.

이런 암을 진단하려면 상태 확인을 포함한 혈액검사가 필요하며, 확진을 위해서는 골수흡인검사*가 필요하다. 고양이는 활력이 없고, 잘 먹지 않으며, 열이 날 수 있다. 급성 림프구성 백혈병에 걸리면 림프절의 확장이 느껴진다.

치료 : 급성 림프구성 백혈병에 걸린 고양이는 코르티코스테로이드 제제와 면역증강제를 투여하면 일정기간 잘 지낼 수 있다. 급성 비림프구성 백혈병은 예후가 아주 좋지 않아 많은 고양이가 진단 후 2주 이내에 사망한다.

* **골수흡인검사** 골수 내의 조혈세포를 흡인하여 검사하는 방법.

림프종 feline lymphoma

림프종**은 고양이에게 발생하는 가장 흔한 암종 중 하나다. 일반적으로 수컷 고양이와 미국 북동부 지역의 고양이에게 발생률이 높은데, 아마도 고양이 백혈병 바이러스의 발생률과 관계가 있는 듯하다. 고양이 백혈병 바이러스 검사에서 양성을 보인 고양이는 림프종 발생률이 60배 높으며, 고양이 면역결핍증 바이러스 검사에서 양성을 보인 고양이는 림프종 발생률이 5배 높다. 두 가지 바이러스에 모두 양성을 보인 고양이는 발생률이 80배 더 높다. 이 바이러스들이 암 발생에 직접적인 영향을 미치는지 아니면 정상적인 면역성을 방해하여 발생하는지는 정확히 알려져 있지 않다.

림프종이 가장 흔히 발생하는 부위는 위장관, 척추, 흉강이다. 위장관 림프종은 세 가지 유형 중 가장 흔하며, 다른 두 가지에 비해 고양이 백혈병 바이러스와의 관련성은 낮다. 위장관형은 노묘에서 체중감소와 식욕감소 증상이 나타난다. 종양의 정확한 위치에 따라 구토나 설사를 하기도 한다. 위암은 구토를 유발하고, 장암은 설사를 유

** **림프종** 백혈구의 한 종류인 림프구로부터 발생하는 암.

발하기 쉽다. 샴고양이와 토종 고양이는
이런 유형의 림프종 발생률이 높다.

전종격 림프종(mediastinal lymphoma)
은 흉강 안의 림프절에서 발생한다. 고양
이 백혈병 바이러스 양성인 5살 미만의
고양이에게 많이 발생하는데 샴고양이
나 동양 품종 고양이에게 특히 더 흔하
다. 체액이 축적되고 호흡곤란을 야기하
며, 역류 증상과 식욕 감소가 나타난다.

척수 림프종은 3~4살의 수컷 고양이
에게 많이 발생하는데, 특히 고양이 백

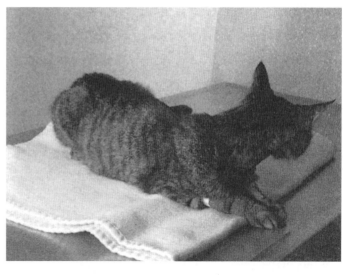

혈병 바이러스 양성인 경우 발병률이 더 높다. 뒷다리에 문제가 나타나는 증상으로
시작되는 경우가 많다.

림프종에 걸린 고양이.
털이 거칠고 외모가 수
척해지는데, 겉으로 드
러나는 유일한 증상이다.

림프종의 진단을 위해서는 보통 고양이 백혈병 바이러스와 고양이 면역결핍증 바
이러스 검사를 포함한 혈액검사, 전종격 종괴를 확인하는 데 도움이 되는 흉부 엑스
레이검사, 복부의 종양 확인에 도움이 되는 초음파검사 등이 필요하다. 척수의 종양은
조영을 통한 특수한 엑스레이검사나 뇌척수액검사를 해야 한다.

치료 : 정확한 발병 부위와 전이 여부에 따라 외과적 수술, 방사선요법, 화학요법 등
다양한 방법이 치료에 이용될 수 있다. 위장관에 하나의 결절만 발생한 경우 예후가
가장 좋고, 척수에 생긴 경우 예후가 가장 나쁘다.

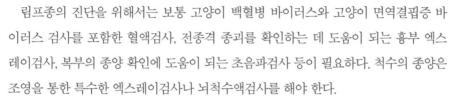

갑상선기능항진증(갑상선암)
hyperthyroidism(thyroid cancer)

고양이의 갑상선기능항진증은 거의 다 종양과 관련이 있는데 양성 선종(가장 흔함)
일 수도 있고 악성 선암종일 수도 있다. 노묘에서 많이 발생하고 갑상선호르몬 분비
를 증가시킨다. 간접 흡연도 발병요소가 될 수 있다. 히말라얀과 샴고양이는 발병 위
험이 낮은 편이다.

첫 번째 증상은 극적으로 관찰된다. 갑상선호르몬의 증가는 식욕을 증가시키는데
입맛이 까다롭던 고양이가 게걸스럽게 아무거나 먹으려고 달려들고 활동량도 증가한
다. 하루의 대부분을 창가에서 볕을 쬐던 조용한 노묘가 야생 고양이처럼 온 집 안을

날아다닌다. 체중감소, 구토, 헥헥거림이 관찰된다. 고개를 들었을 때 턱 아래 부위를 세심하게 만져보면 작은 혹을 발견할 수 있다. 갑상선종양은 한쪽에서만 발생하기도 하고, 양쪽에서 발생하기도 한다.

갑상선호르몬 농도가 실제로 상승하였는지 확인하기 위해 혈액검사가 중요하다. 대사율 증가로 신부전이 드러나지 않을 수 있으므로 신장 기능도 체크해야 한다. 대사율 증가로 인해 손상될 수 있는 장기인 심장의 전체적인 평가도 중요하다. 갑상선 기능항진증이 있는 고양이는 고혈압이 잘 발생한다.

치료 : 호르몬의 생산을 낮추는 경구용 약물 메티마졸(methimazole)로 치료를 시작한다. 매일 약을 먹여야 하는데 제약회사는 맛을 좋게 하거나 귀에 발라 피부에 흡수시키는 형태와 같이 투약이 용이한 제품을 만들기 위해 노력한다. 약물치료는 수술이나 방사성 요오드 요법 같은 더 확실한 치료에 앞서 수의사가 고양이의 신장과 심장 상태를 평가할 수 있게 한다.

수술은 암조직을 제거하는 또 다른 치료법이다. 칼슘대사를 조절하는 부갑상선을 손상시키거나 제거하지 않도록 주의해야 한다. 양측 갑상선을 모두 제거한다면 남은 생애 동안 갑상선 보조제가 필요하다.

국내에서도 방사성 요오드 치료가 가능해져 치료법의 선택이 다양해졌다._옮긴이 주

세 번째 방법은 방사성 요오드를 사용해 암세포를 파괴하는 것이다. 이 치료를 받은 고양이는 방사성 물질이 배변을 통해 배출되어 안전한 수준에 이를 때까지 7~25일 동안 의료센터에 머물러야 한다. 이 경우에도 남은 생애 동안 갑상선 보조제가 필요하다.

심장이나 신장 같은 장기에 손상을 주기 전에 일찍 발견한다면 치료가 매우 용이한 질병이다. 심장과 신장이 이미 손상되었다면 암을 제거한 이후에도 계속 치료를 받아야 한다. 드물게 단순한 선종이 아닌 선암종이 발생한 고양이는 진단 시점에 이미 전이가 된 상황일 수 있다. 이런 경우 예후는 아주 나쁘다.

백신접종에 의한 고양이 육종
vaccine-associated feline sarcoma

육종은 결합조직과 연부조직의 암으로, 고양이에게 육종은 새로운 형태의 암은 아니다. 1991년 수의사들은 주로 백신을 맞는 부위에서의 육종 발생률이 높다는 점에 주목하기 시작했다. 그 결과 백신접종과 육종 발생 사이의 연관성이 밝혀졌다. 고양이 백혈병 바이러스와 광견병 바이러스 백신이 다른 백신에 비해 보다 빈번하게 육종 발

생을 일으킨다. 피하주사와 근육주사 부위 모두 영향을 받으며 백신이 아닌 다른 주사에 의해서도 발생할 수 있다.

이런 종양 발생의 증가 양상은 변형 생독 광견병 백신에서 항원 보강제를 첨가한 사독 바이러스 백신으로 교체된 시기와 대략 일치한다. 비슷한 시기에 알루미늄-항원 보강제 고양이 백혈병 바이러스 백신이 출시되었다. 항원 보강제는 면역반응을 높이기 위해 백신에 첨가되는데 특히 사독백신에 많이 사용한다. 일반적으로 항원 보강제, 특히 알루미늄 항원 보강제가 주범으로 의심된다. 그러나 더 명확한 연구는 없다. 이런 백신이 백신접종 부위의 육종 형성에 관여하는 염증을 일으킨다고 생각되고는 있으나 정확한 연관성은 밝혀지지 않았다.

그럼에도 백신 제조업체는 항원 보강제를 사용하지 않고 백신접종 부위의 염증을 최소화시키는 재조합백신을 개발하고 있다. 다른 바이러스 질환에 사용되는 다수의 변형 생독백신도 일부는 항원 보강제가 첨가되어 있지 않다. 새로운 백신접종 가이드라인(128쪽 참조)은 고양이의 전 생애에 걸쳐 접종하는 백신의 숫자를 최소화하려는 시도를 보이고 있으며, 각각의 예방접종을 위한 부위도 추천하고 있다.

백신접종과 관련한 육종의 발생은 극히 드물다. 발생률도 1,000마리 중에 한 마리에서 10,000마리 중에 한 마리로 범위가 넓다. 이렇게 범위가 넓은 것은 특정 고양이의 혈통과 관련된 유전적 소인과 관계 있는 듯하다. 예를 들어 일부 지역은 발생률이 더 높다.

종양은 백신접종 후 몇 개월 후, 일부에서는 몇 년 뒤에 나타나기도 한다. 많은 고양이가 간혹 백신접종 후에 작은 혹이 생기지만 보통 한 달 이내에 사라진다. 만약 사라지지 않고 계속 남아 있다면 수의사의 진료를 받는다.

아직 알려지지 않는 부분이 많기 때문에 미국 고양이임상수의사회, 미국동물병원협회, 미국 수의사회, 수의암연구회 등이 공동으로 백신접종에 의한 고양이육종대책위원회를 설립했다. 이 문제의 정확한 원인을 규명하고, 효과적인 치료방법에 대해 연구하고 있다.

치료 : 공격적인 암으로 근육층 사이나 안쪽으로 전이되어 수술로 암세포를 확실히 제거하기에 아주 어려운 경우가 많다. 수술 전후에 방사선요법을 병행했을 때 치료결과가 가장 좋다. 그러나 이런 노력에도 불구하고 대부분 다시 재발한다.

20장
나이 든 고양이, 노묘

현재 반려묘의 평균 수명은 15년 정도지만 주변에서 18~20살 먹은 고양이를 보는 것은 그리 어려운 일이 아니다. 야생 고양이는 기대수명이 약 6년 정도로 짧다. 사고, 질병, 기생충, 열악한 음식, 환경적인 스트레스, 잦은 임신 등이 짧은 수명의 원인이다. 도시의 길고양이의 수명은 이보다 조금 더 길지만 마찬가지로 전염병, 사고, 싸움, 일부 사람들의 학대의 희생양이 된다. 영양가 있는 음식을 먹고, 예방관리가 잘 되고, 사고로부터 보호받는 반려묘는 최선의 삶을 살 수 있는 환경을 제공받는다.

고양이의 건강관리에 가장 중요한 점은 평생을 통한 꾸준한 관리다. 잘 관리받은 동물은 나이를 먹어도 덜 허약해진다. 반면 병에 걸려 아프거나 상처를 입었을 때 적절한 조치를 받지 못하면 노화는 빠르게 진행된다.

노묘를 돌볼 때의 체크 리스트

노묘의 관리는 노화를 막고, 신체적·정서적 스트레스를 최소화하며, 나이를 먹음에 따라 필요하고 특별한 조건을 만족시켜 주는 것이다. 7살 이상의 고양이는 적어도 1년에 한 번은 수의사의 검진을 받아야 한다(보통 1년에 두 번을 추천한다). 고양이의 건강 상태가 썩 좋지 않다면 동물병원을 보다 자주 방문해야 한다. 만약 어떤 증상이 나타난다면 바로 수의사를 찾는다.

정기적인 건강검진에는 신체검사, 혈액검사(혈구검사와 생화학검사), 분변검사, 소변검사가 포함된다. 검사결과에 따라 특수한 간기능 및 신장 기능 검사, 흉부 엑스레이 검사, 심전도검사 등이 추가된다. 일부 동물병원에서는 노묘의 검사항목에 혈압검사를 포함시키기도 한다. T4와 같은 갑상선호르몬 수치도 노묘에게 중요하다.

노묘에게 신장 질환은 비교적 흔한 질병이다. 최근에는 미세단백뇨검사나 SDMA 검사 등을 통해 신장의 문제를 조기에 진단하고 진행을 늦추는 조치를 신속하게 시작할 수 있게 되었다.

스케일링을 포함한 기본적인 치과관리도 1년에 한 번 이상 필요하다.

체온, 맥박, 호흡

체온은 건강의 중요한 지표다. 고양이의 직장체온을 재는 방법은 부록 A(560쪽 참조)에 설명되어 있다. 체온이 39.4℃ 이상으로 오르면 염증이나 감염을 의미한다. 노묘는 폐와 요로기계 감염이 가장 흔하다.

종종 빈혈, 감염, 심장 질환의 징후로 심박수가 증가할 수 있다. 빈혈은 점막의 창백함(특히 혀)으로 확인할 수 있다. 빈혈은 간 질환, 신장 질환, 암 등에 의해 나타난다.

호흡이 빠른 경우(안정 시 분당 30회 이상) 폐의 문제다. 드물게 심장 질환과 연관된 경우도 있다. 만성 기침은 기관지염이나 기도 질환인 경우가 많고, 암에 의해 갑작스럽게 기침이 심해지기도 한다.

노령 고양이는 식습관, 행동, 배변, 활력징후 등 평상시 모습을 잘 관찰하는 것이 아주 중요하다.

노묘에게 위험한 징후

만약 다음 징후 중 하나라도 관찰된다면 가능한 한 빨리 동물병원을 찾는다.

- 식욕감소 또는 체중감소
- 기침, 짧은 호흡 또는 빠르거나 노력성 호흡
- 쇠약해지거나 움직이는 데 어려움을 느낀다.
- 음수량이 증가하거나 소변을 자주 본다.
- 변비나 설사와 같은 장기능의 변화
- 몸의 여러 군데 구멍에서 나오는 혈액성 또는 화농성(고름 같은) 분비물
- 체온, 맥박, 호흡수의 상승
- 몸에 생기는 모든 종류의 신생물이나 덩어리
- 설명할 수 없는 행동상의 변화

신체적인 변화

고양이의 생활사는 크게 자묘, 성묘, 노묘 3단계로 나뉜다. 자묘와 노묘의 기간은 성묘에 비해 상대적으로 짧다. 성성숙을 마치고 나면 삶의 마지막까지 체중의 변화를 제외한 성묘의 외형적 변화는 극히 적다(563쪽 사람과 고양이의 나이 비교표 수록).

정기적인 검사를 통해 노화에 따른 변화를 집에서 잘 관리할 수 있다. 노화는 피할 수 없고 되돌릴 수 없는 것이지만 일부 질병의 문제는 수의사에 의해 치료 가능하다. 치료가 어려운 문제가 많지만 어느 정도 관리가 가능하고 진행속도도 늦출 수 있다.

근골격계의 문제

근골격계를 검사하기 위해 앞다리와 뒷다리를 <u>부드럽게</u> 굽혀 뻣뻣한지 운동 범위에 문제가 없는지 살핀다. 왼쪽과 오른쪽을 서로 비교한다. 관절의 부종이나 통증이 있는지도 확인한다.

노화의 조기 징후는 근육의 힘과 탄력이 감소하는 것인데 다리가 특징적이다. 고양이가 서 있을 때 근육이 떨릴 것이다. 전에 비해 행동이 무뎌지고 아마도 자신이 좋아하는 장소로 뛰어오르지 못할 수도 있다. 근육과 관절의 퇴행성 변화는 관절을 뻣뻣하게 하고 간헐적으로 절뚝거리게 하는데 낮잠에서 깼을 때 가장 심하다. 관절의 불편함은 찬바람을 쐬거나 타일이나 시멘트와 같은 차고, 습하고, 단단한 표면의 바닥에서 자는 경우 더 악화된다. 고양이에게 실내에 푹신한 잠자리를 마련해 준다. 밤에는 이불을 덮어 줘야 할 수도 있다. 많은 고양이가 따뜻한 담요, 캣타워나 캣터널의 '은신처'로 파고들어가는 것을 좋아한다.

무리하지 않은 운동은 관절을 유연하게 만들어 주므로 권장된다. 그러나 노묘가 스스로 편하게 느낄 정도 이상의 무리한 운동을 강제로 시켜서는 안 된다. 심장 질환과 같은 질병에서는 운동제한이 필요할 수 있다.

침대나 창턱과 같이 고양이가 좋아하는 장소로 뛰어오르는 데 불편을 느낀다면 계단이나 디딤판을 만들어 주면 도움이 된다. 디딤판은 표면이 미끄럽지 않은 것이어야 한다.

진통제를 처방할 수도 있다. 침술치료와 수중치료(고양이가 헤엄을 치려고 한다면)도 효과적인 것으로 알려져 있다. 수의사와 상의 없이 아무 약이나 먹여서는 절대 안 된다. 개와 사람에게 사용하는 일부 진통제는 고양이에게 독성이 매우 크다.

글루코사민과 콘드로이틴처럼 관절연골을 보호하는 영양 보조제는 노묘가 통증 없이 활동하는 데 도움이 된다. 골관절염 치료에 대한 보다 자세한 내용은 368쪽을 참

나이 많은 고양이는 휴식을 취하거나 잠잘 때 부드럽고 따뜻한 곳을 특히 좋아한다.

조한다.

마사지와 TTouch도 노묘의 뻣뻣한 관절을 편안하게 만드는 데 도움이 된다.

털과 피부의 문제

고양이가 나이를 먹으면 피부 문제도 많아진다. 피부가 얇아져서 손상에 더욱 취약해진다.

노묘에게 빈번히 발생하는 피부 문제 중 하나는 구더기다. 고양이의 털이 엉키고 더럽혀지면 파리의 목표가 된다. 몸이 약해진 고양이는 파리를 내쫓기가 어려워지는데 이런 문제는 주로 집 밖으로 외출을 자주 나가는 경우에 나타난다.

털 상태가 좋지 않거나 탈모가 관찰된다면 만성적인 질병을 의미할 수 있다. 심리적인 원인에 의한 강박적인 그루밍에 의해 탈모가 생길 수도 있다. 통증이 있어도 그루밍을 심하게 한다. 몸이 약하거나 아픈 고양이는 그루밍에 흥미를 잃는다. 몸이 뻣뻣한 노묘도 유연성 부족으로 그루밍에 어려움을 느낄 수 있으며, 뚱뚱한 고양이도 팔다리를 핥는 것이 어려울 수 있다. 노묘는 매일 빗질을 해 주어야 한다. 고양이가 빗질을 싫어한다면 짧게라도 자주 해 준다. 빗질을 자주하고 젖은 수건으로 털을 닦아주면 기생충을 예방하고 건강한 피부를 유지할 수 있다. 빗질은 꼼꼼하고 부드럽게 한다. 빗질을 할 때마다 털과 피부를 가까이서 관찰한다. 세심하게 관찰하면 피부의 종양, 기생충, 그밖에 수의사의 진료가 필요한 피부의 문제를 발견할 수 있다.

고양이는 이런 자극과 관심을 즐긴다. 자부심을 회복하면서 다시 한 번 자신의 외양을 뽐내며 스스로 털고르기를 시작한다.

가끔 고양이의 털이 엉키거나 너무 더러운 경우 목욕을 시켜야 할 수도 있다. 목욕시키는 방법은 140쪽에 설명되어 있다. 노묘는 한기를 쉽게 느끼므로 수건으로 잘 말린 뒤 따뜻한 방에 있게 한다. 장모종의 심하게 엉킨 털은 잘라야 할 수도 있다.

발톱은 좀더 자주 깎는다. 일상의 활동이 줄어서 잘 닳지 않고 길게 자라거나 깨지기 쉽다.

어떤 고양이는 추운 날씨엔 따뜻한 옷을 입는 것을 좋아한다. 반면 어떤 고양이는 절대 옷을 입으려고 하지 않는다. 어느 쪽을 선호하는지 잘 살핀다.

감각

나이를 먹음에 따라 청력을 서서히 잃는데 청력의 상당 부분을 잃기 전까지는 겉으로 드러나지 않는다. 보상적으로 다른 감각이 잃어버린 청력을 대신하기 때문이다. 때문에 고양이가 실제로 귀가 먹었는지를 구분하기가 쉽지 않다. 고양이의 청력을 시험해 보는 방법은 난청(229쪽 참조)에 설명되어 있다. 노령성 난청은 치료방법이 없다. 외이도에 귀지가 가득 차거나 귀진드기나 종양과 같은 문제도 청력에 영향을 줄 수 있다. 이들은 모두 치료가 가능하다. 청력의 소실을 단순히 노화에 따른 증상이라고 단정해서는 안 된다. 수의사의 검사가 중요한 이유다.

잠들어 있거나 소리를 잘 듣지 못하는 노묘에게 다가갈 때는 항상 큰소리로 이름을 부르거나 발을 구른다. 그러면 고양이가 자신을 갑자기 만지는 것에 깜짝 놀라 우발적으로 깨물거나 할퀴는 것을 예방할 수 있다.

고양이의 시력상실도 알아차리기 힘들다. 앞서 이야기했듯 다른 감각이 보다 발달하기 때문이다. 고양이에게 노령성 백내장은 드물다. 실제로 노묘의 시력상실은 망막질환(종종 고혈압에 의한 2차성)이나 포도막염, 녹내장에 의한 경우가 더 많다. 고양이의 시력을 시험해 보는 방법은 189쪽에 설명되어 있다.

고양이는 시력을 잃어도 들을 수 있으면 잘 적응한다. 심지어 보고 듣는 감각을 둘다 잃어버렸을 때도 친숙한 환경에 잘 적응하며 콧수염, 앞발목 뒤쪽의 털, 발의 감각 수용체 등을 이용하여 주변을 능숙히 돌아다니기도 한다. 만약 고양이가 시력을 잃었다면 가구나 집 안 물건의 위치를 바꾸지 않는 것이 좋다. 고양이는 머릿속에 그려진 집 안 구석구석의 지도에 따라 확신을 가지고 움직인다.

반면에 후각을 잃는다는 것은 심각한 장애다. 후각은 강력한 식욕 자극제다. 후각을 상실하면 음식에 대한 흥미를 잃을 수 있다. 코에 알코올 솜을 대서 고양이의 후각을 시험해 볼 수 있다. 후각이 손상되지 않은 고양이는 즉시 머리를 돌릴 것이다. 후각을 잃은 고양이에게는 향이 강하고 맛있는 음식을 주어야 한다. 음식을 살짝 데워 주어 향을 강하게 만들어 줄 수 있다. 까다로운 노묘는 집에서 만든 음식이 해결책일 수 있다. 균형잡히고 완벽한 식단인지를 확인하기 위해 항상 수의사의 자문을 구한다.

입, 치아, 잇몸

노묘는 치주 질환과 충치가 더 잘 발생한다. 치주 질환은 성년기 초기부터 시작되어 서서히 진행된다. 이를 확인하지 못하고 지나치면 나이를 먹으면서 더욱 진행되어 심한 잇몸 질환이나 충치로 발전한다. 이 문제는 피할 수 있다. 치주 질환은 고양이의 구강관리(256쪽 참조)에서 설명한 일상적인 구강관리를 통해 예방할 수 있다. 고양이가 칫솔질을 힘들어하면 구강용 젤을 이용해 잇몸을 부드럽게 마사지한다.

노묘는 치아와 잇몸 질환이 더욱 흔하다.

잇몸과 치아에 감염이 일어나면 종종 입 안의 통증이나, 입 냄새, 침흘림 등의 증상을 동반한다. 입 안에 통증이 있는 고양이는 잘 먹지 못하며 체중이 급격히 감소한다. 치과치료는 고통을 경감시켜 주고 건강 상태 및 영양 상태를 향상시킨다. 흔들리는 이는 뽑고, 단단한 건조 사료를 씹지 못하면 캔 등의 습식 사료로 교체한다. 노묘는 최소 1년에 두 번 정도 스케일링 등의 구강관리를 한다.

행동적인 변화

일반적으로 노묘는 주로 앉아만 있고, 활력이 적고, 호기심도 적고, 활동반경도 좁아진다. 음식, 활동, 일상생활의 변화에 대한 적응속도도 느려진다. 심한 열기나 추위에 대한 저항력도 낮아지며, 따뜻한 곳에서 장시간 잠을 잔다. 방해를 받으면 짜증을 내거나 화를 낸다. 이런 행동변화는 대부분 신체적인 노쇠(청각과 후각의 감소, 뻣뻣한 몸, 근육의 약화 등)가 원인이다. 고양이의 활동반경 및 집에서의 역할에 제한을 준다. 심한 경우 움츠러들고, 강박적인 그루밍을 하거나, 화장실이 아닌 곳에 배변을 보기도 한다.

고양이가 좋아하는 따뜻한 보금자리를 주로 가족이 활동하는 곳 주변에 두어 보다 왕성하게 활동할 수 있는 환경을 조성한다. 낮은 창턱에 자리를 마련해서 햇볕을 쬐거나 창밖의 새를 바라볼 수 있게 한다. 고양이 곁에 조용히 앉아 있는 것도 좋다. 어떤 고양이는 줄을 매고 마당이나 동네 근처를 정기적으로 산책하는 것을 즐긴다. 어떤 고양이는 안아주거나 유모차를 타는 것을 더 좋아하고, 추운 날씨에 밖에 나가는 것을 좋아하지 않을 수도 있다. 사람과의 친밀감을 높여 주는 활동은 고양이가 존중받고 사랑받고 있다고 느끼도록 한다.

호텔에 맡기거나 병원에 입원하는 것은 노묘에게는 참기 힘든 것이다. 이런 고양이들은 잘 먹지 않거나 아예 음식을 거부하며, 지나치게 겁을 먹거나 움츠러들며, 좀처럼 잠들지 못한다. 가능하면 수의사의 지시에 따라 집에서 관리하는 것이 좋다. 집을 비워야 한다면 호텔에 맡기는 대신, 친구에게 하루에 한두 번 정도 집에 들러 살필 것을 부탁한다. 몇몇 단체에서는 고양이 돌보기 서비스를 제공하기도 한다.

신체적 쇠약에 따른 행동학적 변화는 치료를 통해 개선될 수 있다. 신체적인 문제가 아닌, 비정상적인 행동도 때때로 행동교정 약물로 바로잡거나 개선시킬 수 있다.

인지기능장애증후군cognitive dysfunction syndrome

인지기능장애는 노견에게 잘 알려져 있는 증후군으로, 비슷한 상태가 일부 노묘에게도 나타난다. 사람에게도 일부 노인에게 나타나듯 기억에 문제가 생기거나, 화장실을 사용하는 방법과 같은 행동을 잊거나, 주변 환경을 낯설어하는 등의 증상이 나타난다. 고양이는 마치 길을 잃은 것처럼 걸어다니거나 밤에 잠을 덜 자거나, 울면서 주변을 돌아다닌다. 16~20살 먹은 고양이들의 40%가량이 방향감각상실을 나타낸다는 보고도 있다.

우선 잠재적으로 이런 변화를 유발할 수 있는 병적인 문제를 치료해야 한다. 병적인 문제가 배제되었다면 인지기능장애증후군으로 진단한다.

아니프릴(Anipryl, L-데프레닐)이라는 약은 이런 증상을 나타내는 개에게 사용이 승인되었으나 아직 고양이는 승인되지 않았다. 그러나 일부 고양이에게 사용한 결과 효과가 있다고 보고되었다. 인지장애를 가진 노묘에게 도움이 되는 도파민이나 세로토닌과 같은 신경전달물질의 작용을 증가시키는 다른 약물에 대한 연구도 진행 중이다.

기능적인 변화

노묘는 먹고 마시는 모습, 배변 습관, 장기능의 변화가 흔히 일어난다. 만약 이런 변화를 알아차리지 못한다면 건강상의 문제를 발견할 수 있는 중요한 실마리를 놓치는 것이다. 물그릇과 밥그릇이 접근이 용이한 곳에 있는지, 먹고 마시는 습관에 변화는 없는지 잘 확인한다. 배변 습관은 관찰하기가 어렵다. 어떤 고양이는 반려인 앞에서 화장실에 용변을 보는 것을 싫어한다. 고양이가 용변을 보는 데 어려움이 있는지 확인하려면 특별한 노력을 기울여야 한다. 특히 밖에서 시간을 보내는 고양이의 경우라면 더욱 그렇다.

갈증이 심해지고 소변을 자주 본다

나이가 아주 많은 노묘는 대부분 어느 정도 신장의 문제를 가지고 있다. 신장은 다른 장기에 비해 쉽게 노화가 일어나는데 고양이가 오래 살게 되면서 때때로 신장이 그 역할을 잘 수행할 수 없게 된다. 신부전의 초기 증상은 소변을 자주 보고 보상적으로 물을 자주 마시는 것이다.

갈증이 심해지고(다갈증) 소변을 자주 보는 것(다뇨증)은 노묘에서 흔히 발생하는 당뇨병의 증상이다. 갑상선기능항진증이 있는 경우에도 갈증과 배뇨 횟수가 증가한다.

소변 실수

노묘가 화장실이 아닌 집 안 곳곳에 소변을 본다면 요실금(396쪽 참조)에서 다루었듯이 비뇨기계 문제나 다른 치료 가능한 문제를 가지고 있을 수 있다. 앞에서 이야기한 배뇨량과 갈증을 증가시키는 문제에 의해서도 소변을 가리지 못한다. 고양이에게 전립선비대증은 흔한 원인이 아니다.

일부 고양이는 관절염과 같이 활동 범위를 제한하는 근골격계 문제로 인해 소변 실수를 하기도 한다. 일어나는 데 불편을 느끼는 고양이는 화장실까지 아예 가지 않으려 하거나 가고 싶어도 갈 수 없는 경우가 있다. 화장실이 집 안의 다른 층에 있는 경우 고양이는 계단을 오르기가 버거울 것이다. 화장실의 턱이 너무 높거나 화장실로 가는 길목에 가구 등의 장애물이 많은 경우에도 화장실 사용을 포기할 수 있다. 노묘를 위해 집 안 여러 곳에 드나들기 쉬운 화장실을 배치하는 것이 좋다. 때때로 큰 쟁반에 모래를 넣어 사용하는 것도 도움이 된다. 밖에 나가길 즐기고 밖에서 용변을 보던 고양이도 외출이 불편해지면 높이가 낮은 실내용 화장실이 필요할 것이다.

인지기능장애증후군과 관련하여 기억력 감퇴와 학습력 약화에 의해서도 소변 실수를 할 수 있다.

또 다른 원인으로 호르몬 반응성 요실금이 있다. 고양이는 드물기는 하지만 중성화수술을 한 암컷의 노묘에서 가끔 관찰된다. 호르몬 반응성 요실금은 야뇨증과 매우 비슷하다. 평상시에는 정상적으로 소변을 보다가도 휴식을 취하거나 잠들었을 때 소변을 지린다. 치료에 대해서는 요실금(396쪽 참조)에서 다루고 있다. 괄약근 조절이 안 되어 소변을 가리지 못하는 경우도 있다.

원인에 상관 없이 다시 그 장소에 소변을 보지 못하도록 효소계 세제로 철저히 청소한다. 고양이를 혼내서는 안 된다. 아마도 스스로도 어쩔 수 없는 상황일 것이다. 혼내는 것은 단지 고양이를 두렵고 불안하게 만들어 문제를 악화시킬 뿐이다.

변비constipation

변비는 노묘에게 가장 흔한 문제 중 하나다. 운동부족, 스스로 참는 경우, 부적절한 식단, 장운동 능력의 감소, 복벽근육의 약화 등과 관련이 있다. 일부 고양이의 경우 적은 음수량으로 인해 변비 가능성이 높아지기도 한다. 변이 단단하게 마르면 장을 통과하기가 어렵다. 헤어볼은 모든 고양이에게 변비를 유발할 수 있는데 특히 노묘에게 더 문제가 된다.

소변을 보려고 힘을 주는 것과 대변을 보려고 힘을 주는 것을 구분하는 게 중요하다. 방광폐쇄는 응급상황이므로 즉시 동물병원을 찾아 폐쇄의 원인을 해결한다(387쪽, 고양이 하부 요로기계 질환 참조).

변비의 치료는 286쪽에서, 헤어볼 예방은 144쪽에서 다루고 있다.

설사

만성적으로 설사를 하는 고양이는 항문 주변의 피부가 헐어 있고, 탈수, 체중감소, 모질 악화 등의 증상을 나타낸다. 노묘의 만성 설사는 암, 췌장 질환, 흡수장애증후군 등에 의해 야기된다. 철저한 식이요법과 약물요법으로 치료할 수 있다. 집 밖에서 변을 보는 고양이의 경우 설사를 알아차리기 어렵다. 자세한 내용은 설사(289쪽 참조)를 참조한다.

비정상적인 분비물

비정상적인 분비물로는 고름이나 피가 있다. 종종 악취가 나며 이 두 가지가 함께 관찰되기도 한다. 눈, 귀, 코, 입, 음경, 질에서 관찰되는 분비물은 감염을 의미한다. 노묘는 암도 염두에 두어야 한다.

자궁축농증(pyometra, 자궁의 농양)은 전형적으로 출산 경험이 없고 중성화수술이 되지 않은 나이 든 암컷에게 많이 발생한다. 중성화한 고양이는 걸리지 않는다. 탈진, 침울, 식욕부진, 갈증으로 과도하게 물을 마시는 증상을 보인다. 이런 증상은 처음에는 신부전과 유사하나 고양이의 배가 눈에 띄게 부풀어 오른다. 생식기의 화농성 분비물로 확진할 수 있으나 일부 고양이는 분비물이 보이지 않을 수 있다. 자궁축농증은 신속한 수술이 필요한 응급상황이다(428쪽, 자궁의 감염 참조).

체중의 변화

체중감소는 노묘에게 심각한 문제다. 신장 질환에 의한 경우가 많고, 암이나 치주 질환, 후각상실 등에 의한 문제일 수도 있다. 한 달에 한 번 고양이의 체중을 측정한다. 체중이 감소한다면 수의사의 검진을 받는다.

지나치게 체중이 증가하는 것도 문제가 되는데 대부분 교정이 가능하다. 비만은 관절염과 심장 질환을 악화시키는 요소다. 체중이 많이 나가는 고양이는 상대적으로 덜 움직이며, 전반적인 활력과 생명력을 유지하기 힘들다.

배가 항아리처럼 부풀어올랐다면 단순히 살이 찐 것이 아니라 심장, 간, 신장 질환에 의한 복수(복강 안에 액체가 참)가 원인일 수 있다. 배가 불러오는 체형의 변화는 수의사의 검진이 필요하다.

노묘를 위한 특별한 영양 요구사항에 대해서는 **노묘의 급여**(510쪽 참조)에서 다루고 있다.

갑상선기능항진증

노묘의 갑상선기능항진증은 발병한 지 몇 달이 지나도 모르고 지나치기 쉽다. 노화에 따른 여러 질병과 증상이 비슷하기 때문이다. 고양이가 잘 먹고 활달함에도 불구하고 현저히 체중이 감소한다. 갑상선호르몬 검사로 진단한다.

치료 : 목표는 고양이의 갑상선 기능을 정상으로 되돌리는 것이다. 항갑

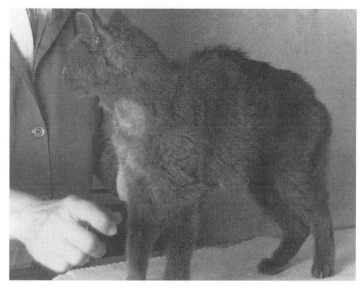

갑상선기능항진증에 걸려 체중이 심각하게 감소한 고양이. 이 고양이는 중독성 결절성 갑상선종을 제거하는 갑상선 절제술을 받았다.

상선 약물의 투여, 외과적인 갑상선 절제, 방사성 요오드 치료 등의 방법이 있다. 수의사는 고양이에게 가장 적절한 치료를 추천할 것이다. 자세한 사항은 **갑상선기능항진증(531쪽)**을 참조한다.

새끼 고양이 새로 들이기

집 안에 새끼 고양이를 새로 들이는 일은 때로는 노묘를 회춘시키는 자극제가 되기도 하고, 끔찍한 악몽이 되기도 한다. 어떤 노묘는 친구 사귀기를 좋아한다. 새로운 것에 관심을 갖고 신체활동도 늘고 젊음을 되찾은 듯 보이기도 한다. 반면 대부분의 노묘는 새끼 고양이를 반가워하지 않는다. 특히 평생을 거의 혼자 보낸 경우라면 더욱 그렇다. 새끼 고양이와 몇 차례 대면시켜서 노묘가 관심을 보이고 잘 어울리는지를 먼저 살펴보는 것이 최선의 방법이다.

항상 노묘에게 우선적으로 관심을 보여서 질투하는 것을 막는다. 노묘가 서열이 높다는 것을 분명히 한다. 또 노묘에게 휴식이 필요할 때, 장난꾸러기 새끼 고양이와 떨어져 쉴 수 있는 혼자만의 공간을 만들어 주는 것도 중요하다. 노묘에게는 매순간 세심한 관심을 쏟아야 함을 명심한다.

호스피스 간호

고양이의 호스피스 간호는 최근 몇 년 사이 대두된 개념이다. 호스피스 간호는 치료 불가능한 말기 질환의 상태로 더 이상 의학적인 치료를 원치 않지만, 가능한 한 오래 편안하게 해 주고 싶을 때 선택할 수 있는 방법이다. 호스피스의 목표는 통증을 줄여 주고, 편안함을 주고, 가능한 한 오래 만족스런 삶의 질을 누릴 수 있도록 하는 것이다.

호스피스 간호는 헌신이 필요한 일이다. 수의사가 알려주는 방법대로 반려인 스스로 모든 관리를 해야 한다. 안전하게 약을 투여하고 몸의 문제를 알아차릴 수 있도록 일정 정도의 교육이 필요하다. 수의사나 수의간호사가 직접 방문하여 간호를 돕고 상태를 확인해 주는 전문적인 호스피스 프로그램도 있다. 몇몇 동물병원은 집에서 보호자와 함께 간호를 하거나 일정기간 함께 머무르는 서비스를 제공하기도 한다.

고양이의 중요한 마지막 순간을 편안하게 만들어 줄 수 있는 가정간호에 대해 수의사와 상의한다.

안락사euthanasia

고양이의 삶이 끝에 다다랐음을 느끼는 순간이 찾아오는 것은 반려인도 수의사도 어려운 일이다. 하지만 건강하고 젊은 고양이보다 노묘를 좀더 깊은 배려와 다정한 보살핌과 애정으로 돌보면 늙고 허약한 고양이는 한결 편안하게 생활할 수 있다. 노령의 고양이도 사랑하는 가족과 행복하게 몇 개월 또는 몇 년을 더 살 수 있다.

그러다가 고양이가 질병으로 인해 고통스러워하고 점점 악화되어 호전의 기미가 전혀 없고 더 이상 즐거운 삶을 영위할 수 없게 되는 순간이 온다. 편안하고 고통 없는 마지막을 만들어 주는 것은 고양이를 위한 마지막 배려다. 삶의 질에 대한 평가는 항상 어렵지만 다음 사항을 스스로에게 냉정하게 질문해 본다.

- 고양이가 괴로운 날보다 즐거운 날이 더 많은가?
- 고양이가 여전히 평소 가장 좋아하던 행동을 하는가?
- 고양이가 멈추지 않는 통증이나 불편함으로 괴로워하는가?
- 고양이가 잘 먹고 마시는가?

몸 상태가 더 이상 개선의 여지 없이 악화되는 게 명확하다면 안락사를 결정할 시기다. 안락사는 정맥주사로 약물을 투여해 이루어지는데, 즉각적으로 의식을 잃고 심장을 정지시킨다. 어떤 고양이는 마지막 순간에 울음소리를 내거나 심호흡을 하는 듯 보이기도 한다. 소변이나 변을 흘리기도 하는데 이것은 정상적인 반응이다. 물론 이 최후의 결단은 어른이 내려야 하지만 때로는 아이들도 어른이 생각하는 것 이상으로 상황을 담담하게 받아들이기도 한다. 때문에 고양이의 죽음과 관련한 결정은 아이들과 함께 의논하는 게 좋다.

물론 아이들의 연령과 정서적인 성숙 정도를 고려한다. 안락사를 '잠드는 것'이라고 알려주어서는 안 된다. 이는 아이들이 잠자리에 들 때 두려움을 유발할 수 있고, 고양이가 다시 '깨어날 것'이라고 생각할 수 있기 때문이다.

고양이를 잃은 슬픔은 다양한 단계로 찾아온다. 죽음에 대한 부정, 타협, 분노, 우울함, 수용 등이 포함된다. 모든 사람이 이 단계를 거치는 것은 아니며, 슬픔을 느끼는 기간이나 순서도 사람마다 다르다. 동물을 잃은 슬픔을 상담해 주는 펫로스 상담 서비스를 이용할 수도 있다.

대부분의 수의과대학이 동물을 잃은 슬픔에 관한 상담실을 운영한다. 주치의 수의사에게 관련 서적이나 모임에 대해 조언을 구한다.

우리나라도 대형 동물병원에서 호스피스 서비스를 제공하기 시작하는 등 관련 서비스에 대한 필요성이 커지고 있다. 펫로스와 관련한 다양한 책과 커뮤니티도 있다. 아쉽지만 수의과대학 등에서 제공하는 펫로스 지원 서비스는 아직 없다. 옮긴이 주

장례

가능하다면 안락사에 앞서 고양이의 사체를 어떻게 처리할 것인지를 생각해야 한다. 매장을 원하는 보호자가 있는데 미국은 법규상 마당에 매장하는 것은 금지고, 인근 동물묘지를 이용해야 한다.

화장은 매장할 장소가 마땅치 않은 사람들에게 가장 이상적이다. 개별 화장을 하는 경우 화장이 끝난 뒤 유골함을 가지고 온다. 유골분은 고양이가 좋아하던 장소에 뿌려 주거나 작은 공간에 묻거나 집에 보관해도 된다.

고양이를 기념하는 방법은 여러 가지다. 고양이의 털을 작은 함에 넣어두기도 하고, 함에 유골분을 넣어둘 수도 있다. 고양이를 추모하는 의미에서 동물보호단체, 구조단체, 고양이 건강 관련 연구기관 등에 기부를 하기도 한다. 이런 방법은 모두 고양이를 좋은 기억으로 남기는 데 도움이 된다.

우리나라는 반려동물 매장시설이 없다. 전염병 관리상의 목적으로 모든 동물의 사체 매장을 불법으로 규정하고 있다. 다행히 반려동물 화장업체가 많아져서 화장을 하는 사례가 많다._옮긴이 주

21장
약물치료

수의학에서 가장 흔하게 사용되는 약물의 특징을 논하기에 앞서 고양이에게 투여하는 모든 약물에 대해 적용되는 기본규칙을 확인하는 게 중요하다.

- 제품 라벨에는 약물의 이름, 약물 강도, 포장용량, 유통기한, 용법 등이 명시되어 있어야 한다.
- 용량을 반드시 확인한다. 예컨대 하루 두 알씩 한 번 먹이는 것인지, 하루 한 알씩 두 번 먹이는 것인지 알아야 한다.
- 용법도 확인해야 한다. 입에 넣는 것일 수도 있고 귀에 넣는 것일 수도 있다.
- 음식과 함께 주어도 무방한 약물인지 확인한다.
- 부작용에 대해 수의사에게 문의한다.
- 보관방법에 대해 확인한다. 냉장보관이 필요할 수도 있고 흔들어 사용해야 할 수도 있다.
- 현재 고양이가 먹고 있는 모든 종류의 영양 보조제나 약물에 대해 항상 수의사에게 알려야 한다.

마취제anesthesia

마취제는 통증을 느끼는 감각을 차단하기 위해 사용된다. 크게 국소마취와 전신마취로 나뉜다.

국소마취는 흔히 피부 표면의 수술에 사용하는데 신경의 주변 조직에 직접 주사한다. 국소적으로 점막에 직접 발라 사용하기도 한다. 국소마취제(자일로카인 등)는 위험성과 부작용은 더 적지만 큰 수술에는 적합하지 않다.

전신마취는 고양이의 의식을 잃게 만든다. 주사제나 흡입제를 통해 투여하는데 가벼운 마취는 고양이를 진정시키거나 입 안의 이물을 제거하는 것 같은 짧은 시술에 적합하다. 흡입마취제[할로탄(halothane), 세보플루란(sevoflurane), 이소플루란(isoflurane) 등]는 기관에 장착한 튜브로 투여된다.

잠재적인 부작용을 줄이기 위해 종종 마취제를 병용하여 사용하기도 한다. 예를 들어, 케타민(ketamine)과 자일라진(xylazine)은 짧은 수술에 흔히 병용해 사용된다. 마취제의 투여 용량은 고양이의 체중에 따라 계산한다. 고양이는 일반적으로 약물에 과민하게 반응하는 경우가 많으므로 수의사는 흔히 한꺼번에 많은 양을 투여하기보다는 원하는 효과를 얻을 때까지 낮은 용량을 반복 투여한다.

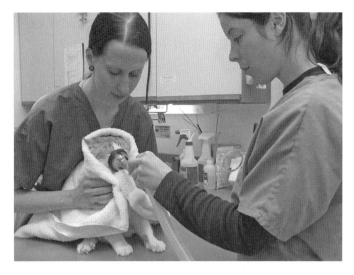

치과 치료를 위해 호흡마취로 마취를 유도하는 중이다.

호흡마취는 적절한 용량의 산소와 마취제가 섞인 기체를 고양이의 호흡을 통해 투여한다. 고양이마다 다양한 요소에 따라 정확한 용량을 결정한다. 어떤 품종은 특정 마취 약물에 민감한 반응을 나타내므로 이런 특이성을 충분히 고려해야 한다. 눌린 얼굴과 같은 구조적인 문제나 마르거나 뚱뚱한 체형 등과도 관계가 있다.

마취제는 폐, 간, 신장을 통해 몸에서 배출된다. 이런 장기 기능에 이상이 생기면 투약과 관련된 합병증이 발생할 수 있다. 폐, 간, 신장, 심장의 질환에 대한 병력이 있다면 마취와 수술로 인한 위험성이 증가한다. 이런 고양이는 더 적은 양의 마취제로도 원하는 마취의 깊이에 도달할 수 있고, 마취에서 완전히 깨는 데 더 긴 시간이 걸릴 수 있다. 이런 문제를 조기에 찾아내기 위해 수술 전 혈액검사를 추천한다. 일부 동물병원에서는 추가로 흉부 엑스레이검사, 심전도, 혈압검사 등을 실시할 것을 추천할 것이다(특히 유전적인 문제가 있는 경우).

전신마취의 주요 위험성 중 하나는 마취 도입 전후의 구토다. 기도 쪽으로 구토물이 들어가면 질식할 수 있다. 수술 전에 12시간 금식을 시킴으로써 이런 위험을 피한다. 고양이를 수술시키기로 했다면 전날 밤부터 음식이나 물을 절대 주지 않는다. 밥그릇과 물그릇을 치우는 것은 물론 변기나 물을 마실 수 있는 다른 장소에 접근하지 못하도록 해야 한다. 간혹 간이나 신장에 문제가 있는 고양이의 경우, 수의사가 물그릇을 그냥 두도록 지시하는 경우도 있고, 당뇨병이 있는 고양이는 식사 급여 시간과 인슐린 주사 시간을 조정해야 할 수도 있다.

고양이의 기도 안으로 기관 내 튜브를 삽입한다. 이 튜브에는 작은 풍선이 달려 있어 어떤 액체도 폐로 스며들지 못하게 막고, 호흡마취 기계에 연결되어 마취제와 산소를 전달한다.

진통제 analgesic

진통제는 통증을 경감시키는 약물이다. 여러 계열의 진통제가 있는데 고양이에게 사용할 때는 모든 종류에 대해 주의해야 한다. 진통제는 사람에게 흔한 가정 상비약이지만 고양이에게는 함부로 사용해서는 안 된다.

데메롤(demerol), 모르핀(morphine), 코데인(codeine) 및 그 외 마약류는 규제를 받는다. 처방전 없이 구입할 수 없다. 이런 약물을 고양이에게 쓰는 경우 그 작용을 예측하기가 매우 어렵다. 소형견에게 적절한 용량의 모르핀일지라도 고양이에게 투여하면 불안감, 흥분, 침흘림 등의 증상을 일으킨다. 최소한의 용량을 넘어서는 경우 고양이는 경련을 일으키거나 죽을 수도 있다. 펜타닐(fentanyl)은 보통 피부에 붙이는 패치 형태인데 진통 목적으로 고양이에게 사용되기도 한다. 다시 한 번 말하지만 심각한 부작용이 있을 수 있으므로 수의사의 지시 없이는 절대 사용해서는 안 된다.

NSAID(비스테로이드성 진통소염제)

아스피린[아세틸살리실산(acetylsalicylic acid)]은 비스테로이드성 진통소염제(NSAID) 계열의 약물 중 하나다. 저용량 아스피린이나 코팅 처리된 아스피린은 개한테는 안전하게 사용할 수 있는 가정상비용 진통제지만 고양이에게 투여할 경우 각별한 주의가 필요하다. 소량의 아스피린도 고양이에게 식욕감퇴, 침울, 구토 등의 증상을 유발할수 있다. 3~4일간 하루 한 번 아스피린 1알을 먹는 것만으로도 침흘림, 탈수, 구토, 휘청거림 등의 증상을 유발할 수 있다. 심각한 산염기 불균형이 뒤따를 수 있고, 골수와 간에 독성 증상을 나타내기도 한다. 위장관 출혈도 흔하다.

이런 잠재적인 독성에 대해 잘 인지하고, 아스피린은 수의사의 감독하에서만 사용한다. 고양이의 추천용량은 체중 0.45kg마다 5mg을 48~72시간 간격으로 투여하는 것이다. 성인용 아스피린 한 알(324mg)은 몸무게 3.6kg 고양이의 권장 투여량의 8배에 해당한다. 유아용 아스피린을 3일마다 투여하는 것이 고양이에게 안전한 용량이다. 공복에 먹이지 말고 반드시 음식과 함께 투여한다. 독성이 의심되는 증상이 나타

최근에는 특수한 경우를 제외하고는 고양이에게 아스피린을 사용하는 경우가 거의 없다. 고양이에게 안전하고 효과적인 다른 진통제가 많으므로 수의사와 상의한다._옮긴이 주

나면 곧바로 약물 투여를 중단한다.

멜록시캄(meloxicam)은 고양이에게 비교적 안전한 비스테로이드성 진통소염제인데 현재 미국에서는 주사용으로만 허가가 나 있다. 이 약물 역시 수의사의 지시하에서만 사용해야 한다.

독성을 나타내는 진통제

사람에게 진통 목적으로 사용하는 이부프로펜(ibuprofen), 나프록센(naproxen), 기타 아스피린 화합물 등과 같은 다른 비스테로이드성 진통소염제는 고양이에게 독성이 있다. 게다가 소동물에서는 흡수율도 예측이 매우 어려워 고양이에게 적합하지 않다.

아세트아미노펜(타이레놀)은 고양이에게 절대 주어서는 안 되는 진통제다. 어린이 투여 용량만 먹어도 고양이는 치명적인 용혈성 빈혈과 간부전을 일으킨다.

부타졸리딘[페닐부타존(phenylbutazone)]은 말, 개, 기타 동물에 처방되는 진통제로, 이 동물들에게는 안전하고 효과적인 약물이다. 그러나 고양이에게는 아스피린이나 아세트아미노펜과 매우 유사한 독성을 야기할 수 있다. 또한 신부전을 유발할 가능성도 있다. 때문에 고양이에게 사용하는 것은 추천하지 않는다.

항생제antibiotic

항생제는 세균이나 곰팡이와 싸우기 위해 사용된다. 세균은 질병을 유발하는 능력에 따라 병원성 세균과 비병원성 세균으로 분류한다. 병원성 세균은 특정 질환이나 감염을 유발할 수 있다. 반면 비병원성 세균은 숙주의 몸에 살지만 질병을 유발하지 않는다. 이들을 정상세균총이라고 하는데 일부는 실제로 숙주의 몸이 더 건강할 수 있도록 돕는다. 예를 들어 장에 있는 세균은 지혈에 필요한 비타민 K를 합성한다. 드물게 비병원성 세균이 증식하여 그로 인한 임상 증상이 나타나기도 한다.

항생제는 크게 두 종류로 나뉜다. 미생물의 증식을 억제만 하고 죽이지는 않는 정균제*와 미생물을 완전히 파괴시키는 살균제가 있다.

* 정균제bacteriostatic drug 세균의 발육 또는 증식을 억제하는 물질 또는 약물.

잠재적인 문제

항생제는 특정 세균에 특이성이 있다. 그래서 한 가지 항생제가 모든 종류의 세균에 작용하지 못한다. 무수히 많은 항생제가 사용됨에 따라 과민반응이나 알레르기를 유발하는 위험성도 같이 증가하였다.

항생제는 병균에 대해 방어막을 형성하는 정상세균총을 변화시킨다. 이런 정상적이고 유익한 미생물이 파괴되면 유해한 세균이 자유롭게 증식하여 질병을 유발한다. 예를 들면 항생제 투여로 인한 심한 설사 증상이 그렇다. 장의 정상세균총의 변화로 인해 설사가 발생한 것이다.

어떤 항생제는 뱃속의 새끼나 신생 고양이의 성장과 발달에 영향을 끼치기도 한다. 테트라사이클린(tetracycline)과 그리세오풀빈(griseofulvin)이 대표적인 예로 이 약물은 임신한 고양이에게 사용해서는 안 된다.

항생제와 스테로이드

스테로이드는 흔히 항생제와 함께 사용되는데, 특히 눈이나 귀, 피부용 국소약물에 자주 사용된다. 코르티코스테로이드는 항염증 작용을 나타낸다. 부종과 발적, 통증을 완화시켜 실제로는 그렇지 않지만 외견상 고양이의 상태가 나아진 것처럼 보인다.

스테로이드는 한 가지 안 좋은 부작용이 있는데 바로 정상적인 면역반응을 억제하는 것이다. 감염과 싸우는 고양이의 방어 능력을 손상시킨다. 스테로이드 성분이 함유된 항생제 약품은 반드시 수의사의 지시하에 사용해야 한다. 특히 안약류에서 주의를 요한다.

항생제 치료가 실패하는 이유

항생제가 항상 효과를 나타내는 것은 아니다. 여기에는 몇 가지 이유가 있다.

상처관리 부족

항생제는 혈류를 통해 들어가 감염장소로 이동한다. 그런데 농양, 괴사된 조직이 있는 상처, 이물이 있는 상처(먼지, 조각 등) 등에는 제대로 작용하기 어렵다. 이런 환경에서 항생제는 상처 안쪽으로 완전히 침투할 수 없다. 때문에 항생제 치료가 효과를 보려면 배농, 환부 세척, 이물 제거가 필수적이다.

항생제 선택 실패

감염을 치료하기 위해 선택하는 항생제는 특정 세균에 대한 감수성이 있어야 한다. 감수성이 있는 항생제를 결정하는 가장 좋은 방법은 세균을 배양하고 현미경으로 균의 특징을 관찰하는 것이다. 배양판에 항생제 디스크를 심어 세균의 증식을 억제하는 항생제를 찾아낸다. 이런 결과를 통해 어떤 항생제가 효과를 나타내는지를 알아낼 수 있다. 그러나 실제 상황에 적용했을 때 실험실적인 검사가 언제나 환자의 상태에 꼭

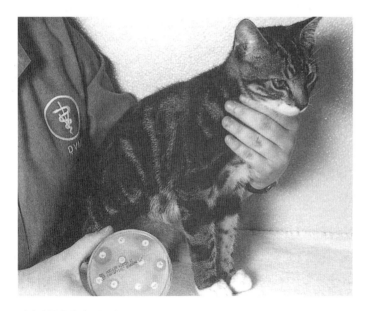

맞게 적용되지는 않는다. 그럼에도 불구하고 항생제 감수성 검사는 가장 효과적인 항생제를 찾는 최선의 방법이다.

투여 경로

약물을 투여할 때 중요한 것 중 하나가 최선의 투여방법을 찾는 것이다. 감염이 심한 고양이라면 정맥으로 주사하거나 근육주사나 피하주사로 투여한다. 어떤 항생제는 식전 공복 상태로 복용해야 하고, 반면 어떤 약은 음식과 함께 복용해야 한다. 흡수율이 떨어지면 혈류내 항생제 농도가 적정 수준에 다다르지 못한다. 고양이가 구토를 한다면 경구용 항생제는 흡수되지 못해 효과를 보지 못한다.

다양한 항생제 성분을 담은 디스크를 배양판에 심어 어떤 항생제가 감염을 일으킨 특정 세균의 생장을 억제하는지 확인한다. 이를 세균배양 및 항생제 감수성 검사라고 한다.

내성균resistant bacteria

항생제는 병균과 싸우는 체내의 정상세균총을 파괴할 수 있다. 이로 인해 유해한 세균이 증식하고 질병을 유발한다. 게다가 세균이 항생제에 대한 내성을 획득하면 약물이 효과적으로 작용하지 못할 수 있다. 특히 다음과 같이 항생제를 사용하는 경우 내성이 발생하기 쉽다.

- 너무 짧게 투여한 경우
- 너무 낮은 용량으로 투여한 경우
- 항생제가 세균을 죽이지 못하는 경우

한 가지 항생제에 대해 내성을 획득한 미생물은 보통 같은 계열의 다른 항생제에도 내성을 보인다. 내성균의 발달은 꼭 필요한 경우에 한해 정확한 방법으로 항생제를 사용해야 하는 주요 이유다. 항생제 내성은 사람과 동물 모두에게 심각한 건강상의 문제를 일으킬 수 있다.

항생제는 필요한 경우에만 항상 적합하게 사용한다. 대부분의 고양이 상부 호흡기 감염은 항생제가 효과를 나타내지 못하는 바이러스에 의해 발생한다. 대부분의 방광 질환도 세균 감염에 의한 경우는 드물어 항생제 처방이 별로 도움이 되지 않는다.

행동학적 장애를 치료하는 약물

행동학적 장애를 가진 고양이를 치료하는 가장 좋은 방법은 비정상적인 행동의 원인을 파악해서 환경교정과 행동교정을 통해 치료하는 것이다. 그러나 만약 모든 방법이 실패했다면 약물요법이 최선이 될 수 있다. 때때로 문제행동의 재발 여부를 확인하기 위해 투약을 중단하고 지켜봐야 한다.

잠재적인 위험성 때문에 행동 관련 약물은 반드시 수의사의 처방을 받고 모니터링해야 한다. 이런 약물은 포괄적인 행동 및 환경교정 프로그램의 일환으로만 사용한다. 이런 약물의 다수는 고양이에서 사용이 승인되지 않아 적정용량을 결정하는 데어려움이 있을 수 있다.

어떤 약물이건 투약을 하기 전에 철저한 신체검사와 혈액검사를 통해 만약에 발생할 신체적 문제가 없는지 확인한다.

신경안정제tranquilizer

신경안정제는 다치거나 겁먹은 고양이를 진정시키거나 이사, 이동, 교미, 기타 외상 등으로 인한 불안발작을 완화시키는 데 유용하다. 신경안정제의 부작용은 대뇌피질의 억제신호를 차단하는 것으로 화장실을 사용하지 않거나 물고 할퀴는 등의 약간 도발적인 모습을 보일 수 있다. 안정제를 투여한 고양이는 행동교정을 시키는 데 어려움이 있다.

아세프로마진(acepromazine)은 일반적으로 억압효과를 나타낸다. 통증 중추에 작용하고 불안감을 완화시킨다. 그러나 안정제를 투여받은 고양이는 행동교정이 어려우므로 꼭 필요한 경우에만 아주 짧게 사용한다. 우선적으로 선택되는 약물은 아니며 많은 행동학자들은 추천하지 않는다.

디아제팜(diazepam)은 억압효과가 훨씬 덜해 안정제가 필요한 대부분의 행동상 문제에 더 선호되는 약물이다. 그러나 일부 고양이에게 디아제팜이 심각한 간 손상을 유발한 보고도 있어 일상적으로 사용되지 않는다. 디아제팜을 투여받는 고양이는 수시로 간효소 수치를 체크해야 한다. 이 약물은 용변 실수를 하는 고양이들의 55~77%에서 좋은 효과를 나타냈으나 약물을 중단하면 다시 문제가 재발되는 모습을 보였다. 디아제팜은 장기간 투약하기에는 적합하지 않은 약물이므로 용변을 못 가리는 고양이들에게 추천하지 않는다.

프로게스테론

메드록시프로게스테론(medroxyprogesterone), 메게스트롤(megestrol), 그 외 프로게스테론(progestin)은 고양이를 얌전하게 만들고 통증 중추를 억제한다. 공격적인 행동교정에 효과가 좋은데, 특히 성적 충동 억제에 좋다. 중성화수술과 거의 유사한 효과를 나타낸다.

프로게스테론은 또한 영역표시와 스프레이, 파괴적인 스크래치 행동, 강박적인 그루밍, 카니발리즘에도 효과가 좋다. 부작용으로는 낭성 자궁내막증식증, 유선비대증, 자궁축농증, 부신 질환, 체중 증가, 다음다뇨, 당뇨병 등이 있다.

부작용이 심각할 수 있으므로 행동학적 문제를 치료하기 위해 이런 약물을 사용하는 빈도가 점차 감소하고 있다. 불가피한 경우라면 행동교정 치료의 보조적인 방법으로 단기적으로만 사용한다.

그 외의 약물

최근에는 동물행동의학 분야의 발전으로 인해 본문에 소개된 약 이외에도 트라조돈, 가바펜틴, 마로피탄트, 셀레길린 등의 약물도 많이 처방되고 있다. 행동학 약물은 뛰어난 효과만큼 부작용과 위험성도 크다. 반드시 수의사의 처방과 감독이 필요하다._옮긴이 주

부스피론(buspirone)은 뇌에서 분비되는 신경전달물질인 세로토닌에 작용한다. 이 약물은 용변을 가리는 데 문제가 있는 환자의 약 75%에서 효과가 있었다. 행동개선 효과를 확인하기까지는 보통 1~2주 정도가 소요되는데, 4주가 지나도 눈에 띄게 호전되지 않는 경우도 있다. 대부분 약 8주에 걸쳐 투여하고 그 이후에는 용량을 서서히 줄인다(특히 행동교정 훈련과 환경교정 훈련을 병행하는 경우).

아미트립틸린(amitriptyline)은 신경전달을 차단한다. 이 약물은 소변을 가리지 못하거나 분리불안을 보이는 경우 도움이 된다. 심장 부작용이 있을 수 있어, 투약에 앞서 심전도검사가 추천되며 정기적인 심전도검사가 필요하다.

클로미프라민(clomipramine)은 삼환계 항우울제로 분리불안과 영역표시 행동에 효과가 있다.

플루옥세틴(fluoxetine)은 프로작이란 상품명으로 더 잘 알려진 선택적 세로토닌 재흡수 억제제(SSRI, selective serotonin reuptake inhibitor)다. 이 약물은 배변장애를 가진 고양이에게 도움이 된다.

약물 합병증

고양이는 약물에 특히 민감하다. 고양이는 글루쿠론산분해효소(glucuronidase transferase)라는 간효소가 결핍되어 있는데, 이 효소는 많은 약물대사에 매우 중요하

다. 이런 이유로 사람과 개에게는 안전한 많은 약물이 고양이에게는 안전성을 보장하기 어렵다. 사람과 개에게 사용되는 약물은 그것이 심지어 영양 보조제라 할지라도 절대 수의사의 처방 없이 함부로 고양이에게 투여해서는 안 된다.

약물의 용량은 체중에 따라 결정된다. 약물을 안전하게 투여할 수 있는 안전 영역이 아주 좁은 경우도 있으므로 정확한 체중을 측정하는 것이 중요하다. 부족하게 또는 과다하게 투여되는 것을 막을 수 있다.

약물의 용량을 결정할 때는 현재 앓고 있는 다른 질병의 유무도 중요하다. 예를 들어 신장이나 간의 질병을 가지고 있는 고양이는 표준용량보다 더 낮은 용량으로 처방해야 한다.

고양이는 사람이나 개에 비해 사용이 승인된 약물의 종류가 더 적다는 사실을 눈여겨 봐야 한다. 그런데 이는 부분적으로 고양이 약물의 FDA 승인을 위한 재정적인 지원 부족의 측면과도 관계가 있다. 고양이에게 일상적으로 사용되는 약물의 다수가 오프라벨, 즉 승인되지 않은 것이다. 그러나 이 약물들은 많은 증례에서 효과적이고 안전한, 때로는 생명을 구하는 약물이다. 고양이에게 사용하는 약물에 대해 항상 수의사와 함께 상의한다.

독성

고양이에게만 특별히 치료용량과 독성 용량 사이의 안전영역이 좁은 경우가 종종 있다. 독성은 과량을 투여하거나 약물배설 기능이 손상되어 발생한다. 이런 상태에서는 약물이 독성 농도까지 이르게 된다. 노묘와 심한 간 질환이나 신장 질환이 있는 고양이는 약물을 정상적으로 해독하고 배설하지 못한다. 마찬가지로 새끼 고양이도 신장이 미성숙한 상태므로 성묘와 비교해서 체중에 비해 더 낮은 용량으로 약물을 투여해야 한다. 이런 이유로 약물독성은 아주 어린 새끼 고양이나 아주 늙은 고양이에게 더욱 빈번히 발생한다. 장기 투여도 과량 투여의 또 다른 원인이다.

고양이의 특성상 독성 증상을 알아채기 어려우므로 이상을 발견했을 때는 이미 독성이 상당히 진행된 경우가 많다. 약물독성은 하나 또는 그 이상의 장기에 영향을 끼칠 수 있다.

- **청력.** 청신경이 손상되면 이명, 청력감소, 심한 경우 영구적인 청력소실을 유발할 수 있다.
- **간.** 황달이나 간부전이 발생할 수 있다.
- **신장.** 질소혈증, 요독증, 신부전을 유발할 수 있다.
- **골수.** 적혈구, 백혈구, 혈소판의 생산이 억제된다. 그 영향은 불가역적일 수 있는

데, 항생제인 클로람페니콜(chloramphenicol)은 특히 골수억압을 유발하기 쉽다.

- **위장관계.** 구토나 설사, 오심, 식욕감퇴를 유발할 수 있다.
- **신경계.** 방향감각 상실, 운동실조, 혼수와 같은 신경학적 증상을 유발할 수 있다.

과민성 쇼크 / 아나필락시스anaphylactic shock

주사를 통해 외부 물질을 주입할 때 발생 가능한 위험 중 하나가 갑작스런 알레르기 반응이나 과민반응이다. 순환장애로 인해 심각하거나 치명적인 쇼크 상태에 빠진다. 과민성 쇼크를 유발하는 가장 대표적인 약물은 페니실린이다. 일부 고양이는 예방백신에 거부반응을 나타내기도 한다. 사전에 위험을 방지하기 위해 과거에 특정 약물에 의해 어떤 종류라도 알레르기 반응을 나타냈다면 그 약물은 투여하면 안 된다.

치료 : 과민성 쇼크는 응급상황으로 수의사의 치료가 필요하다. 정맥으로 아드레날린(에피네프린)을 주사하고 산소를 공급하여 치료한다. 모든 주사제는 수의사만 투여해야 한다.

약물을 투여하는 방법

투여하려는 약물이 고양이에게 적합하다는 수의사의 확인을 받지 못했다면 고양이에게 어떤 약도 투여해서는 안 된다. 또한 고양이에게 맞는 정확한 용량과 투여방법도 수의사에게 문의한다.

알약, 캡슐, 가루약

알약을 먹이기 가장 쉬운 방법은 약 먹이기용 간식 제품을 이용하는 것이다. 고양이는 캔에 알약을 섞으면 교묘하게 골라내는데 약 먹이기용 간식은 끈적거려서 알약만 빼놓고 먹는 게 거의 불가능하다. 또한 부드러운 형태라 원하는 모양으로 알약을 싸서 쉽게 감출 수 있다. 필 포켓(Pill pocket), 플레이버 도(Flavor doh)가 이런 제품이다.

이런 제품을 이용하면 고양이에게 약을 먹이기 위해 매일 씨름할 필요가 없다(약 먹이기는 반려인과 고양이 모두에게 큰 스트레스다). 고양이의 목구멍에 약을 밀어넣어 생기는 문제를 예방할 수도 있다.

캔 내용물을 작게 반죽하거나 고기 조각으로 완자를 만들어 사용할 수도 있다. 약이 들어 있지 않은 고기 완자를 한두 개 먹인 뒤 알약을 넣어서 준다. 약을 먹고 난 뒤 약맛을 느끼지 못하도록 약이 들어 있지 않은 완자를 하나 더 먹인다.

물론 이 방법은 고양이에게 약과 음식을 함께 먹여도 되는 경우 가능하다. 이 점을 수의사에게 항상 확인한다. 음식과 함께 약을 줄 수 없는 경우라면 고양이를 보정하고 직접 알약을 먹여야 한다.

고양이가 알약을 먹는 데 익숙하지 않다면 몸통과 다리를 수건으로 감싸면 도움이 된다. 혼자서 약을 먹이는 경우 한 팔로 고양이를 감싸안는다. 조력자가 있으면 훨씬 더 편하다.

엄지손가락과 검지손가락으로 고양이의 양쪽 입 가장자리를 잡고 이빨 사이의 공간에 부드럽게 힘을 가한다. 고양이의 입이 벌어지면 아래턱을 아래로 당긴 뒤 알약을 혀 뒤쪽으로 밀어넣는다. 입을 닫고 고양이가 삼킬 때까지 목구멍 주변을 문지른다. 고양이가 코를 핥으면 알약을 삼킨 것이다. 고양이의 코나 얼굴에 가볍게 후 불어주면 꿀꺽 삼키는 데 도움이 되기도 한다. 알약을 먹인 다음에는 항상 주사기나 안약병을 이용해 최소한 한 티스푼(5mL) 이상의 물을 먹인다. 물을 먹이는 방법은 다음에 나오는 물약을 참고한다. 물을 먹임으로써 알약이 위로 이동해 효과를 발휘할 수 있다. 알약이 식도에 걸리는 경우 효과를 기대할 수도 없고 큰 문제를 초래할 수 있다. 식도에 걸린 알약은 구토나 식도 점막에 자극을 유발한다. 이런 일이 반복적으로 발생하면 식도의 협착이나 궤양이 발생한다. 알약은 물론 캡슐을 먹이는 경우도 문제가 된다. 때문에 알약을 음식과 함께 먹이는 경우가 아니라면 <u>항상 물을 함께 먹여야 한다.</u>

알약을 갈아 먹이는 건 좋지 않다. 가루약은 냄새가 독해 더 먹이기 어렵다. 또 많은 알약들이 표면에 코팅 처리가 되어 있어 원하는 위치의 소화관에서 효과를 발휘하도록 만들어져 있다.

종종 캡슐 내용물을 캔 등에 섞어 먹이고는 하는데 수의사에게 이것이 괜찮은지 확인한다. 다른 가루약도 이런 방법으로 먹일 수 있다. 수의사의 지시가 있을 경우 가루약을 물에 섞어 물약으로 먹일 수도 있다.

물약

전해질 용액이나 수용액 등의 물약은 고양이의 뺨과 어금니 사이의 공간으로 투여한다. 약병, 안약병, 바늘 없는 일회용 주사기 등을 이용할 수 있다.

성묘는 한 번에 3티스푼(15mL) 정도의 물약을 먹일 수 있다. 투여량을 확인한 뒤(고양이가 물 경우 투약용 플라스틱 스포이드를 사용한다), 알약을 먹일 때처럼 고양이를 잡는다. 약병 입구를 고양이의 뺨 안쪽 공간으로 밀어넣고 고양이의 턱을 위쪽으로 기울인 상태로 천천히 약을 넣는다. 고양이는 자동적으로 약을 삼킬 것이다.

1 알약을 먹이는 올바른 방법 : 혀 뒤쪽의 목구멍 정중앙으로 알약을 밀어 넣는다.

2 알약을 먹이는 잘못된 방법 : 너무 앞쪽이라 고양이가 혀로 쉽게 뱉어낼 것이다.

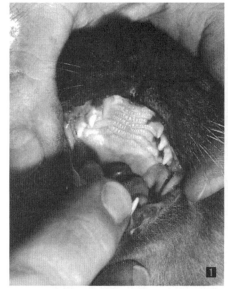

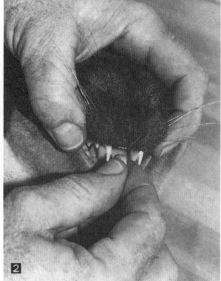

3 물약은 바늘 없는 주사기에 넣어 어금니와 뺨 사이의 공간에 투여한다. 고양이에게 삼킬 시간을 주어야 한다.

4 투약용 스포이드를 쓰는 경우 고양이 입 안으로 똑바로 밀어넣는다.

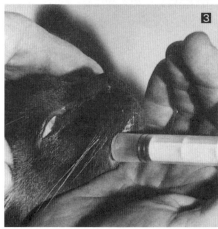

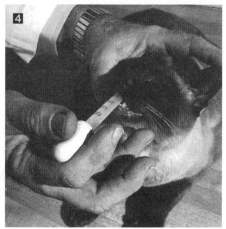

주사제

33쪽에 설명한 것처럼 주사를 통해 외부 물질을 주입하는 경우 언제든 갑작스런 알레르기 반응이나 과민반응이 나타날 수 있다. 과민성 쇼크는 즉시 정맥으로 아드레날린(에피네프린)을 주사하고 산소를 공급해야 한다. 이런 이유로 주사제는 반드시 수의사에 의해 시술되어야 한다. 위험을 방지하기 위해서다. 어떤 약물이든 과거에 알레르기 반응을 나타낸 적이 있다면 절대 직접 주사를 놓아서는 안 된다.

불가피하게 집에서 주사를 놓아야 하는 경우(예를 들어 고양이가 당뇨병에 걸린 경우) 수의사가 주사를 놓는 방법을 가르쳐 줄 것이다. 어떤 주사제는 피부 밑(피하)으로 투여하고, 어떤 주사는 근육 내로 투여한다. 약품에 따라 정해진 정확한 주사 위치와 방법으로 투여한다.

좌약suppositorie

경구약 투여가 어려울 때(예를 들어, 고양이가 토하는 경우) 좌약을 사용할 수 있다. 수의사는 심한 변비 치료를 위해 좌약을 처방하기도 한다.

좌약은 바셀린이 발라져 있어 표면이 미끌거리며 직장 안으로 완전히 삽입되어 그 안에서 녹는다. 변비용 좌약은 직장으로 수분 유입을 촉진시키는 성분과 장운동을 자극하는 성분이 들어 있다. 둘코락스(dulcolax) 등이 이런 제품으로 약국에서 쉽게 구입할 수 있다. 성묘에게는 1/4 또는 1/2 크기로 잘라 사용한다.

<u>탈수상태거나 위장관폐쇄 가능성이 있는 고양이에게는 좌약을 사용해서는 안 된다.</u> 복통이 있는 경우에도 좌약을 사용해서는 안 된다.

기타 형태의 약물

고양이에게 더 쉽게 약을 투여하기 위해 다양한 형태의 약을 사용할 수 있다. 맛있는 간식이나 액상에 약을 섞은 제품도 있다. 어떤 제품은 젤 형태로 되어 귀에 문질러 바를 수 있다. 펜타닐 패치는 피부를 통해 흡수된다. 갑상선기능항진증 치료에 이용되는 메티마졸(methimazole)은 때때로 알약 대신 귀에 바르는 젤 형태로 사용할 수 있다.

함께 사용해도 안전한 약물을 모아 하나로 만든 제품도 있다. 이런 약은 아직 고양이용이 따로 없거나 고양이용 사용용량이 확실히 정립되지 않은 것도 있다. 이런 종류의 약은 대부분 상용화하기까지 더 많은 연구가 필요하다.

다양한 용도의 약

눈에 사용하는 약의 올바른 사용법에 대해서는 **눈에 약 넣기**(189쪽 참조)에서, 귀에 사용하는 약에 대해서는 **귀약 넣기**(220쪽 참조)에서 설명하고 있다. 관장약은 **변막힘**(287쪽 참조)에서 설명하고 있다. 플리트(fleet) 같은 관장제는 과량의 인산염으로 인해 위험할 수 있으므로 절대 고양이에게 사용해서는 안 된다.

부록 A
고양이의 정상 생리학 수치

체온

성묘 : 37.7℃~39.4℃

평균 : 38.6℃

신생묘 : 35℃~37.2℃, 생후 2주 이후에는 더 높을 수 있다.

체온을 재는 방법

고양이의 체온을 재는 가장 정확한 방법은 직장용 체온계를 사용하는 것이다. 수은 체온계와 전자체온계도 사용할 수 있다. 전자체온계는 더 빠르고 편리하게 체온을 측정할 수 있다.

수은체온계를 사용하는 경우 체온계가 35.5℃가 될 때까지 흔들어 준다. 고양이를 바닥에 일으켜 세운 자세에서 꼬리를 들어올리고 바닥에 주저앉지 못하도록 단단히 잡는다. 체온계 끝에 바셀린 등의 윤활제를 바른 후 고양이의 항문 약 2.5~4cm 안쪽으로 부드럽게 밀어넣는다.

체온계를 3분간 그대로 둔다(한 손으로 배를 받쳐주면 고양이가 서 있는 자세를 유지하는 데 도움이 된다). 그리고 체온계를 뺀 뒤 표면을 닦은 후 온도계 눈금을 읽는다. 전염병 방지를 위해 알코올로 체온계를 깨끗하게 소독한다.

전자체온계를 사용하는 경우 같은 방법으로 체온계를 항문에 삽입하고 사용설명서를 따른다.

집에서 체온을 재다가 체온계가 깨졌다면(고양이가 주저앉는 경우에 많이 발생한다) 부러진 조각을 찾거나 제거하려 하지 말고 즉시 수의사에게 알리고 진료를 받는다.

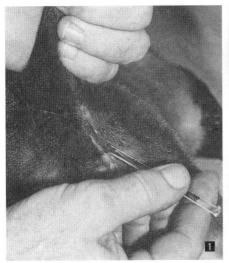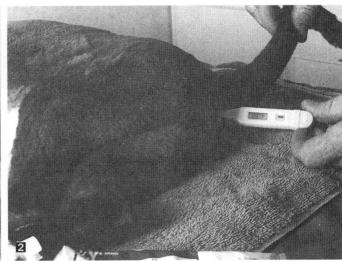

■ 수은체온계로 체온을
측정하고 있다.

② 전자체온계로 체온을
측정하고 있다. 고양이를
옆으로 눕힌 상태에서 체
온을 잴 수도 있다.

심박heart rate

성묘 : 분당 140~240회(평균 195회)

신생묘 : 분당 200~300회. 생후 2주에는 분당 약 200회

맥박을 측정하는 방법은 맥박(321쪽) 참조.

호흡수respiratory rate

성묘 : 분당 20~24회

평균 : 분당 22회(안정 시)

신생묘 : 분당 15~35회(2주령까지)

임신기간

배란 후 평균 63~65일(정상 임신기간은 60~67일)

부록 B
고양이 나이 계산하기

　예전에는 일반적으로 고양이의 1년은 사람의 7년과 비슷하다고 계산했다. 그러나 이것은 정확하지 않다. 고양이가 나이를 먹는 방식은 사람과 다르다. 어떤 고양이는 인간의 1년이 7년 이상에 해당될 정도로 빠르게 나이를 먹기도 하고, 또 어떤 고양이는 그보다 천천히 나이를 먹기도 한다. 예를 들어 새끼 고양이가 성체에 가까운 몸이 되기까지는 1년 정도의 시간이 걸리지만 사람의 경우 7살은 아직도 많이 자라야 하는 어린 아이다. 때문에 고양이의 첫 1년은 아마도 사람의 16년과 비슷하다고 할 수 있다.

　또한 모든 고양이가 다 같은 속도로 나이를 먹지 않는다. 고양이의 생체 나이는 유전적 속성, 영양 상태, 전반적인 건강 상태, 생애 전반의 환경 및 행동학적인 스트레스에 따라 달라진다. 샴고양이는 수명이 긴 것으로 알려진 반면 페르시안은 오래 사는 경우가 상대적으로 드물다. 순종인지 혼종인지의 여부 자체가 단독으로 노화 과정에 영향을 미치는 것은 아니다.

다음 표는 평균적인 고양이와 사람의 나이 비교다. 굵게 표시한 것은 중년, 기울어지게 표시한 것은 노년을 의미한다.

고양이의 나이	사람과 비교한 나이	
1	16	
2	21	
3	25	
4	29	
5	33	
6	37	
7	41	
8	45	
9	49	
10	**53**	
11	**54**	
12	**59**	중년
13	**63**	
14	**67**	
15	**71**	
16	*75*	
17	*79*	
18	*83*	노년
19	*87*	
20	*91*	

부록 C
혈액검사와 소변검사 결과 이해하기

실험실적 검사가 필요한 경우가 있다. 이런 검사는 분변검사나 심장사상충검사 같은 간단한 검사부터 다양한 장기의 기능을 확인하는 정밀한 혈액검사까지 포함된다. 여기서는 가장 흔하게 사용되는 혈액검사와 소변검사에 대해 설명할 것이다. 검사용 혈액은 보통 고양이의 정맥에서 채혈한다(목에 있는 경정맥에서 채혈하는 경우가 가장 많고, 다리에서도 채혈한다). 대부분의 검사를 위해서는 금식이 필요하다.

적혈구검사complete blood count(CBC) or hemogram

적혈구검사는 고양이의 정맥에서 직접 혈액을 채취해 검사한다. 검사를 통해 고양이 혈액의 다양한 혈구세포의 숫자를 확인한다. 동시에 세포 타입과 세포의 상태 및 발달 단계를 평가한다. 골수에 이상이 있거나 화학요법 등을 받은 고양이는 전반적인 혈구세포의 수가 감소할 수 있다.

적혈구용적률hematocrit or PCV

적혈구용적률검사(HCT, PCV)는 고양이가 적혈구를 얼마나 가지고 있는지 대략적으로 확인한다. 혈액을 원심분리시키면 전체 혈액의 부피에서 적혈구가 차지하는 비율을 계산할 수 있다. 정상적인 고양이는 적혈구가 약 30~45%를 나타낸다. 적혈구용적률이 정상보다 낮으면 출혈부터 간 질환까지 빈혈의 다양한 원인을 의심할 수 있다. 반대로 탈수상태의 고양이는 종종 적혈구용적률이 높게 나타난다.

적혈구 관련 수치red blood cell(RBC) data

정확한 적혈구 수치를 아는 방법은 현미경으로 혈구 계산판 위의 적혈구를 직접

하나하나 세는 것이다(최근에는 대부분 전자혈구검사기를 사용한다). 혈색소[헤모글로빈 (hemoglobin), 산소를 운반하는 물질]의 양과 적혈구 세포의 나이와 크기도 측정된다. MCV(평균적혈구용적)는 적혈구의 평균 크기, MCH(평균혈구혈색소)는 적혈구 내의 혈색소 양이다. MCHC(평균적혈구혈색소농도)는 적혈구 내의 혈색소의 평균 농도를 의미하는데 보통 %로 나타낸다. 수의사나 실험실 검사자는 세포의 성숙도나 혈액 내 기생충 등도 검사한다.

백혈구 관련 수치white blood cell(WBC) data

시료의 백혈구 수를 계산해 평가한다. 백혈구에는 호산구(eosinophil, 기생충 감염에 맞서 싸우고 알레르기와 관련 있다), 호중구(neutrophil, 백혈구 중 가장 많은 비율을 차지하며 염증 초기에 가장 빠르게 이동하여 대응한다), 림프구(lymphocyte), 호염기구, 대식구, 단핵구 등과 같이 감염이나 세포 침입자에 대항해 싸우는 세포가 있다. 림프구와 같은 백혈구의 수는 특정 암을 가진 고양이에게서 증가하기도 한다. 보통 백혈구 수는 감염 시 증가하는 데 감염이 심하게 악화되면 오히려 백혈구 수가 감소한다.

혈소판platelet or PLT

혈소판(PLT)은 혈액의 응고와 지혈을 돕는다. 혈소판의 수도 현미경으로 시료를 검사하여 평가한다. 혈소판은 면역이상, 암, 지혈장애가 있는 고양이에게서 감소한다.

혈액화학검사blood chemistry panel

혈액화학검사는 다양한 장기의 기능에 중요한 효소와 정상적인 신체 기능 유지에 중요한 특정 단백질과 미네랄 수치를 평가한다. 다음은 주요 검사항목이다.

ALB(albumin, 알부민). 간에서 만들어지는 중요한 단백질이다. 간이나 신장이 어떤 종류의 손상을 입으면 감소하며 탈수상태의 고양이는 증가한다.

ALP(alkaline phosphatase). 간 질환이나 뼈 질환이 있는 고양이에서 증가할 수 있다. 발작 증상에 쓰이는 약물인 페노바르비탈도 이 효소의 수치를 상승시킨다.

ALT(alanine aminotransferase). 실제로 어떤 형태의 간손상이 발생한 고양이에게서 증가한다.

AST(aspartate aminotransferase). 정상적으로 적혈구, 간과 심장 조직, 근육조직, 췌장, 신장에서 관찰되는 효소다. 주로 간기능을 평가할 때 사용되는 검사다. AST는 심장에 손상이 있는 경우에도 상승할 수 있다.

Bile acid(담즙산). 간기능 평가에 중요하다. 식전과 식사 2시간 후의 혈액 시료가 2 개 필요하다.

TBIL(total bilirubin, 총 빌리루빈). 간의 노화된 적혈구로부터 만들어진다. 간 질환이 나 담낭 질환, 적혈구용혈성 질환이 있는 고양이에서 증가한다. 이 색소가 몸에 축적 되면 황달 증상이 발생한다.

GLU(glucose, 포도당). 혈당을 의미한다. 당뇨병이나 쿠싱병, 스테로이드 투약 등에 의해 상승한다. 건강한 고양이도 스트레스를 받으면 혈당이 상승한다. 저혈당은 특정 암, 인슐린 과다, 간 질환, 감염에 의해 발생할 수 있다.

AMYL(amylase, 아밀라아제). 주로 췌장에서 만들어져 소화관으로 분비되며 녹말과 글리코겐의 소화를 돕는다. 췌장염(항상 신뢰할 수는 없지만), 신장 질환, 스테로이드 투약 시에 상승할 수 있다.

LIPA(lipase, 리파아제). 췌장에서 만들어지는 효소 중 하나로 식이지방을 분해한다. 췌장염 등으로 췌장이 손상되거나 췌장관에 문제가 있는 경우 상승할 수 있다._옮긴이 추가

CPK/CK(creatinine phosphokinase/creatinine kinase). 근육효소의 다른 이름으로 심근을 포함한 근육의 손상이 있을 때 증가한다.

TP(total protein, 혈장단백질). 혈액 중 단백질 총량으로 알부민과 글로불린(globulin, 감염이나 염증과 관련)의 합이다. 탈수상태의 고양이나 면역자극을 받은 경우 상승할 수 있다. 간에 문제가 있는 경우 낮아진다.

BUN(blood urea nitrogen, 혈중요소질소). 주로 신장검사에 이용되는 데 간에서 만 들어져 신장을 통해 배설되는 단백성 노폐물이다. BUN이 낮으면 간 질환을, BUN이 높으면 신장 질환을 의미할 수 있다.

CREA(creatinine, 크레아티닌). 크레아티닌은 근육의 노폐물로 정상적으로 신장에서 제거된다. 수치가 증가하면 신장 질환을 의미한다.

PHOS(phosphorus, 인). 인 수치의 변화는 부갑상선 질환, 신장 질환, 섭취 부족이 원인일 수 있다.

SDMA(Symmetric Dimethyl Arginine). 신장에서 배설되므로 사구체여과율의 바이 오마커로 이용한다. 25% 수준의 신기능 소실도 조기에 발견할 수 있으며 다른 변수 의 영향을 적게 받아 신뢰도가 높다._옮긴이 추가

Ca(calcium, 칼슘). 이 미네랄은 뼈의 발달은 물론 근육과 신경의 작용에 매우 중요 하다. 특정 암, 신부전, 살서제 중독, 부갑상선 질환에 걸린 고양이는 칼슘 농도가 상 승할 수 있다. 반면에 여러 마리의 새끼를 출산하고 수유하는 경우, 일부 부갑상선 질

환의 경우에는 칼슘 농도가 낮아질 수 있다.

SAA(serum amyloid A). 급성 염증 상태를 평가하는 지표로 WBC(백혈구 수)보다 빠르고 민감하게 상승한다._옮긴이 추가

K(potassium, 칼륨). 근육과 신경 기능 및 심장의 활동에 매우 중요하다. 신장 질환, 방광폐쇄, 부동액 중독 등은 칼륨 농도를 높인다.

Na(sodium, 나트륨). 정상적인 근육과 신경 기능에 중요하다. 구토나 설사, 애디슨병 등이 있는 경우 수치에 영향을 줄 수 있다.

소변검사 urinalysis

소변을 검사하는 것으로 고양이가 소변을 볼 때 스티로폼 조각 등을 모래상자에 넣어 채취할 수도 있고, 바늘이나 카테터를 이용해 방광에서 직접 채취할 수도 있다. 감염이 의심된다면 멸균 상태를 유지하기 위해 방광에서 직접 채취하는 것이 좋다.

소변검사를 통해 포도당이나 pH 같은 특정 요소를 검사한다. 소변의 농도와 소변 내 발견되는 세포를 검사하기도 한다. 어떤 항목은 소변 스틱 같은 특수처리 된 시험지로 검사하기도 하고, 어떤 항목은 비중계 같은 특별한 기구를 이용해 검사하기도 한다.

희석뇨는 신장 질환이나 음수량 증가를, 농축뇨는 탈수나 신장 질환을 의미할 수 있다. 소변 중 당은 당뇨병을, 단백뇨는 신장의 손상을 의미한다. pH는 소변이 산성인지 알칼리성인지 구분해 주는데 이는 음식의 영향을 받을 수 있으며 방광 내 결석이나 결정 생성에 영향을 줄 수 있다.

소변을 원심분리하여 침전된 세포를 검사하는 요침사검사를 하기도 한다. 적혈구나 백혈구가 관찰된다면 감염이나 요로의 손상을 의심할 수 있다. 소변의 결정은 결석으로 진행되기 쉽다. 세균은 감염을 의미하는데 세균 감염이 의심되는 경우 소변을 배양하여 확인하기도 한다.

부록 D
고양이 관련 정보 사이트

미국 동물병원협회
www.aahanet.org
www.healthypet.com

한국 동물병원협회
www.kaha.or.kr

미국 고양이임상수의사회
www.aafponline.org

한국 고양이수의사회
www.ksfm.or.kr

미국 홀리스틱수의학회
www.ahvma.org

미국수의사회
www.avma.org

대한수의사회
www.kvma.or.kr

동물학대방지협회 동물중독관리센터
www.aspca.org/apcc

코넬 고양이건강센터
www.vet.cornell.edu/departments-centers-
arol-institutes/cornell-feline-health-center

펫파트너(동물매개치료단체)
www.petpartners.org

국제수의침술학회
www.ivas.org

미네소타 결석센터
www.cvm.umn.edu/depts/
minnesotaurolithcenter/home.html

모리스 동물재단
www.morrisanimalfoundation.org

오하이오 수의과대학 영양지원서비스
http://vet.osu.edu/vmc/companion/our-
service/nutrition-support-service

동물정형학재단(OFA)
www.ofa.org

펜젠(PennGen)
www.vet.upenn.edu/research/academic-
departments/clinical-sciences-advanced-
medicine/research-labs-centers/penngen

PennHIP
www.pennhip.org

국제펫시터협회

www.petsit.com

UC 데이비스 수의유전자연구소

www.vgl.ucdavis.edu

VetGen

www.vetgen.com

윈 고양이재단

www.winnfelinefoundation.org

건강정보

- petcoach

  www.petcoach.com

- Dr. Jean Hofve

  www.littlebigcat.com

- Manhattan Cat Specialists

  www.manhattancats.com

- Veterinary Partner

  www.veterinarypartner.com

행동학 정보

- Cat International

  www.catsinternational.org

- international cat care

  www.icatcare.org

- Karen Pryor Clicker Training

  www.clickertraining.com/cattraining

- indoor pet initiative

  http://indoorpet.osu.edu/home

- International Association of Animal Behavior Consultants

  www.iaabc.org

표 리스트

찾아보기

증상별 찾아보기

두꺼운 글씨로 된 페이지는 관련 증상의 상세한 설명을 포함하고 있다. 하위단위 가나다 순

그림 및 사진 저작권

Unless otherwise noted here, photographs have been provided by the authors and by Krist Carlson, Dr. James Clawson, and Nancy Wallis.

Courtesy of BiteNot Products: 26(아래)
Krist Carlson: 141, 142
J. Clawson: 21, 22, 24, 27, 28(오른쪽), 30, 31, 35(아래 왼쪽, 오른쪽), 36(위), 70, 71 ,72, 190, 193, 198, 222(위), 244, 255, 309, 311(오른쪽), 321(오른쪽), 322, 351, 558, 561
Courtesy of KNOW Heartworms(American Heartworm Society, American Association of Feline Practitioners, and Pfizer Animal Health): 335
Courtesy of Brian Poteet, DVM, Diplomate ACVR: 366
Courtesy of Virbac Animal Health: 257(오른쪽)
Wendy Christensen: 132, 138, 186, 218, 242, 253, 269, 306, 310, 320, 328, 338, 376, 411, 413, 435, 437, 442
Rose Floyd: 62, 294(위)
Sue Giffin: 514
Weems Hutto: 23
Dusty Rainbolt: 26(위), 136, 471
Tammy Rao: 257(왼쪽), 548
Valerie Toukatly: 78, 81, 152, 161
Sydney Wiley: 19, 134, 135, 145, 219(위), 233, 284, 356, 375, 406, 407, 418, 490, 508, 509, 512, 537

역자 후기

20여 년 전 새내기 수의사 시절 가장 부담스러운 진료는 고양이 환자였다. 몇 달에 한 번 만나는 고양이는 대부분 여지 없이 사나운 '호냥이'였다. 부끄럽지만 진료대에 앉아서 어디서부터 무엇을 어떻게 해야 할지 난감한 경우가 많았다. 그럴 수밖에 없었던 게 당시 수의과대학에서 고양이에 대해서 거의 배우지 못했기 때문이다. 혼자 공부를 하려 해도 마땅한 교과서가 없었고 진료대에서 직접 고양이 환자를 마주할 기회도 거의 없었다. 고양이용 전문 약품도 제대로 구할 수 없던 시절이었다. 그러니 TV 광고에 나오는 풍성하고 새하얀 털을 자랑하는 페르시안고양이는 동물원의 호랑이보다도 실제로 접하기 어려운 희귀한 대상이었다.

얼마 지나지 않아 반려묘가 크게 늘었고, 고양이에 관한 정보도 늘어나기 시작했지만 여전히 반려인에게도 수의사에게도 필요한 정보는 턱없이 부족했다. 단순히 고양이를 잘 다루는 수의사가 명의로 추앙받기도 했고, 관련 서적이나 해외 논문을 빨리 접해 정보가 많은 수의사가 고양이 전문가로 인정받기도 했다. 반려인은 '고양이 전문병원'이란 간판이 없는 동물병원의 수의사는 고양이를 모른다는 막연한 불신을 갖고 있는 경우가 많았고, 수의사도 고양이 환자는 다루기 힘들고 고양이 반려인도 까다롭다는 편견을 가졌다. 지금 생각해 보면 이런 문제의 가장 큰 원인은 정확하고 명료한 내용을 담은 텍스트가 없어서였다. 반려인과 수의사가 좋은 책을 두고 함께 고양이에 대해 이야기를 하면서 팀워크를 발휘할 기회 자체가 없었던 것이다.

최근 반려묘의 수는 반려견과 어깨를 나란히 할 정도로 늘었다. 소가족 중심의 사회 구조나 일상이 바쁜 현대인에게 상대적으로 손이 덜 가고 혼자서도 척척 알아서 잘하는 고양이는, 타고난 매력을 뒤로 하더라도 가장 이상적인 반려동물이 되었다. 고양이는 더 이상 낯선 존재가 아니기에 사람들에게 '도둑고양이'는 같은 사회생태계의 일원으로 '더불어 살아가는 길고양이'가 되었다. 늘어난 수만큼이나 고양이에 관한 수의학적 지식의 깊이와 경험도 풍부해졌고, 이제 대부분의 수의사들이 고양이 환자를 능숙하게 진료할 수 있게 되었다. 또한 인터넷과 많은 매체를 통해 수의사는 물론 반려인도 넘쳐날 정도로 다양한 최신 정보를 접한다. 그럼에도 불구하고 여전히 많은 반려인이 고양이에게 무슨 일이 생겼을 때 일차적으로 커뮤니티 등을 통해 검증되지 않은 부정확한 정보에 의존하는 경우가 많다. 나 역시 진료를 볼 때면 고양이에 대한 잘못된 정보를 가지고 있거나 이런 저런 궁금증을 쏟아내는 보호자들을 접하며 고양이 공부를 위해 읽어보라고 추천할 만한 마땅한 지침서가 없어 안타까운 경우가 많았다.

이 책은 지난 40년간 미국 고양이 반려인의 책장 한 켠을 굳건히 지켜온 베스트셀러이자 바이블 같은 책이다. 이번 책은 2008년에 나온 세 번째 개정판을 번역한 것으로, 내용과 범위에 있어 지금 보아도 전혀 손색이 없을 정도로 내용이 충실하다. 이 책은 고양이란 동물에 대한 신체적·생리적 특징부터 다양한 질병, 행동학적 특징까지 자세히 설명하고 있으며, 특정 증상을 중심으로 손쉽게 접근할 수 있도록 구성되어 있다. 무엇보다 고양이에게 문제가 발생했을 때 '당장 어떻게 해야 하는지', '어떤 가능성을 염두에 두어야 하는지'를 직관적으로 찾아보고 판단할 수 있도록 돕는다. 특히 고양이 문제에 대해 수의사와 함께 의논하고 풀어갈 수 있도록 실마리와 배경지식을 제공한다.

개인적으로는 수의학도로 처음 이 책을 만나고, 새내기 수의사 시절 생소한 고양이 진료에 지침서가 되어 준 고마운 책이다. 일반인을 대상으로 한 책이지만 광범위하고 상세한 내용 때문에 우리 병원에 들어오는 인턴 수의사들이나 수의학과 학생들에게 가장 먼저 완독하길 추천하는 책이기도 하다(나는 고양이 진료의 바이블 중 하나인《고양이 의학Feline patient》의 공동 역자다. 하지만 이 책은 엄청난 두께와 너무 어려운 내용으로 초심자들은 쉽게 펼쳐보기가 쉽지 않다). 최근 반려묘에 대한 관심이 커지면서 고양이의 건강관리에 대한 조잡한 번역서나 가벼운 내용의 책이 넘쳐나는 가운데 실질적으로 고양이 반려인을 위한 정확하고 쓸모 있는 책이 한 권쯤 있었으면 좋겠다는 욕심을 늘 가지고 있었다. 그런데 이제야 실현되는 것 같아 감격스러울 따름이다.

새롭게 바뀌거나 추가된 정보 그리고 반려인이 궁금해할 만한 내용은 옮긴이 주를 통해 보완하려 노력했다. 원저의 집필 시점과 달리 현재는 많이 사용하지 않는 약물도 언급되어 있으나 처방이라는 고유의 특성을 고려해 그대로 싣고 필요한 경우 옮긴이 주로 부연 설명했다. 미국이라는 지역적 특성과 관련된 내용도 원저를 존중해 대부분 그대로 수록했다. 수의학 정보가 워낙 급속하게 업데이트되어서 행여 미흡하거나 놓친 부분이 있더라도 너그러운 이해를 구한다. 아울러, 저자가 강조하듯이 이 책이 수의사의 역할을 대체할 수는 없다. 이 책의 역할은 반려인과 수의사가 함께 고양이의 건강 문제를 풀어 나가는 열쇠임을 잊지 않기를 바란다.

수의사로서 고양이를 진료하면서 느낀 점은 고양이라는 동물은 참 오묘하다는 것이다. 정적인 듯한데 동적이고, 차가운 듯하면서 뜨겁다. 움직임 하나에도 치밀한 계산이 숨어 있는 듯 까다롭고 섬세한 모습을 보이기도 한다. 이런 이유인지 고양이 질병의 상당 부분은 심신의 '민감함'에서 비롯되는 경우가 많다. 외부의 변화와 자극에 유난히 민감한 고양이의 특성을 잘 이해한다면 더 좋은 반려인이 될 수 있을 거라고 생각한다.

늘 혼자만의 공부거리를 함께 나누는 기쁨으로 실현시켜 주시는 책공장더불어 김보경 대표님, 깐깐한 역자의 바람을 꼼꼼하게 다 채워 주신 편집자님들께 깊은 감사의 말씀을 전한다. 그리고 영원한 내 인생 최고의 고양이인 까칠한 마나동 마스코트 '씽씽이'와 세상에서 가장 착한 고양이였던 '고민이'에게 이 책을 바친다.

책공장더불어의 책

개·고양이 자연주의 육아백과
세계적인 홀리스틱 수의사 피케른의 개와 고양이를 위한 자연주의 육아백과. 50만 부 이상 팔린 베스트셀러로 반려인, 수의사의 필독서. 최상의 식단, 올바른 생활습관, 암, 신장염, 피부병 등 각종 병에 대한 대처법도 자세히 수록되어 있다.

개, 고양이 사료의 진실
미국에서 스테디셀러를 기록하고 있는 책으로 2007년 멜라민 사료 파동 등 반려동물 사료에 대한 알려지지 않은 진실을 폭로한다.

우리 아이가 아파요! 개·고양이 필수 건강 백과
새로운 예방접종 스케줄부터 우리나라 사정에 맞는 나이대별 흔한 질병의 증상·예방·치료·관리법, 나이 든 개, 고양이 돌보기까지 반려동물을 건강하게 키울 수 있는 필수 건강 백서.

순종 개, 품종 고양이가 좋아요?
사람들은 예쁘고 귀여운 외모의 품종 개, 고양이를 선호하지만 품종 동물은 700개에 달하는 유전질환으로 고통 받는다. 많은 품종 개와 고양이가 왜 질병과 고통에 시달리다가 일찍 죽는지, 건강한 반려동물을 입양하려면 어찌해야 하는지 동물복지 수의사가 알려준다.

고양이 그림일기 (한국출판문화산업진흥원 이달의 읽을 만한 책)
장군이와 흰둥이, 두 고양이와 그림 그리는 한 인간의 일 년치 그림일기. 종이 다른 개체가 서로의 삶의 방법을 존중하며 사는 잔잔하고 소소한 이야기.

고양이 임보일기
《고양이 그림일기》의 이새벽 작가가 새끼 고양이 다섯 마리를 구조해서 입양 보내기까지의 시끌벅적한 임보 이야기를 그림으로 그려냈다.

고양이는 언제나 고양이였다
고양이를 사랑하는 나라 터키의, 고양이를 사랑하는 글 작가와 그림 작가가 고양이에게 보내는 러브레터. 고양이를 통해 세상을 보는 사람들을 위한 아름다운 고양이 그림책이다.

우주식당에서 만나 (한국어린이교육문화연구원 으뜸책)
2010년 볼로냐 어린이도서전에서 올해의 일러스트레이터로 선정되었던 신현아 작가가 반려동물과 함께 사는 이야기를 네 편의 작품으로 묶었다.

나비가 없는 세상 (어린이도서연구회에서 뽑은 어린이·청소년 책)
고양이 만화가 김은희 작가가 그려내는 한국 고양이 만화의 고전. 신디, 페르캉, 추새. 개성 강한 세 마리 고양이와 만화가의 달콤쌉싸래한 동거 이야기.

동물과 이야기하는 여자
SBS 〈TV 동물농장〉에 출연해 화제가 되었던 애니멀 커뮤니케이터 리디아 히비가 20년간 동물들과 나눈 감동의 이야기. 병으로 고통받는 개, 안락사를 원하는 고양이 등과 대화를 통해 문제를 해결한다.

동물을 만나고 좋은 사람이 되었다
(한국출판문화산업진흥원 출판 콘텐츠 창작자금지원 선정)
개, 고양이와 살게 되면서 반려인은 동물의 눈으로, 약자의 눈으로 세상을 보는 법을 배운다. 동물을 통해서 알게 된 세상 덕분에 조금 불편해졌지만 더 좋은 사람이 되어 가는 개·고양이에 포섭된 인간의 성장기.

동물을 위해 책을 읽습니다 (한국출판문화산업진흥원 출판 콘텐츠 창작자금지원 선정, 국립중앙도서관 사서 추천 도서)
우리는 동물이 인간을 위해 사용되기 위해서만 존재하는 것처럼 살고 있다. 우리는 우리가 사랑하고, 입고, 먹고, 즐기는 동물과 어떤 관계를 맺어야 할까? 100여 편의 책 속에서 길을 찾는다.

인간과 개, 고양이의 관계심리학
함께 살면 개, 고양이와 반려인은 닮을까? 동물학대는 인간학대로 이어질까? 248가지 심리실험을 통해 알아보는 인간과 동물이 서로에게 미치는 영향에 관한 심리 해설서.

유기동물에 관한 슬픈 보고서
(환경부 선정 우수환경도서, 어린이도서연구회에서 뽑은 어린이·청소년 책, 한국간행물윤리위원회 좋은 책, 어린이문화진흥회 좋은 어린이책)
동물보호소에서 안락사를 기다리는 유기견, 유기묘의 모습을 사진으로 담았다. 인간에게 버려져 죽임을 당하는 그들의 모습을 통해 인간이 애써 외면하는 불편한 진실을 고발한다.

유기견 입양 교과서
보호소에 입소한 유기견은 안락사와 입양이라는 생사의 갈림길 앞에 선다. 이들에게 입양이라는 선물을 주기 위해 활동가, 봉사자, 임보자가 어떻게 교육하고 어떤 노력을 해야 하는지 차근차근 알려준다.

임신하면 왜 개, 고양이를 버릴까?
임신, 출산으로 반려동물을 버리는 나라는 한국이 유일하다. 세대 간 문화충돌, 무책임한 언론 등 임신, 육아로 반려동물을 버리는 사회현상에 대한 분석과 안전하게 임신, 육아 기간을 보내는 생활법을 소개한다.

후쿠시마에 남겨진 동물들 (미래창조과학부 선정 우수과학도서, 환경부 선정 우수환경도서, 환경정의 청소년 환경책)
2011년 3월 11일, 대지진에 이은 원전 폭발로 사람들이 떠난 일본 후쿠시마. 다큐멘터리 사진 작가가 담은 '죽음의 땅'에 남겨진 동물들의 슬픈 기록.

후쿠시마의 고양이 (한국어린이교육문화연구원 으뜸책)

동일본 대지진 이후 5년. 사람이 사라진 후쿠시마에서 살처분 명령이 내려진 동물을 죽이지 않고 돌보고 있는 사람과 함께 사는 두 고양이의 모습을 담은 사진집.

펫로스 반려동물의 죽음 (아마존닷컴 올해의 책)

동물 호스피스 활동가 리타 레이놀즈가 들려주는 반려동물의 죽음과 무지개다리 너머의 이야기. 펫로스(pet loss)란 반려동물을 잃은 반려인의 깊은 슬픔을 말한다.

깃털, 떠난 고양이에게 쓰는 편지

프랑스 작가 클로드 앙스가리가 먼저 떠난 고양이에게 보내는 편지. 한 마리 고양이의 삶과 죽음, 상실과 부재의 고통, 동물의 영혼에 대해 써 내려간다.

고양이 천국
(어린이도서연구회에서 뽑은 어린이·청소년 책)

고양이와 이별한 이들을 위한 그림책. 실컷 놀고, 먹고, 자고 싶은 곳에서 잘 수 있는 곳. 그러다가 함께 살던 가족이 그리울 때면 잠시 다녀가는 고양이 천국의 모습을 그려냈다.

강아지 천국

반려견과 이별한 이들을 위한 그림책. 들판을 뛰놀다가 맛있는 것을 먹고 잠들 수 있는 곳에서 행복하게 지내다가 천국의 문 앞에서 사람 가족이 오기를 기다리는 무지개다리 너머 반려견의 이야기.

개.똥.승. (세종도서 문학 부문)

어린이집의 교사면서 백구 세 마리와 사는 스님이 지구에서 다른 생명체와 더불어 좋은 삶을 사는 방법, 모든 생명이 똑같이 소중하다는 진리를 유쾌하게 들려준다.

개가 행복해지는 긍정교육

개의 심리와 행동학을 바탕으로 한 긍정교육법으로 50만 부 이상 판매된 반려인의 필독서. 짖기, 물기, 대소변 가리기, 분리불안 등의 문제를 평화롭게 해결한다.

개 피부병의 모든 것

홀리스틱 수의사인 저자는 상업사료의 열악한 영양과 과도한 약물사용을 피부병 증가의 원인으로 꼽는다. 제대로 된 피부병 예방법과 치료법을 제시한다.

암 전문 수의사는 어떻게 암을 이겼나

암에 걸린 세계 최고의 암 수술 전문 수의사가 동물 환자들을 통해 배운 질병과 삶의 기쁨에 관한 이야기가 유쾌하고 따뜻하게 펼쳐진다.

버려진 개들의 언덕 (학교도서관저널 추천도서)

인간에 의해 버려져서 동네 언덕에서 살게 된 개들의 이야기. 새끼를 낳아 키우고, 사람들에게 학대를 당하고, 유기견 추격대에 쫓기면서도 치열하게 살아가는 생명들의 2년간의 관찰기.

개에게 인간은 친구일까?

인간에 의해 버려지고 착취당하고 고통받는 우리가 몰랐던 개 이야기. 다양한 방법으로 개를 구조하고 보살피는 사람들의 아름다운 이야기가 그려진다.

노견 만세

퓰리처상을 수상한 글 작가와 사진 작가가 나이 든 개를 위해 만든 사진 에세이. 저마다 생애 최고의 마지막 나날을 보내는 노견들에게 보내는 찬사.

치료견 치로리 (어린이문화진흥회 좋은 어린이책)

비 오는 날 쓰레기장에 버려진 잡종 개 치로리. 죽음 직전 구조된 치로리는 치료견이 되어 전신마비 환자를 일으키고, 은둔형 외톨이 소년을 치료하는 등 기적을 일으킨다.

사람을 돕는 개
(한국어린이교육문화연구원 으뜸책, 학교도서관저널 추천도서)

안내견, 청각장애인 도우미견 등 장애인을 돕는 도우미견과 인명구조견, 흰개미탐지견, 검역견 등 사람과 함께 맡은 역할을 해내는 특수견을 만나본다.

용산 개 방실이
(어린이도서연구회에서 뽑은 어린이·청소년 책, 평화박물관 평화책)

용산에도 반려견을 키우며 일상을 살아가던 이웃이 살고 있었다. 용산 참사로 갑자기 아빠가 떠난 뒤 24일간 음식을 거부하고 스스로 아빠를 따라간 반려견 방실이 이야기.

채식하는 사자 리틀타이크
(아침독서 추천도서, 교육방송 EBS 〈지식채널e〉 방영)

육식동물인 사자 리틀타이크는 평생 피 냄새와 고기를 거부하고 채식 사자로 살며 개, 고양이, 양 등과 평화롭게 살았다. 종의 본능을 거부한 채식 사자의 9년간의 아름다운 삶의 기록.

대단한 돼지 에스더
(환경부 선정 우수환경도서, 학교도서관저널 추천도서)

인간과 동물 사이의 사랑이 얼마나 많은 것을 변화시킬 수 있는지 알려 주는 놀라운 이야기. 300킬로그램의 돼지 덕분에 파티를 좋아하던 두 남자가 채식을 하고, 동물보호 활동가가 되는 놀랍고도 행복한 이야기.

황금 털 늑대 (학교도서관저널 추천도서)

공장에 가두고 황금빛 털을 빼앗는 인간의 탐욕에 맞서 늑대들이 마침내 해방을 향해 달려간다. 생명을 숫자가 아니라 이름으로 부르라는 소중함을 알려주는 그림책.

동물에 대한 예의가 필요해

일러스트레이터인 저자가 청소년들에게 지금 동물들이 어떤 고통을 받고 있는지, 우리는 그들과 어떤 관계를 맺어야 하는지 그림을 통해 이야기한다. 냅킨에 쓱쓱 그린 그림을 통해 동물들의 목소리를 들을 수 있다.

사향고양이의 눈물을 마시다

(한국출판문화산업진흥원 우수출판 콘텐츠 제작지원 선정, 환경부 선정 우수환경도서, 학교도서관저널 추천도서, 국립중앙도서관 사서가 추천하는 휴가철에 읽기 좋은 책, 환경정의 올해의 환경책)

내가 마신 커피 때문에 인도네시아 사향고양이가 고통받는다고? 내 선택이 세계 동물에게 미치는 영향, 동물을 죽이는 것이 아니라 살리는 선택에 대해 알아본다.

동물학대의 사회학 (학교도서관저널 올해의 책)

동물학대와 인간폭력 사이의 관계를 설명한다. 페미니즘 이론 등 여러 이론적 관점을 소개하면서 앞으로 동물학대 연구가 나아갈 방향을 제시한다.

동물주의 선언 (환경부 선정 우수환경도서)

현재 가장 영향력 있는 정치철학자가 쓴 인간과 동물이 공존하는 사회로 가기 위한 철학적·실천적 지침서.

동물노동

인간이 농장동물, 실험동물 등 거의 모든 동물을 착취하면서 사는 세상에서 동물노동에 대해 묻는 책. 동물을 노동자로 인정하면 그들의 지위가 향상될까?

인간과 동물, 유대와 배신의 탄생

(환경부 선정 우수환경도서, 환경정의 선정 올해의 환경책)

미국 최대의 동물보호단체 휴메인소사이어티 대표가 쓴 21세기 동물해방의 새로운 지침서. 농장동물, 산업화된 반려동물 산업, 실험동물, 야생동물 복원에 대한 허위 등 현대의 모든 동물학대에 대해 다루고 있다.

동물들의 인간 심판

(대한출판문화협회 올해의 청소년 교양도서, 세종도서 교양 부문, 환경정의 청소년 환경책, 아침독서 청소년 추천도서, 학교도서관저널 추천도서)

동물을 학대하고, 학살하는 범죄를 저지른 인간이 동물 법정에 선다. 고양이, 돼지, 소 등은 인간의 범죄를 증언하고 개는 인간을 변호한다. 이 기묘한 재판의 결과는?

실험 쥐 구름과 별

동물실험 후 안락사 직전의 실험 쥐 20마리가 구조되었다. 일반인에게 입양된 후 평범하고 행복한 시간을 보낸 그들의 삶을 기록했다.

묻다 (환경부 선정 우수환경도서, 환경정의 올해의 환경책)

구제역, 조류독감으로 거의 매년 동물의 살처분이 이뤄진다. 저자는 4,800곳의 매몰지 중 100여 곳을 수년에 걸쳐 찾아다니며 기록한 유일한 사람이다. 그가 우리에게 묻는다. 우리는 동물을 죽일 권한이 있는가.

동물원 동물은 행복할까?

(환경부 선정 우수환경도서, 학교도서관저널 추천도서)

동물원 북극곰은 야생에서 필요한 공간보다 100만 배, 코끼리는 1,000배 작은 공간에 갇혀 살고 있다. 야생동물보호운동 활동가인 저자가 기록한 동물원에 갇힌 야생동물의 참혹한 삶.

고등학생의 국내 동물원 평가 보고서 (환경부 선정 우수환경도서)

인간이 만든 '도시의 야생동물 서식지' 동물원에서는 무슨 일이 일어나고 있나? 국내 9개 주요 동물원이 종보전, 동물복지 등 현대 동물원의 역할을 제대로 하고 있는지 평가했다.

동물 쇼의 웃음 쇼 동물의 눈물 (한국출판문화산업진흥원 청소년 권장도서, 한국출판문화산업진흥원 청소년 북토크 도서)

동물 서커스와 전시, TV와 영화 속 동물 연기자, 투우, 투견, 경마 등 동물을 이용해서 돈을 버는 오락산업 속 고통받는 동물들의 숨겨진 진실을 밝힌다.

야생동물병원 24시 (어린이도서연구회에서 뽑은 어린이·청소년 책, 한국출판문화산업진흥원 청소년 북토크 도서)

로드킬 당한 삵, 밀렵꾼의 총에 맞은 독수리, 건강을 되찾아 자연으로 돌아가는 너구리 등 대한민국 야생동물이 사람과 부대끼며 살아가는 슬프고도 아름다운 이야기.

숲에서 태어나 길 위에 서다

(환경정의 올해의 청소년 환경책, 환경부 환경도서 출판 지원사업 선정)

한 해에 로드킬로 죽는 야생동물 200만 마리. 인간과 야생동물이 공존할 수 있는 방법을 찾는 현장 과학자의 야생동물 로드킬에 대한 기록.

동물복지 수의사의 동물 따라 세계 여행

(환경정의 올해의 청소년 환경책, 한국출판문화산업진흥원 중소출판사 우수 콘텐츠 제작지원 선정, 학교도서관저널 추천도서)

동물원에서 일하던 수의사가 동물원을 나와 세계 19개국 178곳의 동물원, 동물보호구역을 다니며 동물원의 존재 이유에 대해 묻는다. 동물에게 윤리적인 여행이란 어떤 것일까?

똥으로 종이를 만드는 코끼리 아저씨 (환경부 선정 우수환경도서, 한국출판문화산업진흥원 청소년 권장도서, 서울시교육청 어린이도서관 여름방학 권장도서, 한국출판문화산업진흥원 청소년 북토큰 도서)

코끼리 똥으로 만든 재생종이 책. 코끼리 똥으로 종이와 책을 만들면서 사람과 코끼리가 평화롭게 살게 된 이야기를 코끼리 똥 종이에 그려냈다.

고통받은 동물들의 평생 안식처 동물보호구역

(환경부 선정 우수환경도서, 환경정의 올해의 어린이 환경책, 한국어린이교육문화연구원 으뜸책)

고통받다가 구조되었지만 오갈 데 없었던 야생동물의 평생 보금자리. 저자와 함께 전 세계 동물보호구역을 다니면서 행복하게 살고 있는 동물을 만난다.

물범 사냥 (노르웨이국제문학협회 번역 지원 선정)

북극해로 떠나는 물범 사냥 어선에 감독관으로 승선한 마리는 낯선 남자들과 6주를 보내야 한다. 남성과 여성, 인간과 동물, 세상이 평등하다고 믿는 사람들에게 펼쳐 보이는 세상.

동물은 전쟁에 어떻게 사용되나?

전쟁은 인간만의 고통일까? 자살폭탄 테러범이 된 개 등 고대부터 현대 최첨단 무기까지, 우리가 몰랐던 동물 착취의 역사.

햄스터

햄스터를 사랑한 수의사가 쓴 햄스터 행복·건강 교과서. 습성, 건강관리, 건강식단 등 햄스터 돌보기 완벽 가이드.

토끼

토끼를 건강하고 행복하게 오래 키울 수 있도록 돕는 육아 지침서. 습성·식단·행동·감정·놀이·질병 등 토끼에 관한 모든 것을 담았다.

토끼 질병의 모든 것

토끼의 건강과 질병에 관한 모든 것, 질병의 예방과 관리, 증상, 치료법, 홈 케어까지 완벽한 해답을 담았다.

고양이 질병의 모든 것

초판 1쇄 2021년 4월 5일
초판 4쇄 2023년 2월 19일

지은이 데브라 M. 엘드레지, 델버트 G. 칼슨, 리사 D. 칼슨, 제임스 M. 기핀
옮긴이 홍민기

편집 김보경, 남궁경
교정 김수미

표지그림 신현아
디자인 나디하 스튜디오(khj9490@naver.com)
인쇄 정원문화인쇄

펴낸이 김보경
펴낸 곳 책공장더불어

책공장더불어

주 소 서울시 종로구 혜화동 5-23
대표전화 (02)766-8406
팩 스 (02)766-8407
이메일 animalbook@naver.com
블로그 http://blog.naver.com/animalbook
페이스북 @animalbook4
인스타그램 @animalbook.modoo

ISBN 978-89-97137-44-2 (03520)